中国核科学技术进展报告

（第七卷）

——中国核学会 2021 年学术年会论文集

第 3 册

核设备分卷

核材料分卷

中国原子能出版社

图书在版编目(CIP)数据

中国核科学技术进展报告. 第七卷. 中国核学会2021年学术年会论文集. 第三分册，核设备、核材料/中国核学会主编. — 北京:中国原子能出版社，2022.3
ISBN 978-7-5221-1884-0

Ⅰ. ①中… Ⅱ. ①中… Ⅲ. ①核技术—技术发展—研究报告—中国 Ⅳ. ①TL—12

中国版本图书馆CIP数据核字(2021)第256607号

内容简介

中国核学会2021学术双年会于2021年10月19日—22日在山东省烟台市召开。会议主题是“庆贺党百年华诞 勇攀核科技高峰”，大会共征集论文1200余篇，经过专家审稿，评选出573篇较高水平论文收录进《中国核科学技术进展报告(第七卷)》，报告共分10册，并按28个二级学科设立分卷。

本册为核设备、核材料分卷。

中国核科学技术进展报告(第七卷) 第3册

出版发行 中国原子能出版社(北京市海淀区阜成路43号 100048)
策划编辑 付 真
责任编辑 张 琳 张书玉 杨 鹤
特约编辑 王亚男 于 娟
装帧设计 侯怡璇
责任校对 宋 巍
责任印制 赵 明
印 刷 北京卓诚恒信彩色印刷有限公司
经 销 全国新华书店
开 本 890 mm×1240 mm 1/16
印 张 25.25 **字 数** 782千字
版 次 2022年3月第1版 2022年3月第1次印刷
书 号 ISBN 978-7-5221-1884-0 **定 价** **120.00元**

网址:http://www.aep.com.cn **E-mail:atomep123@126.com**
发行电话:010-68452845

中国核学会2021年
学术年会大会组织机构

主办单位 中国核学会

承办单位 山东核电有限公司

协办单位 中国核工业集团有限公司　国家电力投资集团有限公司

中国广核集团有限公司　清华大学

中国工程物理研究院　中国科学院

中国工程院　中国华能集团有限公司

中国大唐集团有限公司　哈尔滨工程大学

大会名誉主席 余剑锋　中国核工业集团有限公司党组书记、董事长

大会主席 王寿君　全国政协常委　中国核学会理事会党委书记、理事长

祖　斌　国家电力投资集团有限公司党组副书记、董事

大会副主席 （按姓氏笔画排序）

王　森　王文宗　王凤学　田东风　刘永德　吴浩峰

庞松涛　姜胜耀　赵　军　赵永明　赵宪庚　詹文龙

雷增光

高级顾问 （按姓氏笔画排序）

丁中智　王乃彦　王大中　杜祥琬　陈佳洱　欧阳晓平

胡思得　钱绍钧　穆占英

大会学术委员会主任 叶奇蓁　邱爱慈　陈念念　欧阳晓平

大会学术委员会成员 （按姓氏笔画排序）

王　驹　王贻芳　邓建军　卢文跃　叶国安

华跃进　严锦泉　兰晓莉　张金带　李建刚

陈炳德　陈森玉　罗志福　姜　宏　赵宏卫

赵振堂　赵　华　唐传祥　曾毅君　樊明武

潘自强

大会组委会主任 刘建桥

大会组委会副主任 王　志　高克立

大会组织委员会委员 （按姓氏笔画排序）

马文军　王国宝　文　静　石金水　帅茂兵

兰晓莉　师庆维　朱　华　朱科军　伍晓勇

刘　伟　刘玉龙　刘蕴韬　孙　晔　苏　萍
苏艳茹　李　娟　李景烨　杨　辉　杨华庭
杨来生　张　建　张春东　陈　伟　陈　煜
陈东风　陈启元　郑卫芳　赵国海　郝朝斌
胡　杰　哈益明　昝元锋　姜卫红　徐培昇
徐燕生　桑海波　黄　伟　崔海平　解正涛
魏素花

大会秘书处成员（按姓氏笔画排序）

于　娟　于飞飞　王　笑　王亚男　朱彦彦　刘思岩
刘晓光　刘雪莉　杜婷婷　李　达　李　彤　杨　菲
杨士杰　张　苏　张艺萱　张童辉　单崇依　徐若珊
徐晓晴　陶　芸　黄开平　韩树南　程　洁　温佳美

技术支持单位　各专业分会及各省核学会

专业分会　核化学与放射化学分会、核物理分会、核电子学与核探测技术分会、核农学分会、辐射防护分会、核化工分会、铀矿冶分会、核能动力分会、粒子加速器分会、铀矿地质分会、辐射研究与应用分会、同位素分离分会、核材料分会、核聚变与等离子体物理分会、计算物理分会、同位素分会、核技术经济与管理现代化分会、核科技情报研究分会、核技术工业应用分会、核医学分会、脉冲功率技术及其应用分会、辐射物理分会、核测试与分析分会、核安全分会、核工程力学分会、锕系物理与化学分会、放射性药物分会、核安保分会、船用核动力分会、辐照效应分会、核设备分会、近距离治疗与智慧放疗分会、核应急医学分会、射线束技术分会、电离辐射计量分会、核仪器分会、核反应堆热工流体力学分会、知识产权分会、核石墨及碳材料测试与应用分会、核能综合利用分会、数字化与系统工程分会、核环保分会（筹）

省级核学会（按照成立时间排序）

上海市核学会、四川省核学会、河南省核学会、江西省核学会、广东核学会、江苏省核学会、福建省核学会、北京核学会、辽宁省核学会、安徽省核学会、湖南省核学会、浙江省核学会、吉林省核学会、天津市核学会、新疆维吾尔自治区核学会、贵州省核学会、陕西省核学会、湖北省核学会、山西省核学会、甘肃省核学会、黑龙江省核学会、山东省核学会、内蒙古核学会

中国核科学技术进展报告
（第七卷）

前　言

《中国核科学技术进展报告(第七卷)》是中国核学会2021学术双年会优秀论文集结。

2021年中国核科学技术领域发展取得重大进展。中国自主三代核电技术"华龙一号"全球首堆福清核电站5号机组、海外首堆巴基斯坦卡拉奇K-2机组相继投运。中国自主三代非能动核电技术"国和一号"示范工程按计划稳步推进。在中国国家主席习近平和俄罗斯总统普京的见证下,江苏田湾核电站7号、8号机组和辽宁徐大堡核电站3号、4号机组,共四台VVER-1200机组正式开工。江苏田湾核电站6号机组投运;辽宁红沿河核电站5号机组并网;山东石岛湾高温气冷堆示范工程并网;海南昌江多用途模块式小型堆ACP100科技示范工程项目开工建设;示范快堆CFR600第二台机组开工建设。核能综合利用取得新突破,世界首个水热同产同送科技示范工程在海阳核电投运,核能供热商用示范工程二期——海阳核电450万平方米核能供热项目于2021年11月投运,届时山东省海阳市将成为中国首个零碳供暖城市。中国北山地下高放废物地质处置实验室开工建设。新一代磁约束核聚变实验装置"中国环流器二号M"实现首次放电;全超导托卡马克核聚变实验装置成功实现101秒等离子体运行,创造了新的世界纪录。

中国核学会2021双年会的主题为"庆贺党百年华诞 勇攀核科技高峰",体现了我国核领域把握世界科技创新前沿发展趋势,紧紧抓住新一轮科技革命和产业变革的历史机遇,推动交流与合作,以创新科技引领绿色发展的共识与行动。会议为期3天,主要以大会全体会议、分会场口头报告、张贴报告等形式进行,同期举办核医学科普讲座、妇女论坛。大会现场还颁发了优秀论文奖、团队贡献奖、特别贡献奖、优秀分会奖、优秀分会工作者等奖项。

大会共征集论文1 400余篇,经专家审稿,评选出573篇较高水平的论文收录进《中国核科学技术进展报告(第七卷)》公开出版发行。《中国核科学技术进展报告(第七卷)》分为10册,并按28个二级学科设立分卷。

《中国核科学技术进展报告(第七卷)》顺利集结、出版与发行,首先感谢中国核学会各专业分会、各工作委员会和23个省级(地方)核学会的鼎力相助;其次感谢总编委会和

28个(二级学科)分卷编委会同仁的严谨作风和治学态度;再次感谢中国核学会秘书处和出版社工作人员,在文字编辑及校对过程中做出的贡献。

《中国核科学技术进展报告(第七卷)》编委会

2022年3月

核设备
Nuclear Equipment

目　录

RCP 核主泵转子轴向力分析研究

谢仕君
(中广核工程有限公司 广东　深圳 518124)

摘要:本文通过理论分析计算了在没有顶油泵的情况下,计算 RCP 核主泵转子部件水力轴向力和总的轴向力。模拟核主泵实际启动阶段、设计工况运行阶段、停机阶段、以及特殊工况,进行轴向力计算分析研究,该研究成果可用于核主泵正确选用推力轴承、推力轴承动力分析、泵转子失稳分析参考。

关键词:核主泵;轴向力;计算

引言

RCP 核主泵的水力轴向力和转子部件总的轴向力,同普通水泵不同,需考虑核主泵运行的特点。

在核主泵运行时,在启动阶段,温度从室温逐步上升到设计温度 343 ℃,冷却剂的比重从 1 000 kg/m^3 逐步下降至 743 kg/m^3,动反力和叶轮前、后盖板不对称产生的轴向力在不同温度下,是不一样,是变化的。

核主泵在特殊工况下,环境压力达到 6 bar,不是通常的 1 bar,这是在计算时要考虑到的。

在启动和停机阶段,为避免汽液两相运行,规定各温度范围的最低压力,各压力下运行时,叶轮轮毂轴端结构引起的轴向力也是变化的。

因此,核主泵转子,其总的轴向力计算,同普通水泵不一样,有必要深入分析计算。

1　轴向力计算

以某 RCP 核主泵为例,为立式离心混流泵,其转子承受轴向力,并传递给推力轴承。

1.1　转子的轴向力的组成

泵和电机整个转子的轴向力,在不考虑顶油泵的情况下,由以下几部分组成[1]:

(1) 叶轮前、后盖板不对称产生的轴向力 A_1,此力指向叶轮吸入口方向。

(2) 动反力,此力指向叶轮后面,用 A_2 表示。

(3) 叶轮轮毂轴端结构引起的轴向力,其大小和方向视具体情况而定。同普通泵不同,RCP 核主泵的运行工况特别复杂,本文随后将详细分析讨论,用 A_3 表示。

(4) 泵和电机整个转子重量引起轴向力,用 A_4 表示。

1.2　各组成分力的计算

以某 RCP 核主泵为例,进行计算研究。

1.2.1　叶轮前、后盖板不对称产生的轴向力 A_1

$$A_1 = F_1 + F_3 - F_2$$

式中,F_1——作用于叶轮后侧的轴向力,N;

F_2——作用于叶轮前侧的轴向力,N;

F_3——作用于叶轮出口的轴向力,参见参考文献[1] P497~499。

额定运行工况下,典型情况,冷态,冷却剂比重 ρ=1 000 kg/m^3,A_1=289 671 N;当温度变化时,

作者简介:谢仕君,男,四川自贡人,高级工程师,现从事核电设备质量相关工作

冷却剂的比重也会随之而变化，热态 343 ℃，冷却剂比重 $\rho=743\ kg/m^3$，$A_1=215\ 226\ N$ 。

叶轮前、后盖板不对称产生的轴向力指向叶轮进口方向，方向向下。

1.2.2　动反力 A_2

根据动量定理[1]，$A_2=\rho Q_t(v_{mo}-v_{m3}\cdot\cos\varepsilon)$

在额定最佳流量 25 450 m^3/h 下，代入后计算如下表所示，方向指向叶轮出口，向上。

典型工况，冷态，冷却剂比重 $\rho=1\ 000\ kg/m^3$

$$A_2=70\ 338\ N$$

当温度变化时，冷却剂的比重也会随之而变化，热态 343 ℃，冷却剂比重 $\rho=743\ kg/m^3$

$$A_2=52\ 260\ N$$

1.2.3　叶轮轮毂轴端结构引起的轴向力

$$A_3=\pi d_h^2(P_1-P_a)/4$$

式中，P_1 为泵进口压力，P_a 为环境压力。

$$d_h=0.340\ m$$

（1）泵机组正常停运时，按照技术规格书，最高启动压力 24 bar，方向向上。分力 A_3 最大值为 204 645 N。

（2）泵在各压力段运行时，为避免汽液两相运行，规定各温度范围的最低压力，各压力下运行时，在满足以上要求的条件下，各压力平台下的运行时，叶轮轮毂轴端结构引起的轴向力逐渐上升。

（3）特殊工况，燃料装卸和安全壳泄漏试验，环境压力 6 bar。这时，泵机组应处于停机状态，总的轴向力取决于进口压力。

（4）泵和电机整个转子重量 A_4。泵和电机整个转子重量，包括泵转子重力，电机转子重力，中间联轴器重力，轴承部件的重力，合计 213 378 N，方向向下。

1.3　转子部件总的轴向力计算

综上所述，泵转子轴向力的组成分量，除重量 A_4 是常量外，A_1，A_2 分量随著比重成比例的变化，分量 A_3 随着进口压力和环境压力的不同而改变，以下列出一些典型情况，分别予以计算。

1.3.1　泵正常停机时，机组转子总的轴向力计算

此时，泵机组一般处于冷态，没有分量 A_1 和 A_2，机组转子总的轴向力。

随着进口压力的增加，方向由向下逐步变为向上，进口压力在 25 bar 左右，在没有顶油泵的情况下，机组转子的总的轴向力为 0。

在盘车力矩检测时，回路压力为 23、35、70、140、160 bar，泵转子总的轴向力如表 1 所示。

表 1　回路压力下总的轴向力(正常停机时)

回路压力/bar	$A=A_3-A_4$/N
2	−204 480
10	−133 300
15	−88 811
20	−44 323
23	−17 630
35	89 141
70	400 558
140	1 023 391
160	1 201 343

1.3.2 泵升温升压或降温降压阶段泵转子总的轴向力

泵在额定工况点正常运转时，泵转子总的轴向力，方向朝上为正。

主泵启动后，回路温度逐步上升，为避免汽液两相运行，规定各温度范围的最低压力。A_1 和 A_2 随着温度的不同，随比重成正比的变化，总的轴向力变化如表 2 所示。

表 2 各种回路压力下总的轴向力(升温升压或降温降压阶段)

回路温度/℃	回路压/bar	$A=A_2+A_3-A_1-A_4$/N
15	23	−236 964
119	23	−251 759
120	35	−150 924
175	85	229 643
230	125	478 115
283	151.6	540 586
293.4	153.3	547 218

在升温升压过程中，在 120～175 ℃区间，压力平台 35～85 区间，总的轴向力，从向下改变为向上，在约 53 bar 左右，总的轴向力接近于 0，此时，参照文献[5]，泵会出现不稳定运行现象。

降温降压过程与此相反。

1.3.3 泵的启动和停机阶段泵转子总的轴向力

在启动阶段，泵的水力轴向力逐步建立，如在进口压力在 23 bar 的启动，总的轴向力从 −17 630 N 逐步变为−251 759 N，方向向下。泵的停机阶段与此相反。

假设在进口压力 23 bar 情况下启动，参照参考文献[3]，依据参考文献[1]，动反力 A_1 正比于扬程，扬程与转速 n 的平方成正比；动反力 A_2，正比于流量和轴面流速，他们同转速成正比，所以动反力同转速 n 的平方成正比 . 启动前，总的轴向力为−17 630 N；完全启动后，总的轴向力为−251 759 N。假设系统压力保持不变，则总启动期间，泵总的轴向力可近似表达为：$A=-17\ 630-(n/1\ 485)_2\times 234\ 129$ (单位：N)。

为避免在启动阶段，进口压力过高，导致转子部件总的轴向力接近于 0，通常会规定最高启动进口压力，如某 RCP 核主泵规定最高启动压力不超过 24 bar。

1.3.4 特殊工况，燃料装卸和安全壳泄漏试验

此时，泵处于停止状态，外部压力 6 bar，有可能大于进口压力。

表 3 各种回路压力下与总的轴向力(燃料装卸和安全壳泄漏试验时)

回路压力/bar	$A=A_3-A_4$/N
2	−248 968
10	−177 788
15	−133 299
20	−88 811
23	−62 118

1.3.5 其他情况及说明

1.3.5.1 特殊情况，泵反转工况

在特殊情况下，当一台核主泵遭遇停电，而另外两台正常运转，且逆止机构失效时，核主泵反转，泵的水力作用力向上，可根据泵的四象限特性估算，泵反转对轴向力的影响，目前还未看到这方面研

究的资料。

1.3.5.2　核主泵失水事故气液两相流工况下运行

在核主泵失水事故特殊情况下，根据文献[4]，核主泵在气液两相流工况下运行，其扬程会下降。因此，其水力轴向力也会随之变化，可按照核主泵的四象限降级特性估算。气-液两相流对核主泵轴向力的影响，目前还未看到这方面研究的资料。

1.3.5.3　机械密封对轴向力的影响

机械密封，对主泵的转子总的作用力也会产生影响，本文不作详细讨论。

1.3.5.4　前后腔口环间隙对轴向力的影响

根据参考文献[6]，前后腔口环间隙的变化，轴向力会相应变化。在运转过程中，口环间隙将逐步增大，将会影响运行的可靠性。

小结：核主泵的特殊工况比较复杂，其轴向力的分析计算，有必要展开深入研究。在升温升压阶段，总的轴向力方向从向下逐步变为向上，轴承组件需要既能承受向上的轴向力，也能承受向下的轴向力。理论计算是在一定的假设情况下得到的，同 CFD 计算等会有不同，要得到精确的结果，需与试验相结合。

2　结论

(1) 在泵停运时，当进口压力较低时，泵机组总轴向力方向朝下，轴向力由下推轴承承受。当进口压力增加时，泵机组总轴向力方向朝上，并逐步增大，最大达 1 201 343 N。

(2) 在泵停运时，泵进口压力在一定范围内，总的轴向力趋近于零，轴承的比压太低，起动时，不易建立稳定的油膜，因此，规定最大进口压力。

(3) 在泵运转过程中，泵机组总的轴向力朝下，由下推力轴承承受轴向力，在升温升压过程中，存在总的轴向力逐渐减少。

(4) 本文的计算分析研究方法，是在一定的假定条件下近似计算，要得到更精确的结果，需结合实验改进。

(5) 在泵的运行过程中，泵轴、电机轴承受压力、弯曲、扭矩的复合载荷，因此泵轴、电机轴的疲劳寿命的校核计算是十分重要的。在设计、制造过程中，应避免零件上出现严重的应力集中，控制好转动的动平衡，安装时确保电机轴、泵轴完成对中。

参考文献：

[1] 关醒凡. 现代泵技术手册[M]. 北京：宇航出版社，1995：497-500.

[2] 廖奇，朱昌谦. 东方型华龙1号主泵设计特点[C]. 第四届核能行业核级泵技术研讨会论文集，2015：13-19.

[3] 邓啸，王岩，邓礼平. 核电厂主泵轴系受力及轴承承载能力分析研究[C]. 第四届核能行业核级泵技术研讨会论文集，2015：20-26.

[4] 袁寿其，施卫东，刘厚林，等. 泵理论与技术[M]. 北京：机械工业出版社，2014：341-344.

[5] 沈天斌，沈伟，卢熙宁. 核电站主泵转子稳定性研究[J]. 水泵技术，2016，2：1-5.

[6] 程效锐，黎义斌. 核主泵内部复杂流动理论与优化方法[M]. 苏州：江苏大学出版社，2019：178-181.

Study on nuclear reactor coolant pump axial force calculation

XIE Shi-jun

(China Nuclear Power Engineering Co. ,Ltd. ,Shenzhen,Guangdong,China)

Abstract: In this paper, the hydraulic axial force calculation, Through theoretical analysis and calculation,under the condition of no top oil pump,The hydraulic axial force and total axial force of the rotor components of nuclear Reactor coolant pump are calculated,and the actual start-up stage, design operation stage,shutdown stage and special working conditions of the nuclear Reactor coolant pump are simulated,and the axial force calculation and analysis are carried out. The research results can be used for the correct selection of thrust bearings,the dynamic analysis of thrust bearings,and the instability analysis of pump rotors.

Key words: nuclear reactor coolant pump; axial force; calculation

某核电主泵电机导轴承温度异常根本原因分析与处理

薛军军[1],赵汉祥[1],牛明业[2],吴太轩[1]
(1. 海南核电有限公司,海南 昌江 572700;2. 中核工程华东分公司,浙江 海盐 314300)

摘要:某核电基地一期工程反应堆冷却剂泵,电机下部径向导轴承,为浸泡式稀油润滑,未设置强迫供油,承受径向载荷。2019年4月,ERDB(中国核电设备可靠性管理系统)巡检发现1RCP001MO电机下部径向导轴承温度(1RCP130MT)达到90.0℃,另一探头1RCP110MT在180°方向布置,温度为79.8℃,两者相差10.2℃。该温度报警值为95℃,高高报停泵值为105℃。查询机组自商运以来所有历史参数。发现自101大修更换备用电机后开始出现异常,1RCP130MT温度3年间持续升高,接近报警值,经公司技术部门讨论汇报,将预计106大修执行的电机整体更换项目提前至104大修执行,解体检查查找温度异常根本原因,本文从可能引起轴承温度异常升高的多方面因素,逐一排查,最终找到根本原因,并成功解决故障,为机组安全稳定运行提供有力保障,为后续设备出现类似情况提供重要指导。

关键词:核电;主泵电机;导轴承;温度异常;根本原因;冷却水;轴承间隙

引言

某核电基地一期工程反应堆冷却剂泵(下称主泵)采用立式三轴承结构(见图1),电机设置上、下两套轴承,均为Kinsbury设计制造,泵设置一套水润滑径向导轴承,为KSB设计制造。电机上、下两套轴承分别设置于独立的轴承箱,电机上部为组合轴承自上而下分别为上部径向轴承、上推力轴承、

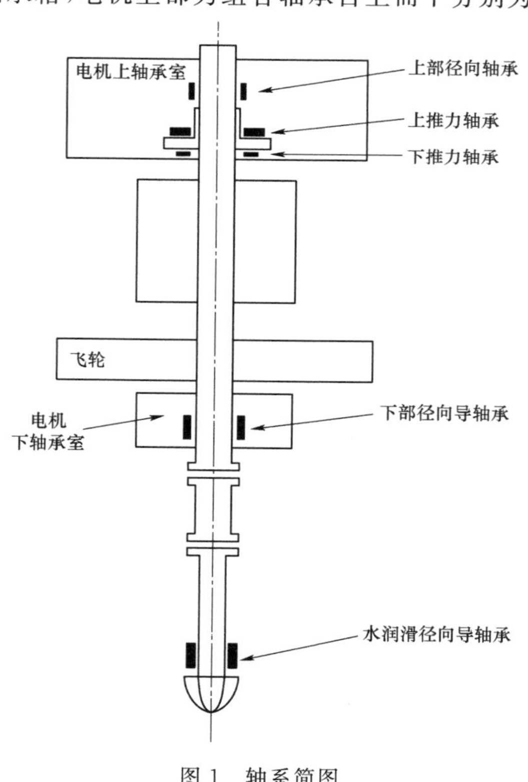

图1 轴系简图

作者简介:薛军军(1987—),男,山西太原人,工程师,工学学士,现从事核电厂转动机械设备管理工作

下推力轴承，承担整个泵组轴向力。电机下部仅设置径向导轴承，承受径向载荷，两套轴承均为浸泡式稀油润滑，未设置强迫供油。

1 背景概述

2019 年 4 月 13 日，中国核电设备可靠性管理系统（以下简称 ERDB）巡检发现，1RCP001MO 电机下部径向导轴承温度 1RCP130MT 达到 90.0 ℃预警值（见图 2），另一探头 1RCP110MT 在 180°对向布置，温度为 79.8 ℃，两者相差 10.2 ℃。该温度报警值为 95 ℃，高高报为 105 ℃。随即调取机组自商运以来历史参数进行分析（见图 3）。

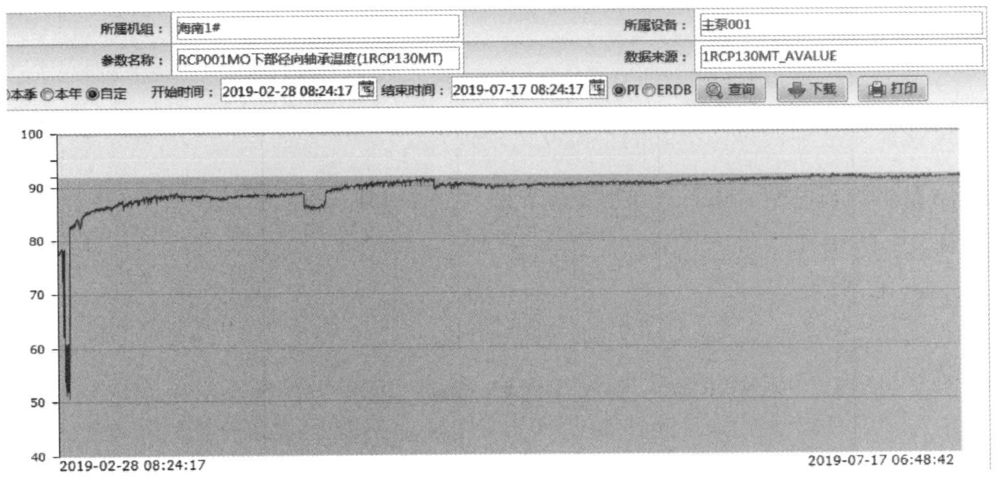

图 2　温度上升达预警值

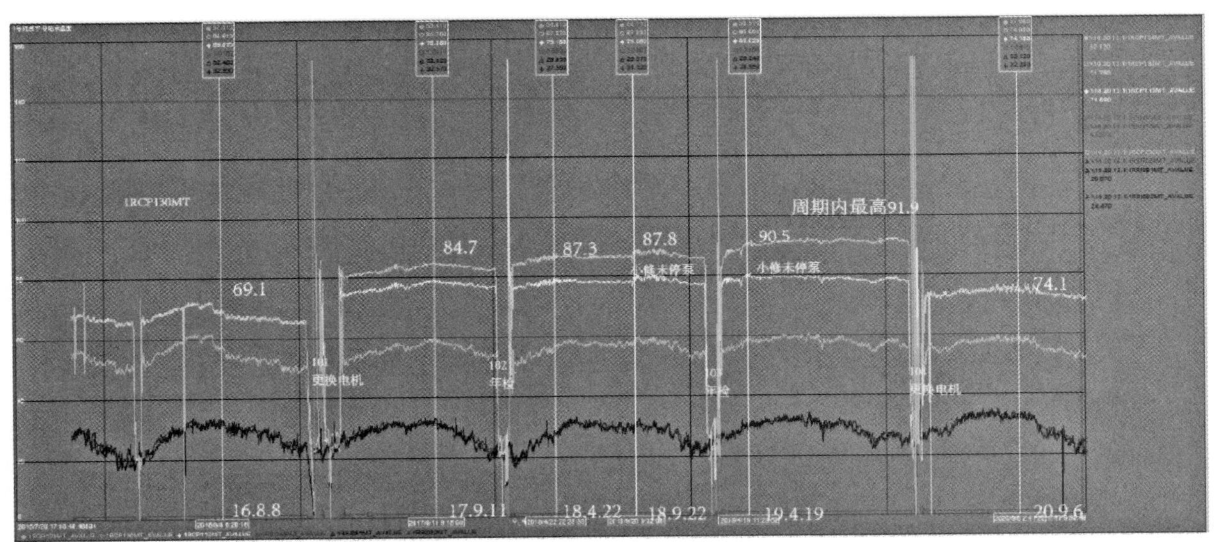

图 3　轴承温度变化历史趋势

2015 年 12 月至 2017 年 1 月机组第一个燃料循环周期内，电机下部径向导轴承温度最高 69.1 ℃，且两温度探头测得数据基本一致；101 大修更换备用电机后开始出现异常，2017 年 1 月至 2018 年 1 月机组第二个燃料循环周期内，1RCP130MT 开始出现温度升高，最高达到 84.7 ℃，比对置的另一温度探头高 7 ℃；102 大修仅执行年度检查工作，2018 年 1 月至 2019 年 2 月机组第三个燃料循环周期内，1RCP130MT 温度持续升高，在 9 月份机组小修前最高达到 87.3 ℃，9 月机组小修，主泵并未停运，但并网后发现 1RCP130MT 继续升高，最高达到 87.8 ℃；103 大修仅执行年度检查工作，

2019 年 2 月至 2020 年 2 月机组第四个燃料循环周期内 1RCP130MT 温度持续升高，4 月份机组小修，主泵并未停运，但机组并网后发现 1RCP130MT 持续升高达到 91.9 ℃，此时距报警值 95 ℃ 仅差 3.1 ℃，存在重大隐患，对机组存在重大威胁。经会议讨论将准备 106 大修执行的电机整体更换项目提前至 104 大修执行。

2 原因分析

存在现象有两个：下部径向导轴承测温探头测得温度存在差异，最大时为 12.1 ℃；下导瓦温度异常升高。针对以上两个现象从以下几方面逐一进行分析，查找根本原因：温度探头安装偏差、测温探头故障、润滑油性能恶化、设备冷却水温度与流量异常、轴瓦间隙不合格。

2.1 测温探头安装偏差

下部径向轴承共设置 4 块导轴承，测温探头插入其中两块对置 180°的轴承背侧，直接与轴承接触（见图 4），温度探头安装深浅可能引起测得温度出现偏差。

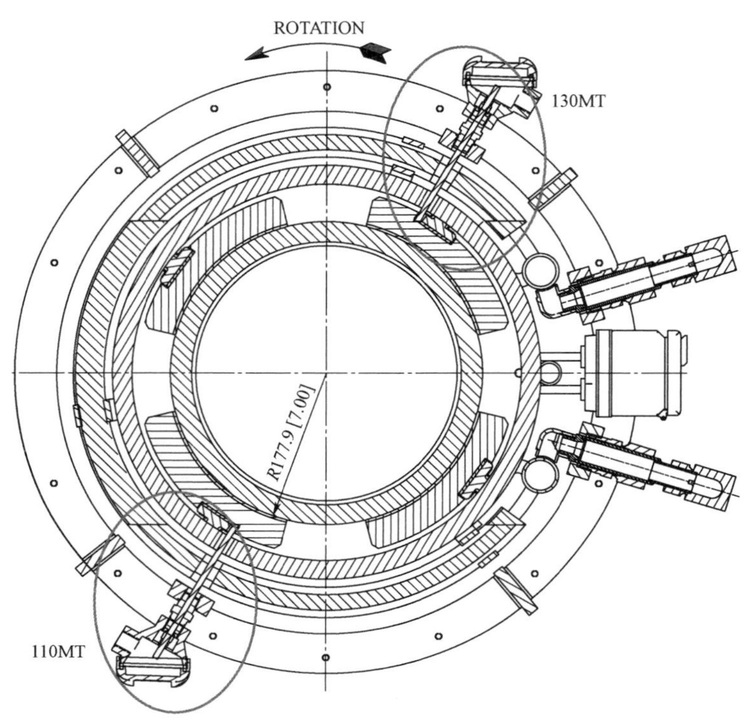

图 4 测温探头安装示意图

分析：该电机全面解体时检查安装孔深度及测温探头，拆出两个测温探头时均无卡涩现象，拆装均轻松通畅；发现 1RCP110MT 顶端已受力压平（见图 5），说明已伸入轴瓦最深处且与轴承接触，另一测温探头 1RCP130MT 并未出现顶部被压平现象。

小结：排除测温探头安装不到位不能真实反映轴承温度。

2.2 测温探头故障

该型温度探头为铂热电阻式，测温探头若出现故障，则会导致测量结果出现偏差，无法反映轴承真实温度。

分析：查询两温度探头历史参数，3 个燃料循环周期内 1RCP110MT 温度始终保持 78 ℃左右，仅 1RCP130MT 温度逐步上升，逐步恶化。第四个燃料循环周期两探头温度最大相差 12.1 ℃，在电机全解时对测温探头进行校验（见图 6），不同温度平台下电阻值偏差小于 0.2 Ω（见表 1），可以判断两测温探头无故障。

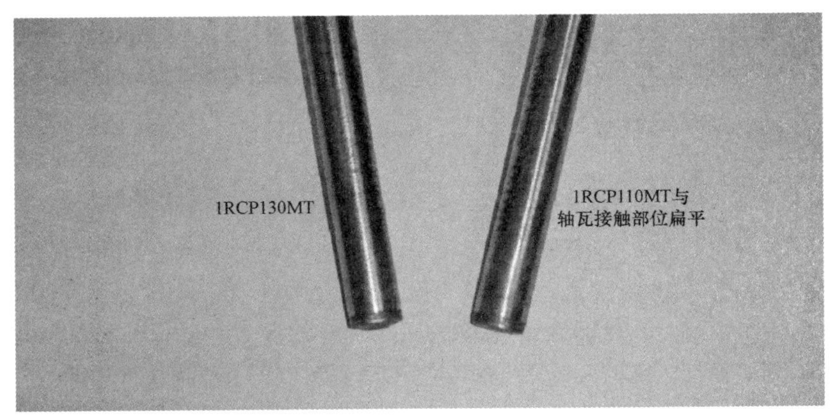

图 5 测温探头

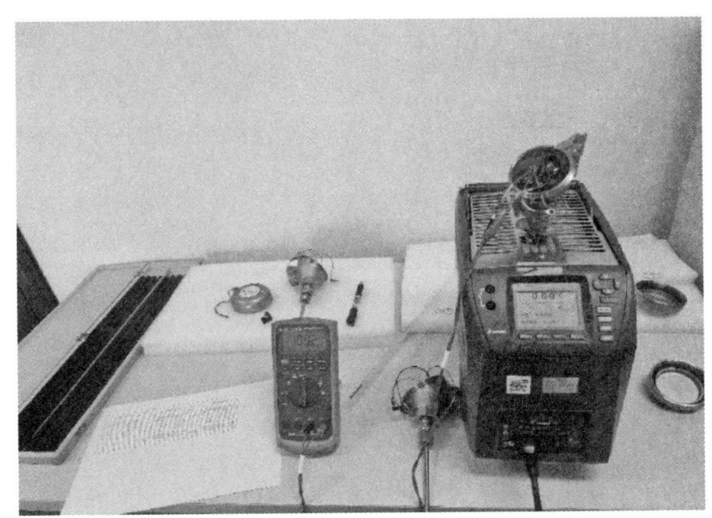

图 6 两温度探头校验对比

小结:排除测温探头故障导致温度偏差,两测温探头可以反映轴承真实温度。

表 1 两温度探头校验参数

1RCP110MT 测温探头温度校验数据			1RCP130MT 测温探头温度校验数据		
摄氏度/℃	上行程阻/Ω	下行程阻/Ω	摄氏度/℃	上行程阻值/Ω	下行程阻值/Ω
0	100.6	100.6	0	100.7	100.6
25	110.0	110.0	25	110.1	110.2
50	119.6	119.6	50	119.6	119.5
75	128.7	128.9	75	128.7	128.8
100	138.3	138.3	100	138.4	138.4

2.3 润滑油性能恶化

润滑油品质下降,将直接影响轴承润滑性能,从而导致轴承温度上升。

分析:104 大修主泵停运后,对润滑油取油样分析,其外观、水分、酸值、颗粒度、运动黏度、破乳化度等参数,均在合格范围内,未见异常(见表 2)。

小结:排除润滑油品质下降导致轴承温度异常故障模式。

表 2 润滑油化验参数

取样点	分析项目	单位	规范	取样时间	分析值
1RCP001MO-DE 驱动端油箱	外观	无量纲	澄清透明	2020/2/17	澄清透明
1RCP001MO-DE 驱动端油箱	水份	mg/kg	≤500	2020/2/17	15.04
1RCP001MO-DE 驱动端油箱	酸值	mgKOH/g	≤0.20	2020/2/17	0.17
1RCP001MO-DE 驱动端油箱	颗粒度	NAS 级	≤8	2020/2/17	6
1RCP001MO-DE 驱动端油箱	运动黏度(40 ℃)	mm^2/s	41.4～50.6	2020/2/17	45.28
1RCP001MO-DE 驱动端油箱	破乳化度(54 ℃)	min	≤30	2020/2/17	15

2.4 设冷水温度异常

由于该轴承结构为油室浸泡式润滑，径向轴承摩擦产生的热量需由设备冷却水系统通过轴承室内冷却盘管带走，设备冷却水流量、温度变化会影响润滑油温度，从而间接影响轴承温度。

分析：设冷水温度变化与轴承温度变化趋势相同，设冷水温度横向、纵向对比，设备冷却水流量变化较小，温差变化较小(见图 7、图 8)，非主要因素。

小结：排除设备冷却水异常导致轴承温度异常故障模式

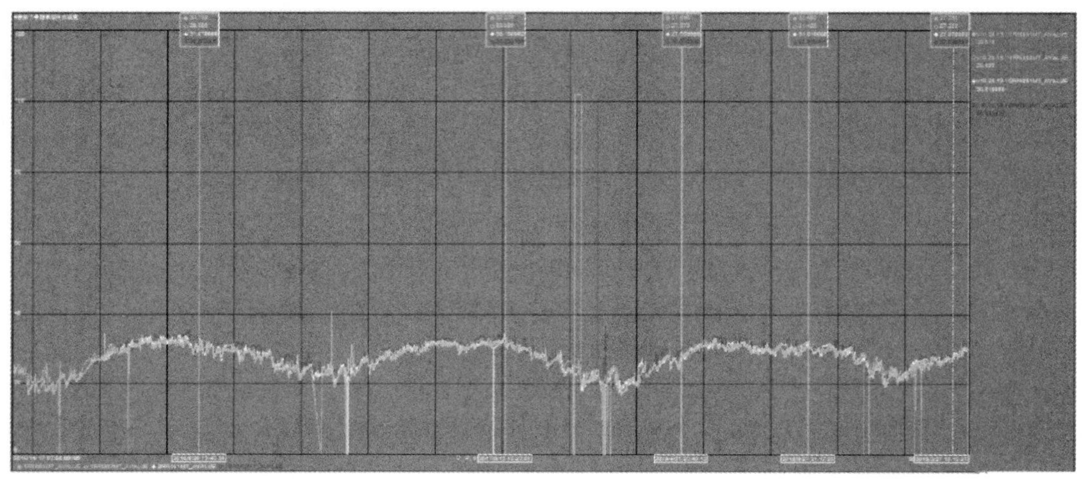

图 7 设冷水温度横向对比

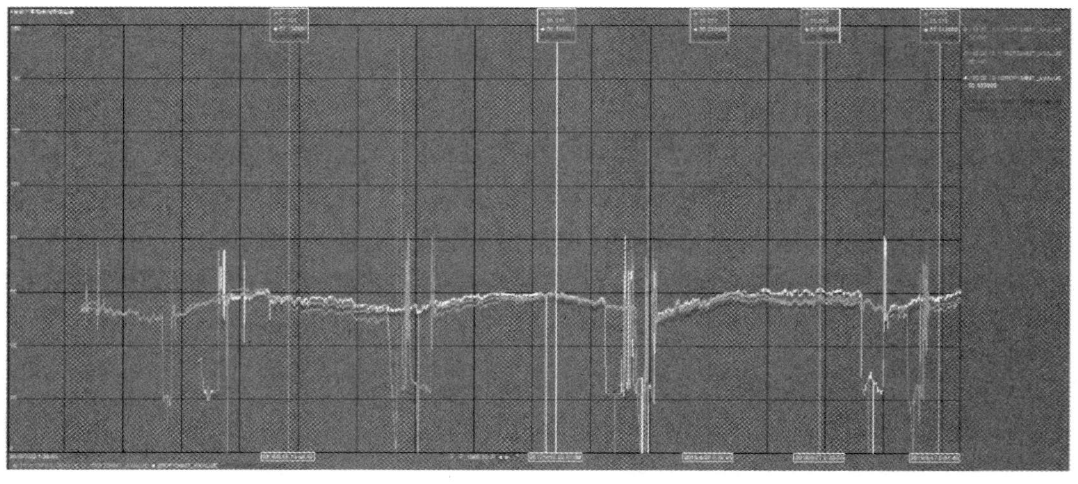

图 8 润滑油温度横向对比

2.5 轴瓦间隙不合格

该轴承为 Kinsbury 设计制造，轴瓦精度高，轴瓦间隙小，如果轴瓦间隙不合格，则润滑油进入轴承工作间隙减少，带出热量减少，则会导致轴承温度上升。

解体检查情况：将原计划 2023 年 106 大修执行的电机整体更换工作，提前至 2020 年 2 月 104 大修执行，更换至 AC 检修车间后于 2021 年 1 月开始执行全面解体工作。测量下部径向导轴承间隙，设置测温探头的方向轴瓦总间隙 0.10 mm（标准为 0.12～0.22 mm），小于标准值最低限值；未设置测温探头的轴瓦总间隙合格 0.16 mm（见图 9）。

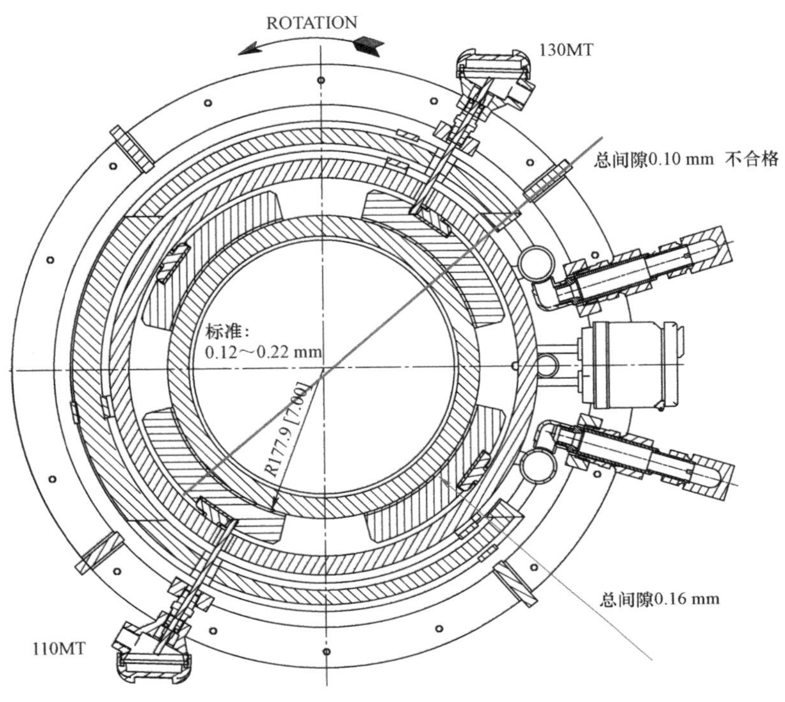

图 9　解体检查轴承总间隙

小结：1RCP130MT 温度异常升高根本原因确定，为轴瓦间隙偏小所致，该备用电机为德方组装，101 大修时更换至 1 RCP001 MO 位置运行至 104 大修，经查询原始数据，该间隙原始数据为 0.13 mm 与 0.15 mm，安装探头的方向总间隙偏小。

3 缺陷处理

检查下部径向导轴承轴瓦表面，发现有磨损划痕（见图 10），对轴瓦表面进行刮瓦处理，对高点进行修理；为有效增大轴瓦间隙，加工对向布置的两块轴瓦背部调整垫厚度（见图 11），根据上述计算，结合另一方向轴瓦间隙，得知在 0.16 mm 时既可以保证润滑油可带走轴承运行时产生的热量，又不会

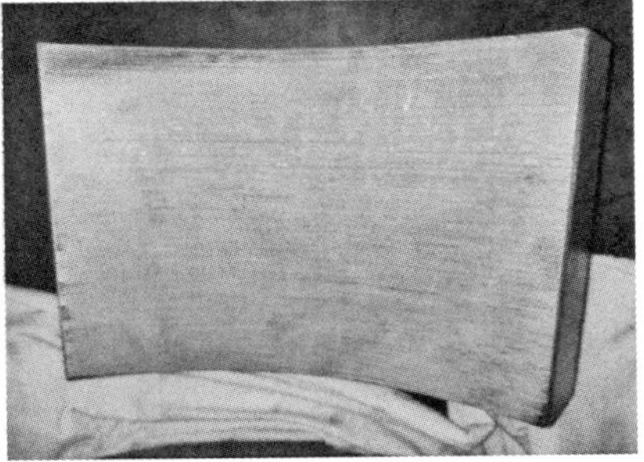

图 10　轴瓦表面

由于间隙过大导致振动上升。故需将两个调整垫块均匀减薄(0.16－0.10)/2＝0.03 mm。随后对瓦背调整垫片进行加工。

图 11　瓦背调整垫片

目前处理完毕后,该备用电机运行参数需安装至新位置后才可进一步验证。

4　结论

根据 ERDB 系统发现主泵电机下导径向轴承温度异常,调取自商运以来所有历史趋势进行分析,结合 101、102、103 历次大修执行预维项目,从温度探头安装偏差、测温探头故障、润滑油性能恶化、设备冷却水温度与流量异常、轴瓦间隙不合格五方面进行分析,逐一排除,最终找到根本原因。并预判情况会进一步恶化,果断制定行动项,将本因 106 大修执行的电机整体更换项目提前至 104 大修执行,并在解体过程中验证了理论分析的正确性,成功地消除主泵重大隐患,将可能出现的轴承损坏重大缺陷消除在萌芽状态,保障了机组的安全稳定运行,为后续该型电机类似问题处理提供宝贵的经验。

参考文献:

[1]　反应堆冷却剂泵电机运行维护手册 EOMM of CHJ RCP Motor C CFC.

[2]　成大先. 机械设计手册[M]. 5 版. 北京:化学工业出版社.

Analysis and treatment of the root cause of abnormal temperature in the guide bearing of a nuclear power main pump motor

XUE Jun-jun[1], ZHAO Han-xiang[1], NIU Ming-ye[2], WU Tai-xuan[1]

Abstract: In a nuclear power base, the first phase of the reactor coolant pump, the radial guide bearing under the motor is immersed in thin oil lubrication, and there is no forced oil supply to bear radial load. In April 2019, the ERDB(China Nuclear Power Equipment Reliability Management System) inspection found that the temperature of the lower guide bearing of the 1RCP001MO motor (1RCP130MT) reached 90.0 ℃, and the other probe 1RCP110MT was arranged in the direction of 180°, and the temperature was 79.8 ℃. The difference between the two was 10.2 ℃. The temperature alarm value is 95 ℃, and the high and high pump stop value is 105 ℃. Query all historical parameters of the unit since commercial operation. It was found that abnormalities began to occur after the replacement of the spare motor in the 101st overhaul. The temperature of 1RCP130MT continued to rise for 3 years and was close to the alarm value. After discussion and report by the company's technical department, the overall replacement project of the expected 106 overhaul was advanced to the 104 overhaul and the temperature was disassembled and checked The root cause of the abnormality. This article investigates one by one from various reasons that may cause the abnormal increase in bearing temperature, and finally finds the root cause and successfully solves the fault. It provides a strong guarantee for the safe and stable operation of the unit and provides important guidance for similar situations in subsequent equipment.

Key words: Nuclear power; main pump motor; guide bearing; abnormal temperature; root cause; cooling water; bearing clearance

国产化核电乏燃料贮存格架的制造工艺及改进

王 超,张纪锋,杨 志
(中广核工程有限公司,广东 深圳,518124)

摘要:本文基于国内某核电乏燃料贮存格架制造厂的成熟工艺,从设备结构、关键工艺等方面介绍了一种国产化核电乏燃料贮存格架的结构及制造工艺,并就设备制造过程中发生的贮存小室导向口开裂而进行的导向口连接方式改进进行阐述。

关键词:乏燃料贮存格架;制造工艺

引言

核电站运行过程中,核燃料不断消耗,最终无法使反应堆维持在临界状态,必须卸下更换,从反应堆卸下不再使用的燃料称为乏燃料。乏燃料仍包含大量的放射性元素,具有很强的放射性,在进行后处理前,必须置于乏燃料贮存格架在乏燃料水池下安全贮存一定时间后才能进行干式贮存或运往后处理。

1 乏燃料贮存格架的用途

乏燃料贮存格架,顾名思义为暂时贮存乏燃料组件的设备。目前,乏燃料组件的暂时贮存方式有两种,分别为“湿法”贮存和“干法”贮存。湿法贮存是将乏燃料组件置于水池中贮存,通过水的流动带走乏燃料组件衰变所产生的热量;干法贮存是将乏燃料组件放在容器内,容器中充有惰性气体,通过换气带走乏燃料衰变所产生的热量。

本文介绍的乏燃料贮存格架属于湿法贮存设备的一种,安装于燃料厂房的乏燃料水池内,用于水下贮存从核电厂反应堆卸载下来的乏燃料组件。乏燃料水池中充有含硼去离子水,一方面用水将乏燃料组件与外界隔离,防止对外界造成辐射;另一方面利用水的流动性,带走燃料组件衰变产生的热量[1]。根据所贮存燃料组件的富集度和在堆内运行工况的不同,分为2个不同区域。1区用于贮存新燃料组件或乏燃料组件,2区仅用于贮存已达不同富集度所对应的规定燃耗深度要求的乏燃料组件。

2 乏燃料贮存格架的结构

本文以国内某制造厂承制的2区乏燃料贮存格架为例展开介绍,每个乏燃料格架主要由贮存套筒、底板、立柱、调节支腿、围板、隔板及连接紧固件等构成,其结构示意图如图1所示。乏燃料贮存格架浸没在水下,其所有零、部件都采用不锈钢制造,格架的主要结构件和焊接件材料,采用超低碳奥氏体不锈钢022Cr19Ni10,中子吸收体的材料为Al基B4C。

2.1 贮存套筒

贮存套筒是存放乏燃料组件的单元,内腔为截面尺寸为226 mm×226 mm的方型套管,四壁为2 mm厚的不锈钢板下部和一块厚15 mm的底板焊接,形成燃料组件的贮腔,贮腔高4 265 mm。在相当于燃料活性段的高度上,设置了尺寸为3 750 mm×190 mm×3 mm的中子吸收体板,中子吸收体板外又包覆了一层0.8 mm厚的不锈钢板,这样两层不锈钢板夹着中子吸收体板,包覆板四周采用点焊固定,如图2所示。

作者简介:王超(1988—),男,助理工程师,硕士研究生,从事核电机械设备制造质量监督工作

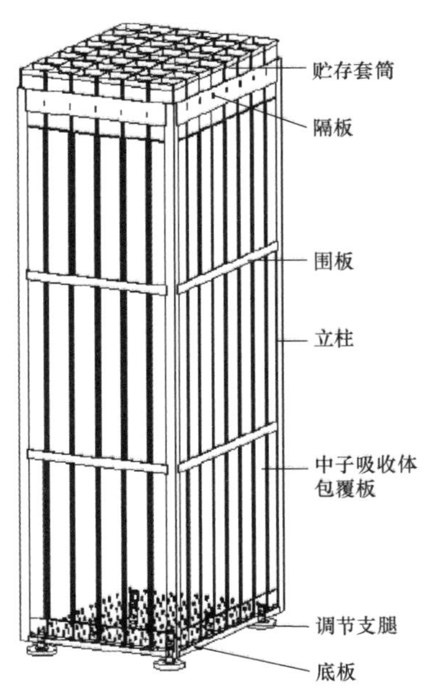

图 1　乏燃料贮存格架的结构示意图

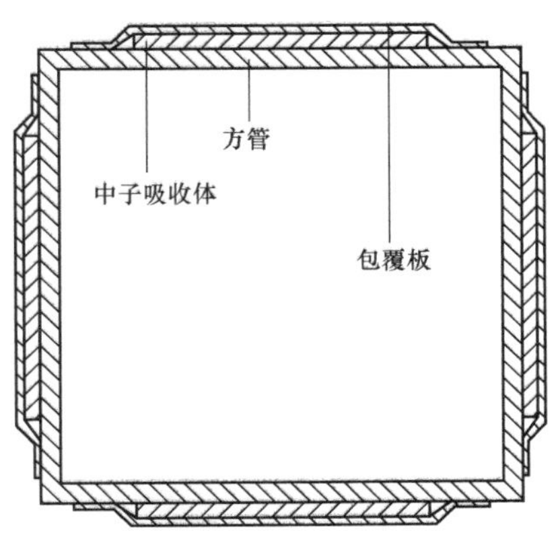

图 2　贮存套筒截面图

2.2　底板

底板与贮存套筒的小底板开孔保持一一对应，根据功能和形状的不同，底板开孔可分为三类。第一类 8 组，支腿调节孔，由 1 个中心孔，4 个阶梯孔组成，安装调节支腿后，通过专用工具旋转支腿，调节 8 个支腿的高度，确保格架在乏燃料水池中保持水平。第二类 4 组，吊装孔，由带圆弧的长方形孔组成，格架制造过程中及现场安装时，用专用吊具进行格架的吊运。其余为第三类，疏水孔，只有一个较大的中心孔，可使水从格架底部进入贮存套筒以冷却燃料组件，形成自然冷却循环。

每一组孔均包含 4 个螺纹孔，用于定位和固定贮存套筒，并通过点焊对定位螺栓进行防松，某型号底板布局如图 3 所示。

图 3　某型号乏燃料贮存格架底板

2.3　立柱、围板和隔板

立柱为角钢，围板和隔板为钢板。乏燃料贮存格架的骨架由立柱、围板、底板组成，它们之间均采用焊接方式固定。

2.4 调整支腿

调节支腿共8个,由调节螺杆、螺套、半圆垫片和底垫板等组成。调节螺杆上部和螺套通过螺纹连接,下部球面和底垫板球面相配对,并通过两个焊接在底垫板上的半圆垫片将底垫板和调整螺杆连接起来,如图4所示。

图4 调节支腿

3 乏燃料贮存格架的制造工艺及改进

乏燃料格架的总体制造工艺如图5所示,围板、立柱、隔板采用等离子切割方式下料,并进行调平,最后按图纸要求加工成品,底板采用水切割下料,外形尺寸和圆孔单边留5 mm加工余量,调平,按图纸要求加工成品后焊接螺套,工艺主要以机加工为主,工艺成熟,不做详细介绍。

下文主要就贮存套筒的制造和乏燃料贮存格架的总装展开描述,并对贮存套筒导向口连接方式的改进进行介绍。

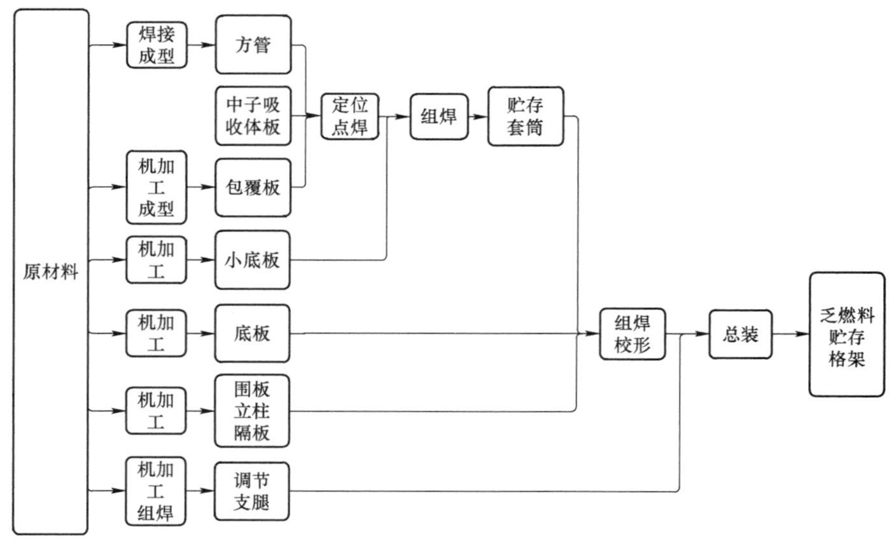

图5 乏燃料格架制造工艺示意图

3.1 贮存套筒的制造工艺

贮存套筒是乏燃料贮存格架的关键部件，也是制造难度最大的部件，其制造精度直接影响整个格架的整体质量，其制造过程主要包括：方管的焊接与成型、中子吸收体板及包覆板的固定、小底板的焊接。

3.1.1 方管的焊接与成型

方管由两块相同规格的 2 mm 厚 C 型不锈钢板(022Cr19Ni10)焊接而成，如图 6 所示。

工艺过程如下：

(1) 使用激光切割机将不锈钢板切割至所需尺寸，通过数控折弯机将钢板折弯成 C 型，并严格控制变型回弹现象。

(2) 使用特制的自动氩弧专用焊机将两件 C 型不锈钢板组对焊接，焊接过程通过专用工装、采用合理的焊接方法控制焊接变形，保证贮存小室的各处尺寸。最终焊缝成型后对焊缝进行处理，使焊缝处于压应力状态，提高焊缝的各项性能，改善焊缝的耐蚀性能，增加方管的使用寿命。

(3) 焊接完成后，对方管的纵缝进行全长的涡流探伤检查，并检查各处尺寸。

(4) 最后，利用液压扩口装置将方管顶部扩成导向口，如图 7 所示。

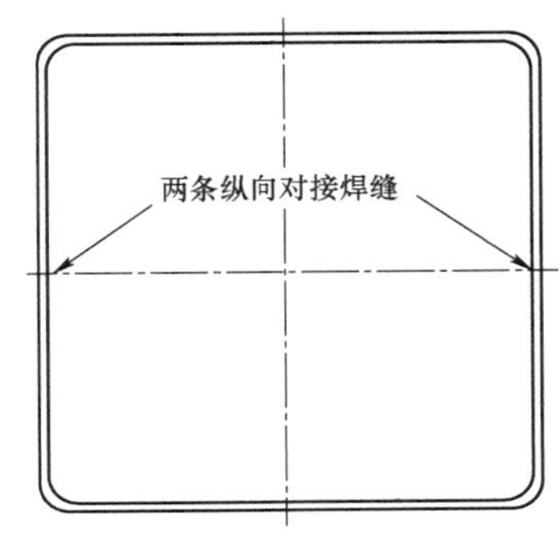

图 6 方管的焊接与成型

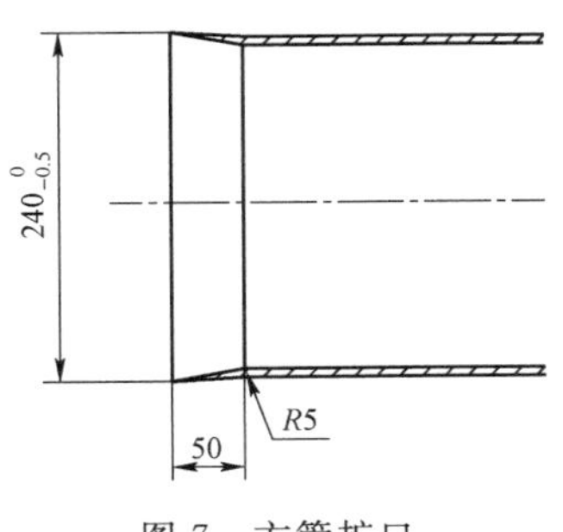

图 7 方管扩口

3.1.2 中子吸收体板与包覆板的固定

包覆板由 0.8 mm 厚的 022Cr19Ni10 奥氏体不锈钢板压制制成。采用激光切割机按包覆板的展开尺寸及外形下料成品，利用数控折弯机和专用的模具进行压制成型。

中子吸收体板定位后，将包覆板盖在中子吸收体板上方进行点焊固定，然后按图纸要求断续焊接。焊后对焊缝进行 100%目视检查。焊接过程应在小室内部利用工装进行固定，采用小电流、快速焊等方式减少热输入量，进而减小焊接变形，保证焊后贮存小室的尺寸满足图纸要求。

3.1.3 小底板的焊接

将小底板和方管按图纸要求进行定位焊接，焊接过程应采用专用的工装进行焊缝背面的氩气保护，保证焊接质量。

3.2 乏燃料贮存格架的总装

由于贮存套筒与底板采用螺栓连接，螺栓须从格架下面进行安装，因此格架总装采用卧式方式进行，装配过程在清洁车间内进行，组装前按图纸清点各部件，确保各部件均检验合格且满足清洁度要求，装配过程如下：

(1) 装配平台表面铺设 2 mm 不锈钢板，避免格架与碳钢接触，造成铁素体污染。

(2) 将加工完成并焊有螺套的底板立于平台一端，并利用弯板工装找正、校准、固定，在平台上划围板、贮存小室的位置检查线。

(3) 按图纸和划线铺置外围板，校准位置并固定。

(4) 安装第一层贮存小室，小室底板上设有圆形凸台，将凸台插入底板上对应的圆形孔中定位，并用螺栓安装固定。按图纸尺寸安装隔板，安装竖直方向的隔板，并与横向隔板插接，安装第二层贮存小室。

（5）按照上面步骤安装其他贮存小室。

（6）在格架的四个角安装立柱，下端与底板焊接，上端分别与三道外围板焊接，最上层的围板与隔板插接固定，焊接格架顶部相邻的导向口。

（7）组装完成后，安装支腿，利用翻转工装将格架立置，并使用专用的支腿螺杆调整工具调整格架水平。

3.3 贮存小室导向口连接方式及改进

贮存小室导向口的连接方式有2种设计方案：盖板连接和焊接连接[3]。

盖板连接：在贮存小室的顶部，方形套筒被扩口成具有一定角度的锥形开口，相邻的两个贮存小室壁通过一个顶部光滑的“盖子”连接，从而形成格架顶部的导向段，有利于乏燃料的顺利装卸，连接方式见图8。

焊接连接：在贮存小室的顶部，方形套筒被扩口成具有一定角度，长50 mm的锥形开口，开口顶部通过手工氩弧焊焊接连接，从而将相邻的两个贮存小室固定，形成导向段，便于乏燃料的顺利装卸，连接方式见图9。

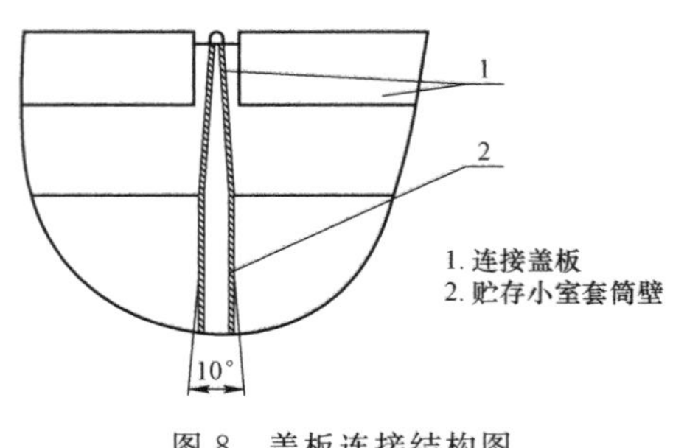

图8 盖板连接结构图

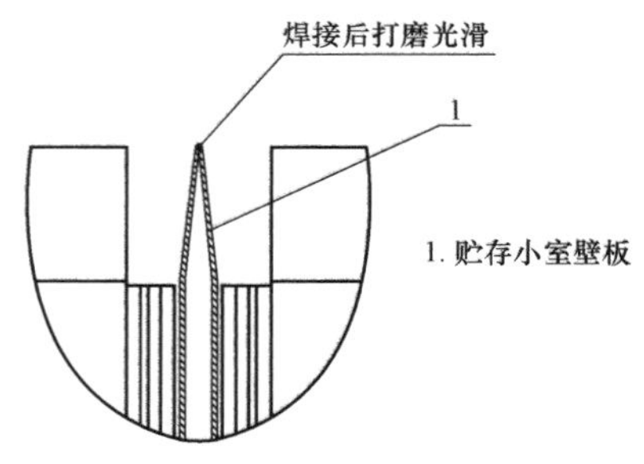

图9 焊接连接结构图

本文所介绍工艺采取的第2种连接方式。相邻贮存小室的四周均通过焊接连接，一方面稳定贮存小室，避免乏燃料组件装卸过程中因贮存小室晃动导致的破损，另一方面可以提高贮存格架的整体结构强度。实际制造过程中，在某批次贮存小室焊后检查时发现，3 312个贮存小室连接焊缝角部中5个存在母材开裂的问题，裂纹长度3～5 mm，见图10。

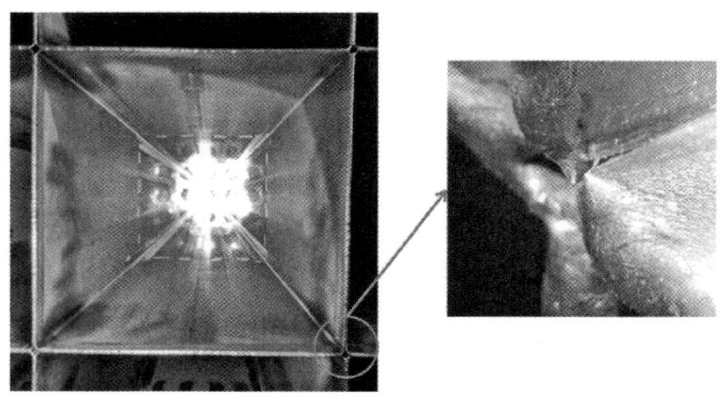

图10 贮存小室的焊接连接及角部裂纹

对裂纹的产生进行分析：（1）设备制造过程中未变更焊接参数、焊接设备、焊接操作者等，角部开裂比例（约0.15%）较低；（2）裂纹位于贮存小室导向口母材区域，垂直于焊缝方向，不属于焊缝及焊接热影响区；（3）母材为低碳奥氏体不锈钢，具有较好的塑韧性，且设备经过9个月的静置期，未发现新的裂纹,原有裂纹长度也未发生变化;(4) 因结构限制,完成焊接后,无法通过热处理、振动等方式进行消应力热处理。

综合以上各项考虑,该裂纹产生的原因较复杂,与套筒折弯及扩口过程产生的折弯应力和焊接产生的焊接应力有一定的关系,属于偶发性事件,后续产品上存在发生同类问题的不确定性。为避免母材开裂的隐患,对后续产品的导向口焊接方式进行改进,将相邻贮存小室导向口的焊接形式由完全焊改进为 2 段 60～70 mm 的断续焊,间隔 40 mm,导向口角部区域不再进行焊接,既可以固定贮存小室,方便燃料组件的装卸,也可以减小导向口角部区域的内应力,改进后的焊缝结构见图 11。

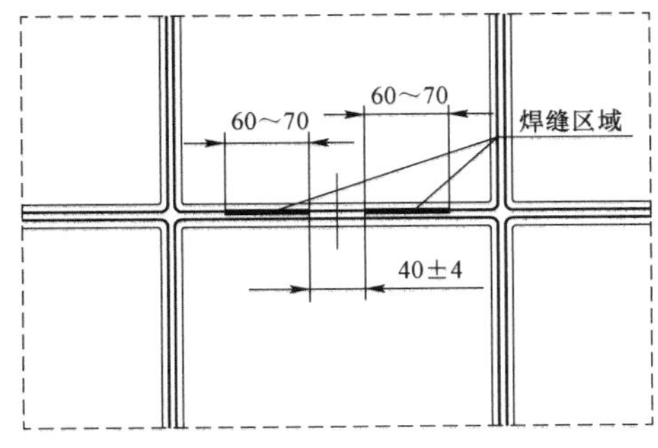

图 11　改进后的导向口焊接方式

4　结语

本文结合国内成熟供应商的供货经验,介绍了一种国产化核电站用乏燃料贮存格架的结构,并从乏燃料贮存格架贮存套筒的制造和乏燃料格架的总装,阐述了该乏燃料贮存格架的制造工艺,其中结合产品制造过程中发生的贮存小室导向口开裂问题,提供了一种可参考的贮存小室连接方式改进方向,该改进在后续批次中已得到验证,同类产品已完成制备,投入使用,未发生过贮存小室导向口母材开裂问题。

参考文献:

[1]　马玉杰,辛晓亮,谭经耀,等. 核电厂乏燃料贮存格架:中国 ZL201220337712.9[P]. 2013-04-17.
[2]　袁呈煜,莫怀森,谭经耀,等. 乏燃料贮存格架关键部件制造工艺[J]. 工艺与检测,2015(9):104-106.
[3]　张建普,徐鹏,张正. 两种新型的乏燃料贮存格架对比分析研究[J]. 机械研究与应用,2016(4):47-50.

Manufacturing technology and improvement of a domestic nuclear power spent fuel storage rack

WANG Chao, ZHANG Ji-feng, YANG Zhi
(China Nuclear Power Engineering Co., Ltd., Shenzhen, Guangzhou, China)

Abstract: Based on the mature manufacturing process of a spent fuel storage rack, this paper introduces the structure and manufacturing process of a domestic spent fuel storage rack from the aspects of equipment structure and key manufacturing process, and elaborates the improvement of the connection style of the guide interfaces due to the cracking found during the equipment manufacturing process.

Key words: spent fuel storage racks; manufacturing process

1 000 MW 核电厂辅助给水汽动泵壳体螺纹孔泄漏处理的研究

王　超,王建辉,李　明,杨　志
(中广核工程有限公司,广东 深圳,518124)

摘要:本文以1 000 MW核电厂辅助给水汽动泵壳体螺纹孔泄漏的处理为例,对螺纹孔泄漏的原因进行分析,对补焊返修的方案及补焊过程控制进行介绍,并通过返修后壳体的应力分析、水压试验及泵组的性能试验验证补焊后壳体的可靠性,为同类盲孔机加工问题提供一种可供参考的返修方案。

关键词:辅助给水汽动泵;泄漏;应力分析;焊接

引言

国内某1 000 MW核电项目辅助给水汽动泵在出厂试验通水时发现壳体中央水室上部一处螺纹孔存在漏水现象。

按照项目技术路线,每台机组配备2台辅助给水汽动泵,壳体作为泵本体承压边界,设计、制造和检验依据压水堆核电厂核岛机械设备设计和建造规则(RCCM 2000+2002补遗)开展,某供应商已完成多项目多台辅助给水汽动泵的供货,未发生过此泄漏问题。

1　1 000 MW 核电厂辅助给水汽动泵壳体螺纹孔泄漏的问题

1.1　泵性能试验发现壳体螺纹孔泄漏

辅助给水汽动泵的出厂试验包含功能性实验、运行试验、性能试验等一系列复杂的过程试验,为保证试验的顺利进行,提前进行通水测试时,发现壳体中央水室上部盖板螺纹孔存在泄漏问题,见图1。

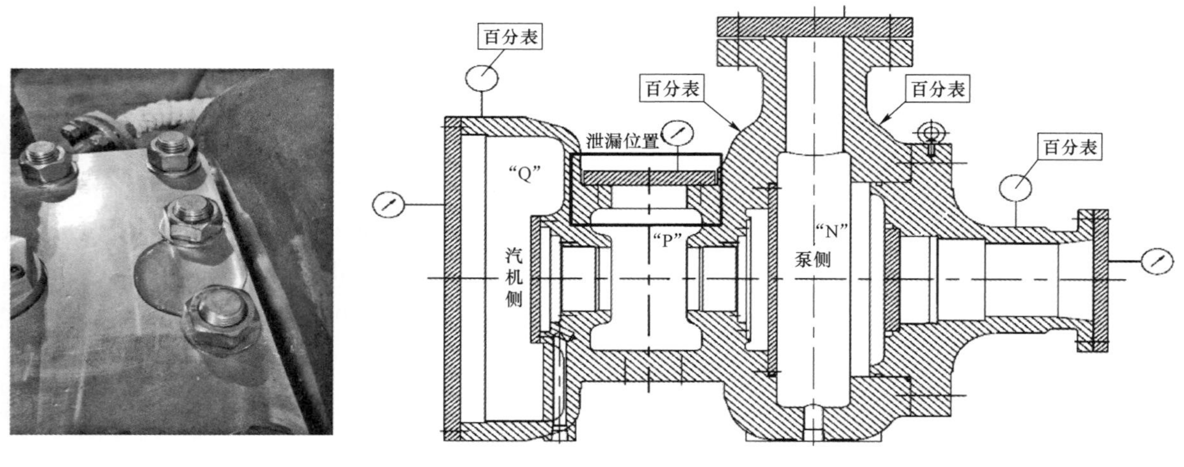

图1　泄漏位置

作者简介:王超(1988—),男,助理工程师,硕士研究生,从事核电机械设备制造质量监督工作

壳体中央水室的设计压力为 0.75 MPa，已经过 1.2 MPa 的水压试验验证，顶部螺纹孔为盲孔设计，正常运行情况下，该处应密封无泄漏。

1.2 1 000 MW 核电厂辅助给水汽动泵的结构与性能简介

1.2.1 辅助给水汽动泵的结构

辅助给水汽动泵为卧式两级离心式结构，由汽轮机驱动，汽轮机和泵共轴并在同一个铸造壳体内。汽轮机为单列调节级，背压式。因汽、泵共轴，泵叶轮和汽机叶轮都装在同一根轴上，该轴由两只水润滑轴承支撑。轴承安装在汽缸和泵壳之间的中央水室两侧，润滑水由泵第一级叶轮处引出，经节流孔板和滤水器后进入中央水室。整个泵组安装在一个公共底盘上，公共底盘中间支脚支承着中央水室处并用螺栓紧固，泵端两侧的泵脚支撑在公共底盘相应的支脚上，用螺栓紧固。

1.2.2 辅助给水汽动泵性能

介质：除盐水；流量：101 m^3/h；扬程：1 125 m；额定转速：8 000 r/min。

图 2 辅助给水汽动泵结构

2 1 000 MW 核电厂辅助给水汽动泵壳体螺纹孔泄漏问题的分析

2.1 辅助给水汽动泵壳体螺纹孔尺寸复验

2.1.1 设计要求

中央水室上盖设计采用 10 个 M20 螺柱与汽泵壳体连接紧固。根据汽泵壳体加工图纸要求，螺纹深 30 mm，平底孔深 36 mm，壳体此处厚度 45 mm，螺纹孔底部与中央水室内部有 9 mm 机加工余量。

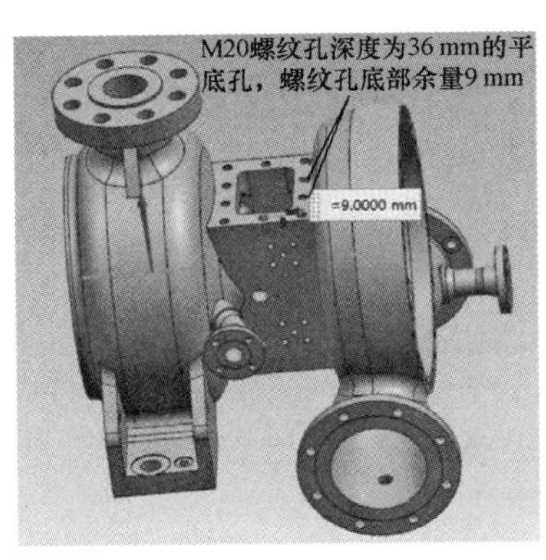

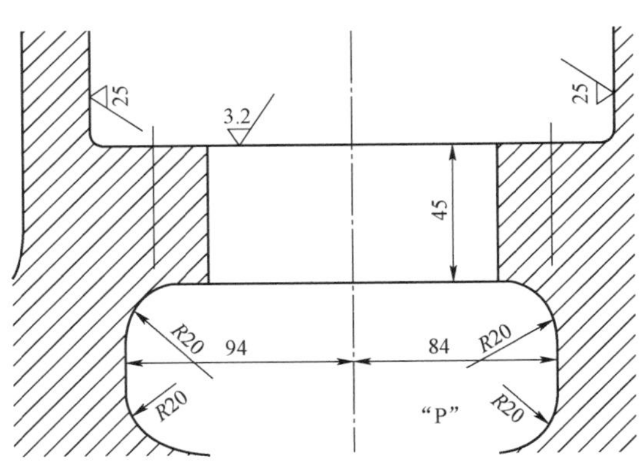

图 3 螺纹孔设计尺寸

2.1.2 泵拆检后螺纹孔处尺寸检查

将辅助给水汽动泵拆解，对发生泄漏的螺纹孔编号后进行尺寸复查，因 1、4、5、6、、9、10 号螺纹孔下方为实心结构，仅对 2、3、7、8 号螺纹孔进行测量，结果如表 1 所示。

表 1　螺纹孔尺寸复查记录

螺纹孔	检查项目	技术要求/mm	实测结果/mm	备注
2	孔深、壁厚	孔深 36,壁厚 45	孔深 36,壁厚 35	泄漏
3	孔深、壁厚	孔深 36,壁厚 45	孔深 36,壁厚 35	未泄漏
7	孔深、壁厚	孔深 36,壁厚 45	孔深 36,壁厚 40	未泄漏
8	孔深、壁厚	孔深 36,壁厚 45	孔深 36,壁厚 40	未泄漏

图 4　螺纹孔编号

其中 2 号螺纹孔为发生泄漏的螺纹孔，经测量发现，2、3 号螺纹孔孔深已超过壁厚，但因为镗孔的原因，底部存在 1 mm 凸起，未产生实质性穿孔，7、8 号螺纹孔底部尚有 4 mm 厚度的余量，无穿孔的风险。

2.2　辅助给水汽动泵壳体螺纹机加工过程分析

辅助给水汽动泵的壳体铸件以粗加工状态交货，入厂后按照制造厂机加工工艺找中精加工，镗螺纹孔，并检查记录螺纹孔深度。

(a)

(b)

图 5　精加工后壳体法兰与筋板相对位置

(a) 泄漏壳体;(b) 正常壳体

比对壳体精加工后泄漏壳体和无泄漏壳体中法兰与筋板的相对位置，发现泄漏壳体精加工后法兰与筋板相对位置存在 4 mm 的向下偏移，推测在壳体精加工找中时存在偏差，机加工中心向下偏移，壳体中央水室上部机加工去除量过多，中央水室上部铸件壁厚不足，镗孔时按照设计尺寸进行螺纹孔加工，最终导致出厂试验通水时发生泄漏。

3　1 000 MW 核电厂辅助给水汽动泵壳体螺纹孔泄漏的处理与验证

3.1　壳体螺纹孔泄漏的处理

3.1.1　处理方案

7、8 号螺纹孔底部尚余 4 mm 厚度，无泄漏风险，无需处理。而 2、3 号螺纹孔深度 36 mm，母材厚度 35 mm，无机加工余量，需要通过补焊进行返修。但由于供应商的焊接工艺评定是按照 RCC-M(2000＋2002)S3540 进行的对接焊评定，其焊接方法为 141（手工氩弧焊根部）＋111（手工焊条电弧焊）对接焊。鉴于该螺纹孔已几乎贯穿，补焊时属于全焊透焊缝，所以根部焊道无法使用 141 焊接方法，不满足 RCC-M 3214 的要求，导致原焊评失效，所以无法直接补焊。经过讨论，最终决定将螺纹孔机加工至完全贯穿，使用同材质堵头（M20×10）从螺纹孔背部插入后，再进行焊补，属于表面堆焊，原焊接评定依然有效，返修方案示意图见图 6。

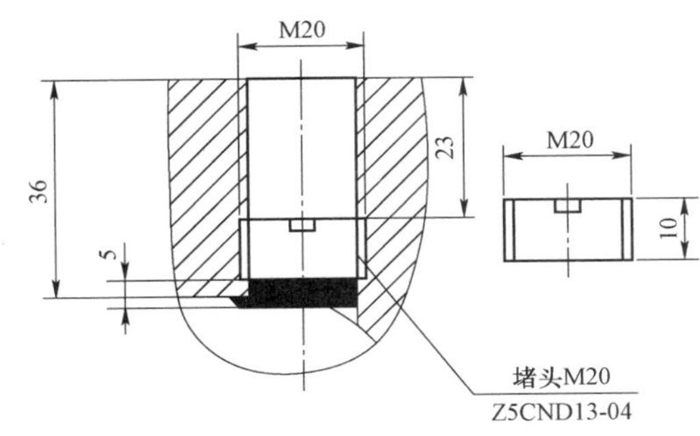

图 6　返修方案示意图（实心区域为焊缝）

3.1.2　焊补过程控制

3.1.2.1　焊前控制

确认补焊位置，对泵轴配合面等关键部位使用石棉布覆盖保护，进行焊接操作模拟，焊接过程中使用反光镜等辅助工具观察熔池，保证焊接质量。

3.1.2.2　预热

以焊补位置为中心向周围辐射，加热范围不少于 75 mm，预热温度 200～230 ℃。

3.1.2.3　补焊实施

补焊区域清洁无异物，焊材置于保温桶中保温 100～150 ℃待用。补焊共两层，焊缝深度≥5 mm，并实施分层液体渗透检验，首层焊接完成后进行后热，然后冷却到室温进行液体渗透检验，合格后重新预热进行第二层焊接。焊接过程保持较低的层间温度（200～230 ℃），采用小电流、窄焊道、快速焊托方式降低热输入值，避免焊接变形，焊接参数见表 2。

表 2　焊接参数

焊道	焊接工艺	填充材料及规格	电流/A	电压/V	电流及极性	焊接位置	焊接速度/(cm/min)
所有	111	G247 Φ4 mm	143	26	DCEP	PA	24

3.1.2.4　后热

焊后立即进行后热处理，采用柔性陶瓷电阻加热器局部加热，保温温度 200～250 ℃，保温时间至少 2 h，保温结束后缓慢冷却。

3.1.2.5　打磨

补焊区域表面适当打磨至铸件表面圆滑过渡，并确保符合尺寸要求。

3.1.2.6　无损检验

对补焊区域进行目视和液体渗透检验，并按照 RCCM M3208 铸件表面检测验收。

3.1.2.7　消应力热处理

采用柔性陶瓷电阻加热器进行消应力热处理，加热片紧贴在焊缝区域，再用耐高温保温石棉覆盖在加热片上，并用保温石棉紧紧包裹补焊处壳体外侧，增强保温效果，缓慢升温，速度≤55 ℃，保温温度 590～600 ℃，保温时间至少 1 h，然后缓慢冷却。

3.1.2.8　无损检测

消应力热处理后，再次对补焊区域进行目视和液体渗透检测，并按照 RCCM M3208 铸件表面检测验收。

3.2　补焊后的壳体螺纹孔尺寸检查

经无损检验合格后，对壳体中央水室 2、3 号螺纹孔补焊后尺寸再次进行测量，测量结果见表 3。

表 3　补焊后 2、3 号螺纹孔尺寸

螺纹孔	检查项目	技术要求/mm	实测结果/mm	备注
2	孔深、壁厚	孔深 36，壁厚 45	孔深 23，壁厚 35.5	补焊后
3	孔深、壁厚	孔深 36，壁厚 45	孔深 23，壁厚 37	补焊后

经检查，补焊后 2 号螺纹孔底部厚度 12.5 mm，3 号螺纹孔底部厚度 14 mm，其他螺纹孔无补焊，保留原尺寸。

3.3　壳体中央水室的应力分析

为了验证中央水室螺纹孔补焊后壳体强度是否满足相关标准法规的要求，根据补焊后的螺纹孔尺寸及实际测量壁厚，对辅助给水汽动泵壳体建模并进行强度分析，模拟其在最大载荷（设计压力、设计温度、自重、SL-2 地震载荷、2 倍 NNL 接管载荷）作用下的应力分布，对壳体局部应力最大位置与相对局部较大值及中央水室上部螺纹孔 2、3、7 和 8 取路径进行应力分类，并按照 RCCM C3283 0 级准则进行评价。

表 4　壳体材质及其力学性能

部件	材质	抗拉强度 S_u/MPa	屈服强度 S_y/MPa	许用应力 S_m/MPa
壳体	Z5CND13-04	752	550	247

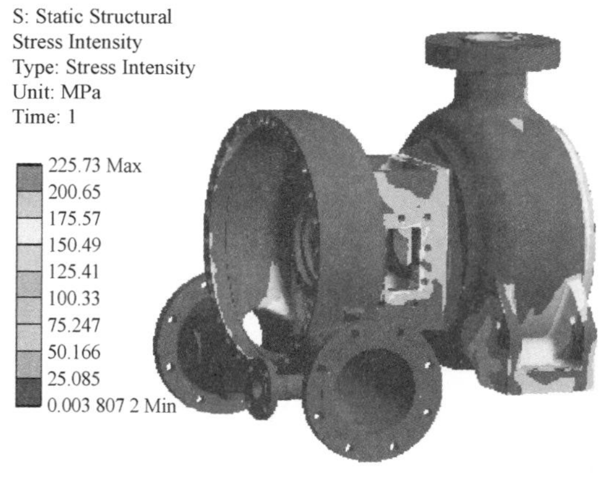

图 7　补焊后壳体应力分布（最大载荷）

从图 7 可以看出,局部最大应力值为 225.73 MPa,小于壳体材质的许用应力,各路径应力分类结果也满足 0 级准则,分析结果证明补焊后的辅助给水汽动泵壳体(包括中央水室)强度满足相关标准要求。

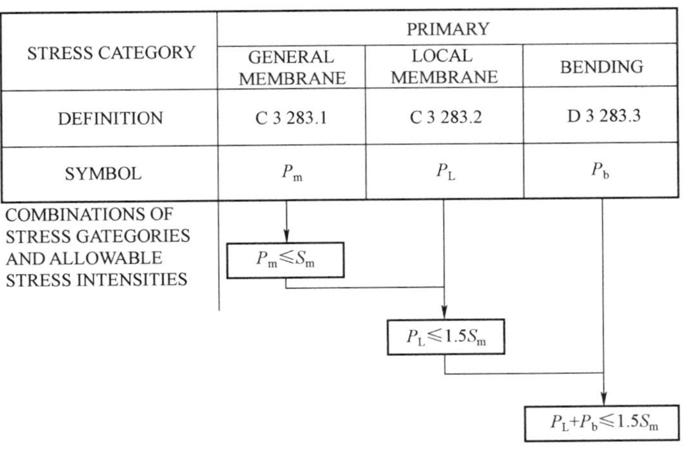

图 8 RCCM C3283 0 级准则应力评价标准

表 5 各路径应力分类评价

路径编号	路径标签	P_m/MPa	(P_L/P_L+P_b)/MPa	S_m/MPa	$1.5S_m$/MPa	评价结果	说明
1	A	30.159	35.245	247	370.5	通过	螺纹孔 7
2	B	26.039	30.986	247	370.5	通过	螺纹孔 8
3	C	9.976 3	11.071	247	370.5	通过	螺纹孔 2
4	D	5.695 2	5.928 2	247	370.5	通过	螺纹孔 3
5	E	18.222	29.681	247	370.5	通过	应力最大值
6	F	21.955	32.649	247	370.5	通过	应力相对较大值

3.4 辅助给水汽动泵壳体水压试验及泵组性能试验

补焊后壳体按照水压试验大纲要求进行 1.2 MPa、30 min 的耐压试验,升压、保压要求见图 9。水压试验过程无压降,壳体无泄漏,结果合格,见图 10。

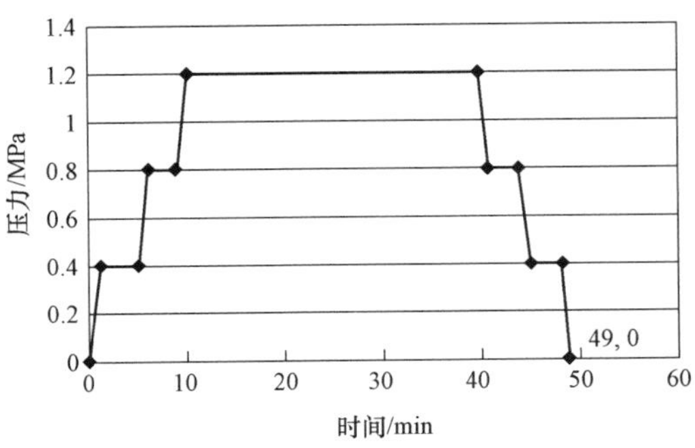

图 9 壳体水压试验曲线(补焊后)

辅助给水汽动泵组装后,以额定速度范围的 −1%~2% 的速度在试验台上进行试验。按照规范 ISO 9906 1 级的要求,在运行范围(从 25~155 m^3/h)内选取 13 个测试点,绘制 H-Q 曲线,同步测量

25 m^3/h、126 m^3/h、135 m^3/h、155 m^3/h 流量下泵组的振动、噪声，性能试验合格，性能曲线见图 10。

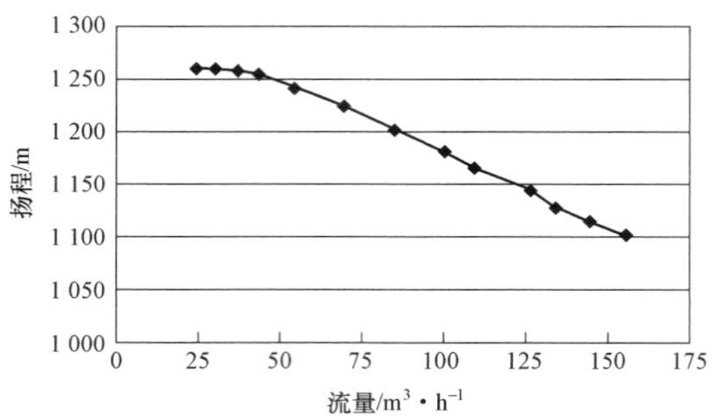

图 10 泵组性能试验 H-Q 曲线(补焊后)

4 结语

辅助给水汽动泵壳体中央水室螺纹孔泄漏是一种典型的盲孔机加工泄漏，本文采取机加贯穿，填充同材质堵头，改变焊接接头形式，对泄漏螺纹孔进行补焊返修，并通过补焊后壳体的模拟应力分析、壳体水压试验和泵组性能试验验证返修后壳体强度、密封性满足设计要求，泵组性能满足运行需求，在未影响泵组完整性和性能的基础上，有效的解决了螺纹孔泄漏问题，为此类盲孔机加工失误提供一种可行的返修方案。

Study on leakage treatment of screw hole of 1 000 MW nuclear power plant auxiliary feed water steam pump shell

WANG Chao, WANG Jian-hui, LI Ming, YANG Zhi

(China Nuclear Power Engineering Co., Ltd., Shenzhen, Guangzhou, China)

Abstract: In this paper, takes the treatment of 1 000 MW nuclear power plant auxiliary feed water turbine-drive pump casing thread hole leakage as an example, analyzes the causes for the leakage, introduces the welding repair method and the repair process control, and verifies the reliability of the shell after welding repair by the stress analysis of the repaired shell, hydraulic test and performance test of the pump, provides a reference repair method for similar blind hole machining problems.

Key words: auxiliary feed water turbine-drive pump; leakage; stress analysis; welding

高温气冷堆一回路主设备调整装置设计及应用研究

孙朝朋
(中国核工业二三建设有限公司,北京 100084)

摘要:本文针对高温堆气冷堆示范电站一回路主设备安装这一施工难点,开展一回路主设备调整装置的设计及应用研究,采用液压提升和顶升相结合的原理,进行了总体方案比选,确定了设计原则,进行了设计方案,并实现一回路主设备中大重量的压力容器筒体、金属堆芯壳和蒸汽发生器调整所需起吊载荷和运行精度的要求。论文成果已应用于高温堆气冷堆示范电站,解决了高温堆气冷堆示范电站一回路主设备的精确调整需求,又为其他核电站大重量设备调整提供思路和应用经验。

关键词:高温气冷堆;一回路主设备;调整装置设计及应用

引言

高温气冷堆示范电站(简称"高温堆")作为十六个国家科技重大专项之一,是我国拥有自主知识产权、具有第四代技术特征的先进核能技术,具有固有安全特性,应用领域广泛,商业化前景非常广阔。一回路主要设备包括:反应堆压力容器、蒸汽发生器、热气导管壳体及热气导管、堆内金属和陶瓷构件等主要设备,这些大型复杂设备是高温堆的心脏,安装条件苛刻,精度要求高,施工难度极大。

目前国内商用核电堆型中均由设计方规划并设计一回路主设备的调整设备,如M310、CPR100、华龙一号等均由环吊进行调整,AP1000采用专用液压顶升设备进行调整[1]。10 MW高温气冷实验堆采用加强后的检修吊车进行主设备调整[2],高温堆反应堆未设计专门的主设备调整设备,反应堆大厅检修吊车的最大额定起吊能力为100 t,无法满足单体重达594 t的压力容器筒体、252 t金属堆芯壳和420 t蒸汽发生器的调整需求,按照现阶段安全管理要求10 MW高温气冷实验堆检修吊车加强的方式已无法实现。因此,开展了一回路主设备调整装置(下文简称"调整装置")的设计及应用研究工作。

1 一回路主设备调整难点分析

1.1 高温堆一回路主设备的组成及布置特点

高温堆采用两个反应堆带一台汽轮发电机组,两个反应堆对称布置,每个反应堆需调整的设备包括反应堆压力容器筒体、反应堆金属堆芯壳和蒸汽发生器。金属堆芯壳安装在压力容器筒体内部用于支承堆芯构件,与压力容器筒体共同位于反应堆舱室。蒸汽发生器通过热气导管壳体与压力容器筒体连接,位于蒸汽发生器舱室,如图1所示。

作者简介:孙朝朋(1984—),男,河北人,高级工程师,学士,现主要从事核电安装工作

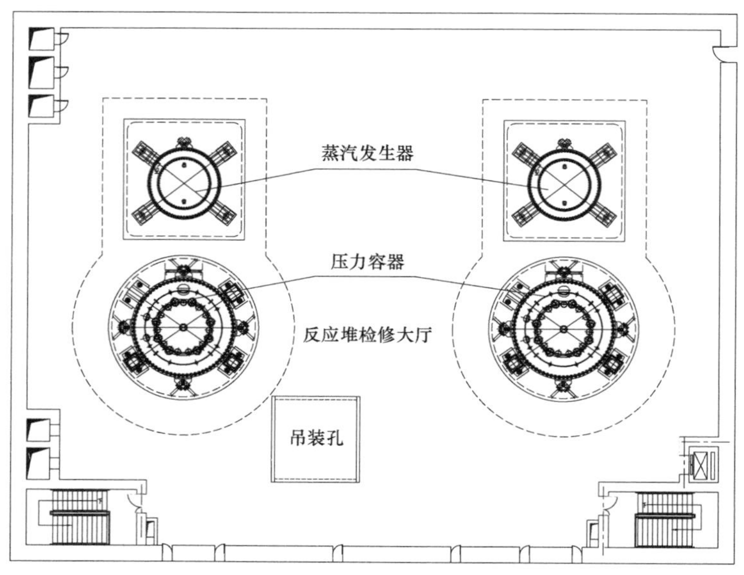

图 1　反应堆检修大厅俯视图

1.2　高温堆一回路主设备技术难点

1.2.1　主设备单体体积大、重量高(表 1)

表 1　主设备尺寸及重量信息表

主设备名称	主(上)法兰面直径/m	设备高度/m	调整时重量/t
压力容器筒体	6.376	27.4	594
金属堆芯壳	5.520	20.7	252
蒸汽发生器	4.496	17.0	420

1.2.2　主设备安装精度高

(1) 压力容器筒体的安装精度要求

- 压力容器筒体主法兰面的水平度偏差≤1.0 mm;
- 热气导管管嘴法兰面与舱室基准面平行度偏差≤1 mm;
- 压力容器筒体纵轴线与舱室纵轴线的同轴度偏差≤Φ4.0 mm。

(2) 金属堆芯壳的安装精度要求

- 金属堆芯壳上法兰和压力容器筒体主法兰的同心度≤Φ1.00 mm;
- 金属堆芯壳上法兰和压力容器筒体主法兰的平行度为 1.0 mm;
- 金属堆芯壳和压力容器筒体的周向对应角度精度为±30″(0.5′)。转换为线性尺寸公差为金属堆芯壳上法兰 0°、90°、180°、270°线和压力容器筒体主法兰对应角度的线性尺寸偏差为±0.41 mm;
- 金属堆芯壳上法兰端面和压力容器筒体上法兰内表面轴线垂直度 1.0 mm。

(3) 蒸汽发生器的安装精度要求

- 蒸汽发生器主法兰密封面的水平度要求≤1.5 mm;
- 蒸汽发生器热气导管管嘴法兰与热气导管壳体法兰最大值与最小值的差值不大于 0.3 mm。

1.3　高温堆起重设备调整能力

反应堆大厅检修吊车的功能仅为运行期间检修使用,未考虑工程建造安装阶段的所有使用需求。其最大额定起吊能力为 100 t,大车点动最小运行距离约为 2～3 mm,小车点动最小运行距离约为 1～2 mm。起吊能力和运行精度均无法满足压力容器筒体、金属堆芯壳和蒸汽发生器的调整需要。

2　一回路主设备调整装置设计研究

针对一回路主设备安装调整所面临的这些挑战，论文提出了在舱室墙体顶面采用液压提升和顶升相结合的原理设计一套调整装置用于高温堆一回路主设备调整工作的设想。

调整装置设计需要解决如下几个关键技术的问题：

(1) 设计的调整装置需具备 x、y、z 方向位移及绕 z 轴旋转精确调整的功能；

(2) 设计的调整装置需能满足压力容器筒体、金属堆芯壳和蒸汽发生器三件不同直径设备的调整工作，同时也需解决调整装置与三件主设备不同的连接方式；

(3) 设计的调整装置跨度需能调节，因在调整压力容器筒体和金属堆芯壳时调整装置所在基础的跨度与调整蒸汽发生器时不相同；

(4) 解决金属堆芯壳调整提升 1.2 m(压力容器筒体和蒸汽发生器调整时最大提升约 100 mm)时调整装置的整体稳定性问题。

2.1　总体技术方案比选

总体技术方案研究的目标是要确定合适的调整装置型式和运行模式，针对一回路主设备的特点和其所在舱室结构型式，完成了以下三种调整装置总体技术方案的初步设计：

2.1.1　方案 1:双梁桥式起重机型式设计方案

本方案借鉴双梁桥式起重机的结构型式[3]，由主梁、吊装带和专用单程液压缸和四组液压千斤顶组成。通过位于主梁上的两层 12 个单程液压缸的同方向移动实现 x 和 y 方向的位移，通过上层 4 个单程液压缸对角反方向移动实现绕 z 轴旋转的功能。通过位于主梁下方的四组液压千斤顶的顶升和下落实现 z 方向的位移。

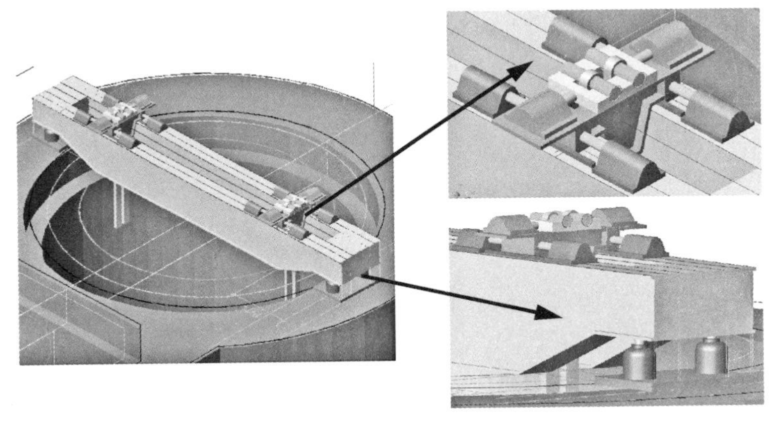

图 2　双梁桥式起重机型式设计方案

2.1.2　方案 2:单梁桥式起重机型式设计方案

本方案借鉴单梁桥式起重机的结构型式[3]，由主梁、吊装带和三维液压调整机组成，主梁和被调整的主设备之间连接方式与方案 1 相同。x、y、z 方向位移及绕 z 轴旋转的功能通过主梁下方的四组三维液压调整机的联动位移实现。

2.1.3　方案 3:框架结构型式设计方案

本方案整体由主梁、拉索和三维液压调整机组成，主梁由箱型梁通过螺栓连接成框架结构。x、y、z 方向位移及绕 z 轴旋转功能的实现与方案 2 相同。针对压力容器筒体和蒸汽发生器的拉索选用钢拉板，金属堆芯壳的拉索采用液压张拉机的钢绞线，在主设备周向 4 等分位置分别设置连接点。

2.1.4　方案比选

总体技术方案比选的原则为在保证功能实现及可行性的前提下，选择制作成本最低的方案。

(1) “双梁桥式起重机型式设计方案”虽然主梁设计有成熟行业可参考、各液压缸、千斤顶和吊装

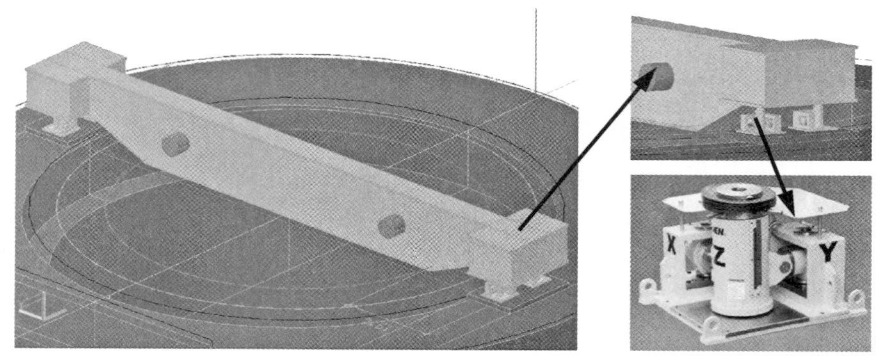

图 3　单梁桥式起重机型式设计方案

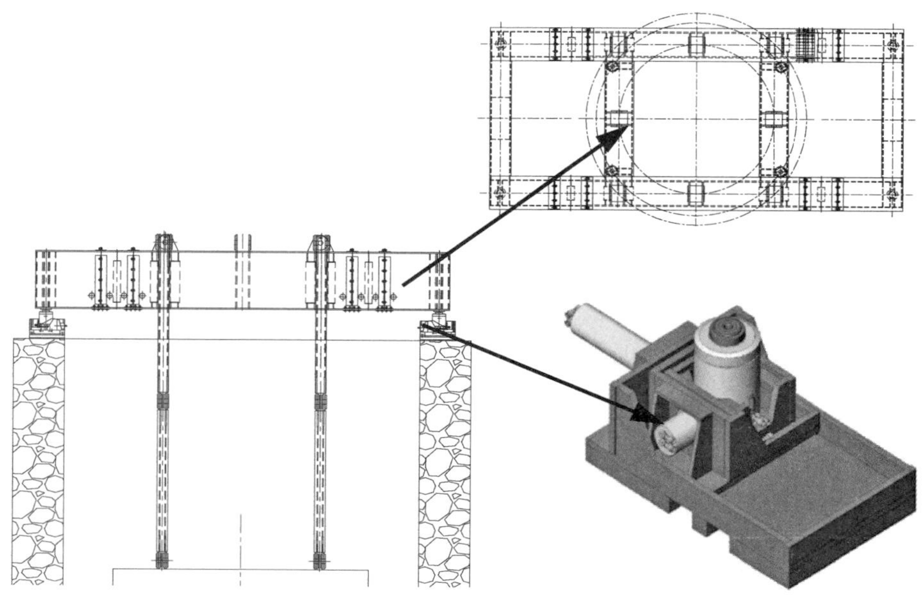

图 4　框架结构型式设计方案

带易于采购、制造成本低等优点；但对主设备的水平度调整不易实现；吊装带的弹性变形较大，精度控制较难；调整结束后主梁只能破坏性拆除才能运出核岛。因此，经综合考虑，不采用此方案。

(2)"单梁桥式起重机型式设计方案"的整体型式简单，加工制造方便；在包含方案 1 的不利之处外，本方案在调整金属堆芯壳起升 1.2 m 时稳定性欠佳。因此，此方案不适用。

(3)"框架结构型式设计方案"主梁结构因螺栓连接原因整体尺寸较大，但方便拆解，可以重复使用；钢拉板和钢绞线变形小，调整装置的运行精度容易传递到被调整的主设备；与主设备连接 4 点角度等分，水平度调整容易实现。因此，决定采用"框架结构型式设计方案"实现一回路主设备的调整。

2.2　一回路主设备调整装置详细设计

调整装置设计研究的任务是在采用"框架结构型式设计方案"后，进一步完成调整装置具体结构梁、液压系统及三台主设备不同连接方式的详细设计。

2.2.1　结构梁设计

结构梁由端梁、中间梁和延长梁组成，之间用螺栓连接，如图 5 所示。三组共 12 个吊点布置在中间梁上。调整压力容器筒体和金属堆芯壳时，将端梁、中间梁和延长梁全部组合；调整蒸汽发生器时，去除延长梁，总跨度为 9 000 mm。端梁、中间梁(可解体为两部分)和延长梁总重 55 t，拆解后每件均能用反应堆检修大厅吊装通过吊装孔运出核岛。

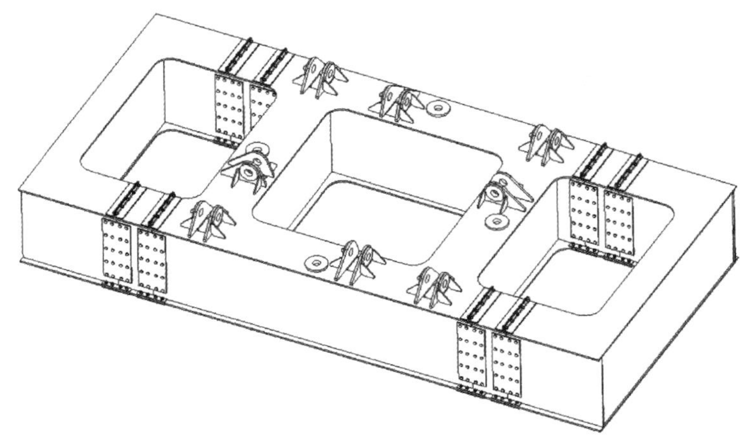

图 5　结构梁设计图

2.2.2　液压系统设计

三维液压调整机 x 向、y 向水平油缸和 z 向升降油缸组成，将 4 台三维液压调整机布置在结构梁四角（如图 6 所示），z 向升降油缸顶部卡在结构梁预设的卡槽内。

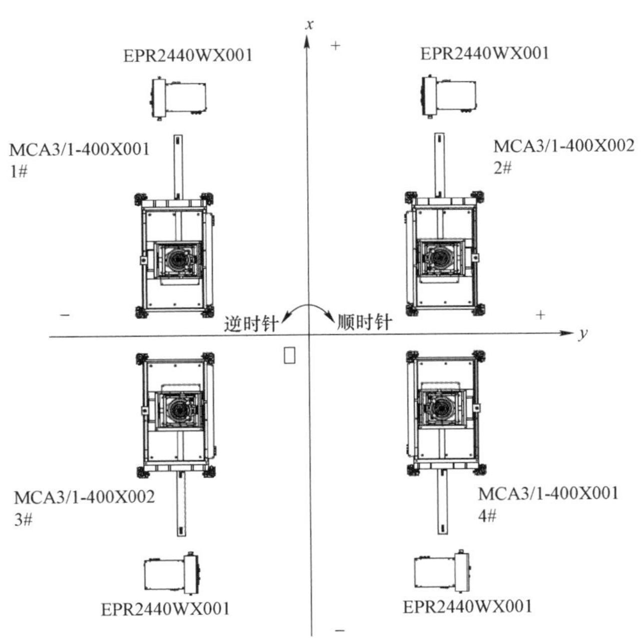

图 6　三维液压调整机布置图

1＃—2＃的 x 向油缸同时伸出，可以完成结构梁沿着 x－方向的移动；3＃—4＃的 x 向油缸同时伸出，可以完成结构梁沿着 x＋方向的移动。

同样，1＃—3＃的 y 向油缸同时伸出，可以完成结构梁沿着 y＋方向的移动；2＃—4＃的 y 向油缸同时伸出，可以完成结构梁沿着 y－方向的移动。

1＃—4＃的 x 向同时伸出，2＃—3＃的 y 向油缸同时伸出，可以完成结构梁沿中心的“逆时针”旋转；2＃—3＃的 x 向，1＃—4＃的 y 向油缸同时伸出，可以完成结构梁沿中心的“顺时针”旋转。

z 向油缸整体伸出、回缩，带动结构梁升降；单个油缸伸出、回缩也可以实现水平调整。

2.2.3　连接系统设计

（1）压力容器筒体与蒸汽发生器连接系统

主要由吊耳、可调拉杆、过渡拉板、双拉板、三拉板、顶部拉板和连接各零部件的销轴组成，压力容器筒体调整时连接系统如图 7 所示。蒸汽发生器调整时连接系统如图 8 所示。

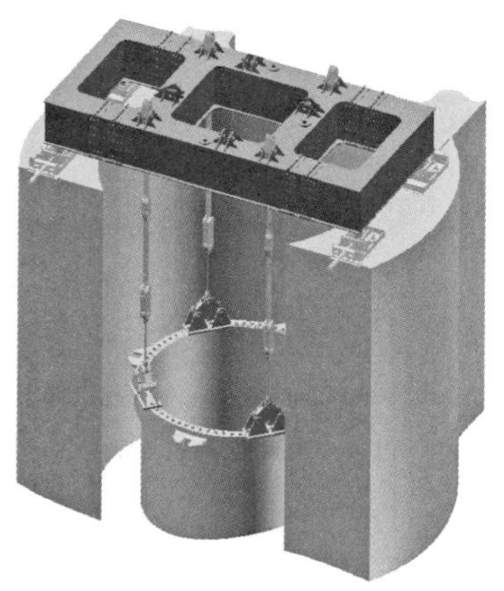

图 7 压力容器筒体调整示意图

图 8 蒸汽发生器调整示意图

(2) 金属堆芯壳连接系统

主要由液压张拉机、钢绞线、底锚装置和连接各零部件的销轴组成。调整时通过液压张拉机提升或下降钢绞线，以满足金属堆芯壳调整过程中提升和下降的要求，如图 9 所示。

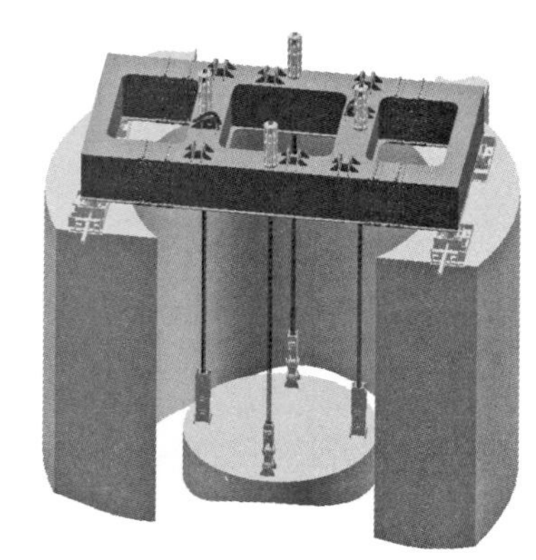

图 9 金属堆芯壳连接系统及调整示意图

2.3 计算校核

结构梁材料为 Q345B，选择结构梁最大跨度，承受最大调整载荷的情况进行校核。应力最大处在刚性区域连接处，为应力集中点，可以忽略，其余应力均在 200 MPa 以下，最大位移 10.379 mm，符合要求。

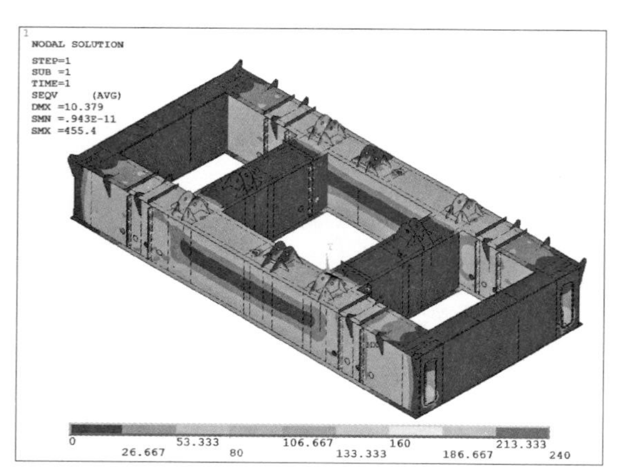

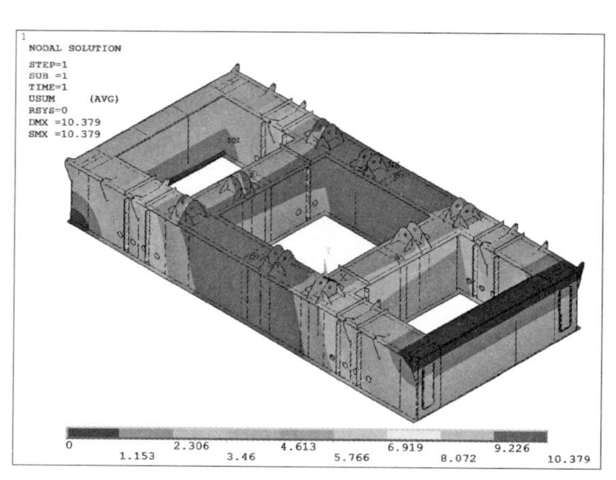

图 10 承受最大调整载荷整体应力图及位移图

3 应用效果分析

目前，调整装置已成功应用于示范工程 2 台压力容器筒体、2 台金属堆芯壳和 2 台蒸汽发生器的调整工作。调整后各参数实测值均达到设计要求。

高温堆主设备的调整采用调整装置后获得如下效果。

(1) 提高工程质量：调整装置运行精度高、操作简便，量化实现主设备安装的各项技术指标，有效提高安装效率与质量；

(2) 改善工作环境,保证施工安全:调整装置的操作在反应堆检修大厅进行,减少了在舱室内作业人员数量,极大地改善了工人的工作环境,有力提高了施工安全;

(3) 缩短主设备安装周期:调整装置在进行主设备安装调整时,通过同步控制台实现自动调整,节约人员投入,减少重复操作。缩短主设备的安装周期,保障一回路主设备安装的施工进度。

4 结论

一回路主设备的安装是高温堆工程建设的关键难点之一,通过完成调整装置的设计并应用,有效提升了一回路主设备安装的质量和效率,有力推动了高温堆的顺利建成。同时调整装置在后续60万kW高温堆电站一回路舱室结构不变的情况下,可以直接应用,为高温气冷堆商业化推广提供重要的技术支撑。

液压提升或顶升技术目前在大型钢结构、桥梁、造船等领域已应用较为广泛,在核电站建设中应用较少,论文所取得的成果和经验为其他核电站大、重型设备安装调整提供了思路和参考经验。

参考文献:

[1] 许越武,高宝宁. AP1000核电机组反应堆压力容器的安装[J]. 压力容器,2012,29(1):69-74.
[2] 高振国,林霞. 利用50 t桥吊吊装114 t反应堆压力壳[J]. 安装,2000(1):5-6.
[3] 张质文,虞和谦. 起重机设计手册[M]. 北京:中国铁道出版社,1998.

Design and application research of main equipment adjustment device for primary circuit of high temperature gas-cooled reactor

SUN Zhao-peng
(China Nuclear industry 23 Construction CO. ,LTD. ,Beijing,China)

Abstract: Aiming at the construction difficulty of the primary circuit main equipment installation of the high temperature reactor gas-cooled reactor demonstration power station, this paper carried out the design and application research of the primary circuit main equipment adjustment device, using the principle of combining hydraulic lifting and jacking to complete the overall plan comparison and selection. The design principle was determined, the design plan was completed, and the requirements for the adjustment of the heavy pressure vessel cylinder, the metal core shell and the steam generator in the primary circuit main equipment and the operation accuracy were achieved. The results of the thesis have been applied to the high-temperature reactor gas-cooled reactor demonstration power station, which solves the need for precise adjustment of primary equipment of the high-temperature reactor gas-cooled reactor demonstration power station, and provides ideas and application experience for the adjustment of heavy equipment in other nuclear power plants.

Key words: High-temperature gas-cooled reactor; primary equipment; adjusting device design and application

奥氏体不锈钢覆面 PAW 焊接工艺研究

王南生[1],邓克剑[2]
(1. 中国核工业二四建设有限公司,福建 漳州 363300;2. 中国核工业二四建设有限公司,山东 烟台 264000)

摘要:先进高效的焊接方法可以极大地提高焊接质量和施工效率。本文针对 3～6 mm 厚 022Cr19Ni10 奥氏体不锈钢的性能特点和焊接特性,通过采用 PAW 焊接方法,选用合理的焊接材料,调试焊接工艺并进行工艺参数的总结及固化,在焊接过程中严格控制焊接热输入。焊后焊缝及热影响区获得了与母材较为相近的奥氏体组织,焊接接头具有良好的力学性能,进行相应的焊接工艺评定完全满足 NB 能源标准的要求,验证了 PAW 焊接工艺可以满足奥氏体不锈钢焊接需求,保证了焊缝外观及内部成形质量。PAW 自动焊焊接效率较传统手工钨极氩弧焊提高约 5～7 倍,成本节约 30%～40%,起到了降本、增效、保质的效果。

关键词:PAW 自动焊;焊接工艺;奥氏体不锈钢覆面

在核电站建设中,一台华龙一号机组不锈钢覆面容积共约 13 600 m^3,水池建造期间焊缝焊接量约 13.7 km、用钢量大约 750 T、建造周期约 36 个月。传统手工氩弧焊焊接质量受人为影响因素较大,效率低下、劳动强度大,对焊工技能要求极高;而采用热丝 TIG 自动焊只适用于带垫板焊,对组对间隙和坡口要求较高;为了顺应核电建造快速发展需求,需要改变只能在水池现场进行不锈钢覆面安装施工的传统作业模式,变成在车间模块化制作和现场模块化拼装,达到缩减施工工期和降低施工成本的目的。

鉴于此,公司研制了一套适用于覆面模块化施工的等离子弧自动焊设备及工艺。在研究过程中对原有基础设备进行改进研究,使等离子弧焊接系统设备能够适应长直焊缝单面焊双面成形焊缝连续自动化焊接。通过对 6 mm S30403 奥氏体不锈钢工艺的研究,并完成具有代表性和覆盖性强地现场模拟件工艺研究,验证了等离子弧自动焊具备现场焊接能力,并能应用于核电站不锈钢模块化制作安装生产中,能保证工程建设的质量和进度,提高自动化生产程度,有效解放劳动力。

1 等离子弧焊工艺原理及设备组成

1.1 等离子弧焊工艺原理

用等离子弧作为焊接热源进行焊接的方法称为等离子弧焊。等离子弧焊由钨极氩弧焊发展而成,是一种受约束的非自由电弧。等离子弧焊接过程原理图如图 1 所示。钨极在水冷喷嘴内部,离子气由钨极周围通入,保护气则在喷嘴外部在焊接过程中对熔池起保护作用[1]。工艺试验过程中采用的非转移型弧方式进行焊接,即先启动等离子小弧,为钨极和喷嘴之间通过高频电源引燃辅助电弧(又称维弧)。再启动在钨极和工件之间接通主电源,引燃大弧(又称主弧)。

6～10 mm 不锈钢覆面采用单道焊双面成型采用的小孔型等离子弧,利用等离子弧能量密度大和等离子流吹力大的特点,将工件完全熔透,并在熔池上产生一个贯穿焊件的小孔。等离子弧通过小孔从背面喷出,被熔化的金属在电弧吹力、液体金属重力和表面张力相互作用下保持平衡[2]。焊枪前进过程中,小孔在电弧后方锁闭,形成完全熔透的焊缝。等离子弧焊接工艺适用于单面焊双面成形焊接,可减少填充金属的消耗,特别是 3～8 mm 的不锈钢可以不开坡口,不留间隙,一次焊透。小孔成型原理图见图 2。

作者简介:王南生(1991—),男,湖南临湘人,工程师,现主要从事焊工管理及自动焊工艺研究

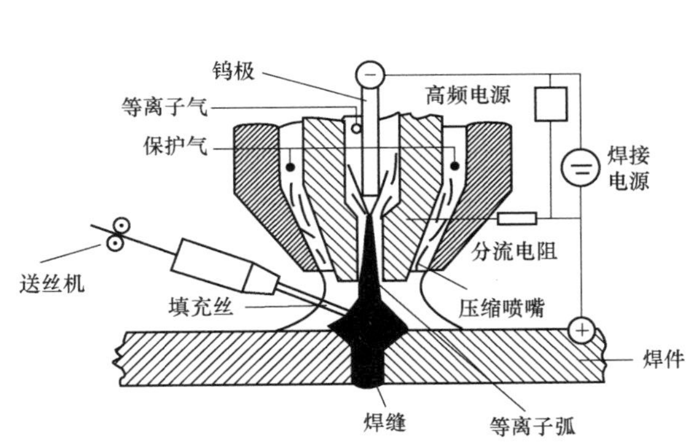

图 1　等离子弧焊接过程原理图[1]

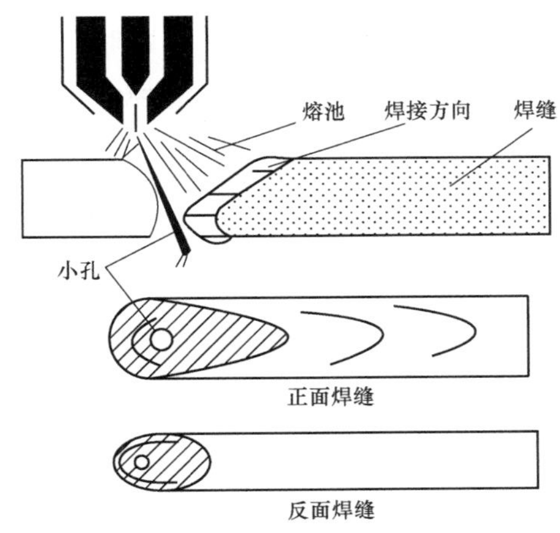

图 2　小孔型等离子弧焊原理图

1.2　等离子弧自动焊设备组成

开发一套等离子弧自动焊系统由 1 套适用于平焊、横焊、立焊位置的焊接小车系统，1 套焊缝跟踪器系统，1 套等离子弧焊接电源及送丝系统，1 套可视化焊接系统组成。通过 4 套独立系统的整合，实现了等离子弧自动焊焊接功能。焊接小车系统主要实现焊接过程中小车的移位，带动其他附属装置进行工作。焊缝自动跟踪系统主要作用是通过传感器不断扫描焊缝坡口的形状并计算坡口数据实时反馈到控制器从而控制焊枪在坡口中的合适位置以及高度控制。等离子弧焊接电源系统主要为整个焊接系统提供稳定的焊接电弧和电压，由等离子弧发生器和焊枪产生稳定的等离子小弧和主电弧（图 3）。

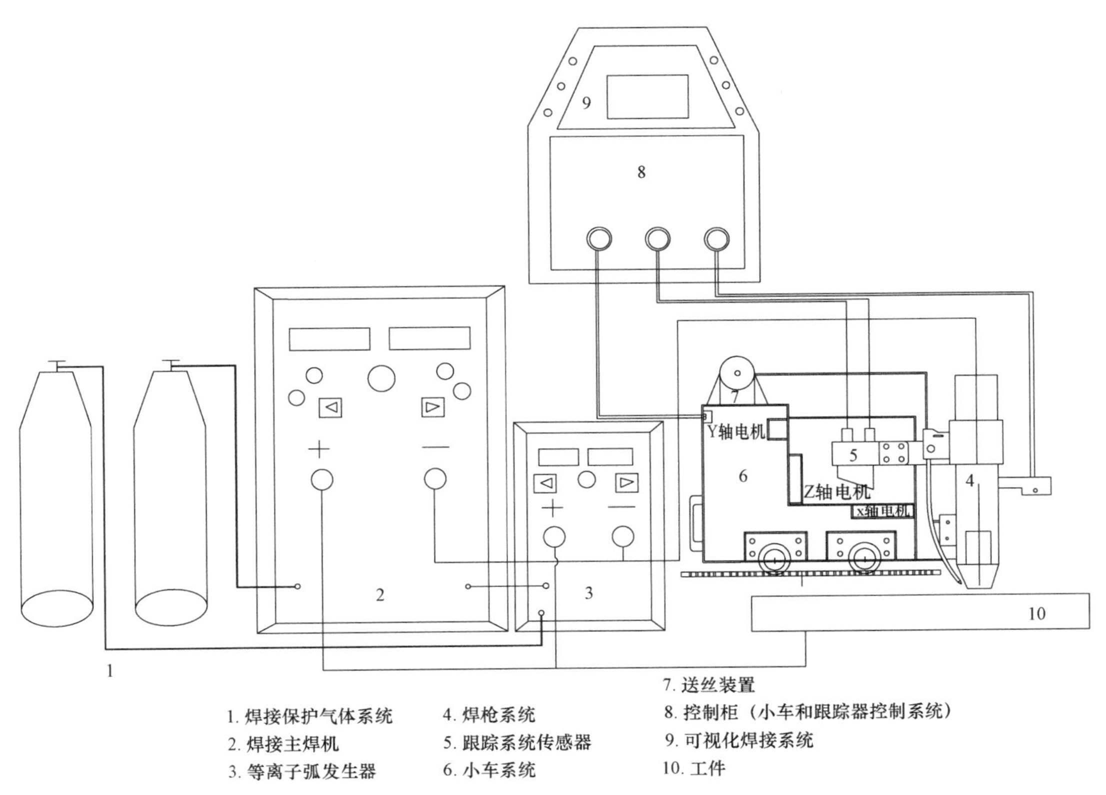

图 3　等离子弧自动焊系统结构框图

2 焊接方法的适用范围和工艺特点对比

通过对手工钨极氩弧焊、热丝 TIG 自动焊、等离子弧自动焊三种焊接方法的适用范围及工艺特点进行基础对比分析(表 1)。

表 1 焊接设备、特点及适用范围对比表

焊接方法	焊接设备	适用范围	工艺特点
GTAW(手工钨极氩弧焊)	设备简单、成熟,性能稳定可靠	适用于不锈钢、碳钢、合金钢、铜、钛、铍、镍合金以及难熔金属的全位置对接及角接焊缝以及薄板的焊接	1. 焊接质量取决于焊工技能水平,对焊工技术要求高 2. 焊前对现场工况要求较低,适用范围广 3. 焊接效率低 4. 适用于全位置焊接,接头形式可为 T 型、对接等
GTAW-A(热丝 TIG 自动焊)	增加自动控制系统、自动加热送丝系统、行走系统,设备整体较复杂,智能化程度较高	适用于锅炉、压力容器、高压管道、海洋采油装备石油装置、航空航天工程和军械制造等高端工业部门,用于碳钢、低合金钢、高合金钢、不锈钢和镍基合金等重要焊接部件的焊接	1. 适用于焊缝质量要求高,特殊部分焊接,应于范围对焊接环境要求高 2. 焊接熔敷效率相比手工氩弧焊大大提高 3. 能实现连续作业,避免焊接接头产生的质量缺陷,焊缝质量高 4. 机械自动化焊接,降低焊接操作者的劳动强度,降低对焊工技能水平的要求 5. 适用于对接焊缝平、横、立位置焊接,不适用于仰焊
PAW(等离子弧自动焊)	配置行走系统、电控系统,激光跟踪系统,热输入智能系统等,设备稳定性高,设备整体较复杂,智能化程度高	等离子弧焊主要用于焊管制造、薄板部件及设备上的小尺寸焊缝的焊接、管子根部焊缝的焊接、薄壁管子对接,板厚一般 3 ~ 8 mm 的不锈钢、12 mm 以下的钛合金	1. 能量密度更加集中、温度更加高、焰流速度更加大,且刚直性更好的特点[2]。适用于单面焊双面成型 2. 热影响区小,焊缝形状非常理想,焊缝两侧的熔合线边缘接近平行,降低了角变形 3. 等离子弧能量密集、流速快具有很好的稳定性和刚直性,可进行高速焊接,焊缝窄而深,能量利用率高,焊接效率高 4. 主要用于对接焊缝平焊位置焊接,不适用于仰焊

注:对比表小结:等离子弧自动焊设备智能化程度最高,焊接特性好。适用于不锈钢覆面平、横、立焊位置的高效焊接施工。

3 6 mm 厚不锈钢覆面等离子弧焊接工艺

3.1 试验材料

母材选择 6 mm 厚的山西太钢 S30403 奥氏体不锈钢钢板,其标准规范及实际化学成分对比表见表 2,力学性能对比表见表 3,焊材选用大西洋 CHM-308L 不锈钢焊丝,直径为 1.2 mm。不锈钢板及不锈钢焊丝进场后需要进行检查验收。CHM-308L 不锈钢焊丝化学成分见表 4。

S30403 奥氏体不锈钢化学成分及力学性能要求如下。

表 2　S30403 奥氏体不锈钢板化学成分(%)

化学元素	C	Si	Mn	P	S	N	Cr	Ni
标准值	≤0.030	≤0.75	≤2.0	≤0.045	≤0.030	≤0.10	18～20	8.0～12
实测值	0.020	0.37	1.62	0.030	0.002	0.05	18.1	8.0

表 3　S30403 奥氏体不锈钢的力学性能指标

检测项目	屈服强度/MPa	抗拉强度/MPa	伸长率/%	冲击吸收功/J	硬度(HRB)
标准值	≥170	≥485	≥40	/	≤92
实测值	284	650	55	≥60	85

表 4　CHM-308L 不锈钢焊丝化学成分[3]　(单位:%)

化学元素	C	Mn	P	S	Si	Cr	Ni	Mo	Cu
标准值	≤0.030	1.00～2.50	≤0.030	≤0.030	0.30～0.65	19.00～22.0	9.00～11.00	≤0.75	≤0.75
实测值	0.022	1.94	0.016	0.008	0.59	19.93	10.08	0.066	0.009

3.2　焊接工艺试验

3.2.1　焊前准备

试板采用水切割设备按照 6 mm×150 mm×900 mm 尺寸切割下料,无须开坡口。组对前对焊缝两侧约 20 mm 范围内用角磨机清理,若试件表面有油污用丙酮擦拭去除,组对间隙控制在 1 mm 以内,每一平方米覆面允许的错边量小于 1 mm。试板组对好后,用干净的不锈钢钢丝刷进行焊缝区的打磨。试板具体坡口及组对间隙见图 4。试板组对好后安装焊缝背面气体保护成型槽,并黏贴密封胶带或密封带进行密封。

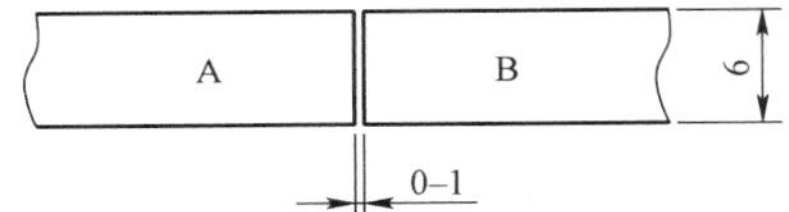

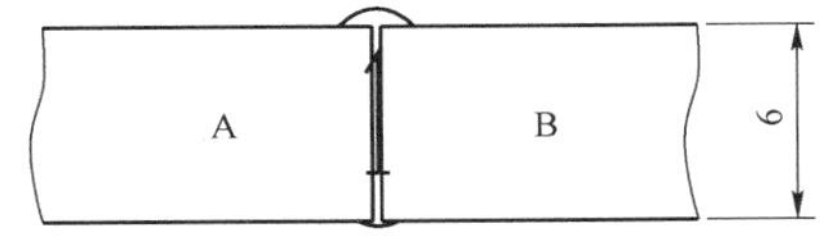

图 4　6 mm 不锈钢组对间隙要求(左图)、单焊道焊接接头(右图)

3.2.2　焊接工艺试验

通过前期多次焊接工艺试验,摸索出了各焊接工艺参数对焊缝成形及质量的影响,总结出一套合适的等离子弧焊接工艺参数,最终确定 6 mm S30403 奥氏体不锈钢小孔型等离子弧一次焊透的焊接工艺参数。具体工艺参数见表 5。

表 5　6 mm S30403 奥氏体不锈钢板等离子弧焊工艺参数

脉冲频率 F-P	焊接电流			电压/V	焊接速度 V/(mm/s)	99.99%Ar 气体流量/(L/min)			送丝速度/(m/min)	焊接热输入/(kJ/mm)
	焊机主电流/A	基值电流/%	等离子弧电流/A			正面保护气	等离子弧气体	背面保护气		
6.0	170～190	50%～65%	20～30	23～26	1.8～2.5	15～20	1.5～3.0	20～25	1.2～2.0	0.491～1.351

注:喷嘴尺寸为 Φ3.2 一孔喷嘴,钨极内缩量为 3.0～3.5 mm,热效率因素按 60%计算。

焊接工艺参数说明：该试验方法中采用的脉冲直流小孔成型焊接工艺，焊缝熔深主要受影响参数为焊机主电流、钨极内缩量、等离子弧气体流量三个参数的影响，熔宽主要受占空比，电压参数的影响。影响焊接实际电流的主要参数为焊机主电流、基值电流、占空比。

等离子弧焊气体及焊接保护气体均选用纯氩气。正面焊缝表面成型均匀，焊缝余高 1.0～1.5 mm，宽度 9～12 mm。背面焊缝高度 0.5～1.0 mm，宽度 2～3 mm(图 5)。

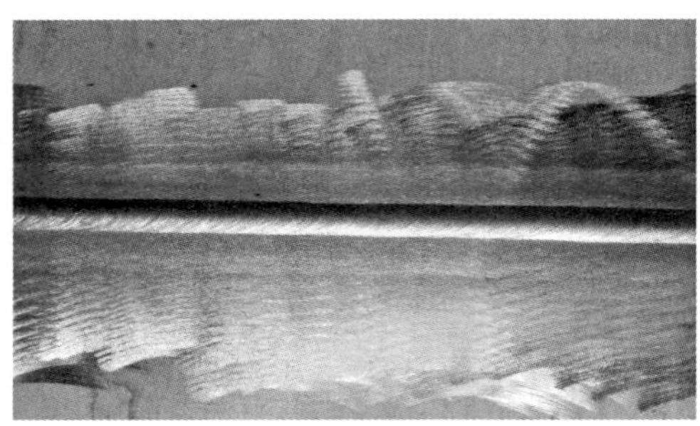

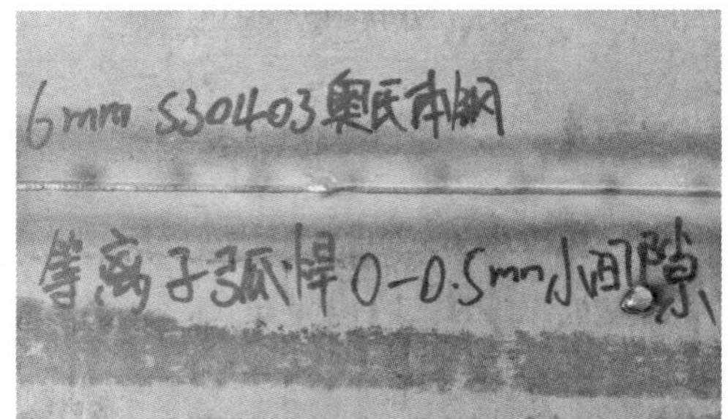

图 5　6 mm S30403 奥氏体不锈钢等离子弧焊缝正面及背面成形

3.3　无损检测和理化试验

由于项目是依托福清华龙一号机组进行研究，所以等离子弧试板无损检测均按照 NB/T 20003 的规定执行，具体检测项目、检测标准及验收标准和检测结果如表 6 所示：

表 6　6 mm S30403 奥氏体不锈钢等离子弧焊试板无损检测项目

序号	项目	检测标准	验收标准	合格情况
1	焊前 VT	NB/T 20003.7—2010	NB/T 20003.7—2010	合格
2	焊后 VT	NB/T 20003.7—2010	NB/T 20003.7—2010	合格
3	焊后 PT	NB/T 20003.8—2010	NB/T 20003.8—2010	合格
4	焊后 LT	NB/T 20003.4—2010	NB/T 20003.4—2010	合格
5	焊后 RT	NB/T 20003.3—2010	NB/T 20003.3—2010	合格

经过检测，所有项目符合标准要求，RT 检测符合 NB/T 20003.3—2010《核电厂核岛机械设备无损检测 第 3 部分 射线检测》1 级焊缝的要求。

理化试验进行了接头横向全厚度拉伸试验，弯曲试验以及宏观微观金相试验，均未发现焊接缺陷和裂纹，可见接头的综合力学性能良好。具体检测情况如表 7 所示：

表 7　6 mm S30403 奥氏体不锈钢等离子弧焊试板无损检测项目

检测项目	拉伸试验 Rm/MPa	弯曲试验(面弯、背弯)	微观金相	宏观金相
标准要求	≥485	单条缺陷长度≤3 mm	无显微裂纹、沉淀物	无缺陷
检测结果	635、631	无裂纹、合格	合格	合格

宏观金相检测结果为：检测区无裂纹、未熔合、熔敷金属与母材的未结合、焊道间的未结合、未熔合及超过射线照相检测标准规定尺寸的气孔和夹渣等缺陷。

微观金相检测结果为：检测区无影响试件性能的显微裂缝和沉淀物。从热影响区和焊缝区可以看出焊缝组织均匀，无晶粒粗大现象。

从等离子弧焊焊缝质量来看，其成形系数 $\Phi=B/H$(B 为熔宽，H 为熔深)越小表示焊缝越深而窄。这意味着既能保证焊缝充分熔透，又使得焊缝宽度方向的无效加热区和热影响区范围缩小，从而提高焊接生产效率、减小焊接变形和缓解热影响区的恶化[4]。并且采用等离子弧自动焊工艺制作了

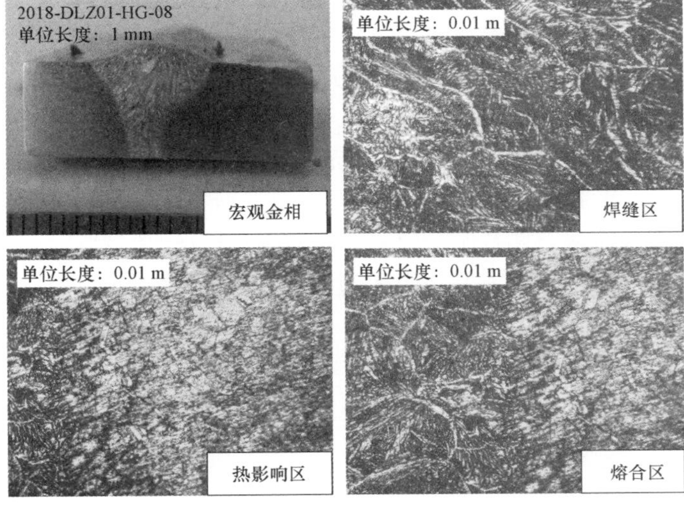

图 6　6 mm S30403 奥氏体不锈钢等离子弧自动焊金相图

模拟“华龙一号”6 号机组不锈钢非能动外挂水箱模拟件，模拟件焊缝长度为 21 m，共计 66 张片子，合格率 100%。证明等离子弧自动焊工艺是能够满足不锈钢覆面模块化制作的。

3.4　焊接过程控制及注意事项

(1) 焊接过程中注意控制焊接工艺参数在工艺预规程范围内。

(2) 焊接过程中，注意焊接小车行走稳定性，焊接电缆线不得有物体挂住压住，焊枪和激光模块不能随便触碰，激光线不能遮挡或掩盖，否则会影响正常跟踪。

(3) 引弧前提前 20～30 s 输送背面成型槽的保护气体以及焊枪后置尾气拖罩气体，焊接过程中禁止出现保护气体衰减或停送的情况；焊接过程中保证保护气体输送管路的通畅；焊枪大弧起弧前提前 5～10 s 打开等离子弧小弧，以免等离子气体起始位置不稳定。

(4) 焊前及焊接过程中要注意留意下焊缝跟踪控制程序数据及稳定性，如果程序有异常会影响正常跟踪，从而影响焊接质量，此时需要停止焊接作业。

(5) 焊缝起弧端和收弧端分别安装引弧板和收弧板，在引弧板上需提前开启小弧或开始正常焊接。收弧端焊缝焊接延伸至收弧板上，从而有效保证收弧处焊缝质量。

(6) 焊接接头处理：根据等离子弧自动焊焊接接头处手工焊工艺评定要求进行接头处理，确保等离子弧接头焊缝质量。

4　工艺研究过程难点控制

(1) 组对工艺难控制，较长不锈钢薄板组对容易出现组对间隙不满足要求、错边及变形的情况。当试板变形角度大的情况下将对焊缝跟踪稳定性的存在一定的影响。解决措施如下：在覆面板待焊焊缝两侧提前加固角钢保证覆面板整体的平整度，再采用水切割或者激光切割设备进行自动化切割工序，保证覆面板直边直线度和加工精度。若还无法满足工艺需求，则需要采用角磨机轻微修磨直边坡口，直到满足工艺需求。

(2) 工艺参数精确控制难度大，焊接过程中能量稍微大了试板容易烧穿或者背面熔透量偏多，能量小了背面不透。参数容易处于一个临界值，对焊前组对工艺控制严格。解决措施如下：采用较大的工艺参数焊接，使焊缝背面多熔透一些，保证焊缝内部质量。焊缝背面可打磨至与母材齐平。

(3) 薄板覆面板不预留间隙无缝跟踪，焊接过程中焊接变形大，对自动化焊缝跟踪设备要求较高。

5 结论

（1）等离子弧焊具有焊接速度快，焊缝深度比大，截面积小，薄板焊接变形小，热影响区窄，适用于不锈钢覆面的焊接。未来可在不锈钢覆面模块化制作中进行应用。

（2）6～8 mm 以下试板无须开坡口，减少了填充焊丝量，焊接效率是手工氩弧焊的 5～7 倍，是热丝 TIG 自动焊的 2～3 倍，节约了生产成本。

（3）小孔型等离子弧焊作为一种高能量密度焊接方法，具有适应性强、对接头装配精度要求低的特点，属低成本、高效焊接工艺。施工过程中带来的经济效益高，应用价值高。

（4）等离子弧自动焊易于实现单面焊双面成型，焊缝外观质量优良。对焊接接头进行无损检测、力学性能测试、金相组织观察及熔敷金属化学成分分析，接头性能均满足相关标准，焊缝内在质量优良。

参考文献：

[1] 罗飞，贾传宝．穿孔等离子弧焊接工艺综述[J]. 山东科学，2011(24)：16-21.

[2] 隋力、单勇．不锈钢等离子弧焊接工艺性研究[J]. 金属加工：热加工，2011(10)：52-53.

[3] 压水堆核电厂核岛机械设备焊接规范 第 2 部分：焊接填充材料验收 NB/T 20002. 2-2013[S]. 国家能源局，2013.

[4] 徐西军、齐风华．316 L 不锈钢等离子弧焊接工艺研究[J]. 金属加工：热加工，2013.

Study on austenitic stainless steel cladding with PAW welding process

WANG Nan-sheng[1], DENG Ke-jian[2]

(1. China Nuclear Industry 24 Construction CO. LTD, Zhangzhou Fujian, China; 2. China Nuclear Industry 24 Construction CO. LTD, Qingdao Shandong, China)

Abstract: Advanced and efficient welding methods can greatly improve the welding quality and construction efficiency. In this paper, the properties and welding characteristics of 3～6 mm thick 022Cr19Ni10 austenitic stainless steel are discussed. By using PAW welding method, reasonable selection of welding materials debug welding process and summarize and solidify process parameters, strictly control welding heat input in welding process. After welding, the austenite structure of weld and HAZ is similar to that of base metal. The welded joint has good mechanical properties. The welding procedure qualification can fully meet the requirements of NB energy standard and it is verified that the PAW welding method can meet the requirements of austenitic.

Key words: Automatic PAW welding; welding technology; austenitic stainless steel cladding

仿真模拟技术在核电站不锈钢水箱设计安装中的应用研究

李　敏[1],叶　勇[2],李文恒[3],李新欣[3]

(1. 中国核工业二四建设有限公司,山东 海阳 265100;2. 中国核工业二四建设有限公司,河北 三河 065200;
3. 中国核工业二四建设有限公司,山东 荣成 264300)

摘要:"华龙一号"核电机组的不锈钢水箱结构在设计上与M310堆型相比,不锈钢覆面增加了顶板结构,形成了"带顶"的大型环状水箱密闭结构。不锈钢结构板厚分别为3 mm,4 mm,6 mm本身壁薄,质地软,构件长度大,结构外形多为弯曲,成型精度要求高,加工难度较大,该文在不锈钢水箱设计安装阶段引入仿真模拟技术,模块化划分结构,设计了吊装工装,建立三维模型进行碰撞检测,达到缩短工期提高效率的目的。通过引入仿真模拟技术,实现了不锈钢结构模块化划分,车间制作,整体吊装的设计思路,实现了不锈钢结构安装先于混凝土浇筑的施工思路,为不锈钢结构的安装施工工艺积累了经验并形成了吊装工装的专利产品,方便以后同类型的核电站不锈钢结构及类似的民用、军工钢制内衬结构的安装。

关键词:不锈钢水箱;仿真模拟技术;模块化划分;车间制作;整体化吊装

引言

"华龙一号"作为自主知识产权的三代核电,在设计上与M310堆型相比,不锈钢覆面增加了顶板结构,形成了"带顶"的大型环状水箱密闭结构,其制造、安装难度加大了许多,覆面是由不锈钢钢板焊接在一起组成的,需要长期注水,所有焊接位置均需保证不能漏水。当顶板就位以后,形成了密闭空间,工人施焊环境十分危险,施工难度非常大。

随着核电站建造的数量增加,核电站迫切需要改善传统的建造和管理方式,尤其是现在大数据技术时代,建筑的信息化和智能化的发展趋势日益明显。不锈钢水箱作为核电站的重要组成部分也需要与时俱进,因此,在设计安装阶段引入仿真模拟技术,便于不锈钢结构的制造安装。

1　仿真模拟技术的引入

内置换料水箱的外环墙弧长为138 436.32 mm,半径为22 044 mm,壁厚4 mm,传统工艺中未来保证组对的精度按800 mm长的不锈钢钢板来组对,总共需要173道左右的竖向焊缝长度2 840 mm的焊缝,焊缝工程量非常之大,仅不锈钢覆面大约需要491.4 m长的焊缝量。传统工艺中,不锈钢水箱是在混凝土浇筑完成后进行安装,将钢覆面运到现场后一块一块地放线定位进行现场拼接,作业空间受限,材料运输、焊工操作都存在着极大的困难。基于传统的施工经验,在不锈钢结构的设计过程中引入仿真模拟技术对不锈钢水箱进行模块划分,车间加工,现场的焊接量能够降低60%;采用整体吊装方法在混凝土浇筑之前将不锈钢水箱安装就位,将传统的"后贴法"施工工艺转为"先贴法"施工,能够节省70%的工期,这样一来达到降低成本,提高效率的目的(图1)。

在对不锈钢结构设计过程中引入仿真模拟技术后有四大明显优势:一是可优化工程的关键线路,大幅度缩减现场工期;二是可在改善作业环境,降低安全风险的同时提高工程质量;三是可提高机械设备利用率,降低劳动强度;四是可节约资源,降低成本。

作者简介:李敏(1988—),女,硕士研究生,工程师,现主要从事核电钢结构设计,BIM应用等工作

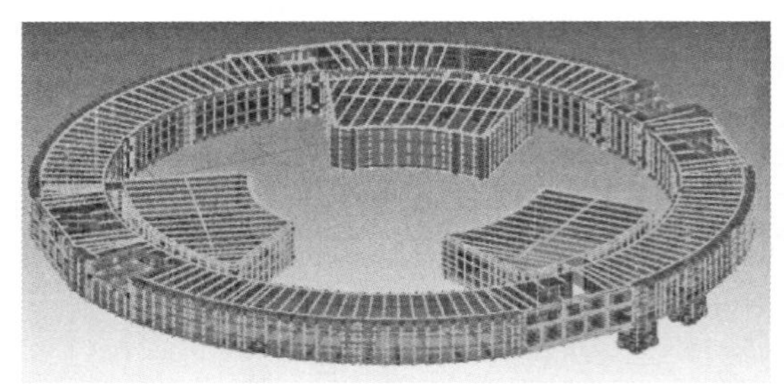 

图 1　内置换料水箱三维模型及实体图

2　仿真模拟技术的应用

在设计阶段利用三维模型仿真模拟将不锈钢水箱按模块划分，车间拼装完成后，在混凝土浇筑之前安装就位，这样就可以避免施工空间的限制。在设计时主要运用结构力学仿真分析结合现场的施工条件，划分模块，方便水箱的制作。传统的设计中，为防止结构变形过大，采用的是 800 mm 宽度的不锈钢钢板进行拼接，焊缝数量巨大；基于福清核电站的施工经验对不锈钢水箱进行优化，优化后按照 9 000 mm 宽度的不锈钢板进行拼接，一个模块的长度在 11 000 mm 至 13 000 mm 间，这样一来，大大减少了焊缝数量，减少了焊接工作量，同时，更好地保证了结构的密封性。

在安装阶段，考虑采用整体吊装法进行吊装，将水箱整体起吊放置在准确的位置上，这样一来主要的焊接工作在车间完成，降低了现场的施工难度，提高了安装效率。不锈钢覆面质软，轻薄，容易发生变形，为保证房间的整体稳定性在吊装之前进行有限元仿真数值模拟，观察其变形情况，根据计算结果来确定吊装方案。

2.1　模块的划分

内置换料水箱位于反应堆厂房内，高度 2 800 mm 左右，由 4 个房间组成，1 个多边形环状房间连接 3 个多边形扇形隔间，水箱为内部整体贯通的封闭结构。顶板的覆盖面积约 850 m^2，内环的半径为 17 460 mm，水箱深度大、面积广、仰焊缝多危险性较大，壁厚仅为 3 mm，且不锈钢材质韧性大、刚度小容易变形，施工难度大。在设计阶段，对水箱进行模块划分，建立三维模型来模拟拼接位置及整体模型(图 2)。

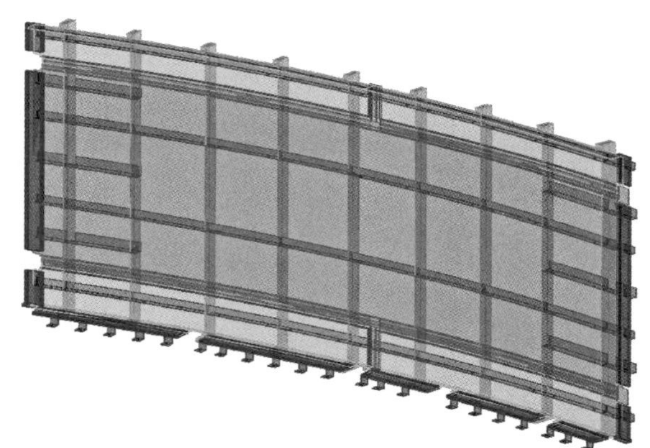

图 2　内置换料水箱的一个模块

2.2　整体吊装法

内置换料水箱中的房间整体吊装设计专门的工装，结构形式采用桁架结构，为保证三个多边形房间都能使用该工装，在对吊装桁架设计时需要考虑各个房间的尺寸、吊点位置和重量。综合考虑后设计吊装辅助工装为长 16 m，宽 10 m，高 1.2 m 的矩形桁架结构(图 3)。

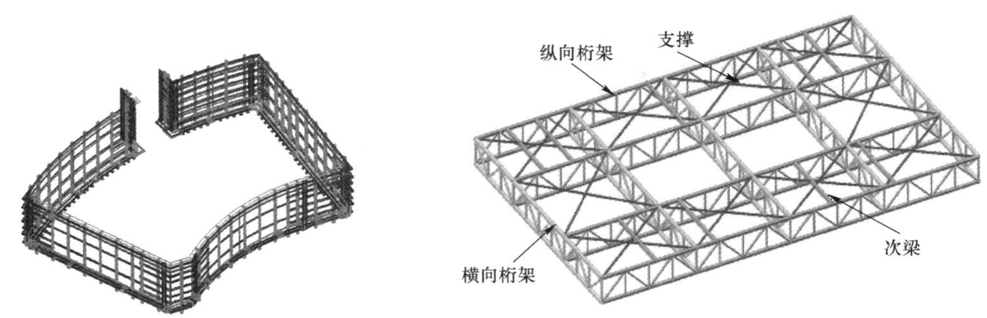

图 3　内部 1 个房间三维图及吊装桁架的三维图

吊装结构模型如图 4 所示：

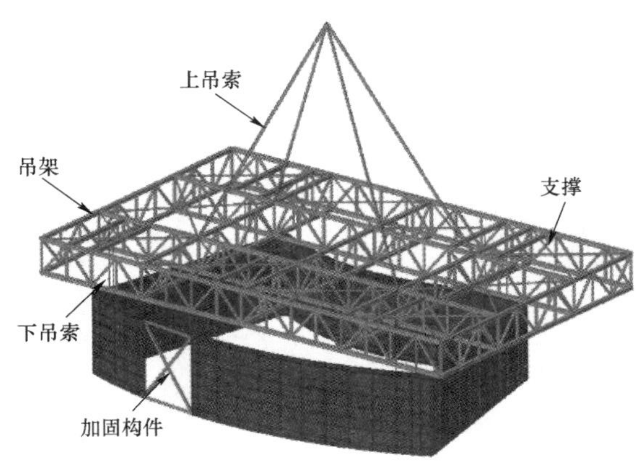

图 4　吊装计算模型

将上图所示的房间模型及吊装桁架模型导入到有限元软件中，分别根据其截面和材料属性[1]将参数输入，设置边界条件，根据实际荷载[2]情况，施加在吊点位置。参数输入完毕后进入后处理阶段，软件根据相应的规范进行计算，经计算得到桁架的位移及内力云图如图 5 至图 7 所示。

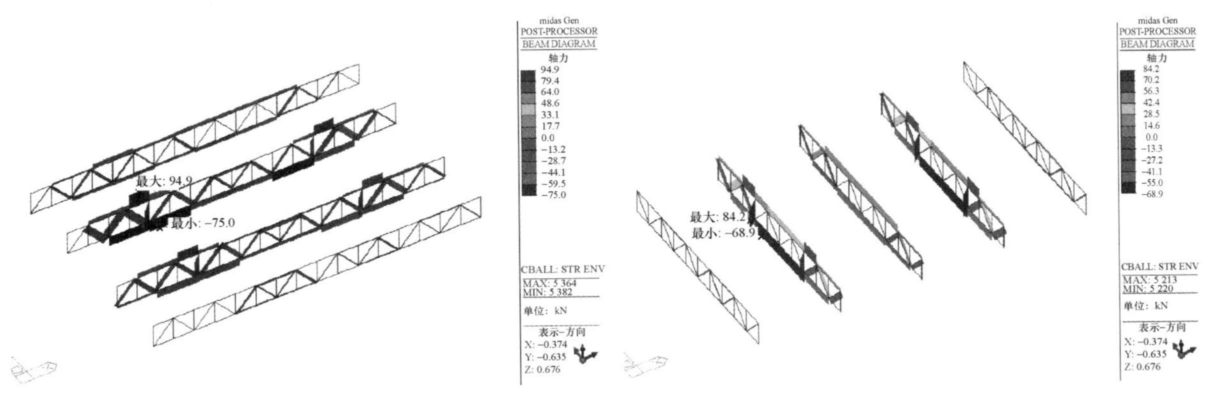

图 5　纵向、横向桁架轴力图

数据结果输出较为形象直观，设计人员可以据此判断结构的稳定性和强度是否满足要求，同时针对受力较大或变形不利的位置提前做好加固处理。根据仿真模拟分析的结果，技术人员对吊装方案进行调整改进，在不锈钢房间的实体试吊中已经验证结果的准确性，为实现整体化吊装提供了数据支持。

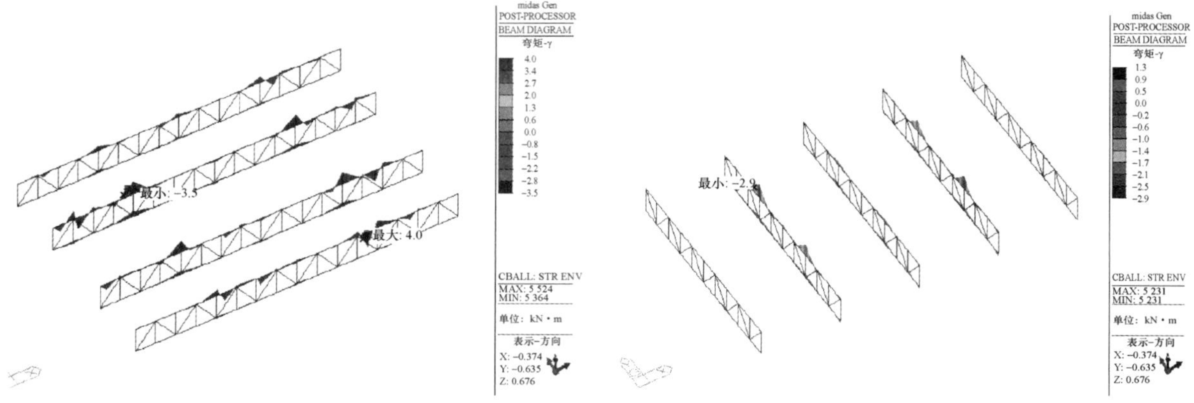

图 6　纵向、横向桁架弯矩包络图

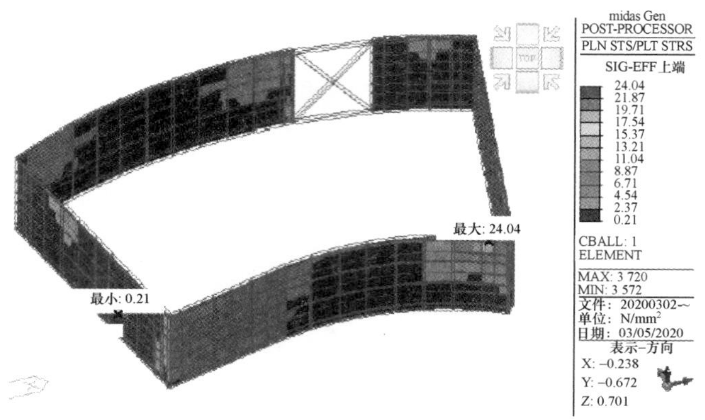

图 7　水箱应力云图

图 8　漳州内置换料水箱房间吊装实物图

3　结论

仿真模拟技术的引入，在设计阶段优化了施工工艺，将现场焊接优化为车间生产，实现了模块化制作和整体化吊装，在漳州“华龙一号”机组内置换料水箱的制作安装中取得了良好的效果。相对于传统工艺工期压缩约 75%，人工成本约降低 30%，取得了良好的社会效益和经济效益。引入仿真模拟技术，对模块成型、吊装等方面进行受力模拟，过程中设计出了很多辅助工装，实现了车间制作，整体模块化吊装，大大提高了不锈钢结构的安装效率，同时保证了混凝土浇筑完成之前不锈钢结构就位的施工思路，为不锈钢结构的安装积累了宝贵的经验，对其他的核电及民用不锈钢结构有着重要的借鉴意义。

致谢

在内置换料水箱吊装研究中，得到了中国核工业二四建设有限公司总部领导，钢结构分公司领导及漳州核电项目部领导的大力支持，并收到了很多有益的数据和资料，在此向中国核工业二四建设有限公司领导的帮助表示衷心的感谢。

参考文献：

[1] 钢结构设计规范：GB 50017—2003[S].

[2] 建筑结构荷载规范：GB 50009—2012[S].

Application of simulation technology in the design and installation of stainless steel water tank in nuclear power plant

LI Min[1], YE Yong[2], LI Wen-heng[3], LI Xin-xin[3]

(1. China National Nuclear Industry 24th Construction Co. LTD., Hai-yang Shandong, China;
2. China National Nuclear Industry 24th Construction Co. LTD., San-he Hebei, China;
3. China National Nuclear Industry 24th Construction Co. LTD., Rong-cheng Shandong, China)

Abstract: The stainless steel water tank structure of "Hualong No. 1" nuclear power unit is compared with M310 stacking type in design, and the stainless steel cladding adds the roof structure, forming a large annular water tank closed structure with top. Stainless steel thickness respectively 3 mm, 4 mm, 6 mm thin wall itself, texture soft, large, component and structure shape is curved more, forming accuracy requirement is high, the processing is difficult, based on simulation technology, introduced stainless steel water tank design installation phase, modular division structure, design of the hoisting equipment, three-dimensional model is established for collision detection, achieving the purpose of shortening the construction period and improving efficiency. Through the introduction of simulation technology, the design idea of stainless steel structure modular division, workshop production, overall lifting is realized, and the construction idea of stainless steel structure installation prior to concrete pouring is realized, which has accumulated experience for the installation and construction process of stainless steel structure and formed a patent product of lifting tooling. It is convenient for the installation of stainless steel structure and similar civil and military steel lining structure of the same type of nuclear power plant in the future.

Key words: stainless steel water tank; simulation technology; modular division; production workshop; integrated lifting

烧结镍除尘器的设计

陈 明
(四川红华实业有限公司,四川 乐山 614299)

摘要:本文对含氢氟酸环境的除尘器进行了设计。该设备是某项目研究中的一个重要气固分离设备,主要用于提供一个含氢氟酸环境中粉尘物料的拦截收集。设计选材时除考虑氢氟酸腐蚀的影响外,还不能带入其他杂质,以免对收集的粉尘物料成分产生影响。过滤部件除计算过滤面积外,还要考虑粉尘物料的拦截效率,还要考虑测压装置监控压力,适时反吹防止过滤部件的堵塞。通过查阅资料,反复研究,全面考虑各种因素后,完成了含氢氟酸环境除尘器的选材、主要零部件过滤管的结构设计与计算、筒体的结构设计与计算。最后完成了烧结镍除尘器的设计。

关键词:氢氟酸;除尘器;过滤管

引言

烧结镍除尘器是某项目研究中的一个重要气固分离设备,其选材、结构尺寸、满足工艺条件的合理性又是该项目研究顺利成功的前提条件。因此需要对烧结镍除尘器进行合理选材,并对其结构尺寸进行理论计算,并结合实际经验参考其工艺条件,为其设计提供依据,为项目研究提供理论基础。

1 设计数据及重点考虑方向

1.1 设计数据

工作压力:0.1 MPa;

工作温度:100 ℃;

工作介质:HF、水蒸气、N_2等;

过滤面积:~0.42 m^2。

1.2 重点考虑方向

由于此设备主要提供一个含氢氟酸环境中粉尘物料的拦截收集,而氢氟酸具有很强的腐蚀性,故对选材方面有较高的要求。

本论文就着重对选材分析和重要过滤部件,以及筒体结构进行一下阐述。

2 总体方案初步设计

确定烧结镍除尘器总体结构方案的原则:

(1) 满足设计基本参数和化工工艺流程与介质的要求,设备性能良好。

(2) 运行可靠,寿命长,操作维修、装拆、更换方便。

(3) 符合国家最新标准,三化程度高。

(4) 结构简单,制造可能,经济性好(包括制造成本低,运转费用少等)。

其初步设计如下:

2.1 反应器筒体

采用圆形,有较大的空间,有利于提高生产能力,同时减少粉尘物料在底部下落的阻力。高度取

作者简介:陈明(1977—),男,四川内江人,工程师,工学学士,主要从事机械设计和生产管理工作

决于过滤部件的尺寸及下部的粉尘降落空间。气体出口选择在筒体顶部，有利于气固分离，同时有利于反吹过滤部件。

2.2 过滤部件

过滤部件采用管状过滤元件，为了增加过滤面积，满足工艺要求，不仅长度上根据设备具体放置位置做了选择，而且在过滤管数量上也做好了具体的布置。

3 烧结镍除尘器的选材分析

选择烧结镍除尘器的材质要从多个方面考虑。选材时应遵循下列原则：

(1) 适用介质的特性(如介质温度、腐蚀性等)。

(2) 满足工作条件。

(3) 制造工艺的可能性。

(4) 经济性(材质价格来源、制造成本、运转费用等)。

3.1 选材的一般原则

3.1.1 介质和工作条件

这是选材的首要问题，如介质浓度、温度、压力、所含杂质情况，流动情况等，即所说的环境条件。

3.1.2 材料的物理机械性能

这是一般的化工机械设计中所必须考虑的，如热性能、抗拉强度、冲击值、高温低温强度、加工成型性能、焊接性能、铸造性能以及其他特殊性能等。有些材料耐腐蚀很好，但强度不够，则可作衬里或喷涂。

3.1.3 与系统中其他材料的适应性

金属离子会产生电偶作用，电位较负的金属成为阳极，遭到腐蚀，产生电偶腐蚀。

3.1.4 材料的价格和来源

一般来说，能采用低一级的材料就不采用高一级的材料，能采用一般材料就不采用特殊材料，能采用来源广泛的，就不采用稀缺的。

3.2 氢氟酸系统

无水氢氟酸，皆采用碳钢设备。国内其他单位也如此。

低浓度(<4%)的氢氟酸，在温度低于 80 ℃的情况下，采用碳钢衬胶，耐腐蚀玻璃钢设备。

高温氟化氢系统，根据不同操作条件和要求，采用纯重金属镍、蒙乃尔合金等，耐腐蚀性能良好，机械加工性能也好，但价格昂贵。用蒙乃尔合金制造含水氟化氢气体的合金设备，耐腐蚀性较好。

3.3 耐氢氟酸常用的金属材质

氢氟酸具有独特的腐蚀行为，高硅铸铁陶瓷、玻璃等，一般对多数酸都耐腐蚀，但却很容易被氢氟酸腐蚀。

耐氢氟酸常用的金属材质有：镁、碳钢、蒙乃尔、镍铜以及镍铜合金和铅、耐蚀合金中 NS31 系列、NS33 系列和 NS34 系列等。

下面就以上几种材料各方面的特性进行比较：

3.3.1 镁

镁对多数酸不耐腐蚀，但却耐氢氟酸腐蚀，可用来作运输氢氟酸的容器。浓度低于 1%的氢氟酸有少量腐蚀，浓度超过 5%，由于镁表面生成一层氟化物膜，腐蚀实际上就停止了。

3.3.2 碳钢

普通碳钢适用于无水氟化氢，广泛用作制造处理无水氟化氢的设备。不锈钢和合金不比碳钢特别优越。当温度超过 66 ℃后，有明显腐蚀。

对于氢氟酸水溶液，钢适用于浓度 60%～100%的氢氟酸，当浓度低于 60%时，钢的腐蚀迅速增加。

3.3.3 蒙乃尔

蒙乃尔能耐沸点温度以下一切浓度的氢氟酸，蒙乃尔和氢氟酸构成了所谓代表最高耐蚀性和最低费用的天然组成。对含水或无水氟化氢，在很高温度下(440 ℃)蒙乃尔合金机械加工和焊接性能优越，蒙乃尔合金在有氢氟酸相变的地方不腐蚀(如氢氟酸的蒸发与冷凝)。

3.3.4 镍以及铜镍合金和铅

镍和铜镍合金对高温下(440 ℃)的无水氟化氢有很好的耐腐蚀性。碳钢和不锈钢迅速被腐蚀。

铜适用于冷的和热稀氢氟酸，对浓氢氟酸可用至 66 ℃。

铅对室温 60%浓度以下的氢氟酸有较好的耐腐蚀性。高温接近 60%上限浓度的酸腐蚀增加。此外，银适合于更苛刻环境，如沸腾浓氢氟酸，但银价格昂贵。

3.3.5 耐蚀合金中 NS31 系列、NS33 系列和 NS34 系列

实验室试验和工厂实用表明，镍基合金在高温 HF 气体中有良好的耐腐蚀性。但介质条件(温度、浓度)能显著影响耐腐蚀性。

NS31 系列和 NS33 系列及蒙乃尔合金在 550 ℃含水 HF 中具有良好的耐蚀性，腐蚀率小于 $0.1\ g/m^2 \cdot nr$，处于极耐蚀范围。

NS3104 耐强氧化性介质及高温硝酸、氢氟酸混合介质腐蚀。

NS3301 耐高温氟化氢、氯化氢气体及氟气腐蚀。

NS3405 耐氧化性、还原性的硫酸、盐酸、氢氟酸的腐蚀。

3.4 烧结镍除尘器选材

根据烧结镍除尘器输送介质的特性、工作条件、材质的物理机械性能、耐蚀性、制造工艺性及价格来源等全面分析比较，最后选定蒙乃尔作为设备主体材质，牌号为：NCu28-2.5-1.5。外部支腿选用碳钢，牌号为：Q235-A。

4 过滤部件的选材及设计

4.1 过滤部件的选材

4.1.1 烧结金属过滤元件

烧结金属过滤元件是烧结金属钛、镍及镍合金过滤元件的总称，它是烧结金属多孔材料的一大类。是将金属粉末经过压制、轧制和烧结制备而成的一种金属多孔材料，常用于过滤与分离系统。烧结金属过滤元件具备耐腐蚀、耐高温、可焊接、强度好的优点，其厚度范围宽、孔尺寸可控，是一种用途广泛的过滤材料。作为过滤材料能够满足不同工况的使用要求，近年来随着国家工业的快速发展以及各类制药、食品项目的增加，其产量急剧增大。

4.1.2 过滤原理

金属粉末烧结过滤材料是用粉末冶金的方法制成的金属多孔过滤材料，其内部空隙弯曲配置、纵横交错，孔径分布均匀，过滤机理为典型的深层过滤。

4.1.3 主要性能

(1) 孔径均匀、孔形稳定、分离效率高。

(2) 孔隙率高、过滤阻力小、渗透效率高。

(3) 耐高温。

(4) 化学稳定性好、耐酸碱腐蚀、具有抗氧化性能。

(5) 无微粒脱落，不会形成二次污染。

(6) 机械性能好，压差低，流量大，操作简单。

(7) 可在线再生，易清洗，使用寿命长。

(8) 成型工艺好。

4.1.4　选材

由于钛不耐 HF 酸腐蚀，而镍及镍合金耐 HF 酸腐蚀，所以选择烧结镍作为过滤部件的主体材质。

4.2　过滤部件的设计

4.2.1　过滤元件结构形式

由于工艺设计数据要求过滤面积：约 0.42 m^2，而为了便于满足筒体尺寸的设计，也为了便于过滤元件的在线再生，故选择过滤管的结构形式。

4.2.2　过滤元件牌号选择

根据 GB/T 6887—2019《烧结金属过滤元件》[2] 中：过滤元件依据 GB/T 18853 的规定，按照在液体中过滤效率为 98%时所阻挡的固体颗粒尺寸值进行分类，烧结镍及镍合金过滤元件分为 6 种牌号，见烧结镍及镍合金过滤元件的牌号（表 1）。

表 1　烧结镍及镍合金过滤元件的牌号

牌号	NG001	NG003	NG006	NG012	NG022	NG035

注：牌号中的 N 代表材质镍及镍合金，G 代表过滤，后三位代表过滤效率为 98%时阻挡的颗粒尺寸值。

根据 GB/T 6887—2019《烧结金属过滤元件》[2] 中：烧结镍及镍合金过滤元件的性能应符合烧结镍及镍合金过滤元件的性能（表 2）。

表 2　烧结镍及镍合金过滤元件的性能

牌号	液体中阻挡的颗粒尺寸值 /μm		气泡试验孔径 /μm 不大于	透气度 /m^3/(h·kPa·m^2) 不小于	耐压破坏强度 /MPa 不小于
	过滤效率 (98%)	过滤效率 (99.9%)			
NG001	1	5	5	8	3.0
NG003	3	7	10	10	3.0
NG006	6	10	15	45	3.0
NG012	12	18	30	100	3.0
NG022	22	36	50	260	2.5
NG035	35	50	100	600	2.5

注：管状元件耐压破坏强度为外压实验值。

根据现场工艺技术对孔径尺寸的要求、孔隙率的要求、透气性能的要求，最后根据表 1、表 2 选定过滤元件的牌号为 NG006。

4.2.3　过滤元件数量的确定

单根过滤管过滤面积的计算：

$$S = 2\pi r \times L = \pi D \times L \tag{1}$$

根据 GB/T 6887—2019《烧结金属过滤元件》[2] 中：A1 型过滤元件的尺寸及允许偏差表中，当公称直径为 40 mm，我们选择壁厚 2.5 mm，此时 $D = 35$ mm；当公称直径为 50 mm，我们选择壁厚 2.5 mm，此时 $D = 45$ mm；当公称直径为 60 mm，我们选择壁厚 3 mm，此时 $D = 54$ mm。

由上面公式可以推出单根过滤管过滤面积计算表（表 3）。

表 3　单根过滤管过滤面积计算表

S/m^2	$L=0.2$ m	$L=0.3$ m	$L=0.4$ m	$L=0.5$ m	$L=0.6$ m	$L=0.7$ m
$D=0.035$ m	0.021 98	0.032 97	0.043 96	—	—	—
$D=0.045$ m	—	0.042 39	0.056 52	0.070 65	—	—
$D=0.054$ m	—	0.050 87	0.067 82	0.084 78	0.101 74	0.118 69

由表 3 计算结果，综合分析：考虑下部预留粉尘降落空间和筒体锥形收口；公称直径考虑过滤管法兰尺寸和上部筒体直径。最后择优选择公称直径为 50 mm，壁厚为 2.5 mm，长度为 500 mm 的 A1 型过滤元件。

根据 GB/T 6887—2019《烧结金属过滤元件》[2] 中过滤元件按照牌号、型号、尺寸、加工方法进行标记。过滤效率为 98%时的阻挡尺寸值为 6 μm，直径为 50 mm，厚度为 2.5 mm，长度为 500 mm 的 A1 型管状焊接烧结镍及镍合金过滤元件：NG006-A1-50-2.5-500H。

过滤元件的数量为：

$$N=S\ 总/S\ 单\approx 0.42\div 0.070\ 65\approx 5.9$$

数量 n 对 N 取整，取值为 6 根。

5　筒体的结构设计及计算

5.1　筒体的长度计算

过滤管的长度为 500 mm，下部锥形收口考虑一定锥度，高度选择为 260 mm，然后考虑直段预留粉尘降落空间，根据以前试验经验选为 200 mm，另外，过滤管上部综合考虑气体出口管布置及反吹在线再生的需要，确定上部盖板部分高度尺寸为 140 mm。

故烧结镍除尘器筒体部分的总高设计值为：500＋260＋200＋140＝1 100 mm。

5.2　筒体的结构设计

5.2.1　过滤元件的放置位置

过滤元件放置位置必须考虑到有利于通过气体的引流以及在线反吹的便捷，故将其放置在筒体上部一个法兰隔板上，与盖板部分分隔开。

5.2.2　筒体的截面形状选取

筒体的截面形状可以选为矩形或圆形。其计算比较如下：

圆周长＝$2\pi r$；

矩形周长＝4l；

当两周长取相等值时：$2\pi r=4l$；推导出：$l=\pi r/2$；

此时截面积为：圆截面积＝πr^2；矩形截面积＝$l^2=\pi^2 r^2/4<\pi r^2$。

故相同周长（材料）的情况下，截面为圆形时空间更大，而且考虑到圆形截面时，6 根过滤元件可对称均匀布置，不会形成死角，故选择圆形截面，以保证流动的流畅均匀性。

5.2.3　筒体的直径选择

考虑到 6 根过滤元件的布置，筒体直径选为 500 mm 内径。

5.2.4　筒体的壁厚选择

根据国标及化工标准，推荐壁厚为 4.5 mm，考虑到焊缝强度、内部介质的危险性以及腐蚀性的因素，又放宽为 1.33 倍安全系数，取值为 6 mm。

5.2.5　其他结构

盖板部分圆周上布置气体出口接管短接；盖板顶部布置反吹管线，每一个反吹口对准相应的过滤管管口上方。筒体直段下部侧面放置一个压力接管短接。筒体直段上部布置支座。

6　烧结镍除尘器结构图及其特点

由以上计算得出的结论，然后经过按照国家标准及机械行业标准，设计出以下烧结镍除尘器，烧结镍除尘器结构简图如图 1 所示。

本次设计的烧结镍除尘器有以下特点：

（1）烧结镍除尘器筒体主体材料为 NCu28-2.5-1.5；过滤部件的主体材质为烧结镍。它们具有良好的耐腐蚀性能和较好的机械性能，并且造价性价比较高。而且过滤部件不会带入其他杂质。

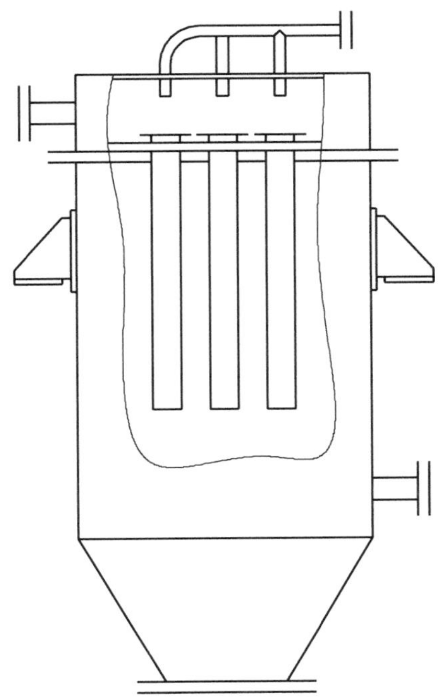

图 1　烧结镍除尘器结构简图

(2) 过滤部件布置在筒体上部，物料由下部进入，通过过滤部件后，气体从盖板部件侧面出口短接引流，每根过滤元件正上方有在线反吹再生管线布置在盖板部件顶部，筒体中粉尘物料降落后从下部锥形收口处掉入相连输送设备。有利于气体的过滤和粉尘物料的拦截收集。

(3) 采用圆筒结构，使得空间利用率更高，并不易形成死角；底部采用锥形结构，有利于下端物料输送设备的体积减小。

7　结论

本次设计的烧结镍除尘器经试验使用后，基本满足工艺设计使用要求。

参考文献：

[1]　刘胜新．实用金属材料手册[M]．北京：机械工业出版社，2017.

[2]　烧结金属过滤元件：GB/T 6887—2019[S].

[3]　吴宗泽，高志．机械设计手册（上册）[M]．3 版．北京：机械工业出版社．2019.

Design of sintered nickel dust collector

CHEN Ming

(Sichuan Honghua Industrial Co. Ltd, Leshan Sichuan, China)

Abstract: In this paper, the design of dust collector in Hydrofluoric acid-containing environment is carried out. The equipment is an important gas solid separation equipment in the research of a project. It is mainly used for intercepting and collecting dust materials in Hydrofluoric acid-containing environment. In addition to the effect of hydrofluoric acid corrosion, other impurities can not be brought in to avoid the influence on the composition of collected dust materials. In addition to

calculating the filtering area, the interception efficiency of dust materials and the pressure measuring device should be considered to monitor the pressure and prevent the blockage of the filtering part by back blowing in time. After consulting the data, studying it over and over again, and considering various factors comprehensively, the material selection of Hydrofluoric acid-containing environmental dust collector is completed as well as the structural design and calculation of the main parts of the filter tube, Structural design and calculation of cylinder. Finally, the design of sintered nickel dust collector is completed.
Key words: hydrofluoric acid; dust collector; filter tube

主蒸汽隔离阀油压开关泄漏分析

胡文盛,马旺发,黄　甦,王礼明,吴　起,郭超凡
(福建福清核电有限公司,福建 福清)

摘要:主蒸汽隔离阀依靠液压油克服高压氮气阻力驱动开启并保持常开。某核电厂主蒸汽隔离阀调试期间出现油压开关泄漏的共模故障,造成液压油大量泄漏,阀门无法正常运行。从油压开关密封失效有关的因素如O型圈断口形貌、元素、液压油相容性、密封结构、动作过程等入手,得出发生失效的根本原因是油压开关密封设计缺陷。根据有关规范提出了油压开关密封结构优化设计方案。试验结果表明,油压开关改进效果良好,有力维护了关键设备的可靠性。

关键词:主蒸汽隔离阀;油压开关;泄漏;分析

核电厂主蒸汽隔离阀(简称MSIV)布置在核岛与常规岛之间,用于输送和隔离主蒸汽,是核电厂关键敏感阀门之一。设计上要求阀门日常保持常开,提供汽轮机冲转所需动力源;而在任何位置的蒸汽管道或给水管道破裂后,应能在5 s内截断任一方向的蒸汽流,以维持反应堆冷却剂温度和安全壳压力在可接受范围内。因此,在具备快速关闭安全功能的同时,主蒸汽隔离阀日常保持常开是核电机组出力的基础,功能至关重要。

某核电主蒸汽隔离阀采用气液联动机构,安全快关回路设计有A、B列冗余,每列配置了3个油压开关组成的压力监测模块,油压开关的密封性直接关系到液压系统保压性能和主蒸汽隔离阀保持常开的功能(图1)。

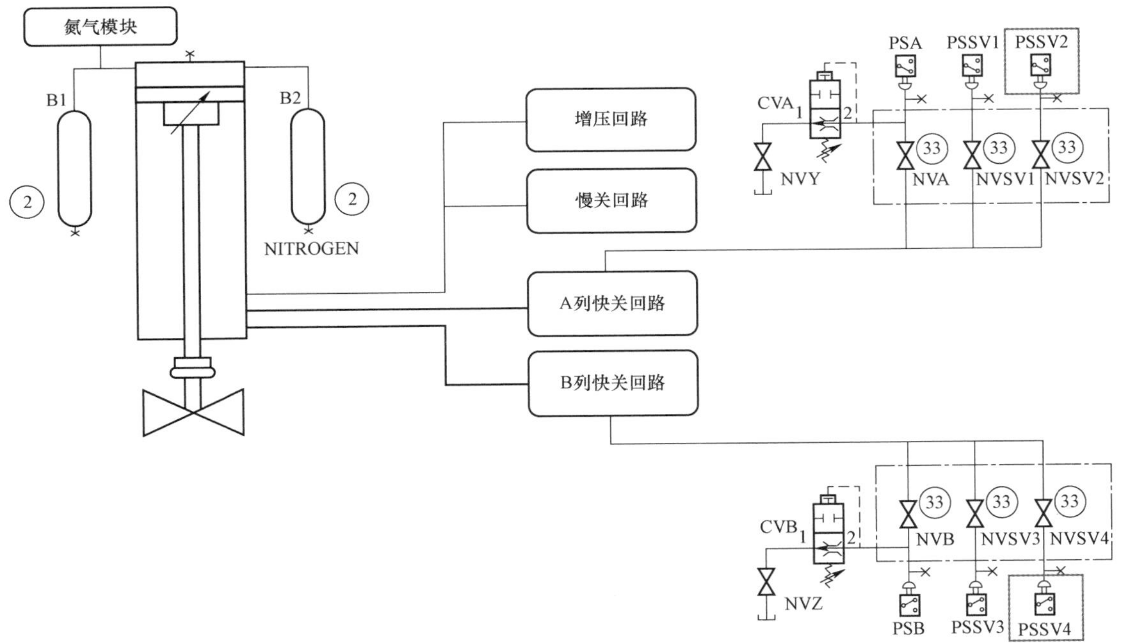

图1　主蒸汽隔离阀工作原理简图

作者简介:胡文盛(1987—),男,福建龙岩人,高级工程师,大学本科,现主要从事核电厂设备管理工作

1 问题描述

现场调试期间发现1号主蒸汽隔离阀A列快关回路的压力开关PSSV2发生液压油泄漏，阀本体部位产生油烟，液压油大量泄漏至接线盒、阀门支架、阀体保温处。解体确认油压开关O型密封圈断裂，残缺的O型圈及其挡圈散落在压力开关腔室内，高压油进入油压开关的腔室，并通过电缆口和壳体-端盖外漏。

进一步对三台主蒸汽隔离阀的剩余17个同类型油压开关进行打压检查，也存在不同程度的漏油、渗油或油压降低超标问题。

2 影响分析

2.1 着火风险

主蒸汽隔离阀采用的液压油是620 Synquench，闪点293.3 ℃，燃点338 ℃。主蒸汽系统设计温度316 ℃，机组运行期间主蒸汽隔离阀所在位置的蒸汽温度约280～290 ℃，与闪点相当。液压油泄漏后容易进入阀体和保温之间，存在较大的着火风险。2017年某同行电厂主蒸汽隔离阀曾因为执行机构O型圈损坏导致液压油泄漏、着火。

2.2 非停风险

主蒸汽隔离阀液压油泄漏后，保持阀门开启的驱动力迅速降低，阀门极易在高压氮气作用下意外关闭，造成机组非计划停机停堆甚至安注。

3 原因分析

以下进行O型圈失效分析、油压开关密封设计分析和油压开关运动分析，确定油压开关O型圈失效根本原因。

3.1 O型圈失效分析

如图2所示，取A位置做SEM形貌分析，明确断裂的终态特征，B、C位置做成分对比。

3.1.1 断裂面形貌分析

3.1.1.1 光学显微分析

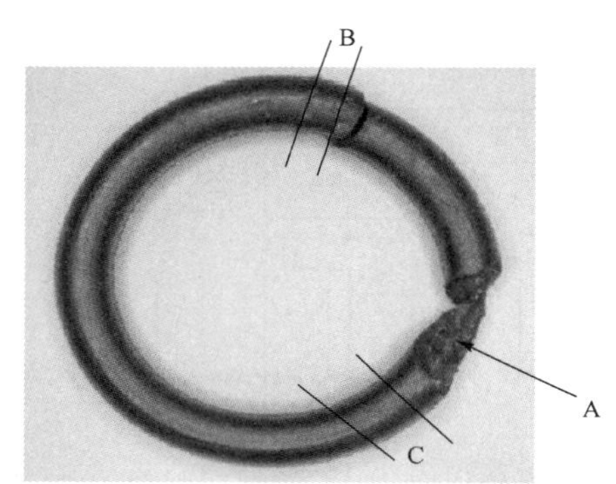

图2 失效O圈样品

图3a显示O型圈A位置断裂面有明显的0.1～0.3 mm突起，边界清晰，在突起位置两侧均发现橡胶层的层状破坏。图3b显示A位置断裂面表层有0.02～0.08 mm的异色杂质，图3c显示C位置切断面也可见个别0.05～0.07 mm的异色杂质，可能与样品内部的无机填料相关。

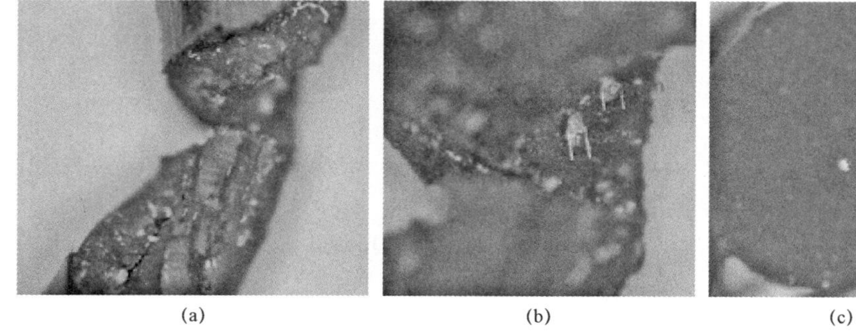

图3 断裂A位置光学显微形貌及A/C位置的异色杂质

3.1.1.2　SEM-EDS 微观分析

图 4a 是 A 位置断面的 SEM 照片，红圈中可见清晰、尖锐、连续的剪切破坏痕迹。剪切破坏的局部放大图 4b 提示的剪切破坏形貌更为明显。

图 4c 是凹陷部位的破坏细节照片(100X)，主要体现了拉伸断裂和剪切分层综合作用的特征。提示该位置破坏可能是后于图 4(a)所示位置发生的。

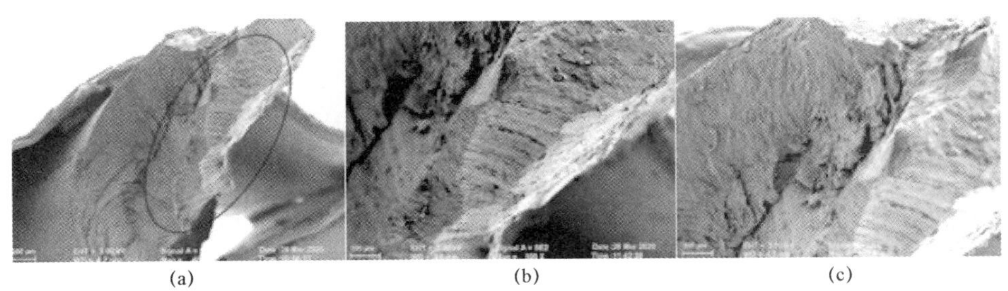

(a)　　(b)　　(c)

图 4　A 位置剪切破坏痕迹

通过断裂面终态的微观分析可以推论，O 型圈在断裂的时间点可能发生较严重的剪切，在整个胶圈被剪断后，外力仍然没有卸载，而是继续拉伸直至整个 O 型圈截断。推断 O 型圈可能受到静部件和动部件的剪切，并在剪切过程中部分 O 型圈夹在静部件和动部件之间发生继续拉伸。推测失效原因可能来自 O 型圈与机械零件的配合与预期不一致。

3.1.2　样品成分分析

样品 B 位置含胶率 67%～68%，炭黑含量 23%～24%，填料含量 8.5%～9.0%。样品 C 位置含胶率 69%～70%，炭黑含量 20%～21%，填料含量 9.0%～9.5%。可见，样品 O 型圈 B、C 不同位置含胶率和炭黑含量分别约有 2%～3%的差异，此类小尺寸的橡胶圈不同位置不会有类似差异，差异可能来自混炼工艺或成型工艺，而这些差异不能提示橡胶性能不合格，且与本次 O 型圈的破坏不产生直接关联。

3.1.3　液压油检测

检查失效液压系统内的液压油状态，液压油呈黄色、澄清透明，光学显微镜视野下无可见杂质。液压油样品原样的红外谱图显示，红外特征与季戊四醇相关油酸酯信息一致。此外，通过液压油样品甲醇可溶物的 GC-MS 总离子流图，未见能够溶胀 O 型圈的小分子组分，判断液压油不会溶胀 O 型圈而使 O 型圈尺寸增大，即液压油与 O 型圈受剪切破坏无关。

综合上述分析，O 型圈的失效可能的原因来自 O 型圈与机械零件的配合与预期不一致，导致 O 型圈可能受到静部件和动部件的剪切，并在剪切过程中部分 O 型圈夹在静部件和动部件之间发生继续拉伸，最终完全断裂失效。

3.2　密封结构和运动过程分析

3.2.1　O 型圈密封结构尺寸复核

油压开关结构如图 5 所示。现场测得压力开关位置的温度约 40 ℃，未超过运行维护手册规定的 66 ℃上限温度。解体检查发现活塞顶部及 O 型圈安装台肩棱边锋利无倒角。O 型圈尺寸外径 Φ12.81、线径 1.78 mm(美标 AS568 系列)；挡圈外径 12.81 mm、高 1.17 mm、宽 1.30 mm。活塞引压孔存在 0.425 mm 的偏心。

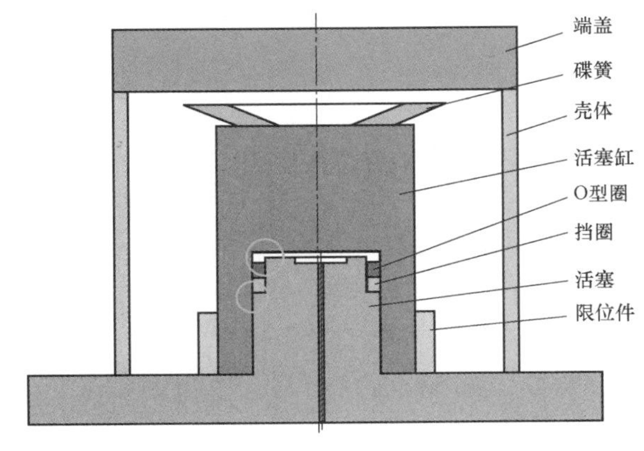

图 5　油压开关结构简图

根据 GBT 3452.3—2005《液压气动用橡胶密封圈 沟槽尺寸》和《PARKER HANNIFIN

O-RING(OR02/REV03/05-01)》,O 型圈搭配挡圈的结构运用于移动距离较大的场合,密封件应安装在沟槽中。对照相关标准,检测发现如下偏差(表 1):

表 1 关键尺寸测量情况

关键尺寸	标准要求/mm	现场实测数据/mm	是否符合
液压动密封中安装带挡圈的 1.78 mm 线径 O 型圈沟槽尺寸	沟槽宽度 3.50～3.70,深度 1.45	台肩宽度 3.37,深度 1.35	否
活塞台肩直径	9.70	9.90	否
活塞直径	12.50f7($12.50^{-0.017}_{-0.034}$)	12.50～12.62	否
活塞缸内径	12.50H8($12.50^{0.007}_{0}$)	12.70	否
活塞和活塞缸间隙	0.017～0.041	0.04～0.10	否
O 型圈沟槽棱边圆角过渡尺寸	0.2～0.4	无倒角	否

3.2.2 运动过程分析

O 型圈为柔性元件,形状跟随油压变化而变化。O 型圈兼具静态和动态密封功能,当油压开关保持带压时为静态密封,当油压开关初始带压时为动态密封,此时油压推动活塞缸远离活塞。当油压开关泄压时,碟簧推动活塞缸靠近活塞,这一运动过程可能造成 O 型圈密封失效。

由于引压孔偏心 0.4 mm、导向柱与微动开关导向孔存在 0.04～0.10 mm 的间隙,在带油压瞬间,O 型圈被活塞缸局部带出台肩,同时微动开关偏斜,微动开关随着油压波动上下移动,造成 O 型圈被锋利的活塞上棱边切割、断裂。O 型圈受损后密封失效,高压油进入 O 型圈及其挡圈之间的空间,挡圈被部分挤入活塞及活塞缸间隙大的空间,进而被锋利的下棱边切割、断裂,高压油泄漏进入压力开关壳体,再通过电缆格兰头进入接线箱而造成泄漏(图 6)。

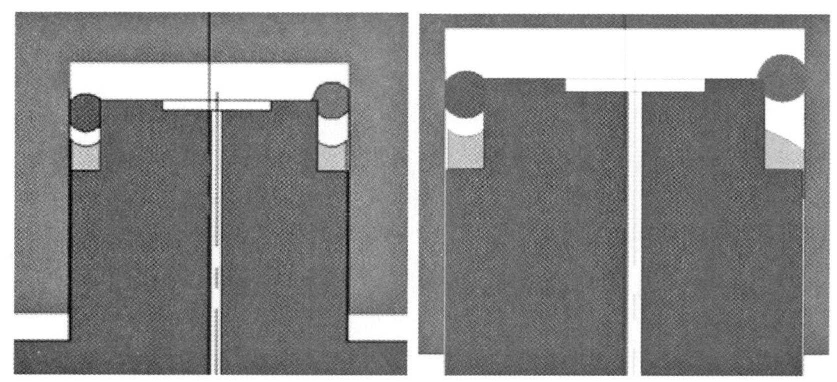

图 6 O 型圈运动损伤示意图

3.3 失效原因定位

综合上述分析,压力开关密封圈破损造成液压油大量泄漏的直接原因。根本原因为油压开关 O 型圈密封存在设计缺陷,O 型圈安装活塞没有封闭沟槽结构,工作时 O 型圈及其挡圈在活塞缸带动下移位、损伤。而加工尺寸偏差是油压开关失效的促成原因。

4 改进与验证

针对泄漏问题,优化 O 型圈密封结构设计,O 型圈及其挡圈充分封装在密封环槽内,动作过程中不会接触到活塞尖角;同时提高加工精度,使各零部件完全满足设计规范要求(图 7)。

随机抽取一个新型油压开关进行打压试验,并对全部压力开关报警定值进行检查、调整和确认,

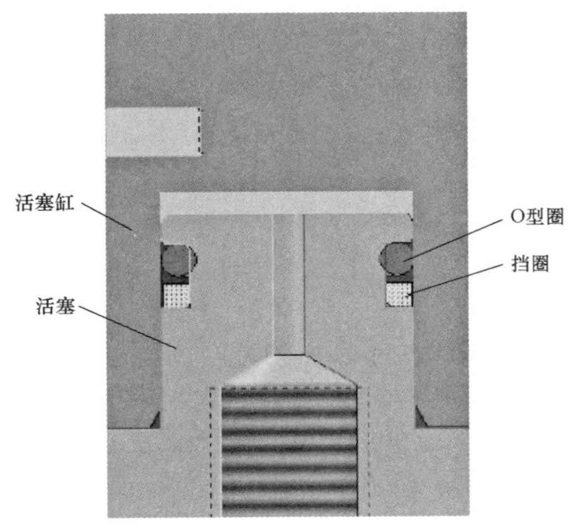

图 7　改进后 O 型圈密封结构

试验结果合格。现场更换后进行了在线打压试验，结果均满足要求。在机组热态试验期间，通过主蒸汽隔离阀开关动作和长期运行验证，确认压力开关泄漏问题得到解决。

5　结语

（1）油压开关密封性能对主蒸汽隔离阀开启的关键功能起着至关重要的作用，属于关键敏感部件。

（2）油压开关密封设计上缺少 O 型圈封闭环槽结构是造成液压油泄漏的根本原因。

（3）将 O 型圈密封形式改为径向密封带挡圈密封沟槽型式，有效提高了油压开关的密封性能。

参考文献：

[1]　王佳明．主蒸汽系统手册[Z]．中国核电工程有限公司，2019.

[2]　William Truong. Installation，Operation and Maintenance Manual for Main Steam Isolation Valve（K）[M]. Brea：CURTISS-WRIGHT，2020.

[3]　液压气动用 O 型橡胶密封圈 沟槽尺寸：GB/T 3452.3—2005[S].

[4]　Parker Hannifin O—Ring（OR02/REV03/05-01）[S].2001.

[5]　杨宝麟．O 型圈失效分析技术报告[R].上海微普化工技术服务有限公司，2020.

Leakage analysis of oil pressure switch for main steam isolation valve

HU Wen-sheng，MA Wang-fa，HUANG Su，
WANG Li-ming，WU Qing，GUO Chao-fan

（Fujian Fuqing Nuclear Power CO. LTD，Fuqing Fujian，China）

Abstract：The Main Steam Isolation Valve is driven by hydraulic oil to overcome high pressure nitrogen resistance to remains open. The common mode fault of oil pressure switch leakage occurred during the commissioning of the main steam isolation valve in a nuclear power plant，which caused a large amount of hydraulic oil leakage and the valve could not run normally. Based on the factors

related to the failure of oil pressure switch seal, such as the morphology of O-ring break, the elements, the compatibility of hydraulic oil, the sealing structure and action process, it is concluded that the root cause of failure is the defect of oil pressure switch seal design. According to the relevant specifications, the optimal design scheme of oil pressure switch seal structure is put forward. The test results show that the improved effect of oil pressure switch is good and the reliability of key equipment is maintained.
Key words: main steam isolation valve; oil pressure switch; leakage; analysis

核电厂柴油发电机励磁系统过电压问题研究

李海龙,印　健
(中核核电运行管理有限公司,浙江 海盐 314300)

摘要:晶闸管桥式整流装置是发电机励磁系统的重要部分,晶闸管在励磁系统换相过程中引起的过电压问题,严重影响了核电厂柴油发电机的安全运行。文内针对核电厂柴油发电机励磁系统在改造过程中产生的励磁过电压问题进行研究,根据现场数据分析得出励磁过电压问题原因。针对励磁换相过电压问题,提出了一种利用滤波器限制励磁过电压的方法。经现场实测,该方法可有效限制励磁电流,解决核电厂柴油机励磁过电压问题,为同类核电项目改造提供经验参考。

关键词:核电;柴油机;励磁过电压;滤波

引言

核电厂备用柴油发电机用于在厂外电源及厂内电源全部失电情况下,向核电厂安全设施提供可靠的、独立的、备用的应急电源,是核电厂厂用Ⅲ级电源的备用电源[1]。柴油发电机励磁系统采用ALSTOM公司的DGC820自励磁方式,依靠转子上的永磁机和励磁机控制回路实现柴油发电机的三级无刷励磁系统,该励磁系统具有励磁功率小、维护成本低、可靠性高等特点。三级无刷励磁系统如图1所示,永磁机(PMG)、励磁机与发电机同轴旋转。其中位于转子上的永磁铁作为第一级励磁,永磁铁随转子旋转时在PMG定子绕组中产生交变磁场并输出交流电,由自动电压调节器通过可控硅整流器调节输出直流电流的大小,作为第二级励磁机定子绕组的励磁电流。第二级励磁机转子绕组中产生交变磁场并输出交流电,由不可控整流器变为直流输出作为第三级励磁电流,向柴油发电机提供励磁电流。

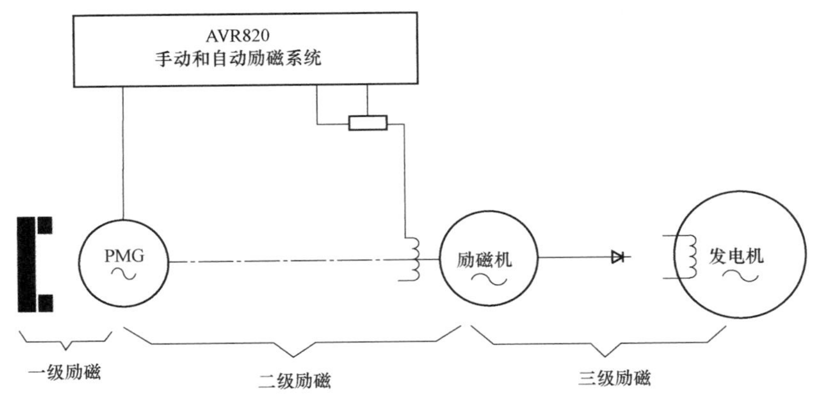

图1　三级无刷励磁系统示意图

柴油发电机三级无刷励磁系统通过晶闸管桥式整流装置调节第二级励磁电流来控制柴油发电机的输出电压。整流装置晶闸管换相导通由脉冲发生器(GENI)脉冲控制,由于晶闸管的反向恢复开关特性以及系统中的谐波分量,在整流装置换相过程中,会产生很高的换相过电压[2]。柴油发电机过电压将会越限引起发电机过电压保护动作,无法保证柴油发电机能够顺利带载核电厂的安全停堆系统,

作者简介:李海龙(1989—),男,硕士研究生,工程师,现主要从事核电站继电保护、自动化技术

保障核电厂的安全运行，给核电厂的安全带来严重的安全隐患。

文内针对核电厂备用柴油机改造中出现的励磁过电压问题进行分析，发现励磁过电压是由系统中的谐波分量导致 GENI 脉冲触发信号受到扰动，整流桥在换相过程出现的换相过电压引起。针对此问题，文中提出了一种增加阻容滤波器的限制励磁过电压的优化电路，限制核电厂备用柴油发电机的过电压，避免过电压保护动作，为相关工程实践提供参考。

1 三相整流回路换相过电压

1.1 晶闸管反向恢复特性

晶闸管关断过程的电流电压示意图如图 2 所示，在 0 时刻，晶闸管承受电压由正向变为反向，晶闸管关断，电流下降为零。由于晶闸管内部残留的载流子不能突变，在承受反向电压后，电流继续下降在 $t1$ 时刻达到最小值 Im，由于交流侧漏电感的存在，晶闸管两侧会产生很高的尖峰电压[3]。在 $t1$ 时刻后，晶闸管恢复关断能力，电流衰减到稳态晶闸管漏电流值。

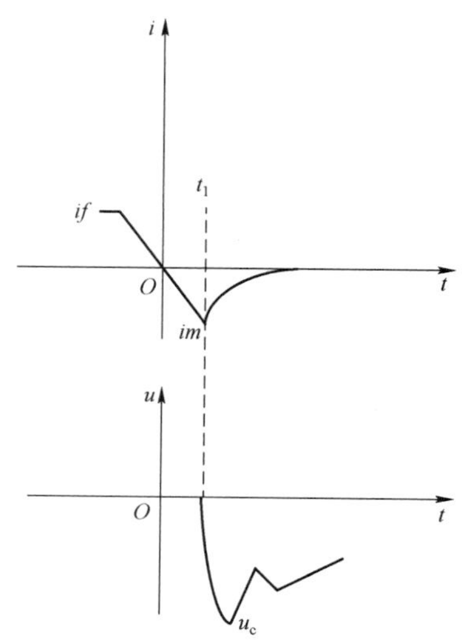

图 2 晶闸管关段过程的电流电压波形示意图

1.2 桥式整流装置换相过程分析

备用柴油发电机励磁系统 PMG 转子上永磁铁旋转输出两相交流电，通过两相可控硅整流桥装置输出二级直流励磁电流，其工作原理图如图 3 所示。其中，U_a、U_b 为 PMG 输出交流电压，La、Lb 为 PMG 及线路等效电感，R 及 L 分别代表二级励磁机的电阻及电感，整流装置正常工作时，晶闸管 $K1$、$K2$ 与 $K3$、$K4$ 两组依此导通，输出直流电流作为柴油发电机第二级励磁机的励磁电流。

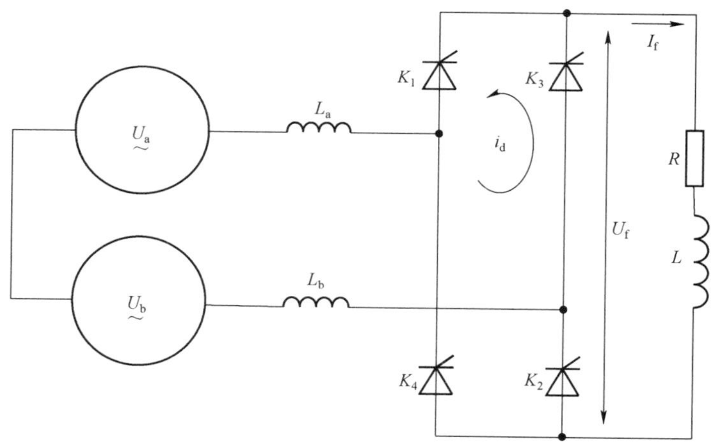

图 3 桥式整流装置电路原理图

假设某一时刻，$K1$ 和 $K2$ 导通，在 $t1$ 时，$K3$ 接收到脉冲发生器发出的导通脉冲信号，此刻由于电压 Ub 大于电压 Ua，因此 $K3$、$K4$ 受正向电压导通，与此同时 $K1$、$K2$ 受反向电压关闭，以此循环输出第三级发电机主励磁机的励磁电流。但由于晶闸管自身的反向恢复特性，在晶闸管正向电流降为 0 时，晶闸管并不会立即关断，而是电流继续反向下降达到峰值后，晶闸管内部载流子释放达到稳态，晶闸管恢复关断能力后电流立即恢复到 0，晶闸管达到完全关闭状态。在整流器两个桥臂换相导通过程中，$K1$ 与 $K3$ 将会短时间导通，Ua 和 Ub 将直接连通导致相间短路，相间短路电流在换相过程中流过晶闸管周期性变化，进而导致电流中产生大量的谐波分量。

2 备用柴油机励磁系统的谐波特性分析

对于N脉冲可控硅整流桥,基于其自身换相特性,在运行过程中产生大量谐波,其中以N±1次谐波为主[4]。对于备用柴油机2相整流桥装置,其为4脉动整流桥,其交流输入端会含有大量的3、5次谐波。对于根据PMG电压信息发出导通脉冲信号的GENI,回路中含有大量谐波分量将会影响到GENI的正常触发脉冲信号。

图4为核电厂备用柴油机励磁系统启动励磁过电压各个信号波形图,其中:

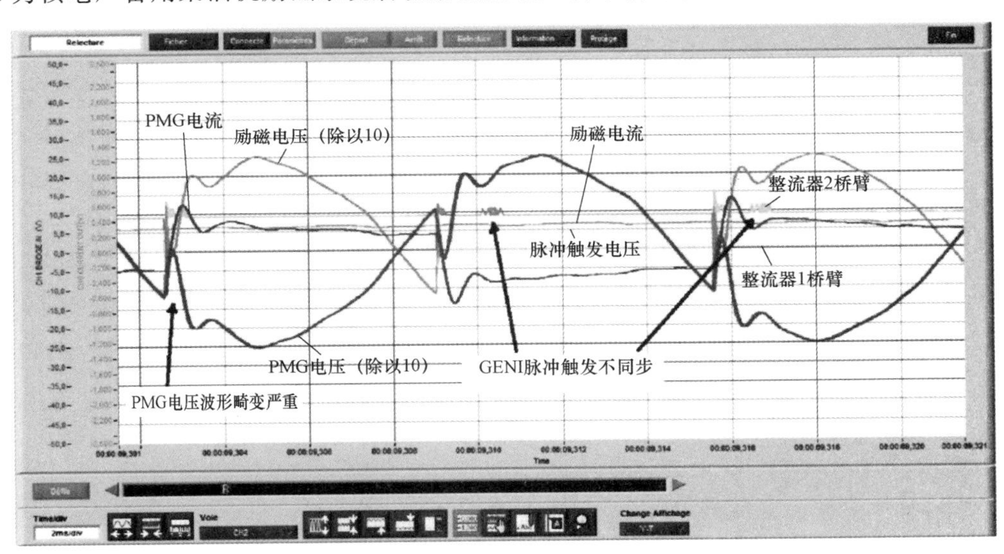

图4 核电厂备用柴油机励磁系统启动波形图

图中红色波形为PMG电压,绿色和黄色为整流器两桥臂输出电流。从图中可以发现,永磁机电压波形畸变严重,在整流装置换相过程中,由于谐波的存在,永磁机会有一个很强的电压扰动,导致脉冲触发器的脉冲触发紊乱。整流装置根据脉冲触发信号换相导通,在永磁机电压出现扰动时,整流装置的输出电流也受到不同程度的干扰。在第一个周波中,在整流装置换相过程中,永磁机的电压扰动导致脉冲触发器的触发脉冲紊乱,短时间内整流装置的两个整流桥同时导通,脉冲触发器无法有效控制励磁电流导致励磁电流快速增加到9 A左右,进而影响第二级励磁机输出很大的励磁电流,最终导致柴油发电机的电压突破过电压保护动作限值,柴油机过电压保护动作,柴油发电机无法顺利启动带载核电厂安全系统负荷。在核电厂失去外部电源的严重工况下,备用柴油发电机如无法启动时,将给核电厂的安全稳定运行带来了很大的挑战。

3 限制措施

3.1 限制励磁过电压原理

对于以可控硅为核心的励磁整流装置,一般采用阻容式的过电压保护装置来限制励磁过电压。阻容保护装置一般分为集中式和桥臂分散式[5]。桥臂分散式的阻容保护常用于限制励磁换相过电压,在该方式无法限制励磁过电压时,可以再搭配集中式的阻容保护作为一种辅助的保护方式。

阻容式保护装置的工作原理就是利用电容两端电压不能突变吸收突发脉冲过电压,再利用电阻将能量消耗掉,进而吸收掉回路中谐波分量,减少对脉冲触发信号的干扰。进行阻容保护装置参数设计时,应先根据限制过电压倍数确定电容 c 的大小,再根据电容 c 的参数选择合适的电阻 r。电容 c 选取应能够在发电机满负荷运行时,整流器晶闸管反向恢复峰值电流 im 向电容 c 充电后,其最大电压不大于允许的过电压值。电阻 r 的取值应在允许的过电压范围内,防止输入电源谐频振荡。r 值越大则限制换相过电压能力越弱,但输入电源振荡阻尼越大,越不易振荡;r 值越小则限制换相过电压能力越强，但输入电源振荡阻尼小，越容易发生振[6]。

3.2 限制励磁过电压效果

对于核电厂备用柴油机的三级无刷励磁系统，在整流桥上已安装了分散式的阻容保护装置以限制励磁换相过电压，但备用柴油机启机发电机励磁过电压限制效果不理想，因此需要再配置集中式的阻容滤波保护装置。其安装位置应位于 GENI 同步 PMG 电压采用回路中，安装示意图如图 5 所示：

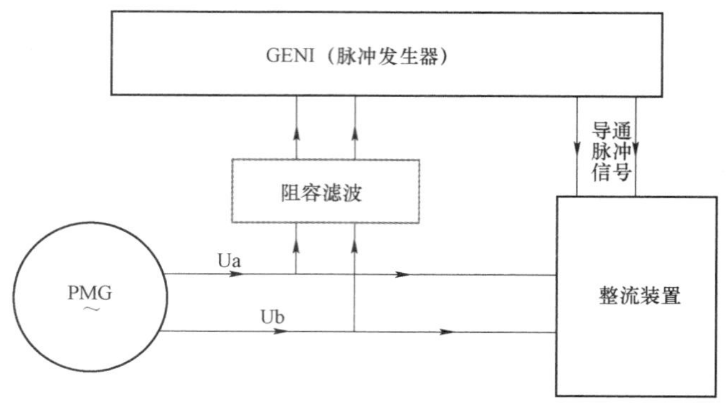

图 5 阻容滤波装置安装位置示意图

经对 PMG 输出的电压波形分析，谐波分量主要以 3、5 次谐波为主，PMG 电压的基波频率为 100 Hz，谐波分量主要集中在 300 Hz、500 Hz 范围上。由于 GENI 装置中已有吸收 300 Hz 谐波的滤波器，因此，需设计阻容吸收装置吸收 500 HZ 的谐波分量。经计算，其参数如图 6 所示：

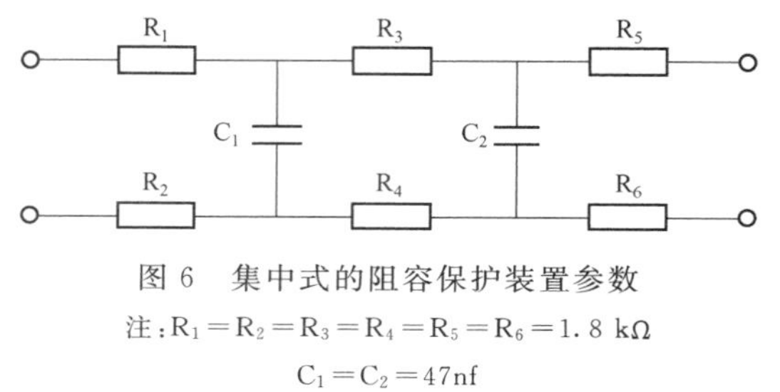

图 6 集中式的阻容保护装置参数

注：$R_1=R_2=R_3=R_4=R_5=R_6=1.8\ k\Omega$

$C_1=C_2=47nf$

由于励磁回路阻容吸入作用，励磁整流装置的相位校正由原来的 5°调整到 23°，加入集中式的阻容保护装置后，备用柴油机的启动波形如下：

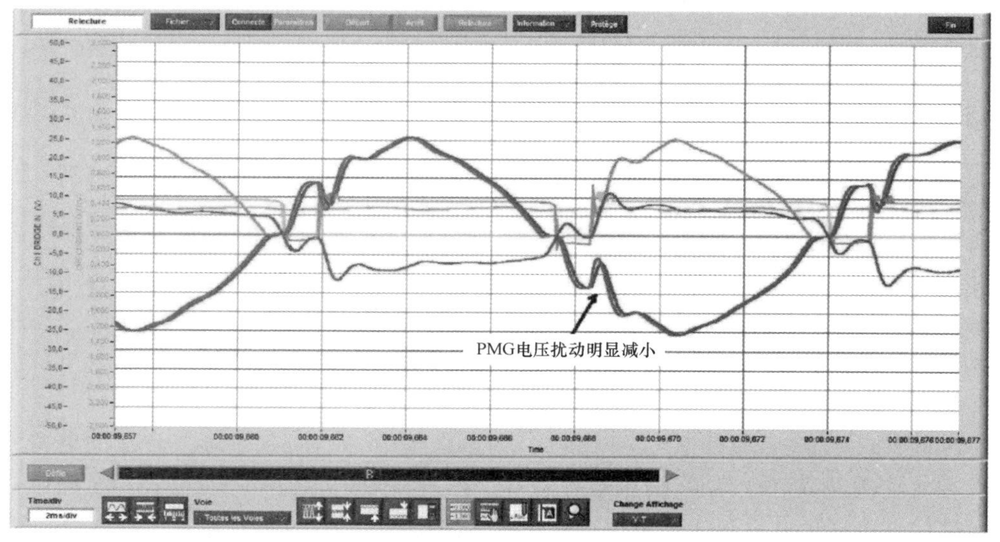

图 7 滤波后备用柴油机启动波形

从图 7 中可以看出，励磁电压在换相过程中扰动很小，脉冲触发器触发脉冲与励磁电压换相几乎同步触发，在整流装置换相完成后，无谐波扰动脉冲触发，励磁电流稳定在 4 A 左右，备用柴油机启动时励磁过电压得到了明显的抑制效果，过电压保护不再动作，柴油发电机能够顺利启动带载安全系统负荷。

4 结论

无刷励磁系统由于回路中含有晶闸管等大量电力电子器件，回路中含有大量谐波分量，由此引起的励磁过电压问题严重威胁了核电厂备用柴油机励磁系统的可靠性。文内通过理论分析结合现场数据分析得出励磁系统中含有大量的 5 次谐波分量，提出了利用阻容装置滤波回路中五次谐波分量的方法。经试验验证，该阻容装置能够很好地限制励磁回路中的 5 次谐波分量，抑制核电厂备用柴油机的励磁过电压，GENI 的脉冲信号无明显扰动，与晶闸管整流装置换相实现同步触发。该方法简单有效，经工程验证可行，但文内没有建立仿真模型进行仿真验证，无法给文中方案的实施提供进一步的试验验证，仅能对于解决励磁过电压问题提供一定的借鉴意义。后续可以建立备用柴油机励磁仿真模型，可以更全面地验证文中所提方法的有效性。

参考文献：

[1] 邹正宇，等 . CANDU-6 核电系统与运行[M]. 北京：原子能出版社，2010.

[2] 廖瑞金，程涣超，等 . 三峡电站励磁系统换相过电压及其抑制措施仿真研究[J]. 中国电机工程学报，2007.

[3] 查烽炜 . 晶闸管换相过电压仿真研究[J]. 安徽工业大学学报(自然学科版)，2014.

[4] 陈赟，杨定乾，王毅 . 励磁变压器差动保护五次谐波闭锁新判据[J]. 电测与仪表，2016.

[5] 陈小明，等 . 晶闸管整流装置过电压保护分析[C]. 贵阳：继电保护及安全自动装置、励磁和直流系统反事故措施研讨会，2017.

[6] 李南坤，邵健 . 大型整流装置的换相过程分析[J]. 发电设备，2003.

Study on excitation system overvoltage of diesel engine in nuclear power plant

LI Hai-long, YIN Jian

(CNNC Nuclear Pouer Operating Manyement Co. Ltd. , Qinshan Zhejiang, China)

Abstract: Thyristor three-phase bridge rectifier is an important part of generator excitation system. The overvoltage problem caused by Thyristor in excitation system commutation process seriously affects the safe operation of diesel engine in nuclear power plant. In this paper, the excitation overvoltage problem of diesel engine excitation system in nuclear power plant is studied, and the cause of the excitation overvoltage problem is obtained based on field data analysis. Aimed at the problem of excitation commutation overvoltage, a method of limiting excitation overvoltage by using filter is proposed in this paper. The field measurement shows that this method can effectively limit excitation current and solve the problem of excitation overvoltage of nuclear power plant diesel engine, which provides experience reference for the reconstruction of similar nuclear power project.

Key words: nuclear power plant; diesel engine; excitation overvoltage; field

HL1000型管束防振支撑组件装配技术研究

叶万丙,刘远彬,陈耀茂,张三俊
(东方电气(广州)重型机器有限公司,广东 广州,511455)

摘要:防城港三四号机组采用“华龙一号”第三代先进核电技术,该项目蒸汽发生器为HL1000型。HL1000型蒸汽发生器管束防振支撑包含直管段支撑组件和弯管段抗振组件两大部分,其采用全新设计结构,且涉及装配零组件种类多、装配精度要求高、装配顺序严苛。项目研制过程中攻克了包括9块栅格型支承与管板管孔安装对中、传热管弯管段防下垂控制、抗振组件一体化连接及抗振组件防偏移等四项关键技术,成功完成了HL1000型管束组件研制。研制技术实现了产品自主化开发,填补了国内该新堆型的空白技术。本论文对HL1000型管束防振支撑组件制造过程中突破的多项创新装配技术进行总结分析,为其他堆型蒸汽发生器设计、制造提供经验借鉴。

关键词:HL1000型蒸汽发生器;栅格型支承;弯管段防下垂控制;抗振组件一体化连接;抗振组件防偏移

引言

防城港三四号机组采用“华龙一号”第三代先进核电技术,该项目蒸汽发生器为HL1000型。HL1000型蒸汽发生器管束组件采用全新设计结构:压水堆蒸汽发生器国内首次采用栅格型支承、“扇形”抗振条(“四爪形”抗振条)及双层环形连接管等新型结构,见图1。

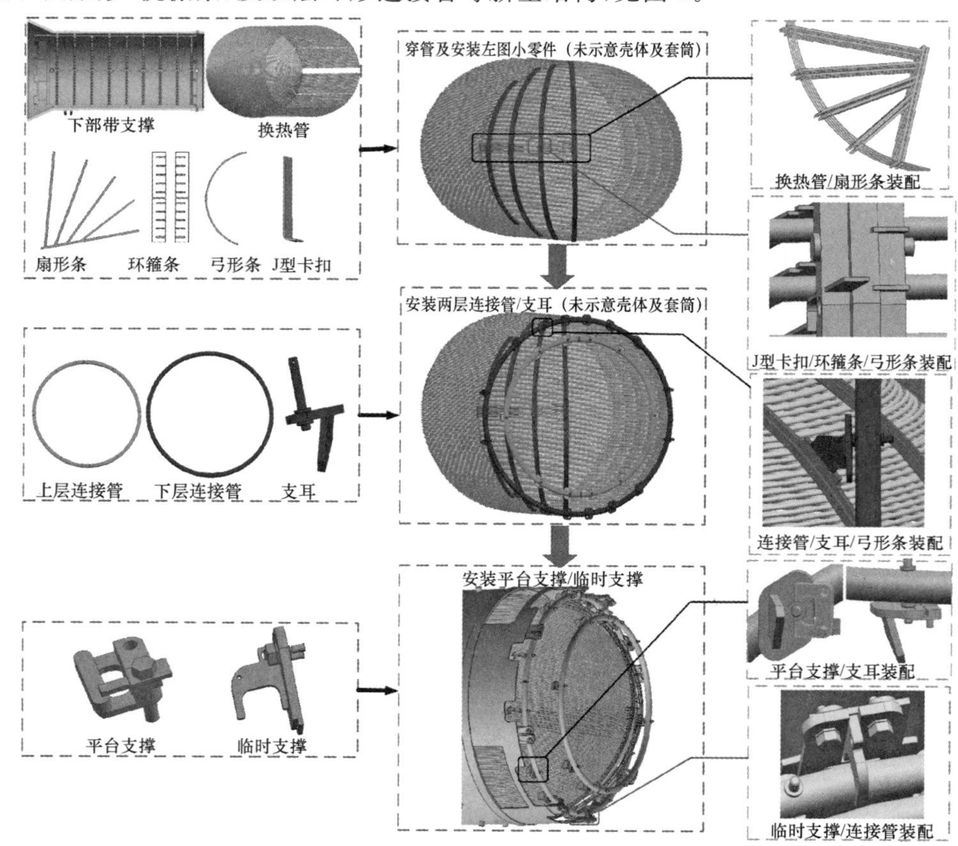

图1　HL1000型管束组件整体结构

作者简介:叶万丙(1987—),男,高级工程师。从事蒸汽发生器、压力容器等核电主设备工艺设计工作

管束组件是蒸汽发生器的核心部件，而管束防振支撑又是管束组件的关键部件，对蒸汽发生器的安全运行有重要影响：一方面能保证传热管维持在正确位置，另一方面能有效控制运行过程中的流致振动、弹性失稳、异常磨损等不利工况[1-3]。

本文基于 HL1000 型管束防振支撑组件新结构分析，研究开发管束防振支撑的装配工艺，形成一套 HL1000 型管束防振支撑组件的先进制造技术。

1 HL1000 型管束防振支撑的结构特点及装配难点

1.1 结构特点

HL1000 型管束防振支撑包含直管段支撑组件和弯管段抗振组件两大类，直管段支撑包含 9 件栅格型支承，由最小单元菱形孔支撑传热管[4]，见图 2。

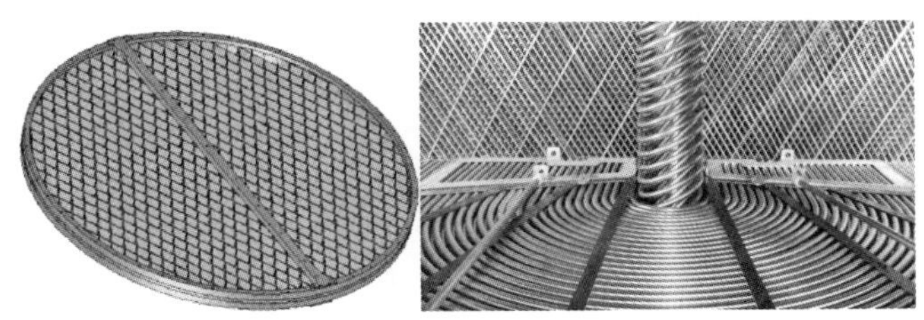

图 2 HL1000 型栅格型支撑

弯管段抗振组件由“四爪形”抗振条-环箍条-弓形条-锁紧销、连接管支耳-上层连接管-下层连接管-连接销、弹簧杆-限位块-套筒组件三部分组成，见图 3。

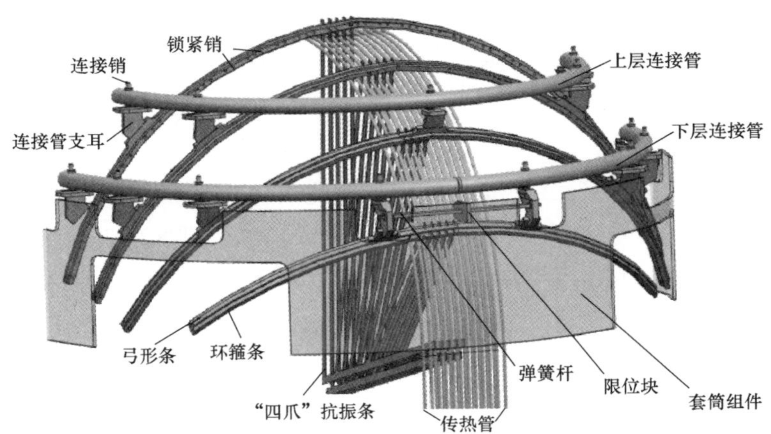

图 3 HL1000 弯管抗振组件

1.2 装配难点

HL1000 型蒸汽发生器管束防振支撑产品结构新，装配零组件种类多、装配精度要求高、装配顺序严苛，装配难点主要包含四个方面：(1) 9 块栅格型支承与管板管孔安装对中；(2) 传热管穿管过程防弯管段下垂；(3) 抗振组件一体化连接；(4) 抗振组件防偏移(自由度约束)。

2 HL1000 型管束防振支撑的关键装配技术

2.1 栅格型支承装配对中

2.1.1 结构分析

管束组件约 8 000 根传热管穿管均需要依次穿过 9 块栅格型支承管子支承板，最终穿过厚约 700 mm 的管板，为保证顺利穿管，须以管板管孔为基准，对每块栅格型支承安装的精度进行严格控制，确保栅格型支承上约 16 000 个菱形孔与管板上的同数量的管孔一一对准。

不同于管子支承板三叶异形孔，栅格型支承最小单元为菱形孔[5]，菱形孔的内切圆即为该孔的最大通管范围。根据传热管与栅格型支承菱形孔尺寸分析，传热管与栅格支撑条的单侧理论间隙不到 0.2 mm，如此微小间隙对每块栅格型支承安装对中提出严苛要求。

2.1.2　装配技术

利用激光直线传播特性，激光光斑位置能通过特定设备读出等特点，开发一套激光准直对中测量系统，该系统由准直激光器、多维精密调整支架、光电信号处理等部分组成[6]，见图 4。

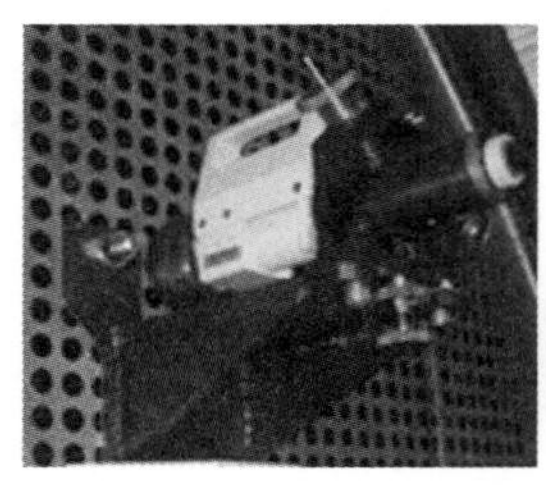

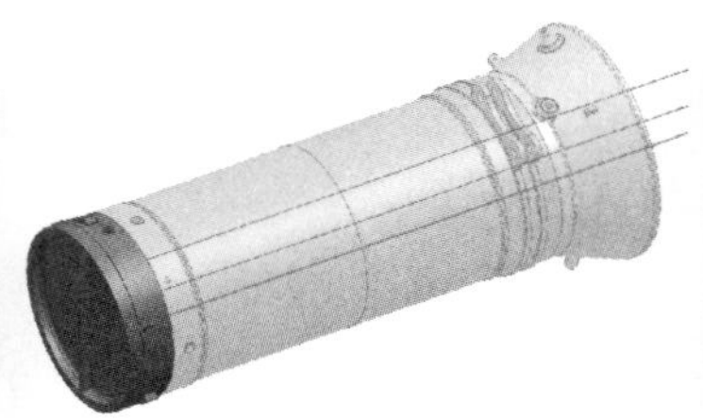

图 4　激光准直对中系统示意

栅格型支承安装时，先在管孔处选择 3 个管孔安装激光器发射激光，通过调节装置先对激光器进行位置调节，建立三束激光基准；接着在栅格支撑对应的三个菱形孔处安装圆形过渡套，此圆形过渡套内切于菱形孔，过渡套与激光接收靶同心，激光接收靶上显示的 x、y 二维坐标，即为栅格型支承的菱形孔与管孔的中心偏差值；最后根据 x、y 值对栅格型支承进行位置调节，最终保证每块栅格型支承与管板的对中控制在目标值范围内。

调节后预固定，再次进行模拟试穿管检查，每个象限随机抽一定数量的菱形孔进行通管检查，确保从栅格型支承试穿管能顺畅穿到管板，最后再通过焊接定位块等固定栅格型支承。

2.2　传热管穿管过程防弯管段下垂

2.2.1　结构分析

管束组件自底层逐层往上穿管、逐层安装"四爪形"抗振条，因传热管弯管段是悬空状态(外侧传热管最大悬伸长度约 2 100 mm)，因自身重力和上方传热管/抗振组件重力影响，会导致传热管弯管段下沉变形，对传热管造成损伤，同时引起抗振条偏离正确安装位置。因此必须防控穿管过程中的弯管段下垂问题。

2.2.2　装配技术

为避免传热管弯管段下垂变形，结合 HL1000 型管束组件结构分析，通过设计以下支撑工装对传热管位置进行固定(图 5)：

(1) 平台工装设计：为满足弯管段支撑需求，同时提供操作站立位置，设计平台工装，前端可插入锥筒体内侧圆锥面，其中平台支腿高度可调以满足平台调平要求。

(2) 支撑工装设计：每层抗振条有 8 个角度的支腿，分别对应 8 组环箍条，其最外侧 2 组环箍条靠筒体近，无法设置支撑工装。最终支撑工装设计成 6 组单元，每个单元支撑一组环箍条，上端通过销孔与环箍条进行连接，下端通过螺栓可调结构支撑在平台工装上，支撑工装通过下端螺栓调节机构调节高度，以满足传热管处于正确高度后再支撑固定。

(3) 定距板工装设计：为预留弯管段操作空间，支撑工装只能直接承担管束下半部分的重量，对支撑工装以上的传热管和抗振条，采用定距板工装连接相邻两块环箍条，通过定距板-环箍条，间接传递传热管支撑重量至下方的支撑工装上。

管束穿管前分别调节管束组件位置、安装支撑平台工装，从下往上逐层穿管、安装抗振条，安装若干层传热管/抗振条能满足环箍条安装要求后，开始安装环箍条，"四爪"形抗振条支腿末端插入环箍条的对应开槽内，并安装定距杆工装保持两侧环箍条的开档尺寸。

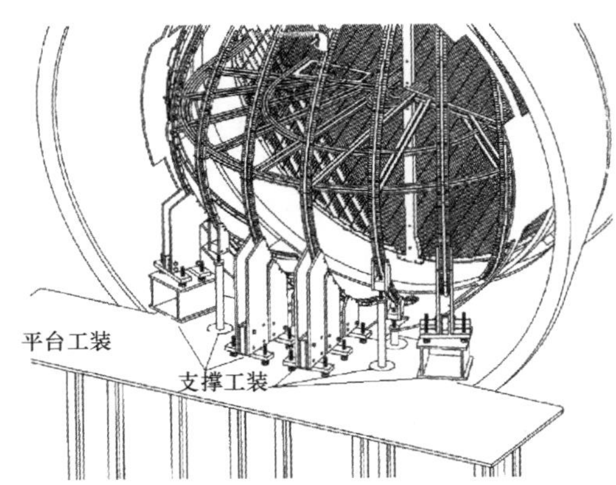

图 5　防传热管下垂支撑

2.3　抗振组件一体化连接

2.3.1　结构分析

HL1000 抗振组件为 4 爪结构，左右两侧抗振组件共 8 个支腿，分别对应 8 组环箍条-弓形条组件，管束穿管后在厂内后续制造中还需要多次旋转，抗振条存在滑移风险，导致抗振条偏离正确位置(图 6)。

HL1000 型弯管段抗振支撑的以下结构特点有利于形成一体化连接的基础：

(1) 采用“扇形”抗振条，每层抗振条由左、右两侧两个抗振组件，每个“扇形”抗振条由主腿和 4 个支腿组成，“扇形”抗振条结构保证 4 个支腿一体化连接。

(2) 弓形条背部通过焊接连接管支耳，连接销 2 连接支耳与连接管。两层连接管通过连接管吊耳分别把 8 组环箍条/弓形条连接成整体。

图 6　抗振组件一体化连接

2.3.2　装配技术

“扇形”抗振条安装以最后一块栅格型支撑为基础，控制根腿两端到栅格型支撑的距离，为快速精准安装抗振条，设计一套抗振条安装定位工装，通过工装设置的限位块，快速定位抗振条安装位置。

待穿管完毕，拆除两侧环箍条之间的定距杆工装和支撑工装，接着安装弓形条至环箍条之间，通过锁紧销把环箍条-弓形条-环箍条连接成整体单元，再焊接锁紧销与环箍条。

根据试装配位置，焊接各连接管支耳至弓形条背面，装配半圆管至连接管支耳上，拼焊两个半圆管成连接管整环，再通过连接销固定连接管与连接管支耳。连接管装焊完成后，把 8 组弓形条/环箍条组件连接成一个整体，见图 6，增加了抗振组件偏移的阻力，同时通过自由度约束(详见第 2.4 节)，有效避免抗振组件位置偏移的风险。

2.4　抗振组件防偏移(自由度约束)

2.4.1　结构分析

抗振组件一体化连接后，可满足蒸汽发生器竖直运行工况下稳态需求，但制造阶段管束为水平卧式状态，需要多次旋转、转运，在抗振组件自重的交替作用下，抗振组件仍然存在轴向移动、径向移动、周向转动的自由度，需要对其自由度进行约束，避免抗振组件位置偏移。

2.4.2　装配技术

结合 HL1000 型管束组件结构分析，通过设计以下工装对抗振组件自由度进行约束：

(1)防轴向移动的夹片工装：下层连接管周向设置 8 个夹片工装，夹片工装可约束连接管的轴向移动。

(2)防径向移动的垫板工装:同时每个夹片工装与连接管之间定制垫板工装,消除径向间隙,避免径向移动。

(3)防周向转动的限位块工装:在夹片工装焊接后,限位块紧贴夹片工装,再与连接管焊接,限制了抗振组件整体转动的风险。

图7所示对下层连接管进行自由度约束,在管束组件未拆除支撑工装状态下完成上述限位工装的固定,在限位工装装配后再拆除支撑工装,弯管段自重通过连接管-限位工装传递至套筒组件-下部壳体组件上,保持弯管段抗振组件位置不发生变化。

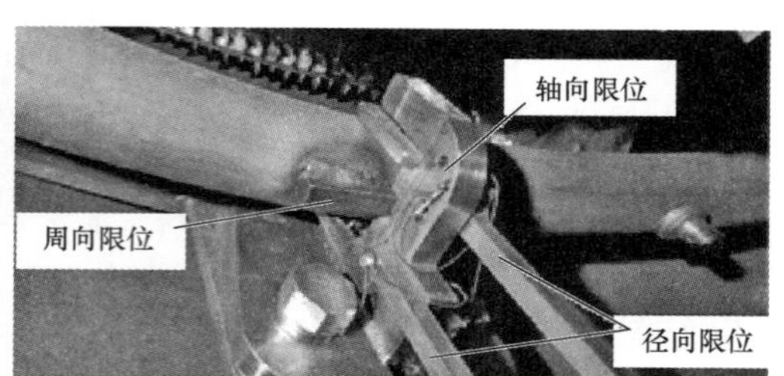

图7 抗振组件自由度约束

3 小结

管束弯管段抗振组件保持设计位置对蒸汽发生器的安全运行非常重要,根据运行热膨胀和热工水力振动分析,抗振组件需要保持一定自由度;而制造过程为水平卧式工位,且存在多次旋转,容易造成抗振条位置的偏离,因此需从抗振组件的结构设计、工装设计、装配工艺、装配顺序等方面进行自由度控制,确保制造过程中抗振组件位置不发生偏移,避免传热管异常磨损等不利影响[7]。

参考文献:

[1] 林诚格. 非能动安全先进核电厂AP1000[M]. 北京:原子能出版社,2008.

[2] 唐力晨,谢永诚,等. 抗振条面内接触刚度对蒸汽发生器传热管流致振动的影响[J]. 原子能科学技术,2016年4月第50卷第4期:645-652.

[3] 夏炎鑫,袁亚兰,等. 三代核电蒸汽发生器抗振条的制造技术研究[J]. 装备机械,2016年第2期:32-35.

[4] 叶万丙. 蒸汽发生器栅格型支承的结构及制造技术研究[J]. 东方电气评论第134期,2020年6.25:64-68.

[5] 叶万丙,蒲志林,彭泽辉. 管子支承板与栅格型支承对比研究[C]. 2020年中西部核学会联合体学术年会论文集.

[6] 梁龙远. 蒸汽发生器管束可装配性分析及装配公差优化[D]. 哈尔滨:哈尔滨工程大学,2012.

[7] 朱勇,韩同行,任红兵. 蒸汽发生器防振条偏移对管束流致振动及磨损的影响分析[J]. 核动力工程,2016,(05):29-32.

Research on assembly technology of HL1000 type tube bundle anti-vibration support assembly

YE Wan-bing, LIU Yuan-bin, CHEN Yao-mao, ZHANG San-jun

(Dongfang Electrical(Guangzhou) Heavy machinery Co. Ltd, Guangzhou Guangdong, China)

Abstract: The HL1000 type anti-vibration support of the tube bundle consists of two parts: the straight tube support assembly and the bending tube anti vibration assembly. The HL1000 Steam Generator tube bundle anti vibration support adopts a new design structure: lattice grid assembly, anti-vibration bar with 4 claws and double-layer annular tie tubes are adopted for the first time in China. Its product structure is new. There are many kinds of assembly parts with high assembly accuracy and strict assembly sequence. Four key technologies have been conquered, including the installation and alignment of nine lattice grid assemblies and tube-sheet holes, anti-sagging control of U-bend section, integrated connection of anti-vibration components and anti-deviation of anti-vibration components. The technology development realizes the independent development of the product and fills the blank technology of the new reactor in China. The article analyses the reviews of various noval assembly technology developed during the process of making the HL1000 type anti-vibration of the tube bundle, which shed sone lights on the design and products of other types.

Key words: HL1000 Type Steam Generator; lattice grid Assembly; anti-sagging control of U-bend of tubes; integrated connection of anti-vibration components; anti-deviation of anti-vibration components

大功率高压电源电磁兼容性优化技术研究

李 菊
(核工业理化工程研究院,天津 300180)

摘要:在较大型系统中通常包括各类电子设备,为了实现系统稳定运行,需要确保各设备满足一定的电磁兼容性要求。而系统中大功率高压电源等设备由于采用大功率PWM逆变工作模式,将产生大量的电磁环境污染,对系统中其他设备造成干扰,影响系统稳定性,尤其是大功率高压电源等发射类设备必须确保不破坏专用系统电网质量(允许的电压失真),并有效控制其工作时通过电源线以传导或辐射的方式对外造成的干扰。为此,对高压电源设备依据GJB151B-2013对电源线传导发射和辐射发射项目进行摸底试验,并通过采用有效的屏蔽、PFC功率因数校正技术和优化输入滤波器参数等措施,实现了专用大功率高压电源CE101、CE102满足GJB 151B—2013中限值的要求,RE102辐射发射指标得到有效控制。

关键词:电磁兼容;传导发射;辐射发射;滤波器

引言

随着专用系统中电气类设备的增加,电磁兼容问题逐渐凸显,并成为影响系统可靠性的关键因素。在系统的电磁环境测试中,现场多次发现专用系统电磁应力主要类型为打火时不规则瞬态脉冲干扰、阻尼正弦瞬态干扰以及公共电网谐波、开关电源噪声等。从干扰耦合的形式、途径来看,沿线缆的传导发射和空间辐射两种耦合形式均存在,且以线间串扰、线缆瞬态传导干扰为主。打火过程产生的强电磁脉冲电场,随距离增加而急剧衰减(4 171 V/m@0 m;668 V/m@1 cm)。强电磁脉冲对电子系统具有很强的干扰和破坏作用。如果环境中产生了一个强电磁脉冲,通过电磁脉冲防护技术可以屏蔽掉部分电磁干扰,但外部电源线暴露于强电磁脉冲下,强电磁脉冲将会耦合进入电源线,并引入到电子设备内部,损坏内部电路[1]。对于高压电源等干扰产生设备应重点考核它们对外产生的线缆传导和空间辐射干扰。本文主要依据GJB 151B—2013[2]对高压电源进行了CE101 25 Hz～10 kHz电源线传导发射、CE102 10 kHz～10 MHz电源线传导发射和RE102 10 kHz～18 GHz电场辐射发射项目的试验。

1 大功率高压电源

大功率高压电源作为专用系统的供电设备,其主要由配电组件、水冷组件、CPCI模块、PFC模块、主高压逆变模块、灯丝副高压逆变模块、高压发生器模块、机柜组件等部分组成。其中在整个系统回路中主高压电源为正接地负高压输出,副高压电源正极接在主高压电源负极上,灯丝电源一端悬浮接在副高压电源的负极上。如此搭接方式,使此电源的三路电源都是高压电源。功能框图如图1所示。

其中,CPCI模块是电源系统的核心控制模块,具有采样和控制功能。PFC模块是电源系统的功率因数校正模块,具有提高电源功率因数,降低电流谐波的功能。逆变模块是DC-AC逆变部分,产生高频的方波脉冲。

作者简介:李菊(1988—),女,硕士,工程师,现主要从事专用电源可靠性技术研究

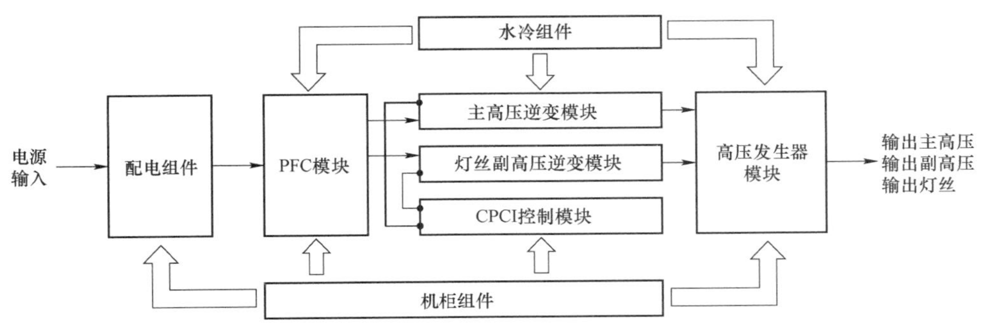

图 1　高压电源功能框图

2　测试目的和测试结果

2.1　测试目的

电子产品内部产生的骚扰信号会通过内部电源线、接地线及内部电路部件之间以空间辐射耦合、感性或容性耦合的方式，传输到产品的电源电路中，再通过电源电路反向传输到供电电源线上，当其他电子产品与该产品共用同一供电网络时，该骚扰会通过电源线进入其他产品内部，对其产生干扰[3]。此项工作考核高压电源在供电电源分布系统上传导发射的谐波电流大小及其工作时通过电源线以传导或辐射的方式对外造成的干扰是否符合 GJB 151B—2013 要求。

2.2　测试结果

测试状态为不上电状态下测量环境本底，满功率状态下对相应传导发射指标进行测量，分别对每相线进行测试。本文中 CE101 和 CE102 的结果均为 L1 相测试结果的曲线。本底测试结果均未超限，且符合 GJB 151B—2013 对本底的要求，再进行实际使用状态下（满功率）的测试。

2.2.1　CE101 25 Hz～10 kHz 电源线传导发射测试结果

此时高压电源未装入 PFC 模块，测量接收机设置：Att：10 dB；RBW：10 Hz；MT：150 ms，测试结果如图 2 所示。

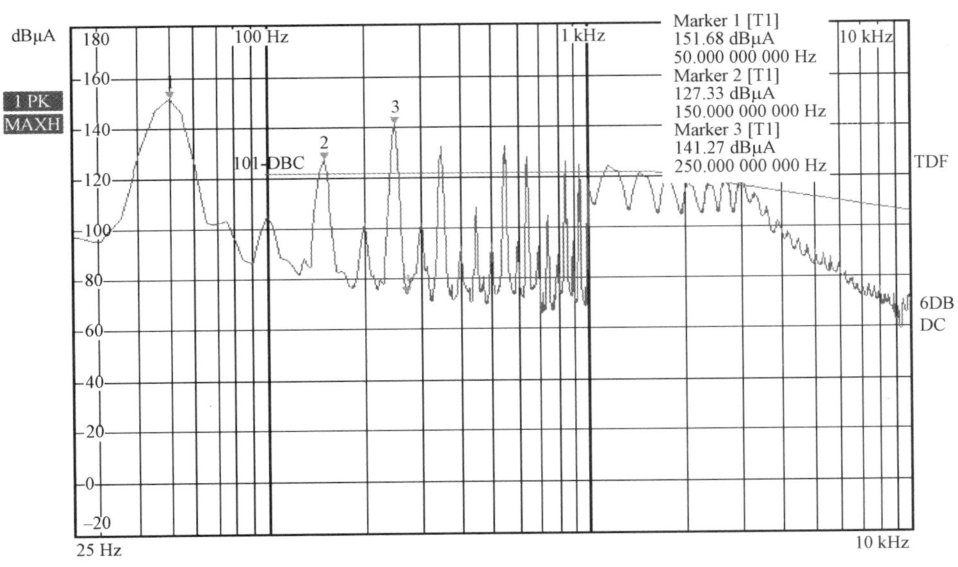

图 2　CE101 满功率测试结果

2.2.2 CE102 10 kHz～10 MHz 电源线传导发射测试结果(图 3)

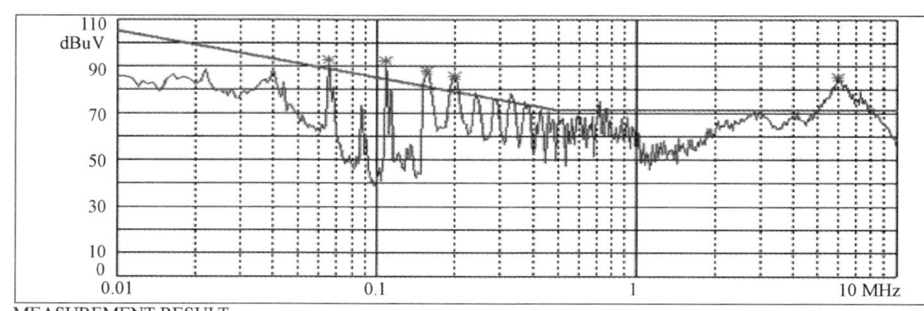

MEASUREMENT RESULT

No.	Frequency	Level	Transd	Limit	Margin	Detector
	MHZ	dBuV	dB	dBuV	dB	
1	0.065 5	92.7	20.1	88.7	4	PEAK
2	0. 109	92	20	84.2	7.8	PEAK
3	0.155	87.8	20	81.2	6.6	PEAK
4	0.2	85.6	20	79	6.7	PEAK
5	5.97	85.3	20.8	71	14.3	PEAK

图 3 CE102 满功率测试结果

注：试验结果仅以 L1 相线结果呈现，其余 2 项测试曲线趋势相近，均出现个别频点超限现象。

2.2.3 RE102 10 kHz～18 GHz 电场辐射发射测试结果(图 4)(30 MHz～1 000 MHz 试验结果仅以垂直极化结果呈现。)

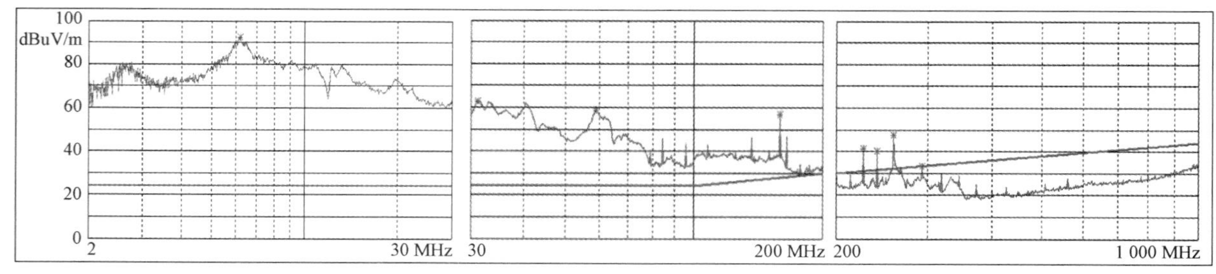

图 4 RE102 满功率测试结果

3 优化改进及结果

3.1 原因分析

在高压电源的研制过程中，采用高频开关技术，会产生相应频率的开关干扰，在输入线上产生大量谐波。从测试结果 2.2.1 节中 L1 相线 CE101 测试结果分析可知，1 次、3 次、5 次等奇次电流谐波发射幅值结果明显高于偶次谐波；且多次谐波发射均超限值要求，其中 5 次谐波发射幅值最大为 140 dBμA，超限值近 20 dBμA。建议高压电源增加 PFC 模块，以抑制电流谐波发射。

从测试结果 2.2.2 节中 L1 相线测试谱线可知，超标频点频谱呈现“毛刺状”尖峰和包络两个明显特征。超标频点为：65.5 kHz、109.5 kHz、155 kHz、195 kHz 及 2.08 MHz、5.97 MHz 附近两个包络；结合高压电源工作原理，超标频点多数是由 44 kHz 开关频率及高次谐波引起；2.08 MHz、5.97 MHz 附近包络很可能是由高压电源内部电路谐振所致。

从测试结果 2.2.3 节中分析可知，电源在 2～350 MHz 范围内较多频点均超 RE102 陆军限值要求，可能的原因有：(1)设备壳体屏蔽效能不佳，高压电源开关频率及谐波是骚扰源，干扰信号通过设备壳体缝隙、孔洞向外辐射引起周围场强增加；(2)输入输出电源线较长，成为有效的辐射天线，设备与外部连接的线缆上共模电流辐射引起周围场强增加[4]。

经过测试，发现高压电源设备开关电源中功率开关管的高速开关动作形成了干扰源，设备中滤波器位于主高压逆变模块中，未至于电源输入端口导致除主高压逆变模块以外的插箱干扰外泄，也可能由于滤波器的插入损耗偏低导致干扰外泄。干扰主要由输出产生，输出线与功率地存在较大环路，低频干扰会直接耦合到电源线。针对发现的一系列问题结合改进建议方案，对高压电源进行了电磁兼容性优化改进。

3.2 优化改进

根据实际使用要求及机柜内部空间限制，优化改进措施如下：

(1) 针对空间辐射干扰，高压电源通过整机柜体采用威图屏蔽机柜、航插和水路接口安装屏蔽条等措施；

(2) 针对谐波电流，为了减少谐波对交流电网的污染，这就必须对电源产品的输入电路进行功率因数校正，以最大限度减少谐波电流，因此采用了 PFC 功率因数校正技术[5]；PFC 模块由 EMI 滤波系统，Vienna 整流系统，输出滤波系统，采样系统和控制系统五部分组成。输出稳定的直流，供后级 H 桥供电。原理图如图 5 所示；

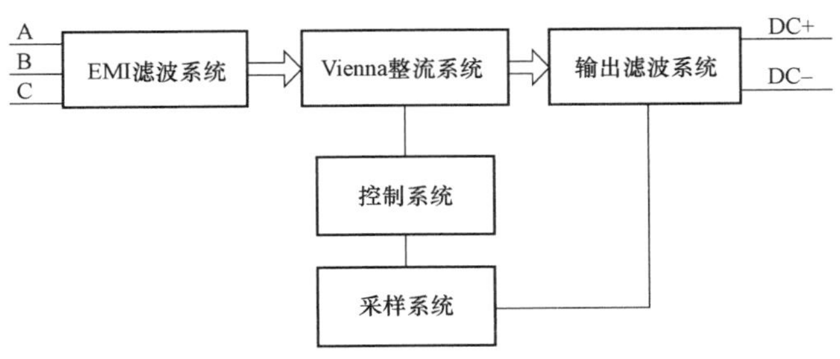

图 5　PFC 模块原理框图

(3) 机柜顶部电源输入端安装较大插入损耗的多级 EMI 滤波器；

(4) 将输出线缆加强屏蔽，机壳就近接地，柜子内部输出地接机壳。输出功率低的干扰直接通过机壳地线导到地，主要是降低 1 MHz 以上的干扰。用屏蔽层作为功率地，其环路面积较小，辐射出来干扰也较小；

(5) 增加 22 μF 的 X 电容，用于滤除 1 MHz 以下的低频干扰；

(6) 对高压电源内部结构进行优化，优化前后对比如图 6 所示。优化后的柜体将滤波器置于电源输入的最前端，有效地滤除高频干扰。

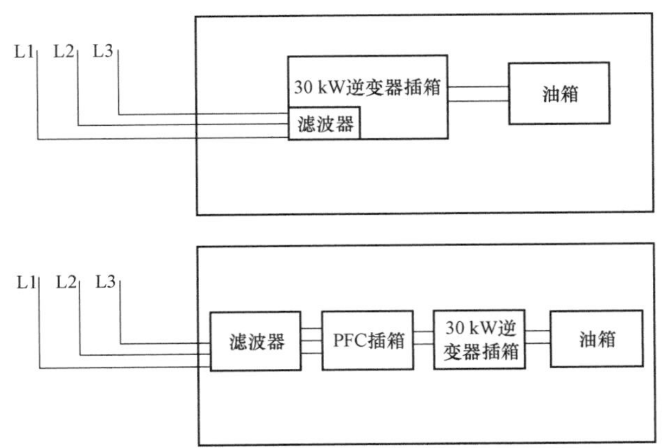

图 6　高压电源优化前后内部结构图

3.3 测试结果

3.3.1　CE101 25 Hz～10 kHz 电源线传导发射整改后测试

整改后对 CE101 项目进行测试，如图 7 所示，测试曲线中 1 次、3 次、5 次等奇次谐波传导发射电平普遍高于偶次谐波，其中除基波外 A 相线其他所有谐波中三次谐波发射幅值最大（约为

110 dBμA)，测试结果符合 GJB 151B—2013 限值要求。

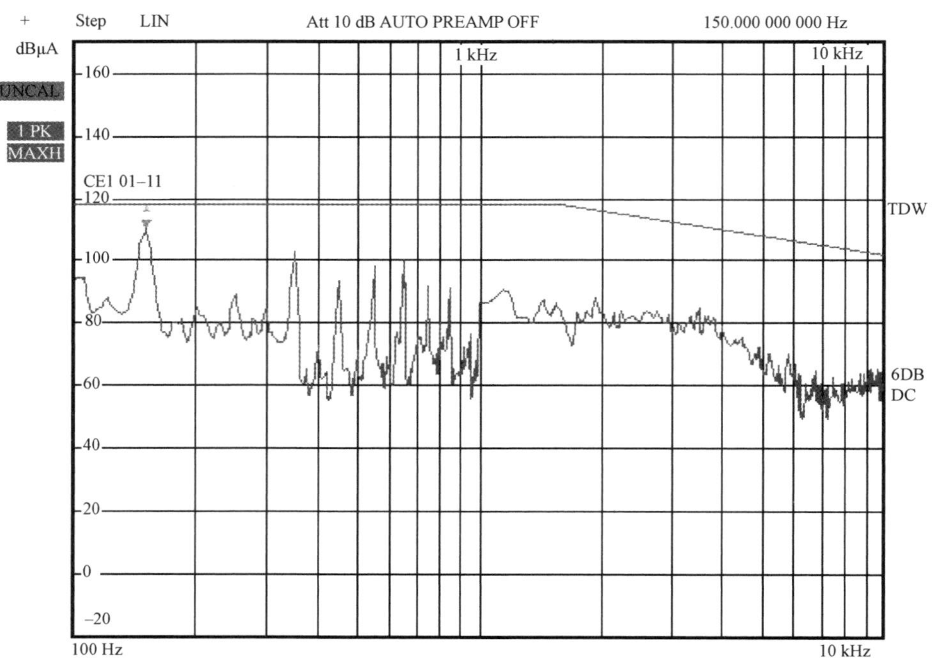

图 7　CE101 满功率测试结果

3.3.2　CE102 10 kHz～10 MHz 电源线传导发射整改后测试

如图 8 所示，高压电源的传导发射在 10 kHz～10 MHz 频率范围内均低于限值，符合 GJB 151B—2013 限值要求。其中最高点频率为 0.033 5 MHz，此时实际值低于限值 1.3 dB。

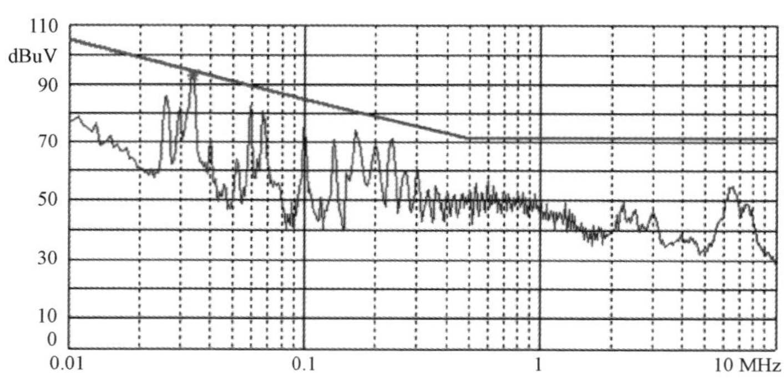

图 8　CE102 满功率测试结果

3.3.3　RE102 10 kHz～18 GHz 电场辐射发射优化后测试

2 MHz～1 GHz 频率范围内垂直极化辐射发射满足 GJB 151B—2013 中海军(移动的)和陆军基准曲线放宽 40 dB 考核要求(图 9)。

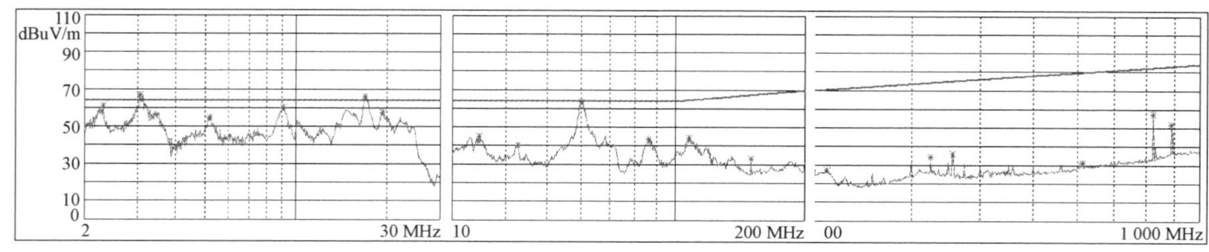

图 9　RE102 满功率测试结果

4 电源品质测试

在高压电源进行电磁兼容性优化改进前后，使用电能质量分析仪分别对其电源品质参数进行了测量，电源品质参数见表 1。整改前后，高压电源输出时配电输入端单相电压电流波形见图 10，图中深色为电压波形，浅色为电流波形，可见优化前电流畸变较强。谐波电流对线路上的保护继电器，仪器仪表，以及计算机系统会产生强烈干扰，从而引起误动作，出现噪声等异常现象。

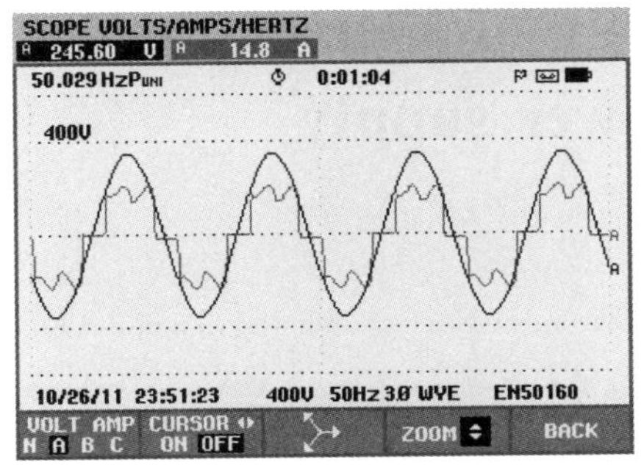

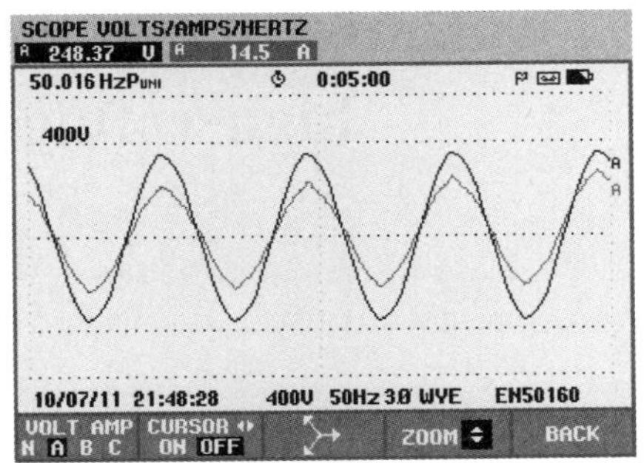

图 10　优化前后配电输入波形

表 1　优化前后高压电源品质参数

电源品质参数测试									
参数	功率因素(PF)			有效值电流 Irms/A			谐波 THD		
相位	A	B	C	A	B	C	A	B	C
优化前测试数值	0.95	0.95	0.95	50	52	48	32.7%	32%	32%
优化后测试数值	1	1	1	59.5	58.8	57.1	2.3%	2.4%	2.1%

结果表明，在优化改进后，采用一定的控制方法，使电源的输入电流跟踪输入电压，功率因数接近为 1，高压电源的功率因数测试值达到 1，总谐波畸变率降低 15 倍左右，高压电源指标得到提升。

5 结论

经过测试，发现电源设备开关电源中功率开关管的高速开关动作形成的干扰源产生了超限的传导和辐射发射。高压电源通过增加 PFC 模块，有效抑制了电流谐波发射，改善了 25 Hz～10 kHz 低频传导发射；通过采用屏蔽机柜等大量屏蔽措施降低了 10 kHz～1 GHz 的空间辐射发射；在设备的有限空间内，通过在电源输入端加入滤波器并在其后端增加级联滤波线路改善了其宽频带内的衰减特性，通过 10 kHz～10 MHz 传导发射项目的测试，验证了整改措施有效。RE102 整体指标降低 30 dBμV/m。在专用系统试验现场，近距离测量了主高压传输线上的电场强度，未采取整改措施前电场强度为 660 V/m，整改后电场强度降低至 150 V/m，在很大程度上降低了电场对专用系统的影响，提高了系统的可靠性。

致谢

感谢谈小虎研究员在高压电源理论技术上给予的支持与帮助；感谢工业和信息化部电子第五研究所方文啸和劭鄂团队在试验与整改技术方面给予的建议与帮助。

参考文献：

［1］ 邓建球，郝翠．强电磁脉冲耦合与电源防护研究［J］．北京：微波学报，2017，33(6)：85-89.

［2］ 军用设备和分系统电磁发射和敏感度要求与测量：GJB 151B—2013［S］.

[3] 朱文立,陈燕,郭远东．电子电器产品电磁兼容质量控制及设计[M]. 北京:电子工业出版社,2015:259-266.
[4] 钟辉．某机载设备电磁兼容性改进设计[J]. 安全与电磁兼容,2018,2:80-83.
[5] 毛鸿,吴兆麟．有源功率因数校正器的控制策略综述[J]. 电力电子技术,2000,34(1):58-61.

Research on electromagnetic compatibility optimization technology of high-power high-voltage power supply

LI Ju
(Research Institute of Physical and Chemical Engineering of Nuclear Industry, Tianjin, China)

Abstract: In large-scale system, it usually includes many kinds of electronic equipment. It is necessary to ensure that the equipment meets certain electromagnetic compatibility requirements to realize stable system operation. The equipment, such as high-power high-voltage power supply, will produce a lot of electromagnetic environmental pollution due to the use of high-power PWM inverter mode, which will cause interference to other equipment in the system and affect the stability of the system. In particular, it is necessary to efficiently control those equipment pollution, such as voltage distortion, line conduction or radiation emission, so as not to disturb the other equipment operation. Therefore, according to GJB 151B—2013, the conducted emission and radiated emission of the power line of the special power supply equipment are tested. By adopting effective shielding, PFC power factor correction technology and optimizing of input filter parameters, the special high-power high-voltage power supply CE101 and CE102 meet the requirements of GJB 151B—2013, and the radiated emission index of RE102 is effectively controlled.

Key words: electromagnetic compatibility; conducted emission; radiated emission; filter

在线自动上料返炉物料处理系统的研制

杨　静
(中核建中核燃料元件有限公司,四川 宜宾 644000)

摘要:本文针对中核建中一车间910生产线不能回炉处理不合格UO_2粉末的问题,研制了一套适用于910的在线自动上料返炉物料处理系统。利用现有厂房空间与主体设备布局进行了设计计算,包括设备管线布局、工艺流程设计、设备选型计算、供料装置的改进、自动返炉真空上料机的设计与系统的物料运输逻辑程序设计。得出所需输料管道为$\Phi57\times3.5$的304不锈钢管道,气源机械所需风压为51 kPa,所需风量为112 m^3/h,所需功率为2.1 kW,系统在设计与安装完成后进行了试验调试,结果表明:系统安装布局对现有转炉正常运行无影响,系统的控制逻辑程序运行稳定可靠,现有气源机械符合设计要求,设备密封性达到了辐射防护管理要求,输送能力满足生产要求并可根据生产需要实时调节。

关键词:不合格UO_2粉末;真空吸送;回炉处理装置

引言

IDR干法已成为国内外UO_2粉末主流生产工艺[1],其实现连续生产的同时,自动化水平进一步提高,降低了岗位员工的劳动强度,提高了辐射防护水平。但在UO_2粉末生产过程中因开产、检修等原因产生的不合格粉末回炉处理过程中,产生大量人工、环境污染问题遏制了生产线自动化水平与辐射防护水平的提高。西方国家在核电事业上起步较早,对不合格UO_2粉末的返炉处理拥有一整套较先进的处置方式,如法国采用的返炉装置,使用气力输送将物料输送至暂存料斗,通过螺旋将物料输送进转化炉,全程密封输送,实现返料生产的自动化。国内近年也加大了对核电相关产业的研发投入,但处理不合格UO_2粉末时仍存在大量人工操作,如中核建中核燃料元件有限公司现有三条干法UO_2粉末生产线,各自拥有一套不合格粉末处理装置。110-1为可拆卸式螺旋进料装置,需要一定的物料作为料封,不适用于小批量粉末回炉生产且自动化程度低,需要大量人工操作,生产过程中多点开放式处理,存在较大的泄露风险,不利于岗位员工的辐射防护[2];1103采用了一套DEC装置实现返炉处理的自动化,管道在负压条件下补充N_2输送物料,减少开放操作,提高了辐射防护水平,但在设计上存在一定的缺陷,如过滤效果不佳、物料输送不均匀、管道易堵塞和物料输送管线复杂等;910与110-1相同,但受厂房布局与料桶连接口不匹配问题限制,不具备返炉处理能力,需人工转运至其他生产线处置,影响车间生产效率,增加了车间粉末转移的事故风险。因此在DEC装置的基础上研制一套更加先进、高效、适用于910的自动上料返炉物料处理系统很有必要。

1　工艺流程设计

1.1　厂房布局

910生产线自动上料返炉物料处理装置及转炉设备厂房内总体布局如图1所示,三楼转炉间与单锥间相邻,处于同一标高楼层。为减少物料输送管道长度与提升高度,降低物料运输载荷,利用单锥间空余空间,隔离出独立的抽料小室。抽料小室结构如图2所示,考虑料桶连接与人员操作需求设计小室为:1 800×1 600×2 800 mm,采用钢结构框架,利用塑钢、有机玻璃隔断,正面设计平开门,侧面底部开孔接入物料输送管道,顶部配梁,安装1 T手动葫芦同时开孔接入全排风机。

作者简介:杨静(1993—),男,四川绵阳人,工程师,工学学士,低浓氧化铀制备

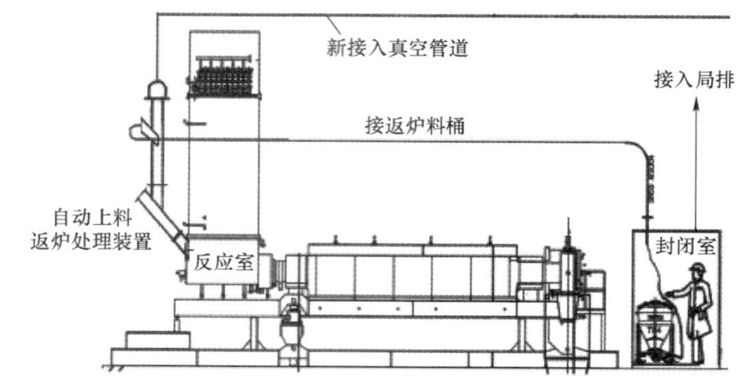

图 1　厂房总体布局图

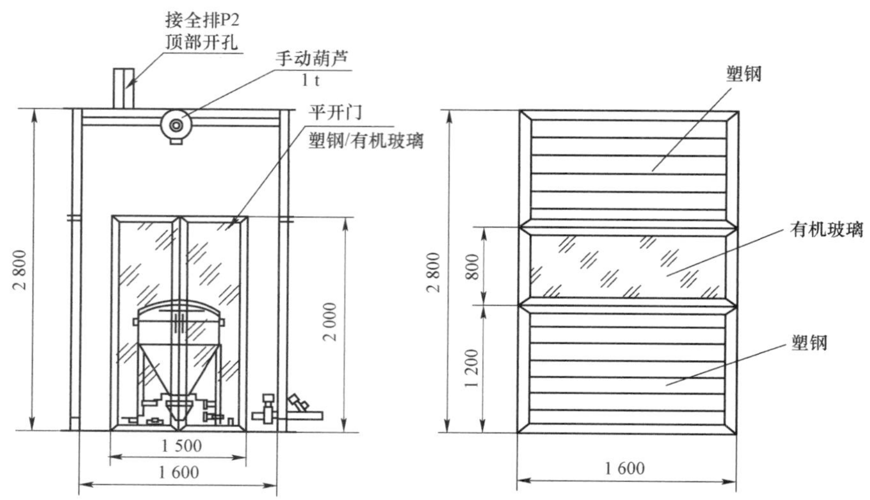

图 2　小室结构设计图

1.2　程序与软件设计

控制程序平台使用西门子博途(TIA portal),TIA 博途是西门子公司的一款全新的全集成自动化平台,将全部自动化组态设计工具完美地整合在一个开发环境中,与传统方法相比,无须花费大量时间集成各个软件包,是今后工业自动化领域的发展方向[3]。整个控制程序依据预设的运行时序(视情况由图 3 调整),依次控制真空上料系统上对应的气动阀启闭,完成吸料、补气、反吹、下料与等待工序。程序及各阀门运行时序状态如图 4 所示,通过对各工序时序的排列与选择,能有效地控制抽料速度与单次抽料量等关键参数,防止管道积料。

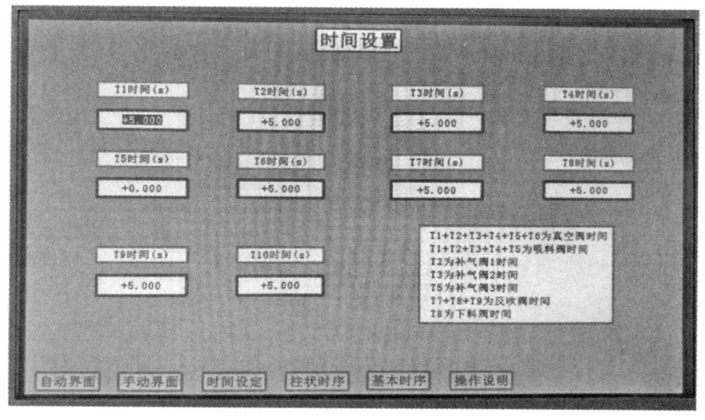

图 3　时序设置图

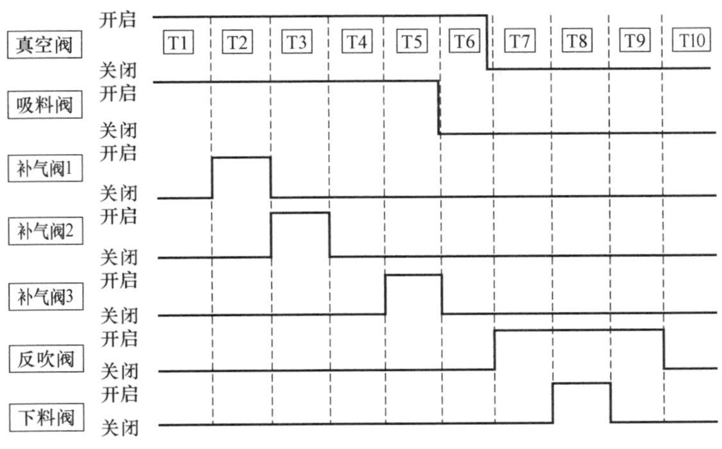

图 4 运行时序图

1.3 工艺流程

自动上料返炉物料处理系统由真空气力输送系统、供料装置与自动上料机构成。工艺流程如图 5 所示，装有不合格物料的料桶与供料装置连接后启动系统，真空阀开启，对暂存料仓与管道进行抽真空；吸料阀开启，通过负压把粉末吸入暂存料仓内；补气阀开启，通过负压把管道内残余的粉末吸入暂存料仓；反吹阀开启，通过 N_2 吹破暂存料仓内的负压，同时清除过滤器上吸附的粉末；下料阀开启，粉末在 N_2 反吹与自重的作用下进入反应室内；等待时间为 T10 以内，等待物料在反应室内充分反应后进入下一运行周期，通过调整等待时间可有效调整物料输送能力。

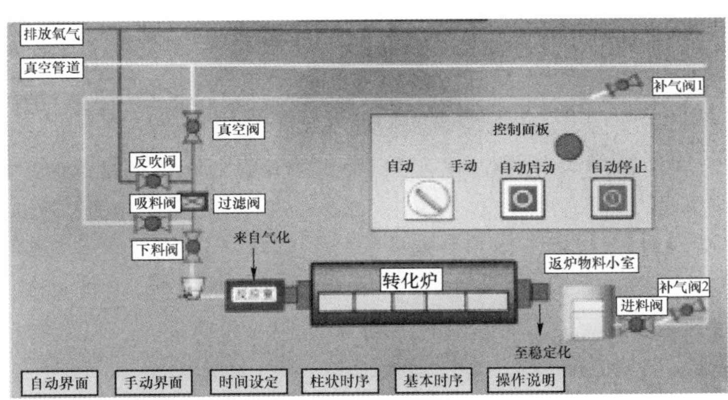

图 5 返炉物料处理工艺流程

2 系统的设计选型

2.1 气力输送系统的设计计算

2.1.1 主要参数的确定

(1) 设计的原始条件。UO_2 粉末和空气物性参数如表 1 所示，根据以上管道的布局设计，现场测量输料管参数见表 2，真空管道参数表见表 3。

表 1 物性参数表

输送量 G_d/(kg/h)	UO_2 密度 ρ_s/(kg/m^3)	UO_2 松装密度 ρ/(kg/m^3)	UO_2 代表粒径 d_s/(mm)	空气密度 ρ_a/(kg/m^3 20 ℃)	空气黏度 μ/(Pa·s)
350	10 960	1 050	0.444	1.205	18.1×10^{-6}

表 2 输料管道参数表

水平管道长 L_1/m	铅垂管道长 L_2/m	弯管曲率半径 R/m	水平转向铅垂/个	铅垂向上转向水平数量/个	水平转向水平数量/个
16	3	0.3	1	1	2

表 3 真空管道参数表

水平管道长度 L_3/m	铅垂管道长度 L_4/m	弯管曲率半径 R/度	弯管数量/个	内径 D/m
12	7	0.3	3	0.05

(2) 输送量的确定。返料系统流量低于 45 kg/h,回抽物料约 350 kg/h,经计算取 $G=450$ kg/h

$$G=G_{\mathrm{d}}K_1K_2 \tag{1}$$

式中:K_1—供料不均匀系数,对于均匀供料情况,$K_1=1.00$;K_2—储备系数。

(3) 混合比的选取。混合比对整个输送系统的经济性和工作可靠性有着重大影响,但影响 m 值的因素很多,其值的范围也较大,很难用公式简单计算求得[4]。参考了 DEC 应用实例来确定,经计算其输送系统中实际混合比 $m_{\mathrm{DEC}}=3.7$,910 生产线管线布局相对简短,选取

$$m=G/G_{\mathrm{a}}=4 \tag{2}$$

式中:G_{a}—单位时间内通过管道的空气重量。

(4) 计算空气流量 Q 的确定。在决定气源机械的风量时,应加上管道系统的漏气量,如过滤器、输送管道、管件等,取 20%的总漏气量,输送物料所需的空气流量:

$$Q=\frac{gG}{m\gamma_{\mathrm{a}}}(1+C) \tag{3}$$

式中:g—重力加速度;γ_{a}—标准状态下的空气重度;C—管系漏气系数。

(5) 物料悬浮速度的计算。输送粒度不均匀的物料时,由于细颗粒的输送速度比大颗粒的输送速度大,在输送过程中小颗粒群力图绕过大颗粒并簇拥着大颗粒物料前进,使粒度不同的物料都能进行正常输送,因此在实际计算中采用粒度分布比例较大的颗粒群的悬浮速度[5]。以 UO_2过 40 目筛网的粉末粒径为代表粒径 d_s,依据下式判定其阻力区:

$$\because A=\left[\frac{\mu^2}{\rho_{\mathrm{a}}(\rho_{\mathrm{s}}-\rho_{\mathrm{a}})}\right]^{1/3} \tag{4}$$

$\therefore 2.2\ \mathrm{A}\leqslant d_s\leqslant 20.4\ \mathrm{A}$,适用过渡阻力区的粒径范围公式,悬浮速度

$$V_{\mathrm{n}}=\frac{1.195\,d_{\mathrm{s}}}{\sqrt{K_{\mathrm{s}}}}\left[\frac{(\rho_{\mathrm{s}}-\rho_{\mathrm{a}})}{\rho_{\mathrm{a}}\mu}\right]^{1/3} \tag{5}$$

式中:K_s—颗粒自由悬浮速度的不规则形状修正系数。

(6) 计算输送气流速度的确定。通常每种物料都存在一个保证颗粒群呈悬浮状态进行正常输送的最低风速,称为安全输送空气速度或经济速度[6]。参考文献[7]与 UO_2粉末相近物料的实测悬浮速度与输送气速数据,因缺乏粉末试验经验数据,采用经验公式[8],选择输送气流速度 $V_{\mathrm{a}}=33$ m/s。

$$V_{\mathrm{a}}=0.01\alpha\sqrt{\gamma_{\mathrm{s}}}+\beta L \tag{6}$$

式中:V_{a}—输送气流速度,m/s;α—与输送物料粒度有关的系数;γ_{s}—物料重度,$\mathrm{N/m^3}$;β—系数,UO_2粉末取 2×10^{-5};L—输送距离,L 小于 100 m 的装置,上式右边第二项可以忽略不计。

2.1.2 输料管的选择。粉末输送管道内径:

$$D=\sqrt{\frac{4Q}{t\pi V_{\mathrm{a}}}} \tag{7}$$

式中:D—粉末输送管道内径,m;t—真空开启时间。

输送过程中 UO_2粉末会对输送管道特别是弯管产生磨损,通过查阅 GB/T 17395—2008 选择

$\Phi 57\times 3.5$ 的无缝钢管，考虑经济性与耐磨性，管材选用 304 不锈钢并验算输送气速符合要求。

2.1.3 气源机械的选型与验证

确定气源机械所需容量与功率，必须计算系统管系的总压力损失，包括纯空气流动产生的压力损失与双相流中存在的附加压力损失[4]，取空气重度为常数进行计算。

(1) 纯气流产生的压力损失

(a) 直管沿程的摩擦压力损失。管道内无物料输送为纯气流的摩擦压损，无水平管与竖直管区分，纯空气沿圆形截面管道流动产生的摩擦压力损失按达西公式：

$$\Delta P_1=\lambda_a\frac{L_3+L_4}{D}\rho_a\frac{V_a^2}{2} \tag{8}$$

式中：λ_a—空气与管道的摩阻系数，工程设计按柏列斯经验公式$\lambda_a=0.0125+\frac{0.0011}{D}$

(b) 局部压力损失。空气在流经供料器、三通管等部件时，由于运动速度或方向改变，因而需计算其局部压力损失，用管道中流体压力的单位倍数表示：

$$\Delta P_2=\xi_a\rho_a\frac{V_a^2}{2} \tag{9}$$

式中：ξ_a—气流的局部阻力系数；β—系数，与被输送物料的物理特性及气流速度有关。

(2) 双相流运动产生的压力损失

(a) 直管沿程的摩擦压力损失。两相流运动时空气与管壁之间和空气与颗粒之间发生的摩擦、颗粒与颗粒之间及颗粒与管壁之间碰撞摩擦而产生的压力损失，水平和铅垂管中的压力损失：

$$\Delta P_3=(1+m\,K_L)\lambda_a\frac{L_1\rho_aV_a^2}{D\quad 2}+(1+m\,K_H)\lambda_a\frac{L_2\rho_aV_a^2}{D\quad 2} \tag{10}$$

式中：L—管道长度，m；K—沿程阻力的附加系数，由 V_a 查文献[4]水平管 $K_L=0.135$，铅垂管 $K_H=1.1K_L$；(b)加速压力损失。使物料颗粒在气流中加速到稳定运动状态所产生的压力损失，发生在供料装置和弯管后面。粉末通过两个 90°弯管的加速压力损失：

$$\Delta P_4=2\left[\frac{V_{s1}}{V_a}-\frac{V_{s2}}{V_a}\right]\mathrm{m}\,\frac{\gamma_aV_a^2}{2g} \tag{11}$$

式中：$\xi=2\left[\frac{V_{S1}}{V_A}-\frac{V_{S2}}{V_A}\right]$为加速压损系数；$V_{S1}/V_a$—终端速度比，$V_{S2}/V_a$—始端速度比。铅垂向水平弯管，按进出口减小 1/4，查得 $\xi_a=0.76$；水平向铅垂弯管，按进出口减小 2/5，查得 $\xi_b=0.57$。

粉末在供料装置附近由零初速度启动产生的加速压力损失

$$\Delta P_5=\frac{\gamma_aV_a^2}{2g}(1+m\beta) \tag{12}$$

(3) 弯管的压力损失。两相流通过弯管时，因运动方向改变产生离心力的作用，引起涡流及物料颗粒对弯管外壁的撞击、颗粒沿弯管外壁滑行或弹跳运动。经 1 个水平转向铅垂向上、1 个铅垂向上转向水平与 2 个水平转向水平的 90°弯管的局部损失。

$$\Delta P_6=(4+5.3\ \mathrm{m})\zeta_b\rho_a\frac{V_a^2}{2} \tag{13}$$

式中：ζ_b—气流通过弯管的局部阻力系数。可以由文献[4]表 5-19 查得 $\zeta_b=0.5$；k_b—弯管局部阻力的附加压力损失系数，各不同转向弯管的系数均由文献[4]表 3-4 查得。

(4) 提升物料的压力损失。在铅垂管道内输送两相流时，还必须包括克服物料自重而引起的提升压力损失，即提升物料到高度 L_2所需的位能[4]：

$$\Delta P_7=m\,\gamma_aL_2\frac{V_a}{V_s} \tag{14}$$

由于 $L_2<10$ m，由 V_a/V_0值由文献[4]中查得 $V_s/V_a=0.4$，得$m_1=2g\,\frac{h}{V_n^2}$

（5）输送系统各部件压力损失。对于过滤器的压力损失：

$$\Delta P_8=\zeta\frac{\rho_a V_a^2}{2}(1+K_3 \mathrm{m}) \tag{15}$$

式中：ζ—过滤器阻力系数，取 4；K_3系数，取 0.3。

（6）气源机械的选择。根据上述计算得出管系的总压损，再考虑系统余量和计算误差等原因，选用修正系数 $K_p=1.2$ 对计算结果修正取整，即气源机械所需真空度与功率：

$$P=K_p\Delta P=51\ \mathrm{kPa} \tag{16}$$

$$P_B=\frac{Q_{in}P}{6\,000\ \eta_B\eta_g}=2.1\mathrm{kW} \tag{17}$$

式中：Q_{in}—气源机械所需风量，m^3/min；η_B—气源机械的流体效率；η_g—机械传动效率。

生产线现有干式旋片真空泵具有输吸气稳定、无需经常性维护保养、不产生油蒸气、不会污染物料等特点[9]，适宜 UO_2粉末的输送并由表 4 验证其满足系统输送要求，气源机械可利旧使用。

表 4　现有气源机械参数表

真空泵	电机	功率	转速	流量	极限真空
V-VTR140	MSHE112M-4	4.8 kW	1 445 r/min	130/155.0 m^3/h	150 mbar

2.2　自动返炉真空上料机的设计

自动上料机采用 316 L 不锈钢，粉末经气力输送进入暂存料仓，在料仓底部设计下料蝶阀控制进料速度，在正压条件下将物料输送至反应室，将返料系统与转炉系统隔断。过滤器将吸入料仓的粉末与气体分离，持续的气固分离在滤管表面形成滤饼，通过反吹 N_2将滤饼去除实现滤管的再生。为保证系统过滤效果，过滤装置经优化使用三只过滤面积 0.157 m^2的烧结 Monel 金属过滤管，该工艺制造的滤管耐高温、抗腐蚀、渗透性好，大的过滤面积增强了反吹效果，利于抽料过程顺利进行（图 6、图 7）。

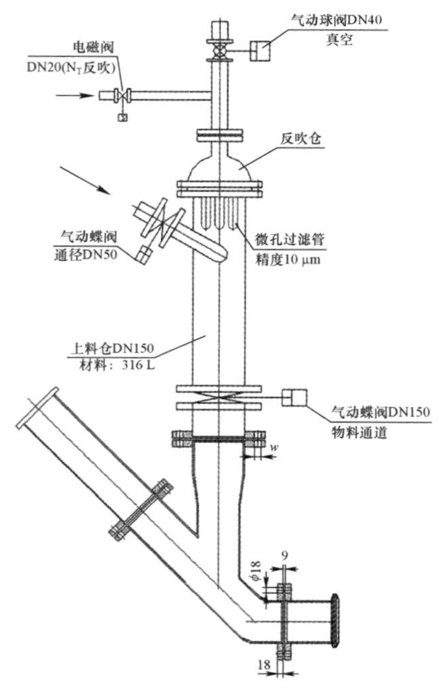

图 6　上料机结构示意图

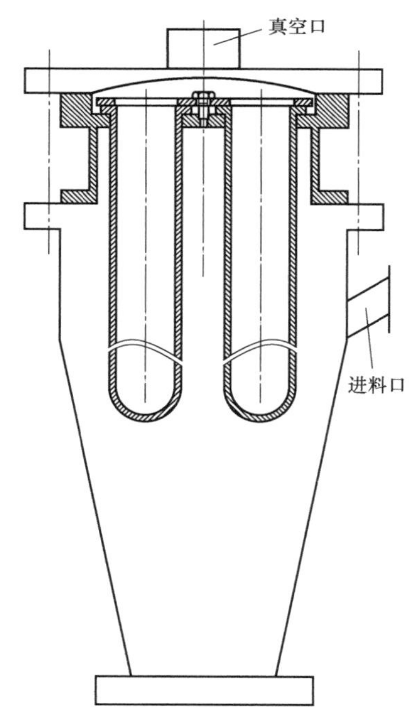

图 7　暂存料仓

2.3 供料装置的设计

供料装置用于物料桶与输送系统连接，原供料吸嘴如图 8 所示，存在补气效果差、底部管道易出现堵塞、高度过高适用范围小等问题。经过改进在短管中增加图 9 中的隔板，在末端增加补气阀，以增加补气量；降低了供料装置的高度，以适应不同高度的物料桶使用。改进后的供料装置在回抽物料中应用效果良好，能有效防止供料装置处堵塞现象发生。

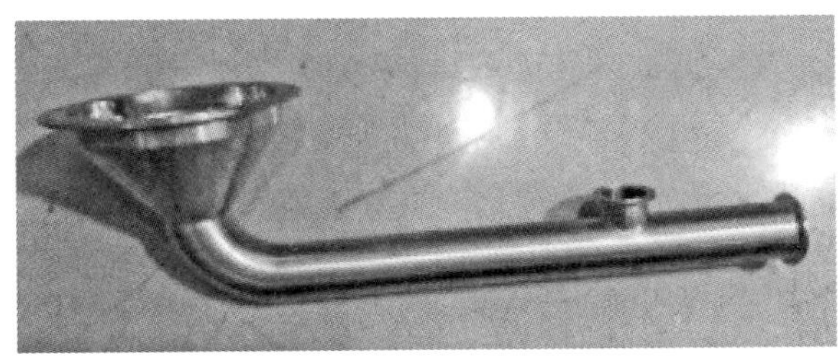

图 8 原供料吸嘴图

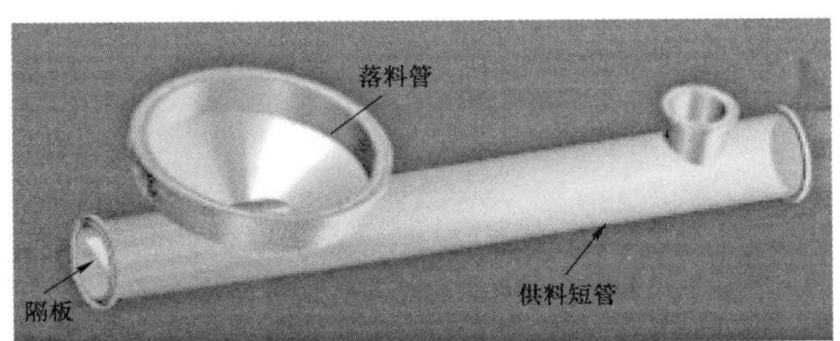

图 9 改进后的供料装置结构

3 设备设施安装

在线自动上料返炉物料处理系统设备、工艺管道、零部件总体布置如图 10 所示，抽料小室位于单锥间墙角，自动上料机位于转化炉头与反应室入口法兰连接。料桶由供料装置与输料管连接，料桶出口管道安装上料气动阀与夹角 60°左右的补气管道。真空管道在原单锥间真空管处连接三通管后，穿墙进入转炉间到达炉头；物料输送管道从抽料小室通过 3 个曲率半径为 0.3 m 的弯管沿单锥间墙壁进入转炉间到达炉头，与自动上料装置连接如图 11 所示。

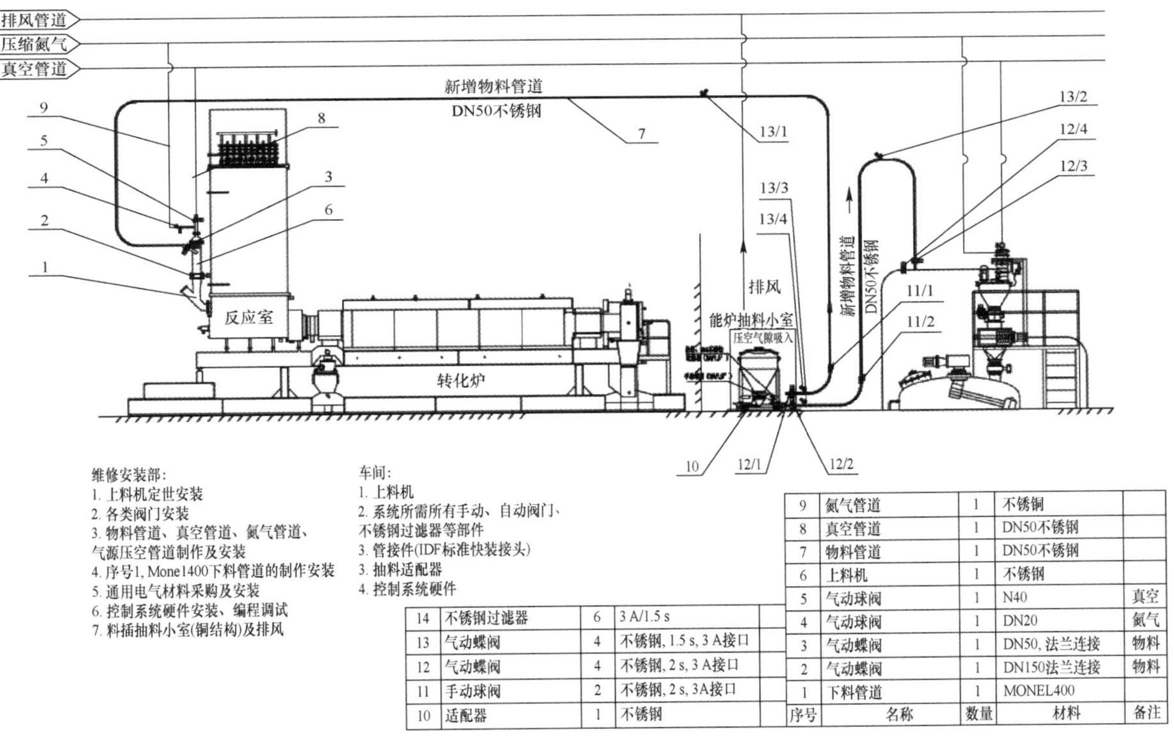

序号	名称	数量	材料	备注
14	不锈钢过滤器	6	3 A/1.5 s	
13	气动蝶阀	4	不锈钢, 1.5 s, 3 A接口	
12	气动蝶阀	4	不锈钢, 2 s, 3 A接口	
11	手动球阀	2	不锈钢, 2 s, 3A接口	
10	适配器	1	不锈钢	
9	氮气管道	1	不锈铜	
8	真空管道	1	DN50不锈钢	
7	物料管道	1	DN50不锈钢	
6	上料机	1	不锈钢	
5	气动球阀	1	N40	真空
4	气动球阀	1	DN20	氮气
3	气动蝶阀	1	DN50, 法兰连接	物料
2	气动蝶阀	1	DN150法兰连接	物料
1	下料管道	1	MONEL400	

图 10 总体布置图

图 11　自动上料装置

4　运行调试

在设备设计安装完成后，对系统进行运行调试，结果表明：

（1）气源机械运行正常，管道设备密封效果良好，真空泵出口压力为－60 kPa，料桶出料口处压力－50 kPa，与理论计算基本相符，满足系统所需压力。

（2）系统各气动阀运行正常，逻辑顺序按图 4 进行预设定，调试结果为：真空阀在 T1＋T2＋T3＋T4＋T5＋T6 时间内开启，吸料阀在 T1＋T2＋T3＋T4＋T5 时间内开启，补气阀 1 在 T2 时间内开启，补气阀 2 在 T3 时间内开启，补气阀 3 在 T4 时间内开启，反吹阀在 T7＋T8＋T9 时间内开启，下料阀在 T8 时间内开启，等待 T10 时间后进入下一个周期，与预设定逻辑顺序相一致。

5　结论

（1）对输送系统进行选型设计计算，结果表明：输料管选择 $\Phi 57\times 3.5$ 的 304 不锈钢管，管系总压力损失为 42.3 kPa，经修正的气源机械所需风压为 51 kPa，所需风量为 112 m^3/h，所需功率为 2.1 kW，验算现有气源机械符合选型要求。

（2）在线自动上料返炉物料处理系统的研制安装，使 910 生产线具备了返炉处理不合格粉末的能力，并降低了物料转运的事故风险。

（3）对供料装置结构进行改进与应用，使用效果良好，能有效防止物料在供料装置处的堵塞。

参考文献：

[1]　尹邦跃．陶瓷核燃料工艺[M]. 哈尔滨：哈尔滨工程大学出版社，2016.

[2]　鲁博祥，贺咏波．DEC 装置在干法高氟料回炉处理中的应用[C]. 中国核学会．中国核科学技术进展报告（第四卷）——中国核学会 2015 年学术年会论文集第 6 册（核化学与放射化学分卷、核化工分卷）. 中国核学会：中国核学会，2015：248-253.

[3]　王建卫，张宏，刘旭东．基于 TIA Portal 的无源丰度检测智能控制系统设计[R].

[4]　杨伦，谢一华．气力输送工程[M]. 北京：机械工业出版社，2006.

[5]　吕子剑，曹文仲，刘今，吴若琼．不同粒径固体颗粒的悬浮速度计算及测试[J]. 化学工程，1997(05)：44-48＋6.

[6]　连桂森，凌理华．气力输送的最佳速度与管径计算[J]. 浙江大学学报（自然科学版），1992(06)：44-51.

[7]　李诗久，周晓君．气力输送理论与应用[M]. 北京：机械工业出版社，1992.

[8]　毕宁．负压气力输送技术在火力发电厂石子煤输送的应用[J]. 科技创新与应用，2018(33)：182-183＋186.

[9]　杨乃恒．干式真空泵的原理、特征及其应用[J]. 真空，2000(03)：3-11.

Development of on-line automatic material handling system for reflux furnace

YANG Jing

(CNNC Jianzhong Nuclear Fuel Co. Ltd. ,Yibin Sichuan,China)

Abstract: In order to solve the problem of unqualified uranium dioxide powder in 910 production line of CNNC one workshop, This text is beneficial to the empty space of the existing workshop. Based on the layout of the main equipment, an on-line automatic feeding and returning material processing system for 910 production line is developed. The research contents include equipment pipeline layout, process flow design, equipment selection and calculation, feeding device, automatic furnace return. The design of empty feeding machine and temporary storage bin is completed, and the material transportation logic program of the system is completed. The system is tested and debugged after the design and installation. The results show that the installation layout of the system has no effect on the normal operation of the converter. The system control logic program runs stably and reliably. The existing air source machinery meets the required negative pressure design requirements. The sealing of equipment reaches the requirement of radiation protection management. Conveying capacity can be adjusted in real time according to production needs through control program.

Key words: unqualified uranium dioxide powder; vacuum tank system; return furnace treatment unit

关于阀门动力柜定时器 NE556 芯片的研究和多功能数字时钟的编程设计

周菁格
(中核兰州铀浓缩有限公司,甘肃 兰州 730065)

摘要:集成电路作为人类历史上重要的发明之一,从被发明之日起就开始发挥不可忽视的作用,标志着人类步入了飞速发展的电子时代,推动着世界文明的发展,如今在各行各业更是经常见到它的身影。在集成电路中,具有各种各样功能的芯片扮演着十分关键的角色,它们和一些必要的电路元器件的多重组合最终形成了完整的集成电路。在阀门动力柜 DD2 到 DD6 单元中都用到了 NE556 芯片,以双通道定时器芯片 NE556 构成的双时基集成电路为例,分析其相关性能参数及在不同单元电路中起到的作用,并尝试设计一个具有定时、报数等功能的数字时钟,更有助于理解完整电路的运行过程。本文通过对相关文献资料的查阅和整合,讨论 NE556 芯片的工作原理,同时结合数字电路相关知识,采用 Quartus 软件进行模拟,以硬件描述语言 Verilog HDL 为系统逻辑描述语言设计文件,组合各个基本模块共同构建了一个基于 FPGA 的数字时钟。

关键词:集成电路;双时基;定时器;数字时钟

1　引言

1.1　研究背景及意义

集成电路(integrated circuit)是一种微型电子器件或部件。采用一定的工艺,把一个电路中所需的晶体管、电阻、电容和电感等元件及布线互连一起,制作在一小块或几小块半导体晶片或介质基片上,然后封装在一个管壳内,成为具有所需电路功能的微型结构;其中所有元件在结构上已组成一个整体,使电子元件向着微小型化、低功耗、智能化和高可靠性方面迈进了一大步。

集成电路发明者为杰克·基尔比(基于锗(Ge)的集成电路)和罗伯特·诺伊思(基于硅(Si)的集成电路)。当今半导体工业大多数应用的是基于硅的集成电路。集成电路是怎样形成的呢?首先我们可以想到,在 1946 年美国诞生的世界上第一台电子计算机,它占地 150 m^2,重量达到 30 t,里面的电路使用了 17 468 只电子管、7 200 只电阻、10 000 只电容、50 万条线,耗电量 150 kW。如此一个庞然大物对人们的使用来说是非常不方便的,于是便有了缩小电路体积、将元件整合在体积小的载体上的想法。英国科学家达默便为此付出了行动,提出了初期集成电路的构想。在 1947 年晶体管发明出来后,很快集成电路也相继问世。

如今,集成电路已经在各行各业中发挥着非常重要的作用,是现代信息社会的基石。集成电路的含义,已经远远超过了其刚诞生时的定义范围,但其最核心的部分,仍然没有改变,那就是"集成",其所衍生出来的各种学科,大都是围绕着"集成什么""如何集成""如何处理集成带来的利弊"这三个问题来开展的。2001 年到 2010 年这 10 年间,我国集成电路产量的年均增长率超过 25%,集成电路销售额的年均增长率则达到 23%。国内集成电路市场规模也由 2001 年的 1 140 亿元扩大到 2010 年的 7 350 亿元,扩大了 6.5 倍。当前以移动互联网、三网融合、物联网、云计算、智能电网、新能源汽车为代表的战略性新兴产业快速发展,将成为继计算机、网络通信、消费电子之后,推动集成电路产业发展的新动力。

集成电路的飞速发展依旧没有减弱人们对它的研究热情,随着时代的发展,更多轻便高效的器件

作者简介:周菁格(1998—),女,甘肃兰州人,助理工程师,学术,现任中核兰铀公司第八车间仪表技术员

被研发出来，并投入使用到生活中的方方面面，为人们的生活带来更好的体验。但其中依然有许多待解决的问题，还需要人们进行更加深入的研究与讨论，来达到不断优化的目的。

1.2 本文研究内容

本文基于阀门动力柜 DD2、DD3、D44、DD5、DD6 单元中都使用到的 NE556 芯片进行研究与讨论，通过查阅相关文献资料，对 NE556 芯片的各项属性归纳总结，讨论 NE556 芯片的工作原理，同时结合数字电路相关知识，使用硬件描述语言 Verilog HDL 为系统逻辑描述语言进行编程，再采用 Quartus 软件对结果进行仿真模拟，组合各个基本模块共同构建了一个基于 FPGA 的数字时钟，最后在实验箱上输出结果，观察时钟各功能能否正常运行，对过程中的不足和错误点加以修复。

2 动力柜及芯片基本知识

2.1 动力柜概念及基本单元

动力柜是指给整台机器的正常运转提供动力的电气控制柜组合，有接触器、变频器、高压柜、变压器等等。

动力柜的作用：1. 给用电设备供电（给设备提供电源）；2. 启停操作用电设备（有启停按钮）；3. 检测设备的运转（设置信号指示灯，有电流表电压表）；4. 保护用电设备（断路器）动力柜就是配电柜，是专给动力设备（一般指电动机）提供电源和控制的配电柜。

动力柜的种类：可分为户外、户内两种，从安装上又分为悬挂式与落地式两种，从大小来分有动力柜、动力箱两种。

动力柜和配电柜、控制柜、变频柜之间的区别和联系：动力柜是提供电气动力的柜子，通常是配电柜的下级柜子。一般是一个（大型）或几个用电设备的供电柜子。通常柜子内会有动力电缆（母线）、分断装置（断路器）、指示仪表、保护装置等；配电柜的主要功能是分配用电负荷。根据需要将各种不同电压分配给各个支路，既要符合用电要求，也要考虑均匀分配。配电柜上通常有母线排、分断装置（断路器）、计量仪表、指示仪表、保护装置等；控制柜是起到控制作用的柜子。控制柜内通常是机器设备的控制装置，包括供电线路和控制线路（强电与弱电）。通常柜子内会有动力电缆（母线）、控制线路配线、断路器、控制装置、通信接口（通信接口及编程接口）、液晶屏、保护装置等；变频柜是控制变频设备的柜子，是通过变频技术来控制设备的转速或速度，是一种专用柜子。

车间动力柜包含以下九个单元：DD0 滤波单元、DD1 主回路单元、DD2 逻辑单元、DD3 变频器单元、DD4 电源监视保护单元、DD5 阀门控制单元、DD6 直流供电单元、DD7 补偿单元、DD8 继电器单元。

2.2 NE556 芯片结构及原理

2.2.1 NE556 芯片结构

在车间动力柜的 DD2～DD6 单元中，使用频率最高的就是 NE556 芯片。它的工作电压范围 4.5～16 V，工作模式可选非稳态和单稳态，最大工作频率 500 kHz，功耗 600 mW，含有 2 个完全相同而独立的单时基 555 电路，非外部输入，封装形式为 DIP，有 14 个管脚，工作温度范围为 0 ℃至 70 ℃。管脚图如下，其中 14—芯片正电源端；7—芯片地端；6、8—触发输入端；5、9—输出端；4、10—主复位端；3、11—控制电压端；2、12—置位电压端；1、13—放电端[1]（图 1）。

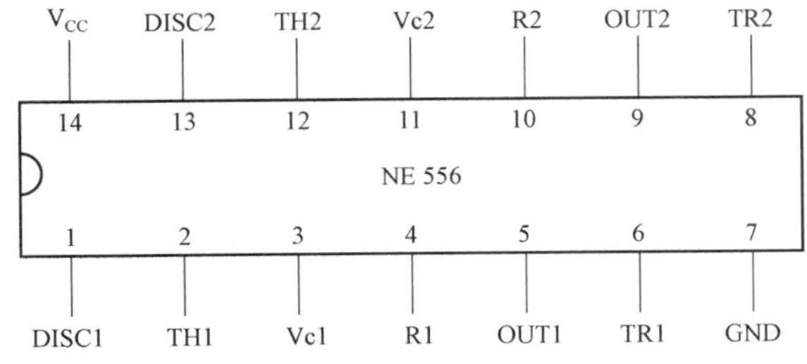

图 1 双时基 NE556 定时器外引线排列及引脚功能

其中，在单时基 555 内部电路结构中有 3 个 5 K 电阻组成分压网络，提供 1/3 和 2/3 电源电压作为比较器 1 和比较器 2 的比较基准。2 个比较器输出电平控制 SR 触发器的复位或置位，而当主控制优先复位端为低电平时，则可直接将其输出复位。SR 触发器一路作为输出，另一路作为控制放电管的通或断。电路在正常工作时，定时或振荡精度仅与外接元件的特性有关，温漂很小。输出电平的范围与电源电压的大小有关，电源电压范围为 4.5～16 V，最大输出电流可达 200 mA，带载能力强。

2.2.2　NE556 芯片工作原理

以双时基 NE556 组成的电容采测电路为例，分析它的工作原理。电路见图 2。

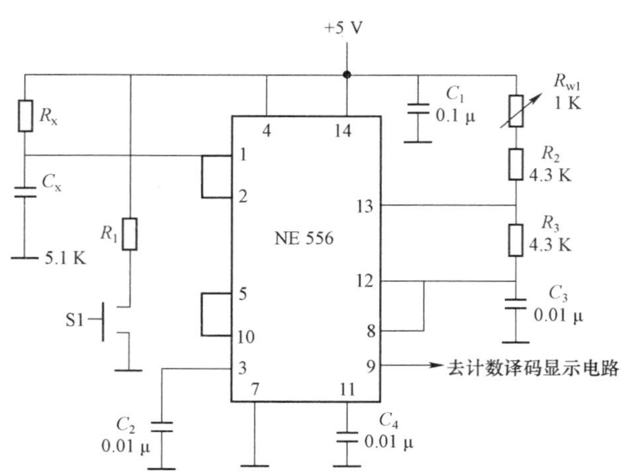

图 2　NE556 组成的电容采测电路

在图 2 单稳态电路中，1 脚放电端和 2 脚阈置电压端连接在一起，外接一组定时电阻 R_x 和被测量的定时电容 C_x 构成定时电路。6 脚触发输入端外接降压电阻 R_1 和测试开关 S_1，组成低位触发输入电路。3 脚控制电压端外接电容 C_2，起到高位电压控制稳定性的作用。5 脚输出端和无稳态电路 10 脚主复位端连接在一起，将单稳态输出的定时正向矩形脉冲，接入无稳态电路主复位端，从而控制其工作与否。4 脚主复位端接＋5 V。

在图 2 无稳态电路中，8 脚触发输入端和 12 脚闲置电压端连接在一起，外接定时电容 C_3 到地和定时电阻 R_3 到 13 脚放电端，13 脚与 14 脚电源电压＋5 V 之间接定时电阻 R_2 和 Rw_1，从而构成充放电电路。11 脚控制电压端外接电容 C_4，起到控制高位电压稳定性的作用。9 脚输出的计数脉冲送往另外的计数、译码与显示电路。C_1 作为高频退耦电容，可有效地防止脉冲上升沿的过冲现象，提高波形质量和整体电路工作的稳定性。10 脚主复位端与单稳态电路输出端 5 脚直接相连，当该脚为高电平时，无稳态电路工作；当该脚为低电平时，无稳态电路不工作。

在图 2 电路中，当开关 $S1$ 断开时，由于 6 脚电平大于 1/3 电源电压，故放电端 1 脚导通，被测电容 C_x 不能充电，单稳态电路输出处于复位状态，5 脚和 10 脚为低电平“0”。因此，无稳态输出被控制于复位状态，9 脚无计数脉冲输出。反之，当开关 $S1$ 瞬间接通（接通时间要小于单稳态的暂态时间）时，由于 6 脚瞬间接地，小于 1/3 电源电压，故单稳态处于置位状态，5 脚和 10 脚从低电平“0”变为高电平“1”，此时无稳态电路开始定时工作。无稳态电路工作后，13 脚放电端由导通变为截止，＋5 V 电源通过电阻 $Rw1$、R_2 和 R_3 向电容 C_3 充电，9 脚输出高电平“1”。当 C_3 充电到 2/3 电源电压时，9 脚输出由高电平“1”变为低电平“0”，13 脚也由截止变为导通，C_3 通过 R_3 放电。当 C_3 放电到 1/3 电源电压时，9 脚输出再次从低电平“0”变为高电平“1”，13 脚也再次由导通变为截止，C_3 又重复充电过程。这样，无稳态电路从 9 脚输出连续不断地计数脉冲，送往另外的计数、译码与显示电路。其振荡频率为：$f=1。44(/Rw1+R_2+2R_3)C_3$，可见，振荡频率与定时电阻和定时电容的数值成反比，而与电源电压无关。在此期间，单稳态电路 1 脚放电端从导通变为截止，＋5 V 电源通过定时电阻 R_N 向被测电容 C_x 充电，5 脚和 10 脚继续保持高电平“1”。只有当 C_x 充电到 2/3 电源电压时，单稳态输出才再次复位，5 脚从高电平“1”又变为低电平“0''，产生一个定时正向矩形脉冲直接控制于 10 脚，使无稳态被迫复位，停止计数脉冲的输出，至此定时时间结束，完成了电容 C 的采测过程，其电路暂态工作时间为：$t_d=1.1R_xC_x$。可见，单稳态电路暂态工作时间 t_d、与定时电阻 R_x 和被测定时电容 C_x 的数值成正比，也与电源电压无关[2]。

3 多功能数字时钟设计

本章设计内容为一个多功能的数字时钟，具有时、分、秒计数显示功能，可以以 12 小时循环计数也可以以 24 小时循环计数，还具有校对功能。结合七段数码管显示，采用 Quartus 软件，以硬件描述语言 Verilog HDL 为系统逻辑描述语言设计文件，由各个基本模块共同构建了一个基于 FPGA 的数字时钟。

3.1 时钟基本功能

本次设计的任务是设计一个数字时钟，具有时、分、秒计数显示功能，可以以 12 小时循环计数也可以以 24 小时循环计数，首先满足钟表的工作原理，在此基础上具有整点报时功能，还具有设置时间的功能。综合如下：

（1）显示格式

设计中由于七段码管是扫描的方式显示，默认显示格式为 12 小时显示方式：11-25-36，其中“-”用第三个和第六个七段数码管中的 g 段闪烁显示（闪烁频率 1 Hz），由于既可以显示 12 小时制也可以显示 24 小时制，显示部分可调，用 K1 键可以实现 12 小时方式和 24 小时方式之间的切换。系统初始时间为 11-59-40。

（2）对于整点报时功能

要求是时间为整点时，进行持续 5 秒的 LED 闪烁（频率 2 Hz）实现整点报时的提示。对于复位功能有复位键（S1 键），当按下该键后，所有数码管显示 00-00-00，时钟从该时刻开始计时。

（3）对于时间校对功能

按下 S2 键进行设置

1）按下 S3 和 S4 键实现小时的调整（S3 按一下加 1，S4 按一下减 1）；

2）按下 S5 和 S6 键实现分钟的调整（S5 按一下加 1，S6 按一下减 1）；

3）按下 S7 和 S8 键实现秒的调整（S7 按一下加 1，S8 按一下减 1）。再次按下 S2 键表示调整完毕，时钟正常开始计时。

3.2 设计原理及方案

3.2.1 总体设计思想

根据设计的数字时钟想要实现数码管显示、按键校准、定点报时功能，有如下的整体设计，再由分别完成各个基于 Verilog 语言实现的子模块（包括控制器电路、计数器电路、输出译码电路、点阵显示电路）来实现各个逻辑功能（图 3）。

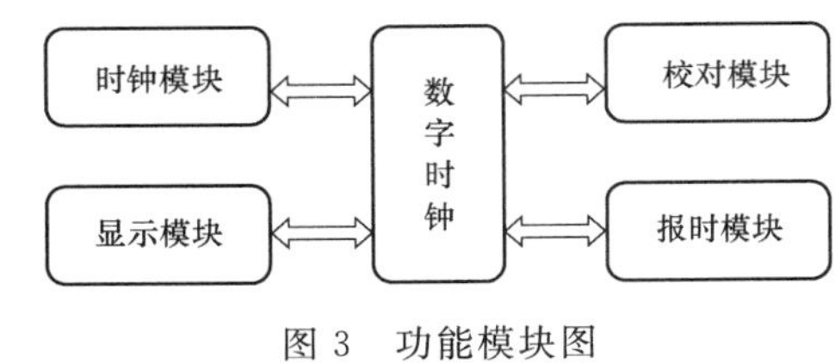

图 3 功能模块图

总体设计框图见图 4。

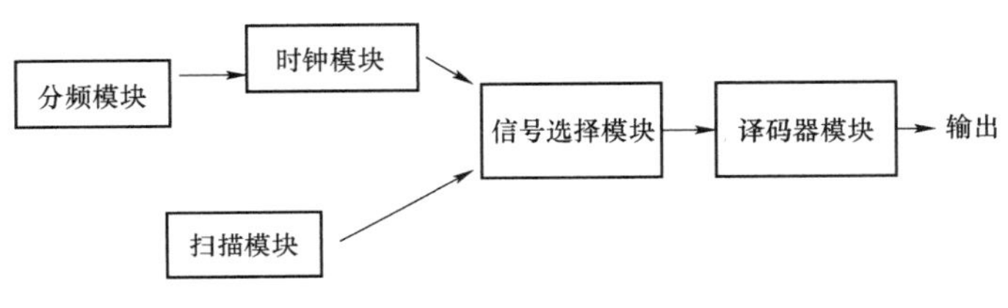

图 4 总体设计流程图

3.2.2 子模块设计

(1) 分频模块

针对计时模块与整点报时模块的需求，可以知道外部输入脉冲信号时钟源 CP(1 KHz)，需要产生 1 Hz，2 Hz 的 2 个输出频率分别用于计时，闪烁。

(2) 控制模块

负责数字时钟的显示，时部分显示 01-12 或 01-23，分部分显示 00-59，秒显示 00-59；

同时按下按键可以对显示的时间进行设置，按键 S1～S8 对应着不同的功能对各个位进行调整。

(3) 扫描模块

由 1 KHz 驱动三位数码管的片选信号从 0～7 不断变化。

(4) 译码器模块

共阴极连接方式，将输入的十进制值变为 abcdefg 的显示，从而实现数字 0-9 的显示。

(5) 信号选择模块

运用片选信号选中控制的数码管。

3.3 源文件、仿真及测试结果

3.3.1 子模块源程序及仿真结果

(1) 分频模块

根据要求外部输入脉冲信号时钟源 CP(1 KHz)，需要产生 1 Hz，2 Hz 的 2 个输出频率，因此设计分频模块，输入为 clk1k，两个输出为 clk1hz 和 clk2hz，基于 Verilog HDL 语言的源程序如下：

```
module fenpin(clk1k,clk1hz,clk2hz);          //定义模块名为 fenpin
input clk1k;                            //输入时钟
output clk1hz;                          //输出频率为 1 Hz 的信号
output clk2hz;                          //输出频率为 2 Hz 的信号
reg clk1hz;
reg clk2hz;
integer N=0;                            //定义中间变量 N 用来计数
always @(posedge clk1k)                 //定义 clk1k 上升沿触发
begin
    if(N<250)
        begin
            N=N+1;                      //计数
            clk1hz=0;                   //clk1
            clk2hz=0;                   //clk2
        end
    else if(N<500)
        begin
            N=N+1;
            clk1hz=0;
            clk2hz=1;
        end
    else if(N<750)
        begin
            N=N+1;
            clk1hz=1;
```

```
            clk2hz=0;
        end
    else if(N<1000)
        begin
            N=N+1;
            clk1hz=1;
            clk2hz=1;
        end
    else
        N=0;
end
endmodule
```

根据程序我们对于产生的 1 Hz 及 2 Hz 波形进行验证，通过软件的波形仿真可以得到图 5：

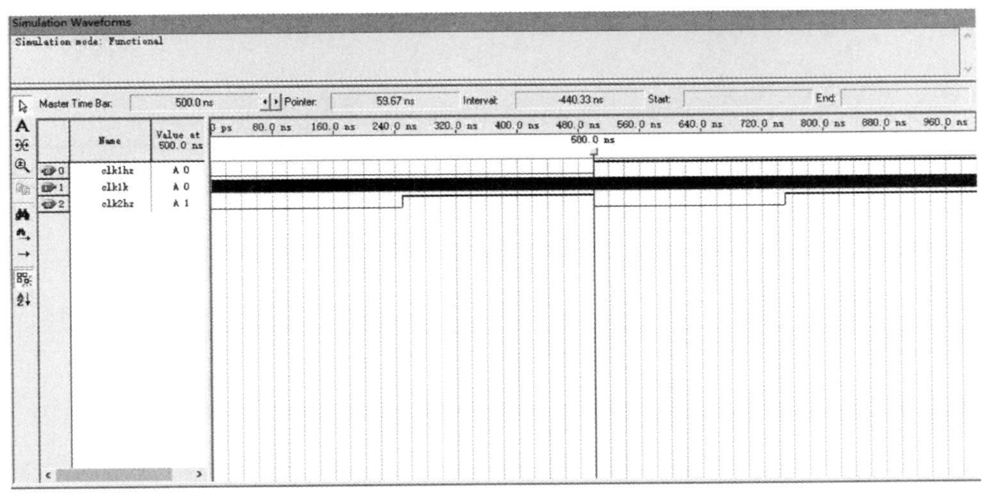

图 5　分频模块波形仿真

在图中中间的波形表示的是 1 kHz 的输入波形，第一条线为 1 Hz 的输出，第三条线为 2 Hz 的输出。经波形验证程序输入输出正确。

(2) 控制模块

控制模块的源程序如下：

```
module shizhong(clk1hz,clk2hz,s1,s2,s3,s4,s5,s6,s7,s8,led,k1,xs,fz,mm);
input clk1hz,clk2hz,k1,s1,s2,s3,s4,s5,s6,s7,s8;          //输入 clk1hz,clk2hz,按键
output[5:0]xs,fz,mm;                                      //输出小时-分钟-秒
reg[5:0]xs=11,fz=59,mm=40;                                //起始时间为 11-59-40
output led;                                               //输出整点报时的闪烁 led 灯
reg led;
integer NN=0;                                             //定义中间变量 NN
always @(negedge s2)                                      //下降沿触发
begin NN=NN+1;end
always @(posedge clk1hz)                                  //上升沿触发
begin
```

```
if(s1==0)                                        //s1 按键控制
     begin xs=0;fz=0;mm=0;end                    //置零,显示 00-00-00
else
if(NN%2==1)                                      //中间变量 NN 为奇数次
begin                                            //按键控制
     if(s3==0)                                   //s3 按键控制
          if(k1==1)                              //若 k1 为 1,显示 24 小时制
               if(xs<23)
                    xs=xs+1;                     //小时数加一
               else
                    xs=0;
          else                                   //显示为 12 小时制
               if(xs<11)
                    xs=xs+1;                     //小时数加一
               else
                    xs=0;
          if(s4==0)                              //s4 按键控制
               if(k1==1)                         //若 k1 为 1,显示为 24 小时制
                    if(xs>0)
                         xs=xs-1;                //小时数减一
               else
                         xs=23;
          else                                   //显示为 12 小时制
               if(xs>0)
                         xs=xs-1;                //小时数减一
               else
                         xs=11;
     if(s5==0)                                   //s5 按键控制
          if(fz<59)
               fz=fz+1;                          //分钟数加一
          else
               fz=0;
     if(s6==0)                                   //s6 按键控制
          if(fz>0)
               fz=fz-1;                          //分钟数减一
          else
               fz=59;
     if(s7==0)                                   //s7 按键控制
          if(mm<59)
               mm=mm+1;                          //秒数加一
          else
               mm=0;
     if(s8==0)                                   //s8 按键控制
```

```
            if(mm>0)
                mm=mm-1;                                    //秒数减一
            else
                mm=59;
    end                                                     //按键控制部分结束
    else                                                    //正常计时
        begin
            if(mm<59)
                mm=mm+1;                                    //秒数加一
            else
            begin
                mm=0;
                if(fz<59)
                    fz=fz+1;                                //分钟数加一
                else
                    begin
                        fz=0;
                        if(k1==1)                           //若显示为 24 小时制
                            if(xs<23)
                                xs=xs+1;                    //小时数加一
                            else
                                xs=0;
                        else                                //显示为 12 小时制
                            if(xs<11)
                                xs=xs+1;                    //小时数加一
                            else
                                xs=0;
                end
            end
        end
end
always @(1)
begin
    if(fz==0&&mm<6)                                         //在分钟数为 0,秒数小于 6
        led=clk2hz;                                         //以 2hz 频率进行闪烁
    else
        led=0;                                              //其余时间不亮
end
endmodule
```

该部分对于时钟的计时显示与按键的控制进行设计，由 S1～S8 的按键分别负责不同的功能，实现 S1 键可以进行复位，S2 进行设置，S3 和 S4 键实现小时的调整（S3 按一下加 1，S4 按一下减 1），S5 和 S6 键实现分钟的调整（S5 按一下加 1，S6 按一下减 1），S7 和 S8 键实现秒的调整（S7 按一下加 1，S8 按一下减 1）。

对该模块进行仿真(图 6)：

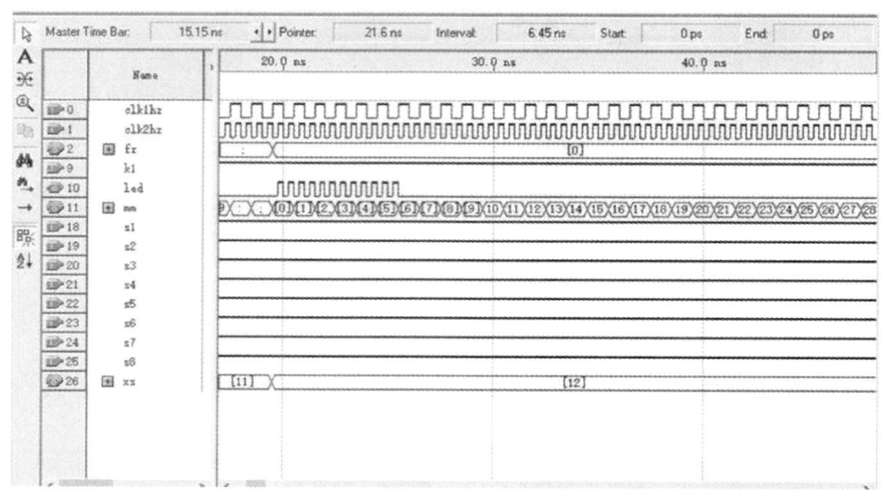

图 6　控制模块波形仿真

(3)译码器模块

该模块设计的是数码管显示各个数字,源程序如下：

```
module yimaqi(A,clk1hz,aa,b,c,d,e,f,g);                    //定义译码器模块
input[3:0]A;                                    //通过输入来控制
input clk1hz;                                   //输入 clk1hz
output aa,b,c,d,e,f,g;                          //输出 aa,b,c,d,e,f,g 控制七段数码管的每一个管
reg aa,b,c,d,e,f,g;
always @(1)
begin
case(A)
    4'b0000:{aa,b,c,d,e,f,g}=7'b1111110;                         //显示数字 0
    4'b0001:{aa,b,c,d,e,f,g}=7'b0110000;                         //显示数字 1
    4'b0010:{aa,b,c,d,e,f,g}=7'b1101101;                         //显示数字 2
    4'b0011:{aa,b,c,d,e,f,g}=7'b1111001;                         //显示数字 3
    4'b0100:{aa,b,c,d,e,f,g}=7'b0110011;                         //显示数字 4
    4'b0101:{aa,b,c,d,e,f,g}=7'b1011011;                         //显示数字 5
    4'b0110:{aa,b,c,d,e,f,g}=7'b1011111;                         //显示数字 6
    4'b0111:{aa,b,c,d,e,f,g}=7'b1110000;                         //显示数字 7
    4'b1000:{aa,b,c,d,e,f,g}=7'b1111111;                         //显示数字 8
    4'b1001:{aa,b,c,d,e,f,g}=7'b1111011;                         //显示数字 9
    4'b1111:begin{aa,b,c,d,e,f}=7'b000000;g=clk1hz;end           //显示数字连接中间的横线-
    endcase
end
endmodule
```

在源程序编写完成后对其进行波形仿真(图 7)：

仿真图中 clk1hz 输入信号,A 表示要显示的数字为 9,则数码管的七个段中 aa,b,c,d,f,g 为高电平,e 为低电平,根据一个数码管显示的规律验证显示为数字 9。

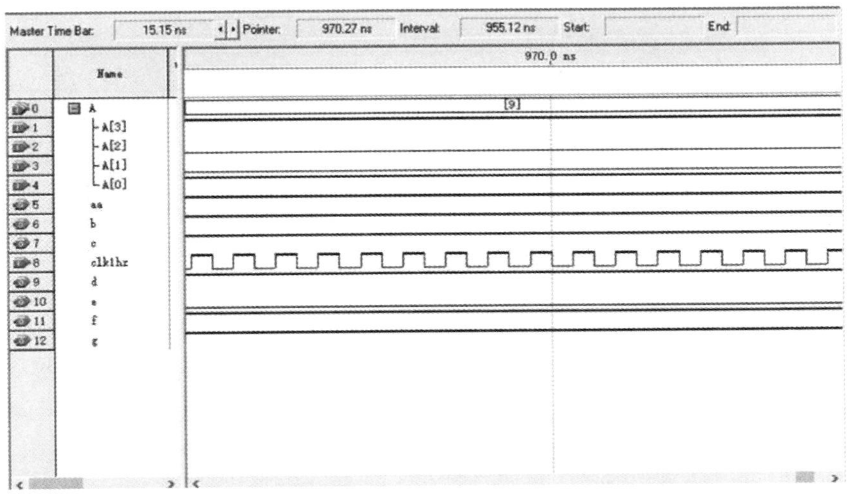

图 7　译码器模块波形仿真

（4）信号选择模块

由于信号选择是选中要显示的哪一个七段数码管，通过该部分程序的选择及译码器部分的共同作用就可以在特定的数码管上进行显示，源程序如下：

```
module xinhaoxuanze(xs,fz,mm,sel,outs);
input[5:0]xs,fz,mm;                     //输入小时、分钟、秒
input[2:0]sel;                          //输入片选
output[3:0]outs;                        //输出
reg[3:0]outs;
integer xss,xsg,fzs,fzg,mms,mmg;        //定义中间变量
always @(1)
begin
    xsg=xs%10;                          //小时数的个位
    xss=(xs-xsg)/10;                    //小时数的十位
    fzg=fz%10;                          //分钟数的个位
    fzs=(fz-fzg)/10;                    //分钟数的十位
    mmg=mm%10;                          //秒数的个位
    mms=(mm-mmg)/10;                    //秒数的十位
    case(sel)                           //片选信号
    3'b000:outs=xss;                    //选中小时数的十位
    3'b001:outs=xsg;                    //选中小时数的个位
    3'b010:outs=15;                     //选中连接数字的短线
    3'b011:outs=fzs;                    //选中分钟数的十位
    3'b100:outs=fzg;                    //选中分钟数的个位
    3'b101:outs=15;                     //选中连接数字的短线
    3'b110:outs=mms;                    //选中秒数的十位
    3'b111:outs=mmg;                    //选中秒数的个位
    endcase
end
endmodule
```

根据源程序进行波形仿真(图 8)。

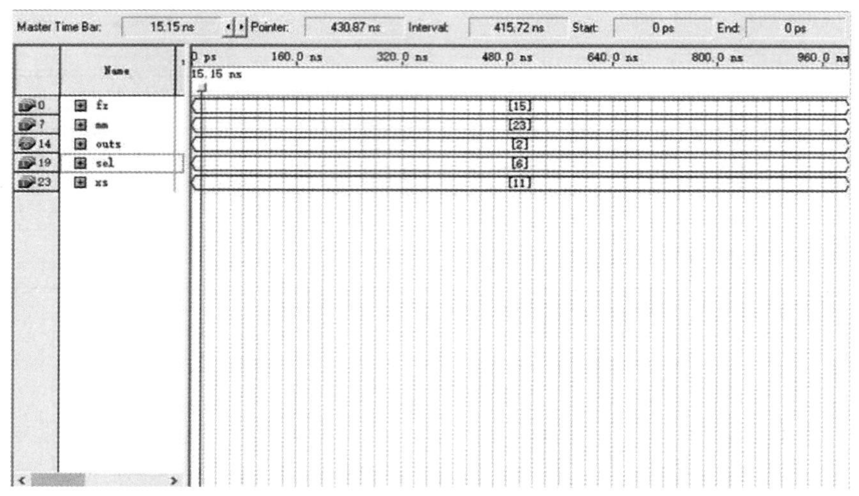

图 8　信号选择模块波形仿真

在仿真波形中，信号选择模块的输入为小时，分钟，秒，以及选择的哪一位，输出为被选择位的值，此仿真中，第一条波形为分钟，第二条波形为秒，第五条波形为小时。此时输入为 11 时 18 分 25 秒，第四条为片选信号，选择的是第六位，在数码管中显示的是秒的十位，则输出为 2，与结果相匹配。

3.3.2　各模块之间连接图

由于各个模块之间输入输出相互联系，其连接图见图 9：

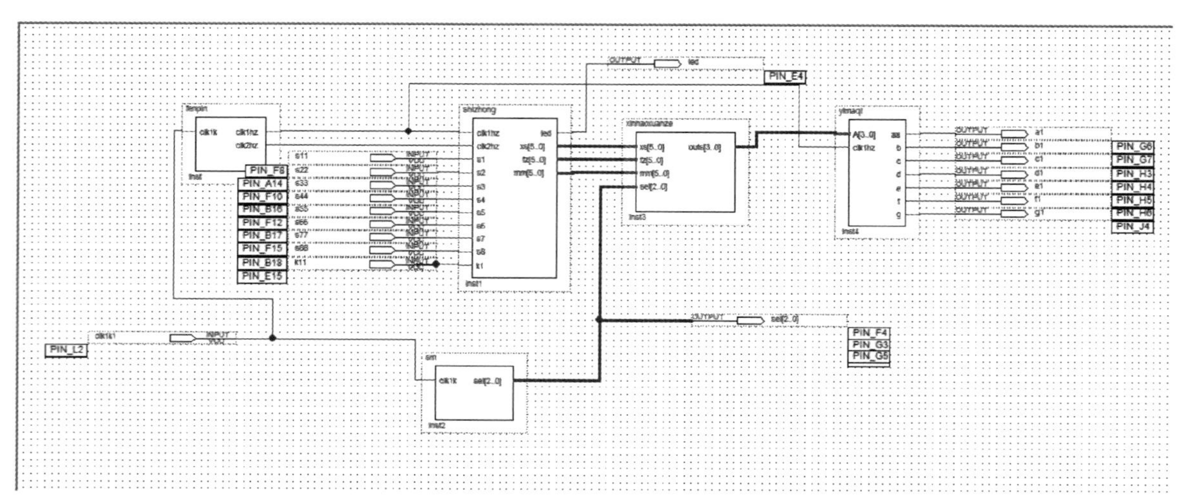

图 9　模块间连接线路

将各个部分连接完成后进行锁管脚，管脚按照实验要求中的 FPGA 进行连接，完成后即可在实验箱上拷入程序。

3.3.3　测试结果

根据该设计实验要完成的功能，对其进行测试：

(1) 起始的显示时间为 11 时 59 分 40 秒并且从这个时间起始开始运行(图 10)。

在不进行时间设置时可以看到时间进行正常的计时，这是整个系统能够正常工作运行的基础。

(2) 整点报时功能

此时显示时间为 12-00-00，led 灯进行闪烁，闪烁的频率为 2 Hz。并且在秒数在 00 至 05 过程中都会持续进行闪烁(图 11)。

图 10　计时显示状态

图 11　整点报时闪烁状态

此时，时间更改为 00-00-05，可以看见此时的 led 灯也是处于闪烁状态(图 12)。

图 12　前 5 秒内持续闪烁

而当时间变换至 00-00-06 时，led 灯不再闪烁，经测试该系统的整点报时功能正确实现，并且闪烁频率正确（图 13）。

图 13　第 6 秒时停止闪烁

(3) 12 小时制与 24 小时制的转换

通过拨动 k1 可以对时制进行修改，再分别进行设置修改小时数以时间 11-00-04 为例(图 14)。

图 14　设置时间

按下 S3 按键后小时数加 1，此时为 12 进制时显示为 00-00-04(图 15)。

图 15　12 进制下时间显示状态

拨动 k1 后转换为 24 小时制，此时显示的小时位改变，显示为 13-00-04(图 16)。

图 16　24 进制下时间显示状态

(4) 设置时间

按下 S1 键后时间复位，显示为 00-00-00(图 17)。

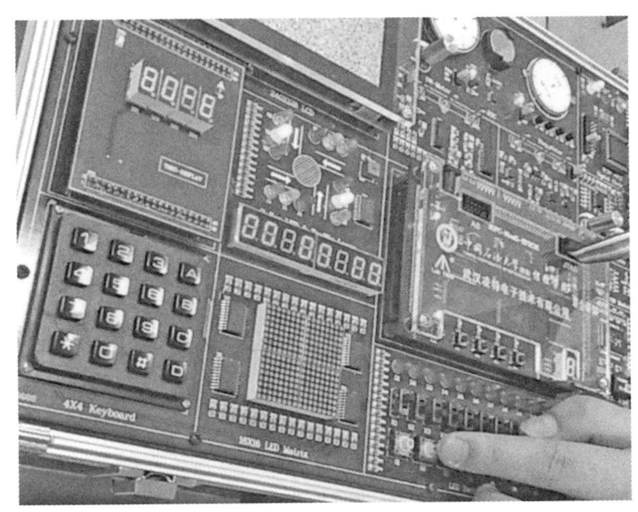

图 17　复位后时间状态

经检测在两个时制下都能对时间进行设置，先按下 S2 进行设置，此时时间暂停，S3 和 S4 键实现小时的调整(S3 按一下加 1，S4 按一下减 1)，S5 和 S6 键实现分钟的调整(S5 按一下加 1，S6 按一下减 1)，S7 和 S8 键实现秒的调整(S7 按一下加 1，S8 按一下减 1)。再下 S2，此时设置完成，时间恢复计时。

以时间秒数为例，此时为 00-00-05(图 18)。

此时按 S7 秒数增加，增加至为 00-00-08(图 19)。

同理其他按键在测试中也正常工作。

由于在测试过程中是对测试结果进行录像，在录像中截图获取的图像不是完全的清晰，但是在其功能正确并且满足对应的设计要求。

图 18　设置初始时间

图 19　增秒调整后时间状态

4　总结

本文对集成电路的研究背景及现状和未来发展进行了概括，简单介绍了动力柜的相关基础知识，在了解了 NE556 芯片的性能参数及工作原理基础上，结合实际电路中的应用，对芯片的功能加以分析，更加深入了解了芯片自身的特点，也为下文的设计做好了铺垫。

本次设计了一个以 Verilog HDL 语言为输入的数字时钟系统，此系统可以实现一天内的时间的时分秒显示，并且可以切换时制；时钟时间可调节，S1 复位开关使时间清零，并可以在认为时间不准确的时候调节时间。

这次设计中，虽然全程有借鉴已知的设计及程序，但整个设计过程中，通过自主探索编程，完成了 1 Hz 及 2 Hz 的分频模块、复位控制及整点报时模块的编程设计。不断分析优化，排错检错，实现设计任务。经下载及外部实物验证，本次所设计的数字时钟满足当初的设计要求。

参考文献：

[1]　谭琦耀．双时基 NE556 定时器在三相电动机正反转控制电路中的应用[D]．南宁：南宁职业技术学院，2017.

[2]　于增安，胡宁，王蓉．双时基 NE556 在电容采测电路中的应用[D]．沈阳：沈阳工程学院，2005.

Research on NE556 chip of valve power cabinet timer and programming design of multifunctional digital clock

ZHOU Jing-ge

(CNNC Lanzhou Uranium Enrichment Co. Ltd. ,Lanzhou Gansu,China)

Abstract: As one of the most important inventions in human history, integrated circuit has played an important role since it was invented. It marks the rapid development of the electronic age and promotes the development of world civilization. Nowadays, it is often seen in all walks of life. In the integrated circuit, the chips with various functions play a very important role. They are combined with some necessary circuit components to form a complete integrated circuit. NE556 chip is used in from DD2 to DD6 units of valve power cabinet. Taking the dual time base integrated circuit composed of dual channel timer chip NE556 as an example, this paper analyzes its relevant performance parameters and the role it plays in different unit circuits, and tries to design a digital clock with timing and counting functions, which is helpful to understand the operation process of the complete circuit. This paper discusses the working principle of NE556 chip by consulting and integrating the relevant literature. At the same time, combined with the relevant knowledge of digital circuit, quartus software is used for simulation, and Verilog HDL is used as the system logic description language design file, and each basic module is combined to construct a digital clock based on FPGA.

Key words: integrated circuit; dual timebase; timer; digital clock

高温气冷堆反应堆压力容器吊装研究

包 鑫[1],林兴君[1],侯 捷[2],吴孟秋[1]
(1. 中核能源科技有限公司,北京 100193;2. 同方工业有限公司,北京 100083)

摘要:国家科技重大专项第四代堆型高温气冷堆反应堆压力容器是目前所有核电中外形尺寸和重量最大的压力容器,其外形结构也与已建核电设计不同。针对其筒体重量大、尾部4米长的卸料管导致翻转难度大和就位精度高等难题,首次在核电行业采用了"双机抬吊法"工艺进行反应堆压力容器翻转吊装;通过计算分析和3200吨吊车吊装模拟试验,解决了反应堆压力容器卸料管吊装就位精度问题。本研究为后续核电类似设备吊装有借鉴意义。
关键词:高温气冷堆;反应堆压力容器;吊装;卸料管;翻转

引言

高温气冷堆核电站示范工程(以下简称"HTR-PM")是世界上第一座具有第四代核能系统安全特征的200 MW级高温气冷堆核电站,是国家十六个重大专项之一。高温气冷堆反应堆压力容器(以下简称"RPV")吊装是项目建设的关键施工作业之一,也是整个项目由土建阶段进入安装阶段的标志。

RPV外形结构不同于以往核电,其筒体净重594 t,外径6.376 m,全长27.505 m,重量和尺寸为目前核电项目中最大的压力容器。RPV筒体底部有一长4 m的卸料管,此为高温气冷堆反应堆压力容器区别于其他核电堆型压力容器的最大不同之处,如图1所示。

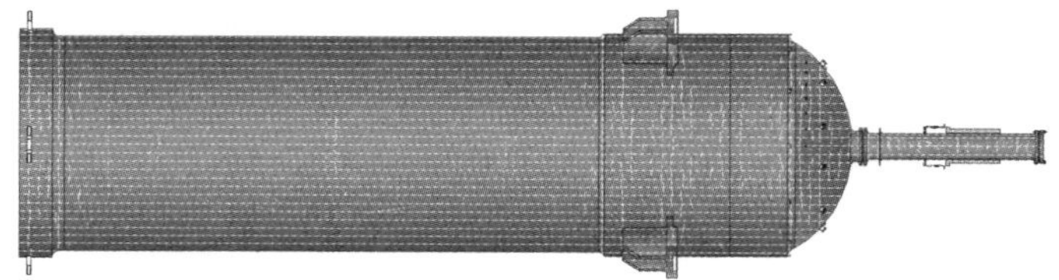

图1 RPV筒体外形示意图

RPV最终就位于反应堆舱室四个标高为+3.417 m的支承座垫上。RPV筒体就位空间有限,卸料管需穿过−4 m楼板的预留孔洞,且与孔洞单边间隙只有25 mm,就位精度要求高,如图2所示。

以往核电可供参考的经验和工艺较少。本文采用了不同于以往核电的设备翻转工艺,并通过计算、试验和工程实施验证解决了RPV吊装重量大、设备翻转竖立难度高、就位精度要求高和3 200 t吊车使用性能验证等一系列问题。

1 吊装工艺

1.1 "双机抬吊法"与"开顶法"结合

考虑到HTR-PM的RPV到货时,厂房已施工至+45 m标高,吊装高度较大,采用"开顶法"施工可有效克服上述问题。

由于HTR-PM的RPV重量较大,无法使用原10 MW高温气冷堆双桅杆配合环吊进行113 t压力容器吊装的同种作业工艺[1];RPV底封头尾部有4 m长卸料管,使用压水堆RPV传统吊装翻转工艺[2-3],会导致卸料管与地面碰触;因此首次在核电项目选择两台大型吊车对RPV进行双机凌空翻转

作者简介:包鑫(1982—),男,山东海阳人,高级工程师,硕士,现主要从事核电工程管理研究工作

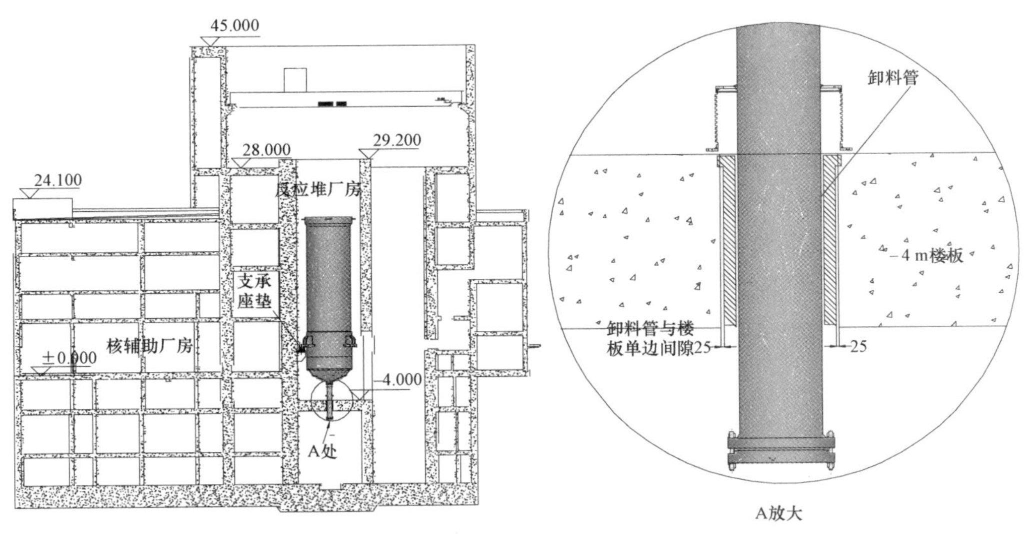

图 2　RPV 布置示意图

吊装成为最优选择，即“双机抬吊法”。同时结合开顶法进行 HTR-PM 的 RPV 施工具有重要意义。

1.2　吊车型号及作业区域

综上考虑：RPV 的吊装就位半径(76 m)、吊装高度(48 m)、吊装重量(739.2 t)和设备外形尺寸，选用中联重科 ZCC3200NP(3 200 t)型起重机作为主吊车，三一重工 SCC10000(1 000 t)作为辅助吊车进行设备翻身、吊装(双机抬吊)，3 200 t 吊车吊装作业区域按吊车使用要求进行地基处理。

本次吊装所用主吊梁根据设备本体的偏心特点专门设计制作，起吊点与 RPV 在同一垂线上，保证 RPV 筒体竖立吊装的垂直度[4]。

因吊装引入时 RPV 底部卸料管与－4 m 楼板处的屏蔽组件单边间隙只有 25 mm 间隙，针对开顶法施工存在的风力因素干扰，为保证卸料管在穿过－4 m 楼板时不发生磕碰，首先需验证吊车自身钩头位置的调整精度和下落过程中钩头下落过程的稳定性，其数据变动幅度应在 25 mm 范围内。

在起吊 RPV 前，对 3 200 t 吊车进行了吊装模拟试验，试验载荷 755 t。试验数据如表 1 所示。

表 1　RPV 吊装模拟试验数据

落钩速度/(m/min)	带载重量/t	外界风速/(m/s)	吊钩调整精度/mm	吊钩摆动幅度/mm
1.00	755	3.90	22.60	13.60

由上表试验数据，吊钩摆动幅度和吊钩调整精度均小于 25 mm，3 200 t 吊车本身的调整精度和稳定性符合性能要求，数据在可操作范围内。

2　RPV 吊装实施过程

将 3 200 t 主吊车和 1 000 t 辅助吊车停至指定位置，将吊车钩头下落至设备起吊位置；分别进行吊索具连接，RPV 筒体吊装吊索具连接如图 3 所示。

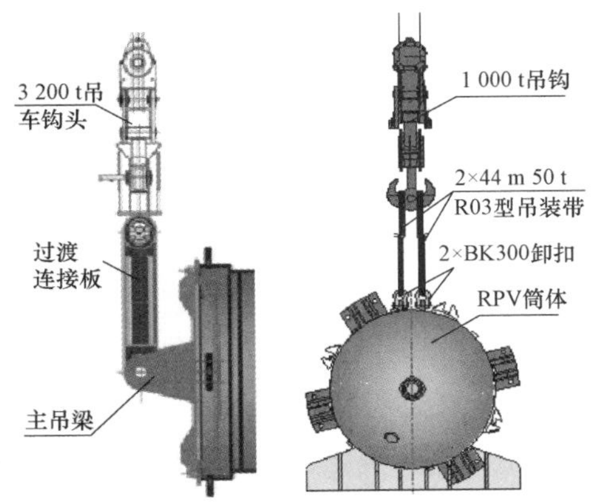

图 3　主吊车(3 200 t)和辅助吊车(1 000 t)吊索具连接图

吊索具连接后开始起吊翻转，两台吊车同时起钩使 RPV 筒体轴线离地高度 5 m；1 000 t 辅助吊车保持 16 m 作业半径不变，3 200 t 吊车提升吊钩，因尾部吊耳高于前部吊点，RPV 翻转的开始阶段，需要主吊车涨杆并提升吊钩缩短作业半径，RPV 完全竖立后，主吊车作业半径由 40 m 变为 58.1 m，主臂水平夹角由 71.9°变为

62.4°，如图 4 所示，整个翻转过程要时刻监控两吊车的负载情况。

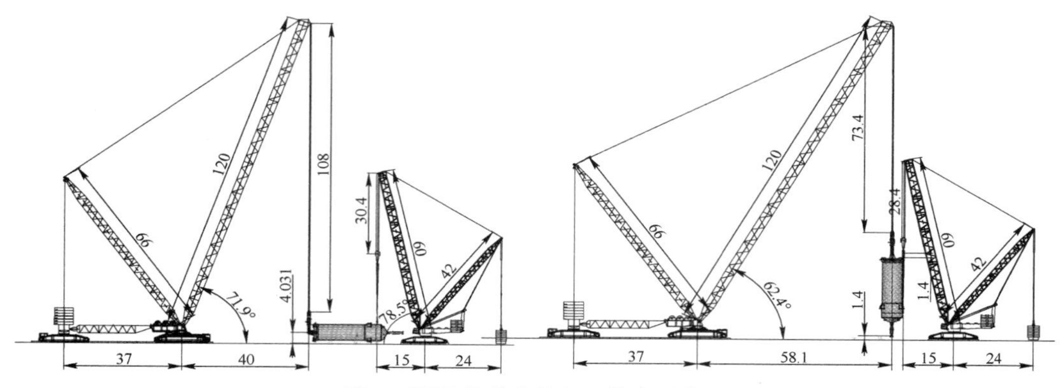

图 4　RPV 筒体翻转竖立状态示意图

翻转竖立后辅助吊车缓慢降低所承受的吊装载荷，直至其吊索具处于松弛状态后通过升降机进行辅助吊车摘钩工作。此时对卸料管的垂直偏移量进行测量，确保其偏移范围在 25 mm 以内。若超过 25 mm 范围，根据偏移距离和偏移方向在 RPV 支承耳架处添加配重块微调，通过吊装带进行绑扎固定，如图 5 所示。吊装实测卸料管垂直度为 16 mm，未超过 25 mm 要求，无须使用配重微调方案。

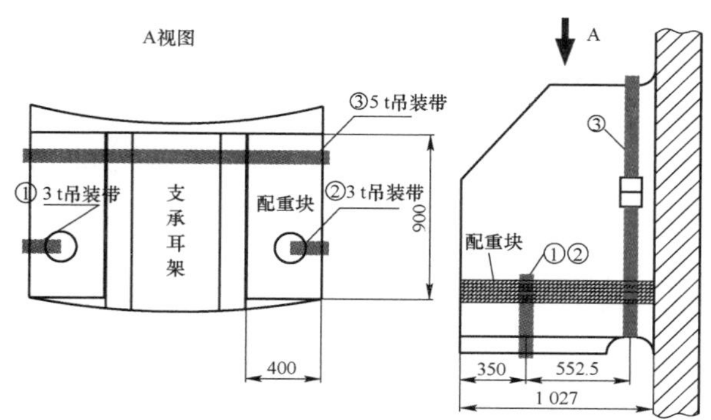

图 5　配重块摆放及捆绑示意图

起升 RPV 筒体至距离地面 50 m 高度，3 200 t 吊车进行负载行走至设备就位位置，参见图 6；吊车作业半径由 58.1 m 变幅至 75.1 m，RPV 筒体位于反应堆舱室正上方。

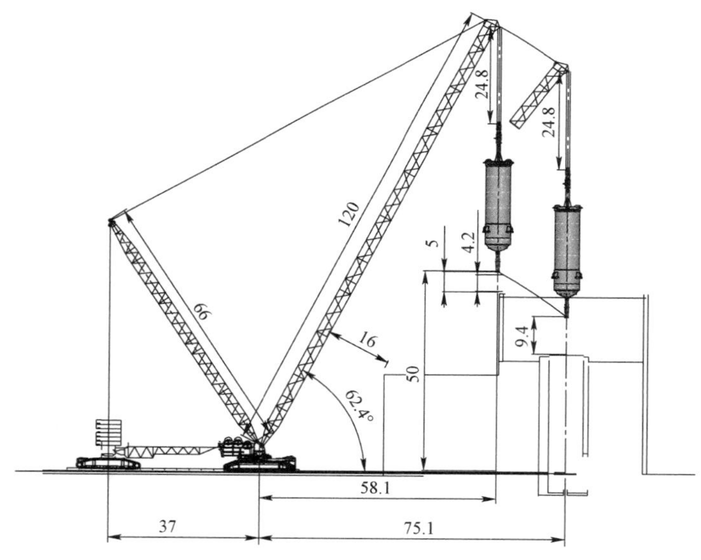

图 6　吊车变幅、设备吊装引入图

吊车落钩，调整 RPV 筒体方位，在卸料管穿入舱室－4 m 楼板预留孔时进行调整(卸料管与－4 m 楼板预留孔之间周向间隙 25 mm)，设备下落时需慢速进行，同时需多方位观察预留间隙，避免发生碰撞，以保证整个吊装施工的质量和安全，如图 7 所示。

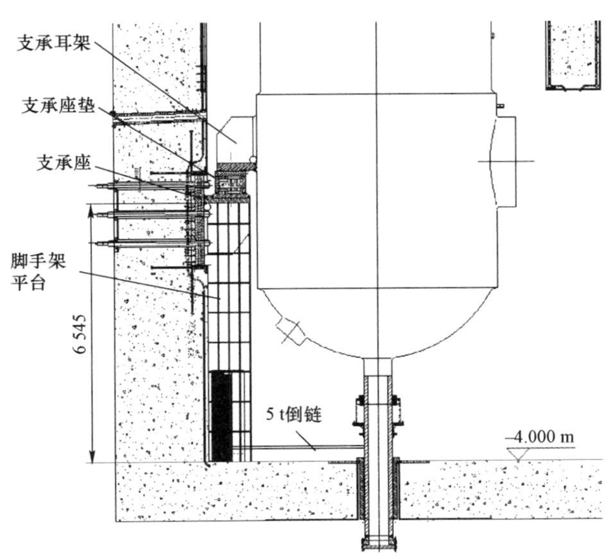

图 7　RPV 筒体卸料管穿孔调整示意图

3　吊装计算分析

3.1　RPV 筒体吊装工艺参数

(1) 设备吊装状态参数

RPV 筒体带包装状态的吊装重量：613.64 t，长×宽×高：27.83 m×8.229 m×7.897 m。

(2) 起吊时主吊车参数

主吊车型号：ZCC3200NP；工况：HDB；主臂：120 m；超起桅杆：66 m；超起配重：3 000 t；超起半径：37 m；额定起重量：1 100 t；最大吊装半径 76 m。

辅助吊车型号：SCC10000；工况：HDB；主臂：60 m；超起桅杆：42 m；超起配重：370 t；超起半径：24 m；额定起重量：694 t；吊装半径 15 m。

3.2　吊车起重、起升能力计算

3.2.1　起重能力分析

(1) 提升翻转阶段吊装重量计算

RPV 带附件总重 $G_1=613.64$ t，主吊点专用吊具重量 $G_2=55.6$ t，主吊车吊钩滑轮组与钢丝绳重量 $G_3=121.2$ t，双机抬吊翻转取不均衡系数 $K_2=1.2$，设备法兰主吊点到 RPV 重心距离 $L_1=14.302$ m，尾部辅吊点到 RPV 重心距离为 $L_2=8.029$ m，计算主吊车吊装重量为 $G_{主}=K_2\times[G_1\times L_2/(L_1+L_2)+G_2+G_3=476.9$ t。主吊车在 40 m 吊装半径额定载荷 $G_{额1}=1\,244$ t，负载率 $\eta_1=G_{主}/G_{额1}\times100\%=38.3\%$；辅助吊车吊索具重量 $G_4=5$ t，吊钩滑轮组与钢丝绳重 $G_5=27.2$ t，最大吊装重量 $G_{辅}=K_2\times G_1\times L_1(L_1+L_2)+G_4+G_5]=510.3$ t，辅吊车 15 m 吊装半径额定载荷 $G_{额2}=694$ t，负载率 $\eta_2=G_{辅}/G_{额2}\times100\%=73.5\%$。主、辅吊车负载变化曲线如图 8 所示。

(2) 吊装竖立引入阶段吊装重量

RPV 直立后主吊机钩头和钢丝绳重量 $G'_3=108.1$ t，吊装总重量 $G=G_1+G_2+G'_3=777.34$ t，76 m 吊装半径额定载荷 $G'_{额1}=938$ t，此时的负载率 $\eta_1=G/G'_{额1}\times100\%=82.8\%$。

经分析可知，3 200 t 主吊车和 1 000 t 辅吊车吊装能力满足 RPV 筒体吊装需求。

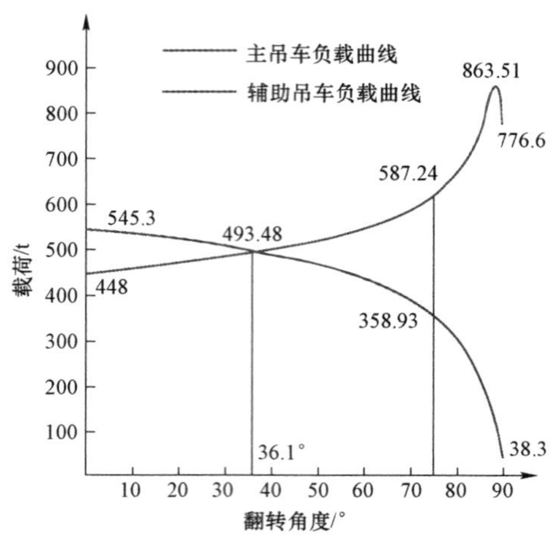

图 8　RPV 起吊翻身竖立过程中计算分析

3.2.2　吊装高度分析

3 200 t 吊车站位场地高度标记为 0 m，在 58.1 m 吊装半径的吊装高度 $h=111.72$ m，反应堆厂房高度 $h_1=45$ m，RPV 高度 $h_2=27.83$ m，专用吊索具长度 $h_3=9.43$ m，吊车回转过程中 RPV 筒体底部与厂房墙体的安全距离 $h_4=3$ m，RPV 筒体吊装时最小起升高度 $H=h_1+h_2+h_3+h_4=85.26\ \text{m}<h$，吊装高度满足要求。

3.3　风载受力计算

（1）RPV 筒体迎风面积

$$A=l_1\times D_1+l_2\times D_2=23.088\times 6.18+4.611\times 0.8=146.37\ \text{m}^2$$

式中　l_1——RPV 筒体长度；D_1——RPV 筒体直径；l_2——卸料管长度；D_2——卸料管直径。

（2）RPV 筒体吊装过程中最大风载荷

$$F=C\times Kn\times q\times A=1.3\times 1.83\times 38.26\times 146.37=13\ 322.68\ \text{N};$$

式中　C——风载体型系数，取 1.3；Kn——风压高度变化系数，取 1.83；风速不超过 $v=7.9$ m/s（小于 5 级），q——风压值，$q=0.613v^2=0.613\times 7.9^2=38.26\ \text{N/m}^2$；因专用吊索具面积很小，风载受力可忽略不计。

（3）风载作用下的 RPV 筒体倾角

$$\theta=\arctan(F/G_{直}/g)=\text{arcta}[13\ 322.68/(669.24\times 1\ 000\times 10)]=0.11°;$$

式中　F——最大风载；$G_{直}$——RPV 垂直状态的重力（$G_{直}=G_1+G_2=669.24$ t）；g——重力加速度 10 kg/m/s^2。

（4）RPV 筒体底部位移

$$D=h_2\tan\theta=27.83\times 1\ 000\times \tan 0.11°=111.8\ \text{mm};$$

式中　h_2——RPV 高度 27.83 m；θ——RPV 筒体倾角

在风速 $v\leqslant 7.9$ m/s 的情况下，RPV 筒体最大位移为 111.8 mm，不会与吊车主臂或其他物项发生碰撞。

（5）风载作用下吊装重量

$$G_{风}=G_{直}/\cos\theta=669.24/\cos 0.11°=669.241\ 3\ \text{t}$$

因为风载的存在，主吊机的吊装重量增加约 0.001 3 t，对主吊车的负荷率影响可忽略不计。

综上所述，RPV 筒体吊装过程中所受的风载在允许范围内，满足吊装要求。

4　结论

HTR-PM 的 RPV 筒体外形尺寸和重量均为世界核电最大的压力容器，吊装作业施工难度较大。

经过分析计算、试验和方案的实施验证，吊装过程中克服了设备吊装尺寸和重量大、双机抬吊翻转难度大、穿孔就位精度要求高等一系列难点问题，最终保证了高温气冷堆示范工程首台 RPV 筒体顺利吊装就位，为后续设备吊装积累了工程经验，同时将有力促进后续多模块高温气冷堆的商业推广。

参考文献：

[1] 郭吉林，陈立颖，刘伟．核供热堆钢安全壳及压力容器吊装方法研究[J]. 核动力工程，2000，21(6)：507-510.

[2] 许越武，高宝宁．AP1000 核电机组反应堆压力容器的安装[J]. 压力容器，2012，29(1)：69-74.

[3] 王垣，鹿松，魏俊明．AP1000 首次大型模块的运输和吊装[A]. 北京：中国核能可持续发展．2010：176-178.

[4] 王宝清．浅析大型设备吊装施工项目管理[J]化学工程与装备，2008，8(9)：161-164.

Lifting research of reactor vessel in HTGR

BAO Xin[1], LIN Xing-jun[1], HOU Jie[2], WU Meng-qiu[1]

(1. Chinergy CO. LTD., Beijing, China; 2. Tongfang Industrial CO. LTD., Beijing, China)

Abstract: National major science and technology project, the High Temperature Gas-cooled Reactor (HTGR) is the fourth generation nuclear power plant, the reactor pressure vessel (RPV) of the HTGR is the maximum size and weight in all pressure vessels of the constructed nuclear power projects, and its shape structure is also distinct from others. Aiming at the problems of high rotation difficulty and accuracy from large weight and four-meter-long discharge pipe at the end of the RPV, firstly adopted the technologies of "double cranes lifting" to complete the flip of the RPV in nuclear industry. By calculation, analysis and the lifting simulation test data from the 3200-ton-crane, the accuracy problem of the RPV lifting was solved. This work is instructive for the similar equipments of the future nuclear power plants.

Key words: the high temperature gas-cooled reactor (HTGR); reactor pressure vessel (RPV); lifting; discharge pipe; flip

喷淋阀连续喷淋试验调节方法及优化

张绍秋,牟　杨,邱　俊
(中核核电运行管理有限公司,浙江 嘉兴 314000)

摘要:秦山核电 3/4 号机组为压水堆型核电机组,稳压器喷淋阀连续喷淋对于稳压器压力控制极为重要,在每个换料周期都需对稳压器的连续喷淋调节进行试验,由于预防性检修后的喷淋阀(RCP001VP 和 RCP002VP)的机械挡板对应的连续喷淋位置限位挡块预设不当,连续喷淋调节试验会占用关键路径。本文就该试验的方法和可能出现的问题进行探讨,并提出优化措施。

关键词:喷淋阀;连续喷淋;限位挡块;优化

秦山核电 3/4 号机组为 600 MWe 压水堆核电机组,稳压器作为反应堆冷却剂系统的主要设备,用于控制冷却剂系统压力稳定,以防止堆芯内产生不利于传热的偏离泡核沸腾现象,稳压器连续喷淋对于稳压器压力控制极为重要,喷淋阀作为稳压器连续喷淋的重要控制设备,在每个换料周期都需要对稳压器的连续喷淋调节进行试验,特别是预防性检修后喷淋阀(RCP001/002VP)的最小流量限位挡块对应的连续喷淋预设不当,连续喷淋调节试验会占用大修关键路径。本文将介绍喷淋阀连续喷淋试验调节方法和可能出现的问题,并探讨试验优化措施。

1　稳压器喷淋系统简介

秦山核电 3/4 号机组稳压器喷淋系统由连续喷淋系统(主喷淋)和辅助喷淋系统组成,如图 1 所示:

稳压器连续喷淋系统的两条管线分别接到一回路两个环路的冷段管线上,每个管线对应的气动调节阀分别为 1 号喷淋阀(RCP001VP)、2 号喷淋阀(RCP002VP),每个阀门都带有连续喷淋的限位挡块,进而保证阀门一直保持一股小流量的连续喷淋。

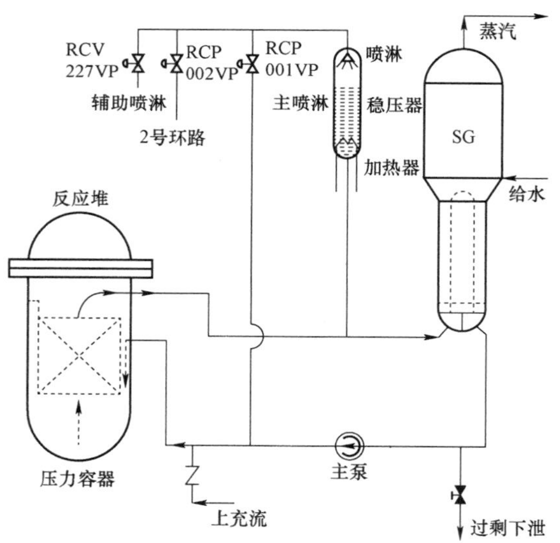

图 1　稳压器喷淋系统图

作者简介:张绍秋(1989—),男,安徽人,工程师,钳工高级技师,工学学士,核电机械检修

连续喷淋的作用：

(1) 保持稳压器内的水温与化学成分的均匀性；

(2) 限制在大流量喷淋启动时对喷淋管道的热应力和热冲击；

(3) 使比例加热器以一个基值进行调节。

稳压器另外设有由 RCV 系统供水的辅助喷淋，供主泵停运时控制压力或停堆后冷却稳压器用。

2 稳压器连续喷淋试验

2.1 稳压器连续喷淋试验的目的

稳压器连续喷淋可减小喷淋阀(RCP001/002VP)开启时所产生的喷淋管线热应力和热冲击，能使稳压器内的水与一回路的水进行交换，使其水化学特性与一回路保持一致[1]。

稳压器连续喷淋调节定期试验的目的是确保 1 号喷淋阀(RCP001VP)和 2 号喷淋阀(RCP002VP)上的机械挡块的限位设置恰当，进而保证稳压器喷淋阀设定的连续喷淋流量满足机组运行需要。

通过喷淋阀连续喷淋试验，达到如下目标：

(1) 压力控制器 RCP401RC 信号值在 25%±1%；

(2) 两条喷淋管线的流量平衡：温差小于 5 ℃(RCP002MT 和 RCP003MT 度数差值)；

(3) 喷淋管线预期温度 280 ℃。

2.2 喷淋阀连续喷淋的原理

稳压器压力为 15.5 MPa 时，喷淋阀的开度为 0%，若阀门不设置最小流量挡块，喷淋阀将完全关闭，只有等到开启信号时才调节开启，因此喷淋阀需通过设置最小流量挡块来实现喷淋阀的连续喷淋[1]。

秦山核电 3/4 号机组稳压器喷淋阀为法国 EMERSON(FISHER)公司设计提供的 SS84-SS132-60 V 型球体气动调节阀。阀门由两部分组成：SS84 型阀体和 SS132 型气动头。阀体横卧，而气动头侧立，两者成 90°结合在一起，两部分通过连杆将直行程转化成角行程。

阀门阀体下部设有最小流量调节装置(如图 2 所示)，通过调整调节螺母限制阀门关闭位置，进而实现喷淋阀在开启信号为 0%时仍有一个小开度，进而实现阀门的连续喷淋。

喷淋阀调节螺母(173)调节位置与阀门开度的关系如下：

当调节螺母上旋时，阀门开度变小，喷淋流量降低，管线对应的温度降低；

当调节螺母下旋时，阀门开度变大，喷淋流量增加，管线对应的温度升高。

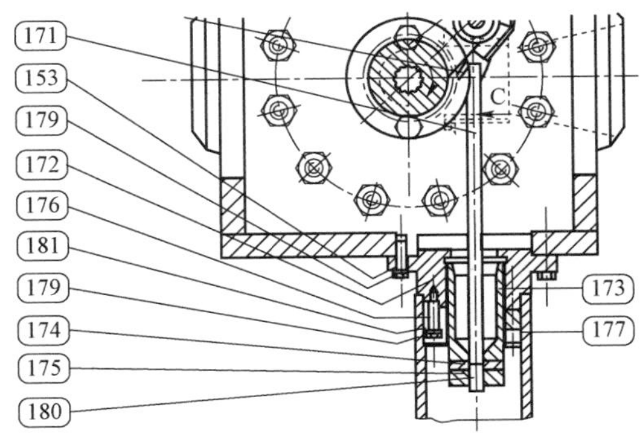

图 2 喷淋阀最小流量调整挡块结构图

喷淋阀连续喷淋试验时通过手动调整两个喷淋阀流量，使得处于自动状态的稳压器压力控制器自动将一回路压力稳定在 15.5 MPa，然后通过锁定最小流量挡块保证稳压器持续的连续喷淋流量。

2.3 连续喷淋试验方法

(1) 确认试验前系统初始状态满足要求：

➢反应堆冷却剂温度由 GCT-A 自动控制保持在 290.8 ℃；

➢两台反应堆冷却剂泵在运行；

➢KIT 系统可用并且在运行中，试验相关参数在检测下；

➢稳压器水位控制器在自动控制方式下；

➢稳压器压力控制在自动方式下，即比例加热器已通电并由控制器（RCP401RC 在自动方式下）调节；

➢通断加热器已停运并处于自动控制；

➢喷淋阀处于自动控制。

（2）自动保持稳压器的温度、压力、和水位稳定在其整定值上；

（3）读出两个喷淋管线温度（RCP002MT 和 RCP003MT）和 RCP401RC 信号值；

（4）参照调整喷淋阀开度的判断方法调整阀门开度，直到满足如下试验标准。（注意：调整步骤结束后，约 30 min 后试验参数才能稳定。）

➢压力控制器 RCP401RC 信号值在 25%±1%；

➢两条喷淋管线的流量平衡：温差小于 5 ℃（RCP002MT 和 RCP003MT 度数差值）；

➢喷淋管线预期温度 280 ℃。

其中，调整喷淋阀开度判断方法如下：

（1）如果 RCP401RC 信号值大于 26%，则选择喷淋管线温度低的管线轻微调大喷淋流量；

（2）如果温差大于 5 ℃，则选择喷淋管线温度低的管线轻微调大喷淋流量；

（3）如果 RCP401RC 信号值小于 24%，则选择喷淋管线温度高的管线轻微调小喷淋流量。

3 连续喷淋试验中的偏差及处理措施

（1）稳定时间不足：喷淋阀开度调整后虽然比例加热器的输出量能够快速响应并读出（RCP401RC 信号值），但比例加热器负荷的改变相对稳压器压力的变化较滞后，因此在手动调整喷淋阀开度导致比例加热器的输出改变后，建议观察 30 分钟[1]。

（2）频繁调节喷淋阀开度：由于每次调节喷淋阀（RCP402/403RC）开度后，试验相关参数需要较长时间才稳定，因此试验时需根据历史试验经验尽量减少喷淋阀调整次数，避免试验占用过多时间。

（3）辅助喷淋阀气动隔离阀（RCV227VP）内漏：辅助喷淋气动隔离阀若存在内漏将导致部分上充流量进入稳压器内部，影响试验参数稳定。因此在试验前需确认辅助喷淋气动隔离阀（RCV227VP）中性点设置正确，阀门关闭到位，同时测量阀门下游管线上的止回阀（RCP036VP）前后管道温度来判断辅助喷淋气动隔离阀（RCV227VP）无内漏（正常情况下 RCP036VP 阀前温度低于阀后温度）。

4 连续喷淋试验优化方案

前文虽然分析了试验中可能出现的偏差和采取的措施，但是从历次大修期间喷淋阀连续喷淋试验执行过程来看，该试验过程占用时间较长，结合以往经验，提出如下优化方法：

（1）稳压器喷淋阀无预防性检修项目所在大修执行连续喷淋试验前根据前一周期设备运行情况（两个喷淋管线 RCP002MT、RCP003MT 温度值和 RCP401RC 信号值），在仪控专业对喷淋阀进行控制检查工作时对阀门最小流量开度进行预调整。

（2）稳压器喷淋阀有预防性检修项目时，建议在阀门开位置取下销（件号 180）、固定螺母（件号 175）和球面垫（件号 174），在不改变调节螺母（件号 173）状态下拆除调节杆（件号 171），这样可以避免因调节螺母（件号 173）恢复不当造成阀门最小流量开度与修前位置不同，增加试验时间。

（3）根据试验经验喷淋阀最小流量开度约在 5%，对于机组首次执行或预防性检修后执行喷淋阀连续喷淋试验的，维修人员将阀门最小流量挡块限制的阀门行程约 4%（阀门总行程的 4 mm 左右），在此基础上实验可以避免阀门开度调整过大进而增加试验时间及阀门开度调整次数。

5 结论

稳压器喷淋阀的连续喷淋对于稳压器的压力控制有着重要作用，通过连续喷淋试验可以确保喷淋阀上的机械挡块设置满足机组运行需要的最小喷淋流量。本文介绍了喷淋阀连续喷淋试验的目的、原理和试验方法，喷淋阀连续喷淋试验中的偏差和处理措施，通过连续喷淋试验的优化缩短试验时间，避免该工作成为大修的关键路径。

参考文献：

[1] 栾玉新．稳压器连续喷淋调节定期试验执行方法及优化[J]. 科技视界，2016，(23)：224.

Adjustment method and optimization of continuous spray test for spray valve

ZHANG Shao-qiu，MOU Yang，QIU Jun

(CNNP Nuclear Power Operations Management Co. Ltd，Jiaxing Zhejiang，China)

Abstract：Qinshan nuclear power unit 3/4 is a pressurized water reactor type nuclear power unit. Continuous spray of pressurizer spray valve is very important for pressurizer pressure control. It is necessary to test the continuous spray regulation of pressurizer in each refueling cycle. Due to the improper preset of the limit block of continuous spray position corresponding to the mechanical baffle of spray valve(rcp001vp and rcp002vp)after preventive maintenance，the continuous spray regulation is difficult The test will occupy the critical path. This paper discusses the test method and possible problems，and puts forward the optimization measures.

Key words：spray valve；continuous spray；limit stop；optimization

秦二厂 3、4 号机组贝类捕集器排污管堵塞缺陷分析和处理

梁洪宇,张　弟
(中核核电运行管理有限公司维修四处,浙江 海盐 314300)

摘要:本文描述了秦二厂 3、4 号机组贝类捕集器运行期间发生的排污管严重堵塞缺陷,该故障会引起贝类捕集器产生压差高报警,导致其不可用。通过分析安全厂用水系统介质的特性及贝类捕集器的本身结构,明确了造成排污管堵塞的原因。在不改变设备本体的前提下,针对缺陷原因提出了定期清理系统中的海生物、对排污隔离阀改型和增加加药频率的处理方案。该方案成功应用于秦二厂 3、4 号机组,并彻底消除了贝类捕集器排污管堵塞的缺陷。

关键词:贝类捕集器;排污管;堵塞

1　概述

安全厂用水系统(SEC)的功能是通过板式换热器把由设备冷却水系统(RRI)收集的热负荷输送到最终热阱——海水。由于板式换热器内的流通截面小,而杭州湾地区海水中的泥沙、贝类等杂质较多。因此,在 SEC 系统前端设置了格栅、鼓网和贝类捕集器进行多次过滤。其中贝类捕集器是最后一道过滤装置,其滤网网孔尺寸为 2 mm,被滤网拦截的杂质通过其排污管排到海水井中,如果排污管堵塞会直接导致贝类捕集器压差高并引起报警,严重影响系统的安全稳定运行。

秦二厂 3、4 号机组贝类捕集器是由球形壳体、圆锥形滤网和电机驱动的反冲洗装置组成。锥形滤网的过滤精度为 Φ2 mm,尺寸超过 2 mm 的杂物将在滤网上附着,引起滤网前后的压差增高,压差高于设定值 0.4 bar 时,会自动打开电动排污阀并且触发反冲洗装置启动,并通过排污管将过滤的杂物排出,系统中的布置如图 1 所示。

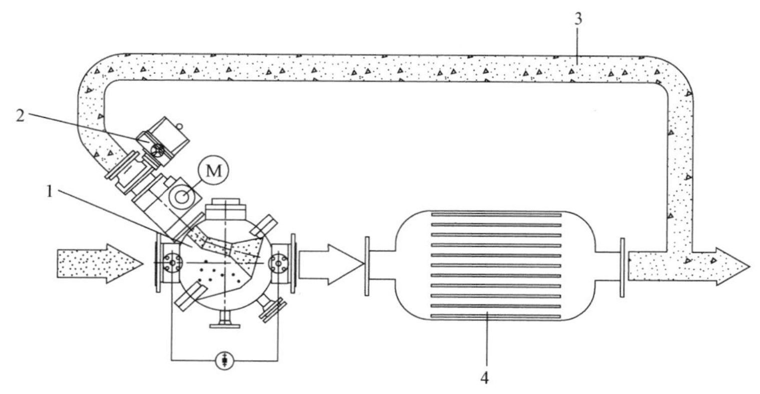

图 1　贝类捕集器布置示意图
1—贝类捕集器;2—电动排污球阀;3—排污管;4—板式换热器

本文详述了秦二厂 3、4 号机组贝类捕集器运行以来高频率发生的排污管堵塞缺陷,通过分析安

作者简介:梁洪宇(1999—),男,助理工程师,学士,目前主要从事核电站安全厂用水系统的维修和管理工作,包括核级蝶阀、止回阀,核级立式离心泵的预防性检修和维护、缺陷处理、设备性能提升等
张弟,(1989—),男,工程师,主要从事核电厂安全厂用水系统以及水处理系统设备的检修工作

全厂用水系统介质的特性及贝类捕集器本身的结构，明确造成排污管堵塞的原因，并提出切实可行的处理方案。

2 贝类捕集器排污管堵塞缺陷统计

自秦二厂3、4号机组运行以来，贝类捕集器多次发生排污管堵塞缺陷，导致贝类捕集器拦截的杂质无法正常排出，最终引起压差高报警，造成贝类捕集器不可用，严重影响3、4号机组安全厂用水系统的安全稳定运行，威胁机组的安全运行。缺陷统计见表1。

表1 贝类捕集器缺陷统计

设备编码	工单号	缺陷描述
3SEC002FI	189653	3号主控频繁闪发3SEC004AA，B列贝类捕集器故障报警，KIT中3SEC032SP频繁触发压差高，查看就地压力表读数为60 kPa，超出报警值40 kPa，就地贝类捕集器一直在运转，怀疑贝类捕集器堵塞，请检查处理。
3SEC002FI	198612	主控室触发3SEC004AA，现场检查3SEC022LP读数为约为40 kPa，请及时处理。
3SEC002FI	193758	主控频繁触发3SEC004AA，请及时处理。
3SEC002FI	197529	巡检时发现3SEC002MD流量在逐渐下降，让现场察看，发现3SEC022LP满量程，因此怀疑3SEC002FI或3SEC004FI堵塞。
3SEC004FI	195337	该设备运行时压差高，请处理。
3SEC004FI	199207	该设备运行时压差高。
4SEC001FI	170617	4SEC001、003FI两侧压差较高，就地压差计指示45 kPa，主控报警频发闪发，请处理。
4SEC001FI	152129	贝类捕集器4SEC001FI和003FI一直运行，就地压力表压力显示一直高，主控报警4SEC003AA一直存在，请检查处理。
4SEC002FI	209548	对4SECB列的贝类捕集器的排污管进行疏通。
4SEC002FI	219046	检查与清洗贝类捕集器滤网及排污短管。
4SEC002FI	221446	4SEC002FI贝类捕集器压差高，需打开观察人孔，对滤网进行清理。
4SEC002FI	229522	主控频繁触发SEC B列贝类捕集器压差高报警，就地检查压差接近报警值40 KPa，且反冲洗运行时有漏水。
4SEC002FI	248793	4SEC002FI堵塞较严重，请处理(已处理)。
4SEC002FI	269372	压差高，清理滤网及反冲洗管线。
4SEC002FI	382931	主控触发4SEC004AA(B列贝类捕集器故障)，现场察看4SEC B列贝类捕集器压差4SEC022LP压力表超量程，大于100 kPa。
4SEC003FI	169865	4SEC031SP压差高频繁触发报警，校表确认为压差真实高。经单独隔离4SEC001FI后，4SEC021LP由50kPA上升为满量程(100 kPa)，4SEC001MD流量降低250 t/h；经单独隔离4SEC003FI后，4SEC021LP由50 kPa上升为70 kPa，4SEC001MD流量降低100 t/h。另外，4SEC001FI反洗时4SEC021LP有所降低，但4SEC003FI反洗时4SEC021LP几乎不变。怀疑4SEC003FI故障。
4SEC004FI	207405	在高潮位时，4SEC004AA一直触发，现场检查4SEC002/004FI一直交替运行，但贝类捕集器两端压差4SEC022LP一直在40 kPa左右，没有下降趋势。
4SEC004FI	219048	检查与清洗贝类捕集器滤网及排污短管。
4SEC004FI	230490	4SEC B列贝类捕集器压差高报警。
4SEC004FI	269245	清理滤网及反冲洗管线。

从缺陷统计的情况来看，秦二厂3、4号机组8台贝类捕集器均出现过此类缺陷，经过现场隔离检修发现基本都是由于排污管的严重堵塞而引起贝类捕集器排污不畅，最终导致压差不断累积升高。现场检查发现堵塞排污管的主要是一些贝类海生物、渔网及大量淤泥，如图2所示：

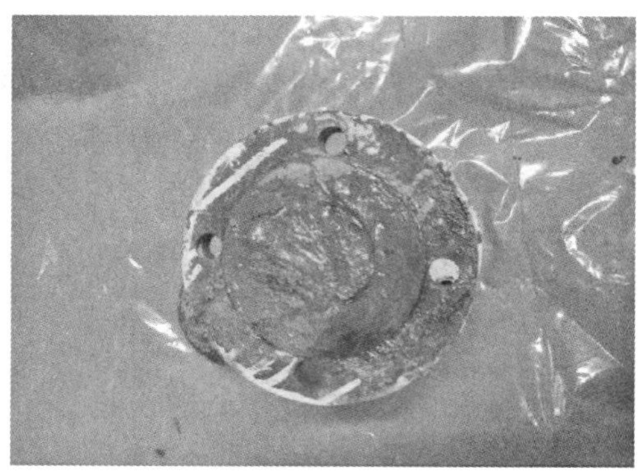

图2　排污连接短管被贝类及泥沙堵塞

3　缺陷原因分析

结合现场实际检修经验对造成贝类捕集器排污管堵塞缺陷的原因进行分析，主要有以下两个方面的原因：系统介质本身的因素和贝捕排污管线的结构特性。

3.1　安全厂用水系统介质中含有大量杂物

据统计，杭州湾海水水质在全国海湾中是最差的，泥沙含量非常高，还有较多其他的杂质。安全厂用水系统(SEC)是直接从杭州湾取水，通过格栅除污机打捞杂物，鼓网过滤一部分杂质，经过暗渠，最终由SEC泵将海水输送至贝类捕集器进行最后的过滤。海水中的部分贝类等杂物无法通过格栅除污机和鼓网保证全部过滤，并在系统管道中繁殖生长，而这些杂物最终都需要经过贝类捕集器，由于杂物量较大，易堵塞排污管(图3)。

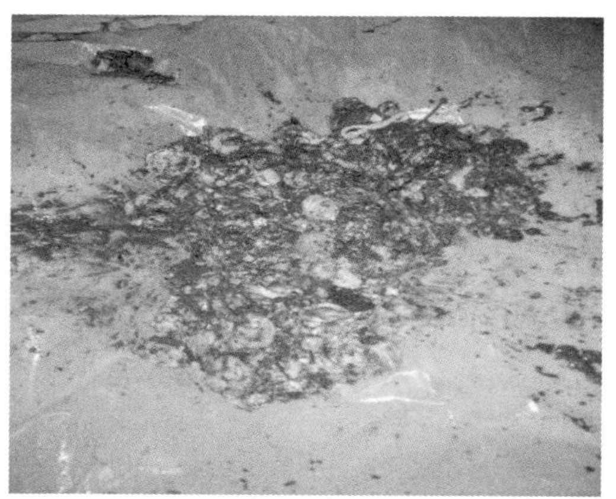

图3　从贝捕排污管清理出来的大量贝类等杂物

3.2　贝类捕集器排污隔离阀节流且过流面积小

排污管管径为DN80，且排污隔离阀为手动蝶阀，贝类捕集器正常运行期间，隔离阀保持全开，其阀瓣存在节流的作用，减缓了反冲洗水流，致使杂物在此淤积；同时蝶阀的全开也将排污管的过流面积减小为不到原来的1/2，致使较大截面积的贝类等杂物无法通过，引起堵塞，如图4、图5所示。

图 4　易堵塞排污短管

图 5　较大杂质无法通过蝶阀引起堵塞

4　缺陷处理方案

通过以上分析排污管堵塞缺陷的原因，结合现场实际情况，提出了以下处理方案。

4.1　定期对格栅底部进行清理调整，保证其打捞效果

在机组换料大修期间，新增预防性检修项目，人员下到格栅除污机底部对导轨及格栅进行清理，调整耙齿插入格栅的深度和耙斗与底部距离等关键参数，保证格栅除污机的打捞效果，降低较大杂质进入系统下游的概率(图 6)。

图 6　格栅清理及调整

4.2　对暗渠内部进行海生物清理，减少海水介质中的较大杂质含量

在机组换料大修期间，新增预防性检修项目，人员进入暗渠内部对管壁及四周墙体的贝类等海生物进行彻底地清除，如图 7 所示。从源头清除系统中的杂物，大大降低了 SEC 系统海水中杂物的含量。

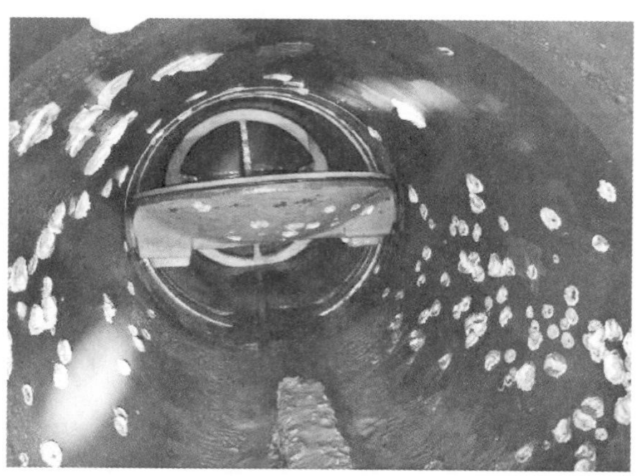

图 7　暗渠内部管壁的贝类

4.3　增加 SEC 系统取水口加药频率，抑制海生物的生长

为了在一定程度上减少进入海水系统的海生物，我们会对取水口进行加药(次氯酸钠)处理，以杀死贝类等海生物。以前采取的加药周期较长，基本是一周一次，在加药时可以杀死进入系统的海生物，但是系统是一直保持运行的，加药间隙进入系统内的海生物会存活并大量繁殖，致使 SEC 系统中贝类杂物含量升高。经过讨论分析，我们改变了加药的频率，由以前的一周一次调整为一周三次，并根据测量系统海水中的次氯酸钠含量调整每次的加药量，从而杀死进入系统的海生物，抑制其生长繁殖，减少系统介质杂物含量。

4.4　对排污管隔离阀进行换型改造，消除节流增大过流面积

对贝类捕集器排污隔离阀实施换型改造，将 DN80 手动蝶阀改为 DN80 手动球阀，消除了节流的影响，同时增大了过流面积，大大降低了排污管堵塞的概率(图 8、图 9)。

图 8　排污隔离阀改型前

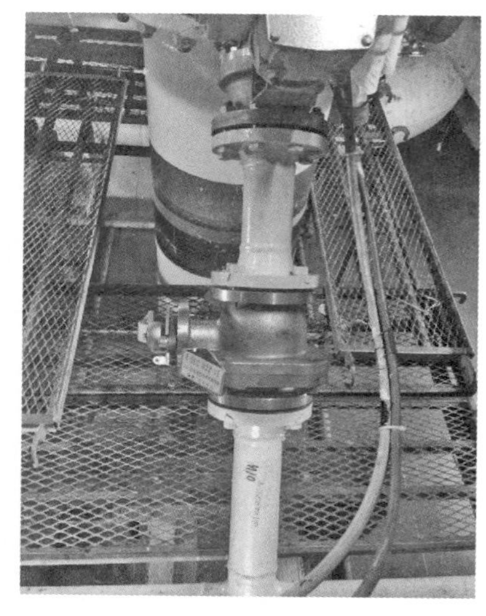

图 9　排污隔离阀改型后

4.5 定期检查疏通排污管线

在大修解体贝类捕集器期间，作为预防性检修工作对排污管线进行检查疏通，进一步确保贝类捕集器正常运行期间排污管线的畅通。

5 结论

自秦二厂3、4号机组贝类捕集器出现排污管堵塞缺陷以来，维修人员充分结合现场工作经验，不断分析和总结，找到了引起排污管堵塞的原因。并针对原因制定了多项处理方案并实施，实施后起到了非常好的效果。2017年以来，3、4号机组贝类捕集器日常运行期间再也没有出现过排污管堵塞的缺陷，从根本上解决了“秦二厂十大缺陷”，提高了设备的可靠性，保证了系统的安全稳定运行，同时也为其他使用同类设备的核电厂提供了处理该类缺陷的切实有效的方法。

参考文献：

[1] 核工业第二研究设计院．安全厂用水系统手册[R].

[2] Taprogge. 贝类捕集器运行维护手册[R].

[3] 周围．秦山二厂3、4机组贝类捕集器压差高故障处理分析[R].

Analysis and treatment of sewage pipe blockage defects of shellfish trap for unit 3&4 of qinshan2nd plant

LIANG Hong-yu, ZHANG Di

(CNNO 4th Maintenance Department, Haiyan Zhejiang, China)

Abstract: This paper describes the serious blockage defect of the sewage pipe found in the shellfish trap in unit 3&4 of Qin 2nd Power Plant. This fault may cause the shellfish trap to produce high pressure differential alarm and make it unavailable. This paper analyzes the characteristics of safety service water system and the structure of shellfish trap, and the causes of blockage of sewage pipe. On the premise that the equipment is not changed, the treatment scheme of regularly cleaning up the marine organisms in the system, upgrading the discharge isolation valve and increasing dosing frequency is put forward. The scheme has been successfully applied on unit 3&4 of Qin 2nd Plant, and the defects of blockage of sewage pipe of shellfish trap have been completely eliminated.

Key words: shellfish trap; sewage pipe; blockage.

堆外核测探测器安装机器人底盘调平机构的设计与研究

刘满禄[1],陈 卓[2],周 建[1],张 华[1]
(1. 西南科技大学 特殊环境机器人技术四川重点实验室,四川 绵阳 621000;
2. 西南科技大学 制造科学与工程学院,四川 绵阳 621000)

摘要:针对CAP1400压水堆示范工程堆外核测探测器安装时,堆腔底部地面不平整、机器人完成安装任务难度大的问题,通过理论分析、建立三维模型,设计了一种底盘调平机构。该机构主要由调平支架、步进电机、丝杠、滑轨压动零件等组成,在满足机器人设计要求的条件下,实现底盘的精确调平。结合实际工作情况分析计算了调平机构的调平参数,并对样机进行模拟工作环境下的性能测试。结果表明该机构可满足CAP1400压水堆示范工程现场环境的条件下实现机器人系统调平功能,满足了调平装置设计及功能要求。

关键词:核运维;堆外探测器安装;核环境机器人

引言

在CAP1400新型核电厂中,堆外核测探测器采用底部分节安装的方式进行维修更换。由于底部堆外安装环境剂量较高,人工安装会对身体造成损害,设计了一种堆外核测探测器安装机器人进行探测器的安装更换。如图1所示,机器人从外部进入到堆腔底部进行堆外核测探测器的安装。为了保证安装过程顺利,要求圆柱形探测器的轴线与筒状探测器井的轴线平行。而实际现场环境的地面平整度存在5 mm的偏差,这就要求我们在安装探测器之前需要对机器人的底盘进行调平。

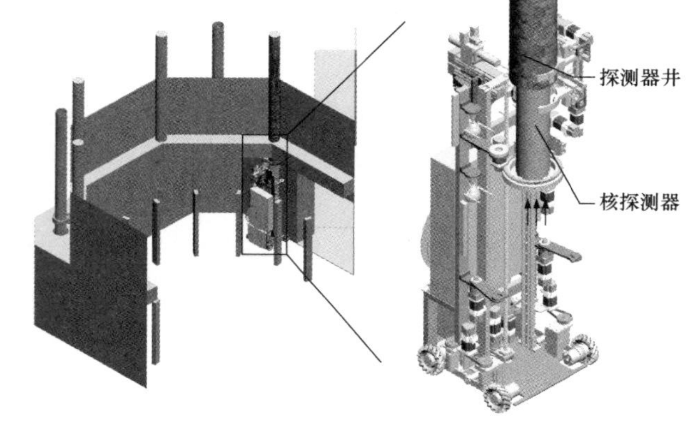

图1 机器人安装核探测器示意图

针对这种实际应用情况提出了一种机器人底盘调平机构与调平方法。该机构能够在狭窄的堆腔环境中,快速完成机器人底盘的调平,以实现探测器的远距离安装,提高了机器人工作的可靠性、安全性。

1 底盘及调平机构设计

1.1 底盘机械结构设计

堆外核测探测器安装机器人的底盘机构如图2所示,主要由驱动电机,重载麦克纳姆轮、倾角传感器以及调平机构组成。

传统液压调平系统存在维修保养困难、成本较高,系统空间较大等问题,且多用于重载平台的调平。为提升调平精度,提高底盘利用率,减少探测器安装机器人的底盘面积,调平机构采用机电式四点调平系统,机构包括步进减速电机、同步带、丝杠滑轨、调平支架、压动零件等,如图3所示[1]。

作者简介:刘满禄(1981—),男,山西朔州人,副教授,硕士研究生,现主要从事核与辐射环境机器人及数智装备的研发与应用工作

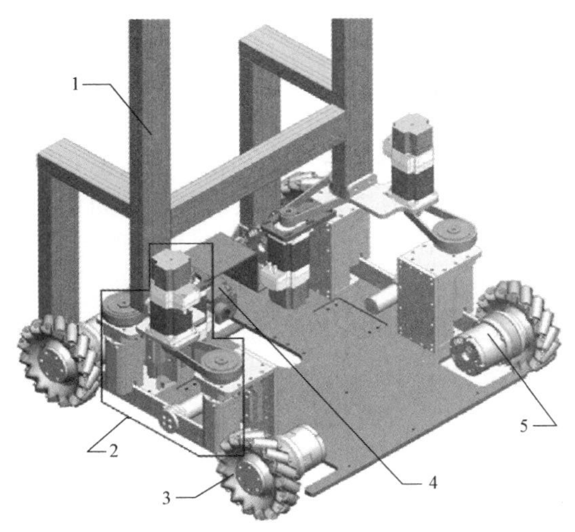

图 2　机器人底盘构成

1—车架；2—调平机构；3—重载麦克纳姆轮；4—倾角传感器；5—驱动电机

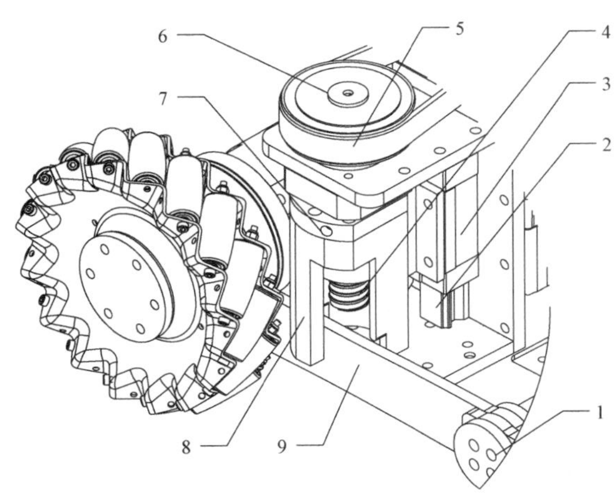

图 3　调平机构

1—连接轴；2—滑轨；3—滑块；4—丝杆；5—同步带；6—同步带轮；7—螺母；8—压动零件；9—调平支架

1.2　调平机构工作原理

如图 4 所示，调平电机将转动输出通过同步带传送到同步带轮。同步带轮与丝杆相连，控制压动零件沿滑轨进行竖直方向的移动，使麦克纳姆轮通过调平支架绕连接轴的上下移动。每个麦克纳姆轮有一台调平电机单独控制其上下移动。通过控制每个电机的转动量，使每个麦克纳姆轮以定量的高度上升、下沉，便实现了机器人底盘的四点调平。

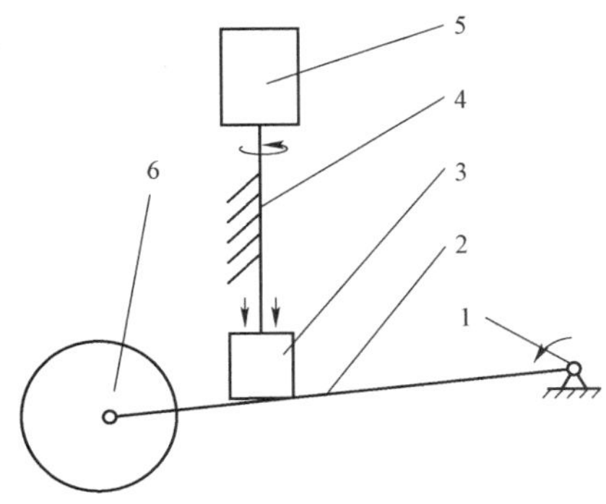

图 4　调平机构结构简图

1—连接轴；2—调平支架；3—压动零件；4—丝杆滑轨；5—同步带轮；6—麦克纳姆轮

2 调平方案

目前主流的两种调平策略是“追逐式”调平法和角度补偿调平法[2]。

“追逐式”调平法是在调平过程中，保持最高点/最低点/中心点的高度不变，根据倾角传感器的两轴倾角信号，计算出其余三条支撑腿所需的调整量。最后调平电机，使之与基准支撑腿的高度误差越来越小，完成调平。“追逐式”调平法控制方式简单，但是如果连续进行多次调平可能使得调平余量越来越少[3、4]。

角度补偿法是直接以倾角传感器的倾角信号作为参照，通过各个支撑腿的不断调节，致使传感器两个倾角的值都处于调平的最大误差以内。具体的调平方法为：首先根据倾角传感器的数据，分别判断四个支撑点的最高点、次高点、次低点、最低点。驱动最低点、次低点的支撑腿提升直至一个方向的倾角数值小于允许误差；随后继续驱动原最低点、次高点提升直至另一个方向的倾角小于允许误差，完成调平[5]。该方法算法简单，避免了复杂的耦合运算，但由于两个方向的倾角是独立调整的，调整一个方向的倾角时可能会影响另一个倾角，导致需要进行多次、重复地调平，故调平时间较长。

核探测器需要在同一探测器井进行多节、重复的安装过程，在同一位置计算出调平参数可以反复使用。为节省安装时间、减少机器人辐照量，采用“预置点”不动法进行调平[6]。在每次调平之后添加复位操作，防止调平余量不足。

底盘进行调平时可能会出现虚腿问题，导致探测器安装时发生意外情况。为防止虚腿发生，在机器人离重心最远处的支撑腿（右侧后轮）调平支架与压动零件接触处，安装压力传感器，根据其是否受力，来判断压动零件与调平支架是否接触，从而避免虚腿现象[7]。

3 调平参数分析

当需要调平机构对机器人进行调平时，首先需要根据倾角传感器的数据计算出四个麦克纳姆轮所需的高度调整量。随后根据机械传动结构计算出电机所需转动的转动量。

3.1 高度调整量计算

为方便计算，假设底盘为刚体；四个调平支腿均不离地；忽略在调平过程中麦克纳姆轮在水平方向的位移[8]。

如图 5 所示，A、B、C、D 四个点分别为机器人底盘的右后轮、左后轮、左前轮、右前轮；O 点为倾角传感器在底盘的位置，位于后轮轴的中点处。前后轮之间的轴距为 L_2，轮距为 L_1。倾角传感器的两个倾角数据为 α、β。为减少测量误差，以倾角传感器的中心 O 为原点建立坐标系 $O\text{-}XYZ$，当底盘发生倾斜时，坐标系为 $O\text{-}X_1Y_1Z_1$。

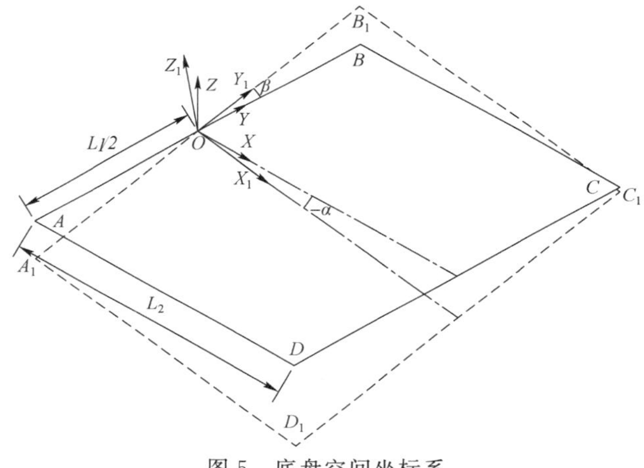

图 5　底盘空间坐标系

当开始进行调平时，需要将坐标系 $O\text{-}X_1Y_1Z_1$ 转化为 $O\text{-}XYZ$。$O\text{-}X_1Y_1Z_1$ 相较于 $O\text{-}XYZ$ 绕 X 轴旋转了 β，绕 Y 轴旋转了-α，故 $O\text{-}X_1Y_1Z_1$ 转换为 $O\text{-}XYZ$ 的坐标变换矩阵${}_0^{\mathrm{H}}R$ 为：

$$
{}_0^{\mathrm{H}}R=\mathrm{Rot}(x,\beta)\,\mathrm{Rot}(y,-\alpha)
$$

$$
=\begin{bmatrix}1 & 0 & 0\\ 0 & \cos\beta & -\sin\beta\\ 0 & \sin\beta & \cos\beta\end{bmatrix}\begin{bmatrix}\cos(-\alpha) & 0 & \sin(-\alpha)\\ 0 & 1 & 0\\ -\sin(-\alpha) & 0 & \cos(-\alpha)\end{bmatrix}=\begin{bmatrix}\cos\alpha & 0 & \sin\alpha\\ -\sin\alpha\sin\beta & \cos\beta & \sin\beta\cos\alpha\\ -\cos\beta\sin\alpha & \sin\beta & \cos\alpha\cos\beta\end{bmatrix} \tag{1}
$$

根据空间坐标变换原理

$$
(i_1,j_1,k_1)^{\mathrm{T}}={}_0^{\mathrm{H}}\mathrm{R}\cdot(i,j,k)^{\mathrm{T}} \tag{2}
$$

得出 A_1、B_1、C_1、D_1 的坐标分别为

$$
\begin{cases}
A_1=(0,-(L_1\cos\beta)/2,-(L_1\sin\beta)/2)\\
B_1=(0,(L_1\cos\beta)/2,(L_1\sin\beta)/2)\\
C_1=(L_2\cos\alpha,(L_1\cos\beta)/2-L_2\sin\alpha\sin\beta,\\
\qquad (L_1\sin\beta)/2-L_2\cos\beta\sin\alpha)\\
D_1=(L_2\cos\alpha,-(L_1\cos\beta)/2-L_2\sin\alpha\sin\beta,\\
\qquad -(L_1\sin\beta)/2-L_2\cos\beta\sin\alpha)
\end{cases}
$$

则每个支撑点所需的 Z 坐标调整量 ΔZ 为

$$\Delta Z=Z-Z_1=-Z_1 \tag{3}$$

式中 Z_1 为 A_1、B_1、C_1、D_1 的 Z 方向坐标。

3.2 调平机构调整参数计算

对调平机构进行机械结构分析。如图 6 所示，调平支架连接轴的轴心 O 到压动零件的内侧接触点 P 的距离为 a，调平支架两圆心的距离为 b。在每次探测器安装之前，将调平支架复位到水平。当麦克纳姆轮需要向下移动时，丝杆向右转动，压动零件向下移动从 P 移动 P_1，麦克纳姆轮的圆心从 A 移动到 A_1。由于调平支架的转动角度很小，可以视为等腰 ΔOPP_1 与等腰 ΔOAA_1 相似，即

$$\frac{PP_1}{AA_1}=\frac{a}{b}$$

故当 A 所需的调平量为 ΔZ_A 时，压动零件需要向下移动

$$\Delta P_A=\frac{\Delta Z_A\cdot a}{b} \tag{4}$$

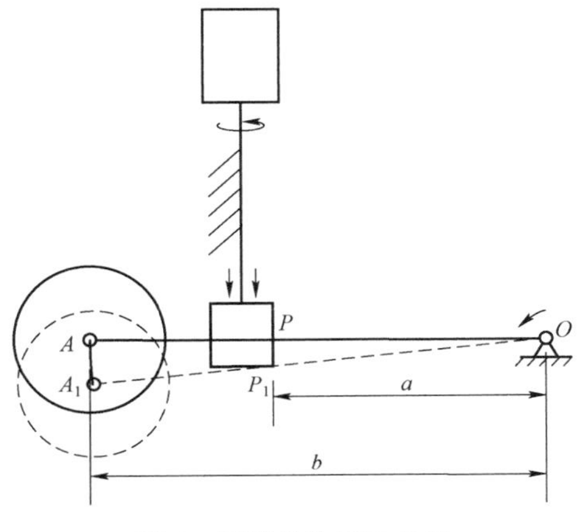

图 6 调平机构运动分析

丝杆的导程为 l，同步带的传动比为 k。

结合图 2、图 6，当后轮调平电机正转时，压动向下移，底盘面该点上升，该点调整量为正数；当前轮调平电机正转时，压动向上移，底盘面该点下沉，该点调整量为负数。

综上所述，四台调平电机所需的转动量(r)为：

$$
\begin{cases}
R_A=\dfrac{(L_1\sin\beta)/2\cdot a\cdot k}{b\cdot l}\\
R_B=\dfrac{-(L_1\sin\beta)/2\cdot a\cdot k}{b\cdot l}\\
R_C=\dfrac{[(L_1\sin\beta)/2-L_2\cos\beta\sin\alpha]\cdot a\cdot k}{b\cdot l}\\
R_D=\dfrac{-[(L_1\sin\beta)/2-L_2\cos\beta\sin\alpha]\cdot a\cdot k}{b\cdot l}
\end{cases}
$$

根据设计参数，将 $a=130$ mm、$b=218.2$ mm、$L_1=550$ mm、$L_2=440$ mm、$l=5$ mm、$k=8/3$ 带入，得：

$$
\begin{cases}
R_A=87.38\cdot\sin\beta\\
R_B=-87.38\cdot\sin\beta\\
R_C=87.38\cdot\sin\beta-69.9\cdot\cos\beta\cdot\sin\alpha\\
R_D=69.9\cdot\cos\beta\cdot\sin\alpha-87.38\cdot\sin\beta
\end{cases}
$$

当处于地面处于极限情况，即 O 点与 $B(A)$ 点的高度差为 5 mm 时，根据式(4)计算出，$B(A)$ 处压动零件所需的位移量为 2.98 mm，当调平支架水平时，丝杠滑轨的上下行程范围皆大于该位移量，

调平机构能够满足调平需求。

4 样机实验

机器人底盘实物样机如图7所示。为验证调平机构的可靠性，检测调平机构的调平性能，在模拟环境中进行探测器安装实验。如图8所示，机器人在不同的探测器井下进行多次探测器的安装。每次调平完成之后读取倾角传感器的读数，记录调平误差，然后进行探测器的安装，观察机器人是否能够顺利完成作业。

图7 机器人底盘

图8 机器人在模拟环境中进行探测器安装

在多次安装实验中，机器人均可顺利完成探测器的安装，调平完成后倾角传感器的平均误差、最大误差均在允许范围内。验证了调平系统的可行性。

5 结论

根据堆外核测探测器安装机器人的设计要求，对机器人的底盘调平机构进行了设计。通过分析计算，确定了机构的调平参数，验证了设计的可行性。样机实验表明，调平之后机器人可以顺利完成堆外核探测器的安装，调平系统的精度达到了设计要求，调平机构满足了机器人的作业需求。

参考文献：

[1] 刘平义，柯呈鹏，柯婷，等．丘陵山区农用预检测主动调平底盘设计与试验[J]. 农业机械学报，2020，51(3)：371-378.

[2] 赵静一，杨宇静，康绍鹏，等．自行式液压平板车四点支撑“面追逐式”调平策略的研究与应用[J]. 机床与液压，2015，43(15)：57-60.

[3] 顾星海，刘柳．基于 PLC 控制的机电式自动调平系统[J]. 航空科学技术，2016，27(8)：36-40.

[4] 张树冲，金伟明．基于 C8051F120 的六点支撑液压调平控制系统设计[J]. 国外电子测量技术，2009，28(7)：52-55.

[5] 舒鑫，蒋蘋，胡文武，等．高地隙植保机底盘调平系统的设计与试验[J]. 湖南农业大学学报(自然科学版)，2019，45(3)：321-326.

[6] 谢志江，高健，刘小波，倪卫．4 点支撑伺服平台自动调平机理研究[J]. 机械制造，2011，49(09)：67-70.

[7] 曹勇．机电式多点自动调平中虚腿问题的处理[J]. 电源技术应用，2013(06)：212.

[8] 张芳．高精度平台调平控制系统研究[D]. 太原：中北大学，2008.

Design and research of chassis leveling device for the detector installation robot outside nuclear reactor

LIU Man-lu[1], CHEN Zhuo[2], ZHOU Jian[1], ZHANG Hua[1]

(1. Robot Technology Used for Special Environment Key Laboratory of Sichuan Province, Southwest University of Science and Technology, Mianyang Sichuan, China;
2. School of Manufacturing Science and Engineering, Southwest University of Science and Technology, Mianyang Sichuan, China)

Abstract: The uneven characteristic of the reactor bottom increases the difficulty of using robot to install the nuclear detector in the CAP1400 Pressurized Water Reactor (PWR) demonstration project. In this paper, a chassis leveling device is designed through theoretical analysis and the 3D model simulation. The leveling device is mainly composed of leveling bracket, stepping motor, lead screw and slide rail pressing parts. Meanwhile, the designed device can accurately level the chassis and meet the design requirements of the installation robot. We calculated the adjustment parameters of the leveling device according to the actual situation and conducted extensive performance test experiments on the simulated environment. The experimental results show that our chassis leveling device can meet the requirements of engineering in CAP1400 PWR.

Key words: operation and maintenance; nuclear detector installation; nuclear robot

金属C型密封环在核级真空容器中的应用

姚成志,吕　征,范月容,陈会强
(中国原子能科学研究院核工程设计研究所,北京 102413)

摘要:金属C型密封环可适用高温、高压、振动及循环载荷环境,具有良好的压缩回弹性能、密封性能、耐腐蚀性能和抗辐照性能,已逐渐在多个领域得到应用,且多用于内部正压设备的密封。文中借鉴金属C型密封环在正压设备中成功应用的经验,对其在负压的核级真空容器上的应用开展研究,提出金属C型密封环的设计和使用要求,根据金属C型密封环的实际使用环境,给出制作金属C型密封环模拟件方案,开展金属C型密封环模拟件性能试验及其在真空容器上的模拟验证试验。研究结果表明,金属C型密封环在高温真空环境下可以起到较好的密封效果。

关键词:C型密封环;真空容器;模拟试验

引言

随着核工业、火电、石化、冶金等行业的迅速发展和技术水平的不断提高,其设备运行工况也呈现出越来越严苛的趋势,例如出现高温、高压、强腐蚀、核辐射等极端使用条件,对设备的密封也提出了越来越高的要求。金属C型密封环因具有环境适应性强、压缩回弹性和密封效果好、抗辐照性能好、可自行补偿密封环应力松弛等特点,已逐渐在上述多个领域得到广泛应用。

国内外对金属C型密封环的研究相对较少,且多集中于内部受正压的C型密封环的力学性能和密封性性能方面。比如清华大学的贾晓红等人[1]针对C型密封环的结构特点,建立三维模型,用有限元方法分析其压缩回弹特性以及密封面上接触区域和接触压力随载荷的变化规律。北京化工大学的李琪琪等人[2]通过三维仿真与实验验证的方法,研究了C型密封环压缩-回弹性能和密封环相关参数对密封性能的具体影响。中广核工程设计公司的熊光明等人[3]针对CPR1000反应堆压力容器用C型密封环结构进行数值模拟,得到用于研究反应堆压力容器密封性能的C型密封环模型,为反应堆压力容器密封性能分析及优化设计奠定了基础。中国核动力研究设计院的董元元等人[4]针对C型密封环受密封内压及密封沟槽挤压作用下的密封行为进行三维数值模拟研究。

目前,针对C型密封环在负压或真空设备上的应用研究较少,西南石油大学的蒋发光等人[5]针对超高外压大直径压力容器建立C型密封环二维轴对称模型,利用Abaqus进行有限元分析,对金属C型密封环的弹塑性接触变形进行了研究,可为超高外压环境下密封环的使用提供理论参考。本文针对存在多种运行工况的核级真空容器,进行金属C型密封环的可行性应用研究。

1　密封原理

C型密封环也称Helicoflex环[6],该环是由弹性件和软金属包覆的套管组成,因此常称为组合式C型密封环。C型密封环是依靠弹性件获得良好的回弹性和必要的密封比压,依靠软金属包覆套管获得良好的密封接触表面,达到密封效果。C型密封环的工作原理为当压缩该密封环时,螺旋形弹簧的每一圈对金属外壳产生附加的反作用力,使外部密封层发生塑性变形,填实了法兰密封表面的微观粗糙不平和局部表观缺陷。这种弹性和塑性的配合以及金属与金属接触的密封设计,使密封环具有很好的密封性能以及补偿因温度和压力波动而引起法兰变形和密封载荷松弛的能力。

常见的C型密封环截面结构包括两大部分:内部是由丝材绕制而成的螺旋弹簧,作为弹性主体,

作者简介:姚成志(1981—),男,博士,研究员级高级工程师,现主要从事反应堆研究与设计工作

外部是C型密封环包覆层，由里层的合金包覆层和外层的软金属包覆层组成，软金属包覆层材料具有良好的延展性，其塑性变形能充分弥补法兰密封面的缺陷，通常采用银或铝等材料。金属C型密封环的结构如示意图1所示，其内部的常用材料为Inconel X750弹簧、中间Inconel 718合金钢带层和外部银密封层组成。

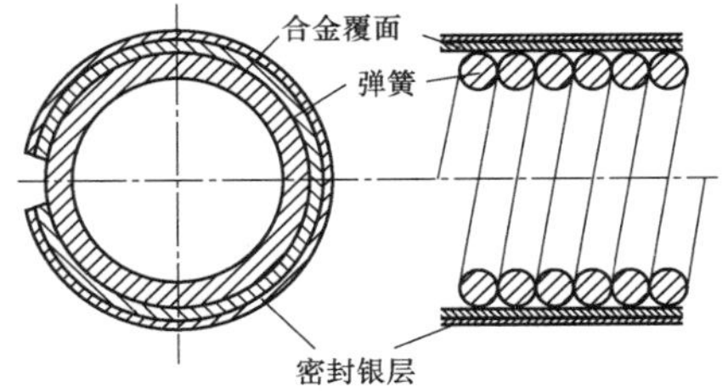

图1　C型密封环结构示意图

2　设计要求

(1) 金属C型密封环用于真空容器设备承压壳体法兰面的密封，应确保在表1所示的工况下均可保持密封，不发生泄漏；

表1　金属C型密封环的工况条件

工况	压力(绝对压力)	温度	介质
设计工况	内侧 5×10^{-3} Pa，外侧 0.1 MPa	260℃	真空
正常工况	内侧 5×10^{-3} Pa，外侧 0.1 MPa	200℃	真空
异常工况	内侧 5×10^{-3} Pa，外侧 0.1 MPa	200℃	真空
事故工况	内侧 0.35 MPa，外侧 0.1 MPa	260℃	氩气等
	内侧 5×10^{-3} Pa，外侧 0.1 MPa	260℃	真空
试验工况	内侧 0.225 MPa，外侧 0.1 MPa	常温	氮气等

(2) 泄漏率要求：$<5\times10^{-6}$ Pa·m³/s；

(3) 真空容器内介质：真空/氩气；

(4) 辐照累积剂量：热中子注量：1.0 E+18 n/cm²；超热中子注量：8.0 E+18 n/cm²；快中子注量：6.0 E+18 n/cm²；γ吸收剂量：7.0 E+07 Gy；

(5) 金属C型密封环的轮廓外径 ϕ2 745 mm，截面直径 ϕ8 mm；

(6) 金属C型密封环使用寿命应不低于6年。

3　密封环模拟件方案

C型密封环在民用核设备压力容器(RPV)中得到较多的应用，但由于民用核电设备运行介质为水，功能试验为水压试验。而真空容器的工作环境为真空，对泄漏率有较高的要求(小于 5×10^{-6} Pa·m³/s)，该密封结构能否满足泄漏要求，存在一定程度的不确定性。因此，需要首先针对C型环密封结构，开展必要的模拟验证。

3.1　密封环选型

C型密封环模拟件的截面尺寸与实际产品的相同(见图2)，以验证C型密封在真空环境下是否可

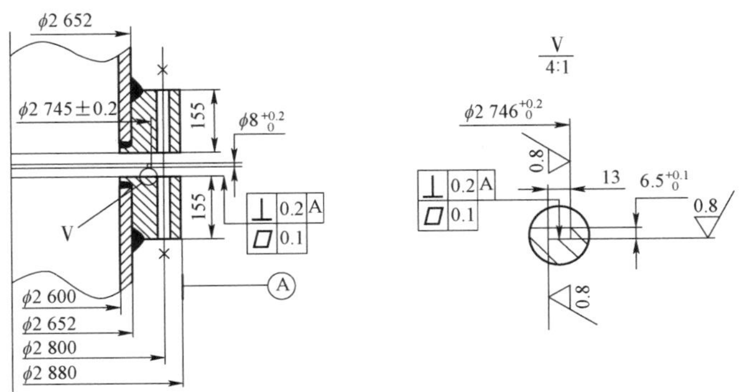

图2　真空环境下的密封结构示意图

以达到所需的密封要求。通过密封结构的对比可知,模拟件与产品的垫片截面尺寸相同,密封槽深度及宽度相同,表面粗糙度相同,螺栓中心至密封槽距离相同,所用螺栓规格及材质相同。不同之处在于垫片外径、螺栓数量、螺栓间距、法兰环直径及厚度等,具体对比情况见表 2。

表 2 密封环模拟件与产品结构对比

序号	项目	模拟件	产品
1	垫片类型	C 型环	C 型环
2	垫片截面尺寸	8 mm	8 mm
3	密封槽尺寸	槽深 6.5 mm,宽 13 mm	槽深 6.5 mm,宽 13 mm
4	密封槽表面粗糙度	$ra=0.8\ \mu m$	$ra=0.8\ \mu m$
5	螺栓中心至密封槽距离	32 mm	32 mm
6	螺栓材质	SA-193 B7	SA-193 B7
7	螺栓规格	1-1/4	1-1/4
8	垫片外径	543 mm	2 745 mm
9	螺栓数量	16	76
10	螺栓间距	117 mm	115 mm
11	法兰环厚度	78 mm	150 mm

3.2 结构差异性分析

(1) 垫片外径不同

根据 C 型密封环的工作原理可知,C 密封属于线接触密封,同类型、同材质、同截面尺寸的 C 环,达到密封时所需的线密封比压相同。虽然外径不同,但只要保证作用在垫片单位长度的线载荷相同,就同样可实现密封。因此模拟件可以验证该截面尺寸密封环的压缩回弹性、密封性能等试验,可代表产品 C 型环的密封性能。

(2) 螺栓数量不同

螺栓主要用于提供密封环压紧力,依靠螺栓预紧,密封环上可以获得所需的线密封载荷(550 N/mm)。密封环周长不同,所需要的总的预紧力也不同,根据密封环实际尺寸确定的螺栓个数。本模拟件采用 16 个同规格的螺栓,每个螺栓所施加的预紧力为 60.5 kN,在 0.25 MPa 内压下作用在密封环上的单位线载荷为 550 N/mm,与产品密封环的线载荷相同。

(3) 螺栓间距不同

螺栓间距反映密封环受力的均匀程度,理论上讲,间距越小,受力越均匀,越不容易产生泄漏,密封性能越好。模拟件的螺栓间距大于产品中螺栓间距,故模拟件试验结果保守,可以代表产品。

(4) 法兰环厚度不同

法兰环厚度代表法兰环的刚度水平,法兰环刚度越好,其受同等力矩情况下产生的偏转角越小,越有利于密封。反映法兰刚度大小的指数一般为刚度指数 j,刚度指数 j 值越小,说明其刚度越好。模拟件的法兰刚度指数 $j=0.55$,产品的法兰刚度指数 $j=0.49$,真空容器的法兰刚度优于模拟件,理论上讲,若模拟件能在 0.25 MPa 的压力下完成密封功能,则真空容器的法兰更容易实现其密封功能,所以模拟件法兰尺寸能够代表产品。

以上分析可以看出,模拟件密封性能试验结果能够代表产品的密封性能。

4 密封环模拟件试验

C 型密封环模拟件主要开展压力和泄漏试验,试验装置由压缩试验机、氦质谱检漏仪和计算机控制与数据处理系统等组成，可实现自动测试、记录和输出C型密封环的各项性能数据功能，如示意图3所示。

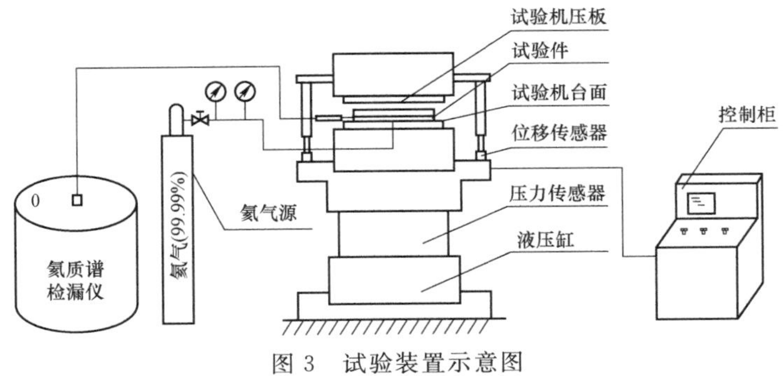

图3　试验装置示意图

C型密封环模拟件进行气压试验（氦气），试验的压力为0.25 MPa，保压时间≥15 min。试验过程中，要求密封环模拟件的泄漏率<5×10^{-7} Pa·m^3/s（吸枪法检测）；试验后，密封银层应无裂纹、折叠、脱落和起皮现象，密封环无任何损坏。C型密封环模拟件进行氦气检漏试验（负压抽真空法），要求在0.1 MPa的压差条件下，氦气的泄漏率<5×10^{-7} Pa·m^3/s。

进行氦气检漏试验时，要求记录特征参数$e0$、$e1$、$e2$、$y0$、$y1$、$y2$，并绘制密封特性曲线，密封环的总回弹量≥0.18 mm，有效回弹量≥0.15 mm，在1.5 mm的理论有效压缩量下的线载荷低于550 N/mm。试验测得C型密封环的密封特性曲线如图4所示，C型密封环在不同载荷下的漏率情况如表3所示，C型密封环的总的回弹量0.25 mm，有效回弹量0.2 mm，满足要求。

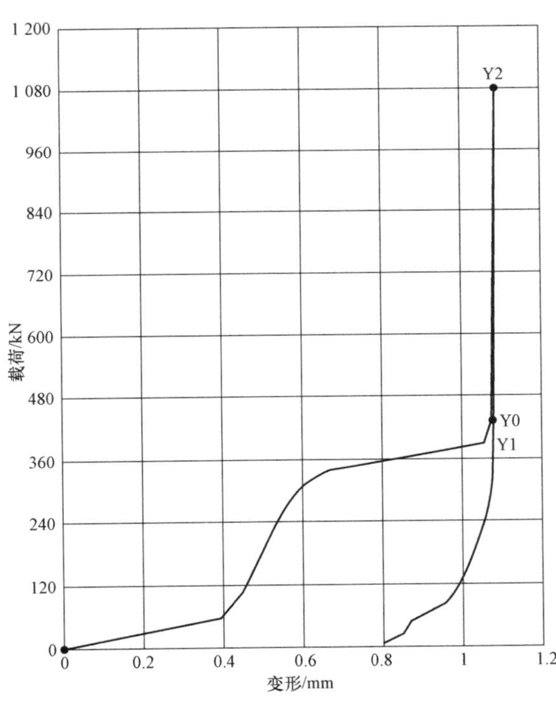

图4　C型密封环模拟件的密封特性曲线示意图

表3　试验结果

检测项目	结果	检测项目	结果
气密点Y0载荷/kN	428	气密点Y0泄漏率/(Pa·m^3/s)	1.5×10^{-8}
气密点Y1载荷/kN	420	气密点Y1泄漏率/(Pa·m^3/s)	2.5×10^{-7}
气密点Y2载荷/kN	1 077	气密点Y2泄漏率/(Pa·m^3/s)	1.1×10^{-9}

5 真空模拟试验

为了验证C型密封环模拟件在真空环境下的密封要求，制备了真空容器模拟件。真空容器模拟件的各主要密封参数均与产品保持一致，包括垫片截面尺寸相同、密封槽深度及宽度相同、表面粗糙度相同、螺栓中心至密封槽距离相同和所用螺栓规格及材质相同。真空容器模拟件的产品实物图如图5所示。

图5 真空容器实物图

真空容器模拟件经极限事故下的气压试验以及整体检漏试验，测得其整体漏率为 2.49×10^{-7} Pa·m³/s，满足设计所需 $<5\times10^{-7}$ Pa·m³/s 的泄漏率要求，说明所选用的密封型式及结构参数尺寸可以达到预期的密封要求。

6 结论

（1）提出C型密封环的设计和使用要求，并根据C型密封环的工况情况，提出C型密封环模拟件的选型方案，对C型密封环模拟件与产品的差异性进行分析，表明模拟件密封性能结果可以代表产品的密封性能。

（2）C型密封环模拟件进行压力和泄漏试验，结果表明C型密封环模拟件的漏率及回弹量等参数均可满足要求。

（3）通过C型密封环模拟件在模拟真空容器上的气压试验以及整体检漏试验，表明所选用的密封型式及结构参数尺寸可以满足设计的密封要求。

参考文献：

[1] 贾晓红，陈华明，励行根，等．金属C形环力学性能及密封特性分析[J]. 润滑与密封，2014，39(11)：1-5.

[2] 李琪琪，陈平，田乾，等．内置弹簧金属C型密封环密封性能有限元分析[J]. 北京化工大学学报，2017，44(3)：93-98.

[3] 熊光明，段远刚，邓小云，等．CPR1000反应堆压力容器C型密封环的数值模拟方法研究[J]. 核动力工程，2012，33(6)：9-12.

[4] 董元元，罗英，张丽屏．C型密封环密封特性数值计算方法研究[J]. 核动力工程，2015，36(2)：155-159.

[5] 蒋发光，钱燕，曾兴昌，等．C形环在超高压大直径容器密封上的适应性研究[J]. 润滑与密封，2019，44(4)：

99-103.
[6] 左国,郝守信,尹小龙. 先进压水堆"C"形环研究[J]. 核动力工程,2002,23(2):107-112.

Application of metal c-ring in nuclear vacuum vessel

YAO Cheng-zhi, LV Zheng, FAN Yue-rong, CHEN Hui-qiang
(Department of Nuclear Engineering Design, China Institute of Atomic Energy, Beijing, China)

Abstract: Metal C-ring can be applied to high temperature, high pressure, vibration and cyclic load environment, with good compression resilience performance, sealing performance, corrosion resistance and radiation resistance. It has been gradually applied in many fields, and is mostly used for sealing internal positive pressure equipment. Based on the successful application experience of metal C-ring in positive pressure equipment, the application of metal C-ring in negative pressure nuclear vacuum vessel is studied, and the design and use requirements of metal C-ring are proposed. According to the actual use environment of metal C-ring, the scheme of making metal C-ring simulator is given, and the performance test of metal C-ring simulator and its application in vacuum vessel are carried out Simulation verification test on the vessel. The results show that the metal C-ring can achieve good sealing effect in high temperature and vacuum environment.

Key words: C-ring; vacuum vessel; simulation test

核电站高压气压管道联合设备试压工艺研究

吴 巍,叶军楚,王树昂,杨贺同,程定富
(中国核工业第五建设有限公司,上海 201500)

摘要:高压气压管道压力试验技术在核电领域有着较为广泛的应用,但在某些工况下,部分连接高压气压管道的储气设备无法与试压系统进行隔离,从而出现设备需联合管道系统一同试压的情况,因该类设备一般体积大,压力高,因此也给现场试压施工提出了较高的要求。本文通过对 AP1000 核电主控室应急可居留系统(VES 系统)管道设计功能要求和系统试压特点的分析,针对该系统带应急空气储存罐(MS23 设备)进行联合气压试验,具有试验压力高、试压周期长的特点,结合三门核电一期主控室应急可居留系统压力试验的经验,找出试压工作难点,提出解决措施,为 AP1000 堆型主控室应急可居留系统带设备试压,以及类似的大容量、高压力气压试验操作提供参考。

关键词:高压管道;储气设备;联合试压

AP1000 堆型 VES 系统主要功能是在紧急情况下为主控室人员提供至少 72 小时的可供呼吸的气源。VES 系统管道低压段设计压力为 12.41 MPa,高压段设计压力 27.58 MPa,本文主要对高压段气压试验进行分析。

系统高压部分核三级管线最低试验压力为 30.34 MPa,非核级管线最低试验压力为 33.10 MPa。气压试验超过 0.6 MPa 即为高压试验,VES 气压试验压力高达 33.10 MPa,试压过程的危险性非常大。

VES 系统与设备 MS23 相连的管道为核级焊缝,按照标准不能免压,且设备内部无阀门等可以隔离,因此系统试压需带 MS23 设备进行,而设备体积较大(约 42 m^3),因此 VES 系统试压用气量大,持续时间长,如果 MS23 或管道系统发生爆炸,气体膨胀产生的伤害非常大。

另外,VES 系统试压还有试验压力接近边界阀门泄漏性压力、试压过程供气方式转换、试压范围涉及主控室重点房间、试压操作逻辑性强、试压操作危险性大、设备温度控制要求等特点,因此分析 AP1000 电站 VES 高压气压试验对核电厂类似大容量、高压力气压试验具有一定的借鉴意义。

1 VES 系统设计特点及试压流程

1.1 VES 试压系统介绍

VES 系统工作介质为压缩空气,是由位于常规岛的高能压空设备(MS05)提供高压气源,通过 CAS 压空系统传输至 VES 系统内,并将压缩空气存储在辅助厂房 12 555 房间的空气储罐包 MS23 内。该系统主要位于辅助厂房 12 401(主控室)、12 411、12 421 及 12 555 房间,系统包含非核级、核三级两部分,核三级管道材质为合金钢 SA-335 GR P11,非核级管道材质为 A-335 GR P11,管道规格均为 1′S-160。系统高压段设计压力为 27.58 MPa,对系统试验压力的计算如下:

(1) 对于非核级系统,最低试验压力=设计压力×1.2=33.1 MPa[2]

最高试验压力=设计压力×1.5=41.37 MPa

(2) 对于核级管道系统,最低试验压力=设计压力×1.1=30.34 MPa

最高试验压力=最低试验压力×1.06=32.16 MPa

管道试压回路具体管线及设备分布见图 1。

作者简介:吴巍(1989—),男,湖南岳阳人,工程师,学士,现主要从事核电项目建造阶段管道施工技术管理以及数字化建造技术科研工作

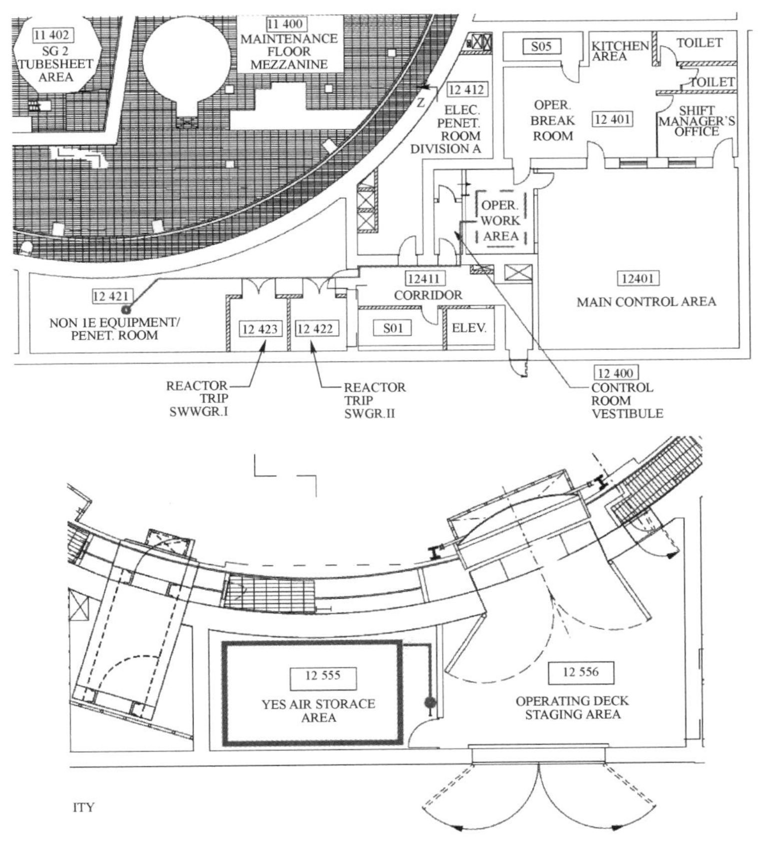

图 1　VES 管道系统布置图

1.2　VES 系统试压特点

1.2.1　与大容量设备联合试压

MS23 位于 12 555 房间，是与 VES 管道系统连接的空气储罐包，与 VES 管道系统采用承插焊接连接，运行状态时作为 VES 空气储罐存储清洁空气。因管道系统与 MS23 设备相连的管口为核三级焊口，根据标准要求无法免压，且 MS23 设备内部无隔离阀门，因此该回路的试压需带 MS23 设备一同参与。MS23 设备共包含 32 个罐，出厂前设备厂家已经进行过压力试验，但在设备整体组装完成后未做最终的压力试验。MS23 空气储罐包设备结构见图 2。

根据设备厂家要求，该设备在正常工况下的罐体温度不能超过 50 ℃，否则将会影响设备安全，因此需在试压过程中严格控制升压速率和压力，以确保整个试压过程中 MS23 的 8 组储气罐体的温度不超过厂家允许的 50 ℃。因罐体本身不自带温度显示设备，如采用常规的手持式红外线温度测量仪进行温度测量和监控，不仅需要进入罐体房间进行测量，增加了安全风险，同时测量的温度数据也因测量位置和距离的不同存在误差，无法真实和准确地反馈出罐体的实际温度，因此给整个试压过程中 MS23 罐体的安全控制提出了很高的要求。

1.2.2　系统阀门的特点

VES 系统核级系统气压试验最低试验压力为 30.34 MPa，非核级系统气压试验最低试验压力为 33.1 MPa，超过了部分阀门的泄漏性压力。例如作为试压边界阀门的 VES-PL-V010A/B，其阀座试验压力最大值为 41.4 MPa，其泄漏性压力为 30.4 MPa，即试验压力接近或达到阀门的泄漏性压力。在系统压力达到阀门泄漏压力时，阀门的泄漏量大，密封性能下降，容易发生内漏，气体从试压系统渗漏对施工人员的安全造成危害，同时对阀门本身的性能也会产生影响，试压工作存在安全隐患。作为核级与非核级边界的阀门 VES-PL-V026A/B/C/D 有同样的情况。

另外，阀门 VES-PL-V002A/B 为调压阀，不能参与试压，需要在试压前拆除阀芯。阀门 VES-PL-

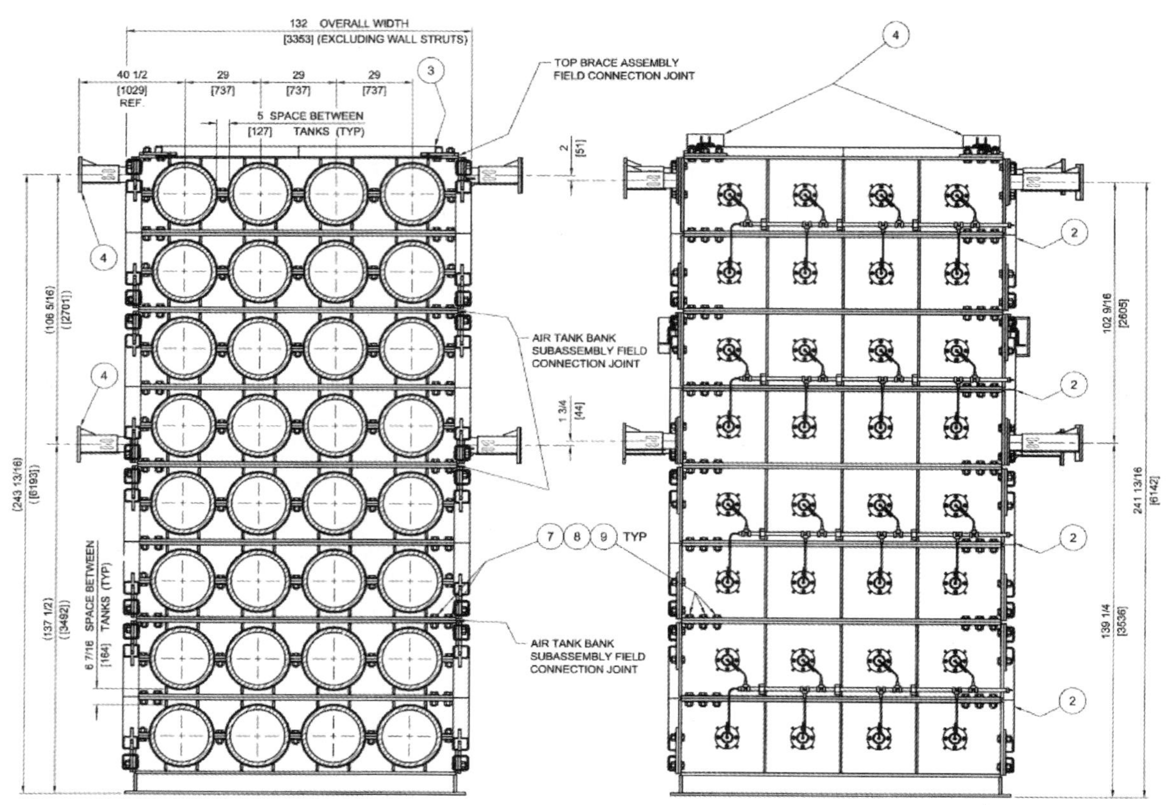

图 2　MS23 空气储罐包正面图、侧面图

V040A/B/C/D 阀门为安全阀，不能参与试压，需要在试压前拆除，并安装盲板进行封堵。

1.2.3　试压操作复杂性

试验回路涉及核级与非核级管线，且阀门全程参与压力试验，系统回路设置困难。参与设备联合试压的管线分为核三级和非核级管线，且通过阀门(位号为 VES-PL-V026A/B/C/D)进行隔离。根据阀门设计规格书要求，该类阀门的最大设计承受压力为 30.40 MPa，小于非核级回路的试验压力，因此正常情况下无法用该阀门作为单向试压隔离点，且阀门焊口按照核三级焊口要求无法进行免压，因此不能采用切割焊口设置盲板的方式进行隔离，这也给整个系统的回路设置和隔离提高了要求。同时因整个系统的压力高，进气量和排气量较大，则升压和排气时间均较长，因此对于系统的进气点和排气点的设置选择显得尤为关键，如选择不合理将影响升压和排气的效率，甚至会造成危险情况的发生。

2　高压气压试验的研究

2.1　临措材料及供气方式的计算

2.1.1　试压临措盲板计算

VES 系统试验压力较高，应对试压采用的隔离盲板厚度认真计算。根据《工业金属管道设计规范》[1]，试压盲板厚度(tpd)可用下列公式计算：

$$tpd = k1(Di + 2c)[p/([\delta]t\eta)]0.5 + c$$

tpd—平盖计算厚度(mm)；

Di—管子内径(mm)

$k1$，η—与平盖结构有关的系数；

p—试验压力(MPa)；

$[\delta]t$—钢材在试验温度下的许用应力(MPa);

C—厚度附加量之和。材料厚度负偏差 $C1$ 与腐蚀裕量 $C2$ 之和,本处考虑厚度附加量 $C=1$ mm。

盲板材质以 Q345B 为例,按照国标 GB-50017[3],Q345B 钢板材料的许用应力为 310 MPa。

盲板厚度=0.6×(42.82+2×1)×[33.8/(310×0.85)]0.5+1≈10.7 mm。

可知,用于试压装置的 2′S-160 管道上的盲板厚度不应小于 10.7 mm,可选用厚度为 12 mm 的钢板。

2.1.2 升压系统材料选型

试压用的临时管道、管件材料需与设计图纸的材料规格、壁厚和压力等级一致。

因为指针压力表只能估读,在开始升压过程时误差较大,VES 系统试压需要在整个试压过程中监控系统内气体的压力,因此压力表应采用数显压力表,以便试压过程中读数准确,准确监控试压过程中系统的压力变化。

2.1.3 高能压空泵供气量的计算

根据 VES 系统管线设计压力和标准要求可知,与 MS23 设备相连管道的压力试验属于高压,整个试压系统体积约为 43 m^3,其中核级部分的管线试压容积为 42.5 m^3(具体回路信息见表 1)。

表 1 VES 系统带 MS23 设备试压管道回路信息

序号	试压回路编号	管线核级别	试压回路体积/m^3	设计压力/MPa	试验压力范围/MPa	备注
1	试压回路 1	非核级	0.5	27.58	33.10～41.37	
2	试验回路 2	核三级	42.5	27.58	30.34～32.16	带 MS23 设备试压

根据波义耳定律,考虑如果以氮气瓶作为试压气源(一般氮气瓶充装压力 12.5 MPa,体积 40 L),计算达到试验压力下需要的气体体积如下:

$$p1v1=p2v2$$

$$30.34\ \text{MPa}\times 42.5\ \text{m}^3=12.5\ \text{MPa}\times(40\text{L}\times N)$$

$$n=2\ 579\ \text{瓶}$$

可知,在对核三级管道系统及 MS23 设备试压时,理论上需要消耗 2 579 瓶氮气瓶。消耗量太大,经济上无法满足系统试压需求,实际操作时也难以实施。因为正常运行工况下 MS23 储气罐的供气是由位于常规岛的高能压空机组(设备代码为:MS05)提供,该设备能够提供工作压力为 24.82 MPa 的压缩空气。基于该条件,系统的升压过程适宜选用常规岛高能压空泵作为气源。试压过程分两个阶段进行:

(1) 升压第一阶段先用高能压空机组直接进行供气,直至试压系统内的压力达到 24 Mpa;

(2) 升压第二阶段使用气动增压泵,仍利用高能压空机组为气源,通过增压泵对试压系统进行增压,直至达到设计允许的试验压力。

MS05 高能压空泵功率为 44 kW,输出气体流量约为每小时输出 30 MPa 压缩空气约 0.3 m^3,则正常升压情况下达到核级系统最低试验压力的时间为:

$$p1v1=p2v2$$

$$30.34\ \text{MPa}\times 43\ \text{m}^3=30\ \text{MPa}\times 0.3\ \text{m}^3\times n\ \text{天}\times 24\ \text{h}$$

$$n=6\ \text{天}$$

预计升压 6 天以后达到最低试验压力。

2.2 试压操作的研究

2.2.1 MS23 设备温度限制

根据 12555 房间的 MS23 设备升压过程中的温度控制要求,可以考虑在系统升压过程中通过接触式热电偶温度测量仪对 MS23 设备进行全过程温度监控，温度测量仪的温度取源点设置在罐体的上、中、下三个部分，并通过三个独立的温度数显表进行显示，当罐体的温度接近 50 ℃时(现场可根据需要选取超过 40 ℃)，系统停止升压，待温度降低后再进行升压，从而确保整个试压过程的安全进行。并且可以考虑可在 MS23 罐体所在的 12555 房间增加通风设备(如移动式风机)，加速房间内的空气流通，从而降低罐体温度。

2.2.2 试压安全性控制措施

根据试压程序要求，对试压所涉及的区域和房间进行安全隔离，拉设警戒带，不允许非试压相关人员进入，具体管区域包括 12401、12411、12421、12555、40550 房间以及常规岛高能压空机组区域，分别在 40 厂房 S02 楼梯、12 厂房的 S01 楼梯以及常规岛高能压空机组区域设置专人监护，防止非试压人员进入。对于 40550 房间的临时试压装置和排气点所在区域以及已经投入使用的主控室区域，采用设置隔离围栏的方式进行二次防护，从而确保这两个区域的安全。12401 主控室隔离示意图见图 3。

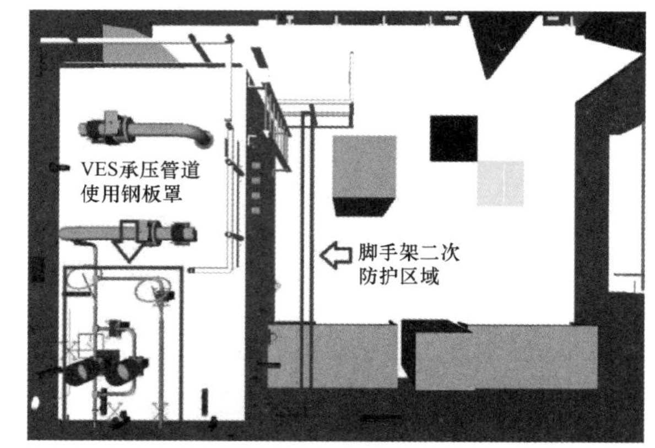

图 3 12401 房间 125′8″平台压隔离区防护围栏

此外，因采用分段试压的方法，阀门 V010A/B 必须作为边界阀门，而试验压力 30.34 MPa 接近阀门的泄漏性压力 30.4 MPa。对于试验压力接近或超过边界阀泄漏性压力的问题，经查找相关资料，ASME 标准 NB-6222 节有如下要求："在多腔室部件中，相应的相邻腔室可同时施加压力，以满足这些应力限制"。即可以考虑在阀门另一侧输入一个压力，两个方向的压差控制在阀门的泄漏性压力之内，同时保持系统压力不超过阀门阀座试验压力。即试压时边界阀门 VES-PL-V010A/B 无法直接作为试压隔离点，此时可利用阀门两端的相对压差不超过阀门泄漏性压力的方法解决。

根据考虑现场情况，将参与试压的范围扩大到 V010A/B 前面的阀门 V011A/B，使两台阀门中间的管线存在一定的压力，例如升压至 10 MPa 时关闭阀门 V010A/B，此时再将管道系统升压至试验压力 30.34 MPa 时，阀门密封面承受的压差是 20.34 MPa，满足阀门的工作性能，减少了气体泄漏的危险。

2.2.3 泄压操作的冷凝现象

在试压系统的泄压过程中，因气体从高压突然变成低压，体积变大吸收大量的热，导致周围空气温度降低，空气中水蒸气冷凝造成结霜，该现象对临时部件和相连的正式管道的性能将产生不良影响，从而增加试压泄漏的危险性。可对末端的消音器进行特殊设计，以降低冷凝现象对应系统试压的影响，具体设计图见图 4、图 5。

图 4 排气过程中的冷凝现象

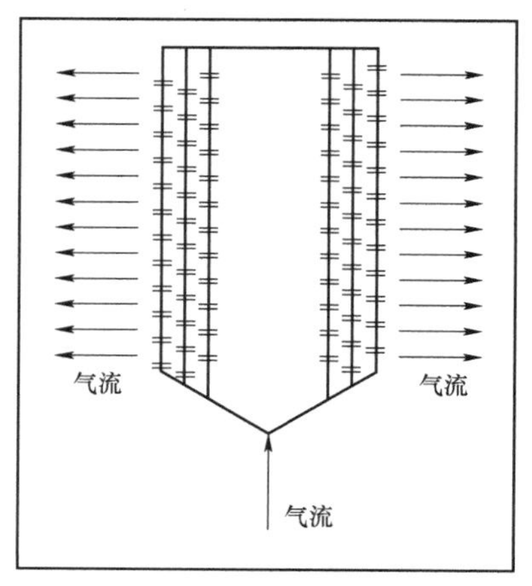

图 5 排气用消音器原理图

为减小排气过程中冷凝现象对正式管道和部件的影响，在现场允许的情况下也可延长正式管道系统与排气点间的临时管线长度，同时在临时管线上至少设置两个隔离阀门，分别用于排气控制和防冷凝隔离，其中用于排气控制的阀门靠近于正式管道系统，用于冷凝隔离的阀门设置在靠近排气点位置，从而减少末端冷凝现象对正式管道物项的影响，见图 6。

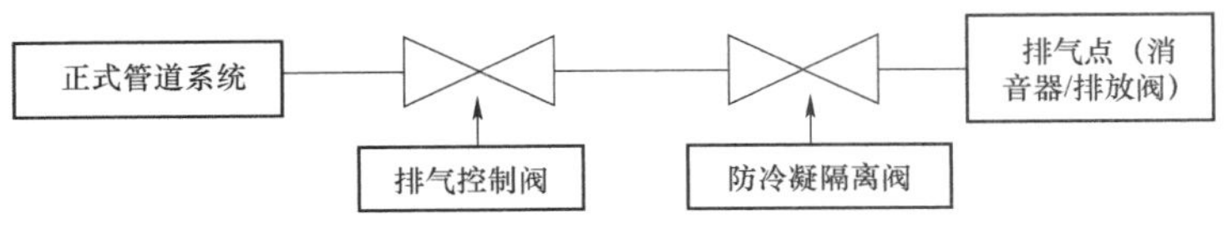

图 6　临时排放阀设置示意图

3　现场试压应用

3.1　试压装置的设计

根据系统试压范围和系统试验压力，计算临措材料的规格，合理设计系统的试压临措。试压装置选用 2′S-160 不锈钢管，进气管道需用与系统管道同规格，高压试压装置设计见图 7。

图 7　高压试压装置的设计

合理设置核级管线与非核级管线的试压回路，同时考虑到系统的进气和排气量大要求，充分利用试压系统本身的进气点和排气点进行进气和排气，减少使用临时材料。考虑升压空气从阀门 VES-PL-V038/V032 进入试压系统，系统泄压时从阀门 VES-PL-V019 排出，因排气点的阀门安装在 12555 房间，出于安全考虑，将该排气点通过临时管线引出至 40550 房间，并在末端设置消音器，以减少噪声污染（试压系统具体设置见图 8）。

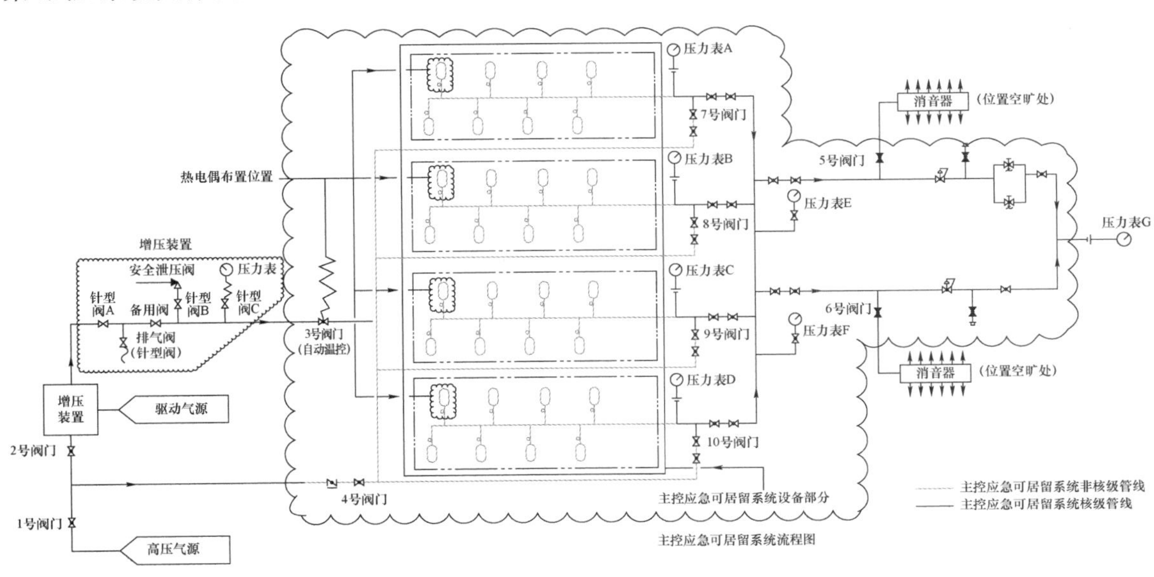

图 8　试压系统布置图

整个试压过程分阶段进行，包括隔离确认、升压、阀门转换、系统检漏、保压、排气等阶段，且每个阶段都有较强的逻辑顺序，如操作不当将影响系统试压的顺利进行，甚至出现危险事故的发生。因此，这也给试压过程中的步骤控制提出了较高的要求。

考虑到试压时系统操作复杂，需要变换进气方式，核级和非核级试验压力不同，以及试验压力超过阀门额定工作压力的情况，编制试压流转卡，确保试压过程中各个阶段操作的正确性和逻辑性，保证试压过程中各步骤的有效实施，同时明确责任人和先后逻辑要求，提高试压工作的效率。

3.2 升压曲线及设备温控表

按照本文 3.1.3 节，对使用常规岛高能压空泵作为气源对 VES 系统带设备 MS23 试压部分进行升压，理论上计算升压至 30.34 MPa 需要 6 天时间，理论情况下升压曲线和实际升压曲线对比见图 9。

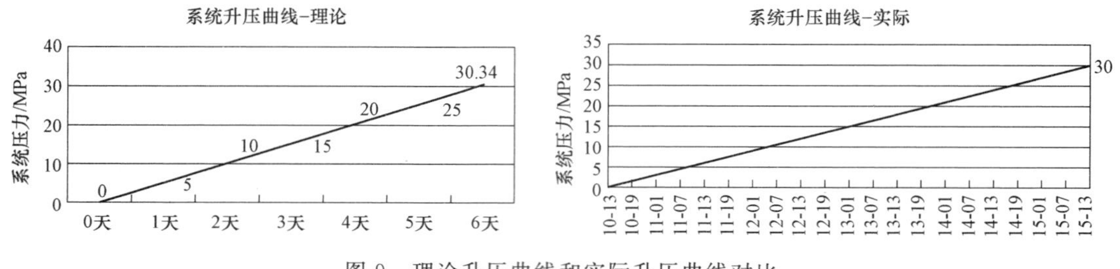

图 9 理论升压曲线和实际升压曲线对比

4 结论

本文通过对 VES 系统特点及试压操作难点进行分析，结合三门现场 VES 系统试压的经验，对 VES 系统试压临时装置的选材等进行了分析计算，对操作流程控制、设备温度控制及泄压安全性控制等提出了改进建议，提出 VES 高压段采用两次试压，避免主控室等重点房间参与长周期高危险性的试压过程中；对 MS23 设备采用自动温控阀门进行控制，及时控制升压过程对设备产生影响；并优化泄压装置，防止冷凝现象影响管道及阀门性能等。论文中提出的改进措施是根据三门现场系统试压实践经验提出，能减少试压工作对其他施工区域的影响，避免试压操作不当对设备、阀门等产生有害影响，保证系统试压的安全。希望通过本文为其他 AP1000 电站 VES 系统试压提供依据，并对类似的大容量、高压力气压试验的材料选型和试压操作提供一些参考。

参考文献：

[1] 工业金属管道设计规范：GB 50316[S]. 2000.

[2] 工艺管道：ASME B31. 1[S]. 2004.

[3] 核设施部件建造规则：ASME Ⅲ[S]. 1998.

Study on pressure test process of combined equipment for high pressure gas pipeline in nuclear power plant

WU Wei，YE Jun-chu，WANG Shu-ang，
YANG He-tong，CHENG Ding-fu

(China Nuclear Industry Fifth Construction CO. LTD.，Shanghai，China)

Abstract：Based on the analysis of the piping design function requirements and system pressure test characteristics of the emergency habitable system(VES)in the main control room of AP1000 nuclear power plant,the combined pressure test was carried out for the system with emergency air storage tank (MS23 equipment), which has the characteristics of high test pressure and long test cycle. Combined with the pressure test experience of the emergency habitable system in the main control room of Sanmen Nuclear Power Plant Phase I,the difficulties in pressure test was found out and the solutions was put forward to provide reference for the pressure test of the emergency habitable system with equipment in the main control room of the AP1000 reactor and the similar large capacity and high pressure pneumatic test operation.

Key words:high pressure pipeline;gas storage equipment;combined test

核岛主设备蒸汽发生器接管与安全端异种钢镍基对接典型缺陷形成机理研究

刘裔兴,李 恩,王勇华,池乐忠,刘远彬,江国焱,孙国辉,王卫东
(东方电气(广州)重型机器有限公司,广东 广州 511455)

摘要:核岛主设备蒸汽发生器接管与安全端为异种钢对接结构,作为主要的承压边界,该焊缝的质量对保证核电站安全运行具有重要影响。本文通过在低合金钢 SA508 GR. 3 CL. 1 冷丝 TIG 堆焊镍基隔离层再与 Z2CND18. 12(C. N)奥氏体不锈钢进行窄间隙自动 TIG 对接模拟蒸汽发生器接管与安全端的焊接,采用宏微观金相、扫描电镜、能谱分析等手段对焊接接头中的典型缺陷进行综合分析,研究其形成的内在机理,制定有效的工艺应对措施。

关键词:核岛主设备;安全端;异种钢;镍基

蒸汽发生器作为将一回路冷却剂热量传递到二回路的核岛主设备,是连接一、二回路的枢纽。蒸汽发生器接管与安全端为异种钢对接结构,处于一次侧承压边界,工作环境为高温高压,其焊缝质量直接影响核电站系统的运行安全。蒸汽发生器接管与安全端异种钢对接,冶金反应复杂,填充金属为镍基合金,焊接过程中易产生焊接缺陷,是蒸汽发生器制造的难点和关键[1]。

本文通过模拟蒸汽发生器接管与安全端的异种钢焊接,采用宏微观金相、扫描电镜、能谱分析等手段对焊接接头中的典型缺陷进行综合分析,研究典型缺陷形成的内在机理,制定有效的工艺应对措施,最终保证接管与安全端焊缝的质量。

1 接管与安全端异种钢对接结构分析

蒸汽发生器接管与安全端异种对接结构主要包含四部分:铁素体低合金钢、镍基隔离层、镍基对接焊缝和奥氏体不锈钢。接管与安全端为异种金属材料,焊接冶金反应复杂,且存在几何约束,焊接难度高。

1.1 母材与焊材性能分析

由表1可知,ERNiCrFe-7A 镍基焊材的力学性能介于铁素体低合金钢和奥氏体不锈钢之间,焊缝金属强度和韧性可实现两种母材的良好过渡,在一定程度上可减小材料性能差异对焊接接头质量的影响[2]。

表1 接管与安全端母材及焊材力学性能要求

材料	项次					
	室温			350 ℃		−20 ℃
	Rm/MPa	*Rp*0.2/MPa	*A*/%	*Rm*/MPa	*Rp*0.2/MPa	*Akv*/J
SA508Gr. 3Cl2	620-795	450	16	560	370	41
18MND5	600-720	450	20	540	380	40
F316LN	515	205	30	430	120	/
Z2CND18. 12N2	520-800	220	45	400	130	/
ERNiCrFe-7A	585	310	30	505	190	60

作者简介:刘裔兴(1990—),男,硕士,工程师,现主要从事核岛设备焊接技术研发等工作

1.2 焊接工艺性分析

镍基合金线膨胀系数与低合金钢接近，介于低合金钢与奥氏体不锈钢之间。在焊接热循环过程中，会引起产生较大的焊接变形和内应力，内应力主要集中在镍基合金与不锈钢交界处，而奥氏体不锈钢塑性变形能力强，可减小焊接接头在冷却收缩时由于焊接应力产生焊接裂纹的可能性[3,4]。

镍基合金热裂纹敏感性高，对施焊环境要求十分严格，若存在P、S等杂质元素，易偏析形成低熔点共晶；若打磨清理不到位，易形成难熔氧化物，最终在焊接应力作用下易形成液化裂纹或高温失塑裂纹(DDC)。且镍基合金湿润性差，液态熔池表面张力较大，需通过合理设计焊接坡口实现两侧均匀熔透[5,6]。

2 接管与安全端异种钢对接模拟试验

2.1 焊接坡口型式

基于材料强度、线膨胀率、接头结构特点等因素，同时综合类似结构的焊接经验，设计如图1所示的焊接坡口形式用于模拟试验[7]。

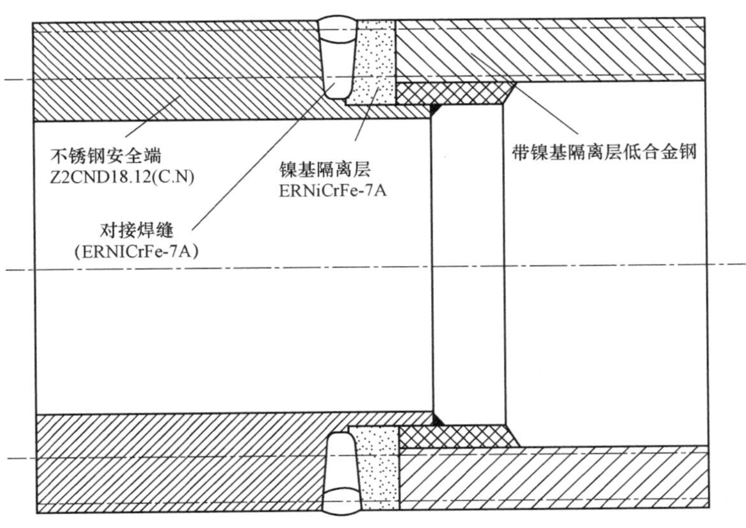

图1 接管与安全端异种钢对接坡口形式

2.2 试验材料和方法

试验采用SA508 GR.3 CL.1的低合金钢锻管模拟接管，Z2CND18.12(C.N)奥氏体不锈钢管模拟安全端；采用SMC生产的INCONEL 52M(型号ERNiCrFe-7A)作为镍基隔离层(焊材规格：Φ1.2 mm)和对接焊缝(焊材规格：Φ0.9 mm)的填充材料。

试验主要过程如下：低合金钢管内壁堆焊不锈钢堆焊层→低合金钢端面平位置自动TIG堆焊镍基隔离层→低合金钢管消应力热处理(595～620 ℃×24 h～24.5 h)→安全端平位置窄间隙自动TIG对接→破坏性试验(金相检验、扫描电镜、能谱分析等)。其中隔离层堆焊工艺参数如表2所示，安全端对接工艺参数如表3所示。

表2 接管隔离层自动TIG堆焊工艺参数

焊接方法	电流极性	电流/A	电压/V	焊接速度/(cm/min)	保护气体	气体流量/(L/min)	道间温度/℃
GTAW	DCEN	180～265	9～15	9～15	高纯氩	20～40	150～200

表 3　安全端平位置窄间隙自动 TIG 对接工艺参数

焊接方法	电流极性	电流/A	电压/V	焊接速度/(cm/min)	保护气体	气体流量/(L/min)	道间温度/℃
GTAW	DCEN	180～265(H) 120～150(L)	9～11(H) 8～10(L)	5.5～8	高纯氩	20～40	<100

注：对于脉冲采用高电压控制，低电压值供参考。

3　试验结果与分析

采用线切割加工接管与安全端异种钢焊接接头横截面宏微观试样。

3.1　宏观金相检验

焊接接头横截面金相低倍形貌如图 2 所示，隔离层及各熔合区部位均未见缺陷存在，对接焊缝、隔离层-对接焊缝交汇区均有缺陷显示，交汇处的缺陷数量相对较多。在低倍显微镜下观察，缺陷尺寸较小，呈点状或短条状。

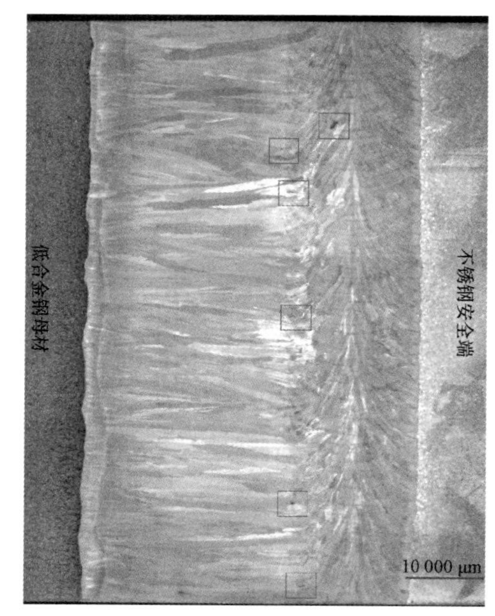

图 2　接管与安全端异种钢接头横截面宏观形貌图

3.2　微观金相检验

在抛光状态下，利用金相显微镜对检验面进行观察，发现多处尺寸不大于 1 mm 缺陷显示，以线形缺陷为主，线形缺陷呈多空洞断续串联的糖葫芦串特征。在浸蚀状态下，利用金相显微镜对缺陷进行观察，发现多处缺陷集中分布于对接焊缝及交汇区，缺陷形态及位置与抛光状态下显示的一致，对接焊缝内部缺陷均呈直线形，呈沿晶，交汇区附近的缺陷既有穿过交界的线形又有不规则的沟槽形，均为沿晶界分布。线形缺陷呈显著的沿晶、多空洞串联特征，应属热裂纹，结晶裂纹或高温失塑裂纹(DDC)，如图 3 所示；不规则沟槽形缺陷具有夹渣的形态特征，沿晶分布，缺陷端部呈圆钝形和相对尖锐状，应属夹渣与裂纹共生的缺陷，如图 4 所示。

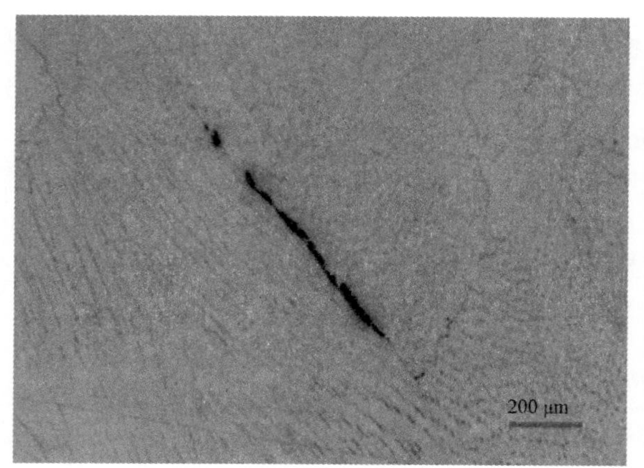

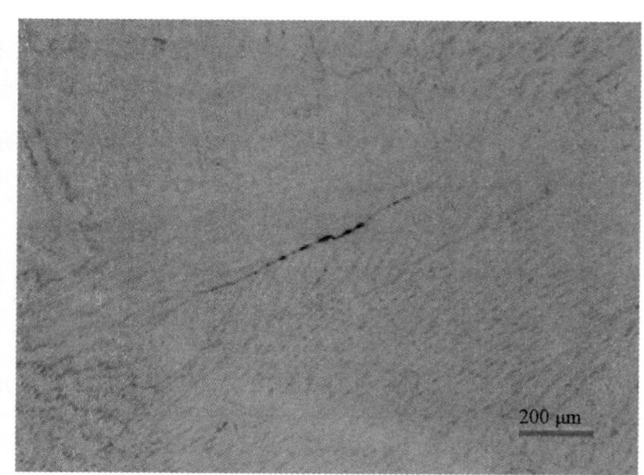

图 3　线形缺陷微观形貌图

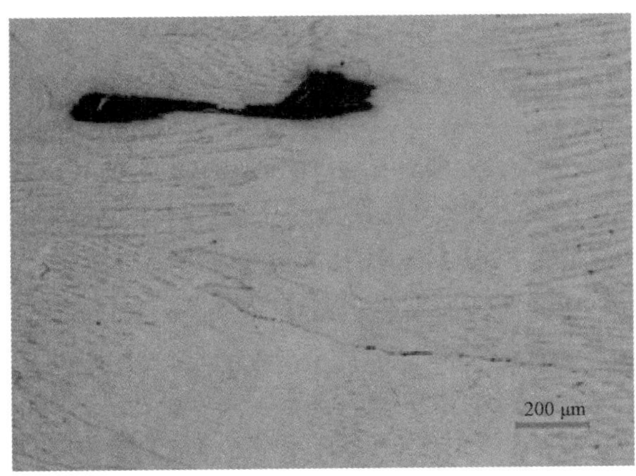

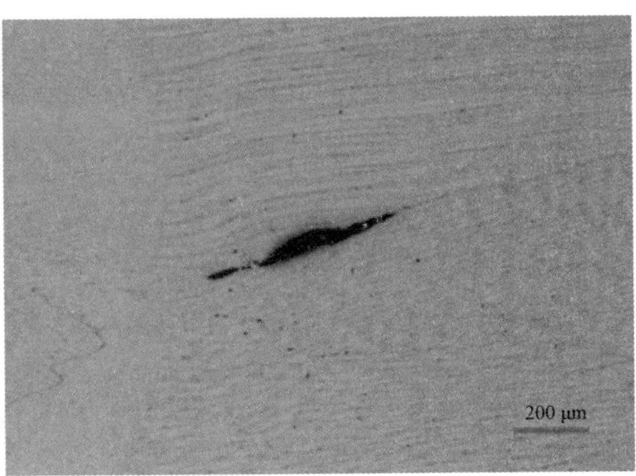

图 4　不规则沟槽形缺陷微观形貌图

3.3　扫描电镜分析

3.3.1　检验面缺陷观察分析

线性缺陷在扫描电镜下的形貌如图 5 所示，裂纹开口较小或未明显开口处，孔洞断续串联，开口稍处的裂纹内部夹有块状物或松散物；沟槽形缺陷形貌如图 6 所示，开口形状不规则，内部夹有块状物，尖端扩展趋势不明显，具有夹渣的一般特点。

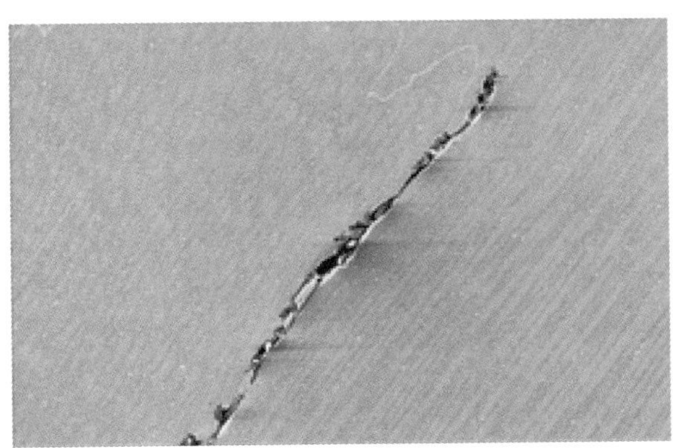
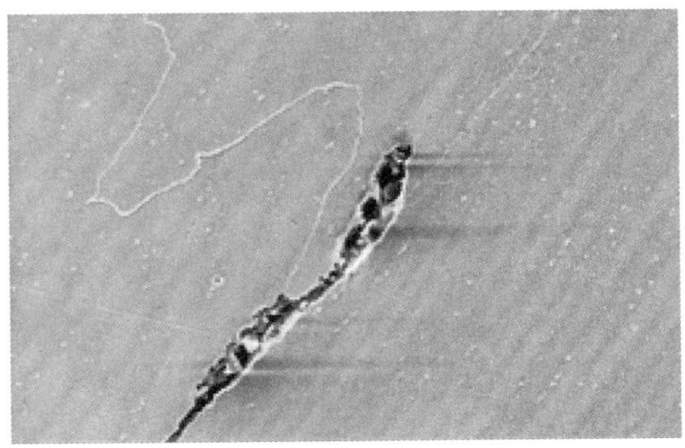

图 5　线形缺陷扫描电镜形貌图

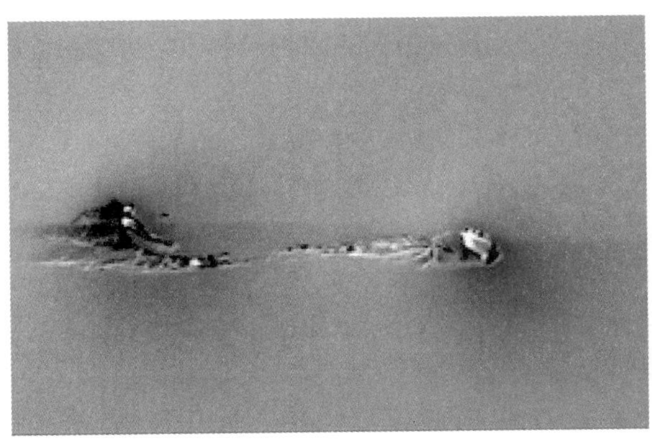
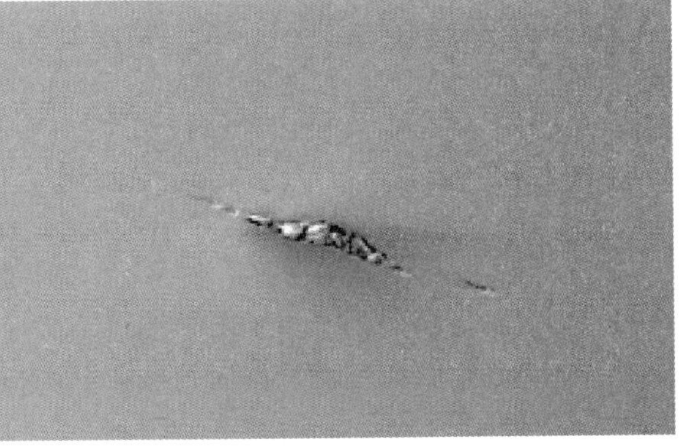

图 6　线形缺陷扫描电镜形貌图

3.3.2　能谱分析

在金相试样检验面上，利用能谱仪对断续孔洞、沟槽缺陷内部、裂纹内部、析出质点及金属基体等进行了化学成分定性分析，能谱分析结果如图 7 所示。由能谱分析结果可知：1）断续孔洞内富 C、O

元素，应属夹渣，基体金属为 Ni-Cr-Fe 合金；2) 沟槽缺陷内主要为氧化铝或氧化硅，属夹渣（原有或制样带入）；3) 裂纹内部富 C、O 元素，应属夹渣，裂纹边缘的基体金属为 Ni-Cr-Fe 合金；4) 析出物主要为 Nb、Ti 的化合物，Nb 分布不均，存在偏析区域。其中 C、O 等轻质元素分析误差相对较大，但在相同设备相同参数条件下，其数据具有对比使用的价值。

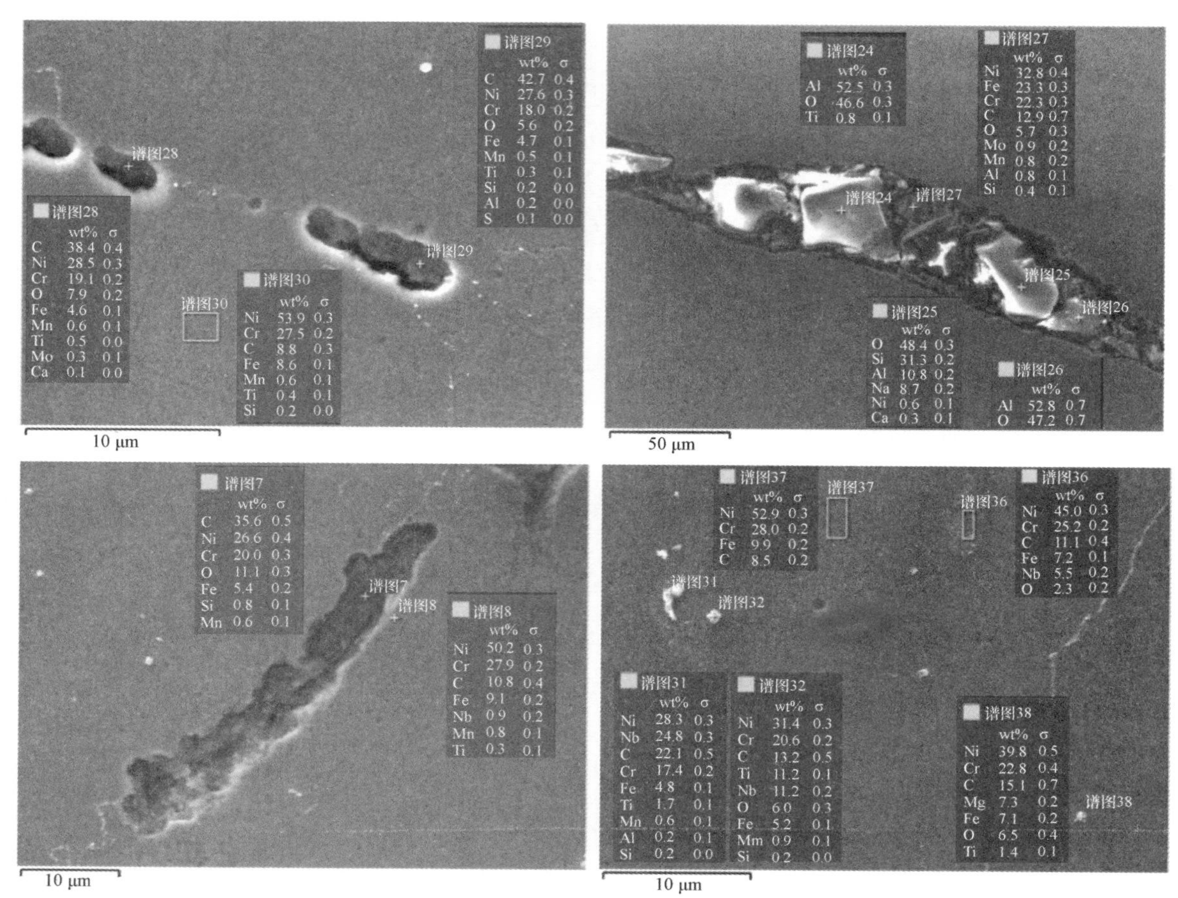

图 7　缺陷位置能谱分析图

注：上左为断续孔洞区域，上右为沟槽缺陷区域，左下为裂纹内部区域，右下为析出物区域。

3.3.3　裂纹断口的观察分析

在对接焊缝中、交汇区分别选取典型缺陷，通过机械方法，将裂纹打开，制成断口试样，对断口进行观察分析。裂纹打开形成的断口，低倍下较平坦光滑，高倍下滑移线特征显著，未见金属液膜痕迹，应属 DDC 裂纹的断口形貌，如图 8 所示；无裂纹区打开的断口见图，呈正断韧窝，应属镍基材料常温断口的正常形貌，如图 9 所示。

4　结论

(1) 线性缺陷基本以沿晶、多孔洞串联形式存在，裂纹打开的断口平坦光滑、滑移线特征显著、无金属液膜痕迹，应属高温失塑裂纹（DDC），孔洞内部夹渣，其成分富 C、O 元素，孔洞内的夹渣形状与孔洞形状吻合良好，为焊缝内部原有物质，DDC 裂纹形成与孔洞内夹渣有较大关联；不规则沟槽形缺陷具有夹渣的形态特征，沿晶分布，缺陷端部呈圆钝形和相对尖锐状，进一步扩展的趋势不明显，内部带有大量夹渣，应属夹渣与裂纹共生的缺陷。

(2) 690 镍基合金 DDC 敏感度较高，在进行蒸汽发生器异种钢镍基对接时，除了优选抗 DDC 更优的焊材，对焊接工艺进行严格控制的同时，还应特别注意焊缝内杂质的控制与清理。由试样中 DDC 裂纹、夹渣-裂纹共生型缺陷的特点来看，焊缝中的杂质与焊接缺陷的形成存在较大关联。

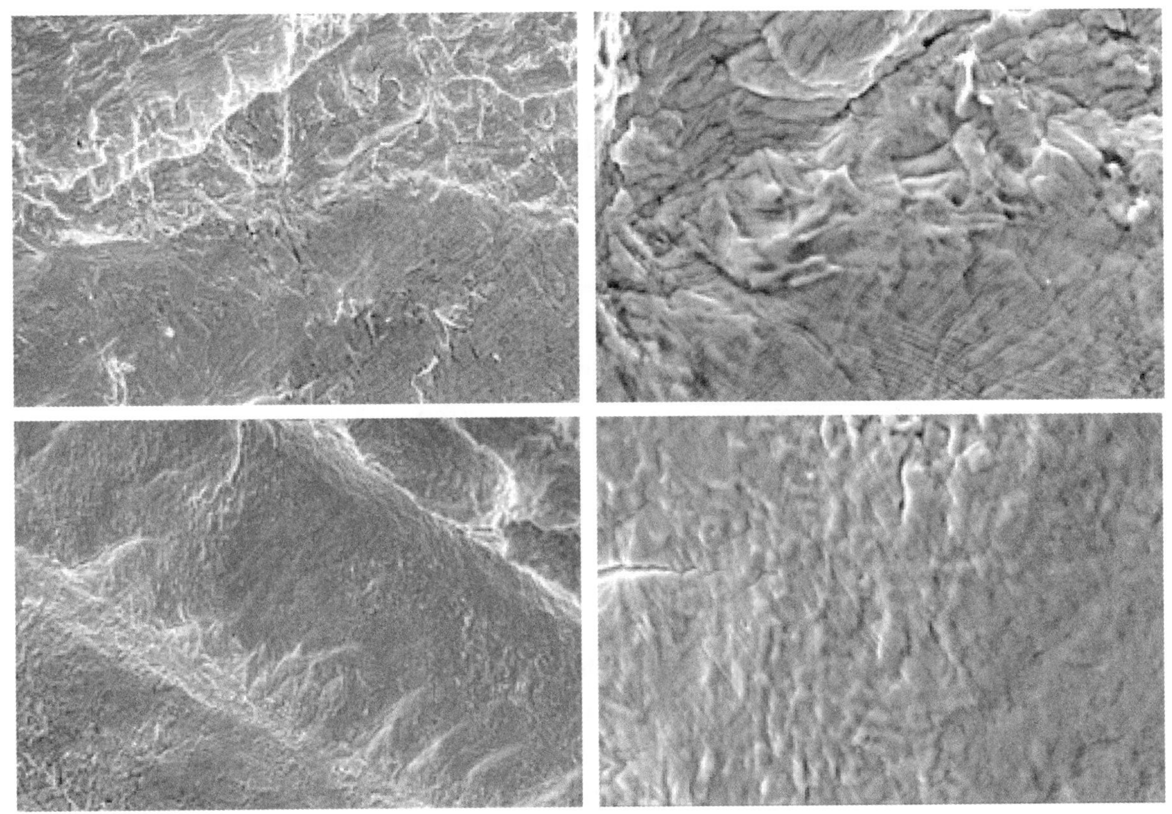

图 8　对接焊缝与交汇区裂纹断口形貌图

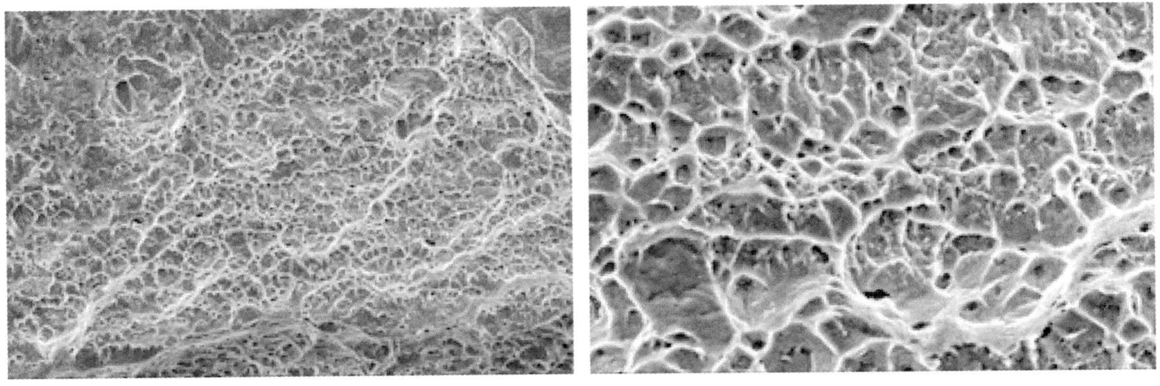

图 9　无裂纹区断口形貌图

参考文献：

[1]　张超．反应堆压力容器焊接技术[J]．一重技术，2019(01)：65-68.

[2]　王苗苗．核电核岛主设备关键焊接技术研究[J]．电子世界，2018(15)：188+190.

[3]　杨敏等．核岛主设备接管与安全端对接焊缝焊接材料选择对焊缝质量的影响[C]．第十五次全国焊接学术会议．中国青海西宁，2010.

[4]　王苗苗．核岛主设备安全端焊接工艺应用研究[D]．广州：华南理工大学，2017.

[5]　高殿宝，李志杰．核反应堆压力容器安全端焊接方法[J]．一重技术，2011(06)：36-38.

[6]　黎振龙，等．非能动先进压水堆核岛主设备安全端全位置缝异种金属自动环焊接工艺研发[J]．广东化工，2016.43(11)：208-210.

[7]　刘自军，潘乾刚．压水堆核电站核岛主设备焊接制造工艺及窄间隙焊接技术[J]．电焊机，2010.40(02)：10-15.

Research on typical defects formation mechanism of dissimilar steel nickel base butt joint between nozzle and safety end of steam generator of nuclear island master equipment

LIU Yi-xing, LI En, WANG Yong-hua, CHI Le-zhong, LIU Yuan-bin, JIANG Guo-yan, SUN Guo-hui, WANG Wei-dong

(Dong Fang(Guangzhou) Heavy Machinery Co. LTD., Guangzhou Guangdong, China)

Abstract: The master equipment of the nuclear island steam generator and the safety end are dissimilar steel butt joint structure, as the main pressure boundary, the quality of the weld has an important impact on ensuring the safe operation of the nuclear power plant. This article simulates the welding of the steam generator nozzle and the safety end through the low-alloy steel SA508 GR. 3 CL. 1 cold wire TIG surfacing nickel-based isolation layer and then the narrow gap automatic TIG docking with Z2CND18. 12 (CN) austenitic stainless steel. Comprehensive analysis of typical defects in welded joints by means of macro and micro metallography, scanning electron microscopy, energy spectrum analysis, etc., study the internal mechanism of their formation, and formulate effective process countermeasures.

Key words: nuclear island main equipment; safety end; dissimilar steel; nickel-based

核岛主设备密封面堆焊用 Ni327B 焊接工艺性研究

刘斎兴,池乐忠,赵 鑫,邓道勇,王卫东
(东方电气(广州)重型机器有限公司,广东 广州 511455)

摘要: Ni327B 焊条熔敷金属具有优良的力学性能、抗裂性能和耐晶间腐蚀性能,广泛应用于蒸汽发生器、稳压器等核岛主设备密封面堆焊。Ni327B 为低氢型药皮的镍基合金焊条,熔深较浅,熔渣流动性好,易出现由于焊接操作控制不当导致弯曲试验开裂的情况。本文通过对弯曲开裂试样进行断口形貌及能谱分析,研究产生弯曲试验开裂的原因,并针对性地制定工艺改进措施,保证堆焊层的质量。

关键词: 核岛主设备;Ni327B;堆焊

Ni327B 焊条熔敷金属具有优良的力学性能、抗裂性能和耐晶间腐蚀性能,广泛应用于蒸汽发生器、稳压器等核岛主设备密封面堆焊。密封面的堆焊质量直接影响核岛主设备密封面的密封效果,对于核岛主设备的安全运行具有重要作用。Ni327B 为低氢型药皮的镍基合金焊条,熔深较浅,熔渣流动性好,易出现由于焊接操作控制不当导致弯曲试验开裂的情况。本文通过对弯曲开裂试样进行断口形貌及能谱分析,研究产生弯曲试验开裂的原因,并针对性地制定工艺改进措施,保证密封面堆焊层的质量。

1 问题描述

1.1 密封面堆焊技术要求

为保证密封面堆焊层质量满足核岛主设备设计需求,其技术要求如表 1 所示。

表 1 密封面堆焊技术要求

序号	检验项次	验收要求
1	渗透检验	RCC-M S7714.1
2	超声波检验	RCC-M S7714.3
3	化学分析	C≤0.06,Si≤0.50,Mn:3.00~5.00,S≤0.015,P≤0.015,Ni:余量,Cr:16.00~18.00,Co≤0.06,Fe:3.00~6.00,Cu≤0.08,Nb:4.0~6.0,Mo:4.0~6.0,其他≤0.50
4	纵向/横向侧弯	应无明显开裂,单个裂纹、暴露气孔和夹渣的长度不超过 3 mm
5	晶间腐蚀	无明显晶间腐蚀倾向
6	硬度试验	HB≥230
7	宏、微观检验	要求无裂纹、夹渣、气孔和未熔合等缺陷存在

1.2 焊接工艺性分析及控制措施

通过对比 Ni327B 与 ENiCrFe-3、ENiCrFe-7 的化学成分及性能要求差异,对 Ni327B 焊接工艺性进行分析并制定控制措施。

(1) Ni327B 焊条熔渣流动性好,熔池易卷覆盖熔渣形成细微夹渣缺陷,焊缝表面成型不良,凹凸

作者简介: 刘斎兴(1990—),男,硕士,工程师,现主要从事核岛设备焊接技术研发等工作

不平，整体焊接工艺性较差。其焊后表面形貌图如图 1 所示。

（2）Ni327B 焊条对杂质、污物十分敏感，需特别注意层间清理等清洁度控制。

（3）Ni327B 焊条碱度高，对电弧长度变化敏感，焊接操作时严格控制，尽量采用短弧焊接。

（4）Ni327B 焊条对焊接热输入和道间温度敏感，应严格控制焊接热输入和道间温度，避免形成热裂纹。

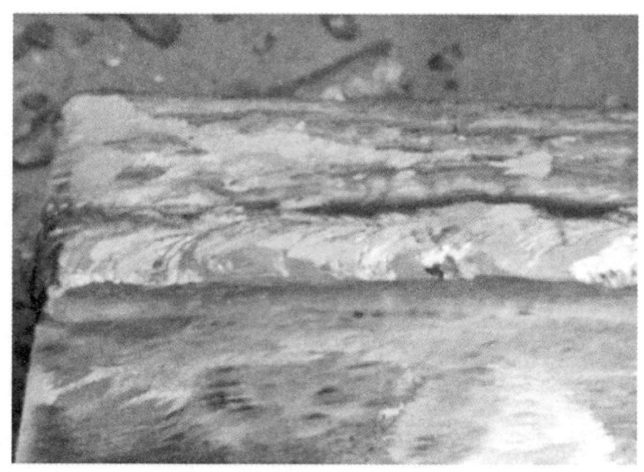

图 1　Ni327B 堆焊后焊缝表面形貌图

1.3　问题描述

通过上述控制措施，开展 Ni327B 密封面堆焊工艺试验，试验发现 Ni327B 焊条的强度、冲击及硬度等试验结果均满足技术要求，但弯曲试样出现严重开裂，如图 2 所示。

图 2　Ni327B 密封面堆焊工艺试验弯曲试样开裂实物照片

2　原因分析

2.1　扫描电镜分析

为明确弯曲开裂的原因，将弯曲试样制备成断口试样，并通过超声波清洗后，进行扫描电镜分析。由图 3 可知，弯曲试样起裂区有一定数量的夹渣缺陷，夹渣缺陷普遍较小，尺寸约在几十微米范围内，超声波检验时表现为合格的缺欠。

2.2　能谱分析

为进一步确定缺欠的性质，对夹渣缺陷进行能谱成分定性分析，试验结果如图 4、图 5 所示。由图 4 能谱分析结果可知，块状微小物体主要为 Si、Mg 的氧化物；由图 5 能谱分析结果可知，片状微小物体主要为 Si、Al、Ca、K 的氧化物。这些成分均来自熔渣，而非熔敷金属，可以推断是尺寸微小的夹渣。

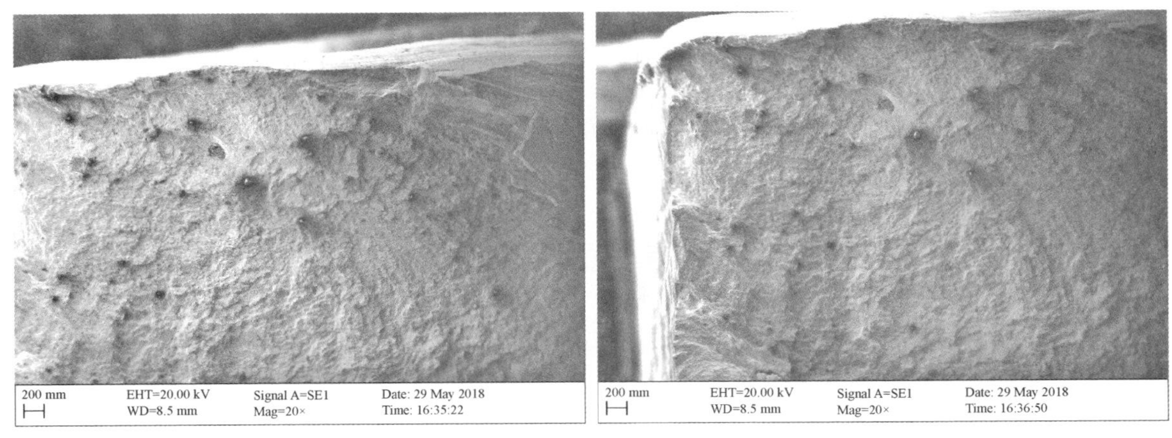

图 3 试样开裂区扫描电镜照片

由于 Ni327B 焊条属于高强度镍基合金，熔敷金属对微小缺欠敏感，因此，这种微小夹渣是造成弯曲开裂的主要原因。

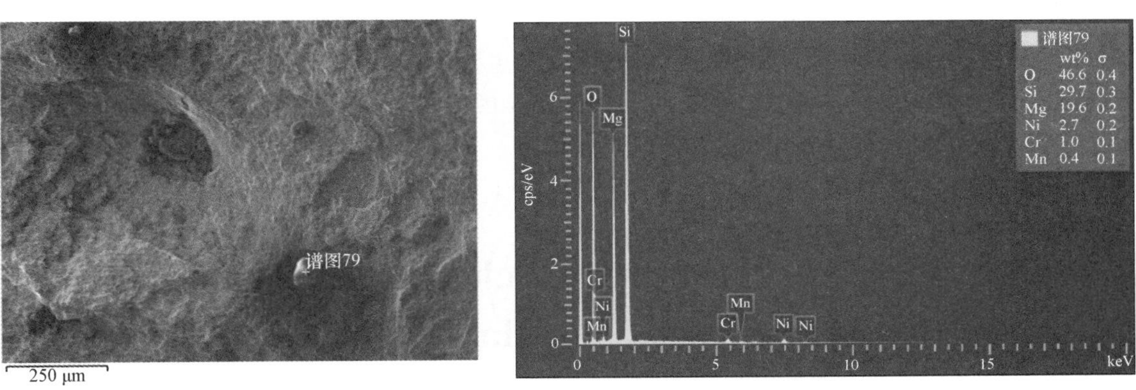

图 4 块状微小物体能谱分析

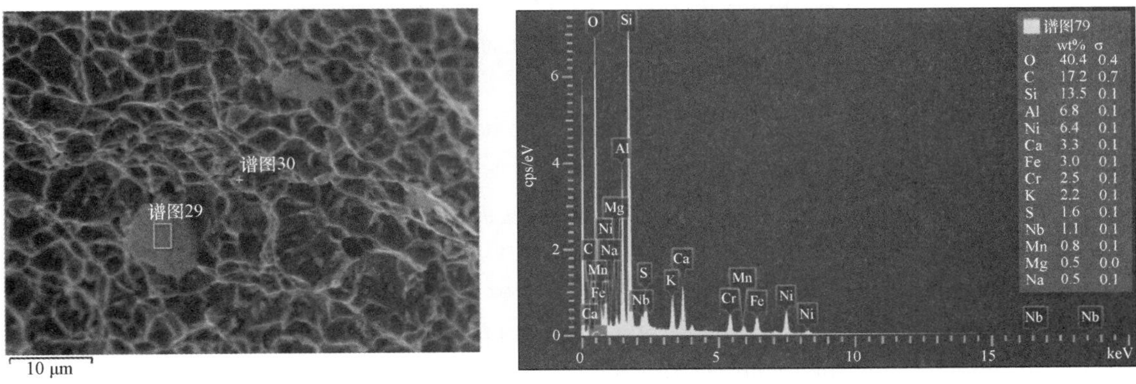

图 5 片状微小物体能谱分析

3 工艺优化改进

根据原因分析，造成弯曲试验出现开裂的主要原因为焊缝中的微小夹渣物，为保证堆焊层质量，在原有控制措施基础上进一步补充如下工艺改进措施：

（1）焊前应仔细清理被焊区表面，确保堆焊区无氧化皮、氧化膜、油脂、油污、涂层及颜料等杂物，并露出金属光泽。

（2）施焊时应及时打磨焊道表面，保持焊道形状，防止因焊道形状不好产生夹渣或未熔合等焊接缺陷。打磨后的焊道应露出金属光泽，避免因焊道表面存在污物引起裂纹或夹渣等焊接缺陷。

（3）堆焊搭道时应有一定的搭接量，搭接量最好控制在上道焊缝宽度的 1/3～1/2 范围内，并对待焊的搭接区域进行打磨，可以有效消除未熔合等缺陷，详见图 6。

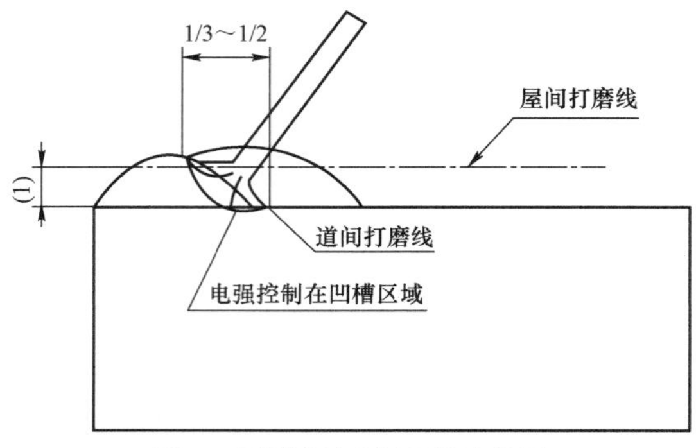

图 6 层道间打磨清理示意图

4 试验结果与结论

4.1 试验结果

通过以上工艺措施强化控制，有效降低焊接过程中的稀释反应程度，解决了 Ni327B 弯曲试样弯曲开裂问题，试验结果满足密封面堆焊技术要求。

4.2 结论

（1）造成 Ni327B 密封面堆焊弯曲试验出现开裂的主要原因为焊缝中的微小夹渣物。

（2）通过控制焊接过程中的焊道搭接、清理打磨、焊接速度等可有效降低焊接过程中的稀释反应程度，解决 Ni327B 弯曲试样弯曲开裂的问题。

Research on Ni327B welding technology for overlaying of sealing surface of nuclear island master equipment

LIU Yi-xing, CHI Le-zhong, ZHAO Xin,
DENG Dao-yong, WANG Wei-dong

(Dong Fang(Guangzhou) Heavy Machinery Co. LTD., Guangzhou Guangdong, China)

Abstract: The deposited metal of Ni327B electrode has excellent mechanical properties, crack resistance and intergranular corrosion resistance. It is widely used in the surfacing of the sealing surface of nuclear island main equipment such as steam generators and voltage stabilizers. Ni327B is a nickel-based alloy electrode with a low-hydrogen coating. It has a shallow penetration and good slag fluidity. It is prone to cracking in the bending test due to improper welding operation control. In this paper, through the fracture morphology and energy spectrum analysis of the bending cracking samples, the reasons for the bending test cracking are studied, and the process improvement measures are formulated to ensure the quality of the surfacing layer.

Key words: nuclear island main equipment; Ni327B; surfacing welding

主氦风机试验回路大管径三通管道流动特性分析

赵　钦,曲新鹤,叶　萍,赵　钢
(清华大学核能与新能源技术研究院　先进核能技术协同创新中心
先进反应堆工程与安全教育部重点实验室,北京 100084)

摘要:高温气冷堆主氦风机提供一回路氦气循环动力,需要对与主氦风机相连的氦气管道进行分析研究,以掌握其工质流动特性。本研究采用数值模拟方法,对主氦风机试验回路氦气管道中的 90°大管径三通管道进行了分析。结果表明,三通交汇处形成双螺旋流动的一次涡流和沿管壁向下游延伸的环状二次涡流,其中二次涡流在延伸至下游末端近似为一条直线,共同作用下形成速度压力分布复杂的复合流场。由于主管支管交汇处支管下管壁滞止作用明显,形成局部压力极大值与流速极小值,并影响压力与速度场的分布。本文还讨论了试验回路中出现的另外两种工况,即封闭一端为盲端形成近似弯头或近似直管的工况,分析了不同工况下氦气的流动特征和流动损失,并讨论了流动损失的组成。

关键词:分流三通;高温气冷堆;流动特性;数值模拟;氦风机

引言

世界工业化程度逐年攀升,我国作为发展中大国,对能源需求不断增加。在 2060 年实现"碳中和"的宏伟目标下,为保证"既要金山银山,也要绿水青山",寻找清洁高效的可靠能源十分重要。作为第四代核能系统代表的高温气冷堆同时具备更高的安全性和高可模块化性[1],是未来我国核能发展的重要方向。目前,高温气冷堆示范工程 HTR-PM 已进入工程调试期,作为实验堆与商业堆的重要沟通桥梁,HTR-PM 对多项关键技术进行了可行性验证[2]。

在高温气冷堆的一回路系统中,主氦风机作为能动设备,主要承担为一回路氦气提供动力,带走堆芯热量的作用。清华大学核研院在其昌平校区研发的全尺寸、全工况的主氦风机试验回路(如图 1 所示),为反应堆一回路流动特性提供了重要的试验验证。

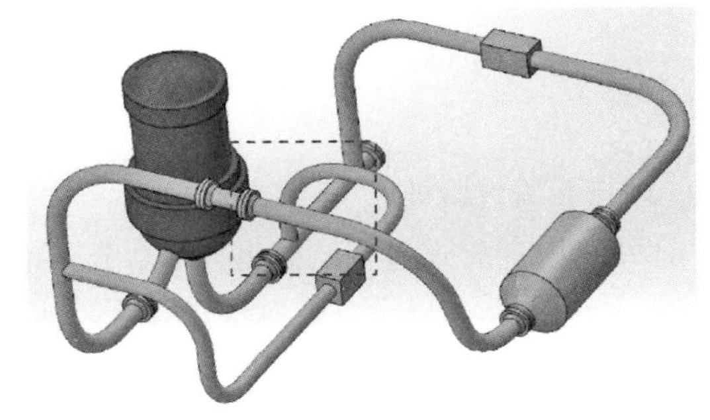

图 1　主氦风机试验回路系统简图

主氦风机样机出、入口位置均设置有联通主回路和支路的三通管道,可利用管道中设置的阀门灵活改变氦气的流动方向和流量。由于三通处工质气体(氦气)流动状态复杂,流动损失较大,为更好地掌握其流动特性,需要对三通处的氦气流动进行分析。采用 CFD 数值模拟可以较为精确、灵活地模拟三通处不同流动方式下氦气的压力、速度分布等特征,因而本研究采用了数值模拟的方法对回路中的 90°大管径、异径三通管道进行分析研究。

1　CFD 数值模拟

1.1　模拟工况

以主氦风机样机入口段主回路与支回路三通为例(图 1 虚线框内)建立三维模型(如图 2 所示)。

作者简介:赵钦(1995—),科研助理,从事管道流动方面的研究

竖直段与水平段均为壁厚 32 mm 的圆管，其中竖直段内径 444 mm，水平段内径 546 mm，在三通交汇处及水平段共设置 4 个监测点以采集对比流场信息。主氦风机样机某试验工况的工作参数为：转速 $n=3\,600$ r/min，氦气温度 $T=523$ K，压力 $P=6.9$ MPa，此时氦气密度 $\rho=6.33$ kg/m^3，运动黏度 $\upsilon=4.643\times10^{-6}$。管道回路的氦气质量流量 $Qm=100$ kg/s，竖直段（主管）平均流速约为 $v_c=104.80$ m/s，水平段（支管）平均流速约为 $v_{1\sigma}=v_{2\sigma}=49.22$ m/s。

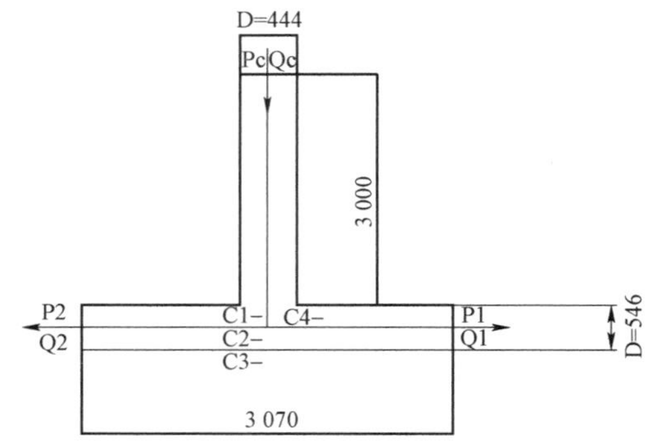

图 2　三通三维模型及监测点位置

研究中采用商业三维 CFD 软件对上述条件的三通管道进行了数值模拟。针对高雷诺数工况（Re＞5.7×10^6），黏性模型采用了工业常用的适用于高雷诺数的 k-ε-realizable 模型。控制方法采用高精度的 coupled 求解，并均采用二阶求解。边界条件为流量入口（竖直主管）、压力出口（左右水平支管）及无滑移标准壁面。

此三通管道主要有三种典型工况如图 3 所示：工况 1：竖直段进入，支管两侧对称分流（异径 90°分流三通）；工况 2：竖直段进入，支管一侧为盲端，单侧流出（近似 90°弯头）；工况 3：竖直段为盲端，支管一侧进入一侧流出（近似直管）。

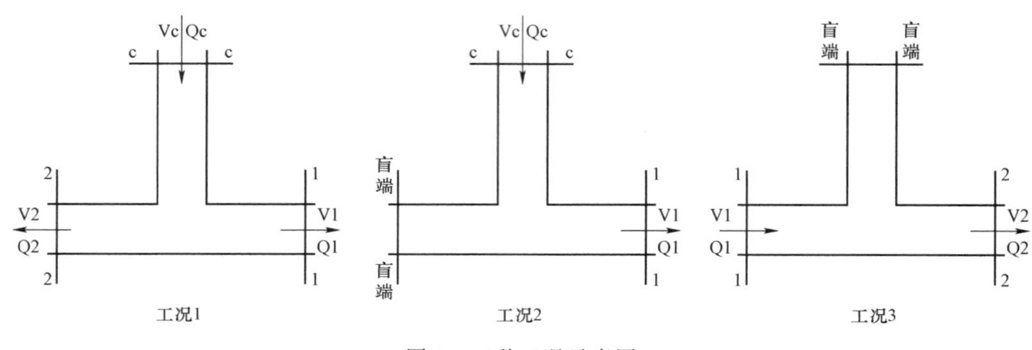

图 3　三种工况示意图

1.2　网格无关性验证

本文对三通管道进行结构化网格划分，为减少网格划分带来的误差影响，对不同密度的网格进行了无关性验证，最后综合计算精度及计算时间选用符合要求的 100 万网格数网格。

表 1　网格无关性验证结果

网格标识		网格数	计算时间/min	主监测点静压		主检测点动压		整体压降	
				压力值/Pa	相对上一网格偏差	压力值/Pa	相对上一网格偏差	压力值/Pa	相对上一网格偏差
结构化	15 万	154 606	10	6 904 900		40 903		12 942	
	55 万	559 982	20	6 905 213	4.53×10^{-5}	40 613	0.708%	13 100	1.22%
	100 万	1 017 130	60	6 904 792	6.10×10^{-5}	41 636	2.52%	13 735	4.85%
	120 万	1 220 320	120	6 904 601	2.77×10^{-5}	41 518	0.285%	13 431	2.2%

1.3　边界层 $y+$ 检验及网格质量检验

本研究的流体黏性模型采用标准壁面函数的 k-ε-realizable 模型，此黏性模型对第一层网格高度有要求，应使得实际 $y+$ 值主要分布在 30～300 之间[3]。经尝试，当第一层网格高度为 5×10^{-5} m

时，可获取符合 $y+$ 要求的网格。

结构化网格采用了 O 型网格划分法，对网格进行行列式 2×2×2 质量检查，结果均大于 0.5；对网格进行角度质量检查，结果均大于 36°，因而认为网格质量优秀[4]。横纵截面见图 4 所示。

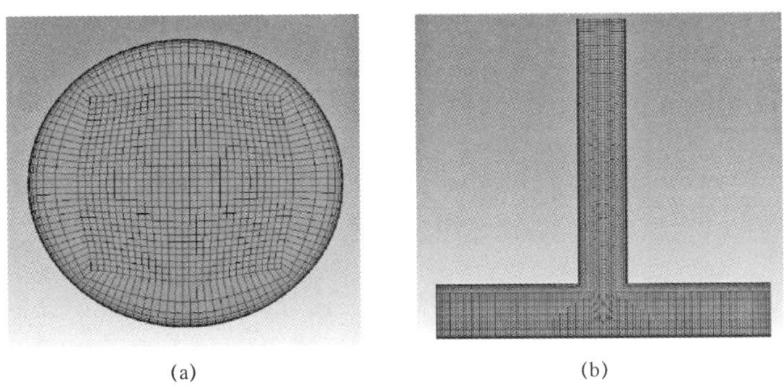

(a) (b)

图 4　结构化网格截面图

(a) 横截面图；(b) 纵截面图

2　三通内流动分析

2.1　涡流分析

在工况 1(分流三通)下，三通管内流体产生涡流，表现形式主要有双螺旋流动(一次涡流)和二次涡流(图 5a)。由于靠近壁面的流体在黏滞力作用下流速降低，靠近中心的流体仍保持较高流速，导致中心流体的离心惯性大于壁面流体，具有更高的压强，一方面迫使中心流体向壁面流动，另一方面迫使流经壁面的流体被压至中线，从而形成了双螺旋流动。支管处的双螺旋流动沿着三通-出口方向螺旋前进。

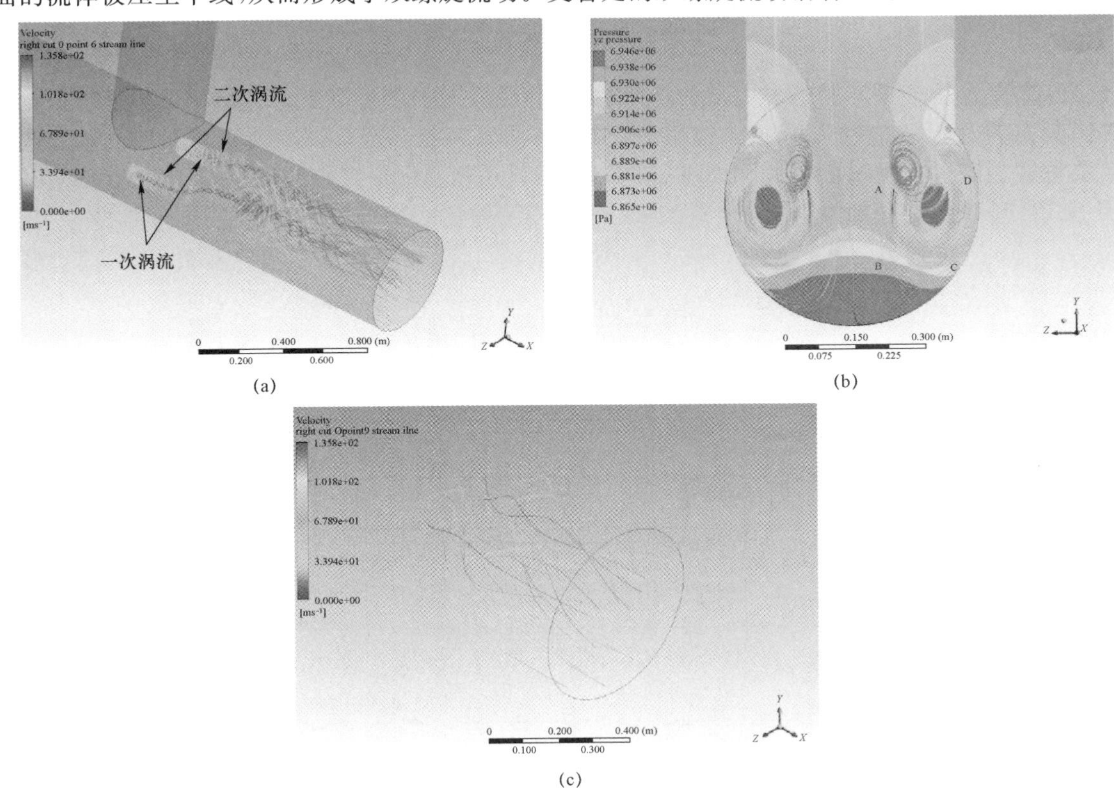

(a) (b) (c)

图 5　三通涡流分析图

(a) 支管涡流示意图；(b) 三通交汇处压力云图及流线图；(c) 距离中心 0.9 m 处流线

除了双螺旋流动，三通管道较等长的弯管、突变管等具有较高的局部阻力系数的一大原因是具有二次涡流。文献[5]提出由于沿圆周壁面上有一自正母线到负母线的压力梯度，气流形成环状流动趋势，从而产生了二次涡流。如图5b所示在三通交汇处取截面，可以看出：竖直管流体从A运动到B，率先冲击支管下管壁，在冲击作用下形成高压区，然后沿着C至D的正压力梯度流动，经D至A，最后需沿着A至B完成环形流动，但由于管壁对氦气来流的滞止作用及与管壁摩擦消耗，回到A点的流体所含动能不足以克服A到B的负压力梯度，因而只能完成更小半径的、且向压力更低的下游方向进行的环状流动，完成一次完整环形流动所需要的“螺距”也会逐渐增加，以至于几乎完全无法完成环形流动而只能向下游延伸。最终在远离三通交汇处位置观察到的二次涡流已趋于一条直线(图5c)。

2.2 内部流动状态分析

在工况1下，由竖直管进入的高速高压气体流经三通处向两边扩散，在交汇处底部由于流体剧烈冲击管壁，形成鲜明的压力梯度与速度梯度，且在底部靠近管壁的位置达到静压最大值(694.5 kPa)，远远超过入口压力，而此处的速度达到非壁面的最小值。这是由于交汇处管壁对氦气来流的滞止作用剧烈，使氦气来流动压的一大部分转化为静压[6]。刚进入两侧支管的流体收缩，流速增高，静压降低，并产生边界层分离形成一次涡流，由图6对比可知，收缩段流体较周围流体形成了一片高速低压区域。形成一次涡流的流体沿支管以螺旋线的形式向出口方向移动，在此过程中流速降低。

一次涡流上部的部分流体在支管上管壁与来流汇合冲击形成局部压力极值，而后沿上管壁向出口方向扩散或汇入收缩区流体。一次涡流下部的部分流体与冲击下壁面返回的流体交汇碰撞造成一定的动压损失，表现为夹在一次涡流下侧和下管壁上侧间的条带状低速区。接近三通处的下壁面流体则可以保持较高流速。

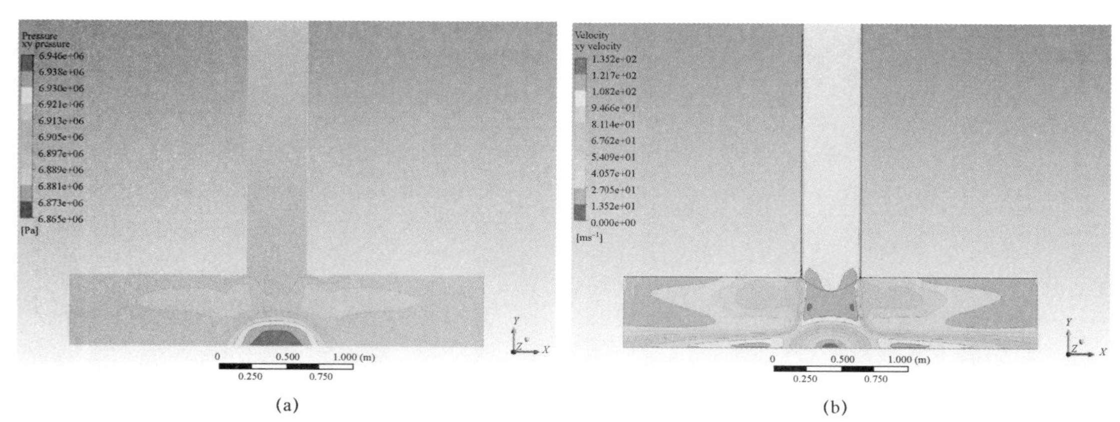

图6 三通内部压力及速度分布图

(a) 压力云图；(b) 速度云图

3 不同工况对三通流动状态的影响

三种工况下的流动损失如表2所示。速度矢量图如图7所示。

表2 不同工况下静压及总压降

三通流动分析		对比指标	
		静压降/Pa	总压降/Pa
工况1	分流三通	13 735	42 013
工况2	近似90°弯头	17 242	32 207
工况3	近似直管	1 542	1 431

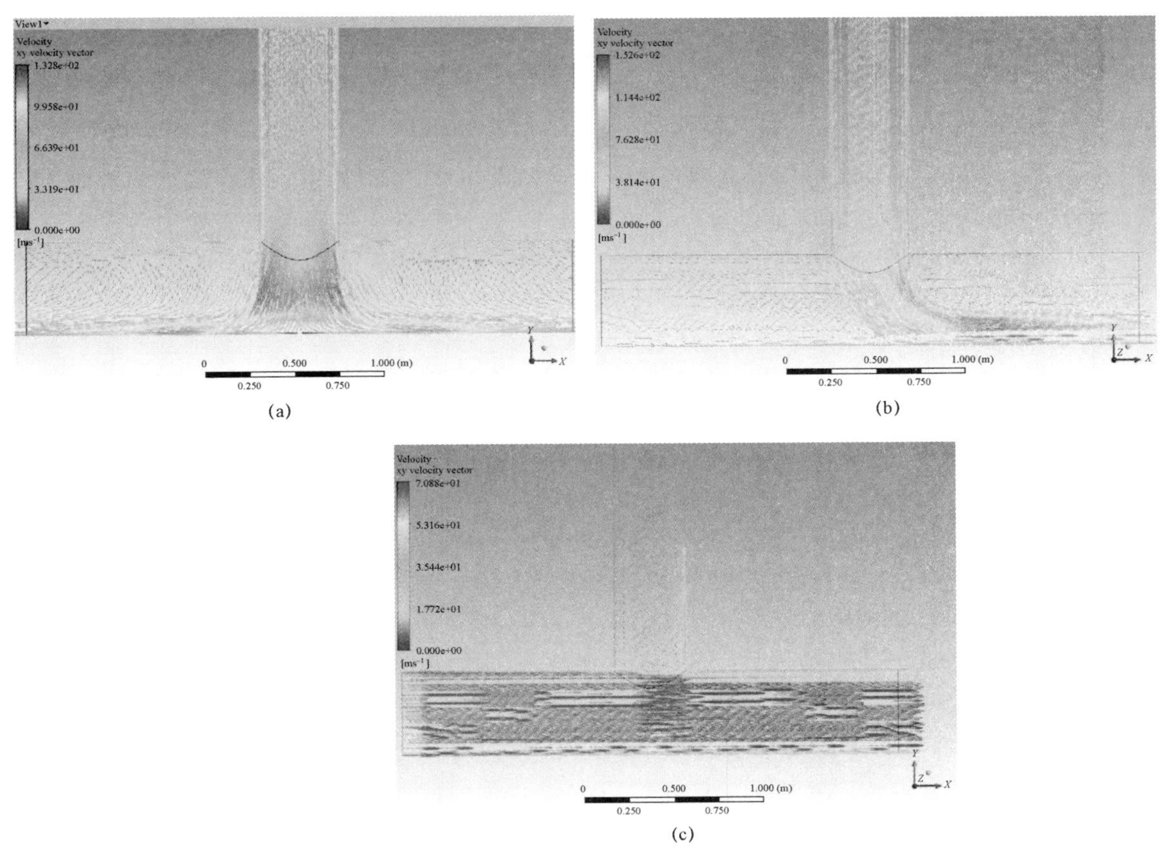

图 7　三种工况的速度矢量分布图

(a) 工况 1;(b) 工况 2;(c) 工况 3

(1) 工况 1 为 90°分流三通的常见情况，高速高压氦气经主管在三通交汇处对称分流，在交汇处即将冲击管壁形成高速(低压)区，并在冲击管壁后受滞止作用而形成低速(高压)区，如上文 2.2 分析，收缩段、靠近上下壁面段均有不同的压力速度表现。该工况的局部损失主要来自三通位置的一次涡流和二次涡流，水平及竖直管段的沿程损失较小。由于分流，流量平分至左右支管，单个支管动压损失明显。

(2) 工况 2 为氦气由竖直主管进入后由于一侧为盲端只能向另一侧流动，是工业上常见的另外一种三通工况，类似于 90°弯管。此工况产生的较大涡旋区[7]主要是由竖直主管进入的气流在三通处撞击停滞气体然后强烈弯曲改变流向进入右侧支管带来的大量撞击和剪切引起的。右侧支管出现明显的流动分离，流动分离区非常大且持续至出口位置。在右侧支管段靠近下管壁处由于离心力作用，流体撞击壁面，同时由于上部近似停滞气体压强较高，限制着流体在较窄的条带内流动，获得更高的最大速度。在此工况下形成大量涡旋和流动方向强制改变带来的损失是流动损失的主体[8]，同时由于出口管径较入口管径更大，损失部分动压，其结果为工况 2 流动损失远远大于近似尺寸的 90°弯头(约为 4 800 Pa)。

(3) 工况 3 为氦气由水平支管一端进入后向另一端流动并流出，为竖直管常闭状态下的实际工况。氦气在流经竖直管位置时由于剪切作用少量流入，在竖直管段产生较小的涡旋[9]。其余大部分流体沿水平支管从另一端流出。在此过程中部分静压降转化为流体的动压，略微提升了出口氦气的流速。此种工况下由于涡旋远少于以上两种工况且不产生分流和管径变化，因此动压损失及总流动损失也最小，一部分来源于涡流，一部分来源于沿程损失(近似尺寸普通直管流动损失约为 1 000 Pa)。

4 结论

本文对高温气冷堆主氦风机试验回路氦气管道内大管径异径三通管件三种工况条件下的氦气流动特性进行了数值模拟分析，并得到以下结论：

（1）分流三通在三通交汇处会形成剧烈的一次和二次涡旋，其中环形二次涡旋会随着向支管下游延伸距离的增长而逐渐衰弱并最终接近一条直线。一次和二次涡旋是分流三通流动损失的主要来源。

（2）主管支管交汇处附近的收缩段将接近上下壁面的流体的流动状态分为两种，上部为汇合后向下游流动，而下部与中心流体碰撞产生条状低速区。

（3）此分流三通改变出入口属性的三种工况中，第一种情况（分流三通）的总压损失最大，第二种情况（近似 90°弯头）静压损失最大，且远远大于近似尺寸的普通 90°弯头，应为工程中尽量避免的一种工况。第三种工况（近似直管）较普通直管流动损失略大，可以作为分流三通的一种备选工况。

致谢

感谢国家科技重大专项（2012ZX06901-022）和国家科技重大专项（2014ZX06901-023）对本研究的大力支持。

参考文献：

[1] US DOE. Nuclear Energy Research Advisory Committee, Generation Ⅳ International Forum. A technology roadmap for generation Ⅳ nuclear energy systems[R]. USA: US DOE Nuclear Energy Research Advisory Committee, Generation Ⅳ International Forum, 2002.

[2] 张作义，吴宗鑫，王大中，等．我国高温气冷堆发展战略研究[J]. 中国工程科学，2019，21(1)：12-19.

[3] MAJIDIAN, HAMED, AZARSINA, FARHOOD. Numerical Simulation of Container Ship in Oblique Winds to Develop a Wind Resistance Model Based on Statistical Data[J]. Journal of International Maritime Safety, Environmental Affairs, and Shipping, 2019, 2(2): 67-88.

[4] 纪兵兵．ANSYS ICEM CFD 网格划分技术实例详解[M]. 北京：中国水利水电出版社，2012.

[5] 陆方，王孟浩，李道林，等．大容量电站锅炉过热器、再热器带三通集箱流量分布的试验研究[J]. 动力工程，1996(03)：13-19，61.

[6] 张润卿，袁益超．电站锅炉再热器带"三通"集箱静压分布的数值模拟及受热面热偏差计算[J]. 动力工程学报，2011，31(06)：403-409.

[7] 陈江林，吕宏兴，石喜，等．T 型三通管水力特性的数值模拟与试验研究[J]. 农业工程学报，2012，28(05)：73-77.

[8] 李玲，李玉梁，黄继汤，等．三岔管内水流流动的数值模拟与实验研究[J]. 水利学报，2001(03)：49-53.

[9] 石喜，吕宏兴，朱德兰，等．PVC 三通管水流阻力与流动特征分析[J]. 农业机械学报，2013，44(01)：73-79，89.

Analysis of flow characteristics of large diameter T junction in test circuit of the primary helium circulator

ZHAO Qin, QU Xin-he, YE Ping, ZHAO Gang

(Institute of Nuclear and New Energy Technology, Advanced Nuclear Energy Technology Cooperation Innovation Center, Key Laboratory of Advanced Nuclear Engineering and Safety, Ministry of Education, Tsinghua University, Beijing, China)

Abstract: The main helium circulator of the high-temperature gas-cooled reactor provides the primary helium circulation power, so that the helium pipeline connected to the main helium circulator needs to be analyzed. In this study, numerical simulation method was used to analyze the 90° large diameter dividing T junction in the helium circulator test circuit. The results show that the primary vortex of the double spiral flow and the annular secondary vortex extending downstream along the pipe wall are formed at the junction. The secondary vortex is approximately a straight line extending to the downstream end, forming a complex flow field with complex velocity and pressure distribution under the combined action. Because of the stagnation effect of the lower pipe wall of the branch pipe at the junction, there are the maximum value of local pressure and minimum value of the flow velocity. Meanwhile, the distribution of pressure and velocity fields are affected. This paper also investigates the other two working conditions in the test circuit, namely, the closed end is the blind end to form an approximate elbow or an approximate straight pipe. The flow characteristics and pressure losses under different operating conditions are analyzed, and the feature of pressure loss is discussed.

Key words: dividing T junction; high temperature gas-cooled reactor; flow characteristics; numerical simulation; helium circulator

核材料
Nuclear Material

目　录

大晶粒二氧化铀芯块放电等离子体烧结工艺研究

罗　帅,鲁仰辉,于成伟,魏立军,吴先峰
(国家电投集团科学技术研究院有限公司,北京 102209)

摘要:开发了一种掺杂型大晶粒二氧化铀燃料芯块的快速烧结方法,分析了预制生坯压力、烧结温度和时间对材料致密化、微观组织结构和相组成的影响规律,该方法包括预制生坯冷压、热压叠加放电等离子体烧结步骤,利用高电场强度使掺杂二氧化铀粉体材料快速发生密实化烧结。结果表明:在固定的组分含量条件下,存在临界的预制生坯冷压力,经临界冷压处理可获得最大的晶粒尺寸;提高烧结温度可以大幅降低烧结时间,从而降低大晶粒燃料芯块高导热第二相分解速度,获得更加均匀的微观组织。

关键词:二氧化铀;放电等离子体;掺杂型;芯块烧结;大晶粒;燃料芯块

二氧化铀的熔点极高,利用常规的高温烧结方法制备反应堆用氧化铀芯块一般采用的烧结温度在1 700 ℃以上[1-2]。事实上,目前国际上核燃料制造厂一般都是采用的高温烧结工艺,我国二氧化铀芯块烧结也采用高温烧结工艺,烧结温度达1 750 ℃,高温烧结时间7～9 h[3-6]。

虽然常规的高温烧结工艺,技术成熟,产业化已经达到一定规模,但是在整个世界上的节能减排的大环境下,降低烧结温度,缩短烧结时间,发展新型氧化铀芯块烧结工艺是非常必要的[7-8]。对于低温烧结工艺,相比常规的高温烧结工艺,最高烧结温度降低,烧结时间缩短了近5个小时,国外已经做了大量研究,低温烧结的芯块已被制造成燃料棒入堆考验,有准备应用于工业化生产的趋势,我国也做了相关二氧化铀芯块低分压氧化性气氛烧结的研究[9-12]。放电等离子体烧结工艺,是一种新兴的高科技陶瓷烧结工艺,在外加轴向压力和脉冲电流辅助下,其特点是升温速度快,烧结时间短、烧结温度低,是二氧化铀芯块烧结工艺发展的方向[13]。

延长烧结时间和提高烧结温度的掺杂型大晶粒二氧化铀燃料芯块常规烧结方法存在费用高、效率低等问题[14-15]。目前开发的放电等离子体电场辅助烧结技术可降低烧结温度和缩短烧结时间,因此,本文对掺杂型大晶粒二氧化铀燃料芯块的低温快速放电等离子体电场辅助烧结工艺进行探索研究,分析了第二相组分、预制生坯压力、烧结温度和时间对材料致密化、微观组织结构和相组成的影响规律。

1　实验材料及方法

1.1　实验材料

实验采用的氧化铀粉体,经X射线相分析:UO_2粉为立方晶系,Fm-3m晶格常数a=5.468(1)Å,无杂相;U_3O_8粉无杂相,两种粉体符合实验要求(图1)。

添加了烧结助剂诱导大晶粒UO_2芯块烧结,根据烧结助剂含量的不同设计了3组样品,样片成分参数如表1所示。

作者简介:罗帅(1987—),男,博士,高级工程师,现主要从事核燃料材料、新能源材料等科研工作

基金项目:国家核电技术有限公司科研项目(2015SN010—003)

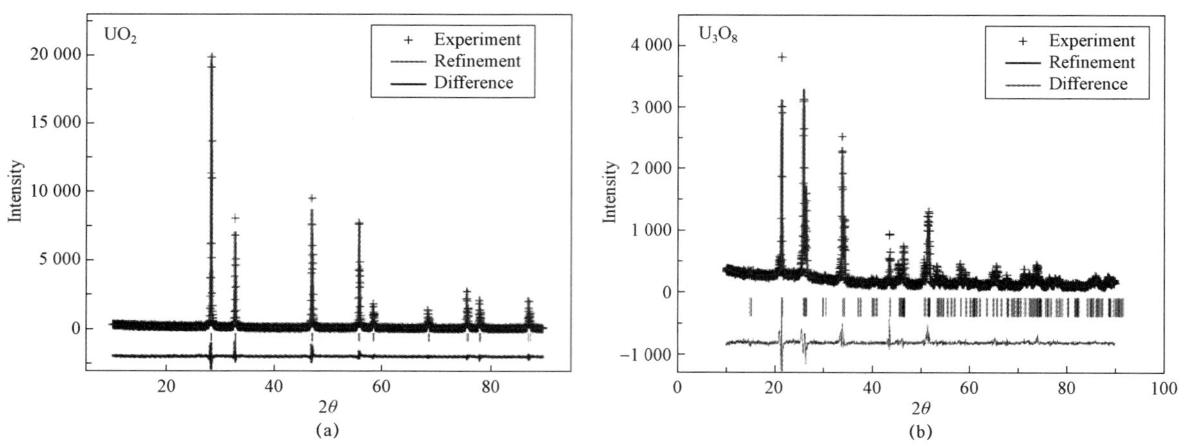

图 1　二氧化铀粉体 XRD 分析结果

(a) UO_2;(b) U_3O_8

表 1　放电等离子烧结大晶粒燃料芯块成分设计

试样编号	成分组成
1#	0.5 wt% Ti_3C_2 + 10% U_3O_8 + 89.5% UO_2
2#	0.5 wt% TiO_2 + 99.5% UO_2
3#	0.5 wt% Cr_2O_3 + 99.5% UO_2

1#～3#试样预制生坯压力为 80 MPa，为了验证冷压对芯块致密度和晶粒尺寸的影响，将冷压提升至 150 MPa，设计了 4#和 5#试样。4#和 5#试样成分分别与 1#和 3#试样相同，另外设计了 6#试样(成分与 2#相同)，验证了无预制生坯工艺时，烧结性能的变化(表 2)。

表 2　预制生坯压力对烧结性能的影响试验设计

生坯压力	0	150 MPa	
试样编号	6#	4#	5#
成分相同试样	2#	1#	3#

1#～6#试样烧结温度和烧结时间分别为 1 600 ℃和 30 min，为了分析烧结参数对芯块性能的影响，分别设计相同烧结时间不同烧结温度和相同烧结温度不同烧结实验的烧结实验，设计了 7#和 8#试样，试样成分和预制生坯压力与 3#和 1#试样相同，验证了烧结工艺对芯块性能的影响(表 3)。

表 3　烧结参数对烧结性能的影响试验设计

试样编号	烧结工艺	试样编号	烧结工艺
7#	1 700 ℃烧结 30 min	8#	1 700 ℃烧结 3 min
3#	1 600 ℃烧结 30 min	1#	1 600 ℃烧结 30 min

注:成分、压力相同的情况下。

1.2　实验设备及方法

烧结所用模具为内径 10 mm 的石墨模具，所用压头为导电、耐压的高强度石墨，压头与粉体、压头与石墨内部的接触面垫石墨纸。将烧结材料装入烧结模具中，模具装入小型放电等离子体烧结平台内。放电等离子体烧结平台如图 2 所示。

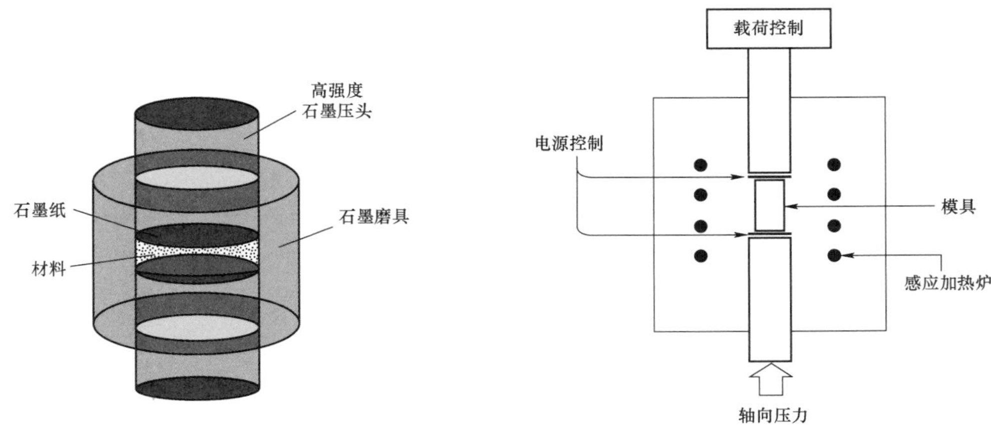

图 2　放电等离子体烧结烧结模具和烧结平台示意图

采用热压叠加放电等离子体烧结制备燃料芯块，热压烧结压力选取 30 MPa，而后利用石墨发热体将炉内温度升至热压温度，在此温度下进行预定时间的热压烧结。为了分析温度、烧结时间对烧结效应的影响规律，按照正交实验选取烧结参数：烧结温度选择 1 600 ℃和 1 700 ℃，烧结时间选择 30 min 和 3 min。运用 SEM、晶粒尺寸统计技术对样品的微观组织结构进行了分析（表 4）。

表 4　放电等离子体烧结参数

压力/MPa	30	30	30
温度/℃	1 600	1 700	1 700
保温时间/h	0.5	0.5	0.05
试样编号	1#～6#	7#	8#

2　实验结果及分析

2.1　预制生坯压力对烧结组织的影响

图 3a 为未压制试样 6#，粉体直接装入模具进行烧结。与图 3b 试样 2# 相比（相同的组元，相同烧结参数，冷压力为 80 MPa），试样气孔和裂纹较多，组织不致密，气孔多集中在晶粒内部，这是因为晶粒快速生长过程中，气孔来不及随晶界迁移。经晶粒统计发现，试样最大晶粒 72 μm、最小晶粒 35.16 μm、平均晶粒 54.65 μm，晶粒增大效果小于压制试样。

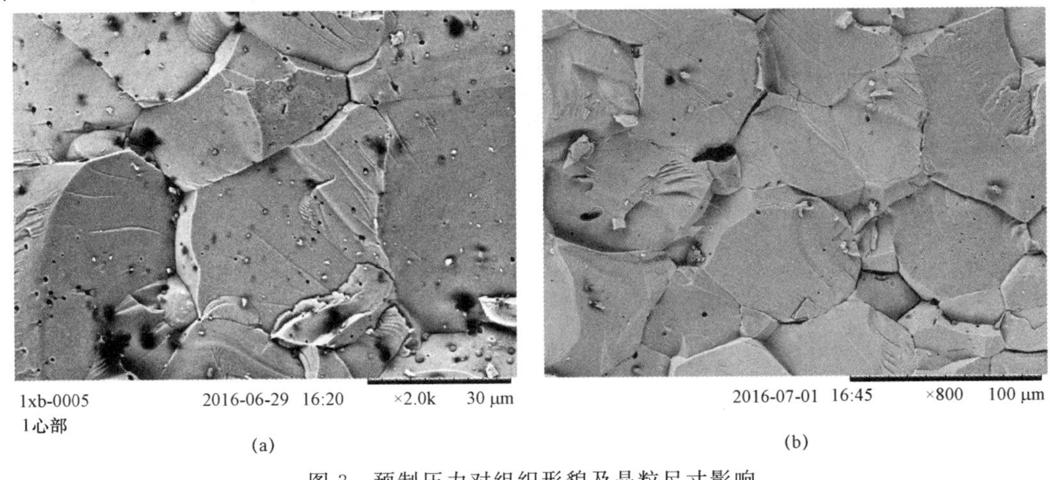

(a)　(b)

图 3　预制压力对组织形貌及晶粒尺寸影响

(a) 6#；(b) 2#

图 4a 为 5＃试样，其组元成分和烧结参数与图 4b 试样 3＃相同（冷压力 80 MPa），但预制生坯冷压力增加至 150 MPa，烧结后发现试样芯部晶粒尺寸最大 81.26 μm、最小 19.91 μm、平均 43.92 μm，晶粒尺寸相比 3＃减小。

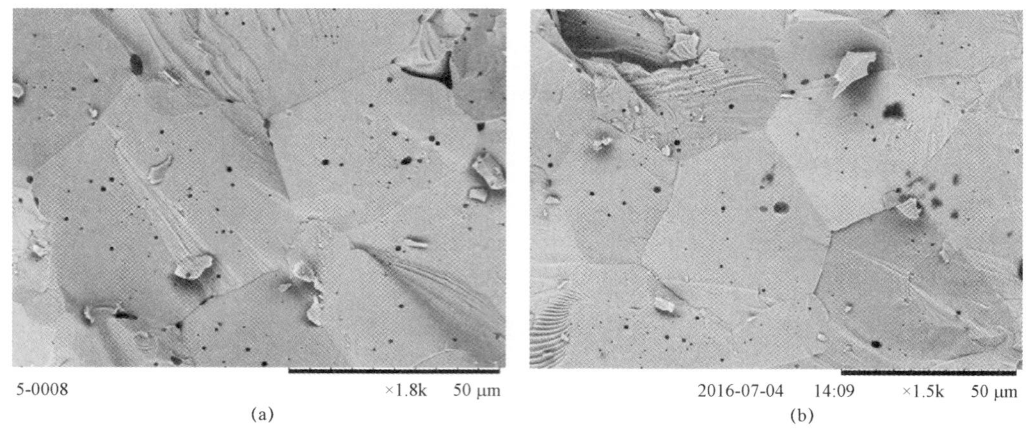

(a) (b)

图 4 压力对组织形貌及晶粒尺寸影响

(a) 5＃；(b) 3＃

图 5a 中 4＃试样经晶粒尺寸统计发现，晶粒尺寸最大 109.79 μm；最小 13.42 μm；平均 50.35 μm。相比于 1＃试样（与 9＃试样成分相同，烧结参数相同），增加预制冷压力，提高了烧结后的晶粒尺寸。

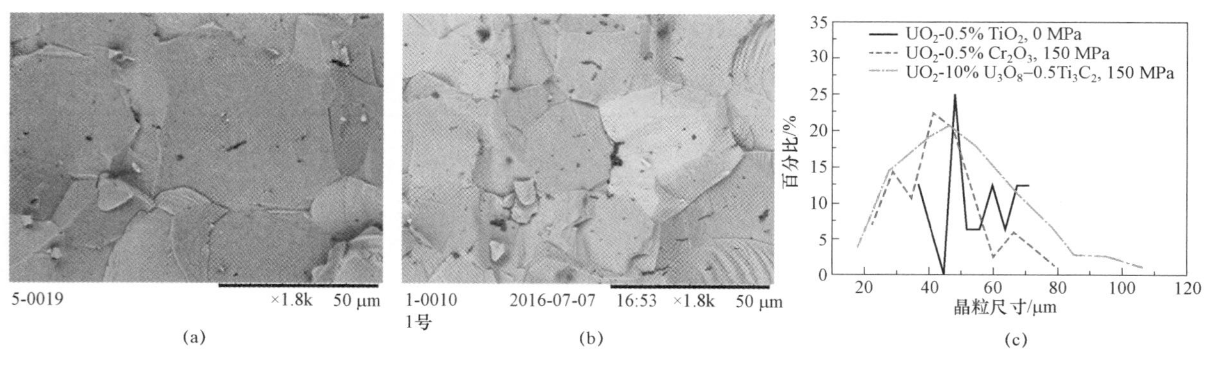

(a) (b) (c)

图 5 冷压力对组织形貌及晶粒尺寸影响

(a) 4＃；(b) 1＃；(c) 4＃～6＃

通过比较发现，大晶粒二氧化铀燃料芯块的预制生坯冷压、热压叠加放电等离子体烧结两步工序设计是合理的，放电等离子体烧结前进行生坯冷压有利于获得更大的晶粒尺寸。但是晶粒尺寸并不是随冷压力增加而增大的，当冷压力到达一定值时，继续增加冷压力，晶粒尺寸开始减小。对于不同的组分材料，临界生坯预制冷压力不同。

2.2 放电等离子体烧结参数对烧结组织的影响

图 6a 为 1 700 ℃烧结 30 min 的 7＃试样，与 1 600 ℃烧结 30 min 的 3＃试样相比（3＃试样预制冷压力和组元成分与 7＃相同），微观组织形貌发生明显变化，晶粒内部和晶界之间出现气孔，说明第二组元在高温长时间烧结中发生分解，导致芯块致密度降低。尺寸统计发现，晶粒尺寸最大 54.40 μm、最小 14.92 μm、平均 32.39 μm，晶粒尺寸增大不明显。

图 6b 为 1 700 ℃烧结 3 min 的 8＃试样，与 1 600 ℃烧结 30 min 的 1＃试样相比（1＃试样预制冷压力和组元成分与 8＃相同），微观组织形貌变化不明显。晶粒尺寸统计发现，芯部晶粒尺寸最大 44.04 μm、最小 6.89 μm、平均 22.04 μm，略小于 1＃试样 33.08 μm。

图 6 烧结参数对组织形貌及晶粒尺寸影响

(a) 提高烧结温度—7＃；(b) 提高烧结温度，缩短烧结时间—8＃；(c) 7＃—8＃晶粒尺寸统计

试验结果说明，高温快速烧结可获得低温长时间的烧结效果，在大晶粒二氧化铀燃料芯块快速烧结试验中，可以通过调高烧结温度大幅降低烧结时间，降低高导热第二组元高温分解的速率。

2.3 燃料芯块晶粒尺寸的轴向梯度分布

燃料芯块晶粒尺寸统计分析发现，烧结后芯块晶粒尺寸存在不均匀现象，具体表现为晶粒尺寸存在沿轴向梯度分布。如图 7 所示(8＃为例)，上表面处晶粒尺寸最大 68.29 μm、最小 18.52 μm、平均 40.80 μm；上表面与芯部之间晶粒尺寸最大 57.00 μm、最小 13.70 μm、平均 31.58 μm；芯部晶粒尺寸最大 44.04 μm、最小 6.89 μm、平均 22.04 μm；下表面晶粒尺寸最大 35.06 μm、最小 7.86 μm、平均 17.18 μm。

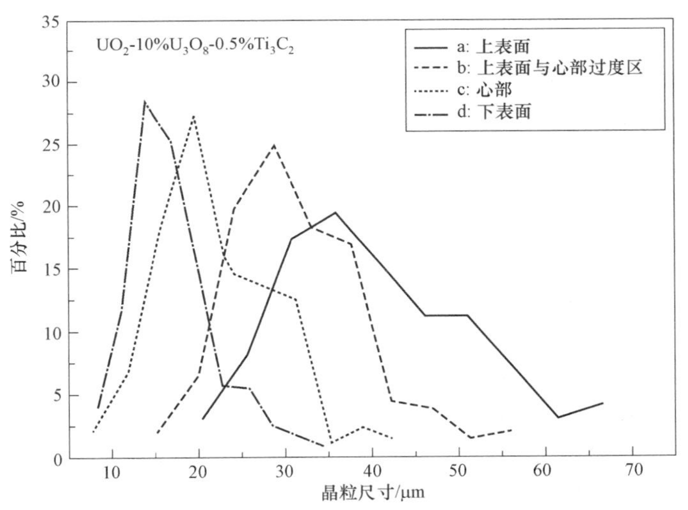

图 7 燃料芯块(8＃)晶粒尺寸的轴向梯度分布

2.4 燃料芯块放电等离子体烧结工艺的优化思路

为获得最优的晶粒尺寸 50～100 μm，需要对芯块冷压压力、烧结参数(温度、时间)进行优化，以获得最佳的致密化程度和微观组织结构。优化思路为：

(1) 在 150 MPa 时，U_3O_8-Ti_3C_2-UO_2组元芯块晶粒尺寸随冷压力的增加而增大，进一步调高预制生坯的冷压力，获得最佳的冷压力参数。

(2) 进一步提高烧结温度，在 3～30 min 烧结时间内合理选择，在获得大晶粒的同时，降低第二和第三组元分解速率。

3 结论

本文研究了大晶粒二氧化铀燃料芯块的快速烧结工艺，揭示了烧结工艺中预制生坯冷压力、烧结温度和烧结时间对烧结致密度和微观组织结构的影响，优化了烧结工艺参数参数，提出了一种掺杂型大晶粒二氧化铀芯块放电等离子体烧结工艺方法。

(1) 预制生坯冷压有利于获得更大的晶粒尺寸，但是晶粒尺寸并不是随冷压力增加而增大的，当冷压力到达一定值时，继续增加冷压力，晶粒尺寸开始减小。对于不同的组分材料，临界生坯预制冷压力不同。

(2) 高温快速烧结可获得低温长时间的烧结效果，在大晶粒二氧化铀燃料芯块快速烧结试验中，可以通过调高烧结温度大幅降低烧结时间，降低高导热第二组元高温分解的速率。

(3) 大晶粒二氧化铀燃料芯块的预制生坯冷压、热压叠加放电等离子体烧结两步工序设计是合理的，需根据成分设计，优化出最佳的快速烧结工艺参数。

参考文献：

[1] 李锐，高家诚，杨晓东，等．二氧化铀核燃料芯块烧结工艺的发展概况[J]. 材料导报，2006，20(2)：91-93.

[2] Joseph Y. R. Rashid, Suresh K. Yagnik, Robert O. Montgomery. Light water reactor fuel performance modeling and multi-dimensional simulation[J]. Advanced Fuel Performance: Modeling and Simulation, 2011, 63(8): 81-88.

[3] 颜学明，伍志明，周永忠．添加 Al_2O_3 和 SiO_2 的大晶粒 UO_2 芯块制备研究[J]. 原子能科学技术，2003，37(增刊)：29-32.

[4] 温志远．试论二氧化铀核燃料芯块烧结工艺的发展[J]. 工程技术(引文版)，2017，1(7)：22-22.

[5] 高家诚，李锐，钟凤伟，等．二氧化铀陶瓷燃料芯块工艺研究进展[J]. 功能材料．2006，37(6)：849-852.

[6] 朱峰，郭文利，梁彤祥．高温气冷堆大晶粒二氧化铀核芯研究[J]. 原子能科学技术，2011，45(6)：695-699.

[7] 杨晓东，高家诚，伍志明．微氧化气氛下二氧化铀芯块低温烧结[J]. 原子能科学技术，2005，39(增刊)：122-124.

[8] 李锐．二氧化铀芯块的低温烧结工艺与高温蠕变研究[J]. 核动力工程，2014，35(1)：97-100.

[9] 高家诚，杨晓东，李锐，等．二氧化铀芯块低温烧结机理的研究[J]. 功能材料，2006，8(37)：1298-1302.

[10] 高家诚，吴曙芳，杨晓东，等．二氧化铀粉末 513 K 下空气氧化机制和动力学研究[J]. 原子能科学技术，2010，44(增刊)：352-358.

[11] 李锐，孙茂州，聂立红．$UO_{(2+X)}$ 芯块预氧化工艺以及低温烧结致密化机理研究[J]. 核动力工程，2015，36(2)：46-50.

[12] Ho Yang, Yong-Woon Kim, Jong Hun Kim, Dong-Joo Kim, Ki Won Kang, Young Woo Rhee, Keon Sik Kim, and Kun Woo Song. Pressureless Rapid Sintering of UO_2 Assisted by High-frequency Induction Heating Process[J]. J. Am. Ceram. Soc., 2008, 91(10): 3202-3206.

[13] Lihao Ge, GhatuSubhash, Ronald H. Baney, James S. Tulenko, Edward McKenna. Densification of uranium dioxide fuel pellets prepared by spark plasma sintering(SPS)[J]. Journal of Nuclear Materials, 2013, 1-3(435): 1-9.

[14] 李海涛，戴建雄，熊德明．添加 $Al(OH)_3$ 制备大晶粒 Gd_2O_3-UO_2 芯块[J]. 中国核学会核化工分会 2014 学术交流年会，2014：205-209.

[15] 周荣生．添加助烧剂和 U_3O_8 粉末制备大晶粒 Gd_2O_3-UO_2 可燃毒物芯块的工艺及性能研究[D]. 成都：中国核动力研究设计院博士学位论文，2002.

Study on spark plasma sintering of large grain uranium dioxide pellets

LUO Shuai, LU Yang-hui, YU Cheng-wei, WEI Li-jun, WU Xian-feng

(State Power Investment Corporation Research Institute, Co. Ltd, Beijing, China)

Abstract: A rapid sintering method of doped large grain uranium dioxide fuel pellets was developed. The effects of preform pressure, sintering temperature and time on the densification, microstructure and phase composition of the materials were analyzed. The method included cold pressing and hot pressing of preformed billets and spark plasma sintering of high electric field strength to make doped uranium dioxide powder materials rapidly occur densification sintering. The results show that under the condition of fixed component content, there is a critical cold pressure of preform billet, and the maximum grain size can be obtained by critical cold pressing treatment. The sintering time and the decomposition rate of high thermal conductivity second phase of large grain fuel pellets can be greatly reduced by increasing the sintering temperature. The uniform microstructure of large grain uranium Dioxide fuel pellet can be obtained.

Key words: uranium dioxide; spark plasma sintering; doped; pellet sintering; large grain; fuel pellet

助烧剂对放电等离子体烧结大晶粒 UO_2 芯块组织的影响

罗　帅，鲁仰辉，于成伟，魏立军，吴先峰
(国家电投集团科学技术研究院有限公司，北京 102209)

摘要：通过对添加不同烧结助剂的二氧化铀粉体进行放电等离体烧结，得到了不同组元下的大晶粒二氧化铀燃料芯块，结合扫描电镜及晶粒尺寸统计分析进行微观组织结构的观察和分析，研究了不同组分对二氧化铀芯块致密度和晶粒尺寸变化的影响，结果表明：低温下，少量 Ti、Cr 氧化物和碳化物可显著提高烧结后的燃料芯块晶粒尺寸；氧化物助烧剂添加对晶粒增大的效果更明显，其中 TiO_2 的效果优于 Cr_2O_3；UO_2-U_3O_8-Ti_3C_2 三组燃料芯块晶粒尺寸由 Ti_3C_2 决定，U_3O_8 组元可保持芯块的组织均匀性。

关键词：UO_2；二氧化铀；放电等离子体；芯块烧结；大晶粒；燃料芯块

UO_2 是久经考验的大型商业反应堆燃料芯块材料，与其他材料相比，UO_2 燃料显示了很多独特的优良品种：熔点高，扩大了反应堆可选用的工作温度；在 2 670 K 以下无相变，各向同性，没有金属铀各向异性带来的缺陷；中子经济性好；辐照稳定性高；抗腐蚀性能好；与包壳材料相容性好等优点[1]。然而，UO_2 燃料也存在明显的局限性，其热导率很低，并且随温度升高导热能力下降，而使其在高燃耗下的使用性能和应对核事故的能力无法令人满意[2-3]。

通过理论计算发现，相比于传统晶粒 UO_2 芯块，大晶粒芯块通过提高晶粒尺寸降低了晶界的体积分数，提高了 UO_2 的声子自由程，从而有效提高了芯块的热导率，大幅降低芯块中心线温度，增大燃料抵抗堆芯熔化等事故的能力[4-7]。为了应对未来对燃料安全性能的更高要求和技术升级换代的需要，美国、俄罗斯等国家在制备大晶粒 UO_2 燃料芯块方面做了大量的工作，主要是通过添加氧化物烧结助剂进行固相烧结，其大晶粒 UO_2 燃料芯块的制备工艺存在着两种方法：一种方法是将粉末进行长时间的热处理，以促进晶粒生长，这种方法具有费时和昂贵的缺点；另一种方法是进一步提高 UO_2 粉末的烧结温度，从通常的 1 600～1 700 ℃ 提高到 2 000 ℃ 以上，增强表面扩散和蒸发过程并促进晶粒生长[8-12]。

延长烧结时间和提高烧结温度的大晶粒二氧化铀燃料芯块常规烧结方法存在费用高、效率低等问题[13-16]。为降低烧结温度和缩短烧结时间，本文将放电等离子体电场辅助烧结技术应用于大晶粒 UO_2 芯块烧结，对大晶粒二氧化铀燃料芯块的低温快速放电等离子体电场辅助烧结工艺进行探索研究，分析了添加助烧剂对放电等离子体烧结 UO_2 材料致密化、微观组织结构的影响规律。

1　实验材料及方法

1.1　实验材料

实验采用的氧化铀粉体，经 X 射线相分析：UO_2 粉为立方晶系，Fm-3m 晶格常数 $a=5.468(1)$ Å，无杂相；U_3O_8 粉无杂相，两种粉体符合实验要求(图 1)。

添加了烧结助剂 Ti_3C_2 材料，根据烧结助剂含量的不同设计了正交实验，正交实验参数如表 1 所示。

作者简介：罗帅(1987—)，男，博士，高级工程师，现主要从事核燃料材料、新能源材料等科研工作
基金项目：国家核电技术有限公司科研项目(2015SN010-003)

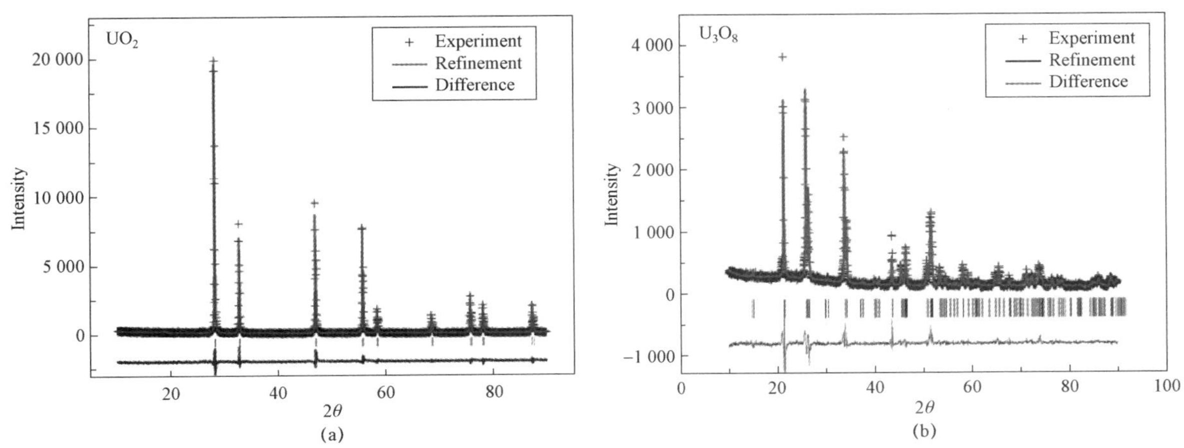

图 1　二氧化铀粉体 XRD 分析结果

(a) UO_2；(b) U_3O_8

表 1　$UO_2/U_3O_8/Ti_3C_2$ 三组元大晶粒燃料芯块正交试验成分设计

Ti_3C_2 \ U_3O_8	0%	10%	20%
0%		1#	
0.5%	3#	2#	5#
1%		4#	
2%		6#	

为了比较 U_3O_8/Ti_3C_2 组元对芯块晶粒尺寸的影响，设计了其他两种组元的烧结实验，分别加入 0.5 wt% TiO_2 和 0.5 wt% Cr_2O_3，与表 1 中的试验结果进行了比较，试样号与成分组成如表 2 所示。

表 2　二组元燃料芯块试验成分设计

试样编号	成分组成
7#	0.5 wt% TiO_2 + 99.5% UO_2
8#	0.5 wt% Cr_2O_3 + 99.5% UO_2

1.2　实验设备及方法

烧结所用模具为内径 10 mm 的石墨模具，所用压头为导电、耐压的高强度石墨，压头与粉体、压头与石墨内部的接触面垫石墨纸。将烧结材料装入烧结模具中，模具装入小型放电等离子体烧结平台内。放电等离子体烧结平台如图 2 所示，烧结压力选取 30 MPa，烧结温度选择 1 600 ℃，烧结时间选择 30 min。该设备可自动记录烧结收缩量、其中烧结收缩量是表征样品体积变化和致密度的直接数值，可用于分析参数对烧结性能的影响规律。运用 SEM、晶粒尺寸统计技术对样品的微观组织结构进行了分析。

2　实验结果及分析

2.1　三组元燃料芯块成分对烧结组织的影响

图 3a 为芯块样品(8#)为冷压后的生坯，高度约 10 mm，直径 10 mm。生坯烧结完成后如图 3b 所示，样品脱模容易，整体形貌完整，烧结致密度好。

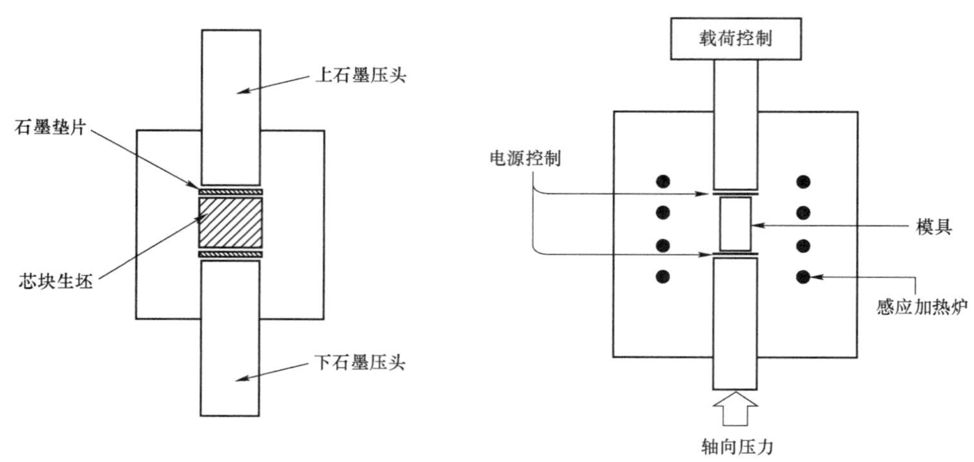

图 2　放电等离子体烧结烧结模具和烧结平台示意图

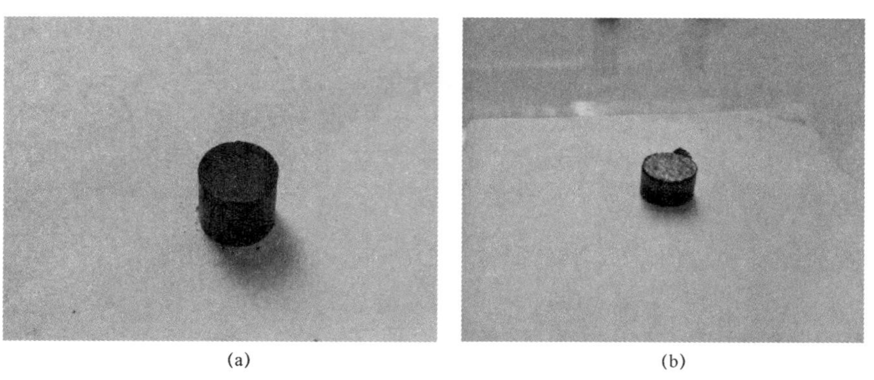

(a)　　(b)

图 3　样品冷压生坯及烧结后试样宏观形貌(8＃)

1＃试样晶粒尺寸在 20～30 μm，个别晶粒尺寸达 30 μm 以上(右图 4a)，晶粒内部存在较多小气孔，经晶粒统计 1＃试样晶粒尺寸最大 51.88 μm、最小 18.55 μm、平均 26.83 μm。2＃试样粉末中随着加入 Ti_3C_2，相同烧结参数的烧结后，发现烧结后心部晶粒尺寸增大，经晶粒统计发现最大 61.01 μm、最小 16.07 μm、平均 33.08 μm。当 Ti_3C_2 含量增加至 1％时(4＃)，晶粒尺寸继续增大，统计发现 4＃芯部最大 94.96 μm、最小 15.76 μm、平均 40.14 μm。当 Ti_3C_2 含量增加至 2％时(6＃)，晶粒内部发现很多黑色杂质，可能是高含量的 Ti_3C_2 发生分解，形成黑色杂质，晶粒尺寸统计发现 6＃芯部最大 38.71 μm、最小 7.67 μm、平均 16.36 μm，晶粒未发生增大现象。

因此，在 $UO_2/U_3O_8/Ti_3C_2$ 三组元燃料芯块中，当第二组元 U_3O_8 含量为 10％保持不变时，添加 1％的 Ti_3C_2 能够获得晶粒尺寸和组织形貌最优的大晶粒材料。

由图 4b 可知，含有 10％ U_3O_8-0.5％ Ti_3C_2 试样，烧结后芯块心部晶粒最大 61.01 μm、最小 16.07 μm、平均 33.08 μm；当试样不含 U_3O_8 时(3＃)，烧结后晶粒微观形貌变化不明显，统计发现3＃试样芯部晶粒尺寸最大 69 μm、最小 18.25 μm、平均 32.35 μm，晶粒尺寸略微降低；增大 U_3O_8 含量至 20％(5＃)，烧结后晶粒围观形貌无变化，统计后发现芯部晶粒尺寸最大 68.29 μm、最小 12.69 μm、平均 30.66 μm。因此，在 $UO_2/U_3O_8/Ti_3C_2$ 三组燃料芯块中，U_3O_8 对晶粒尺寸的影响较小，晶粒尺寸由 Ti_3C_2 决定。

2.2　氧化物助烧剂对烧结组织的影响

碳化物(Ti_3C_2)组元能够显著增大燃料芯块的晶粒尺寸，且添加第三组元 U_3O_8 对晶粒尺寸的影响不大，当含有 0.5％的组元时，晶粒尺寸达到 30 μm。

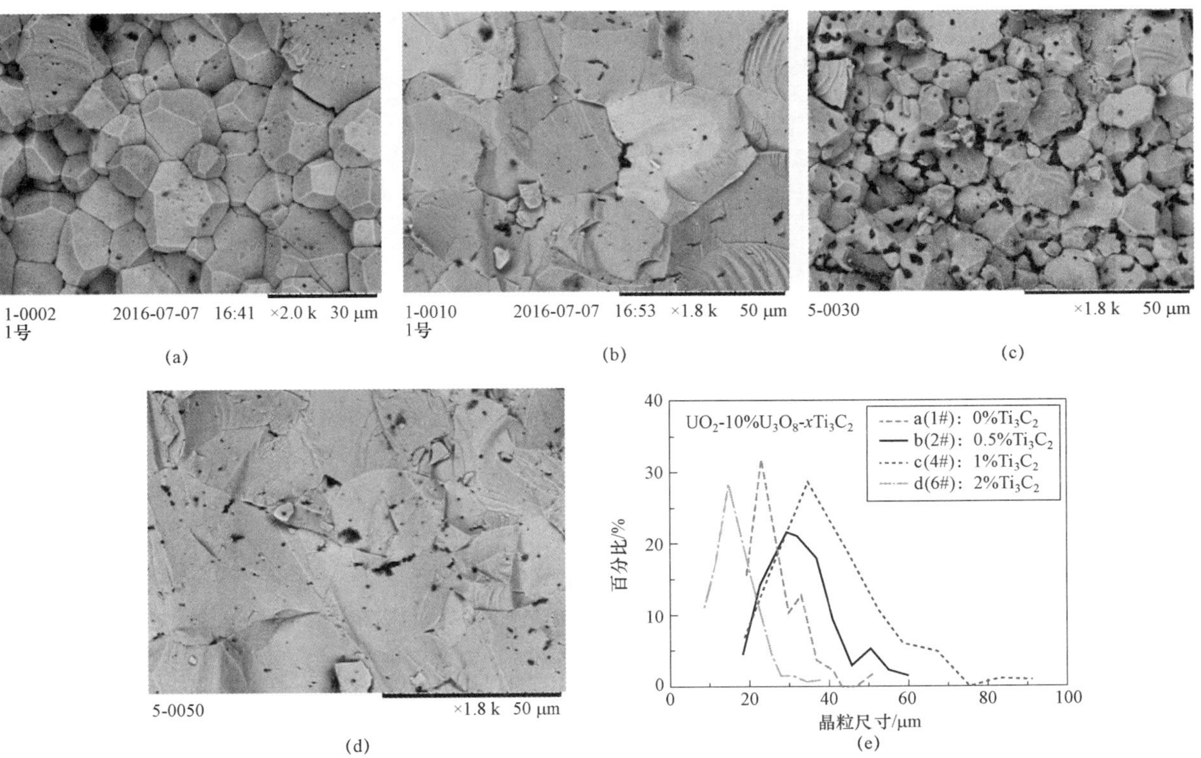

图 4　$UO_2/10\%U_3O_8/Ti_3C_2$三组元不同 Ti_3C_2含量试样组织形貌及晶粒尺寸统计

(a) 无 Ti_3C_2—1＃；(b) 0.5％Ti_3C_2—2＃；(c) 1％Ti_3C_2—4＃；(d) 2％Ti_3C_2—6＃；(e) 晶粒尺寸统计

图 5　$UO_2/U_3O_8/0.5\%Ti_3C_2$三组元不同 U_3O_8含量试样组织形貌及晶粒尺寸统计

(a) 无 U_3O_8—3＃；(b) 20％U_3O_8—5＃；(c) 晶粒尺寸统计

为了比较不同种类组元对晶粒尺寸的影响，开展了含有 0.5％氧化物组元(成分见表 2)的燃料芯块烧结。

由图 6a 可见，添加 0.5％TiO_2的试样(7＃)微观组织结构致密，气孔和裂纹少，发现了 100 μm 晶粒。试样芯部晶粒尺寸统计发现，晶粒总数 13 个，最大晶粒 113.65 μm、最小晶粒 55.21 μm、平均晶粒尺寸 76.35 μm；添加 0.5％Cr_2O_3的试样(8＃)，心部晶粒尺寸比较平均，相邻几个晶粒的尺寸一般在 50 μm 左右(见图 6b)，未发现超过 100 μm 的特大晶粒，芯部晶粒尺寸最大 88 μm、最小 30.75 μm、平均 62.06 μm。

与图 5a 中 3＃试样比较，在相同的第二组元含量下，氧化物组元的加入对晶粒增大的效果更明显，其中 TiO_2的效果优于 Cr_2O_3。

图 6　二组元燃料芯块组织形貌及晶粒尺寸统计

(a) 0.5% TiO_2—7＃；(b) 0.5% Cr_2O_3—8＃；(c) 晶粒尺寸统计

2.3　燃料芯块晶粒尺寸的轴向梯度分布

燃料芯块晶粒尺寸统计分析发现，晶粒尺寸由上表面至下表面依次递减，1＃～12＃试样晶粒尺寸分布也存在相似规律。然而在 4＃试样中上下表面尺寸变化幅度较小(见图 7)，组织均匀性较好。上表面处晶粒尺寸最大 72 μm、最小 18.49 μm、平均 34.64 μm；芯部晶粒尺寸最大 94.96 μm、最小 15.76 μm、平均 40.14 μm；下表面晶粒尺寸最大 75.04 μm、最小 17.27 μm、平均 34.15 μm。结果证明 U_3O_8 对于提高组织均匀性具有一定作用。

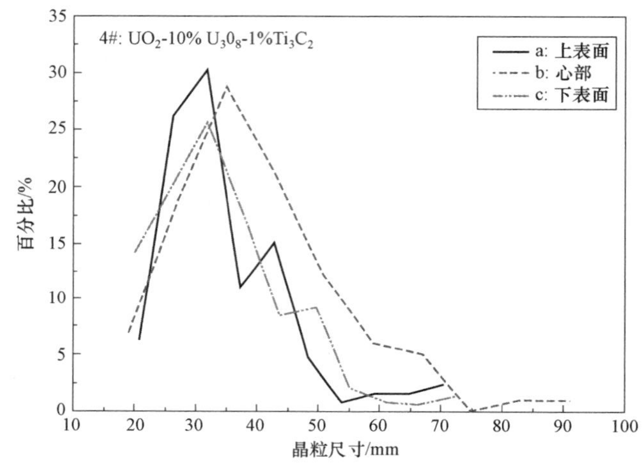

图 7　燃料芯块晶粒尺寸的轴向梯度分布(4＃)

3　结论

本文研究了助烧剂对放电等离子烧结掺杂型大晶粒二氧化铀燃料芯块组织的影响规律，揭示了燃料芯块成分对燃料芯块烧结致密度和微观组织结构的影响。

(1) 在 UO_2-U_3O_8-Ti_3C_2 三组元燃料芯块中，当第二组元 U_3O_8 含量为 10%保持不变时，添加 1%的 Ti_3C_2 能够获得晶粒尺寸和组织形貌最优的大晶粒材料。

(2) 在 UO_2-U_3O_8-Ti_3C_2 三组燃料芯块中，晶粒尺寸由 Ti_3C_2 决定，U_3O_8 组元对晶粒尺寸无影响，但是对提高组织均匀性具有一定作用。

(3) 在相同的第二组元含量下，氧化物组元的添加对晶粒增大的效果更明显，其中 TiO_2 的效果优于 Cr_2O_3。

(4) 大晶粒燃料芯块组分配比优先选择 10% U_3O_8-0.5% Ti_3C_2-UO_2，这种组分能够在获得大晶粒尺寸的同时，保持较好的晶粒尺寸均匀性。

参考文献：

[1] 颜学明，伍志明，周永忠．添加 Al_2O_3 和 SiO_2 的大晶粒 UO_2 芯块制备研究[J]. 原子能科学技术，2003，37(增刊)：29-32.

[2] Joseph Y. R. Rashid, Suresh K. Yagnik, Robert O. Montgomery. Light water reactor fuel performance modeling and multi-dimensional simulation[J]. Advanced Fuel Performance: Modeling and Simulation, 2011, 63(8): 81-88.

[3] Zhi-Gang Mei, Marius Stan, Jiong Yang. First-principles study of thermophysical properties of uranium dioxide[J]. Journal of Alloys and Compounds, 2014, 603: 282-286.

[4] Enze Jin, Chen Liu, Heming He. The influence of microstructures on the thermal conductivity of polycrystalline UO_2[J]. 24th International Conference On Nuclear Engineering, 2016, 4(3): 171-177.

[5] 朱峰，郭文利，梁彤祥．高温气冷堆大晶粒二氧化铀核芯研究[J]. 原子能科学技术，2011，45(6)：695-699.

[6] Hastings, I. J., Journal of the American Ceramic Society, 1983. 66(9): 150-151.

[7] UNE, K., S. KASHIBE, and K. ITO, Journal of Nuclear Science and Technology, 1993. 30(3): 221-231.

[8] Arborelius, J., et al., Journal of Nuclear Science and Technology, 2006. 43(9): 967-976.

[9] 李锐，高家诚，杨晓东，等．二氧化铀核燃料芯块烧结工艺的发展概况[J]. 材料导报，2006，20(2)：91-93.

[10] 高家诚，吴曙芳，杨晓东，等．二氧化铀粉末 513 K 下空气氧化机制和动力学研究[J]. 原子能科学技术，2010，44(增刊)：352-358.

[11] 温志远．试论二氧化铀核燃料芯块烧结工艺的发展[J]. 工程技术(引文版)，2017，1(7)：22-22.

[12] 高家诚，李锐，钟凤伟，等．二氧化铀陶瓷燃料芯块工艺研究进展[J]. 功能材料．2006，37(6)：849-852.

[13] 高家诚，杨晓东，李锐，等．二氧化铀芯块低温烧结机理的研究[J]. 功能材料，2006，8(37)：1298-1302.

[14] 杨晓东，高家诚，伍志明．微氧化气氛下二氧化铀芯块低温烧结[J]. 原子能科学技术，2005，39(增刊)：122-124.

[15] 李锐．二氧化铀芯块的低温烧结工艺与高温蠕变研究[J]. 核动力工程，2014，35(1)：97-100.

[16] Lihao Ge, GhatuSubhash, Ronald H. Baney, James S. Tulenko, Edward McKenna. Densification of uranium dioxide fuel pellets prepared by spark plasma sintering(SPS)[J]. Journal of Nuclear Materials, 2013, 1-3(435): 1-9.

Effect of burning aid on microstructure of large grain UO_2 pellets prepared by spark plasma sintering

LUO Shuai, LU Yang-hui, YU Cheng-wei, WEI Li-jun, WU Xian-feng

(State Power Investment Corporation Research Institute, Co. Ltd, Beijing, China)

Abstract: Large grain uranium dioxide pellets with different components were obtained by spark isoelectric sintering of uranium dioxide powder with different sintering additives. The microstructure was observed and analyzed by scanning electron microscope and statistical analysis of grain size. The effects of different components on the density and grain size of uranium dioxide pellets were studied. The results show that at low temperature, Ti, Cr oxides and carbides can significantly increase the grain size of sintered pellets. The effect of oxide sintering aids on grain size is more obvious, among which TiO_2 is better than Cr_2O_3. The grain size of UO_2-U_3O_8-Ti_3C_2 fuel pellets is determined by Ti_3C_2, and the role of U_3O_8 is to keep the structure uniformity.

Key words: UO_2; uranium dioxide; spark plasma sintering; pellet sintering; large grain; fuel pellet

大晶粒二氧化铀复合芯块放电等离子体烧结探究

于成伟,鲁仰辉,罗 帅
(国家电投集团科学技术研究院有限公司,北京 102209)

摘要:开发了一种核电用铀基复合燃料芯块的低温快速烧结方法,以掺杂型二氧化铀大颗粒、高导热性第二相粉末(金属)为原料,经过掺杂型二氧化铀制备、大颗粒二氧化铀筛分、混粉、生坯压实、坩埚加热固化和放电等离子体烧结等工序,制备出相对密度为95%~97%,UO_2晶粒尺寸要求在30~50 μm的大晶粒UO_2/高导热金属复合燃料芯块。放电等离子体烧结(烧结温度<1 000 ℃)避免了制备过程中二氧化铀与金属第二相反应,铀基复合燃料芯块具有良好的微观组织、更高的强度致密度等优点。

关键词:复合燃料芯块;放电等离子体;二氧化铀;低温烧结;大晶粒

UO_2陶瓷燃料芯块的热导率仅为金属铀的十几分之一,由于UO_2芯块热导率低,导致其服役过程中中心线温度高(约1 700 ℃),因此,在缺失冷却水事故下(如LOCA)会很快达到熔点,造成堆芯融化事故[1]。此外,过高的中心线温度还会增加裂变气体的释放量,导致包壳内压升高,进而带来事故隐患。可见,提高燃料芯块热导率对于核反应堆的安全性来说至关重要[2]。

开发复合燃料芯块是提高压水堆用UO_2芯块的热导率以及安全性能的研究方向,复合燃料芯块是将晶粒尺寸约为普通UO_2材料5~10倍的UO_2大颗粒与高热导率金属第二相结合在一起的复合芯块,将UO_2大颗粒与高热导率第二相复合在一起可以大大提高燃料芯块的热导率[3-5]。

传统的UO_2燃料芯块烧结工艺基于电阻加热原理,烧结温度高,升温速度慢,加热效率低,无法满足新型复合燃料芯块制备要求:一方面,由于其烧结温度过高,往往导致复合燃料芯块中UO_2与第二相材料发生化学反应,反应物阻碍热量的有效传递导致燃料的热导率达不到预期结果。另一方面,由于其烧结效率低下,使得一些流动性较差的非氧化物类的先进燃料,如UN,UC等,动辄需要烧结几十小时[6-9]。快速,低温,高效的先进烧结工艺是高性能复合燃料开发不可或缺的部分[10-14]。

放电等离子体电场辅助烧结技术可降低烧结温度和缩短烧结时间[15],因此,本文首先制备出晶粒尺寸30~50 μm的掺杂型大晶粒二氧化铀材料,将大晶粒二氧化铀基体材料与高导热金属第二相混合压制复合芯块生坯,开展了复合芯块低温快速放电等离子体电场辅助烧结,分析了复合芯块烧结后致密化、微观组织结构和相组成。

1 实验材料及方法

实验采用的氧化铀粉体,经X射线相分析:UO_2粉为立方晶系,Fm-3m晶格常数$a=5.468(1)$ Å,无杂相(图1)。

添加了0.5 wt%Cr_2O_3烧结助剂诱导大晶粒UO_2材料制备。大晶粒二氧化铀材料试样预制生坯压力为150 MPa,烧结温度和烧结时间分别为1 600 ℃和30 min。烧结所用模具为内径10 mm的石墨模具,所用压头为导电、耐压的高强度石墨,压头与粉体、压头与石墨内部的接触面垫石墨纸(图2)。

将烧结材料装入烧结模具中,模具装入小型放电等离子体烧结平台内。放电等离子体烧结平台如图3所示。

作者简介:于成伟(1982—),男,吉林九台人,工程师,硕士,从事材料学及新材料应用技术研究

基金项目:国家核电技术有限公司科研基金项目-大晶粒二氧化铀燃料材料试制(2015SN010—003)

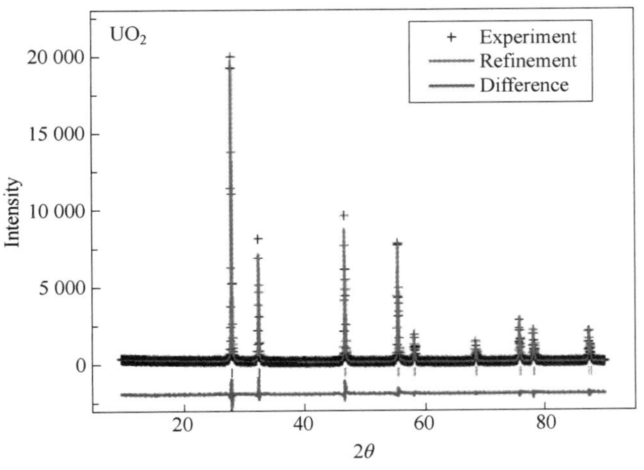

图 1　二氧化铀粉体 XRD 分析结果

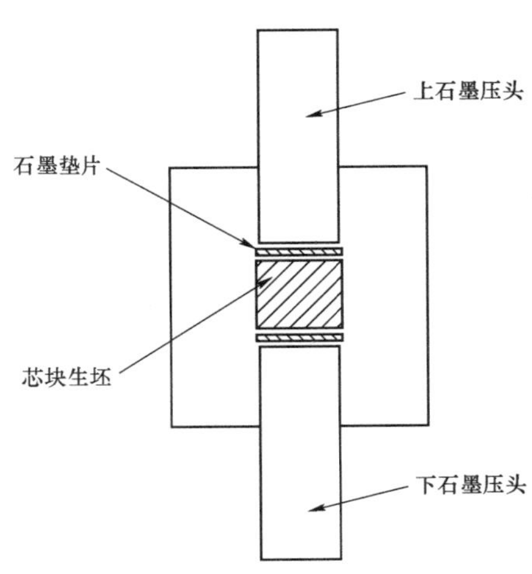

图 2　放电等离子体烧结烧结模具示意图

大晶粒二氧化铀材料烧结制备后，运用 SEM、晶粒尺寸统计技术对样品的微观组织结构进行了分析。对样品进行破碎，筛分出 30～50 μm 的二氧化铀大颗粒材料，以大颗粒材料为基体与高导热金属第二相混合（第二相选取高纯锆粉），预制冷压力压制生坯，开展复合燃料芯块放电等离子体烧结。

采用热压叠加放电等离子体烧结制备燃料芯块，热压烧结压力选取 30 MPa，而后利用石墨发热体将炉内温度升至烧结温度，在此温度下进行预定时间的热压辅助放电等离子体烧结，烧结温度、烧结时间如表 1 所示。

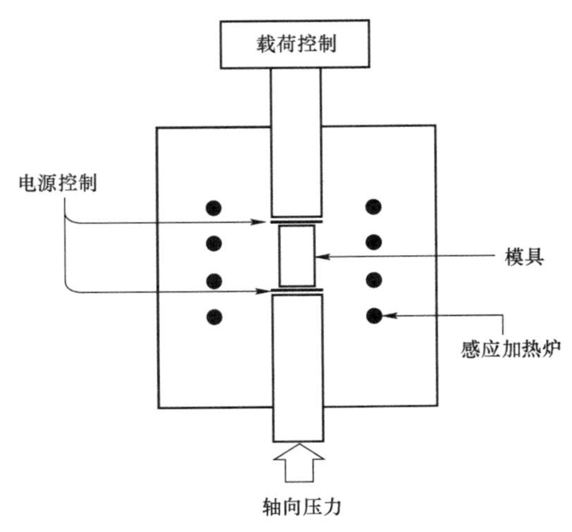

图 3　放电等离子体烧结设备示意图

表 1　复合燃料芯块放电等离子体烧结参数

压力/MPa	30
温度/℃	1 500
保温时间/min	20

运用 SEM、XRD、晶粒尺寸统计技术对样品的微观组织结构和相组成进行了分析。

2　实验结果及分析

2.1　掺杂型二氧化铀大晶粒制备

图 4 为烧结二氧化铀大颗粒样品，样品脆，脱模后完全破碎。观察模具内侧的垫片，石墨片和石墨压头、和石墨模具内侧面接触非常紧密（在装试样时还存在空隙，生坯很容易装入）。可能是模具为 10 mm 直径，生坯和石墨垫片、压头都是 9.5 mm，装入后存在 500 μm 的空隙。石墨纸的厚度是 0.2 mm，加入石墨纸后能填满空隙，然而石墨片厚度只有 20 μm，无法填满空隙。随着烧结过程中生坯的烧结变形，石墨片也变形破碎。

取样品小碎块，观察了断口组织。图 5 为 1 600 ℃烧结 30 min 的大晶粒二氧化铀试样相比，微观组织形貌发生明显变化，晶粒内部和晶界之间出现气孔，说明第二组元在高温长时间烧结中发生分解，导致试样致密度降低。晶界处气孔的存在降低了试样晶粒间的结合强度，试样易发生破碎。

尺寸统计发现，晶粒尺寸最大 54.40 μm、最小 14.92 μm、平均 32.39 μm。

(a) (b)

图 4 烧结二氧化铀大颗粒试样宏观图片

(a) 试样样品；(b) 模具

(a)

(b)

图 5 烧结二氧化铀大晶粒试样组织形貌及晶粒尺寸统计

(a) 微观组织结构；(b) 晶粒尺寸统计

将制备的 UO_2 大晶粒试样置于颗粒机中破碎，过筛，筛取出直径在 30～50 μm 范围内的大晶粒 UO_2 材料，并将得到的大晶粒 UO_2 材料中混入金属粉体内，然后研磨均匀，得到复合粉末。对复合粉末进行模压成型，制得复合燃料芯块生坯。

2.2 复合燃料芯块放电等离子体烧结

复合燃料芯块生坯经放电等离子体烧结后，宏观组织结构如图 6 所示。复合燃料芯块制备完成后脱模容易，未发生破碎。复合燃料芯块结构完整，无裂纹空洞、无粉末掉落现象，说明烧结充分。

图 6　二氧化铀大晶粒/金属第二相复合燃料芯块

图 7 为大晶粒 UO_2/金属复合燃料芯块的微观组织形貌。复合燃料芯块中第二相金属(深灰色联系相)沿 UO_2 基体晶界分布，填充了基体晶界处的缝隙，起到了黏结作用，芯块具有良好机械强度，经过测量，所烧结制备的复合燃料芯块的密度达到理论密度的 95%以上，经过扫描电镜(SEM)表征可见材料的致密组织形貌。

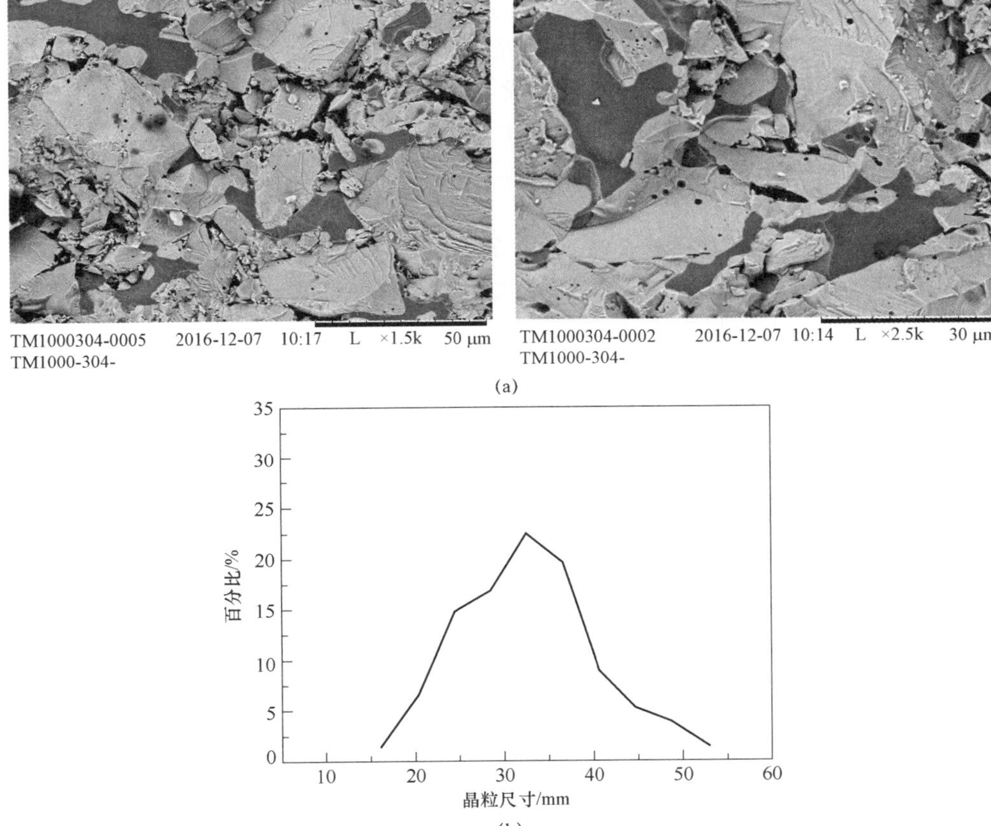

图 7　二氧化铀大晶粒/金属第二相复合燃料芯块微观组织结构

(a) 大晶粒二氧化铀与第二相结合；(b) 二氧化铀大颗粒晶粒尺寸统计

2.3　复合燃料芯块相组成分析

图 8 为复合燃料芯块相组成 XRD 表征结果。证明所烧结制备的复合芯块是以 UO_2 材料为主，含有少量的 Cr 第二相，未发现金属 Cr 与基体高温反应产物，说明了放电等离子体烧结工艺的低温快速

烧结特性，避免了铀基体相与高导热金属第二相发生化学反应。

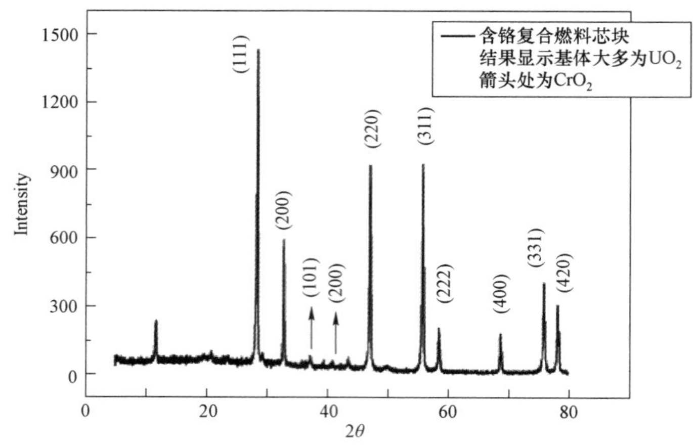

图 8　复合燃料芯块 XRD 分析结果

3　结论

复合燃料芯块制备的关键在于避免铀基材料与高活性第二相材料发生高温反应，这使得现有的高温烧结工艺都无法用于复合燃料芯块的制备。放电等离子体电场辅助烧结技术可降低材料的烧结温度和缩短烧结时间，能够满足复合燃料芯块的烧结要求。本文采用特殊设计的双向加压的石墨模具，对普通放电等离子体烧结工艺进行了改进，提出了一种操作简单、不会产生高温反应、烧结体致密度和硬度高的低温、快速制备大晶粒 UO_2/金属第二相复合燃料芯块的方法，能够制备出相对密度为 95%～97%，UO_2晶粒尺寸在 30～50 μm 的大晶粒 UO_2/金属第二相复合燃料芯块。

(1) 通过制粒和采用 YG15 硬质合金模具，提高了粉粒的流动性和模具的最大压制压力，因而使烧结芯块生坯有提高的密度和更良好的轴向均匀性，又导致了烧结温度的降低和烧结后密度的提高，减少了加工余量，提高了粉末的利用率。

(2) 放电等离子体烧结时采用阶梯式升温，在 900 ℃进行升温，可以充分释放内部气体，能够使粉末中的气体杂质得到充分降低，降低杂质含量。

(3) 复合燃料芯块烧结时，金属第二相能够通过粉末冶金方式填充入基体晶界分析，提高芯块的强度。低温快速烧结工艺保证二氧化铀和金属第二相结合处不存在晶格缺陷，制备出来的复合燃料芯块具有良好的晶体结构。

参考文献：

[1] Joseph Y. R. Rashid, Suresh K. Yagnik, Robert O. Montgomery. Light water reactor fuel performance modeling and multi-dimensional simulation[J]. Advanced Fuel Performance: Modeling and Simulation, 2011, 63(8): 81-88.

[2] Zhi-Gang Mei, Marius Stan, Jiong Yang. First-principles study of thermophysical properties of uranium dioxide[J]. Journal of Alloys and Compounds, 2014, 603: 282-286.

[3] 朱峰，郭文利，梁彤祥．高温气冷堆大晶粒二氧化铀核芯研究[J]. 原子能科学技术，2011，45(6)：695-699.

[4] Enze Jin, Chen Liu, Heming He. The influence of microstructures on the thermal conductivity of polycrystalline UO_2[J]. 24th International Conference On Nuclear Engineering, 2016, 4(3): 171-177.

[5] 颜学明，伍志明，周永忠．添加 Al_2O_3 和 SiO_2 的大晶粒 UO_2 芯块制备研究[J]. 原子能科学技术，2003，37(增刊)：29-32.

[6] 李锐，高家诚，杨晓东，等．二氧化铀核燃料芯块烧结工艺的发展概况[J]. 材料导报，2006，20(2)：91-93.

[7] 高家诚，吴曙芳，杨晓东，等．二氧化铀粉末 513 K 下空气氧化机制和动力学研究[J]. 原子能科学技术，2010，44(增刊)：352-358.

[8] 温志远．试论二氧化铀核燃料芯块烧结工艺的发展[J]. 工程技术(引文版)，2017，1(7)：22-22.

[9] 高家诚,李锐,钟凤伟,等. 二氧化铀陶瓷燃料芯块工艺研究进展[J]. 功能材料. 2006,37(6):849-852.

[10] 高家诚,杨晓东,李锐,等. 二氧化铀芯块低温烧结机理的研究[J]. 功能材料,2006,8(37):1298-1302.

[11] 杨晓东,高家诚,伍志明. 微氧化气氛下二氧化铀芯块低温烧结[J]. 原子能科学技术,2005,39(增刊):122-124.

[12] 李锐. 二氧化铀芯块的低温烧结工艺与高温蠕变研究[J]. 核动力工程,2014,35(1):97-100.

[13] 李锐,孙茂州,聂立红. $UO_{(2+X)}$芯块预氧化工艺以及低温烧结致密化机理研究[J]. 核动力工程,2015,36(2):46-50.

[14] Ho Yang,Yong-Woon Kim,Jong Hun Kim,Dong-Joo Kim,Ki Won Kang,Young Woo Rhee,Keon Sik Kim,and Kun Woo Song. Pressureless Rapid Sintering of UO_2 Assisted by High-frequency Induction Heating Process[J]. J. Am. Ceram. Soc. ,2008,91(10):3202-3206.

[15] Lihao Ge, GhatuSubhash, Ronald H. Baney, James S. Tulenko, Edward McKenna. Densification of uranium dioxide fuel pellets prepared by spark plasma sintering(SPS)[J]. Journal of Nuclear Materials,2013,1-3(435):1-9.

Study on spark plasma sintering process of large grain uranium dioxide composite pellets

YU Cheng-wei,LU Yang-hui,LUO Shuai

(State Power Investment Corporation Research Institute,Co. Ltd,Beijing,China)

Abstract: A low-temperature rapid sintering method of uranium based composite fuel pellets for nuclear power was developed. Using doped uranium dioxide large particles and high thermal conductivity second phase powder(metal)as raw materials,the relative density was 95%~97%after the preparation of doped uranium dioxide, screening of large particles of uranium dioxide, mixing powder, compacting green billets, heating and curing in crucible and spark plasma sintering The results show that the grain size of UO_2 is between 30 μm and 50 μm. Spark plasma sintering (sintering temperature<1 000 ℃)can avoid the second phase reaction between uranium dioxide and metal in the preparation process. Uranium based composite fuel pellets have the advantages of good microstructure and higher mechanical strength density.

Key words: Composite fuel pellets; spark plasma sintering; Uranium dioxide; Low temperature sintering; Large grain

含B铁素体/马氏体钢微观结构中子散射研究

李峻宏[1],苏喜平[1],冯 伟[1],任媛媛[1],马小柏[2],王子军[2],李天富[2],杨文云[3]
(1. 中国原子能科学研究院,北京 102413;2. 中国原子能科学研究院,北京 102413;3. 北京大学,北京 100871)

摘要:材料是影响核能发展的瓶颈问题,在诸多候选结构材料中,9%~12%Cr铁素体/马氏体钢具有高的导热率、低的热膨胀系数、优异抗辐照性能以及与冷却剂的良好兼容性,是高燃耗钠冷快堆首选外套管材料,也是铅铋快堆和ADS包壳管的首选材料。采用B元素进行合金化是耐热铁素体/马氏体钢设计的重要强化手段。B降低了原奥氏体晶界处$M_{23}C_6$粗化倾向,偏聚在晶界附近的B元素抑制持久变形回复与再结晶行为,显著降低铁素体/马氏体钢持久或蠕变速率,增加持久寿命。作为最为重要的两种合金强化元素,B和N在铁素体/马氏体钢成分设计与选用中获得广泛关注。然而,B和N易于结合形成粗大的一次析出相BN。因此,采用B元素进行合金化需要关注B和N的相互作用。为了研究含B铁素体/马氏体钢的微观结构,在中国先进研究堆上开展高分辨中子粉末衍射和中子小角散射测量,得到纳米析出物结构类型、尺寸和分布等微观结构信息,为含B铁素体/马氏体钢研究提供了实验数据。

关键词:铁素体/马氏体钢;中子散射;微观结构;尺寸分布

引言

铁素体/马氏体钢(Ferritic/Martensitic Steels,FMS)具有高的导热率、低的热膨胀系数、优异的抗辐照性能以及与冷却剂良好兼容性,是钠冷和铅铋快堆外套管以及ADS包壳管的首选材料[1-3]。快堆用FMS成分主要包括两类:一类是10%~12%Cr马氏体耐热钢(简称12Cr钢),较高的Cr含量使得钢中存在少量高温δ-铁素体,呈现双相微观组织结构形态;另一类是8%~9%Cr马氏体耐热钢(简称9Cr钢),显微组织结构多为单一的马氏体。9Cr钢C含量约为0.10 wt.%,添加适量Mo、V、Nb或W、V、Ta进行强化。从调研[4]的9Cr钢名义化学成分总结可以看出,除EM10外,9Cr钢中V含量较为固定,介于0.20~0.25 wt%;除CLAM钢外,均添加适量N元素进行合金化,其含量约为0.01~0.05 wt%,用于析出MX相,提高钢的高温持久或蠕变强度;添加0.1~0.5 wt%的Mn和少量Ni(≤0.2 wt%),减少或抑制钢中δ-铁素体的形成;添加少量Si(≤0.3 wt%)提高材料的抗氧化性能;Ta的添加用于替代常规FMS钢中Nb元素,降低材料在高中子辐照条件下活化行为,其含量较为固定,约为0.04~0.15 wt%。

采用B元素进行合金化是耐热FMS钢设计的重要强化手段,近些年来备受推崇。B的作用机理包括:降低原奥氏体晶界处$M_{23}C_6$粗化倾向。通常认为晶界上的碳化物有助于钉扎晶界移动,增加FMS钢的持久强度,改善持久塑性。然而,在高温时效或持久过程中,$M_{23}C_6$碳化物颗粒易于粗化,且粗化倾向随着使用温度的增加而显著增大,过于粗大的碳化物钉扎晶界移动的能力逐渐降低。抑制$M_{23}C_6$粗化,可以延长碳化物对FMS钢持久性能的有益作用。添加在FMS钢中的B元素在晶界偏聚,或者进入$M_{23}C_6$,形成$M_{23}(C,B)_6$,均起到抑制碳化物粗化的作用。偏聚在晶界附近的B元素抑制了持久变形回复与再结晶行为,显著降低FMS钢持久或蠕变速率,增加持久寿命。

作为最为重要的两种合金强化元素,B和N在FMS钢成分设计与选用中获得了广泛的关注。然而,B和N易于结合形成粗大的一次析出相BN,因此采用B元素进行合金化需要关注B和N的相互作用。本文开展了9Cr含B铁素体/马氏体钢微观结构中子散射研究,通过中子粉末衍射、中子小角散射等微观结构测量和分析,得到纳米析出物结构类型、尺寸和分布等信息,为9Cr含B铁素体/马氏

作者简介:李峻宏(1975—),男,山东招远人,副研究员,博士,现从事快堆组件设计和材料研究工作

体钢性能改进提供实验数据。

1 材料和实验方法

1.1 小角中子散射理论

中子小角散射(SANS)是随着20世纪70年代冷源和中子导管普及以后逐渐发展起来的一种中子散射实验方法,可在纳米到微米尺度范围内分析样品的微观结构形貌。小角中子散射利用冷中子(波长通常在0.4～2.0 nm)入射样品,通过测量小散射矢量Q(0.01～5 nm^{-1}范围)下的散射强度分布情况,可分析获知样品在大尺度(约1～300 nm范围)原子分子的空间分布情况,从而研究材料结构。SANS实验通过测量入射强度、散射强度、透射率等多个参数,再对原始数据进行必要处理,可获得散射强度随散射矢量的变化,进一步分析后可获知样品结构信息。

1.2 9Cr FMS材料和实验

为研究不同B含量铁素体/马氏体钢微观结构和纳米析出物对材料性能的影响,采用真空感应(VIM)冶炼两种不同B含量的9Cr FMS铸锭,其成分分析结果见表1。铸锭经锻造和热轧成名义厚度为13 mm板材。在1 050 ℃/30 min条件下正火处理,在770 ℃/1.5 h条件下回火处理。热处理后的试样开展OM、SEM和TEM分析。

表1 不同B含量的9Cr FMS化学成分(单位:wt%)

样品	C	Si	Mn	Cr	Mo	V	Nb	Ni	S	P	N	B
9Cr FMS-1	0.092	0.24	0.45	8.47	0.86	0.18	0.077	<0.01	0.001 0	0.003	0.056	0.001 4
9Cr FMS-2	0.10	0.27	0.51	8.73	0.95	0.20	0.082	0.21	0.001 7	0.009	0.049	0.005 0

在中国先进研究堆(CARR)小角谱仪完成中子散射测试,样品尺寸为10×10×1 mm(长×宽×厚)。所用中子波长为0.6 nm,样品距离探测器5 m,样品光阑尺寸6 mm,二维中子探测器空间分辨率5 mm×5 mm。在CARR北大高强度粉末谱仪完成中子衍射测试,样品尺寸为ϕ10×50 mm(直径×长度),所用中子波长为0.147 97 nm。在室温下采用步进扫描测量衍射曲线,散射角2θ为25°～145°,扫描步距为0.05°。

2 实验结果与讨论

2.1 中子小角散射分析

不同B含量9Cr FMS样品中子小角散射数据预处理得到一维散射强度曲线及使用SasView软件[5]拟合的结果见图1。高Q区间散射强度反映的是小尺寸粒子信息,低Q区间散射强度反映材料在较大尺度上的不均匀性。9Cr FMS样品为马氏体结构,析出相包括$M_{23}C_6$和MX相。用多分散小球模型进行拟合[6],假设析出物满足高斯分布,拟合结果见表2,9Cr FMS-2样品平均半径相比9Cr FMS-1增加了0.506%。

表2 小角中子散射拟合结果

样品	多分散小球模型		
	平均半径/nm	scale	多分散系数
9Cr FMS-1	23.70	6.337×10^{-3}	0.228
9Cr FMS-2	23.82	6.542×10^{-3}	0.230

2.2 中子衍射分析

不同B含量9Cr FMS样品中子衍射图谱及FullProf程序结构精修的结果见图2。以体心立方结

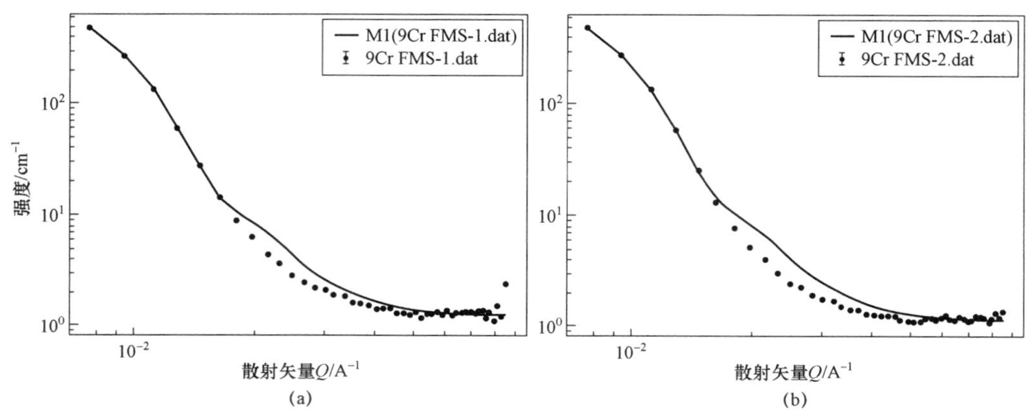

图 1 中子小角散射数据 SasView 拟合

(a) 9Cr FMS-1;(b) 9Cr FMS-2

构为初始模型(空间群为 I m-3 m,NO. 229),首先拟合零点、多项式本底、总比例因子、半高宽参数和晶格常数,使测量到的衍射峰和理论计算的各个反射面一一对应,然后再拟合原子坐标。图中的点为实验测量数据,实线为理论计算强度,下面一条曲线为实验测量数据与理论计算的差值。

9Cr FMS-1 样品用 FullProf 程序结构精修(图形剩余方差因子 $R_p=6.13\%$,加权图形剩余方差因子 $R_{wp}=8.31\%$,拟合优值 $C_{hi2}=8.19$),得到的晶胞参数 $a=b=c=2.873\ 55(4)$ Å,晶胞体积 $V=23.727\ 8$ Å^3。9Cr FMS-2 样品用 FullProf 程序结构精修(图形剩余方差因子 $R_p=5.91\%$,加权图形剩余方差因子 $R_{wp}=7.80\%$,拟合优值 $C_{hi2}=6.93$),得到的晶胞参数 $a=b=c=2.874\ 08(4)$ Å,晶胞体积 $V=23.740\ 9$ Å^3。随着 B 含量由 0.001 4 wt%变为 0.005 0 wt%,9Cr FMS 样品晶胞参数和晶胞体积都略有增加。

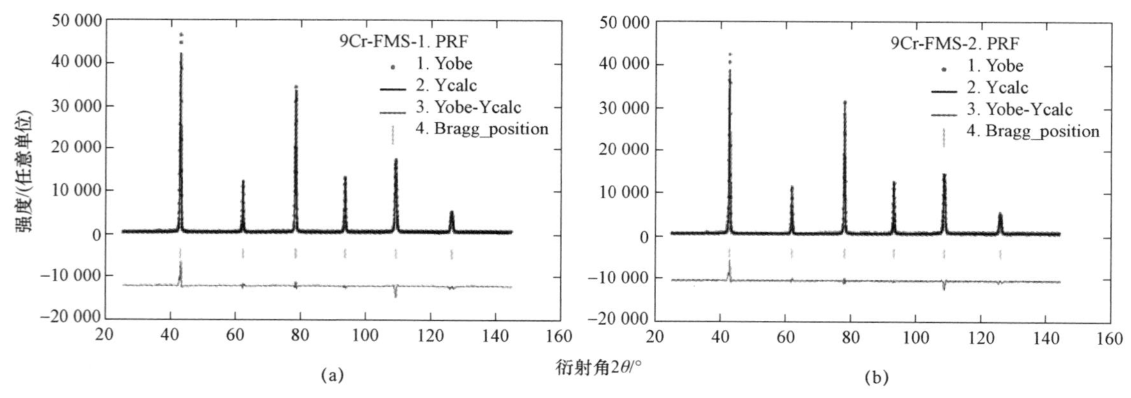

图 2 中子衍射数据 FullProf 拟合

(a)9Cr FMS-1;(b)9Cr FMS-2

2.3 讨论

使用透射电子显微镜(TEM)观察 9Cr FMS-1 和 9Cr FMS-2 样品的马氏体精细结构和析出相,发现 9Cr FMS-1 中板条组织形貌不明显,主要以等轴状亚晶结构为主,平均尺寸约 600 nm。样品中 $M_{23}C_6$ 金属原子团 M 由 Cr、Mo、Mn 组成,$M_{23}C_6$ 颗粒尺寸不均匀,在 85~330 nm 范围内变化,体积含量为 1.01%,颗粒平均尺寸 159 nm。MX 相金属原子团 M 主要由 V 组成,颗粒状 MX 相平均直径在 14~47 nm 范围内变化,析出量约为 0.34%。

样品 9Cr-FMS-2 与 9Cr-FMS-1 相似,板条组织主要以等轴状亚晶结构为主,平均尺寸约 496 nm,包含少量的拉长状板条,宽度 716 nm。样品中 $M_{23}C_6$ 金属原子团 M 由 Cr、Mo、Mn 组成,N 和 B 进入部分碳化物中替代 C,以 $M_{23}(C,N,B)_6$ 形式存在。$M_{23}C_6$ 颗粒尺寸不均匀,在 54~242 nm

范围内变化，体积含量为 1.50%，颗粒平均尺寸 150 nm。$M_{23}C_6$ 相颗粒尺寸分布见图 3。MX 相金属原子团 M 主要由 V 和 Nb 组成，平均颗粒直径在 24～86 nm 范围内变化，析出量约为 0.21%。MX 相颗粒尺寸分布见图 4。

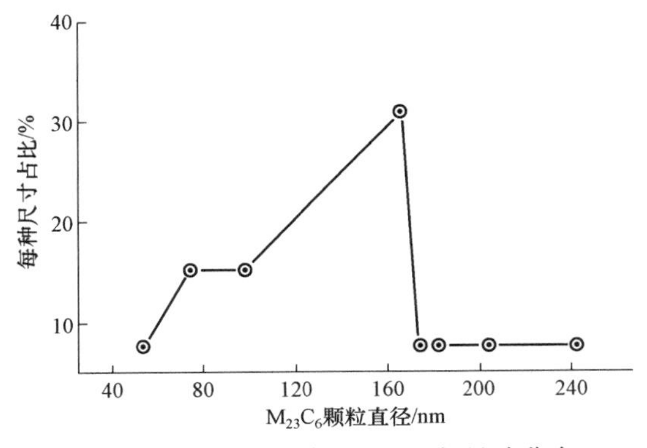

图 3　9Cr FMS-2 样品 $M_{23}C_6$ 相尺寸分布

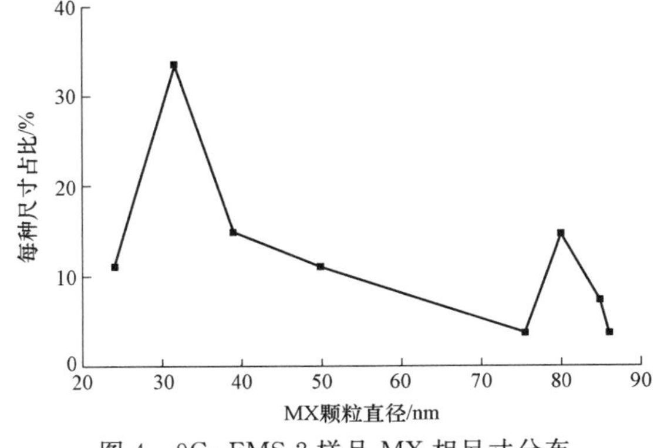

图 4　9Cr FMS-2 样品 MX 相尺寸分布

从中子散射和 TEM 的分析结果可以看出，添加 B 影响材料的晶胞参数和晶胞体积、板条尺寸、$M_{23}C_6$ 颗粒尺寸和析出量、MX 颗粒尺寸和析出量。板条、位错和析出相是铁素体/马氏体钢强度的主要来源，通常认为固溶的 B 元素具有界面偏聚倾向，是钉扎晶界移动的有效手段。9Cr FMS-2 中含有 0.049%的 N 元素，随着 B 元素添加量的增加，富硼相析出消耗了 N、Mo、Cr、Ni 等元素，不可避免降低固溶强化效果，也使得 MX 析出及其与位错交互作用引起的强化效果降低。TEM 分析中没有检测到 M_3B_2 和 BN 相，这与 M_3B_2 相析出数量有限、BN 颗粒尺寸较大有关。

在微结构实验研究中，TEM 能观测材料内部形成的位错线(环)、空位、纳米团簇等缺陷大小和密度信息，而小角中子散射表征纳米析出相的优势则在于，它对于沉淀相和基体的分辨能力强，易于表征尺寸较小的微观结构信息，而且能实现较大取样体积，实验结果统计性好，更能代表样品的整体情况。图 5 是小角中子散射分析 9Cr FMS-2 样品析出相颗粒直径的尺寸分布。可以看出，9Cr FMS-2 材料中存在尺寸约为 7～40 nm 的析出物。由于测量的小角中子散射矢量 Q 范围不够宽，看不到材料中较大的析出相(如 $M_{23}C_6$ 相)，该部分散射信息受到超出几百纳米更大尺寸形状因子影响，需通过超小角散射进一步探究。对比图 4 TEM 和图 5 小角中子散射的结果，发现在 40 nm 以下，二者测得的 MX 析出相尺寸分布基本一致。但是由于小角中子散射制样简单，能实现较大取样体积，更方便测试和表征经高剂量中子辐照后样品的微观结构信息，可以用来研究铁素体/马氏体钢经过中子辐照后析出相的演化和材料辐照脆化机制。

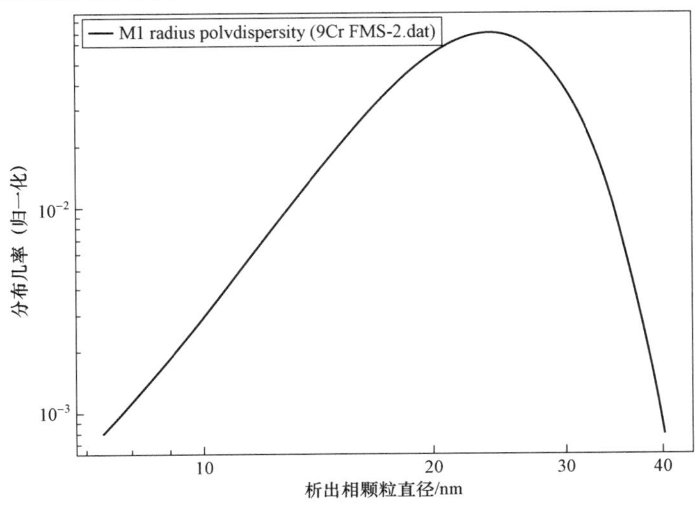

图 5　9Cr FMS-2 析出相尺寸分布

3 结论

本文应用小角中子散射和中子粉末衍射方法对两种不同B含量的9Cr铁素体/马氏体钢微观结构进行研究，结合TEM观测分析，得到纳米析出物结构类型、尺寸和分布等微观结构信息。

(1) 9Cr FMS样品主要为马氏体结构，析出相包括$M_{23}C_6$和MX相。用多分散小球模型拟合小角中子散射数据的结果表明，B含量较高的9Cr FMS-2样品析出相平均半径比B含量低的9Cr FMS-1增加了0.506%。

(2) 中子衍射FullProf结构精修结果，9Cr FMS样品为体心立方结构，随着B含量增加，样品晶胞参数和晶胞体积略有增加。

(3) 9Cr FMS样品含有0.050%左右的N元素，随着B元素量增加，富硼相析出消耗了N、Mo、Cr、Ni等元素，降低了固溶强化效果，使得MX析出及其与位错交互作用引起的强化效果降低。

(4) 在40 nm以下，TEM和小角散射分析9Cr FMS-2材料的MX相尺寸分布基本一致。

由于小角中子散射制样简单，方便测试和表征经过高剂量中子辐照后样品的微观结构信息，是研究铁素体/马氏体钢中子辐照析出相演化和材料辐照脆化机制的有力手段，可为钠冷和铅铋快堆堆芯组件材料的性能改进提供可靠的辐照后微观结构演化数据。

致谢

本工作是在核能开发堆芯组件设计研究(149601)和堆工部创新基金(196608)项目的资助下完成。

参考文献：

[1] Yiren CHEN. Irradiation effects of HT-9 martensitic steel[J]. Nuclear Engineering and Technology, 2013, 45(3): 311-322.

[2] Janelle P. Wharry, Zhijie Jiao, Vani Shankar, et al. Radiation-induced segregation and phase stability in ferritic-martensitic alloy T91[J]. Journal of Nuclear Materials, 2011, 417: 140-144.

[3] 周敏．新型高Si铁素体/马氏体钢显微组织与力学性能研究[D]. 南京：南京理工大学，2013.

[4] R L Klueh. Ferritic/martensitic steels for advanced nuclear reactors[J]. Transactions of The Indian Institute of Metals, 2009, 62(2): 81-87.

[5] G. Alina, P. Butler, J. Cho, M. Doucet, and P. Kienzle, SasView documentation release 5.n.x, http://www.sasview.org.

[6] 张佩佩，李天富，等．核电站用17-4沉淀硬化不锈钢阀杆热老化微结构小角中子散射研究[J]. 原子能科学技术，2018, 52(12): 2283-2288.

Neutron scattering study on microstructure of B-containing ferritic/martensitic steel

LI Jun-hong[1], SU Xi-ping[1], FENG Wei[1], REN Yuan-yuan[1], MA Xiao-bai[2], WANG Zi-jun[2], LI Tian-fu[2], YANG Wen-yun[3]

(1. China Institute of Atomic Energy, Beijing, China; 2. China Institute of Atomic Energy, Beijing, China; 3. Peking University, Beijing, China)

Abstract: Materials are the bottleneck problem affecting the development of nuclear energy. Among many candidate structural materials, 9%～12% Cr Ferritic/Martensitic steel has high thermal conductivity, low coefficient of thermal expansion, excellent radiation resistance and good compatibility with coolant. It is the preferred outer tube material for high burnup sodium cooled fast reactor, and also the preferred material for lead bismuth fast reactor and ADS cladding tube. Alloying with B element is an important strengthening method in the design of heat-resistant Ferritic/Martensitic steel, which has been highly praised in recent years. The mechanism of B reducing the tendency of $M_{23}C_6$ coarsening at the primary grain boundary of austenite. And the segregation of B element near the grain boundary can inhibit the behavior of recovery and recrystallization, significantly reduce the creep rate and increase the creep life of Ferritic/Martensitic steel. As the two most important alloying elements, B and N have been widely concerned in the composition design and selection of Ferritic/Martensitic steels. However, B and N are easy to combine to form coarse primary precipitate BN. Therefore, it is necessary to pay attention to the interaction between B and N in alloying with B element. In order to study the microstructure of Ferritic/Martensitic steels with B, High-Resolution neutron Powder Diffraction(HRPD) and Small Angle Neutron Scattering(SANS) experiments of ferritic martensitic steels were carried out at China Advanced Research Reactor (CARR). The microstructure information such as structure types, sizes and properties of nano precipitates of ferritic/martensitic steels with B were obtained, which provided the experimental data for B-containing ferritic/martensitic steels research.

Key words: Ferritic/Martensitic Steel; neutron scattering; microstructure; Size distribution

UO_2芯块制备中黏结剂的筛选及预先研究

张鹏卷
(中核建中核燃料元件有限公司,四川 宜宾 644000)

摘要:传统粉末冶金行业中由于粉体颗粒大小和比重有显著差别,混合处理的过程会产生较严重的粒径及成分偏析现象,影响坯块强度。为得到性能优良的粉末,常需要在制粒粉末中添加各种黏结剂-润滑剂体系以改善粉末工艺性能。但在核燃料元件制造厂由于核材料的特殊性,授权使用的黏结剂较少,更多的研究只局限于实验室阶段。文章选取了冶金行业常见的五种黏结剂与现行使用的阿克蜡(AKL)进行对比研究,筛选出 PVA 和 MAH 作为目标黏结剂,再进行联合试验确定最佳黏结剂及其比例为 0.3%AKL+0.4%MAH。此外,试验表明 MAH 的使用不会影响粉末的流动性和松装密度,热分解性能满足要求,降密系数为 0.8%T.D。试样各项理化性能均满足 AFA 3G 烧结芯块技术条件,最后分析了黏结机理。

关键词:粉末冶金;工艺性能;黏结剂;磨耗;机理

前言

由于 UO_2生坯在进炉烧结前的装舟和转移等过程中因强度较差容易产生掉块、缺损等缺陷,制约了成品率的提高。因此,提高生坯强度可作为一个研究方向。通常在球化阶段加入黏结剂可改善粉末成型性和提高生坯强度。

国际上许多国家在核燃料芯块制造过程中使用添加剂改善 UO_2粉末的冶金性能。如俄罗斯添加马来酸酐(MAH)制备的芯块生坯强度很高,可实现散装烧结;美国使用阿克蜡(AKL)作润滑剂,黏结效果要高于硬脂酸锌;法国采用 Cirec 作润滑剂,据称是一种混合蜡,黏结效果良好;而国内在 UO_2芯块黏结剂方面的研究报道相对较少。

1　单独试验

黏结性能取决于使用的工艺设计和黏结剂类型。某些黏结剂黏结效果好,但润滑性能差,这会导致粉体压缩性和脱模性能变差[1]。目前使用的 AKL 润滑性能优良,但生坯强度不能满足预期效果,故试验的目的是从既定黏结剂中优先淘汰黏结性能劣于 AKL 者,再通过与 AKL 的联合试验确定最佳的黏结剂及其组合比例。经调研,选定传统冶金行业中常用的五种黏结剂聚乙二醇(PEG)、聚乙烯醇(PVA)、马来酸酐(MAH)、低取代丙羟基纤维素(L-HPC)及聚乙烯醇缩丁醛(PVB)进行试验研究。

1.1　成型工艺确定

首先对 UO_2粉末进行以下工艺预试验确定成型方案(图 1):① 粉末直接压制;② 外润滑-压制;③ 制粒粉末-压制;④ 制粒粉末-外润滑-压制。从起初的芯块上端严重分层、掉盖到由于摩擦过大,上冲头压制不密实致使上端面残留粉末,产生半边掉盖再到上端面光滑平整。四种工艺的层层递进即为方案的优化过程。显然,应采用第④种方案成型。

为了分析黏结剂添加顺序对生坯强度的影响,设定 0.4%的 AKL 和 PEG 制粒前后添加四组试验,压制力 30 kN,结果见表 1。

作者简介:张鹏卷(1988—),男,甘肃天水人,工程师,注册核安全工程师,工学学士学位,现主要从事核燃料芯块的制备与研发工作

图 1　成型工艺过程优化

表 1　黏结剂添加顺序对生坯强度的影响

	制粒前加 AKL	制粒后加 AKL	制粒前加 PEG	制粒后加 PEG
磨前重量/g	25.015 5	25.268 3	25.297 7	25.162 5
磨后重量/g	13.152 3	15.915 2	14.083 2	14.335 9
Ra/%	47.42	37.02	44.33	43.03
脱模压力/kN	1.43	0.72	1.60	1.26

注:磨耗 5 块一组,脱模压力 3 块一组。

对润滑性较好的 AKL,在制粒前后添加,黏结-润滑性能区别较大,后者效果明显优于前者。而对润滑性能较差的 PEG,制粒后添加的黏结-润滑效果稍好于制粒前,但不明显。如果在制粒前加入,则很大一部分被包覆在颗粒内部,使颗粒内部结合相对紧密,而分布在颗粒表面的量相对较少,压制时不足以克服与模壁的摩擦力而使生坯密度降低,进而强度降低,黏结-润滑性能越强,强度降低越明显。

1.2　独立试验

通过各黏结剂不同比例的添加于 30 kN 压力下试验,测磨耗值(300 转)并与 AKL 比较。

磨耗测定采用 Rattle 试验(即滚筒试验),用于评价黏结剂添加对 UO_2 坯块强度的影响。Ra 值越小,说明强度越好,图 2 为生坯强度测量装置。A 为实验前 5 块生坯总质量,B 为实验后 5 块生坯总质量:

$$Ra = \frac{A-B}{A} \times 100\%$$

图 3 为测定的各黏结剂磨耗曲线。结果表明,MAH 的黏结性能高于 AKL,在添加量为 0.5%时磨耗有最小值。PVA 和 L-HPC 对生坯强度的影响与 AKL 差别不大,PVA 在较小添加量情况下优势较明显。此外,PEG 对磨耗几乎没有影响。

压制过程要解决的主要问题是模壁与粉末间存在的摩擦力,随着压制力的增大生坯从模壁中挤出会变得更加困难。形变过程中,润滑剂组成的流体通过产生一层高黏度聚合物膜而降低摩擦力。测定脱模压力时不经外润滑,各脱模压力曲线如图 4 所示。AKL 润滑能力确实很强,在添加量超过 0.15%时可稳定在 1.0 kN 左右,此后不再随添加量的增加而变动。MAH 的脱模压力随比例增加几乎呈线性增大趋势,认为 MAH 不具有润滑性。PEG 也表现出了一定程度的润滑性能,PVA 在 0.1%处取得了最小值,随后增大。

图 2　颗粒磨耗测量仪

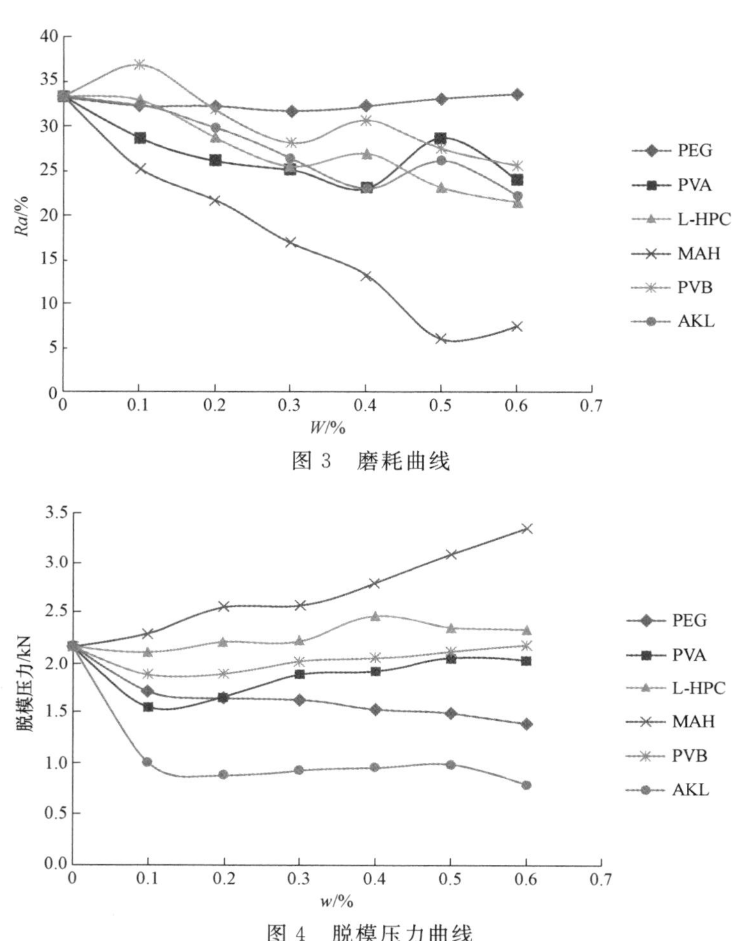

图 3　磨耗曲线

图 4　脱模压力曲线

作为目标选型的 MAH 并没有表现出较好的润滑性能，但考虑到重点考察黏结性能，所以选择 MAH 与 PVA 进行后续的联合试验。

2　与 AKL 联合试验

2.1　热重分析

文献[2]指出杂质 C 若在 800 ℃前不能彻底清除，会对 UO_2 芯块的烧结产生不利影响：1）C 与 UO_2 中的过剩氧作用，产生一氧化碳，滞留闭口孔中阻碍烧结；2）C 能使 UO_2 部分还原成低熔点金属 U 存在于 UO_2 晶粒边界上，使芯块的耐辐照性能和抗腐蚀性能恶化；3）残余 C 有抑制晶粒长大的作用，不利于制备大晶粒芯块。此外，由于轻元素碳、氢等中子吸收截面较大，当其过量残留在燃料芯体中时可降低中子的利用率。因此，核燃料生产中对芯块 C 有严格的控制要求，通常不超过 100 μg/gUO_2。根据现行工艺，黏结剂应在 700 ℃的预烧阶段尽可能除去。MAH、PVA、AKL 三者的热重检测结果见图 5。

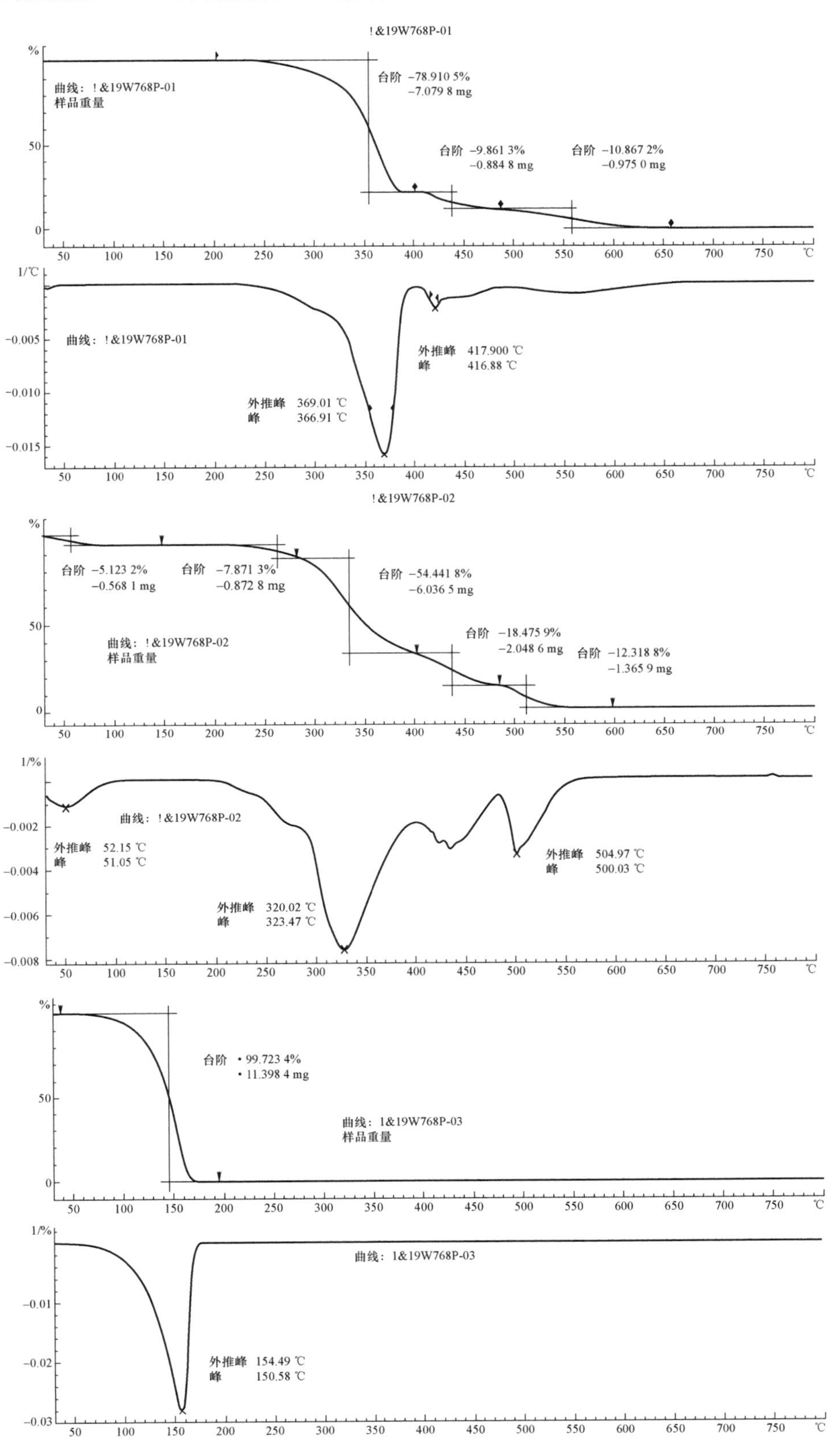

图 5　黏结剂 TG 曲线

气氛：空气；温度：30～800℃。

(1) AKL 最大分解率出现在 350 ℃，至 650 ℃时几乎完全分解，分解率为 99.639%。

(2) PVA 最大分解率出现在 330 ℃左右，600 ℃以后剩余样品不再分解，分解率为 98.231%。

(3) MAH 的分解则很迅速，150 ℃时分解率最大，200 ℃时完全分解，分解率高达 99.723%。

2.2 混料均匀性评价

为检验混料的均匀性，安排如下简易试验：取制粒粉末两份，分别加 0.4%的 PVA 和 MAH，混合 5 分钟，静置 1 分钟。从上中下三个位置分别取 5 个子样送检，编号 PVA(MAH)+041/042/043/044/045，用 F 检验法评价其均匀性。结果见表 2。

表 2 碳含量分析及 F 法检验结果(单位：μg/g UO_2)

编号	检测值			编号	检测值		
	上部	中间	下部		上部	中间	下部
PVA+041	2 098	2 258	2 290	MAH+041	2 025	1 872	2 046
PVA+042	2 110	2 138	2 180	MAH+042	1 865	1 924	1 964
PVA+043	2 216	2 079	2 226	MAH+043	1 910	2 048	1 898
PVA+044	2 087	2 208	2 086	MAH+044	1 885	1 865	1 906
PVA+045	2 150	2 115	2 142	MAH+045	2 012	1 896	2 103
平均值	2 132	2 160	2 185	平均值	1 939	1 921	1 983
方差	2 761	5 244	6 095	方差	5 489	5 575	7 971
F 检验值	0.736 2			F 检验值	0.810 1		
F_{crit}	3.885			F_{crit}	3.885		

两组试验中 F 检验值均小于 F_{crit}，认为粉末混合均匀性良好，满足试验要求。

2.3 流动性与松装密度测定

流动性和松装密度是粉末重要的工艺性能。粉末粒度减小、表面非球形系数增大、表面粗糙度增加等因素引起的粉末流动性差和松装密度减小都会使填料不稳定[3]，严重时可导致生坯高度和密度超差，产生高低块、磨削余量过小等质量问题。影响流动性和松装密度的主要因素是 UO_2 粉末的性能、制粒以及球化工艺控制，这里不做详细讨论。但球化阶段使用适量的添加剂能有效减小球化粉末间的摩擦力，而且其表现出的黏结性有一定的聚团作用，可提高流动性。总之，黏结剂的使用以不使粉末的工艺性能明显变差为原则。

制粒粉末中分别添加 0.1%、0.3%、0.5%的 PVA 和 MAH 用于测定松装密度和流动性。其中，流动性平行测试两次，松装密度测试三次，并做空白对照，结果如表 3 所示。

表 3 流动性、松装密度对比试验

项目 添加量/%	添加 PVA		添加 MAH	
	流动性/(s/50 g)	松装密度/(g/cm³)	流动性/(s/50 g)	松装密度/(g/cm³)
0	1.24	0.932 8	1.24	0.932 8
0.1	1.28	0.945 5	1.25	0.958 6
0.3	1.25	0.966 9	1.19	1.005 7
0.5	1.20	0.993 1	1.15	1.025 3

添加量在一定范围时，PVA 和 MAH 均能使球化粉末流动性变好，松装密度增大，但整体幅度不

大。说明其使用并未影响粉末的工艺性能，符合黏结剂的使用原则。

2.4 降密系数测定

通常，添加剂能挥发造孔降低烧结密度，尤其是非金属化合物和有机物的使用，所以在添加前有必要准确测定其降密性能。PVA 和 MAH 的降密曲线如图 6 所示。

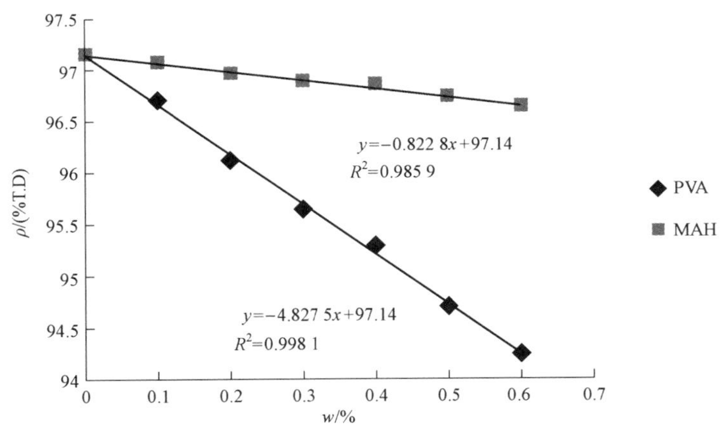

图 6 降密系数测定试验

两直线线性较好，PVA 的降密系数为 4.8%T.D，而 MAH 的降密效果不明显，仅为 0.8%T.D。该系数的测定对后续试验密度的调控具有重要的指导意义。

2.5 联合试验

该部分是所选黏结剂和 AKL 搭配添加的综合试验，目的是通过黏结性能和润滑性能的测试选出最佳组合比例。基于对单独试验结果的综合分析和限值要求，AKL 取 0.1%、0.2%、0.3%三个添加比例，黏结剂各自取 0.2%、0.3%、0.4%三个比例，具体安排如表 4 所示。

表 4 联合试验安排

添加比例/%	AKL	0.1			0.2			0.3		
	PVA(MAH)	0.2	0.3	0.4	0.2	0.3	0.4	0.2	0.3	0.4
试验编号		S1	S2	S3	S4	S5	S6	S7	S8	S9

试验结果用柱状图直观表示如图 7 所示。

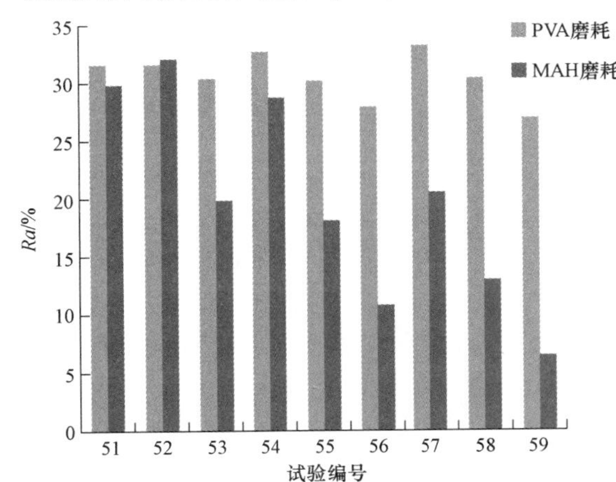

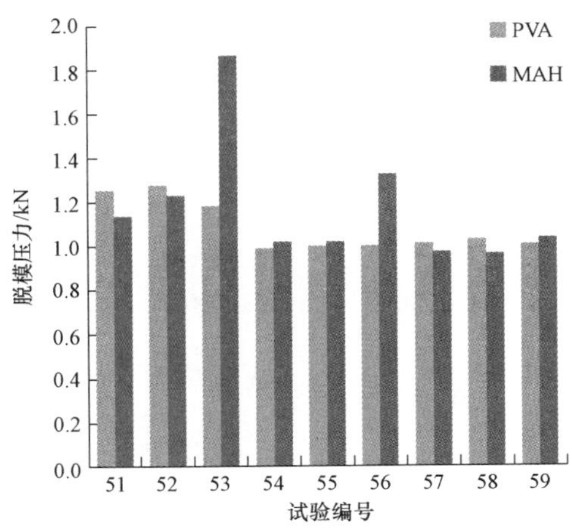

图 7 联合试验柱形图

不难看出磨耗值和脱模压力规律均较明显。1）黏结性能方面，固定 AKL 的比例，增大黏结剂比例磨耗值无疑是减小的，其中 MAH 组减小更多，说明 MAH 的黏结性能更好，这与单独试验结果一致；固定黏结剂比例，随 AKL 比例增大也有类似结论，表明 AKL 也有一定的黏结性；对比分析预选出 S6(0.2%AKL+0.4%MAH)和 S9(0.3%AKL+0.4%MAH)两组比例。2）润滑性方面，固定 AKL 比例，加大 PVA 比例对脱模压力影响不大，而随 MAH 比例的增大脱模压力呈增大趋势，尤其当 MAH 比例较大时相对明显，但 AKL 比例的增多可使该趋势逐渐弱化。这或许与 MAH 较强的黏结性致使粉末聚团有关，使 AKL 的有效润滑能力下降；当黏结剂添加量一定且 AKL 比例大于 0.2% 时，润滑性能基本保持不变，脱模压力减至最小。综合黏结性能，选出 S9(0.3%AKL+0.4%MAH)为最佳添加比例。

2.6 理化性能分析

用最佳组合比例制备生坯，按 AFA 3G 芯块放行条件分析杂质、总氢、金相和热稳定性等重要理化性能指标。检测结果见表 5，各指标均低于技术要求，说明黏结剂的使用并没有对芯块性能造成实质性影响。

表 5　理化性能数据统计

C	总氢	Si	N	F	Cl
<10	<0.15	<20	<20	<3	<10
B	Gd	Fe	Cr	Zn	Al
<0.1	<0.026	<10	<5	<5	<5
平均晶粒尺寸/μm	气孔分布(%)				热稳定性 Δρ*(%T.D)
	0～2 μm	0～10 μm	0～45 μm	总孔率	
12.7	0.71	1.80	2.81	3.03	0.16

注：杂质含量单位：μg/gUO_2。

此外，在烧结密度 98.0%T.D 条件下对比检验了只添加 0.3%AKL 时芯块的金相和热稳定性，用于分析 MAH 对芯块微观结构的影响，编号分别为 03AKL+GY 和 03AKL04MAH+GY(表 6)。

表 6　金相、热稳检测结果

编　号	晶粒尺寸/μm	热稳定性/%T.D	
		Δρ*	M
03AKL+GY	13.1	0.12	0.16
03AKL04MAH+GY	12.7	0.16	0.18

结果表明 MAH 对芯块的金相和热稳定性没有显著影响。图 8 为试样金相图，从×13 倍照片可看出只添加 0.3%AKL 试样气孔分布均匀，没有颗粒边界。而最优组合比的试样有个别大气孔出现，这或许与 MAH 潮解结团有关。

2.7 黏结机理分析

黏结是不同材料界面接触后相互作用的结果。以下以 MAH(分子式 $C_4H_2O_3$)为例进行机理探讨。

(1) 机械作用力理论

由于干法 UO_2粉体为椭球形貌，MAH 为针状晶体，在压制过程中颗粒粗糙表面之间凹凸部分会产生机械啮合力，并且粉体表面越不规则，啮合力越大。黏结剂优先作用于凹陷处，因为此处曲率半径小，原子活性高，表面能高，黏结剂的填充有利于表面能的降低。从物理化学观点看，机械作用并不是产生黏结力的因素，而是增加黏结效果的一种方法。

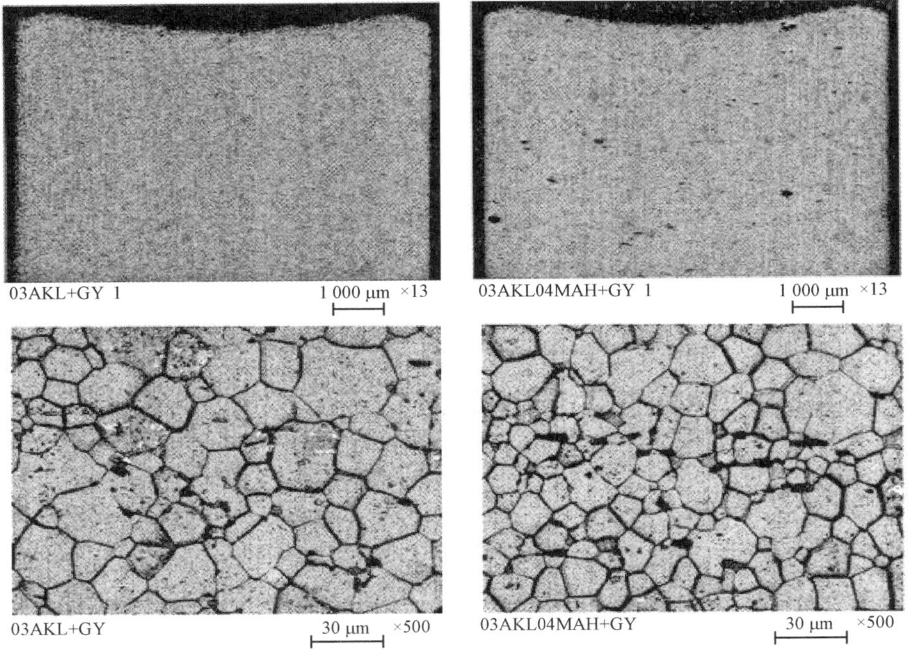

图 8 试样金相图

(2) 吸附理论

吸附理论认为黏结力主要来源于黏结体系的分子作用力，即范德化引力和氢键力。压制过程使黏结剂与 UO_2 分子间的距离达到 5～10 Å 时，界面分子间便产生吸引力。据计算，当两个理想的平面相距 10 Å 时，范德华力可使引力强度达 10～1 000 MPa。但现实中并不是两物质分子充分接触就能产生足够的强度，因为固体的力学强度是一种力学性质，而不是分子性质，其大小取决于粉体材料的每个局部性质，而并不等于分子作用力的总和。

3 结论

本文以提高芯块生坯强度为出发点，开展筛选及验证所选黏结剂系列试验，得出如下结论：

(1) 考察黏结性能时工艺为：制粒粉末＋外润滑。润滑性能和联合试验则不用外润滑。

(2) MAH 的黏结性最好；所选黏结剂润滑性均弱于 AKL，其中 MAH 最差。

(3) 热重试验表明，添加剂 AKL、PVA、MAH 热分解性能均满足实验要求。

(4) PVA 和 MAH 的使用并不影响粉末的流动性和松装密度。

(5) PVA 的降密系数为 4.8%T. D，而 MAH 的降密系数仅为 0.8%T. D。

(6) 最终选定最佳组合比例为 0.3%AKL＋0.4%MAH。

(7) 试样各项理化性能均满足 AFA 3G 烧结块技术条件。

(8) MAH 的添加可细化晶粒和降低热稳定性。

(9) 黏结机理主要为机械啮合。

参考文献：

[1] Chris Schade，Mike Marucci，Fran Hanejko. 通过用黏结剂处理预混粉改进粉末的使用性能[J]. 粉末冶金工业，2014，24(2)：5-10.

[2] 蔡文仕，舒保华．陶瓷二氧化铀制备[M]. 北京：原子能出版社，1987.

[3] 阮建明，黄培云．粉末冶金原理[M]. 北京：机械工业出版社，2012.

Screening and advance study of binder in preparation of UO_2 pellets

ZHANG Peng-juan

(China Jian Zhong Nuclear Fuel Co. , Yi bin Sichuan, China)

Abstract: In the traditional powder metallurgy industry, due to the significant difference in particle size and specific gravity, the mixing process will produce more serious particle size and component segregation phenomenon, which will affect the strength of the green pellets. In order to obtain easily molding powders, it is often necessary to add some binder-lubricants in granulating powders to improve its process performance. However, in the nuclear fuel element manufacturer, due to the special nature of nuclear materials, less binder is authorized for use, and more research is limited to the laboratory stage. In this paper, five common used binders in the metallurgical industry and Acrawax C(AKL) in current use are selected for comparative study. PVA and MAH are selected as target binders, and then the combined test is carried out to determine the optimal binder proportion is 0.3% AKL + 0.4% MAH. In addition, the test shows that the use of MAH will not affect the powder liquidity and apparent density, the decomposition meets the requirements, its decrease density coefficient is 0.8% T. D. The physical and chemical properties of the sample all meet the technical conditions of AFA 3G sintered pellet. At last, the bonding mechanisms are analyzed.

Key words: powder metallurgy; process performance; binder; abrasion; mechanism

高能率锻造Hf掺杂W基块材组织与性能研究

刘莎莎[1],董传江[1],刘 翔[2],席 航[1],孙 凯[1],吴亚贞[1],
雷 阳[1],王海东[1],黄 娟[1],肖文霞[1],朱俐霓[1]
(1. 中国核动力研究设计院,四川 成都 610005;2. 核工业西南物理研究院,四川 成都 610041)

摘要:核能工业中钨的应用极为广泛,为适应聚变堆偏滤器面向等离子体材料工程化的应用要求,本研究在H_2气氛保护下高温烧结制备W与W-(0.3、0.6、1.0)wt%Hf合金块材,并采用高能量速率锻造方法加工,测量不同Hf掺杂时试样的致密度、维氏硬度;利用EMS-60材料测试平台检测块材的抗热冲击性能。结果表明:高能率锻造加工后块材维氏硬度较高,Hf掺杂量为1.0 wt%时维氏硬度甚至高于500 HV,具有一定强化作用;对材料进行100次吸收功率密度为0.33 GW/m^{2}瞬态热冲击试验,W表面产生脆性裂纹网,而W-(0.3、0.6、1.0)wt%Hf表面几乎无裂纹。表明与W相比,微量掺杂Hf的合金块材抗热冲击性能明显改善。

关键词:W基块材;面向等离子体材料;抗热冲击

引言

聚变堆中,偏滤器承受来着等离子体的高热负荷,并将来自等离子体的能量排出托卡马克装置[1]。偏滤器面向等离子体材料(Plasma Facing Materials,PFMs)作为直接暴露在高温等离子体边缘的第一道屏障,重要性不言而喻,科学家已对其展开广泛研究并取得一定成果[2]。研究认为,PFMs要承受10~20 MW/m^{2}稳态高热负荷、瞬态热冲击以及$10^{20}\sim10^{24}$/m^2·s高通量的H/He等离子体[3][4];另外,PFMs还会受到电磁辐射、等离子体强辐照等的复杂作用,恶劣的环境会导致面向等离子体材料严重受损。

采用放电等离子烧结方法制备的W-Hf合金小试样的抗热冲击性能与W小试样相比有不同程度增强[5]。为适应偏滤器面向等离子体材料工程化的应用要求,本研究制备了W基合金块材检验其抗热冲击性能是否退化。不同加工方式对材料力学性能影响较大[6],结合实际需求,本研究将烧结坯进行高能量速率锻造(High Energy Rate Forging,HERF)加工。

1 试验材料及方法

1.1 初始材料和样品制备

所用初始材料为高纯W粉与HfH_2粉末,其中,W粉平均粒径为2.8 μm,纯度>99.999%;HfH_2粉末粒径1~10 μm,纯度>99.9%。高倍电子显微镜下的形貌见图1。

为获得W-(0.3、0.6、1.0)wt%Hf烧结坯,经换算称取合适重量的HfH_2粉末、W粉,置于行星式球磨机(Retsch PM400 MA)中并在高纯氩气保护下将两种粉末混合均匀,在厦门虹鹭钨钼工业有限公司的中频炉中H_2气氛保护下高温烧结获得W与W-(0.3、0.6、1.0)wt%Hf坯材。对烧结坯进行两道次锻打,以尽量避免高速率锻打导致的材料边缘裂纹,锻打后变形量约80%,然后在真空环境下采用1 100 ℃退火1 h消除加工过程中产生的应力。

1.2 密度与维氏硬度测试

采用Archimedes排水法表征合金试样实际密度,见公式(1):

作者简介:刘莎莎(1987—),女,山东菏泽人,研究实习员,硕士研究生,研究方向为辐照效应

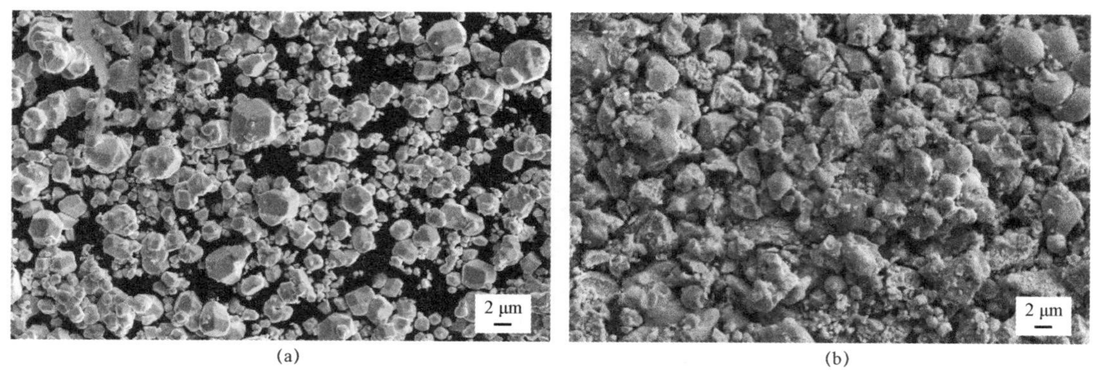

(a) (b)

图 1 (a) 高纯 W 粉扫描电镜图像；(b) HfH_2 粉末扫描电镜图像

$$\rho=\frac{m}{v}=\frac{m_1}{m_1-m_2}\cdot\rho_{H_2O} \tag{1}$$

其中，ρ：待测样品密度；ρ_{H_2O}：25 ℃下纯水密度；m_1：空气中待测样品重量；m_2：水中待测样品重量。

根据各个组分的密度及所占份额，应用公式(2)计算理论密度：

$$\rho_0=\frac{m}{v}=\frac{m_s}{\frac{m_W}{\rho_W}+\frac{m_{Hf}}{\rho_{Hf}}} \tag{2}$$

其中，m_s：待测样品质量；m_W：称取钨粉质量；ρ_W：钨密度；m_{Hf}：实际 Hf 量；ρ_{Hf}：Hf 密度。

致密度计算见公式(3)：

$$\varphi=\frac{\rho}{\rho_0} \tag{3}$$

采用维氏硬度计(Buehler Micromet 5124)测量硬度，试验时施加载荷 500 gf，保持 15 s，获得边界清晰菱形压痕，读取硬度值，在试样上从一侧至另一侧等间距测量 10 次，其平均值为试样最终维氏硬度值。

1.3 微观结构测试与氧含量

采用金相显微镜(蔡司 Axio，Light Microscope)观察腐蚀后试样表面形貌；采用扫描电镜(蔡司 FESEM ΣIGMA)观察瞬态热冲击后材料表面状态及其断口；采用惰气脉冲红外法(QB—QT—23—2014)测试氧元素含量，同时采用 EDS 分析材料微区的成分。

1.4 热冲击试验

热冲击试验在 60 kW 电子束材料测试平台(EMS-60)上进行，以确定材料的抗热冲击性能。待测样品镜面光滑，尺寸 10 mm×10 mm×3 mm，为保证基体热传导基本无差异，所有热冲击点均选在 10 mm×10 mm 面的对角中心位置，电子束加载电压 120 kV，加载面积 4 mm×4 mm，电子束直径 1 mm，脉冲 1 ms，试验 100 次。

2 结果与讨论

2.1 密度与硬度

表 1 为 W 与 W-Hf 合金试样的密度与致密度值，由表中数值可知，经高速率锻造加工后，所有被测试样的致密度表现良好，W-1.0 wt% Hf 的致密度约为 98.6%，而 W-(0、0.3、0.6) wt% Hf 的致密度均大于 99%，纯 W 试样的致密度甚至高达 99.8%。

表 1　试样的密度与致密度

试样名称	密度/g·cm^3	致密度/%
W	19.26±0.02	99.8±0.09
W-0.3 wt.%Hf	19.17±0.03	99.4±0.13
W-0.6 wt.%Hf	19.08±0.03	99.2±0.17
W-1.0 wt.%Hf	18.95±0.01	98.6±0.07

试样锻造加工以及退火处理后，维氏硬度值变化趋势见图 2。由图知，同种成分试样锻造加工后硬度较高，真空退火处理，硬度值明显下降，二者变化趋势基本一致。产生这种现象可能的原因是坯材经锻造加工后致密性更高导致硬度增加，另外加工过程中外力作用于材料产生较大的应力也在一定程度上提高了材料的硬度，退火后去除残余应力，维氏硬度值略有下降。同时，对不同 Hf 掺杂的试样纵向比较硬度值变化趋势发现，随着 Hf 掺杂量增加，材料的硬度同小试样硬度变化趋势保持一致，呈现出先下降再上升的变化规律[5]。

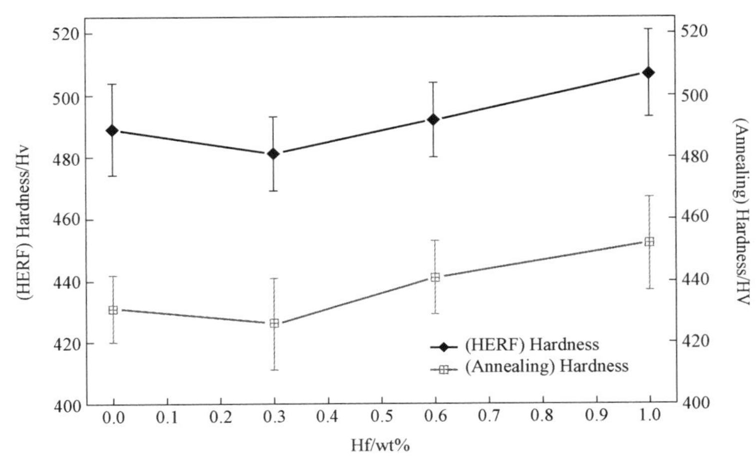

图 2　试样锻造加工、退火处理后维氏硬度值

2.2　表面形貌

利用 NaOH 水溶液电解腐蚀 W-Hf 合金材料的锻造面与横截面。将电解后的试样置于无水乙醇中利用超声清洗机清洗并吹干，在金相显微镜下观察腐蚀表面，由于不同 Hf 掺杂试样加工方式一致，本研究仅给出 W-0.3 wt%Hf 试样锻造面与横截面的金相表面图像，见图 3。由图可知，加工后锻造面与横截面晶粒形状均发生改变，锻造面晶粒为等轴状(图 3a)，横截面晶粒呈流线型(图 3b)。出现差异的主要原因是经锻打后，锻造方向上的晶粒被压扁而呈片状，导致该面晶粒尺寸相对较大，晶界密度降低；横截面的晶粒受到外力挤压，在平行于轴线方向上晶粒被压扁呈现流线型。同时金相图上可观察到在晶界与晶粒内部分布有小颗粒，多数位于晶界，且横截面上颗粒分布更集中。

2.3　氧含量

间隙杂质氧(O)是影响材料性能的重要因素，采用惰气脉冲红外法(QB—QT—23—2014)对 W 与 W-Hf 试样 O 含量进行检测，见表 2。由表知，W 中 O 含量较低，表明 H_2气氛烧结能够降低合金中 O 含量；随着掺杂 Hf 增加，O 元素含量随之增加。

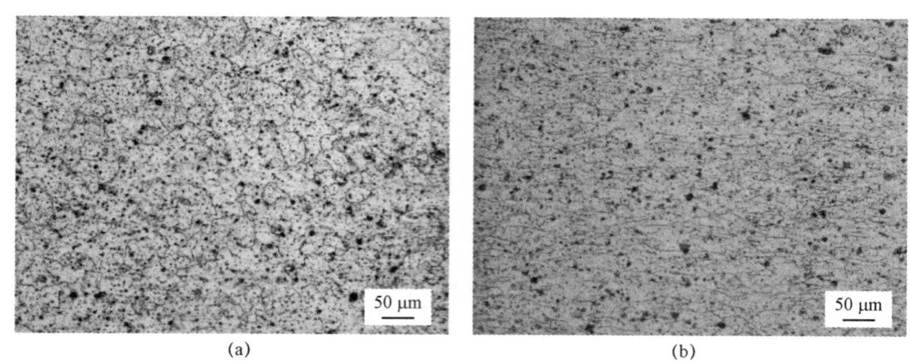

(a) (b)

图 3　W-0.3 wt%Hf 锻造面与横截面金相表面图像

(a) 锻造面；(b) 横截面

表 2　氧元素含量测试(单位：w/%)

样品名称	O 含量
W	<0.002 0
W-0.3 wt%Hf	0.050
W-0.6 wt%Hf	0.10
W-1.0 wt%Hf	0.17

2.4　瞬态热冲击

W 以及 W-0.3 wt%Hf、W-0.6 wt%Hf、W-1.0 wt%Hf 合金试样锻造面经过 100 次吸收功率密度为 0.33 GW/m^2 瞬态热冲击试验后，表面形貌 SEM 图像如图 4 所示。由于 W 自身的脆性，热冲击后 W 表面 SEM 图像上发生沿晶断裂，有网状裂纹生成，裂纹宽度约为 3 μm。W-0.3 wt%Hf 试样表面部分沿晶断裂，有少量脆性裂纹网生成。W-0.6 wt%Hf 试样表面生成少量的微小沿晶裂纹，无明显的网状裂纹，表面粗化、塑性形变。W-1.0 wt%Hf 试样表面有极少量微小裂纹，无裂纹网生成。

2.5　微观组织

图 5 为冲击后的断口形貌。由图可知，合金经高能率锻造后致密性良好，几乎没有孔洞存在。所有断口的晶粒都呈层状排布，这是由于在高能率锻造后 W 合金晶粒被锻压成圆饼状，在锻造面的晶粒呈现盘状而侧面的晶粒呈现层状。W 晶粒形状比较规则，晶粒间几乎无弥散颗粒。W-0.3%Hf 合金断口的晶粒尺寸大小不一，晶粒基本为穿晶断裂，断口呈现明显的河流形貌，在晶粒内与晶粒间可以观察到微米/亚微米级别的第二相粒子，随着 Hf 含量的上升，W-Hf 合金内部的第二相粒子数量增多，且多数位于晶界，猜测这些弥散小颗粒在某种程度上增强了晶界强度，从而改善了材料的抗热冲击性能。

采用 EDS 对 W-Hf 材料断口进行元素分析，观察图 6 发现不同 Hf 掺杂时的高倍镜(5 000 倍)断口上均有小颗粒存在，本研究给出 W-1.0 wt%Hf 合金试样的元素分布图(见图 6)，选取代表性微小颗粒分析成分，分析结果均含 W、Hf、O 三种元素，可确定采样点为 Hf-O 化合物。图中圆圈标注的处于晶界与晶粒内部的小颗粒，经 EDS 成分分析后发现，均含 Hf、O 两种元素。

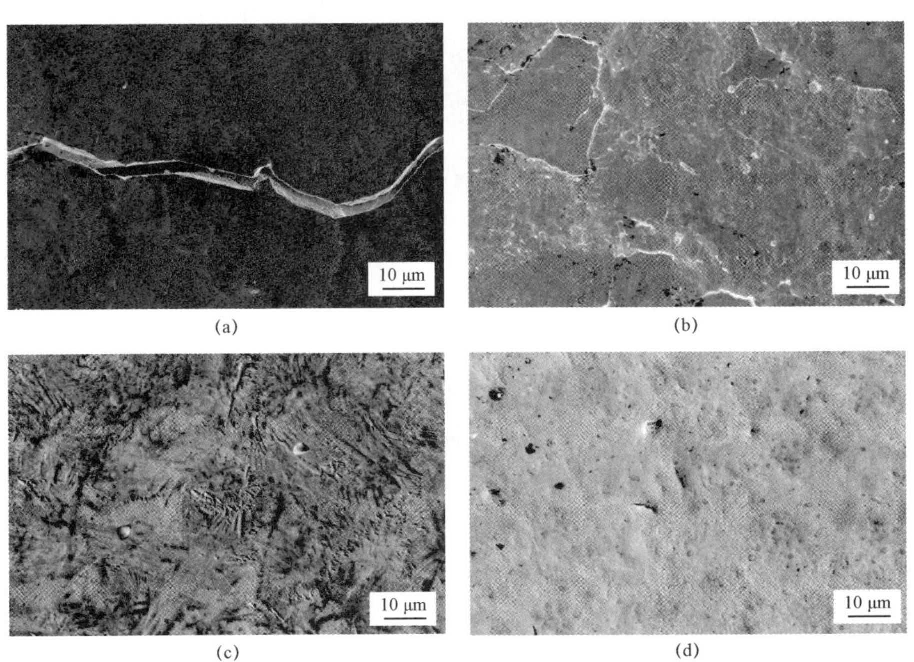

图 4　锻造面经 0.33 GW/m²瞬态热冲击 100 次后的表面形貌

(a)W；(b)W-0.3 wt%Hf；(c)W-0.6 wt%Hf；(d)W-1.0 wt%Hf

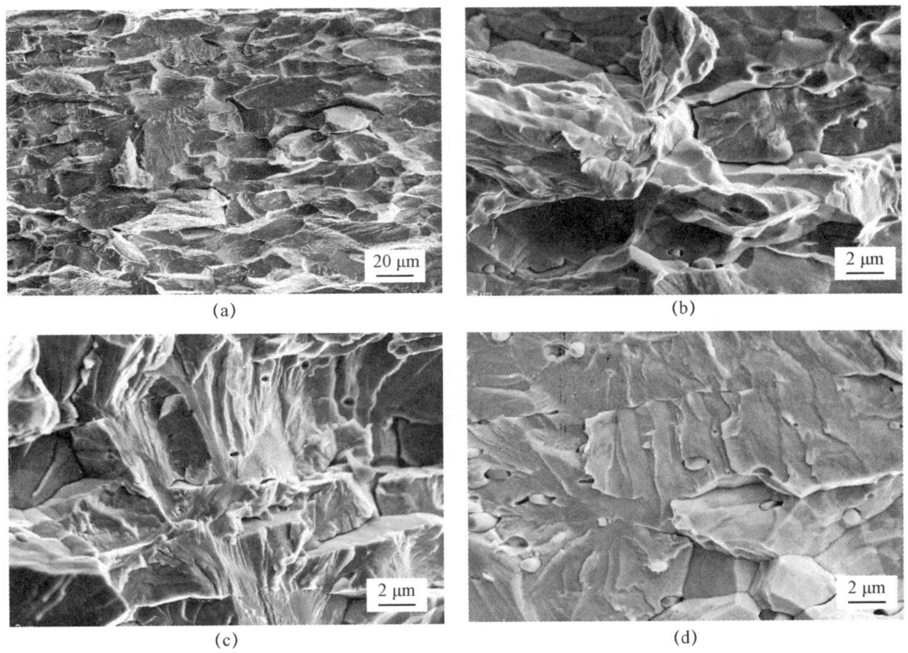

图 5　合金试样的断口形貌

(a)W；(b)W-0.3 wt%Hf；(c)W-0.6 wt%Hf；(d)W-1.0 wt%Hf

3　结论

本文在 H_2 气氛保护烧结并应用高能率锻造加工获得 W 与 W-(0.3、0.6、1.0)wt%Hf 合金试样，研究试样的性能，结论如下：

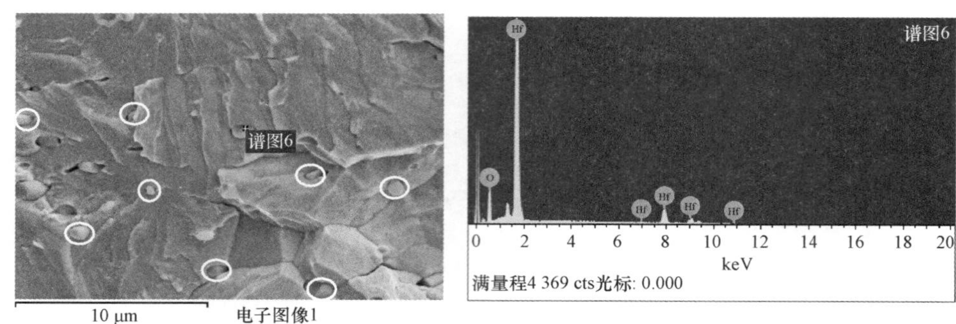

图 6　采样点的 EDS 光谱(W-1.0 wt%Hf)

锻造加工后，维氏硬度增大，材料强度提高；掺杂的微量 Hf 与游离的 O 结合，降低了游离态 O 的含量，在晶界和晶粒内部生成的 Hf-O 颗粒在一定程度上提高了晶界强度；锻造面上进行的 100 次吸收功率密度为 0.33 GW/m^2 瞬态热冲击试验，W 产生脆性沿晶断裂，W-(0.3、0.6、1.0)wt%Hf 表面仅有少量微小裂纹，表明掺杂微量 Hf 的块材，经锻造加工后抗热冲击性能仍表现良好。

参考文献：

[1]　封范．SPS 烧结 W-TaC 的耐瞬态热冲击性能[J]．稀有金属材料与工程，2017，46(11)：3544-3549.

[2]　许增裕．聚变材料研究的现状与展望[J]．原子能科学技术，2003，37(7)：105-110.

[3]　Linke J，et al. Performance of different tungsten grades under transient thermal loads[J]. Nuclear Fusion，2011，51(7)：600-606.

[4]　Raffray A R，et al. High heat flux components-Readiness to proceed from near term fusion systems to power plants[J]. Fusion Engineering and Design，2010，85(1)：93-108.

[5]　刘莎莎．微量 Hf 掺杂对放电等离子体烧结钨耐热冲击性能的影响[J]．材料热处理学报，2019，40(11)：96-101.

[6]　SHI Bin-qing et al. Effects of processing route on texture and mechanical properties of WZ62 alloy[J]. Transaction of Nonferrous Metals Society of China，2011，21：830-835.

Research on microstructure and properties of high energy rate forging hf doped w-based bulk material

LIU Sha-sha[1]，DONG Chuan-jiang[1]，LIU Xiang[2]，XI Hang[1]，
SUN Kai[1]，WU Ya-zhen[1]，LEI Yang[1]，WANG Hai-dong[1]，
HUANG Juan[1]，XIAO Wen-xia[1]，ZHU Li-ni[1]

(1. Nuclear Power Institute of China，Chengdu Sichuan，China；
2. Southwestern Institute of Physics，Chengdu Sichuan，China)

Abstract：The application of tungsten in the nuclear energy industry is extremely wide. In order to meet the application requirements of plasma material engineering for fusion reactor divertor，W and W-(0.3，0.6，1.0)wt.%Hf alloy bulk materials are prepared by high-temperature sintering under the protection of H_2 atmosphere，high-energy forging method is adopted，and then we measure the density and Vickers hardness of the samples when Hf is different. The EMS-60 material testing platform is used to detect the thermal shock resistance of the material. The results show that the Vickers hardness of the bulk material after processing is higher，and the Vickers hardness of W-

1.0 wt.%Hf is even higher than 500 HV, which proves that it has a certain strengthening effect. The material was subjected to 100 transient thermal shock tests with an absorbed power density of 0.33 GW/m^2, and there was a brittle crack net on the surface of W, while there was almost no crack net on the surface of W-(0.3, 0.6, 1.0) wt% Hf. It shows that compared with W, the thermal shock resistance of the alloy doped with Hf is significantly improved.

Key words: W-based bulk material; plasma facing material; thermal shock resistance

CTAB负载膨润土对Cs^+的吸附性能研究

王彦惠[1],蒋　巧[1],潘跃龙[3],成建峰[1],阳　刚[1],
刘　羽[3],王李涛[2],冷阳春[2],庹先国[1]
(1. 成都理工大学,四川 成都 610059;2. 西南科技大学,四川 绵阳 621000;
3. 中国核电工程有限公司,广东 深圳 518000)

摘要:以膨润土为原料,酸活化后采用十六烷基三甲基溴化铵(CTAB)对其负载,制备了一种高效的去除溶液中Cs^+的吸附剂。使用SEM、FT-IR和XRD对吸附材料的物理化学性质进行了表征;通过静态吸附实验对比了Cs^+在原膨润土和改性膨润土上的吸附性能。结果表明,Cs^+在原膨润土和改性膨润土的吸附分别在12 h和2 h达到吸附平衡,前者吸附率为26%左右,后者为85%;弱碱环境更有助于吸附进行;将数据拟合到Langmuir和Freundlich模型中,两种吸附剂对Cs^+的吸附容量最高分别为4.8 mg/g和22.6 mg/g;改性膨润土的吸附对Freundlich模型拟合较好,说明吸附易发生,且为多层吸附。

关键词:CTAB;膨润土;Cs^+;吸附性能

随着核能的迅速发展,核设施在日常运行过程中会产生大量的放射性废物,一些放射性核素不可避免地排放到环境中,对人类和生态环境造成严重的影响。水介质中的放射性核素主要以水溶性阳离子的形式存在[1,2],这有利于它们在生物圈中的迁移。Cs^+由于相对较长的半衰期被认为是放射性流体废物中很值得重视的元素。在地球化学过程中,铯是钾元素的类似物($r_{Cs}=0.165$ nm,$r_K=0.133$ nm[3]),这使它易于被生物吸收,放射性的铯进入生物体后对活体(软组织和骨髓)形成内照射的危险,因此必须对这些放射性污染物进行安全有效的处理,以保护人类和环境遭受放射性核素的危害。

采用黏土矿物通过吸附来降低溶液中放射性核素的含量是较有效的处理放射性污染物的方式。近年来,膨润土在吸附材料中特别受欢迎,高的阳离子交换容量、大的比表面积和强的吸附亲和力等性质使其在放射性核素处理中具有很大的研究价值。但膨润土由于表面永久的负电荷以及高pH下表面羟基的脱质子作用,导致吸附效果不佳,因此,有学者提出了对膨润土表面改性以提高其活性的方法。使用无机酸处理膨润土称为"酸活化[4]",酸活化后的膨润土表面活性位点增加;有机硅阳离子表面活性剂具有耐温耐候、低表面张力和含疏水基团-硅氧烷基等特性,在改性黏土矿物后可大大提高其吸附性能。杨军强[5]通过水热合成法制得有机改性膨润土,探究了对放射性废水中^{79}Se、^{99}Tc和^{129}I的去除效果,结果表明改性土对三种核素具有高效的选择性去除能力;Liu Jun[6]等进行了将CTAB改性的膨润土作为铀资源吸附回收材料的探究,结果表明改性土对铀的最大吸附容量为38 mg/g,解析率达80.38%。

本文以膨润土为原材料,通过盐酸活化后,参考Wang Fei[7]等改性膨润土的方法,将CTAB负载在酸活化膨润土表面及层间制得一种性能优良的有机改性吸附剂CTAB-H-Bt,用SEM、FT-IR和XRD对材料的结构和性能进行了表征;利用单因子变量法研究了改性前后材料对Cs^+的吸附性能。

作者简介:王彦惠(1999—),女,甘肃会宁人,硕士在读,核科学与技术,研究方向为核素迁移
基金项目:国家自然科学基金重点项目(No.41630646)

1 实验

1.1 主要试剂与仪器

膨润土(河北灵寿县华硕矿产品加工厂),盐酸,无水乙醇,十六烷基三甲基氯化铵(CTAB),氯化铯 CsCl。UPT-Ⅱ-10T 型纯水机;CHA-SA 型恒温振荡器;DZF-6000 型真空干燥箱;JJ-2 型电动搅拌器;Aiglent1200/7700x 型 ICP-MS。

1.2 实验方法

1.2.1 CTAB-H-Bt 的制备

取一定量的膨润土加入到 12%的盐酸中,在 60 ℃下搅拌 4 h,弃去上层清液,用去离子水和乙醇洗涤土样,直至检测不到 Cl^-,再次洗涤溶液至中性,最后得到的样品于 80 ℃下真空干燥并保存备用,记作 H-Bt。将 10 g CTAB 加入到乙醇中超声分散后在 50 ℃下搅拌溶解。称取 20 g H-Bt 于烧杯中,加入 700 mL 蒸馏水,25 ℃下搅拌 4 h 使之水化。在 80 ℃下向 H-Bt 的分散体系中边搅拌边滴加溶有 CTAB 的乙醇溶液,继续搅拌 4 h,静置 2 h,倾去上清液,用蒸馏水和无水乙醇洗涤,将最终样品在 80 ℃下真空干燥后保存,记为 CTAB-H-Bt。

1.2.2 吸附实验

称取若干份 0.02 g Bt 和 CTAB-H-Bt 吸附剂于 10 mL 离心管中,加入 9 mL 去离子水,室温震荡 2 h,再加入 1 mL pH 为 8 的 300 mg/L 的 CsCl 溶液,震荡至吸附平衡后离心分离固液相,吸取上清液稀释后用 ICP-MS 测试剩余 Cs^+ 浓度。根据单因子变量法,探讨时间、pH 对吸附的影响。

2 表征分析

2.1 SEM 形貌分析

图 1 展示了 Bt 和 CTAB-H-Bt 的 SEM 图。Bt 形貌大部分呈很薄的层状分布,表面光滑且层之间排布紧密,这可能是由于膨润土与矿石中杂质的表面电荷之间的强相互作用而形成的[8];改性后样品的形貌发生了较大改变,由图 1(b)可观察到材料表面变得粗糙化,孔道变大,分布较为独立且疏散,这证明 CTAB 进入了膨润土层间或负载于表面,有利于对核素的吸附。

图 1 Bt(a)和 CTAB-H-Bt(b)的 SEM 图

2.2 FT-IR 光谱分析

图 2 是 Bt 和 CTAB-H-Bt 的 FT-IR 光谱图。可以看出 3 450 cm^{-1} 处是膨润土中 Si-OH 的伸缩振动峰。1 634 cm^{-1} 处为水分子 HO-H 的弯曲振动吸收峰,它被保留在硅酸盐基质中[9]。1 099 cm^{-1} 和 1 010 cm^{-1} 处的强吸收峰是四面体结构中的 Si-O-Si 的伸缩振动峰,在 468 cm^{-1} 处对应 Al-O-Si 的弯曲振动吸收峰[8,9]。用 CTAB 对膨润土改性后,在 2 850 cm^{-1} 和 2 922 cm^{-1} 处观察到两个明显的吸收

峰，分别代表表面活性剂脂肪链的-CH_3和-CH_2基团的伸缩振动[10]，说明 CTAB 负载的成功，有机官能团的添加使膨润土表面变为疏水性，利于吸附。

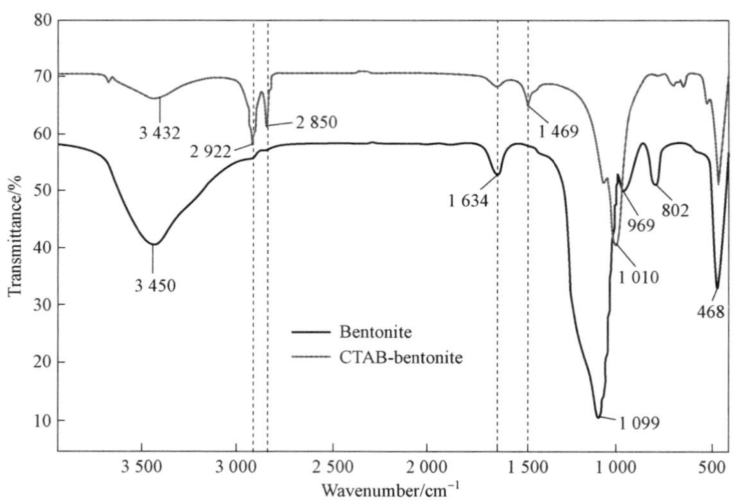

图 2　Bt 和 CTAB-H-Bt 的 FT-IR 图

2.3　XRD 谱图分析

图 3 显示了 Bt 和 CTAB-H-Bt 的 XRD 图谱。BT 的主要成分为蒙脱石和石英。对比改性前后的 XRD 图谱可以发现，大部分峰位置基本保持一致，这表明在改性处理过程中膨润土的基本结构不会被破坏。在 $2\theta=6.15°$，19.84°和 35.12°处出现的是 2∶1 膨胀黏土较宽的平面衍射峰[11]，且在 6.15°处显示的(001)面的衍射峰向左偏移比较大，通过布拉格定律计算出 Bt 的基底间距为 1.68 nm，改性后的 CTAB-H-Bt 层间距增大至 2.15 nm，说明改性过程使得 CTAB 分子不仅负载于膨润土表面，还有部分进入了层间。

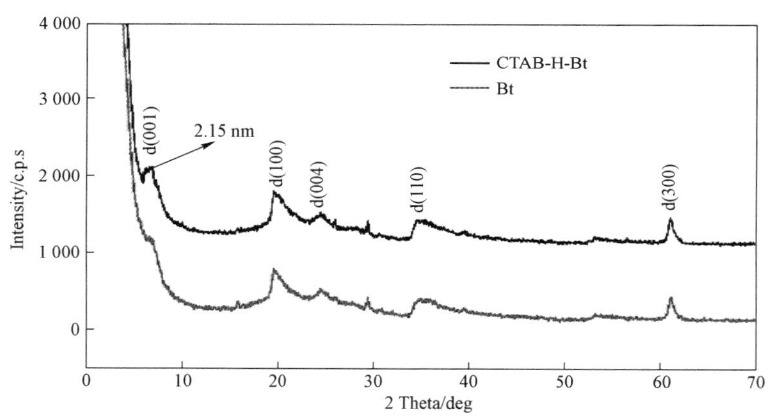

图 3　Bt 和 CTAB-H-Bt 的 XRD 图

3　结果与讨论

3.1　接触时间对吸附的影响

接触时间是吸附过程中的一个重要参数。Cs^+ 在 Bt 和 CTAB-Bt 上的吸附随接触时间的变化如图 4 所示。结果表明，吸附过程分为快速阶段和缓慢阶段。Bt 对 Cs^+ 的吸附能力很低，吸附率仅为 25％左右；而 CTAB-H-Bt 在 2 h 内达到吸附平衡，平衡吸附率为 85％。前期的快速吸附主要表现为表面相的吸附，吸附剂直接与溶液接触；随着时间的持续，变为内表面吸附，土层间逐渐被填满，表面传质阻力不断加大[12]，吸附速度减缓，最后趋于平衡，CTAB-H-Bt 存在的硅氧烷基等疏水性基团为吸附提供了动力，使得吸附能力显著提高。

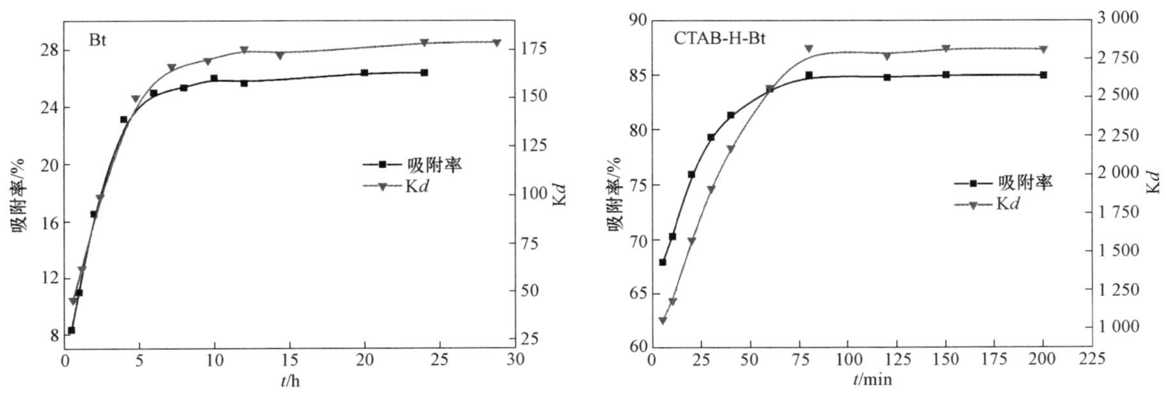

图 4　接触时间对吸附 Cs^+ 的影响

3.2　pH 对吸附的影响

溶液的酸碱度是吸附过程必须考虑的参数。设置 2.0～10.0 的 pH 范围进行试验，结果如图 5 所示。可以看出，两种材料对 Cs^+ 的吸附率和 K*d* 值在 pH 2.0～8.0 随 pH 的增加而增加，在 pH＝8.0 时达到最大吸附效率，之后随着 pH 的增加而降低，CTAB-H-Bt 对 Cs^+ 的吸附情况明显优于 Bt 的吸附。结果表明，溶液的 pH 通常对溶液中 Cs^+ 的吸附有显著影响，主要是影响吸附材料的表面性质和溶液中 Cs^+ 的化学存在形式，从而影响吸附剂和吸附物之间的静电作用[13]。

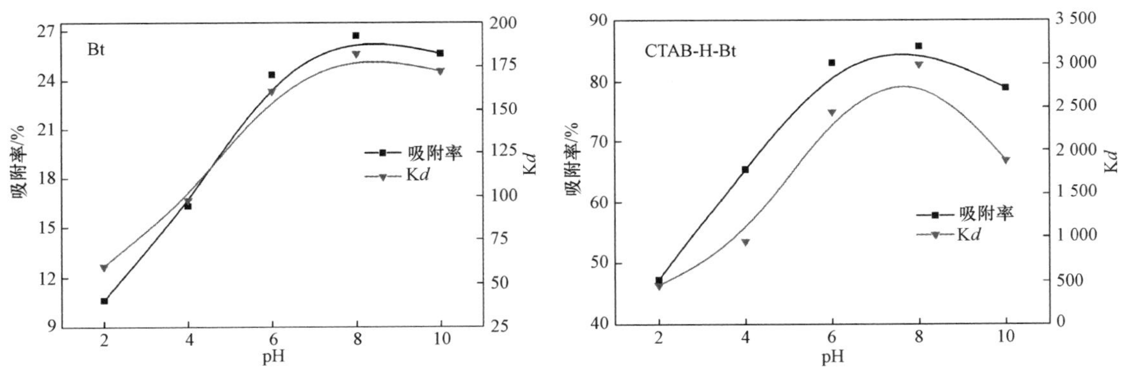

图 5　pH 对吸附 Cs^+ 的影响

3.3　等温模型分析

为了更好地了解 Cs^+ 在两种材料上的吸附过程和吸附机理，采用 Langmuir 和 Freundlich 方程量化和拟合实验数据。拟合结果和相应参数分别如图 6 和表 1 所示。

表 1　Bt 和 CTAB-H-Bt 吸附 Cs^+ 等温方程参数

	Langmuir			Freundlich		
	K_L/(L/mg)	Q_m/(mg/g)	R^2	K_F/(L/mg)	$1/n$	R^2
Bt	0.138 9	5.180 3	0.998 3	1.216 0	0.268 0	0.928 7
CTAB-H-Bt	0.453 5	18.611 6	0.912 6	2.068 2	0.415 3	0.994 4

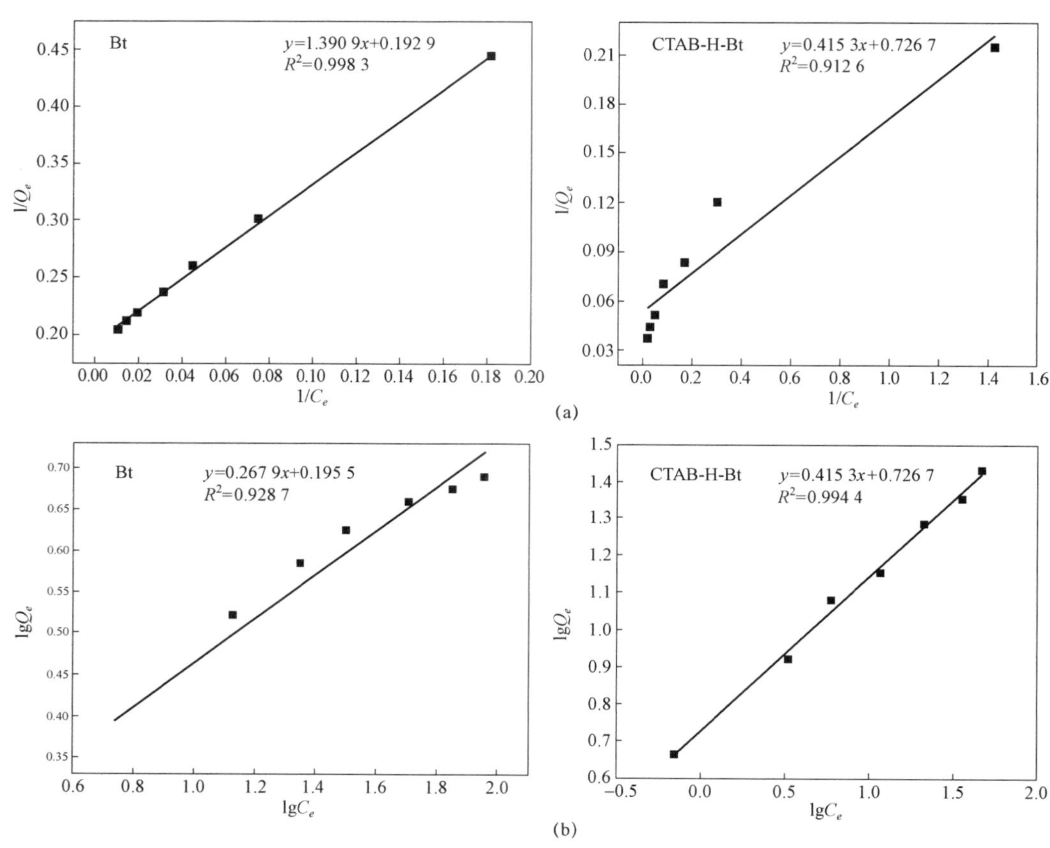

图 6　吸附 Cs^+ 的等温模型拟合曲线

(a) 吸附 Cs^+ 的 Langmuir 模型拟合曲线；(b) 吸附 Cs^+ 的 Freundlich 模型拟合曲线

从结果可以看出，对于 Bt 的吸附，Langmuir 模型与数据吻合较好，相关系数为 0.998 3，这意味着吸附剂整个表面上的结合能是均匀的，吸附更有可能是单层吸附。而对于 CTAB-H-Bt 的吸附，Freundlich 模型更好地模拟 Cs^+ 的吸附行为，$1/n$ 为 0.415 3，在 0.1～0.5 范围内，表示吸附过程易于进行，属于优惠吸附，且可能以多层吸附为主，证实了材料表面可用于吸附的位点的不均匀性[14]。根据 Langmuir 模型计算得出，Cs^+ 在 Bt 在上的最大吸附容量为 5.180 3 mg/g，和实验值接近，但仍低于在 CTAB-H-Bt 上的吸附。结果表明，CTAB-H-Bt 吸附剂的性能更优异，利于对溶液中 Cs^+ 去除。

4　结论

（1）制备了有机改性材料 CTAB-H-Bt，采用 SEM、FT-IR 和 XRD 对改性前后的材料进行了表征。结果表明改性后材料表面变得粗糙，孔道明显；红外图谱中特定波长处的固有吸收峰也因空间结构的改变而发生偏移。

（2）通过静态吸附试验探讨了不同因素对吸附 Cs^+ 的影响，结果表明，CTAB-H-Bt 对 Cs^+ 的吸附平衡时间大大缩短，弱碱环境更有利于吸附进行，Freundlich 模型能更好的反应 CTAB-H-Bt 对 Cs^+ 的吸附，证明了该过程的非均质多层吸附机制，且容易发生。

（3）通过有机负载合成的复合吸附材料，性能大幅度改善，在吸附溶液中 Cs^+ 的应用领域具有广阔前景，但是这些探究都仅局限于实验室吸附机理和吸附性能的研究，为了使其未来发展更具有工程实用价值，还需开展进一步的实验探究。

参考文献：

[1] 陈思璠，尉继英，赵璇．离子交换树脂去除模拟放射性废液中的铯[J]. 应用化学，2019，36(01)：41-50.

[2] Pshinko G N，Puzyrnaya L N，Shunkov V S，et al. Removal of cesium and strontium radionuclides from aqueous media by sorption onto magnetic potassium zinc hexacyanoferrate(II)[J]. Radiochemistry，2016，58(5)：491-497.

[3] 肖成梁．硅基超分子识别材料制备、表征及其吸附发热元素铯和锶的基础特性研究[D]. 杭州：浙江大学，2011.

[4] 孙刘鑫，王培茗，杨俊浩，等．离子强度对吸附有机污染物影响的研究进展[J]. 化工进展，2020，12(29)：1-33.

[5] 杨军强．改性膨润土对放射性废水 ^{79}Se，^{99}Tc 和 ^{129}I 的去除研究[D]. 兰州：兰州大学，2020.

[6] LIU J，ZHAO C S，TU H，YANG J J，et al. U(VI) adsorption onto cetyltrimethylammonium bromide modified bentonite in the presence of U(VI)-CO_3 complexes[J]. Applied Clay Science，2017，135(10)：64-74.

[7] WANG F，XU W，XU Z，et al. CTMAB-Modified Bentonite-Based PRB in Remediating Cr(VI) Contaminated Groundwater[J]. Water Air and Soil Pollution，2020，231(1)：168-179.

[8] 王彦惠，冷阳春，成建峰，等．Fe_3O_4@SiO_2-NH_2 粒子对铀(Ⅵ)在阿拉善水相中的吸附性能研究[J]. 核科学与工程，2020，40(04)：688-695.

[9] 王晓红，张彦青．硅烷改性膨润土对含铜废液的吸附研究[J]. 山东化工，2020，49(01)：210-212.

[10] ABHISHA V S，AUGUSTINE A，JOSEPH J，et al. Effect of halloysite nanotubes and organically modified bentonite clay hybrid filler system on the properties of natural rubber：[J]. Journal of Elastomers and Plastics，2020，52(5)：43-56.

[11] 刘思琦，黄洁，高悦颖，等．CTAB 改性膨润土对苯酚的吸附[J]. 广州化工，2019，47(21)：80-83.

[12] 杜作勇．黏土矿物胶体对 U(Ⅵ)、Cs(Ⅰ)和 Sr(Ⅱ)的吸附性能研究[D]. 绵阳：西南科技大学，2020.

[13] MAHMOODI N M，TAGHIZADEH A，TAGHIZADEN M，et al. Surface modified montmorillonite with cationic surfactants：Preparation，characterization，and dye adsorption from aqueous solution[J]. Journal of Environmental Chemical Engineering，2019，7(4)：83-94.

[14] 苏建花，王玉军，马秀兰，等．膨润土改性及对水中 Cr(Ⅵ)吸附性能的研究[J]. 华南农业大学学报，2020，41(01)：100-107.

Study of adsorption performance by Cs^+ on CTAB loaded bentonite

WANG Yan-hui[1]，JIANG Qiao[1]，PAN Yue-long[3]，CHENG Jian-feng[1]，YANG Gang[1]，LIU Yu[3]，WANG Li-tao[2]，LENG Yang-chun[2]，TUO Xian-guo[1]

(1. School of Nuclear Technology and Automation Engineering，Chengdu Sichuan，China；
2. College of National Defense Science and Technology，Mianyang Sichuan，China；
3. China Nuclear Power Engineering Co.，LTD，Shenzhen Guangdong，China)

Abstract：In this study，the properties of bentonite modified by Cetyltrimethyl Ammonium Bromide were evaluated by Cs^+ adsorption experiments in solution. Through the modification on bentonite by CTAB，and obtained an organic composite adsorbent. Physico-chemical properties of modified samples were characterized by means of X-ray diffraction (XRD)，Fourier transform infrared spectroscopy (FT-IR) and scanning electron microscopy (SEM). Sorption properties of original bentonite and modified bentonite for Cs^+ removal were investigated using batch adsorption experiments. The results showed that the adsorption equilibrium of the original bentonite and the modified bentonite was reached at 2 h and 12 h，respectively. The adsorption rate of the former was

26% and that of the latter was up to 85%. The weak base environment is more conducive to adsorption; After fitting the data into the Langmuir and Freundlich models, the adsorption capacity of Cs^+ to the two adsorbents was 4.8 mg/g and 22.6 mg/g, respectively. The adsorption of modified bentonite was well fitted to the Freundlich model, indicating that adsorption is easy to occur and is multilayer adsorption. The modified bentonite in this study is a promising composite material for removal of Cs^+ from solution, which provides data support and research space for bentonite modification and radionuclide adsorption.

Key words: CTAB; bentonite; Cs^+; adsorption properties

阳江花岗岩对U(Ⅵ)的吸附机理研究

蒋　巧[1],王彦惠[1],成建峰[1],冷阳春[2],阳　刚[1],庹先国[3]
(1. 成都理工大学核技术与自动化工程学院,四川成都 610059;2. 西南科技大学国防科技学院,四川绵阳 621010;3. 四川轻化工大学化学工程学院,四川自贡 643000)

摘要:本文以阳江在建中低放核废物处置库周围岩体花岗岩为研究对象,在其周围深度为173 m处进行钻孔采样取得实验样本花岗岩。并通过静态吸附实验,研究了吸附的动力学过程、热力学过程,并拟合了等温模型。结果表明,花岗岩对U(Ⅵ)的吸附平衡时间为6 h,吸附的过程与准二阶动力学方程的拟合性能相对更优,属于化学吸附。高温下吸附效果更好,拟合热力学方程表明吸附属于自发进行的吸热反应。在一定浓度范围内,浓度越高吸附效果越好,吸附过程拟合Langmuir等温吸附模型具有良好的线性,U(Ⅵ)更多吸附在花岗岩的表面。铀是放射性废料中含量较多的核素,通过研究花岗岩对此核素的同位素U(Ⅵ)的吸附行为,可以预测花岗岩对放射性U的吸附行为,这是核废料地质处置库安全评估的必要环节,将为处置库的选址、设计提供一定的参考。

关键词:花岗岩;阳江;核废物处置库;U(Ⅵ)

全球人口快速增长,核工业由于其可持续性、低碳排放、高能量密度,受到越来越多的关注[1]。但是随着核工业的发展,核工业在给人们带来能源的同时也会产生核废料,我国每年产生的乏燃料超过1 000 t[2],到2021年已累积产生了大量核废料[3]。铀矿中的铀是核反应堆的燃料,是核工业中必需的重金属元素,并保留在核废料中[4]。铀是剧毒的且具有放射性,即使在低浓度下也不可降解。其物理(生物)半衰期长,因此一旦核废料中的U(VI)无控制地直接排入生态环境,就会随生物圈在生态系统中循环,最终威胁到人类健康[5]。所以必须对核废料进行处理,目前人们普遍认为最合理的放射性废物处置措施是将放射性废物固化处理后再埋入地下进行地质处置[6]。地质处置是用多层屏障将放射性物质和人类的生活环境隔绝,来防止放射性核素向生物圈迁移。天然屏障作为阻隔放射性物质外泄的最后一道屏障,其岩石种类选择就变得至关重要。围岩典型岩石种类有花岗岩、黏土岩、凝灰岩和盐岩等[7]。其中,花岗岩广泛存在于陆地环境中,具有分布广泛、储藏量大,渗透性差,抗辐射性能好的特点,被认为是一种优良的放射性废物处置场的候选寄主岩石[8]。近年来处置库围岩对各种核素的吸附性能也引起了大量学者的关注。吴涵玉等[9]研究了北山高放核废物处置库围岩花岗岩对Cs(Ⅱ)的作用吸附机制,结合表征手段找出了花岗岩吸附明Cs(Ⅱ)的主控矿物为黑云母和长石类矿物。K. B. Rozov等[10]通过吸附实验获取了耶尼塞斯基遗址受污染地下水与宿主岩相互作用的吸附实验数据,并了解这些岩石如何控制放射性核素的行为。结果表明岩石不连续的类型和属性,以及裂缝中材料的矿物组成,是放射性核素在地质环境迁移过程中的重要影响条件。T. H. Wang等[11]报告了Cs(Ⅱ)吸附到台湾低水平放射性废物储存库的潜在宿主岩银柱岩的实验和数值拟合结果,结果表明黏土模型比氧化铁模型更符合吸附过程。阳江在建的中低放核废物处置库的围岩为花岗岩。目前还没有关于阳江花岗岩吸附核素性能的研究。因此,本文选取了核工业中必需的重金属元素铀作为研究对象,结合表征手段研究了阳江花岗岩对U(VI)的吸附行为,对阳江地区核废物处置工业的发展和安全评估极有意义。

1　材料与方法

1.1　材料与仪器

取自于阳江处置库选址附近173 m深处花岗岩,经干燥研磨处理;分析纯级八氧化三铀、偶氮胂

作者简介:蒋巧,女,1998年出生,2020年毕业于西南科技大学

Ⅲ。在整个实验过程中都使用了优普超纯水系统中获得的去离子水。

UPT-Ⅱ-10T 型纯水机，四川优普超纯科技有限公司；CHA-SA 型恒温振荡器，金坛科技仪器公司；UV-1000 型紫外可见分光光度计，上海美析仪器有限公司。

1.2 实验方法

根据需要的固液比取相应克数的花岗岩粉末置于 10 mL 的聚丙烯离心管中，加入去离子水，室温下振荡一夜，再向离心管中加入相应浓度的核素溶液，置于相应温度的振荡器中震荡。吸附完成后进行离心分离固相，吸取上清液稀释后用偶氮胂Ⅲ紫外分光光度法测试管中剩余核素浓度。通过计算吸附容量 q_t 和去除率 $W\%$ 讨论吸附结果，计算公式为[12]：

$$q_t=\frac{C_0-C_t}{m}\times V \tag{1}$$

$$W\%=\frac{C_0-C_t}{C_0}\times 100\% \tag{2}$$

式中，q_t 是 t 时间时 U(VI)在单位花岗岩中的保留量，mg/g；$W\%$ 是花岗岩对 U(VI)的去除率，%；C_0 是溶液中 U(VI)的初始浓度，mg/L；C_t 是时间 t 时溶液中 U(VI)的浓度，mg/L；V 是溶液的体积，mL；m 是花岗岩的投入量，g。

2 实验与讨论

2.1 吸附动力学

图 1(a)为花岗岩吸附量随时间的变化图。如图 1 所示，由于花岗岩上有不同的吸附位点[13]，吸附过程大体分为两个阶段。在 1 h 内，由于强吸附位点对核素有较强的亲和力，可以快速的吸附液相中的核素，吸附量随时间迅速增加。2～6 h 时，强吸附位点逐渐饱和，弱吸附位点开始发挥作用，由于其亲和力比强吸附位点略低一些，吸附较为缓慢，且固体和液体中的浓度差减小，也减缓了吸附速度。6 h 吸附达到饱和状态，此后吸附量和解吸量处于一个动态平衡的过程中。将吸附数据拟合了准二阶动力学方程，准二阶动力学方程为[14]：

$$\frac{t}{q_t}=\frac{1}{K_2 q_e^2}+\frac{1}{q_e}t \tag{3}$$

式中，q_e 为吸附平衡时 U(Ⅵ)在花岗岩上的单位吸附量，mg/g；q_t 为 t 时间时 U(Ⅵ)在花岗岩上的单位吸附量，mg/g；K_2 为准二阶动力学方程常数，g/(mg・h)；t 为时间，h[15]。准二阶吸附方程的拟合结果如图 1(b)相关系数如表 1 所示。吸附过程拟合准二阶动力学方程线性良好，其 R^2 达到了 0.997 5。说明准二阶动力学方程所描述的吸附机理可以解释吸附过程，即吸附过程是一个化学吸附过程[16]。

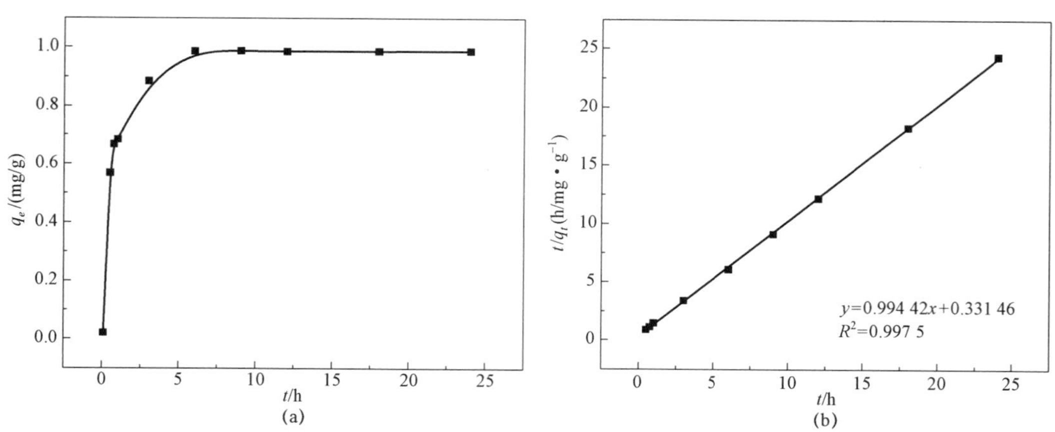

图 1 时间对花岗岩吸附的影响(a)和准二级动力学拟合曲线(b)

表 1　准二阶动力学方程拟合的相关系数

模型	参数	拟合结果
准二阶动力学方程	q_e/(mg/g)	1.005 6
	k_2/(g/(mg·h)	2.983 4
	R^2	0.997 5

2.2　吸附热力学

花岗岩在不同温度下的吸附 U(Ⅵ)的量如图 2(a)所示，高温下的吸附效果比室温下吸附效果更好，可能因为升温增加了 U(Ⅵ)在液相中的无序不规则运动速度，从而增加了 U(Ⅵ)和吸附位点结合的概率[17]。同时，由动力学可知，吸附是一个化学过程，化学吸附一般需要吸收热量[18]。吸附量随温度增加而增加说明吸附过程中可能需要吸收热量，与动力学结果一致。为了进一步探究吸附机理，将不同浓度下的 K_d 的对数与 $1/T$ 之间进行了吸附热力学拟合，热力学方程为[19]：

$$K_d=\frac{C_0-C_t}{C_t}\times\frac{V}{m} \tag{4}$$

$$\Delta G=RT\ln K_d \tag{5}$$

$$\ln K_d=-\frac{\Delta H}{RT}+\frac{\Delta S}{R} \tag{6}$$

式中，ΔG 为是吉布斯自由能，kJ/mol；R 是理想气体常数，值为 8.314 J/K·mol；T 是热力学反应温度，K；ΔH 是热力学参数标准焓，kJ/mol；ΔS 是热力学参数，J/mol·K。拟合结果如图 2(b)和所示，相关系数如表 2 所示。拟合线性较好，R^2 达到了 0.999 8，$\Delta G<0$ 说明吸附反应为自发进行的，$\Delta H>0$ 说明吸附是一个吸热过程，解释了吸附量随温度增加而增加[20]，和动力学过程描述一致，说明吸附是一个吸热的化学过程。$\Delta S>0$ 说明了 U(Ⅵ)在液相中的无序程度增大[21]，因此增温可以促进 U(Ⅵ)和吸附位点的接触从而促进吸附。

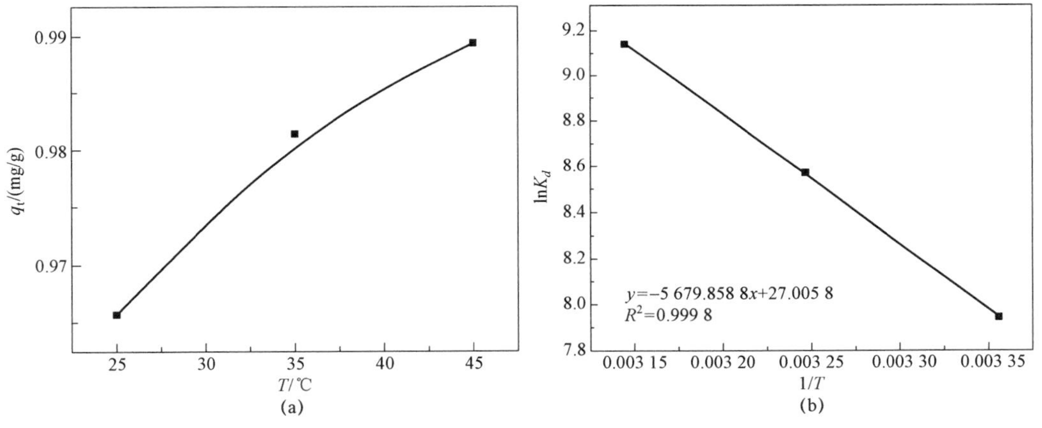

图 2　温度对花岗岩吸附的影响(a)和热力学方程拟合曲线(b)

表 2　热力学方程拟合的相关系数

温度/℃	ΔG/(kJ/mol)	ΔH/(g/(kJ/mol))	ΔS/(J/(mol·K))
25	−19.677 5	47.222 3	224.526
35	−21.923 7		
45	−24.168 7		

2.3 吸附等温线

花岗岩的吸附量随 U(Ⅵ)的初始浓度增加变化如图 3(a)所示。如图所示，在一定浓度范围内，浓度的越大吸附量越大，超过一定浓度后，吸附量基本在一个范围内波动。其原因可能为，低浓度时，花岗岩上的吸附位点数目对于液相中较少核素数目来说相对富余，可以吸附绝大多数的 U(Ⅵ)，甚至还有剩余的吸附位点。随着液相中 U(Ⅵ)的数目随浓度增加而增加，花岗岩可以吸附到更多的 U(Ⅵ)，同时浓度增大会增加液相 U(Ⅵ)和吸附剂的碰撞几率导致更多亲和力的弱吸附位点也可以吸附到 U(Ⅵ)[22]，所以表现为高浓度下可以促进吸附，吸附量增加。而浓度足够高后，所有的吸附位点都被占用，浓度不再能促进吸附，吸附量在一定范围内波动。为了进一步探究吸附机理，将吸附数据用 Langmuir 等温模型进行了拟合，Langmuir 等温模型的公式为[23]：

$$\frac{C_e}{q_e}=\frac{1}{q_e K_L}+\frac{C_e}{q_m} \tag{7}$$

式中，C_e是平衡时液相中剩余的 U(Ⅵ)的平衡浓度，mg/L；q_e是吸附平衡后每单位质量的花岗岩吸附 U(Ⅵ)的量，mg/L；q_m是每单位质量的花岗岩对 U(Ⅵ)的最大吸附量，mg/g；K_L为 Langmuir 模型吸附常数。拟合结果如图 3(b)和所示，相关拟合数据如表 3 所示。Langmuir 等温模型可以较好的描述花岗岩对 U(Ⅵ)的吸附过程，R^2达到了 0.999 14，说明花岗岩表面有更多的吸附位点，U(Ⅵ)更多的吸附在花岗岩的表面，花岗岩对 U(Ⅵ)的吸附是一种单层的吸附过程[24]。有拟合方程可得最大吸附量 q_m为 1.085 4 mg/g，与实验情况相符。

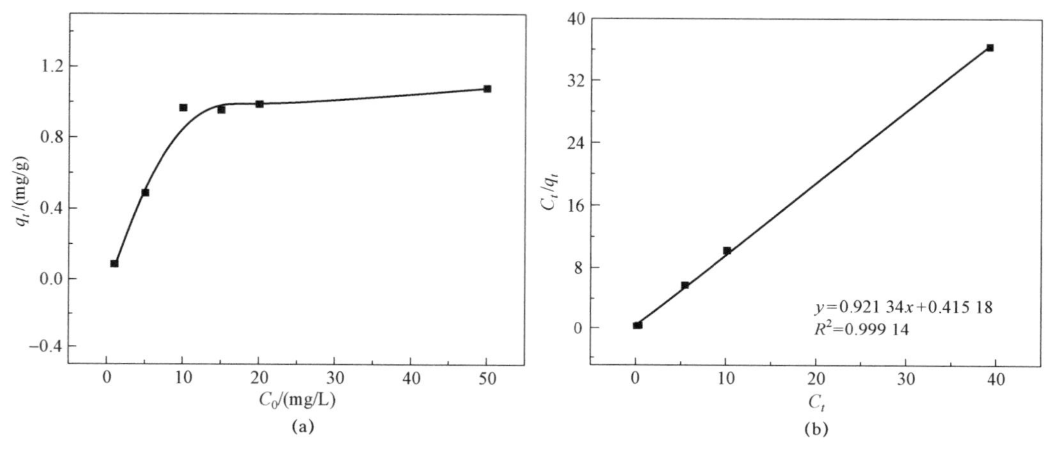

图 3 浓度对花岗岩吸附的影响(a)和 Langmuir 等温模型拟合曲线(b)

表 3 Langmuir 等温模型拟合的相关系数

模型	参数	拟合结果
Langmuir 等温模型	q_m/(mg/g)	1.085 4
	k_L	2.219 1
	R^2	0.999 1

3 总结

(1) 花岗岩对 U(Ⅵ)的吸附量随时间增加而增加，6 h 时达到吸附饱和，说明花岗岩吸附 U(Ⅵ)的平衡时间为 6 h，吸附过程拟合准二阶动力学方程拟合线性较好，属于化学吸附。

(2) 温度可以促进花岗岩对 U(Ⅵ)的吸附，拟合热力学方程表明吸附过程是自发进行的吸热反应。

(3) 浓度在一定范围内可以促进花岗岩对 U(Ⅵ)的吸附，吸附过程符合 Langmuir 模型描述的吸附机理，属于单层吸附，U(Ⅵ)更多吸附在花岗岩的表面。

参考文献：

[1] Lu Y. Uranium extraction: Coordination chemistry in the ocean[J]. Nature Chemistry. 2014, 6(3): 175.

[2] 蔡进．铅冷快堆嬗变 MA 核素的特性研究[D]. 北京：华北电力大学，2017.

[3] Liqiao H, et al. Effects of pH, ionic strength, temperature, and humic acid on Eu(III) sorption onto iron oxides[J]. Journal of Radioanalytical and Nuclear Chemistry. 2011, 289(3).

[4] Wang Y, et al. Ultra-high mechanical property and multi-layer porous structure of amidoximation ethylene-acrylic acid copolymer balls for efficient and selective uranium adsorption from radioactive wastewater [J]. Chemosphere. 2021.

[5] Duan C, et al. Rapid Room-Temperature Preparation of Hierarchically Porous Metal-Organic Frameworks for Efficient Uranium Removal from Aqueous Solutions[J]. Nanomaterials. 2020, 10(8).

[6] 温志坚．中国高放废物处置库缓冲材料选择与基本性能[J]. 世界核地质科学．2010(02): 65.

[7] 郭治军，等．Eu(III)在北山花岗岩上的吸附作用[J]. 中国科学：化学．2011(5): 907-913.

[8] Soler J M, et al. Mineralogical alteration and associated permeability changes induced by a high-pH plume: Modeling of a granite core infiltration experiment[J]. APPLIED GEOCHEMISTRY. 2007, 22(1): 29.

[9] 吴涵玉，等．北山花岗岩与放射性铯相互作用的微观机制研究[J]. 中国科学：化学．2019, 049(001): 165-174.

[10] Rozo V K, et al. Sorption of ^{137}Cs, ^{90}Sr, Se, ^{99}Tc, $^{152(154)}$Eu, $^{239(240)}$Pu on fractured rocks of the Yeniseysky site (Nizhne-Kansky massif, Russia)[C]. 2019.

[11] Tinghai W, et al. Cs sorption to potential host rock of low-level radioactive waste repository in Taiwan: Experiments and numerical fitting study[J]. Journal of Hazardous Materials. 2011, 192(3): 1079-1087.

[12] Li Y, et al. A composite adsorbent of ZnS nanoclusters grown in zeolite NaA synthesized from fly ash with a high mercury ion removal efficiency in solution[J]. Journal of Hazardous Materials. 2021, 411(1-2): 125044.

[13] Cornell R M. Adsorption of cesium on minerals: A review [J]. Journal of Radioanalytical and Nuclear Chemistry. 1993, 171(2): 483-500.

[14] Meiling Y, et al. Uranium re-adsorption on uranium mill tailings and environmental implications[J]. Journal of Hazardous Materials. 2021, 416.

[15] 刘杨秋凡，等．膜渗透体系砷在水合氧化物胶体上的吸附特征[J]. 当代化工．2020, v. 49; No. 288 (01): 23-27.

[16] 余瑞，等．改性聚乙烯纳米纤维膜用于铀吸附的应用研究[J]. 中国科学技术大学学报．2020: 1-25.

[17] Tao J, et al. Effect of Temperature on Sorption of Np(Ⅳ)/Np(Ⅴ) on Beishan Granite[J]. Annual Report of China Institute of Atomic Energy. 2009(1): 323-324.

[18] 刘康乐，等．UiO-66-NH_2/氧化石墨烯吸附水中镍离子性能研究[J]. 环保科技．2020(4): 1-7.

[19] 付杰，等．DMF 在大孔吸附树脂上的吸附热力学及动力学研究[J]. 环境科学学报．2012, 32(003): 639-644.

[20] Mishra S P, et al. Biosorptive behavior of mango(Mangifera indica) and neem(Azadirachta indica) barks for ^{134}Cs from aqueous solutions: A radiotracer study[J]. Journal of Radioanalytical & Nuclear Chemistry. 2007, 272(2): 371-379.

[21] Xie X, et al. Investigation of U(VI) adsorption properties of poly(trimesoyl chloride-co-polyethyleneimine)-ScienceDirect[J]. Journal of Solid State Chemistry. 2021, 296.

[22] Lili L, et al. Phytic acid-decorated porous organic polymer for uranium extraction under highly acidic conditions [J]. Colloids and Surfaces A: Physicochemical and Engineering Aspects. 2021, 625.

[23] 熊正为，等．蒙脱石吸附铀机理实验研究[J]. 湖南师范大学自然科学学报．2007(03): 75-79.

[24] 谢水波，等．MnO_2/FeOOH 复合材料对水中 U(Ⅵ)的去除及机理试验研究[J]. 安全与环境学报．2021, 21(01): 373-382.

Study on the adsorption mechanism of U(Ⅵ) on Yangjiang granite

JIANG Qiao[1], WANG Yan-hui[1], CHENG Jian-feng[1], LENG Yang-chun[2], YANG Gang[1], TUO Xian-guo[3]

(1. School of Nuclear Technology and Automation Engineering, Chengdu Sichuan, China;
2. National Defense, Southwest University of Science and TechnologyCollege of Science and Technology, Mianyang Sichuan, China;
3. College of Chemical Engineering, Sichuan University of Light Chemical Technology, Zigong Sichuan, China)

Abstract: This thesis takes the rock granite around Yangjiang′s under-construction low-level radioactive nuclear waste repository as the research object, and drills sampling at a depth of 173 m around it to obtain experimental sample granite. Through static adsorption experiments, the kinetic and thermodynamic processes of adsorption were studied, and the isothermal model was fitted. The results show that the adsorption equilibrium time of granite to U(Ⅵ) is 6 h, the adsorption process and the fitting performance of the quasi-second-order kinetic equation are relatively better, which belongs to chemical adsorption. The adsorption effect is better at high temperature, and the fitting thermodynamic equation shows that the adsorption is an endothermic reaction that proceeds spontaneously. Within a certain concentration range, the higher the concentration, the better the adsorption effect. The adsorption process fits the Langmuir isotherm adsorption model with good linearity, and U(Ⅵ) is more adsorbed on the surface of granite. Uranium is a more abundant nuclide in radioactive waste. By studying the adsorption behavior of the isotope U(Ⅵ) of granite to this nuclide, the adsorption behavior of granite to radioactive U can be predicted, which is necessary for the safety assessment of nuclear waste geological repository. The link will provide a certain reference for the site selection and design of the repository.

Key words: granite; Yangjiang; nuclear waste repository; U(Ⅵ)

基于DEM的二氧化铀烧结块的振动筛分过程分析

谢 晗

(中核建中核燃料元件有限公司,四川 宜宾 644000)

摘要:针对二氧化铀烧结块、掉盖、断料等渣块混合物,从烧结钼舟倒入振动筛分设备后的振动运移特性难以观察,筛分效果不易定性分析的问题。应用离散元方法(DEM)建立二氧化铀渣块混合物的入筛至出筛全过程的数值模型,定量化的分析研究现有结构和振动特性下二氧化铀烧结产物的振动分层效应和筛分效率。通过对模拟结果的数据处理得到振动分层系数 S、筛分效率 δ 等定量化的参数指标。对各项参数的变化规律进行研究,得到了二氧化铀烧结产物在振动筛分设备中的分层效应的特点,分析总结了目前振动筛分设备的特性。

关键词:振动筛分;分层效应;二氧化铀;烧结块;离散元

引言

振动筛分是目前工业生产中常见的,用于混合物料的筛选剔除的方法。在振动筛分过程中筛上物料的运动规律较为复杂,物料的分层效应则是影响筛分效率的关键因素。研究发现物料分层效应是由于物料的尺寸差异,使物料堆积时形成大小不一的空隙。在振动冲击等载荷作用下,小尺寸物料向下运移填充较大空隙,而使大尺寸物料向上移动。形成物料的上下分层的现象,即振动分层,也被称为"巴西果"效应[1-3](图1),随后的研究又发现了反"巴西果"效应、三明治分层效应等,分层效应的出现主要与物料的形状尺寸及容器形状有关。

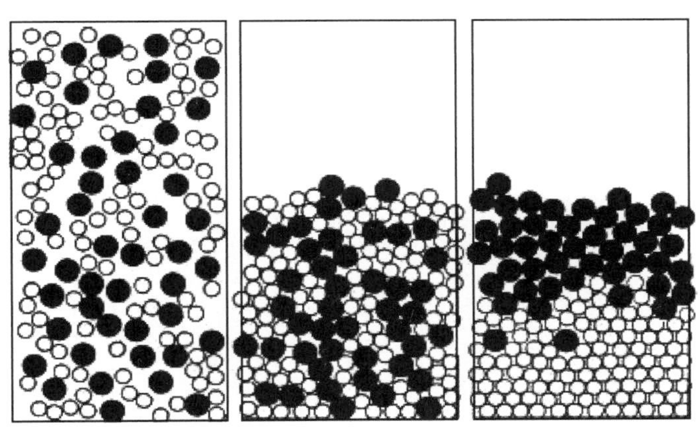

图1 "巴西果"效应

中核建中核燃料元件公司二氧化铀生坯烧结后产生的烧结块和碎渣块的渣块混合物,也通过振动筛分设备(图2)进行筛分处理。通过高频直线电机施加振动于机械结构体上,将烧结后的二氧化铀碎块从完整烧结块中剔除,并通过振动完成对烧结块的输送。

目前生产实际中发现,振动筛分后仍有大量烧结碎块通过筛分区而进入芯块磨削、装盘、外观检查等生产后环节。过多的烧结碎块,容易导致磨床砂导轮冲击损坏、生产线停机、传输线卡顿、外观检查耗时增加等问题。进而导致产品质量下降,生产成本上升的情况出现。因此为更加直观的了解和研究二氧化铀烧结块在振动筛分设备中的运移筛分过程,并对筛分效果进行定量化分析。通过计算

作者简介:谢晗(1992—),男,硕士研究生,现就职于中核建中核燃料元件有限公司,从事核燃料元件生产相关工作

颗粒力学(CGD)中的软球模型,即离散元方法(DEM)对翻转倒料装置进行模拟研究。通过模拟结果对现有筛分结构的分层沉降系数、筛分效率进行了计算分析,观察了烧结块的运动规律,并对现有机械结构、工况的特性和缺陷进行了讨论。

图 2　翻转倒料及振动筛分设备

1　筛分评价及模型建立方法

1.1　分层与筛分评价方法

为在模拟结果中更加准确直观的理解振动分层效应,并定量化的计算分层的显著程度,通过分层沉降系数[4]来表征振动分层效应。分层沉降系数 S 定义为,筛分过程中筛上物料中特定物料的离筛面的平均高度与所有物料离筛面的平均高度的比值(图 3)。公式为

$$S=\frac{H_X}{H} \tag{1}$$

式中:H_X——特定物料离筛面的平均高度;

H——所有物料离筛面的平均高度。可见分层沉降系数 S 数值大小,可以用来判定特定物料在振动筛分中的运移规律。

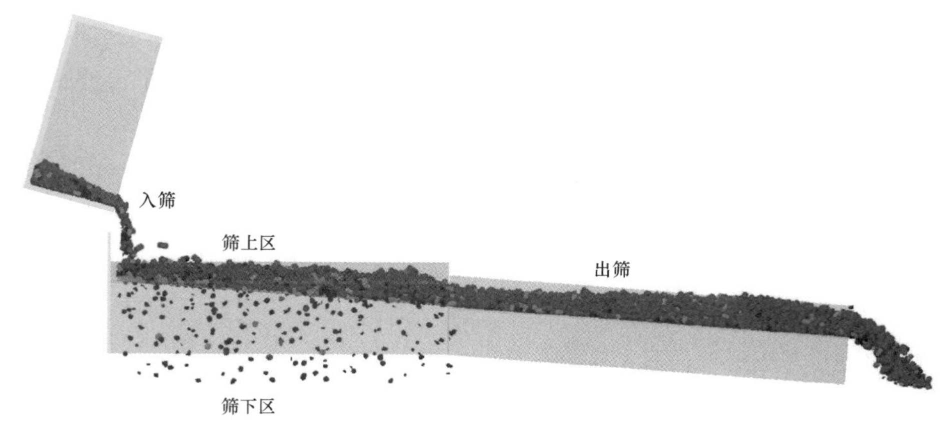

图 3　筛分区域

本文研究物料的振动分层的目的是较直观的了解二氧化铀烧结块中渣块的筛除。因此仍需用筛分效率[5]来判定烧结块的筛分状态。筛分效率的理论值等于筛除的物料质量与输入筛分设备中尺寸小于筛网尺寸的物料质量的比值。在数值模拟中,可以便捷的统计物料的质量变化,因此筛分效率可以通过输入、输出、筛上、筛下等区域质量的比值计算。公式为

$$\delta=\frac{(\alpha-\gamma)(\theta-\alpha)}{\alpha(\theta-\gamma)(1-\gamma)} \tag{2}$$

式中：δ——筛分效率；

α——为入筛物料中渣块质量占入筛区域总质量比例；

θ——为筛下渣块质量占筛下区域总质量比例；

γ——为筛上渣块质量占筛上区域总质量比例。

1.2 建模方法

离散单元法[6]是在岩石工程领域发展起的一种模拟岩土颗粒力学行为的数值方法。能够准确的表示离散颗粒的运动过程和力学行为，而被广泛运用在岩土破碎、粉末冶金、制药等领域。

本文基于离散单元方法，建立二氧化铀烧结块入筛、振动筛除、出筛全过程的模型。模型中的机械结构尺寸、输出工况按照公司磨削线翻转倒料及振动筛分设备进行设置(图4)。振动筛分过程在恒定工况下进行。以往的研究表明，物料分层的主要影响因素为物料间的尺寸和形状差异，而物料的密度、重量、摩擦系数等对分层效应的影响偏小。因此该模型设置中，不考虑烧结块密度差异和湿度变化对摩擦系数的影响。并建立完整烧结块、断料、掉盖三种形状和尺寸差异大的二氧化铀烧结产物模型，设置其尺寸服从标准差1 mm的正态分布。模拟的烧结物料总质量为60 kg，断料和掉盖含量分别为10%、5%。

(a) (b)

图4 烧结物料模型

(a) 三维模型；(b) 离散元模型

模拟中用到的材料参数[7-9]见表1，碰撞特性见表2。

表1 材料参数

材料	304不锈钢	二氧化铀烧结块
密度($g\cdot cm^{-3}$)	7.93	10.96
弹性模量/GPa	193	234.9
泊松比	0.247	0.305
抗压强度/MPa	205	475

表2 碰撞特性

材料属性	恢复系数	静摩擦因数	滚动摩擦因数
物料之间	0.4	0.5	0.01
物料与筛分设备	0.5	0.4	0.01

2 振动筛分的模拟结果分析

图5为翻转倒料过程中两个瞬时，烧结块在振动筛分设备中的运动状态。可以看到，烧结块从料舟中倒出后，部分烧结碎块通过筛网落入筛下区域而被筛除。同时能够看到，由于筛网两侧的围板偏

低，大量烧结块的倒入时部分的正常好料从两侧溢出。从图 6a 围板两侧烧结块溢出质量中也能看出，在烧结块倒入筛上区至料舟倒料截止之间，围板两侧均有部分烧结块溢出。

说明，当大量烧结块短时间内入筛时，现有的振动筛分设备不能有效快速的完成烧结块在设备上的运输，致使出现物料堆积溢出的产生，同时也说明现有的设备筛上区两侧围板可能偏低。图 6b 中速度与时间的变化曲线，也能看出随时间的增加筛上物料的平均速度在不断降低并最后达到一个稳定的范围值。其中速度出现的小范围上下波动由振动电机振动引起。

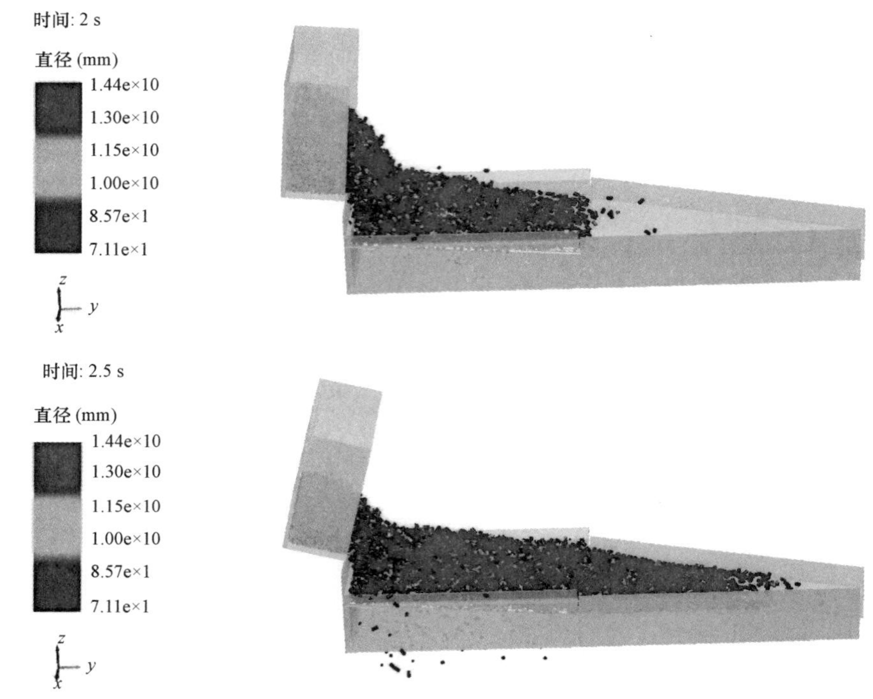

图 5　翻转倒料及振动筛分过程

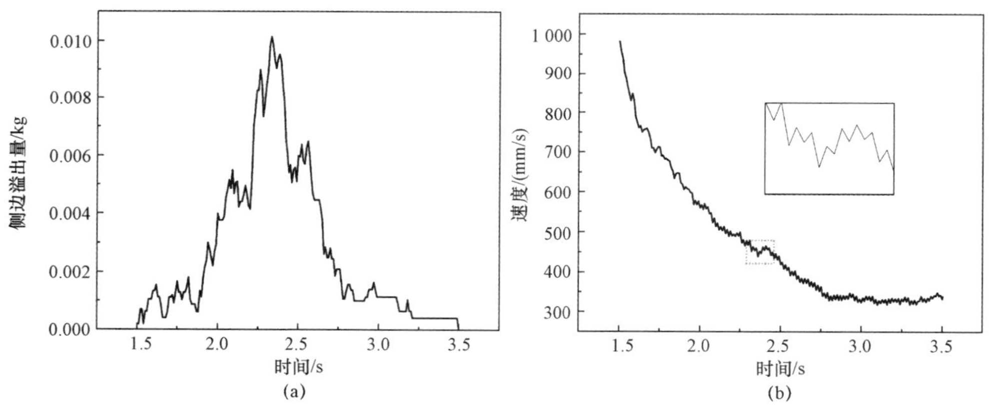

图 6　物料质量及速度随时间变化规律

（a）侧边溢出质量；（b）物料运移平均速度

为直观的了解烧结产物在筛上区域的运动状态。计算得到烧结产物的分层沉降系数，图 7。可以看到烧结后的物料整体倒入筛分设备后，烧结碎块在筛上区域的分层沉降系数随时间的推移持续降低，而烧结块的系数持续升高。同时比较掉盖和断料的变化趋势能够发现，在进入稳定筛分的阶段，掉盖的沉降系数低于断料。

说明目前的筛分工况和结构能够使尺寸差异较大的三种烧结产物出现巴西果分层效应，使断料、掉盖等碎渣块向筛网方向运移。同时烧结掉盖向筛网运移的趋势更加明显，说明掉盖等尺寸偏小的碎块更易被振动筛除。

提取筛下区域的两种碎块质量随时间变化数据，结合分层沉降系数图7，得到如图8的曲线。也可以看到当时间在2 s之后，即烧结产物出现明显的小尺寸物料在下层的振动分层效应后，落入筛下区域的碎块质量明显增加并稳定在一定范围。

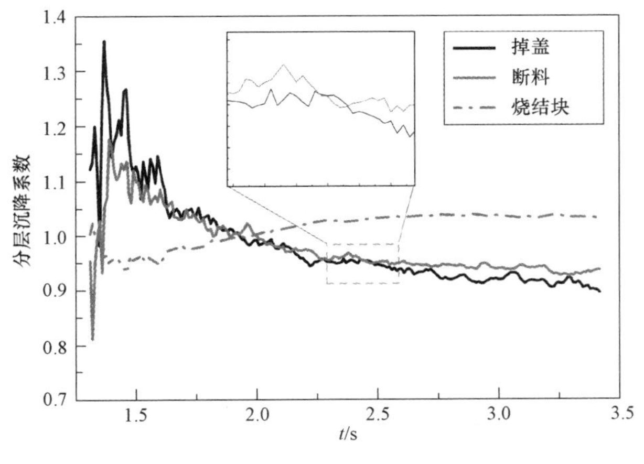

图7　分层系数随时间变化规律

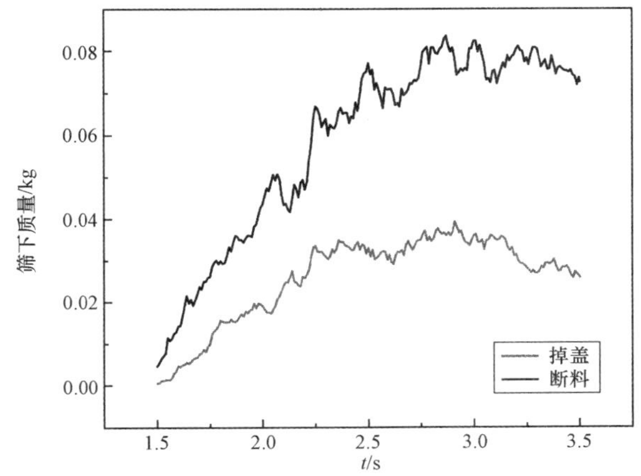

图8　筛下物质量随时间变化规律

在图5中，也能看到在出筛区域中，仍然存在大量的烧结碎块。因此，通过提取入筛、出筛、筛上、筛下各个区域烧结碎块的含量，并按式计算得到振动筛分设备的筛分效率(图9)。从图中可以看到，筛上物质量为先增加后缓慢降低的过程，而整个筛分过程的筛分效率均处于小于0.5的偏低数值范围，并呈现先降低后增加的趋势。筛分效率在2 s处附近出现偏低的数值的主要原因为，初期的筛分过程倒入的物料少而未出现堆积，即烧结碎块可以不经过振动运移便可经过筛网筛除。而随着筛上质量的增加相应的物料产生大量堆积致使烧结碎块不能较快运移至筛面筛除，同时部分完好的烧结块亦从侧边溢出，导致了筛分效率降低。至料舟物料大部分倒出，筛分进入稳定阶段，筛分效率也相应提升。

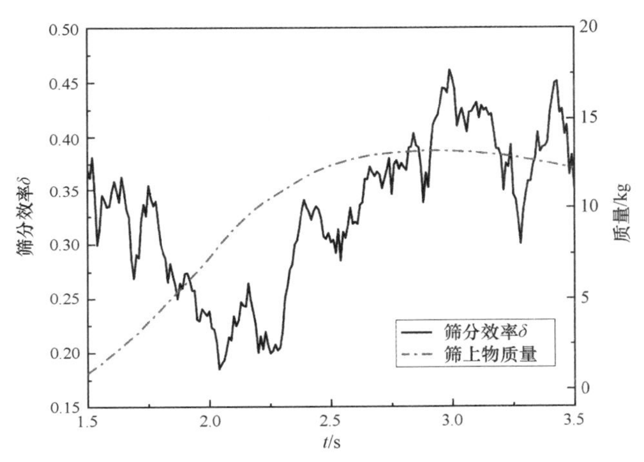

图9　筛分效率与筛上物质量变化规律

可以看到，在目前的工况下(振动频率 $f=40$ Hz、振幅 $A=3$ mm、振动方向角 $\theta=0°$)整个筛分过程的筛分效率偏低，不能较好的将烧结碎块剔除，且短时间将大量的物料倒入筛分设备将进一步降低筛分效率。即是说在目前的设备和工况下，为保障相对高的筛分效率，应控制烧结块的倒入量在合适的范围值内。

3　正交试验

基于目前建立的离散元模型，对振动筛分的工作参数，频率 f、振幅 A、振动方向角 θ，按正交表 $L_8(2^7)$ 进行考虑交互作用的正交试验设计。振动分层系数作为试验结果进行离差分析(表3)。计算离差后发现 θ、$A\times\theta$ 两项的离差相对较小，作用不显著，为提高检验效果，把其并入误差中，得离差分析表4。

表 3　因素水平表

水平 \ 因素	频率 f/Hz	振幅 A/mm	振动方向角 θ/°
1	40	1	0
2	60	5	90

表 4　离差分析表

来源	离差	自由度	均方离差	F 值
f	1.149 28	1	1.149 28	6.657 21
A	0.919 64	1	0.919 64	5.327 01
$f\times A$	0.560 85	1	0.560 85	3.248 1
$f\times\theta$	0.317 92	1	0.317 92	1.841 57
误差	0.427 69	3	0.142 56	
总和	3.375 37	7		

结合表中数据，给定 $\alpha=10\%$，查 $F_{0.1}(1,3)=5.54$。易见 $F_f>5.54$，知道振动频率的变化对烧结后的渣块混合物的筛分效果有显著的影响。

4　结论

通过对翻转倒料振动筛分过程的模拟和分析，得到了如下几点结论：

（1）目前的机械结构和振动参数，能够使二氧化铀烧结产物中的完整烧结块与碎渣块出现明显的“巴西果”效应形式的上下分层。

（2）现有的振动筛分工况下二氧化铀烧结后的渣块混合物的筛分效率偏低，其振动频率、振幅、振动方向角三工作参数中，振动频率对混合物振动分层的效果影响较为显著。

（3）单位时间内烧结物料的入筛量，对筛分效率存在明显的影响。短时间内倒入大量的烧结渣块会造成筛分效率降低，且易导致烧结块堆积后溢出而造成完好成品的损害报废。因此在磨削岗位操作时，应控制筛分设备中筛上物料量，以提高筛分效率。

参考文献：

[1] Rosato A, Strandburg K J, Prinz F. Why the Brazil nuts are on top: Size segregation of particulate matter by shaking[J]. Physical Review Letters, 1987, 58(10): 1038-1040. DOI: 10.1103/PhysRevLett.58.1038.

[2] 赵磊，韩冰，郭柄江，等．水平摆振下环形巴西果分离效应模拟研究[J]. 应用力学学报，2013，37(2)：630-636.

[3] 史庆潘，阎学群，厚美瑛，等．振动混合颗粒形成的反巴西果分层及其相图的实验观测[J]. 科学通报，2003，48(4)：328-330.

[4] 沈国良，李占福，童昕，等．基于 DEM 的振动筛振动参数对分层质量的影响[J]. 煤炭科学技术，2017，45(5)：217-221.

[5] 杨龙飞．基于 DEM 的沥青混合料振动筛分效率估算与试验研究[D]. 西安：长安大学，2015.

[6] 王国强，郝万军，王维新．离散单元法及其在 EDEM 上的实践[M]. 西安：西北工业大学出版社，2010.

[7] 杨晓东．含钆二氧化铀芯块制备及工业化应用研究[D]. 重庆：重庆大学，2008.

[8] 简单．铀和二氧化铀状态方程与弹性模量计算[D]. 北京：中国工程物理研究院，2020.

[9] ZINKLE S J, WAS G S. Materials challenges in nuclear energy[J/OL]. Acta Materialia, 2013, 61(3): 735-758. http://dx.doi.org/10.1016/j.actamat.2012.11.004. DOI: 10.1016/j.actamat.2012.11.004.

Analysis of vibration screening of uranium dioxide sintered block based on DEM

XIE Han

(CNNC Jianzhong Nuclear Fuel Co. Ltd. , Yibin Sichuan, China)

Abstract: It is difficult to observe the migration characteristics and qualitative analysis of the screening effect of the uranium doxide sintered block, off lid, broken material and other slag block mixture after it is poured into the vibrating screening equipment from the sintered molybdenum boat. The discrete element method (DEM) was used to establish a numerical model of uranium dioxide block mixture screening, and the vibration efficiency of uranium dioxide sintered product under the existing structure and vibration characteristics was quantitatively analyzed and studied. Through the data processing of the simulation results, the vibration stratification coefficient, screening efficiency and other quantitative parameter were obtained. For all the characteristics of the stratification effect of the sintered products of uranium dioxide in the vibrating screening equipment are obtained, and the characteristics of the stratification effect are analyzed and summarized.

Key words: vibrating screen; stratification effect; uranium dioxide; sintered block; discrete element

PFPE体系润滑脂流变性和成脂性研究

杨佩雯
(核工业理化工程研究院,天津 300180)

摘要:PFPE体系润滑脂由于其特殊的分子结构,具有良好的热稳定性、化学惰性及绝缘性,被广泛应用于化学工业、航天工业、核工业、电子工业、机械工业和磁介质工业。本文通过改变稠化剂在PFPE体系润滑脂中所占比例研究润滑脂的流变性,按不同配比将基础油,稠化剂和添加剂混合并剪切分散均匀后,在25 ℃恒温条件下,剪切速率从零逐渐增大进行流变性分析测试和理论研究,并得到相应剪切速率-黏度曲线,发现基础油的黏度不随剪切速率的变化而变化,而不同配比润滑脂的黏度随剪切速率升高而降低,在达到一定剪切速率时趋于平稳;通过对不同稠化剂微观形貌结构研究,发现在稠化剂含量相同的情况下,粒子形状为椭球状、粒径大小约100～200 nm、粒径分布均匀、分散性好的稠化剂与基础油的相容性更佳,反之则会导致不同程度的油脂分离,影响润滑脂的使用效果。

关键词:PFPE;润滑脂;成脂性;流变性

引言

PFPE体系基础油在常温下为液体,与烃类润滑剂的分子结构相似,只是在其分子中以键能更强的C-F键代替了C-H键,使得PFPE体系基础油具有更高的热稳定性、氧化稳定性、良好的化学惰性和绝缘性。分子量较大的PFPE体系基础油还具有低挥发性、较宽的温度使用范围及优异的黏温特性[1]。PFPE体系润滑脂属于非牛顿流体,复杂的结构决定了其几乎具有非牛顿流体所有的特性,如黏弹性、屈服应力、触变性、剪切变稀和壁滑移等,该体系润滑脂所具有的独特的流变性,是使其区别于其他润滑脂得到广泛运用的重要原因,这也使其能在不适宜用油润滑的部位进行润滑,同时起到密封和保护作用。本文通过对PFPF体系基础油及其润滑脂的流变性及稠化剂的微观形貌研究,总结稠化剂在PFPE体系润滑脂中所占比例不同对其流变性的影响,并通过对不同稠化剂微观形貌研究,总结影响润滑脂成脂性的根本原因,筛选分散性更好、平均粒径大小、粒子形状更合适的稠化剂,从而改善润滑脂成脂性。

1 实验部分

1.1 主要原料与仪器

实验所用原料主要有PFPE体系基础油,稠化剂1、2、3、4和添加剂以及乙醇、丙酮等。

实验所用仪器主要为电子天平(精度0.1 g),天津天马衡基仪器有限公司;高剪切分散乳化机,上海弗鲁克实业有限公司;流变仪,奥地利Anton Paar公司;扫描电镜,德国LEO公司。

1.2 试样制备

(1) 准备原材料若干;

(2) 将PFPE体系基础油,稠化剂1和添加剂按不同配比依次加入相应的烧杯中,混合并剪切分散均匀,静置恢复至常温,准备实验;

(3) 分别取少量稠化剂2、3、4备用。

1.3 性能测试

流变性:采用同轴圆筒CC27型号转子,25 ℃恒温,预剪切3 min后,以0.1 s^{-1}的速率剪切1 min,

作者简介:杨佩雯(1989—),女,大学本科,工程师,现主要从事有机材料研制

然后以 0.1～1 000 s^{-1}的剪切速率条件下扫描，对数取值，测试 PFPE 体系基础油及不同配比润滑脂的流变曲线，流变曲线的测定参照 GB/T 28910—2012《原油流变性测定方法》。

扫描电镜：对稠化剂 1、2、3、4 分别进行扫描电镜测试，方法参照 JY/T 010—1996《分析型扫描电子显微镜方法通则》。

2 实验原理

2.1 流变性原理

流变性是物质在受到外力作用时所表现出来的流动和变形的特性。流体受力的作用会产生剪切变形，它形变的程度随着流体的黏性大小而异，称为黏性体。有些黏性体属于牛顿流体，服从牛顿流体内摩擦定律，黏度不因剪切速率大小而变化；有些黏性体属于非牛顿流体，不服从牛顿流体内摩擦定律。

润滑脂是一种由基础油、稠化剂和添加剂组成的具有塑性的润滑剂，这种多相介质的润滑脂在微观结构上不是均匀连续的统一体，因而在宏观力学上表现出非牛顿流体的性质。对于润滑脂这种具有黏弹性的润滑材料，有学者对其流变过程进行了描述，见图 1。其中纵坐标为剪切速率，横坐标为屈服应力，t 为时间，τ 为剪切应力[2]。

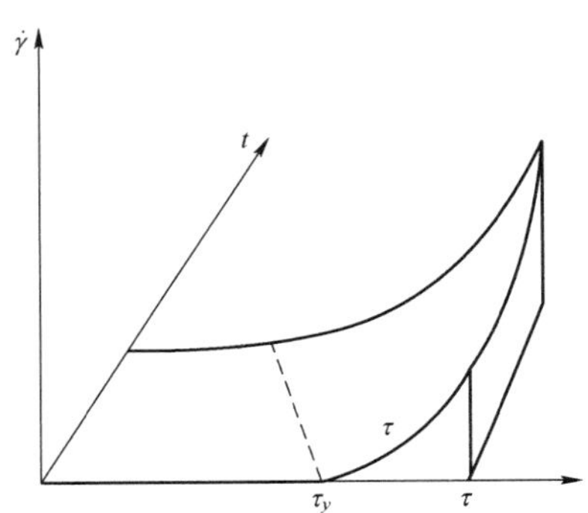

图 1 润滑脂流变性示意图

润滑脂在常温和低负荷下以微变形保持一定的形状而不流动，并黏附在接触表面不滑落；当温度升高或者达到其屈服应力时，润滑脂向黏性转变并开始流动。

牛顿流体的流动方程式为 $\tau=\eta(dv/dy)$，作为牛顿流体，剪切速率和剪切应力之间呈直线关系，黏度大小不随剪切速率改变，非牛顿流体从不流动到开始流动，需要有一定的剪切应力，成为极限剪切应力，流动方程式为 $\tau=\tau_0+\eta(dv/dy)$，式中 τ—剪切应力，τ_0—极限剪切应力，η—塑性黏度。τ_0 又称为润滑脂的强度极限，它随润滑脂的种类、稠度及温度不同而变化。因为润滑脂有了一定的强度极限，才不会从润滑部件上流失，但强度极限过大，就会引起被润滑机械启动困难或消耗过多的能量，因此，润滑脂的强度极限对它的使用性有重要意义。

2.2 扫描电镜原理

扫描电镜(SEM)主要是利用二次电子信号成像来观察样品的表面形态，即用极狭窄的电子束去扫描样品，通过电子束与样品的相互作用产生各种效应，其中主要是样品的二次电子发射，二次电子能够产生样品表面放大的形貌像，这个像是在样品被扫描时按时序建立起来的，即使用逐点成像的方法获得放大像。扫描电镜是介于透射电镜和光学显微镜之间的一种微观性貌观察手段，可直接利用样品表面材料的物质性能进行微观成像。

扫描电镜的优点是：① 有较高的放大倍数，20 万～25 万倍之间连续可调；② 有很大的景深，视野大，成像富有立体感，可直接观察各种试样凹凸不平表面的细微结构；③ 试样制备简单。

3 实验结果与分析

3.1 PFPE 体系润滑脂流变性研究

在一定添加剂和 PFPE 体系基础油中，分别加入 0 份、5 份、7 份、9 份、11 份和 13 份稠化剂，充分剪切混合均匀，得到 PFPE 体系润滑脂，在 25 ℃恒温的条件下，按照 1.3 中的实验方法进行流变性实验，得到如图 2 所示流变曲线，部分流变实验数据见表 1。

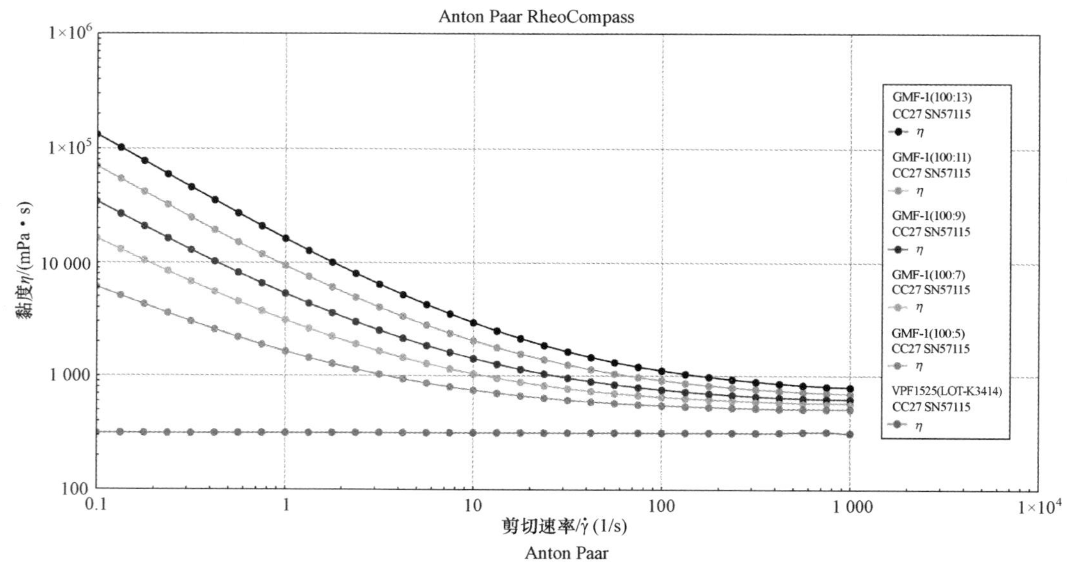

图 2　不同稠化剂含量的 PFPE 体系润滑油脂流变曲线

表 1　PFPE 体系润滑油脂流变实验数据

配方	性能 \ 剪切速率	0.1	1	10	100	1 000
100∶13	剪切应力/Pa	13.142	16.268	29.247	111.09	791.48
	黏度/(mPa·s)	131 000	16 269	2 924.5	1 111	791.46
100∶11	剪切应力/Pa	7.007 8	9.41	20.319	91.229	696.38
	黏度/(mPa·s)	70 060	9 409.8	2 031.8	912.34	696.36
100∶9	剪切应力/Pa	3.434 5	5.290 3	14.143	75.367	618.31
	黏度/(mPa·s)	34 327	5 290.2	1 414.3	753.69	618.47
100∶7	剪切应力/Pa	1.637 7	3.093 9	10.386	64.926	570.98
	黏度/(mPa·s)	16 367	3 093.7	1 038.7	649.27	571.13
100∶5	剪切应力/Pa	0.605 85	1.637 4	7.451 6	54.625	506.56
	黏度/(mPa·s)	6 065.2	1 637.2	745.19	546.26	507
100∶0(基础油)	剪切应力/Pa	0.031 359	0.316 27	3.156 5	31.583	312.85
	黏度/(mPa·s)	313.43	314.82	315.67	315.83	313.31

图 2 中可以看出，随着剪切速率的增大，基础油黏度基本无变化，表现为牛顿流体特性，无触变性；而润滑脂的黏度逐渐降低，表现为牛顿流体特性。

每种润滑脂中相差 2 份稠化剂，由表 1、图 3，在趋于零剪切速率条件下，5 种润滑脂黏度呈指数增加，其中 100∶5 润滑脂的零切黏度为 6 065.2 mPa·s，100∶13 润滑脂的零切黏度高达约 131 000 mPa·s，相当于加入 5 份稠化剂的润滑脂的 20 倍；而一旦有了实际意义的剪切速率，不同稠化剂含量的润滑脂的黏度差别就不是特别明显了；随着剪切速率逐渐增大，5 种润滑脂黏度差距越来越小，在达到一定剪切速率后，5 种润滑脂黏度趋于稳定，且数据相差较小。

这说明当分子链处于具有应力变化的速度梯度的流场中，整个长链分子不会都处于同一速度区，某一端可处在速度较快的中心区，另一端则处于接近管壁的速度较慢区，此时两端会产生相对移动，

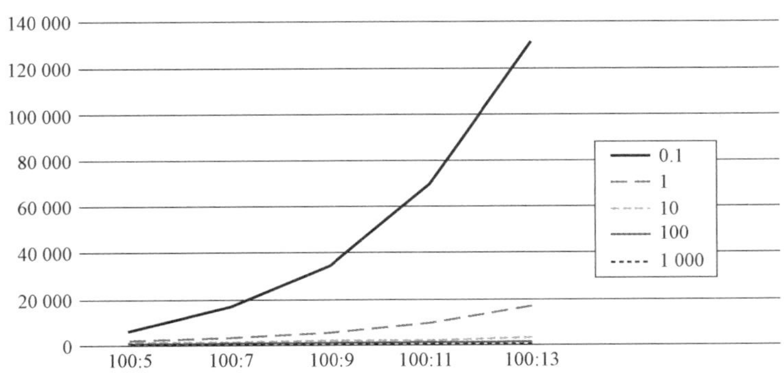

图 3　不同稠化剂含量的润滑脂黏度变化趋势

结果会使分子发生伸直和取向。流动速度梯度(剪切速率)越大,这种取向就越明显。在很高的速度梯度下,分子取向度升高,布朗运动的影响可以忽略;进一步提高速度梯度,取向度不会再提高。因此反映在流变性黏度—剪切速率的流动曲线上就具有非牛顿—牛顿流体的行为。

因此得出结论,在具有一定剪切速率条件下,加入不同比例稠化剂的 PFPE 体系润滑脂黏度差异较小;在剪切速率达到一定程度时,不同稠化剂含量的 PFPE 体系润滑脂黏度差异极小;在处于零剪切速率或剪切速率极小条件下,稠化剂所占比例对 PFPE 体系润滑脂的黏度变化呈指数增长,影响巨大。润滑脂黏度过大会影响其流动性,需要根据实际使用工况,控制 PFPE 体系润滑脂中稠化剂含量。

3.2　稠化剂微观形貌研究

稠化剂是润滑脂的重要组成部分,一般是在制脂的冷却阶段加入并以一定的形式分散于整个润滑脂的三维网络结构之中。Adhvaryu 等研究表明,润滑脂的皂纤维吸附基础油主要是通过富有极性添加剂分子的稠化剂分子实现的,也即添加剂分子主要是以吸附于纤维结构之上的形式存在[3]。

取稠化剂 1、2、3、4 若干,喷金后进行扫描电镜观察,效果如图 4 至图 7 所示。

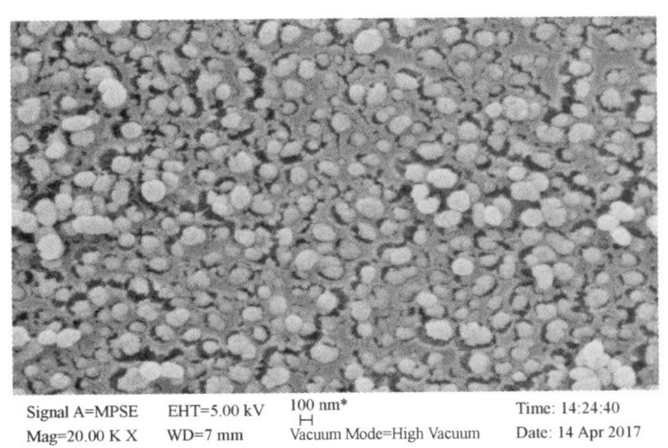

图 4　稠化剂 1 扫描电镜

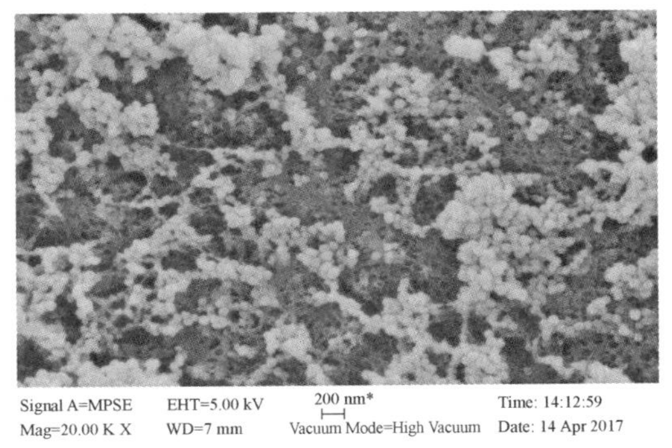

图 5　稠化剂 2 扫描电镜

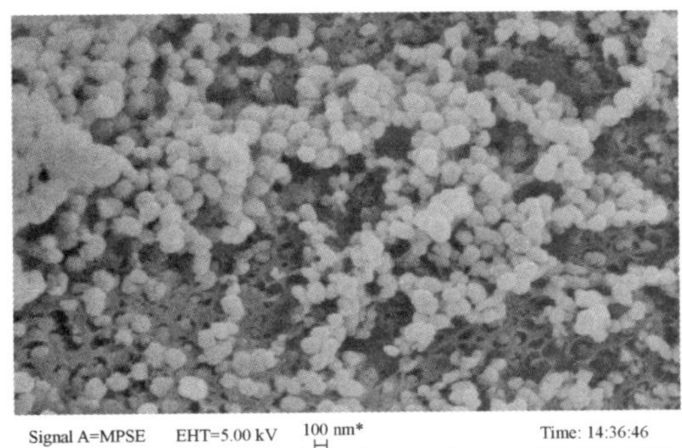

图 6　稠化剂 3 扫描电镜

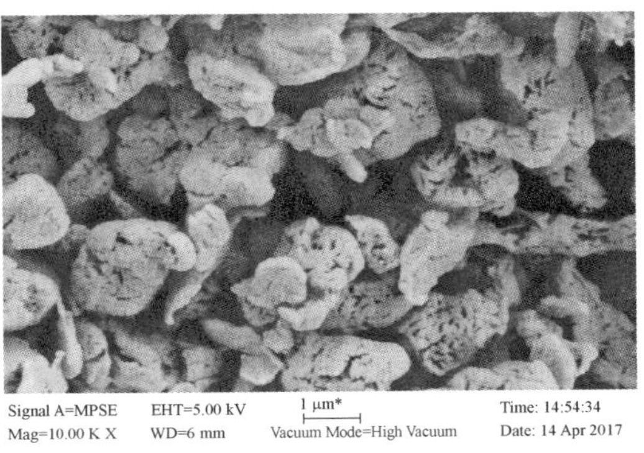

图 7　稠化剂 4 扫描电镜

图4～图6为20 000倍放大倍数下，图7为10 000倍放大倍数下的扫描电镜效果，依次为稠化剂1、2、3、4。其中，图4～图6中，3种稠化剂粒子微观形貌相似，均为椭球状颗粒，粒子表面光滑，平均粒径大小相当，为100～200 nm，而图7中的稠化剂粒子在10 000倍放大倍数下颗粒已达到1 μm，尝试在20 000倍放大倍数下观察，几乎捕捉不到其粒子形貌，该效果图中，粒子形状呈不规则状，表面粗糙不光滑，同时有大量团聚现象，无法正常分散，因而导致颗粒更大，若添加至润滑脂中容易造成润滑脂严重沉降。

观察图4～图6中3种稠化剂粒子分布情况，发现稠化剂2和稠化剂3中有明显大片颗粒团聚，分散不均，而稠化剂1中只有极少小片颗粒团聚，相对分布均匀，说明稠化剂1粒子分散性明显优于稠化剂2、3，在润滑脂中更容易分散均匀。

3.3 沉降实验

润滑脂成脂性的好坏主要体现在其久置后的沉降量多少。在长时间静置情况下，沉降量越少，润滑脂的成脂性越好，反之，沉降量越多，润滑脂的成脂性越差。沉降现象的出现说明稠化剂在基础油中分散欠均匀，若沉降量过多，油脂分离，会影响润滑脂在工程应用中的润滑效果。

取PFPE体系基础油、添加剂若干，分别加入7份稠化剂1、2、3、4制备润滑脂(以下简称①②③④)，由左至右置于试管架，进行沉降实验，放置两个月，沉降效果如图8所示。

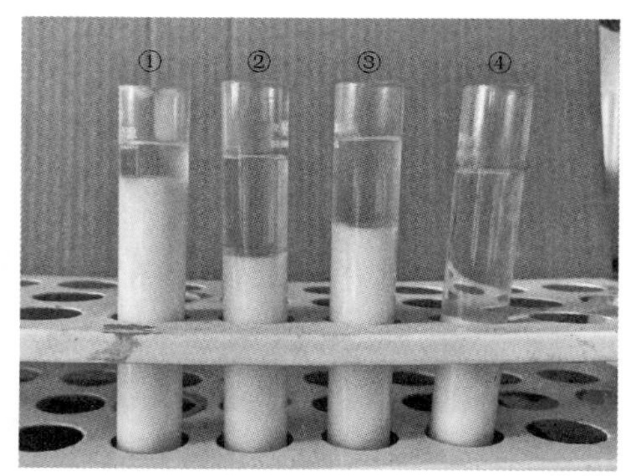

图8　不同固化温度下树脂固化物的放热曲线图

图8中可以看出，沉降量①＜③＜②＜④，结合扫描电镜中对粒子微观形貌的研究，验证了稠化剂1在基础油中的分散性更好，说明基础油与稠化剂分子间缔合力更大，润滑脂分子间的相容性更好。

4　结论

(1) 通过对PFPE体系基础油和加入不同比例稠化剂的PFPE体系润滑脂进行流变性研究，总结该体系基础油为牛顿流体，润滑脂为非牛顿流体；在剪切速率较大条件下，加入不同比例稠化剂的PFPE体系润滑脂黏度差异较小；在零剪切速率和剪切速率极小条件下，稠化剂所占比例对PFPE体系润滑脂的黏度影响巨大，在实际应用中，应根据实际工况控制添加剂含量。

(2) 通过对稠化剂粒子微观形貌研究，总结粒子形状规则近椭球状、表面光滑、平均粒径大小适当、分散性好的稠化剂与基础油有更好的相容性，成脂性更好。

致谢

本文的实验工作是在所各部门的大力支持下完成的，感谢给予指导和帮助的各级领导和同事们，感谢同事们在研制工作中给予的帮助，感谢所领导、室主任对该工作的支持，在此向大家表示衷心感谢！

参考文献：

[1] 谢宇．全副聚醚润滑剂[J]，合成润滑材料，2005，32(4)：38-42.

[2] 周围贵，郭小川．润滑脂流变性研究现状及展望[J]，石油商技，2014，10(5)：28-33.

[3] 王伟军，田松柏，等．基础油与添加剂对润滑脂微观结构的影响[J]，石油商技，2015，10(5)：26-34.

Research on the rheology and lipogenicity of PFPE system grease

YANG Pei-wen

(Research Institute of Physical and Chemical Engineering of Nuclear Industry, Tianjin, China)

Abstract: PFPE system grease has good thermal stability, chemical inertness and insulation due to its special molecular structure, it is widely used in the chemical industry, aerospace industry, nuclear industry, electronics industry, machinery industry and magnetic media industry. In this paper, the rheological properties of the grease are studied by changing the proportion of the thickener in the PFPE system grease, mix the base oil, thickener and additives according to different formulas and shear and disperse them evenly, at a constant temperature of 25 ℃, gradually increase the shear rate from zero for rheological analysis, testing and theoretical research, and get the corresponding shear rate-viscosity curve, it was found that the viscosity of base oil does not change with the change of shear rate, the viscosity of different lubricating greases decreases with the increase of shear rate and tends to be stable when the shear rate reaches a certain level; through the study of the micro-morphology and structure of different thickeners, it was found that when the content of the thickener was the same, the particle shape was elliptic, the particle size was about 100～200 nm, and the particle size distribution was uniform, the thickener with good dispersion had better compatibility with the base oil, otherwise, it would lead to different degrees of oil separation and affect the use effect of the grease.

Key words: PFPE; grease; rheology; lipogenicity

辐照-温度协同作用下U_3Si_2微结构演化的介观尺度研究

王园园[1],孙 丹[2],刘仕超[2],孙志鹏[2],
高士鑫[2],周 毅[2],赵纪军[1]
(1. 大连理工大学物理学院,辽宁 大连 116024;
2. 中国核动力研究设计院核反应堆系统设计技术重点实验室,四川 成都 610213)

摘要:材料的辐照损伤一直是先进核反应堆材料研究关心的问题,它影响着反应堆能否安全运行。堆内高温、强辐照等极端环境,特别是高能粒子与固体材料间相互作用,会导致材料内部产生不同的辐照缺陷,改变材料形状、性能。因此,探究材料在复杂环境时空尺度下组织与性能间的关联性是实验-计算-理论研究的关键环节。U_3Si_2作为耐事故燃料芯块的候选燃料之一,近些年被广泛研究,但其辐照损伤机理尚未清晰。本研究从计算模拟角度出发,采用基于以Ginzburg-Landau理论为物理基础的相场法,建立了辐照气泡相场模型,研究了辐照-温度耦合环境下U_3Si_2晶内、晶间辐照诱发气泡的形成与演化物理图像,分析了孔隙率、平均直径、数密度等随温度、裂变率的变化。模拟结果与文献数据进行对比,验证了本模型的有效性。

关键词:辐照损伤;裂变气泡;相场法;计算模拟

反应堆中,核燃料元件处于苛刻的工作环境,并在堆内运行过程中产生复杂的辐照-热-力耦合行为,诱发燃料芯块内部产生大量的辐照空位、自间隙原子和裂变元素(如氙、氪)。尤其是裂变气体容易与空位形成气体-空位团簇,进而聚集长大生成气泡,最终导致芯块燃料辐照肿胀及热学、力学性能的降低。目前,UO_2陶瓷核燃料是氧化物核燃料中应用最广、研究最深的一种,被广泛用于压水式反应堆(PWR)和沸水式反应堆(BWR)。然而,自从日本福岛事件后,深入开发研究耐事故燃料受到了人们的关注。非氧化型陶瓷核燃料U-Si合金便是其中一类潜在的耐事故候选燃料,并已经开始在实验堆中测试[1,2]。与UO_2相比,U_3Si_2有着高铀密度、高热导率[3]。因此,尽管U_3Si_2的熔点温度比UO_2低,U_3Si_2更高的热导率致使在正常操作和事故情况下整个燃料芯块的温度更低、熔融温度余量更大。目前,人们对U_3Si_2核燃料开展了一些实验和理论研究[4-7],但从介观尺度理解其辐照损伤行为尚缺少系统研究。因而,充分认识U_3Si_2燃料裂变气泡的形成机制就显得十分重要。本文采用相场法模拟研究了U_3Si_2燃料辐照诱发晶内、晶间微观结构演化(包括气泡形貌、分布、尺寸、密度以及孔隙率)。

1 模拟方法

采用一组随时间和空间连续变化的场变量(η)和浓度场变量(c)来表征体系的微结构演化。在本研究中,我们假设$\eta=1$表示气泡相,而$\eta=0$表示基体相。也就是说,在所有的基体相中η保持为0,且在两相界面处连续从0变为1,在气泡相中保持数值为1。然而,无论是空位浓度、气体浓度还是自间隙原子浓度在基体相中的数值都是变化且不同的,这种变化是基于化学势梯度驱动下的扩散过程引起的波动。需要强调的是,所有4个相场变量在空间上都是连续变化的,且随着时间的推移不断地演变,这4个变量分别描述了空位浓度场、自间隙原子浓度场、气体原子浓度场和气泡形貌的演变过程。采用描述包含气泡相和充满了空位、自间隙原子和气体原子的基体相组成的系统总自由能(F),另外,弹性能、梯度能以及多晶的晶界能也考虑其中。具体表达式如下:

$$F(c,\eta)=N\int\begin{pmatrix}(1-h(\eta))f^m(c)+h(\eta)f^b(c)+f^{pc}(\eta,\varphi_{1\to p})+\omega_o g(c,\eta)+\\ \kappa_v\ |\nabla c_v|^2+\kappa_i\ |\nabla c_i|^2+\kappa_g\ |\nabla c_g|^2+\kappa_\eta\ |\nabla\eta|^2+f^e(c,\eta)\end{pmatrix}\mathrm{d}V \tag{1}$$

作者简介:王园园(1985—),女,副研究员,博士,现主要从事核材料辐照微结构演化与力热性能计算
项目资助:国家自然科学基金(11905025,12005213)和ITER专项(2018YFE0308105)

其中，f^m 是基体的自由能密度函数，f^b 是气泡的自由能密度函数，f^{pc} 是晶界自由能，f^e 是弹性能，h 是差值函数，g 是双阱势函数，ω_o 是双阱势的势垒高度，κ 是能量梯度系数。

空位浓度（c_v）、自间隙原子浓度（c_i）、气体原子浓度（c_g）和场变量（η）随时间的演化方程如下：

$$\frac{\partial c_v}{\partial t}=\nabla\left(M_v\ \nabla\frac{\partial F}{\partial c_v}\right)+P_v-R_{v,i} \tag{2}$$

$$\frac{\partial c_i}{\partial t}=\nabla\left(M_i\ \nabla\frac{\partial F}{\partial c_i}\right)+P_i-R_{v,i} \tag{3}$$

$$\frac{\partial c_g}{\partial t}=\nabla\left(M_g\ \nabla\frac{\partial F}{\partial c_g}\right)+P_g \tag{4}$$

$$\frac{\partial \eta}{\partial t}=-L\ \frac{\partial F}{\partial \eta} \tag{5}$$

其中，M 是原子迁移率，P 是缺陷原子产生率，$R_{v,i}$ 是空位和自间隙原子的结合率。模型中将连续空间离散为四方网格，采用周期性边界条件和有限差分方法求解场变量和浓度变量。模拟尺寸为 256$dx\times$256dy。U_3Si_2 相场模拟所用参数如表 1 所示，参数均进行无量纲化处理后输入模型。

表 1　U_3Si_2 相场模型参数

参数	数值	来源
空位形成能（E_v^f）	2.143 eV	[8]
自间隙形成能（E_i^f）	0.716 eV	[8]
气体形成能（E_g^f）	5.36 eV	[8]
温度（T）	473/673/873 K	
空洞表面能（γ）	1.72 eV	[9]
晶格常数（a_o）	0.747 9 nm	[10]
弹性模量 C_{11}	155 GPa	[11]
弹性模量 C_{12}	47 GPa	[11]
弹性模量 C_{44}	65 GPa	[11]
空位扩散系数（D_v）	1.48×10^{-24} m²/s(473 K) 2.56×10^{-19} m²/s(673 K) 1.76×10^{-16} m²/s(873 K)	[8]
自间隙原子扩散系数（D_i）	3.71×10^{-21} m²/s(473 K) 1.29×10^{-16} m²/s(673 K) 3.71×10^{-14} m²/s(873 K)	[8]
气体原子扩散系数（D_g）	D_v	

2　结果与讨论

2.1　辐照条件对气泡演化的影响

温度、裂变密度对 U_3Si_2 燃料有着不同程度的影响，主要体现在气泡密度、尺寸等。Finlay 等人[12]观察燃耗 96%、裂变密度 5.2×10^{21} f/cm³ 下 U_3Si_2 板型燃料辐照后的气泡形貌发现：气泡呈圆形，分布较为均匀，没有出现明显的气孔连接和融合（如图 1(a)所示）。本研究模拟获得的单晶 U_3Si_2 中气泡也为圆形，均匀分布（见图 1(b)），基本与实验观察相一致。模拟图像中出现了椭圆形气泡，这是由于当 2 个独立气泡位置十分接近时，后续随着时间的延长，2 个气泡不断长大过程中其周围空位浓度、自间隙原子浓度和气体原子浓度场相互作用，促使 2 个气泡相邻表面相接触并融合消失，最终 2

个气泡变为1个气泡。在表面能驱动下,气泡形状趋向于近椭圆形。

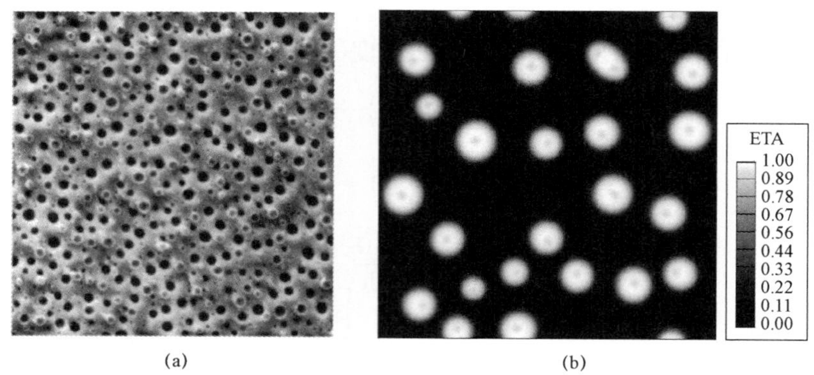

图1 (a)实验观察[12]和(b)相场模拟的 U_3Si_2 辐照气泡形态

为了进一步定性地研究裂变速率对辐照气泡形成与演化的影响,图2给出了特定时间段内气泡密度、尺寸和孔隙率变化曲线。从图2(a)可知,随着裂变速率的升高,气泡密度不断增大。气泡密度演化可分为3个阶段:孕育期、形成长大、粗化阶段。裂变速率越高,演化阶段越明显。对比3种裂变速率发现:高密度气泡出现在裂变速率为 $7.0\times10^{20}\ m^{-3}s^{-1}$ 时。这可能与点缺陷扩散、聚集、湮灭等行为有关。图2(b)是3种裂变速率条件下辐照气泡尺寸随时间的演化。整体来说,在时间低于316天,气泡尺寸随裂变速率的增加而增大;高于316天,$3.0\times10^{20}\ m^{-3}s^{-1}$ 条件下气泡尺寸突然增大。在气泡尺寸近似的情况下,不同裂变速率的孔隙率与气泡密度有很大关系,如图2(c)所示。根据文献[12]中 U_3Si_2 燃料颗粒辐照肿胀的实验数据与相场模拟获得的孔隙率进行对比,如图3所示。模拟结果表明孔隙率随裂变密度增大而增加,趋势与实验结果基本一致。

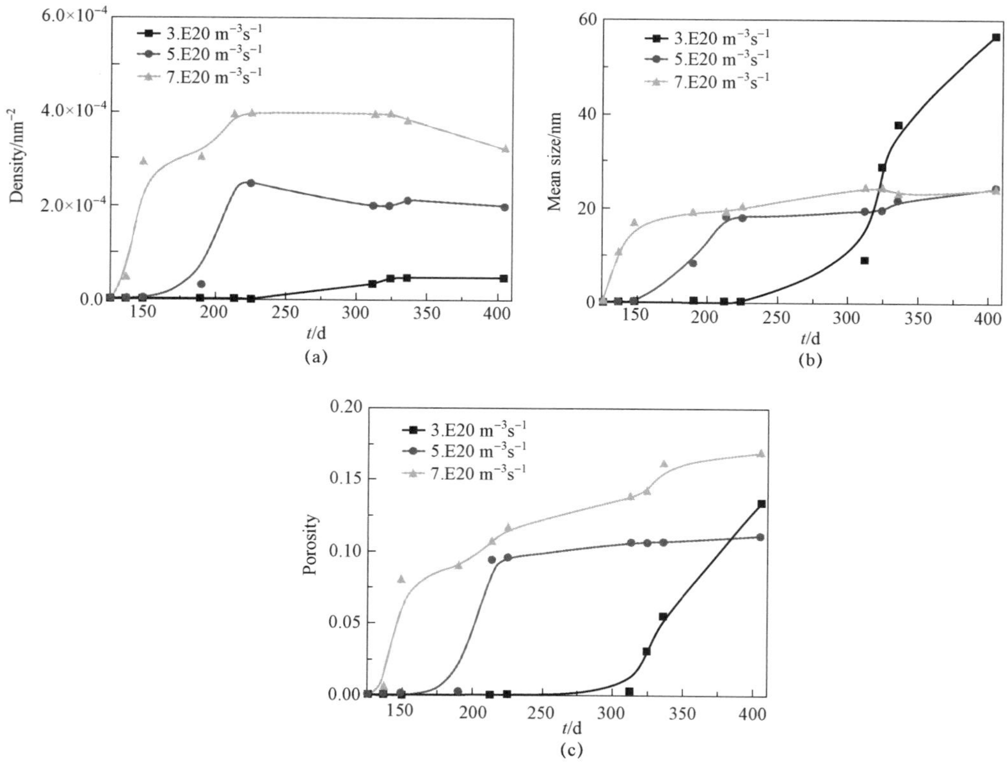

图2 裂变速率对单晶中气泡演化的影响

(a) 气泡密度;(b) 气泡平均直径;(c) 孔隙率

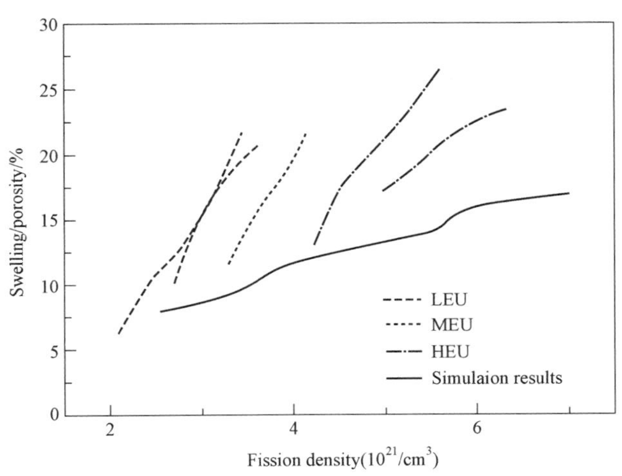

图 3　U_3Si_2实验测量辐照肿胀[12]和模拟孔隙率的对比。LEU 表示低富铀，MEU 表示中富铀，HEU 表示高富铀

图 4 给出了气泡密度、尺寸和孔隙率在 3 种温度下的对比结果。在给定时间区间内，气泡密度演化也出现了 3 个阶段：气泡孕育期、气泡形成长大、气泡粗化阶段[图 4(a)]。时间低于 198 天，473 K 下气泡密度远远高于其余 2 种温度下的密度；时间高于 198 天时，873 K 气泡密度略高于 473 K 和 673 K 的气泡密度。图 4(b)中较大气泡尺寸出现在 873 K 辐照温度，而 473 K 和 673 K 对气泡尺寸的影响十分相近，只是两者的气泡孕育期时长不同。综合气泡密度和气泡尺寸，图 4(c)给出的各个温度的孔隙率。整体来说，形核生长阶段 873 K 条件下孔隙率最高，473 K 下孔隙率最低。空位、自间隙原子和气体原子经过产生、扩散、聚集、复合、湮灭等过程，形成气泡，进而演化出现气泡联通等现象。特别是，点缺陷和裂变气体元素的热力学、动力学行为由温度、裂变速率等因素决定。

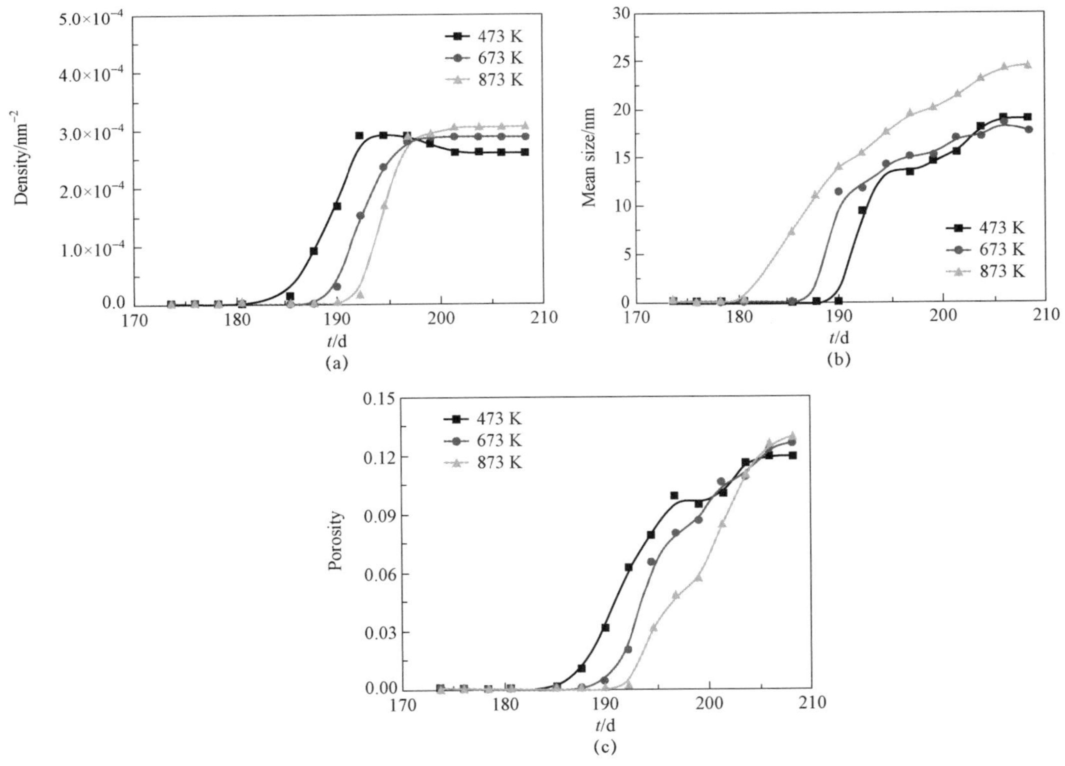

图 4　辐照温度对气泡演化的影响

(a) 气泡密度；(b) 气泡平均直径；(c) 孔隙率

2.2 晶粒尺寸对辐照气泡演化的影响

晶粒尺寸对气泡的影响一直是人们比较关心的问题之一。本文中假设 3 种不同晶粒尺寸，探究晶粒中晶界与点缺陷和裂变气体原子间的相互作用。选取晶粒平均尺寸为 10 μm、25 μm 和 40 μm，晶间气泡演化与分布如图 5 所示。对比各图不难发现：气泡优先在三叉晶界处形成，这是因为该处能量较低，点缺陷易在此处聚集成团。平直晶界上形成的气泡趋于椭圆形，这与气泡表面与基体间的界面有密切关系，为了使其界面能量趋于最小。

图 6 给出了不同晶粒下随时间变化的微米晶界上气泡覆盖率。相对来说，小尺寸晶粒会诱发更多的气泡在晶界形成，大尺寸晶粒会降低气泡在晶界的形核率。对比图 6 可知，大尺寸晶粒的气泡尺寸大密度低，说明大尺寸晶粒的晶界气泡形核位置相对有限，已形成的气泡更倾向于吸收点缺陷和裂变气体原子实现自身的长大或缩小。除此之外，气体原子易被晶界捕获，大量气体原子在晶界聚集成团，晶界比例相对较高促使平均晶粒尺寸 10 μm 的多晶晶界处气泡覆盖率高于其余 2 种晶粒尺寸。

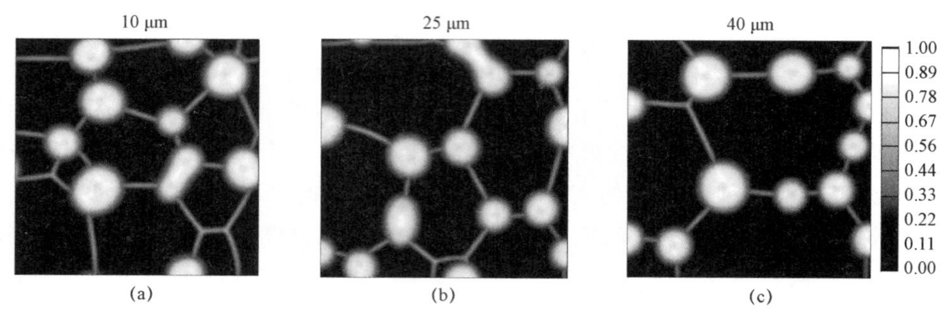

图 5 不同晶粒尺寸对晶间气泡演化的影响

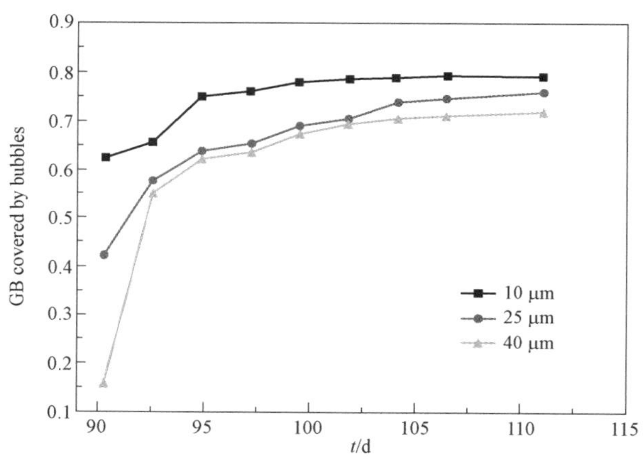

图 6 不同晶粒尺寸晶界上气泡覆盖率

3 结论

本研究建立了辐照气泡相场模型，模拟了 U_3Si_2 燃料辐照诱发晶内、晶间微观结构演化物理图像。主要包括：不同裂变速率和温度下气泡的形貌、分布状态（即尺寸、密度、孔隙率）；不同晶粒尺寸下气泡在晶界形成与演化，以及晶粒尺寸对晶界气泡占比的影响。得到如下结论：

1）高温辐照环境下，气泡形成需要更长的孕育期；

2）高裂变速率诱发产生大量点缺陷，进而提高孔隙率。辐照空洞在低裂变速率条件下形成需要更长的孕育期，而高裂变速率条件会促使空洞演化较早的进入粗化阶段；

3）多晶燃料中更多的气泡会在晶界形成，大尺寸晶粒会降低气泡在晶界的形核率。

参考文献：

[1] J. Snelgrove, R. Domagala, G. Hofman, T. Wiencek, G. L. Copeland, R. Hobbs, R. Senn, The use of U_3Si_2 dispersed in aluminum in plate-type fuel elements for research and test reactors [R], Lemont: Argonne National Laboratory, 1987.

[2] Y. S. Kim, Uranium intermetallic fuels(U-Al, U-Si, U-Mo)[M], New York: Elsevier, 2012.

[3] J. T. White, A. T. Nelson, J. T. Dunwoody, D. D. Byler, D. J. Safarik, K. J. McClellan, Thermophysical properties of U_3Si_2 to 1773 K[J], Journal of Nuclear materials, 2015, 464: 275-280.

[4] Y. Miao, J. Harp, K. Mo, Z. G. Mei, R. Xu, S. Zhu, A. M. Yacout, Phase decomposition and bubble evolution in Xe implanted U_3Si_2 at 450 ℃[J], Journal of Nuclear Materials, 518(2019)108-116.

[5] T. Yao, B. Gong, L. He, J. Harp, M. Tonks, J. Lian, Radiation-induced grain subdivision and bubble formation in U_3Si_2 at LWR temperature[J], Journal of Nuclear Materials, 498(2018)169-175.

[6] T. Barani, G. Pastore, D. Pizzocri, D. A. Andersson, C. Matthews, A. Alfonsi, K. A. Gamble, P. Van Uffelen, L. Luzzi, J. D. Hales, Multiscale modeling of fission gas behavior in U_3Si_2 under LWR conditions[J], Journal of Nuclear Materials, 522(2019)97-110.

[7] Y. Miao, K. A. Gamble, D. Andersson, Z. G. Mei, A. M. Yacout, Rate theory scenarios study on fission gas behavior of U_3Si_2 under LOCA conditions in LWRs[J], Nuclear Engineering and Design, 326(2018)371-382.

[8] D. A. Andersson, X. Y. Liu, B. Beeler, S. C. Middleburgh, A. Claisse, C. R. Stanek, Density functional theory calculations of self-and Xe diffusion in U_3Si_2[J], Journal of Nuclear Materials, 515(2019)312-325.

[9] B. Beeler, M. Baskes, D. Andersson, M. W. D. Cooper, Y. F. Zhang, Molecular dynamics investigation of grain boundaries and surfaces in U_3Si_2[J], Journal of Nuclear Materials, 514(2019)290-298.

[10] A. D. R. Andersson, C. R. Stanek, M. J., Noordhoek, T. M. Theodore, S. C. Middleburgh, E. J. Lahoda, A. Chernatynskiy, R. W. Grimes, Modeling defect and fission gas properties in U-Si fuels[R], 2017, LA-UR-17-23072.

[11] D. Chattaraj, C. Majumder, Structural, electronic, elastic, vibrational and thermodynamic properties of U_3Si_2: A comprehensive study using DFT[J], Journal of Alloys and Compounds, 732(2018)160-166.

[12] M. R. Finlay, G. L. Hofman, J. L. Snelgrove, Irradiation behaviour of uranium silicide compounds[J], Journal of Nuclear Materials 325(2)(2004)118-128.

Effects of irradiation and temperature on microstructure evolution of U_3Si_2 at the mesoscopic scale

WANG Yuan-yuan[1], SUN Dan[2], LIU Shi-chao[2], SUN Zhi-peng[2], GAO Shi-xin[2], ZHOU Yi[2], ZHAO Ji-jun[1]

(1. School of Physics, Key Laboratory of Materials Modification by Laser, Ion and Electron Beams, Dalian University of Technology, Dalian Liaoning, China;
2. Science and Technology on Reactor System Design Technology Laboratory, Nuclear Power Institute of China Chengdu Sichuan, China)

Abstract: Numerous irradiation-induced defects are generated in the nuclear material during irradiation, leading to microstructure change, thermal property and mechanical property degradation. Therefore, the relationship between microstructure and property in terms of temporal and special scales under complex environment is the critical piece. U_3Si_2 considered as a candidate material for the accident-resistant fuel has been attracted more attention in recent years due to its high thermal conductivity and high uranium density. However, the underlying mechanism of irradiation damage needs to be understood. In current work, we established an irradiation-induced bubble phase field model to investigate the formation and evolution of intra-granular and inter-granular bubble by considering fission rate and temperature effects. The morphology evolution of fission gas bubble in both single crystal and polycrystalline U_3Si_2 are theoretically predicted. The density, diameter and porosity of bubble are statistically analyzed. The aforementioned results are validated with the reported experimental data.

Key words: irradiation damage; fission gas bubble; phase field method; modeling and simulation

一种环氧/酸酐体系树脂固化动力学研究及模型建立

杨佩雯
(核工业理化工程研究院,天津 300180)

摘要:在复合材料中,树脂基体主要起保护、黏结增强纤维的作用,同时也是传递载荷,使增强纤维充分发挥其性能的重要载体。因此,树脂的固化对基体性能,乃至整个复合材料的性能具有决定性的影响。本文的研究目的是针对一种环氧/酸酐体系热固性基体树脂,在不同升温速率、不同固化工艺条件下,对固化度、玻璃化转变温度等热学性能开展试验研究,找出其变化规律;采用唯象法、动态DSC法,研究其固化动力学,根据Kissinger方程,得到该树脂体系的固化动力学参数,建立树脂的n级反应动力学模型,该模型对树脂固化工艺和复合材料工艺参数的优化具有重要意义。

关键词:热固性树脂;环氧/酸酐;模型;固化动力学

引言

在复合材料中,树脂基体起保护、黏结增强纤维的作用,同时也是传递载荷,使增强纤维充分发挥性能的重要载体[1,2],因此,树脂的固化对基体性能,乃至整个复合材料的性能具有决定性的影响,若树脂固化不充分,产生的残余应力可能导致复合材料变形、基体开裂,甚至分层损伤[3]。对于复合材料的热固性树脂基体而言,固化过程一般在温度、压力、时间的共同作用下,发生复杂的物理、化学反应,逐渐转变形成不溶不熔的三维固化交联网络[4]。该过程中涉及树脂的黏度变化、分子结构变化、凝聚态结构变化,同时伴随外界热传递,以及交联反应放热产生的热效应。本研究的目的是针对一种环氧/酸酐体系的热固性树脂,在不同升温速率、相同温度不同固化时间条件下,对固化度、玻璃化转变温度等热学性能开展试验研究,找出其变化规律;采用唯象法、动态DSC法,研究其固化动力学,根据Kissinger方程,得到该树脂体系的固化动力学参数,建立树脂的n级反应动力学模型,该模型对树脂基体树脂固化制度和复合材料工艺参数的优化有着重要意义。

1　实验部分

1.1　主要原料与仪器

实验所用原料主要有环氧树脂、酸酐固化剂、促进剂、增韧剂以及乙醇、丙酮等。

实验所用仪器主要为电子天平(精度0.1 g),天津天马衡基仪器有限公司;电热鼓风干燥箱,天津市试验设备厂;DSC,美国TA。

1.2　试样制备

(1) 准备环氧树脂、酸酐固化剂、促进剂、增韧剂等原材料若干;

(2) 将环氧树脂、酸酐固化剂、促进剂、增韧剂按配比加入烧杯称重,混合并搅拌均匀,放入电热鼓风干燥箱固化,取固化物准备实验。

2　固化动力学研究

2.1　玻璃化转变温度与总焓变的计算

检测树脂玻璃化转变温度的方法有很多,较为常用的是DSC和DMA。前者的原理是利用树脂

作者简介:杨佩雯(1989—),女,大学本科,工程师,现主要从事有机材料研制工作

发生玻璃化转变前后热容变化引起的基线偏移来获得体系的玻璃化转变温度，而后者则是通过模量变化来测定玻璃化转变温度。本文采用DSC法测定树脂的玻璃化转变温度。

首先将树脂在－60～250 ℃的温度范围内，以2 ℃/min的升温速率进行第一次动态扫描，并自然冷却至室温，然后在RT-250 ℃的温度范围内，以10 ℃/min的升温速率进行第二次动态扫描，结果如图1所示。从图1可以看出，第一次扫描曲线在较低温段出现一个平台，由此可以确定树脂的起始玻璃化转变温度；第二次扫描树脂没有再次出现放热峰，说明树脂已完全固化，根据第二次扫描曲线上出现的平台，可以确定树脂的终止玻璃化转变温度；对第一次扫描放热峰曲线进行积分，求得峰面积，即代表树脂完全固化的总焓变，如表1所示。

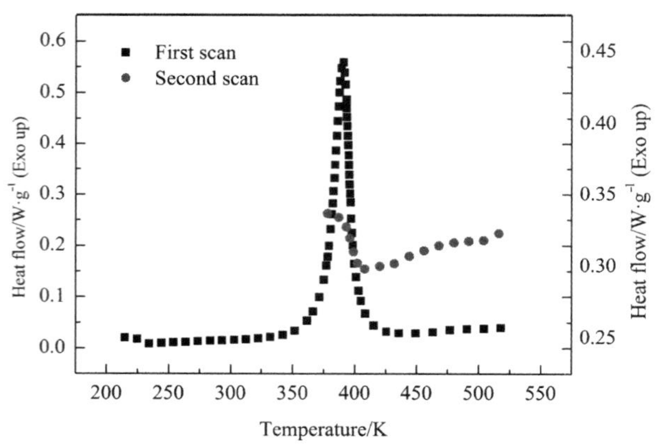

图1　树脂的动态DSC曲线

表1　树脂的动态DSC测试结果

项目	$T_{g,0}$/℃	$T_{g,\infty}$/℃	ΔH_{total}/J·g^{-1}
测试值	－46.21	125.17	305.6

2.2　玻璃化转变温度、固化度与残余热焓的关系

将树脂在某一温度下恒温一定的时间，然后对其进行DSC测试，获得树脂在该温度下，经特定时间反应后的玻璃化转变温度和残余热焓，则树脂的固化度满足下式：

$$\alpha(T,t)=1-\frac{\Delta H_{res}}{\Delta H_{total}}\times 100\% \tag{1}$$

式中，α为固化度，ΔH_{res}为残余热焓，ΔH_{total}为总热焓。对于该树脂，选取其固化反应速率较快的90 ℃作为恒温温度点，恒温时间分别为10 min、20 min、30 min、40 min、60 min、80 min、100 min、120 min。反应后树脂的DSC测试曲线如图2所示，玻璃化转变温度和固化度如表2所示。

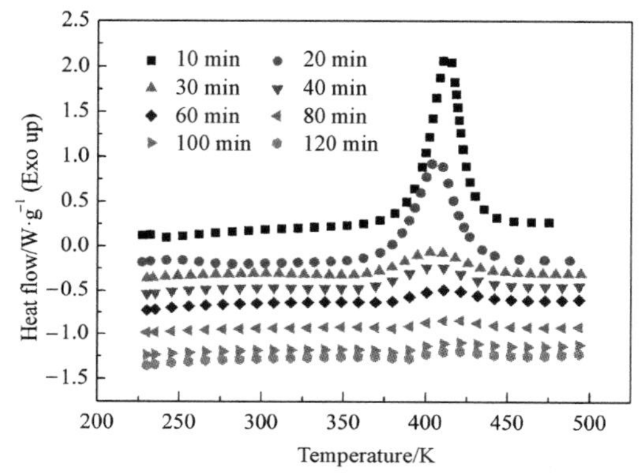

图2　树脂在90 ℃下恒温不同时间的DSC曲线

表2　树脂在90 ℃下恒温不同时间的DSC测试结果

恒温时间/min	T_g/℃	残余热焓 ΔH/J·g^{-1}	固化度 α
10	－39.67	276.1	0.096 53
20	－13.35	216.0	0.293 19
30	42.95	65.61	0.785 31
40	44.47	61.23	0.799 64
60	94.25	31.82	0.895 88
80	101.30	21.53	0.929 55
100	101.70	18.4	0.939 79
120	104.04	15.96	0.947 78

可以看出，在恒温条件下，随着反应时间的延长，树脂的残余热焓逐渐减小，玻璃化转变温度和固化度逐渐提高。

3　模型建立

反应活化能和反应级数等动力学参数是树脂固化工艺参数制定和工艺控制的理论基础，根据唯象模型理论，有如下关系：

$$\ln\left(\frac{\beta}{T_p^2}\right)=\ln\left(\frac{A_0R}{E_a}\right)-\frac{E_a}{RT_p} \tag{2}$$

式中，β(K/min)为固化升温速率；T_P(K)为固化反应放热峰峰顶温度；A_0 ($\mathrm{min^{-1}}$) 为指前因子；E_a(kJ/mol) 为表观反应活化能；R(J/mol·$\mathrm{K^{-1}}$)为普适气体常数。式(2)即为 Kissinger 方程，对该方程进行线性拟合，即可根据固化反应峰值温度随升温速率的变化，求解反应活化能E_a和指前因子A_0。

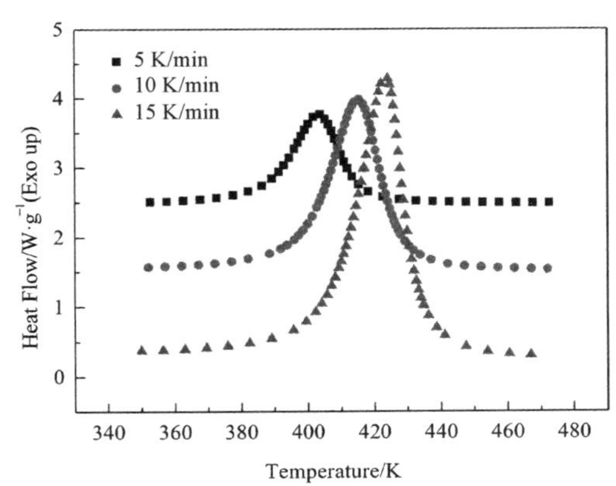

图 3　树脂不同升温速率下的 DSC 测试曲线

分别以 5 ℃/min、10 ℃/min、15 ℃/min 三个升温速率进行动态 DSC 测试，温度范围为 RT-250 ℃，测试结果如图 3 所示，相应的放热峰峰值温度如表 3 所示。可以看出，随升温速率的增大，峰位置向高温方向移动，说明随升温速率的增大，胶液交联反应越剧烈，其放热量越多，因此动态 DSC 测试得到的放热峰值的温度升高。通过建立不同升温速率与相应峰顶温度的函数关系，即可确定树脂固化反应动力学参数。

表 3　树脂不同升温速率下的 DSC 放热峰峰值温度

升温速率 β/(K·$\mathrm{min^{-1}}$)	T_p/K	$\ln\beta$	1 000/T_p	$\ln(\beta/T_p^2)$
5	403.52	1.609 44	2.478 19	−10.391 01
10	415.21	2.302 59	2.408 42	−9.754 98
15	423.58	2.708 05	2.360 83	−9.389 43

根据表 3 中的数据，由 $\ln\left(\frac{\beta}{T_p^2}\right)$ 对 $\frac{1}{T_p}$ 作图，并进行线性拟合，结果如图 4 所示。由图 4 可知，拟合曲线的斜率为−8.577 32，截距为 10.876 07，皮尔逊相关系数(Pearson's r)为−0.998 94，校准决定系数(Adj. R-square)为 0.995 77，说明横纵坐标成负线性相关关系，且相关性良好。代入式(2)可得：E_a=71.311 84 kJ/mol，$\ln(A_0/\mathrm{min^{-1}})$=19.932 95。

根据 Kissinger 方程可以求解固化反应活化能 E_a和指前因子 A_0，但不能给出反应级数 n 的解。为此 Crane 发展了 Kissinger 方程，建立了 Crane 方程：

$$\frac{d(\ln\beta)}{d(1/T_p)}=(E_a/nR+2T_p) \tag{3}$$

当$(E_a/nR)\gg 2T_p$时，$2T_p$可以忽略，即：

$$\frac{d(\ln\beta)}{d(1/T_p)}=-E_a/nR \tag{4}$$

在已知E_a的前提下，可以通过式(4)求得固化反应的反应级数 n。根据表 3 中的数据，由 $\ln\beta$ 对 $\frac{1}{T_p}$作图，并进行线性拟合，结果如图 5 所示。由图 5 可知，拟合曲线的斜率为−9.403 5，截距为

24.923 79，皮尔逊相关系数（Pearson's r）为－0.999 14，校准决定系数（Adj. R－square）为 0.996 58，说明横纵坐标成负线性相关关系，且相关性良好。代入式（3）可得：$n=0.912\ 14$。

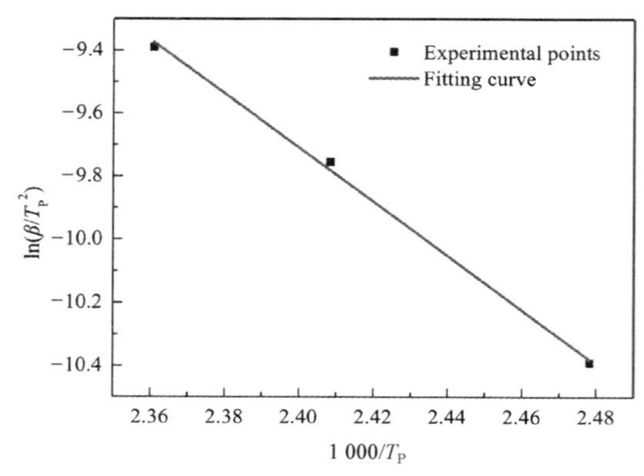

图 4　树脂的活化能及指前因子拟合曲线

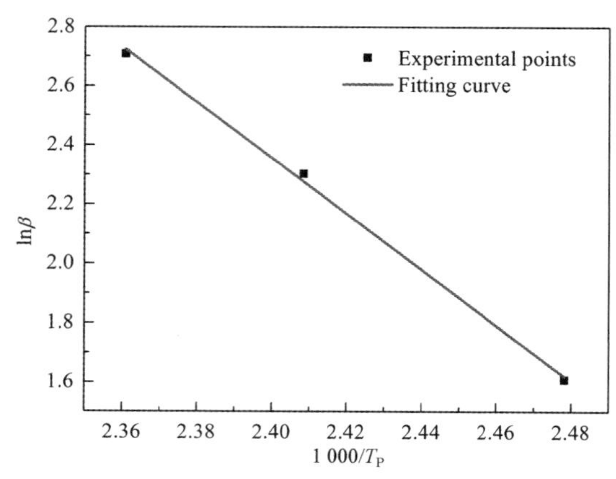

图 5　树脂的反应级数拟合曲线

在等温条件下有：

$$\alpha=1-\left[1-(1-n)A_0 t\exp\left(-\frac{E_a}{RT}\right)\right]^{\frac{1}{1-n}} \tag{5}$$

将以上求得的动力学参数代入式（5）即可获得等温条件下，固化度 α 与时间 t 的函数关系，如图 6 所示。选定一系列固化度 α 的取值，即可获得树脂的等固化线，如图 7 所示。

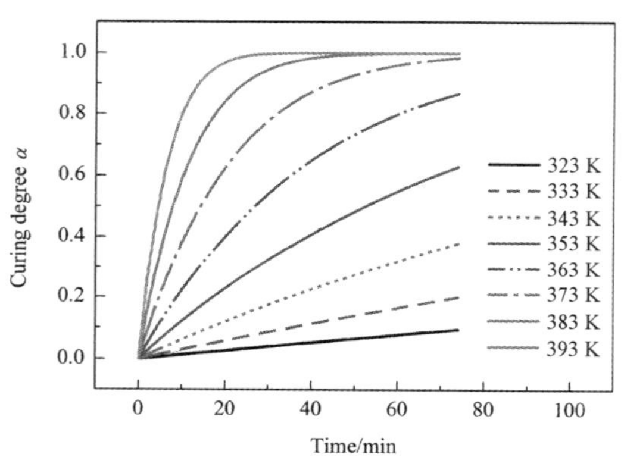

图 6　树脂等温条件下固化度与时间的函数关系

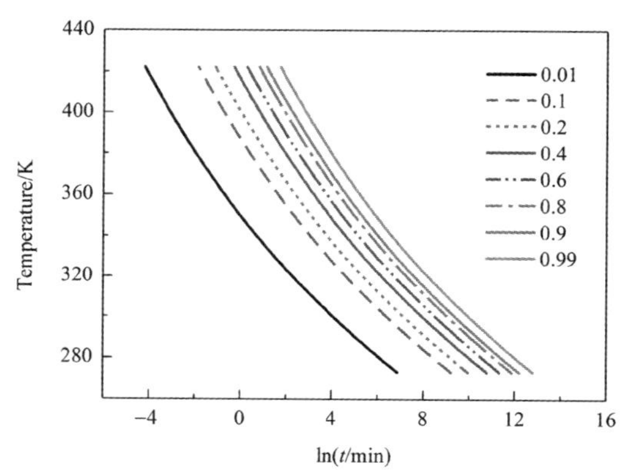

图 7　树脂的等固化线

该模型的建立，可通过对树脂固化温度、固化度与固化时间之间的关系，指导优化树脂的固化工艺，使其性能充分发挥，并通过玻璃化转变温度、放热量及热焓等对优化后固化工艺进行实验验证，以此优化复合材料工艺参数，提高复合材料在实际工况中的运行可靠性。

4　结论

（1）在相同温度范围，不同升温速率的条件下，先后对环氧/酸酐体系热固性树脂进行二次扫描，通过玻璃化转变温度曲线验证树脂反应完全，并通过积分计算得到总焓变。

（2）在相同固化温度，不同固化时间的条件下，对树脂进行固化动力学研究，找到随反应时间的延长，树脂的残余热焓逐渐减小，玻璃化转变温度和固化度逐渐提高的规律。

（3）采用动态 DSC 法，根据 Kissinger 方程，得到了树脂的固化动力学参数，建立了该树脂固化的唯象模型，该模型对树脂固化工艺和复合材料工艺参数的优化具有重要意义。

致谢

本文的实验工作是在所各部门的大力支持下完成的，感谢给予指导和帮助的各级领导和同事们，感谢同事们在工作中给予的帮助，在此向大家表示衷心感谢！

参考文献：

[1] 王汝敏，郑水蓉，郑亚萍．聚合物基复合材料[M]．北京：科学出版社，2011.

[2] 郝元恺，肖加余．高性能复合材料学[M]．北京：化学工业出版社，2004.

[3] 岳广全，张嘉振，张博明．模具对复合材料构件固化变形的影响分析[J]．复合材料学报，2013，30(4)：206-210.

[4] 倪礼忠，陈麟．聚合物基复合材料[M]．上海：华东理工大学出版社，2007.

Study on curing kinetics and model establishment of an epoxy/anhydride resin

YANG Pei-wen

(Research Institute of Physical and Chemical Engineering of Nuclear Industry, Tianjin, China)

Abstract: In composite materials, the resin matrix mainly plays the role of protecting and bonding the reinforcing fibers, and at the same time, it is also an important carrier for transmitting the load and making the reinforcing fibers fully exert their performance. Therefore, the curing of the resin has a decisive influence on its basic properties and even the properties of the entire composite material. The purpose of this article is to conduct an experimental study on thermal properties such as curing degree and glass transition temperature for a thermosetting matrix resin of epoxy/anhydride system under different heating rate, different curing processes, and find out its changing law; the phenomenological method and dynamic DSC method are used to study the curing kinetics. According to the Kissinger equation, the curing kinetic parameters of the resin system are obtained, and the n-order reaction kinetic model of the resin is established. The model is of great significance to the optimization of resin curing process and process parameters of composite materials.

Key words: thermosetting resin; epoxy/anhydride; model; curing kinetics

耐辐照氟醚橡胶研制

梁泽慧
(核工业理化工程研究院,天津 300180)

摘要: 材料的耐辐照性能在核行业中至关重要,本项研究探讨了密封橡胶辐照损伤机理,论证了高能粒子射线破坏高分子材料的微观结构,造成橡胶的综合性能下降的原因;经理论研究及体系筛选试验,确定耐辐照氟橡胶选用氟醚橡胶作为研制对象,通过调整双二五、TATC硫化剂量优化交联硫化体系,同时加入适量N990炭黑填充补强,最终形成耐辐照专用氟醚橡胶配方。性能验证结果表明,该氟醚橡胶机械性能优异,耐γ射线性能良好。

关键词: 辐照损伤机理;交联硫化;耐γ射线

引言

核行业专用设备大多数采用橡胶作为密封材料,橡胶的密封性能是影响机器的性能的重要因素。理化院自主研发的专用设备中使用的密封材料应具有良好的耐蚀性和耐辐照性能。根据已开展的模拟介质辐照试验结果,在经α、γ、中子等粒子辐射后,橡胶的拉伸强度、扯断伸长率均有明显下降。因此,针对强辐照工况环境开展耐辐射橡胶研制势在必行。

1 橡胶材料辐射损伤机理分析

1.1 机理分析

由于高能粒子射线的能量远高于分子或原子间的电离能(约5 eV)和分子的化学键能(约2 eV),一个粒子入射物质内部,粒子损失的能量被物质内部众多原子或分子吸收,使其电离、激发,同时电离所产生的次级粒子往往也具有足够能量,进而发生一系列连锁电离、激发反应。对于曝露在高能粒子放射性气氛中的橡胶类高分子聚合物而言,高能粒子射线会使分子链中的C—C,C—O,C—H键等断裂产生众多自由基,减小相对分子质量,同时分子链之间还发生相互交联反应而增大相对分子质量,破坏高分子材料的微观结构,从而造成橡胶的综合性能下降。

1.2 辐射源及辐射类别

不同的高能粒子射线由于其电离、激发作用的差异,对橡胶性能的影响也不尽相同。电离辐射源按射线生成方式主要分为天然放射性元素(如钴-60,铯-137,镭-226等)、反应堆以及粒子加速器。其中,天然放射性元素及核反应堆中所释放的放射性粒子主要分为重粒子(如α粒子和β粒子)、中子与γ射线,γ射线具有极强的穿透能力。

1.3 辐照剂量

橡胶制品经辐照后的性能下降情况与辐照剂量有直接关系,辐照剂量大小影响橡胶内部分子链的交联与断裂程度,进而影响到橡胶化学、机械及电气方面的综合性能。累积辐照剂量对橡胶的影响则是不可逆的永久性损伤,当对橡胶持续进行辐照时的累积剂量超过一定量时,共价键断裂生成的大量强极性自由基将与橡胶内部分子链发生化学反应,生成新的分子链结构,从而导致橡胶性能的变化。

2 耐辐照氟醚橡胶配方研制

2.1 氟醚橡胶类型及概况

氟醚橡胶为了改善氟弹性体低温和耐介质性能,在氟橡胶侧链上通过引入醚键,破坏分子链的结构和规整性，增加了氟碳分子链的柔顺性，达到降低玻璃化转变温度的目的，通过将侧链上氢原子全部被氟原子取代，提高氟含量耐解决耐强氧化剂性能。氟醚橡胶分子主链和侧链上都接有电负性极强的 F 原子，C-F 键能约为 485 kJ/mol，F 原子半径很小(0.64 A)，可将 C 原子很好地屏蔽起来，再加上硫化点第三单体引入，使得聚合物便于硫化交联，为改善硫化工艺性能，第三单体也可选用含溴氟代烃或含碘氟代烃等。其中氟含量的高低和硫化剂的交联结构(三嗪结构的热稳定性最高，双酚交联键的结构次之，过氧化物交联键的结构取决于交联助剂的类别)类型，对氟醚橡胶的耐辐照性能有着决定性的影响。

2.2 氟醚橡胶交联硫化配合体系研究

交联硫化体系中通过改变双二五和 TAIC 的配比，验证了硫化剂和助硫化剂不同用量下对氟醚橡胶材料硫化特性的影响。

2.2.1 双二五交联剂变量的影响

助交联剂 TAIC 固定在一定水平，改变交联剂双二五的用量，其对于氟醚橡胶材料硫化特性的影响如图 1 所示。

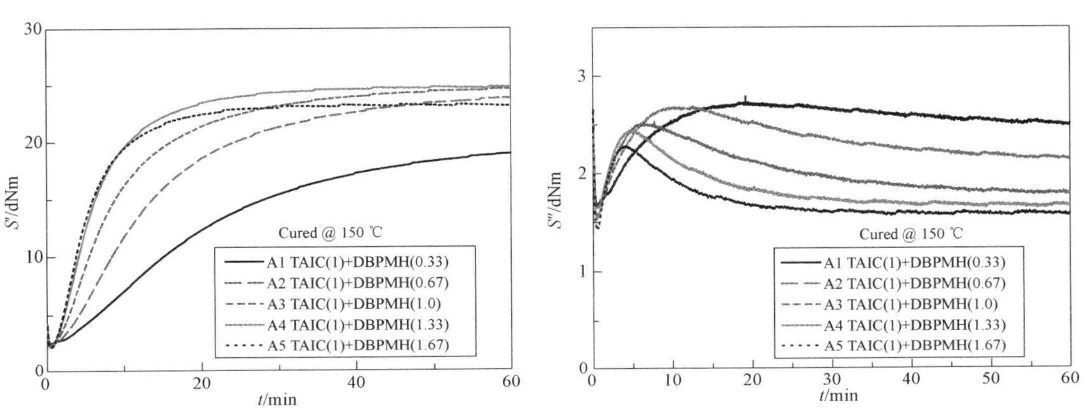

图 1　TAIC 下改变双二五用量的影响

由上图中可以看到，在固定助交联剂 TAIC 的用量下，改变交联剂双二五的用量，对于 TAIC 不同水平而言，氟醚橡胶材料的硫化特性变化趋势基本一致：随着交联剂双二五用量的增加，氟醚橡胶材料的硫化速率逐渐提高。由硫化特性曲线中损耗模量的变化规律中可以明显看出，在双二五用量较小时(0.33 phr)，材料内部交联结构与更大交联剂用量下相比存在一定差异。在交联过程中，教练初期由于交联剂和助交联剂向氟醚橡胶分子链的接枝，会一定程度的提高氟醚橡胶材料内部损耗模量；在低交联剂用量下，由于没有进一步形成有效的弹性交联网络，损耗模量基本维持在较高水平；而在交联剂用量增加的情况下，会使得初步接枝在氟醚橡胶分子链的交联剂与助交联剂分子通过进一步反应形成弹性的交联网络，进而降低氟醚橡胶材料的黏性损耗，所以在曲线中观察到损耗模量在整个硫化过程中先增加而后下降的过程。这个过程主要是由过氧化物交联剂分解控制的，助交联剂 TAIC 的用量水平影响不大。在氟醚橡胶硫化过程中，过氧化物交联剂是实际交联反应速率和交联网络结构形成的控制因素。

2.2.2 TAIC 助交联剂变量的影响

交联剂双二五固定在一定水平，改变助交联剂 TAIC 的用量，其对于氟醚橡胶材料硫化特性的影响如图 2 所示。

由图中可以看到，在固定交联剂双二五的用量下，改变助交联剂 TAIC 的用量，对于双二五不同水平而言，氟醚橡胶材料的硫化特性变化有所差异：在低双二五水平下，随着助交联剂 TAIC 用量的增加，交联剂分解后主要用于引发 TAIC 向氟醚橡胶分子链的接枝，而无法形成更有效的弹性交联网络，因此，氟醚橡胶表现出随 TAIC 用量增加，交联速率下降，交联密度(最高最低转矩差)也下降，损

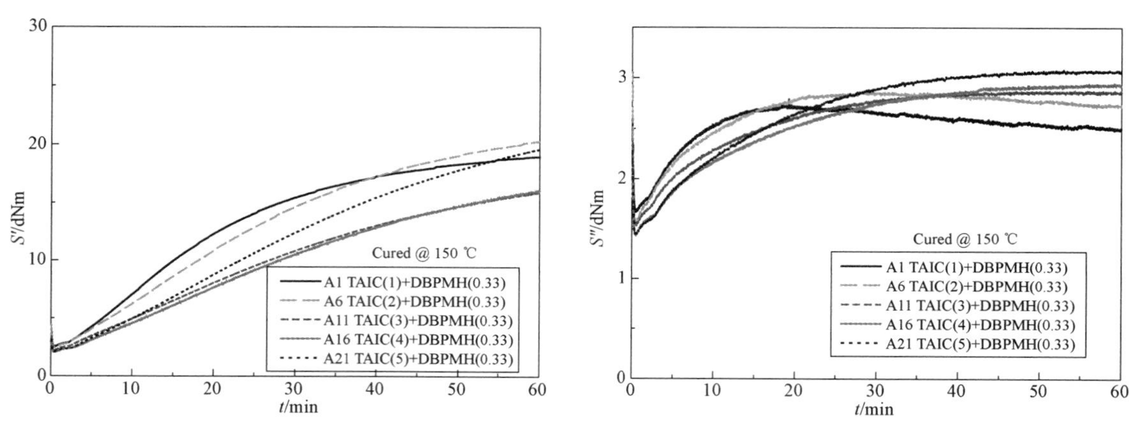

图 2　双二五(0.33)下改变 TAIC 用量的影响

耗模量在较高水平；而随着双二五水平的增加，交联剂分解后除引发 TAIC 向氟醚橡胶分子链的接枝外，仍有富余能力形成弹性交联网络，特别是双二五用量达到一定水平后，引发 TAIC 向氟醚橡胶分子链的接枝反应已经不足以影响过氧化物分解后的自由基浓度，因此，氟醚橡胶的硫化反应速率基本稳定，而随着 TAIC 用量的增加，最终氟醚橡胶的交联密度(最高最低转矩差)则显著增加。相关研究表明，在氟醚橡胶硫化过程中，TAIC 助交联剂是实际交联网络结构和交联密度的控制因素。

图 3 中展示了固定 TAIC 与双二五摩尔比，改变实际用量水平对氟醚橡胶材料硫化特性的影响情况。与通常二元聚合体系中固定反应投料比不同，氟醚橡胶交联反应过程包括过氧化物分解产生自由基，自由基引发助交联剂 TAIC 向橡胶分子链接枝，接枝链耦合反应形成弹性交联网络等复杂的反应步骤。因此，交联剂和助交联剂间不是按照等摩尔比的速率进行反应，实际氟醚橡胶的交联反应更为复杂。

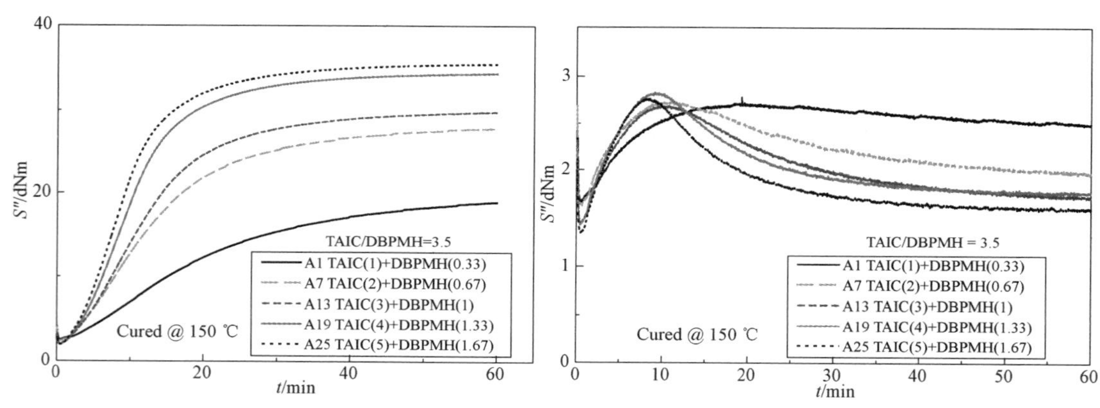

图 3　固定 TAIC 与双二五摩尔比，改变用量水平的影响

2.2.3　基础力学性能研究

交联硫化体系中改变双二五和 TAIC 的配比对氟醚橡胶材料基础物理力学性能的影响如表 1 所示。

表 1　TAIC 用量不变，改变双二五用量对氟醚物理力学性能的影响

样品名称	A1＃ 双二五(0.33)	A2＃ 双二五(0.67)	A3＃ 双二五(1)	A4＃ 双二五(1.33)	A5＃ 双二五(1.67)
50％定伸应力/MPa	1.7	1.9	1.9	2.0	2.1
100％定伸应力/MPa	2.7	3.9	4.2	4.7	4.7

续表

样品名称	A1# 双二五(0.33)	A2# 双二五(0.67)	A3# 双二五(1)	A4# 双二五(1.33)	A5# 双二五(1.67)
拉伸强度/MPa	15.3	16.9	16.5	16.9	16.5
拉断伸长率/%	287	217	198	191	193
永久变形/%	5	5	0	0	0
邵 A 硬度/°	66	68	69	70	70
撕裂强度/kNm	18	15	14	14	14
密度/(g/cm³)	1.880 0	1.892 2	1.888 9	1.885 6	1.887 9

由硫化特性的相关研究表明，改变双二五和 TAIC 的配比对于氟醚橡胶材料的交联网络结构和交联密度产生了显著影响。氟醚橡胶材料中交联体系的变化由上表中的物理力学性能数据也可以看出。材料的定伸应力和邵 A 硬度、拉伸强度随交联程度增加而有所提升，而断裂伸长率则出现下降。因此，为了保证氟醚橡胶密封材料的高弹性，保证适宜的交联程度是一个重要方面。

2.3 氟醚橡胶填充补强配合体系研究

选择 N550、N990 等不同结构度的炭黑作为补强剂，通过改变炭黑种类和用量，考察其对氟醚橡胶密封材料相关性能的影响规律。

2.3.1 炭黑用量的影响

不同结构度炭黑填充氟醚橡胶材料拉伸应力应变曲线随炭黑用量的变化情况如图 4 所示。

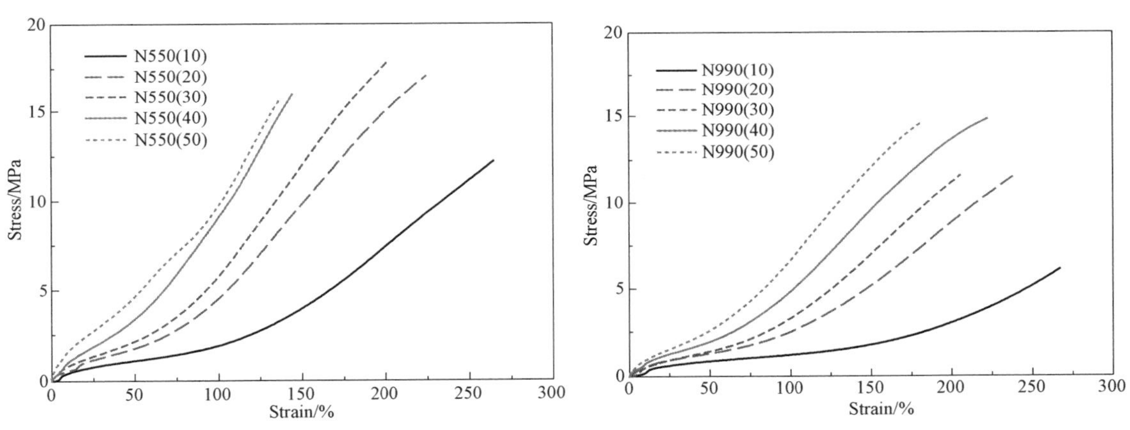

图 4 不同结构度炭黑填充氟醚橡胶材料拉伸应力应变曲线

由图中可以看到，中等结构度的 N550 在适当填充量下，拉伸强度最高，而低结构度的 N990 填充体系，材料拉伸强度随填料用量增加而增高。这表明炭黑粒子在氟醚橡胶内形成的填料网络结构对于氟醚橡胶材料的力学表现具有显著的影响；而且这种填料网络结构受到炭黑用量的影响显著。

2.3.2 碳黑对材料力学性能的影响(表 2)

表 2 N550 炭黑变量对氟醚橡胶基础物理力学性能的影响

样品名称	N550(10)	N550(20)	N550(30)	N550(40)	N550(50)
50%定伸应力/MPa	1.0	1.3	2.0	3.5	4.5
100%定伸应力/MPa	1.8	4.6	5.9	9.3	9.5
拉伸强度/MPa	11.5	16.7	17.1	16.2	15.2

续表

样品名称	N550(10)	N550(20)	N550(30)	N550(40)	N550(50)
拉断伸长率/%	254	228	202	141	134
永久变形/%	0	0	0	0	0
邵 A 硬度/°	59	68	74	82	87
撕裂强度/kNm	15	15	14	13	14

表 3　N990 炭黑变量对氟醚橡胶基础物理力学性能的影响

样品名称	N990(10)	N990(20)	N990(30)	N990(40)
50%定伸应力/MPa	0.9	1.2	1.5	1.8
100%定伸应力/MPa	1.3	2.1	3.3	4.7
拉伸强度/MPa	6.4	11.5	12.3	14.9
拉断伸长率/%	265	248	215	223
永久变形/%	0	0	0	0
邵 A 硬度/°	53	60	67	71
撕裂强度/kNm	9	13	13	13

从补强填料的角度来看，氟醚橡胶材料的对于补强炭黑的粒径和结构度不敏感；但炭黑用量造成的填料网络结构会给氟醚橡胶材料性能产生显著影响。为了获理想的力学性能，并保证高弹性和低温性能，炭黑填充份数不宜过高，20～30 phr 填充用量较为适宜。

2.4　小结

经理论研究及体系筛选试验，耐辐照氟橡胶选用氟醚橡胶作为研制对象，通过调整双二五、TAIC 硫化剂及硫化助剂的用量优化交联硫化体系，同时加入适量 N990 碳黑填充补强，最终形成耐辐照氟醚橡胶配方，牌号命名为 ZTXXX。

3　耐辐照氟醚橡胶性能验证

3.1　机械性能验证(表 4)

表 4　物理机械性能

序号	项目	技术要求	ZTXXX	9520 指标
1	拉伸强度/MPa	≥8	12	≥12
2	扯断伸长率/%	≥300	324	≥300
3	邵氏硬度 A/°	60±5	64	60 ±5
4	恒定压缩永久变形/%	≤20	9.8	≤20

从上表可以看出，ZTXXX 氟醚橡胶机械性能均能够满足研制目标的要求，拉伸强度略低于 9520 橡胶，扯断伸长率、硬度与 9520 橡胶相当，恒定压缩永久变形性能略优于 9520 橡胶。

3.2　辐照性能验证

为了验证研制的 ZTXXX 耐辐射氟醚橡胶的抗辐射能力，开展 ZTXXX 氟醚橡胶材料的辐射前后性能对比测试工作，最高累计计量 1 000 Gy(表 5)。

表 5　辐照后机械性能变化

材料型号/测试项目		第一组(空白)	第二组(200 Gy)	第三组(500 Gy)	第四组(1 000 Gy)
ZTXXX	硬度	65	67	67	66
	拉伸强度/MPa	12	12	12	12
	断裂伸长率/%	315	310	312	316
	压变/%	10	11	12	12

辐照验证试验结果表明,ZTXXX 氟醚橡胶随着累计剂量的增加,硬度、拉伸强度、断裂伸长率、压缩永久变形未出现明显退化趋势,各项性能仍保持在性能指标要求之上,表明该橡胶耐 γ 射线辐照性能较为理想。

3　结论

(1) 本项研究探讨了密封橡胶辐照损伤机理,论证了高能粒子射线破坏高分子材料的微观结构,造成橡胶的综合性能下降的原因。

(2) 经理论研究及体系筛选试验,确定耐辐照氟橡胶选用氟醚橡胶作为研制对象,通过调整双二五、TAIC 硫化剂及硫化助剂的用量优化交联硫化体系,同时加入适量 N990 碳黑填充补强,最终形成耐辐照氟醚橡胶配方,牌号命名为 ZTXXX。

(3) ZTXXX 氟醚橡胶机械性能良好,在累计剂量 1 000 Gy 条件下,耐 γ 射线辐照性能良好,各项性能均未出现退化。

参考文献:

[1]　陈鹤鸣. 耐辐照高分子材料的开发途径[J]. 原子能科学技术. 1985.
[2]　王崇. 核电站用高耐辐照丁腈橡胶研究[J]. 中国橡胶,2014.
[3]　刘登祥. 化工产品手册橡胶及橡胶制品分册[M]. 北京:化学工业出版社,1999.

Development of radiation resistant fluoroether rubber

LIANG Ze-hui

(Nuclear industry physics and chemistry engineering research institute, Tianjin, China)

Abstract: Radiation resistance of materials is very important. This study explores the mechanism of the radiation damage of sealing rubber. It demonstrates that the high-energy particle rays destroy the microstructure of polymer materials, and result in the decreasing of overall performance of the rubber. Through theoretical research and system screening tests, it is determined that the fluorine Ether rubber is chosen as the developed target of radiation-resistant fluororubber. The crosslinking vulcanization system is optimized by adjusting the vulcanization dose of DBPMH and TATC, and at the same time an appropriate amount of N990 carbon black is added to fill and strengthen Then performance verification results show that fluoroether rubber has excellent mechanical properties and good γ-ray resistance.

Key words: irradiation damage mechanism; cross-linked vulcanization; resistance to γ-ray

硼硅酸盐玻璃浸出后结构变化与组分的关系研究

张晓阳[1,2],卯江江[1,2],陈丽婷[1,2],茆亚南[1,2],
王天天[1,2],孙梦利[1,2],彭海波[1,2],王铁山[1,2]
(1. 兰州大学核科学与技术学院,甘肃 兰州 730000;
2. 兰州大学特殊功能材料与结构设计教育部重点实验室,甘肃 兰州 730000)

摘要:玻璃固化然后深地质处置是国际上普遍采用处理高放射性废物的方法,硼硅酸盐玻璃因为其良好的抗辐照性能以及易熔制等优点,被广泛应用在高放射性废物的固化处理中。经玻璃固化后的放射性核素有浸出导致泄露进而危害生物圈的风险,因此研究玻璃的浸出行为对玻璃固化体的安全处置具有重要意义。本工作采用了MCC-1静态浸泡法对在90 ℃去离子水中浸泡的NBS7(61.40 mol%SiO_2+21.93 mol%B_2O_3+16.67 mol%Na_2O)及NBS10(55.00 mol%SiO_2+19.64 mol%B_2O_3+25.36 mol%Na_2O)硼硅酸盐玻璃的浸出行为进行了研究。使用了拉曼光谱(Raman)、小角掠射X射线衍射(GIXRD)及电感耦合等离子体发射光谱(ICP-OES)等多种测试方法对玻璃的微观结构及浸出性能进行了分析。结果表明NBS7在浸出7 d后,玻璃表面结构出现明显变化,玻璃表层结构变为Si-O-Si结构为主体;NBS10则在浸出3 d后表层结构就出现了这种变化。此外,浸出率的结果表明NBS10较NBS7元素归一化标准浸出率有较为明显的增加。结合硼硅酸盐玻璃浸出后浸出率与微观结构的变化,发现玻璃中Na_2O的含量的增加会对玻璃的浸出稳定性有比较明显的影响。本工作对浸出后不同组分的玻璃微观结构及浸出性能的变化进行了探究,实验结果对揭示玻璃固化体的浸出微观过程有重要的意义。

关键词:硼硅酸盐玻璃;拉曼光谱;X射线衍射;浸出行为

引言

高放射性废物毒性大且寿命长,其一旦进入到生物圈,将对周边的生态环境造成长久危害。目前,中国已经确定的高放射性废物处理技术路线是将高放废物固化到稳定的玻璃体中,然后将固化体进行深地质贮藏[1,2]。硼硅酸盐玻璃因为其稳定的化学性质,良好的抗辐照性能以及成熟的加工工艺等诸多优点,被认为是高放射性废物优良的固化基体[3-5]。在长期深地质处置过程中,由于外在环境条件的改变,玻璃固化体贮存罐有发生破损的风险,从而导致玻璃固化体与地下水接触,进而与地下水发生反应导致固化体里的放射性元素泄露到环境中,因此固化体的抗浸出性能对于玻璃固化体的安全处置极为重要[6,7]。

玻璃固化体与水接触主要有三个反应阶段[8,9]:扩散阶段、水解阶段以及溶解阶段。首先是第一阶段,扩散阶段。这一阶段中,一方面溶液中H_3O^+扩散进入到玻璃体中,同时另一方面玻璃表层中易浸出的元素(如碱金属元素)进入到水溶液中,主要发生了离子交换反应[10,11];第二阶段,水解阶段。这一阶段主要是玻璃体的主体网络结构如Si-O-Si网络结构发生水解反应,水中游离的H+与Si原子附近的桥氧发生反应,导致Si-O附近的桥氧键断裂,同时溶液中的一部分水分子断键生成-OH,在溶液中形成了$Si(OH)_4$,造成网络结构的水解;第三阶段,溶解阶段。随着反应的进行,溶解速率会在这一阶段大幅下降,甚至达几个数量级。但是这一阶段的反应机理仍不明确,一部分学者认为随着反应进行,溶液中反应物累积造成溶解势下降,从而导致浸出速率下降[12];还有一部分学者认为部分离子(例如Si)的浸出浓度达到较高值时,会与水结合生成一层无定形相的保护层,称之为凝胶层[13,14]。凝胶层会阻碍离子的交换反应,进而导致反应速率的下降[12]。

尽管前人针对玻璃固化体浸出机理已经做了不少的研究,但是关于组分对玻璃抗浸出性能的影

作者简介:张晓阳(1994—),男,甘肃宁县人,博士研究生,主要从事硼硅酸盐玻璃的辐照及浸出效应研究

响仍然知之甚少，本文对 NBS7 及 NBS10 两种组分差异较大的硼硅酸盐玻璃在 90 ℃的去离子水中的浸出性能进行了研究。MCC(Material Characterization Center)标准是国际上广泛采用的研究固化体浸出稳定性的方法，该标准采用的实验样品为固体块状与固化体形态类似可以较为真实的模拟实际浸出过程，并且实验数据重复性高，样品分析也较为方便，因此，本次实验采用 MCC-1 静态浸泡法对样品浸出性能进行了研究。使用电感耦合等离子体发射光谱对浸出液中的元素浓度进行了测量，还采用拉曼光谱以及掠入射 X 射线衍射探究浸出不同时间段的玻璃微观结构的变化，并对结构变化与浸出的元素浓度变化之间的联系进行了讨论。

1 实验

1.1 样品准备

本次实验所用的硼硅酸盐玻璃(NBS7 和 NBS10)是由 SiO_2、B_2O_3 以及 Na_2O 三种原料熔制而成，具体组分如表 1 所示。实际使用的玻璃样品是由北京特种玻璃研究院炼制的，具体流程是先称取适量的原料放入坩埚中混合均匀，然后将坩埚放入马弗炉中，再将炉温缓慢升至 1 200 ℃并保持使玻璃在高温下充分熔融，随后降温至 500 ℃并保持 24 h 完成退火以去除玻璃中的残余应力。最终将炼制好的样品切割为长宽为 10 mm×10 mm，厚度约 1 mm 的玻璃方片并两面抛光供后续实验使用。

表 1 硼硅酸盐玻璃组分表

mol%	Na_2O	SiO_2	B_2O_3
NBS7	16.67	61.40	21.93
NBS10	25.36	55.00	19.64

1.2 实验方法

硼硅酸盐玻璃的抗浸出性能测试按照 MCC-1 静态浸泡方法进行，浸出剂使用的是去离子水。具体实验流程为：将清洗过的样品用尼龙丝悬挂在聚四氟乙烯内胆瓶中，加入适量去离子水，浸出剂的体积 V 和玻璃表面积 SA 的比值 $V/SA=15$ cm，浸出温度为 90 ℃，分别在 3 d、7 d、14 d 及 28 d 取出浸泡样品进行分析。使用电感耦合等离子体发射光谱仪(Agilent 720，ICP-OES)对浸出液中各元素浓度进行测量。元素归一化质量损失 Q_i 以及元素标准浸出率 NR_i 由以下公式计算得到：

$$Q_i=\frac{C_i}{f_i\cdot(SA/V)} \tag{1}$$

$$NR_i=\frac{C_i}{f_i\cdot(SA/V)\cdot t} \tag{2}$$

公式中：Q_i 是元素 i 的归一化质量损失，g/m^2；C_i 是浸出液中元素 i 的浓度，g/L；f_i 是玻璃中元素 i 的质量分数；SA 是浸出样品的表面积，m^2；V 是加入浸出剂的体积，L；NR_i 是元素 i 的标准浸出率，$g/(m^2\cdot d)$；t 是浸出实验的时间，d。

实验使用 Horiba 公司生产的 Labram iHR 550 激光共聚焦拉曼光谱仪对样品的微观结构进行了表征。仪器采用的激光波长为 532 nm，光栅刻线为 1 200 g/mm，测试范围为 200～1 600 cm^{-1}，扫描时间为 60 s，重复 3 次。所有测试均在室温下进行。

本文使用 X 射线衍射仪(Rigaku，SmartLab)对样品进行分析。测试使用的单色 X 射线是 Cu 靶产生的，波长为 0.154 nm，采用小角掠射(GIXRD)的方式对玻璃浸出后的表层结构进行了表征。X 射线的入射角 α 为 1°，扫描范围为 10°～60°。

2 结果与讨论

2.1 拉曼光谱分析

图 1 和图 2 分别给出了浸出后 NBS7 以及 NBS10 玻璃的拉曼光谱图。位于 500 cm^{-1} 附近的峰

与 Si-O-Si 单元的弯曲振动模式有关[15]；位于 630 cm^{-1} 处的峰位与类赛黄晶结构基团的呼吸振动有关[16]，类赛黄晶结构具体组成为 $Na_2O \cdot B_2O_3 \cdot 2SiO_2$；位于 800 cm^{-1} 附近的峰与桥氧原子周围的 Si 原子的对称振动模式有关；位于 850～1 250 cm^{-1} 区域的峰属于 Q^n 族（n 是桥氧键的数量，n＝0，1，2，3，4）结构[17]，玻璃的聚合度与桥氧的数量有密切的关联。850～880 cm^{-1} 的峰与 Q^0 结构单元的振动有关，900～920 cm^{-1} 的峰代表 Q^1 结构单元的振动，950～980 cm^{-1} 的峰与 Q^2 结构单元的振动有关，1 050～1 100 cm^{-1} 的峰与 Q^3 结构单元的振动有关，1 120～1 190 cm^{-1} 的峰与 Q^4 结构单元的振动有关。从图 1 和图 2 中可以得到，随着浸出时间的增加，NBS7 和 NBS10 的玻璃结构都发生了明显的变化，500 cm^{-1} 处对应 Si-O-Si 单元的弯曲振动的峰逐渐向低波数偏移，这说明 Si-O-Si 平均键角的增大；位于 630 cm^{-1} 处对应类赛黄晶结构基团的呼吸振动模式的峰逐渐减弱，直至在浸出 28 d 后完全消失，这代表玻璃中类赛黄晶结构解体消失。同时 1 100 cm^{-1} 处的 Q^3 结构逐渐减少，玻璃的网络聚合度逐渐减小。但是不同的一点是 NBS7 在浸出 7 d 时玻璃 500 cm^{-1} 左右的峰开始出现明显的减弱，而对于 NBS10 样品来说，在浸出 3 d 时 500 cm^{-1} 左右的峰就已经有了显著的变化，这意味着在同样的浸出条件下，NBS10 玻璃相较 NBS7 玻璃的微观结构更容易受到浸出的影响。

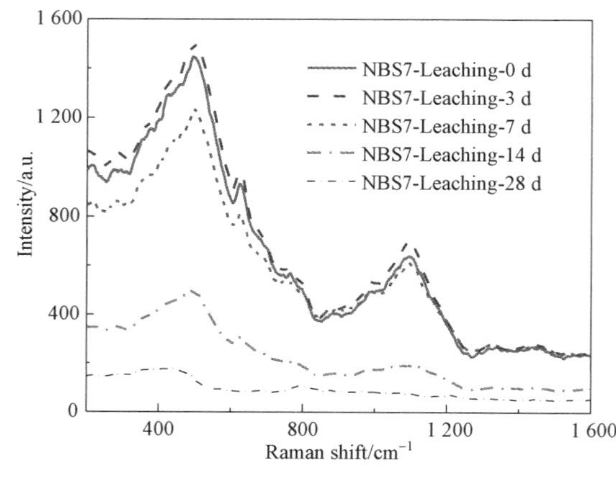

图 1　NBS7 玻璃浸出后拉曼光谱图

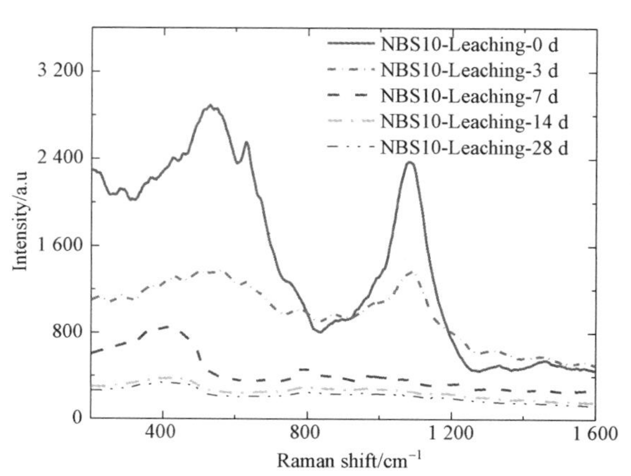

图 2　NBS10 玻璃浸出后拉曼光谱图

图 3 给出了硼硅酸盐玻璃 NBS7 和 NBS10 未浸出及浸出 28 d 的拉曼光谱与熔融石英玻璃拉曼光谱的对比，谱图以第一个振动带最高峰进行了归一。从图 3 中可以得到，未浸出的 NBS7 和 NBS10 与熔融石英的结构有较大差异，NBS7 和 NBS10 主峰在 500 cm^{-1} 附近，而对应熔融石英玻璃主峰则在 420 cm^{-1} 左右；熔融石英玻璃在 800 cm^{-1} 处对应桥氧原子附近的 Si 原子的对称振动有明显峰位而 NBS7 和 NBS10 则在此处没有对应峰位。对于 NBS10 在 1 100 cm^{-1} 处代表 Q^3 结构峰位相较于 NBS7 明显增强，这是由于 NBS10 中有较多的 Na_2O 提供游离氧，从而使得 NBS10 中形成了较多的桥氧键，表现为 NBS10 的 Q^n 族结构单元较 NBS7 多。NBS7 和 NBS10 在浸出 28 d 后，500 cm^{-1} 主峰均向低波数偏移，主峰位置与熔融石英玻璃重合；并且 630 cm^{-1} 处对应类赛黄晶结构基团呼吸振动的峰消失，这意味着样品中类赛黄晶结构基团的解体消失。此外，位于 850～1 250 cm^{-1} 左右的峰位消失，表明样品中 Q^n 族结构减少。NBS7 和 NBS10 在浸出 28 d 后在 800 cm^{-1} 出现了与熔融石英玻璃类似的峰。浸出 28 d 后 NBS7 和 NBS10 与熔融石英玻璃的拉曼谱十分相似，因此可以推测出随着浸出时间的增加，硼硅酸盐玻璃的结构逐渐向类熔融石英玻璃结构演变，形成以硅网络为主体的结构。

图 4 所示为 NBS7 以及 NBS10 硼硅酸盐玻璃浸出 7 d 后的拉曼光谱与原始未浸出玻璃的拉曼光谱的差示光谱。从图 4 中可以明显看出，NBS10 玻璃 500 cm^{-1} 处与 Si-O-Si 单元有关的峰，630 cm^{-1} 处与类赛黄晶结构有关的峰以及 1 100 cm^{-1} 处与 Q^3 结构有关的三个主要峰均在浸出 7 d 后消失；而 NBS7 玻璃的差示光谱表明浸出 7 d 后，NBS7 主要峰仍然存在，只在强度上有所变化，意味着浸出 7 d 后 NBS7 的主体网络结构相较未浸出的原始玻璃仍保持的较为完整。NBS7 以及 NBS10 浸出 7 d 后的网络结构变化的差异表明 NBS7 玻璃有较 NBS10 更好的抗浸出能力。

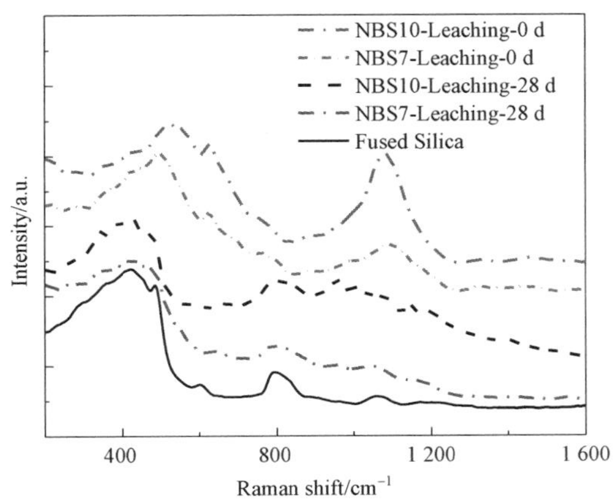

图 3　NBS7 和 NBS10 浸出 0 d 与 28 d 的拉曼光谱与熔融石英玻璃的拉曼光谱

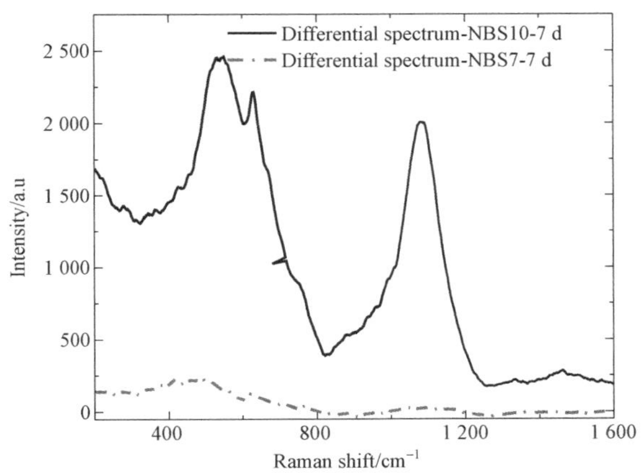

图 4　NBS7 和 NBS10 浸出 7 d 的差示拉曼光谱（以对应的原始玻璃光谱作为基线）

2.2　掠入射 X 射线衍射谱分析

图 5 和图 6 分别给出了 NBS7 以及 NBS10 硼硅酸盐玻璃掠入射 X 射线衍射谱。从图 5 中可以看到浸出 3 d 及未浸出的 NBS7 玻璃的衍射峰为一个鼓包状的峰，这意味着 NBS7 玻璃内部没有有序的晶体结构，是非晶结构；而在浸出到 7 d 时，NBS7 玻璃主峰由之前的圆包状变的较为尖锐，这说明 NBS7 玻璃结构中短程有序性变好。而对于 NBS10 玻璃在浸出到 3 d 时，主峰就由之前的鼓包状变的较为尖锐，这说明 NBS10 玻璃抵抗浸出的性能较 NBS7 玻璃差。此外，在图 5 及图 6 中加入了熔融石英玻璃的 GIXRD 谱，经过对比发现 NBS7 以及 NBS10 玻璃在随着浸出时间的增长，结构向类熔融石英玻璃的方向演变，都有在 22°处代表硅氧四面体结构的主衍射峰。NBS7 以及 NBS10 玻璃结构发生转变的原因可能是由于玻璃中的钠硼元素相对比较容易浸出，导致玻璃网络结构中与钠硼相关的结构迅速被破坏，只残留相对不易浸出的硅元素形成的硅氧网络结构，从而浸出后硼硅酸盐玻璃结构与仅有硅氧网络结构的熔融石英玻璃较为类似。

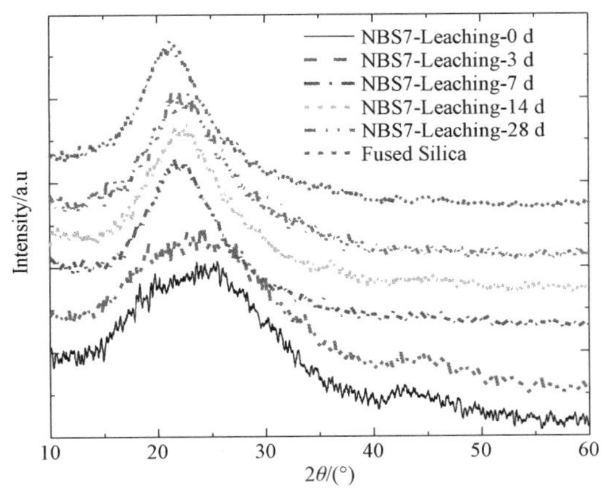

图 5　NBS7 玻璃掠入射 X 射线衍射谱 GIXRD

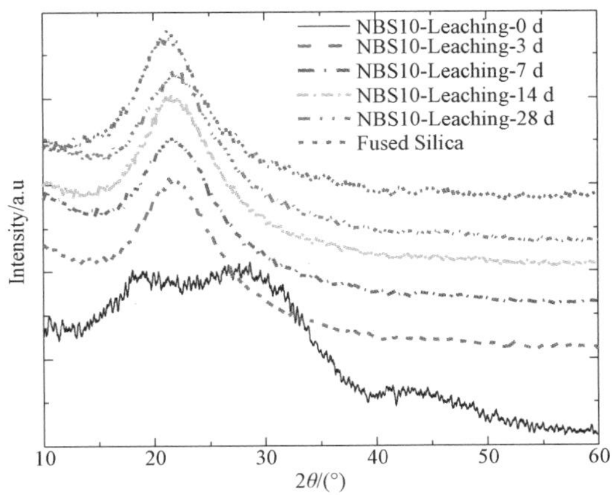

图 6　NBS10 玻璃掠入射 X 射线衍射谱 GIXRD

2.3　浸出率结果

图 7 和图 8 分别是 NBS7 与 NBS10 玻璃浸出后 Na 元素和 Si 归一化质量损失的变化。如图 7 所示，NBS7 Na 元素质量损失随浸出时间增长迅速上升，在浸出 28 d 后 Na 元素质量损失仍处于较高的增长速度。而对于 NBS10 玻璃浸出时间小于 14 d 时，Na 元素质量损失快速增大；当浸出至 28 d 时 Na 元素质量损失基本饱和。图 8 给出 NBS7 与 NBS10 玻璃浸出后 Si 元素的质量损失的变化，从图中可以得出 NBS7 与 NBS10 Si 元素归一化质量损失均呈现先增大后饱和的趋势，在浸出 14 d 后

NBS7 与 NBS10 玻璃 Si 元素归一化质量损失基本达到饱和，此时 NBS7 和 NBS10 玻璃 Si 元素质量损失分别为 134 g·m^{-2}和 415 g·m^{-2}。

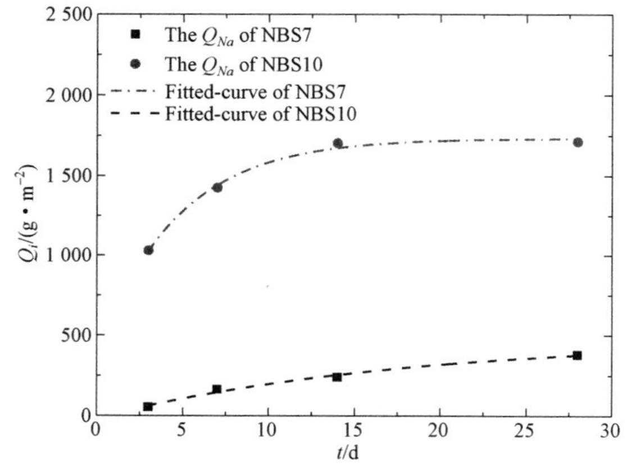

图 7 NBS7 和 NBS10 Na 元素归一化质量损失 Q_i

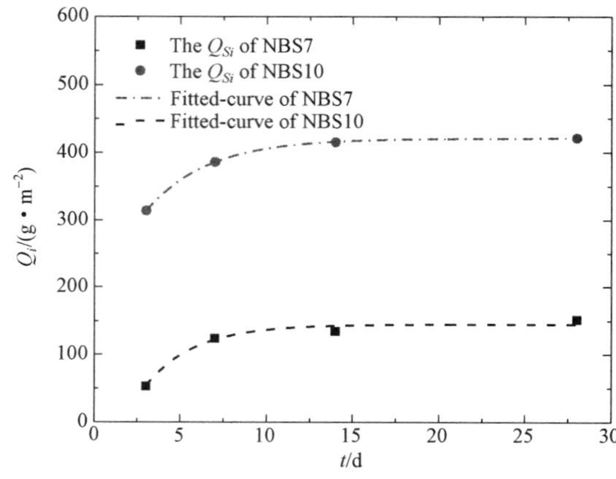

图 8 NBS7 和 NBS10 Si 元素归一化质量损失 Q_i

图 9 为 NBS7 和 NBS10 28 d 内 B、Na 以及 Si 三种元素归一化标准浸出率 NR_i 的变化。从图 9 中可以得出，NBS10 B、Na 以及 Si 三种元素标准浸出率总体上随浸出时间增加减小，并且 NBS10 玻璃各元素浸出率均比 NBS7 玻璃有明显增大。NBS7 各元素标准浸出率总体趋势也是随浸出时间增加而减小，但是在浸出 7 d 时 B、Na 以及 Si 三种元素归一化标准浸出率出现异常上升，根据我们之前研究的结果，这主要是玻璃在浸出过程中出现分层剥落，导致浸出面积的增大进而引起浸出率的异常增大[18]。但是对于 NBS10 这种抗浸出性能较差的玻璃可能在数个小时内就发生了表层腐蚀分层的现象，所以浸出率结果中并未体现出这种变化。

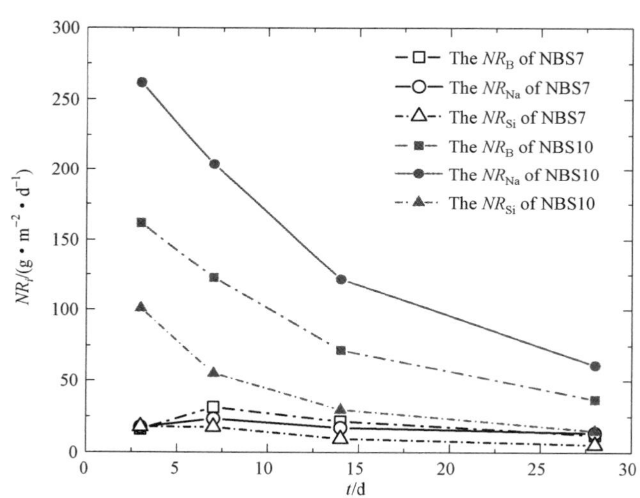

图 9 NBS7 和 NBS10 28 d 内元素归一化标准浸出率 NR_i

对于 NBS10 来说，B、Na 以及 Si 三种元素浸出 3 d 时的元素归一化标准浸出率分别为 161 g·m^{-2}·d^{-1}、261 g·m^{-2}·d^{-1}以及 100 g·m^{-2}·d^{-1}，Na、B 和 Si 三种元素浸出率差异较大的原因主要与三种元素在玻璃网络结构中的作用有关，Si 和 B 是主要的网络形成体，一般情况下，Si-O 主要是四配位的形式（[SiO_4]四面体）存在于玻璃网络中。B-O 结构则有三配位以及四配位两种存在形式，以[BO_3]以及[BO_4]结构构成玻璃网络[19,20]。Na 则主要起网络改性的作用，单独硼网络结构主要是由[BO_3]组成的平面结构，而硅网络结构则是主要由[SiO_4]四面体组成的立体结构，两种网络结构很难直接形成均一的网络结构，而在玻璃中加入氧化钠会提供一部分游离的氧，平面的[BO_3]结构转变为[BO_4]立体结构，从而为两种网络结构链接在一起创造了有利条件，最终形成均一的玻璃[21,22]。但是由于 Na 不参与形成玻璃网络主体结构，键能较弱，最先与浸出剂发生离子交换反应进入到溶液中[11]。由于钠元素的失去，在硼硅酸盐玻璃中，与四配位的[BO_4]结构结合的 Na^+ 被 H^+ 代替，但是 H^+ 无法维持四配位的[BO_4]结构，导致 B-O 网络结构迅速退化，玻璃网络结构解体，从而使得硼元素也被浸出到溶液中[23]。随着水解反应的进行，Si-O 网络结构也解体，Si 进入到溶液中，当 Si 浓度达到一定阈值，会在玻璃表面生成凝胶层，阻碍了离子的交换反应，从而 Si 等元素浸出率下降到一定程度便会保持一个相对稳定的值。NBS10 的浸出率相较 NBS7 高很多，这主要是因为，NBS10 中含有较多的 Na 元素（NBS10 玻璃 Na_2O 含量 25.36 mol%，NBS7 则仅有 16.67 mol%Na_2O），而钠元素又较易浸出进入到浸出液中，进而导致硼硅网络结构解体退化，玻璃的拉曼谱结果及 GIXRD 结果都证实了，NBS10 的微观结构比 NBS7 结构更易发生改变，最终导致较低钠含量的 NBS7 的抗浸出性能较 NBS10 有比较大的提升。此外，NBS7 和 NBS10 浸出 28 d 后，各元素的标准浸出率基本达到稳定值，说明两种玻璃的浸出反应已经进行的比较完全，因此，本工作的实验结果对研究玻璃固化体实际长期处置的浸出行为也具有重要的参考价值。

3 结论

（1）拉曼光谱及掠入射 X 射线衍射的结果表明，随着浸出时间的增加，硼硅酸盐玻璃网络结构与钠硼有关的结构消失，玻璃的结构逐渐向类熔融石英玻璃演变，形成以硅网络为主体的结构。NBS10 玻璃的微观结构在相同浸出条件下比 NBS7 玻璃结构更易发生改变。

（2）NBS7 与 NBS10 玻璃 90 ℃的去离子水浸出 28 d 后 Na 以及 Si 元素的质量损失均呈现先增大后趋于饱和的趋势，NBS10 的各元素质量损失相较 NBS7 各元素质量损失均有大幅度的增长。

（3）NBS7 和 NBS10 B、Na 以及 Si 三种元素标准浸出率总体上随浸出时间增加逐渐减小，NBS10 玻璃各元素浸出率均比 NBS7 玻璃有明显增大。因为 NBS10 中含有较多易浸出的 Na，导致 NBS10 网络结构易破坏，进而使得 NBS10 的元素标准浸出率较高，抗浸出性能变差。

本工作对不同组分的硼硅酸盐玻璃结构的随浸出时间的演变进行了研究，实验结果对玻璃固化体的安全处置有一定的参考意义。

参考文献：

[1] Shanggeng L. 90U HLW-glass leaching mechanism in underground water Original[J]. Journal of Nuclear Materials, 2001, 297(1): 57-61.

[2] Ju W. High-level radioactive waste disposal in China: update 2010[J]. Journal of Rock Mechanics & Geotechnical Engineering, 2010, 2(1): 1-11.

[3] Ewing R C, Weber W J, Jr F W C. Radiation effects in nuclear waste forms for high-level radioactive waste[J]. Progress in Nuclear Energy, 1995, 29(2): 63-127.

[4] Weber W J. Radiation and Thermal Ageing of Nuclear Waste Glass[J]. Procedia Materials Science, 2014, 7: 237-246.

[5] Peuget S, Noël P Y, Loubet J L, et al. Effects of deposited nuclear and electronic energy on the hardness of R7T7-type containment glass[J]. Nuclear Instruments & Methods in Physics Research, 2006, 246(2): 379-386.

[6] W. G. Burns A E H, J. A. C. Marples, R. S. Nelson and A. M. Stoneham. radiation effect and leaching rate of vitrified radioactive waste[J]. nature, 1982, 295: 3.

[7] Raman S V. Microstructures and leach rates of glass ceramic nuclear waste forms developed by partial vitrification in a hot isostatic press[J]. Journal of Materials Science, 1998, 33: 9.

[8] Gin S, Abdelouas A, Criscenti L J, et al. An international initiative on long-term behavior of high-level nuclear waste glass[J]. Materials Today, 2013, 16(6): 243-248.

[9] Utton C A, Hand R J, Bingham P A, et al. Dissolution of vitrified wastes in a high-pH calcium-rich solution[J]. Journal of Nuclear Materials, 2013, 435(1-3): 112-122.

[10] Ferrand K, Abdelouas A, Grambow B. Water diffusion in the simulated French nuclear waste glass SON 68

contacting silica rich solutions: Experimental and modeling[J]. Journal of Nuclear Materials, 2006, 355(1-3): 54-67.

[11] Ojovan M I, Pankov A, Lee W E. The ion exchange phase in corrosion of nuclear waste glasses[J]. Journal of Nuclear Materials, 2006, 358(1): 57-68.

[12] Bourcier W L. Critical review of glass performance modeling [J]. Technical Report Archive & Image Library, 1994.

[13] Geisler T, Janssen A, Scheiter D, et al. Aqueous corrosion of borosilicate glass under acidic conditions: A new corrosion mechanism[J]. Journal of Non-Crystalline Solids, 2010, 356(28-30): 1458-1465.

[14] Frugier P, Chave T, Gin S, et al. Application of the GRAAL model to leaching experiments with SON68 nuclear glass in initially pure water-ScienceDirect[J]. Journal of Nuclear Materials, 2009, 392(3): 552-567.

[15] Mcmillan P. Structural studies of silicate glasses and melts-Applications and limitations of Raman spectroscopy [J]. American Mineralogist, 1984, 69(69): 622-644.

[16] Bonfils J D, Peuget S, Panczer G, et al. Effect of chemical composition on borosilicate glass behavior under irradiation[J]. Journal of Non Crystalline Solids, 2010, 356(6-8): 0-393.

[17] Manara D, Grandjean A, Neuville D. Advances in understanding the structure of borosilicate glasses: A Raman spectroscopy study[J]. American Mineralogist, 2009, 94(5-6): 777-784.

[18] 张晓阳，卯江江，陈丽婷，等．硼硅酸盐玻璃浸出前后结构变化的研究[J]. 硅酸盐通报，2021，40(6)：2075-2082.

[19] Shelby J E. Introduction to glass science and technology[M]. Royal Society of Chemistry, 2020.

[20] Wright A C. Borate structures: crystalline and vitreous[J]. Physics & Chemistry of Glasses European Journal of Glassence & Technology Part B, 2010, 51(51): 1-39.

[21] Zhong J, Bray P J. Change in boron coordination in alkali borate glasses, and mixed alkali effects, as elucidated by NMR[J]. Journal of Non-Crystalline Solids, 1989, 111(1): 67-76.

[22] Fernandes H R, Gaddam A, Rebelo A, et al. Bioactive Glasses and Glass-Ceramics for Healthcare Applications in Bone Regeneration and Tissue Engineering[J]. Materials, 2018, 11(12).

[23] Geneste G, Bouyer F, Gin S. Hydrogen-sodium interdiffusion in borosilicate glasses investigated from first principles[J]. Journal of Non-Crystalline Solids, 2006, 352(28-29): 3147-3152.

Dependence of structure changes on the composition of borosilicate glasses after leaching

ZHANG Xiao-yang [1,2], MAO Jiang-jiang [1,2], CHEN Li-ting [1,2], MAO Ya-nan [1,2], WANG Tian-tian [1,2], SUN Meng-li [1,2], PENG Hai-bo [1,2], WANG Tie-shan [1,2]

(1. School of Nuclear Science and Technology, Lanzhou University, Lanzhou Gansu, China;
2. Key Laboratory of Special Function Materials and Structure Design
Ministry of Education, Lanzhou University, Lanzhou Gansu, China)

Abstract: Vitrification of high-level radioactive wastes (HLW) as glass for deep geological disposal has been widely used in the treatment of HLW around the world. Borosilicate glass is a kind of potential candidate because of its excellent performance in radiation. But radionuclides inside the vitrification might endanger biosphere by leaching. Therefore, the leaching behavior of borosilicate glass is crucial for the safety of HLW deep geological disposal. The leaching properties and the corresponding micro-structures of NBS7(61.40 mol% SiO_2 + 21.93 mol% B_2O_3 + 16.67 mol% Na_2O) and NBS10 (55.00 mol% SiO_2 + 19.64 mol% B_2O_3 + 25.36 mol% Na_2O) borosilicate glass by deionized water were investigated using MCC-1 static leaching method at 90 degrees centigrade. The leaching rate was performed by Inductively Coupled Plasma Optical Emission Spectrometry (ICP-OES) and the microstructure of the glass was analyzed by Raman spectroscopy (Raman) and the Grazing Incident X-ray diffraction (GIXRD). The results from Raman and GIXRD spectra infer that Si-O-Si unit increased in the surface of NBS7 glass after being immersed for 7 days. But the same changes are observed in NBS10 glass after being immersed for only 3 days. Besides, the normalized leaching rate of NBS10 glass is much higher than that of NBS7 glass. The changes in structure and leaching rate of glass also suggest that the proportion of Na_2O could obviously affect the leaching stability of glass. In this work, the evolution of the microstructure and leaching properties of the different glass after leaching was obtained, which is of great significance for revealing the leaching process of borosilicate glass.

Key words: Borosilicate glass; Raman spectroscopy; X-ray diffraction; Leaching behavior

环氧树脂机械分散膨胀石墨湿法缠绕体系研究

刘 欣
(核工业理化工程研究院,天津 300180)

摘要:膨胀石墨有着比表面积大、优异的导热性、高回弹性、耐腐蚀性、耐放射性以及良好的稳定性的优点,环氧树脂有着耐拉伸、耐压缩、刚性大、不易燃等优点。很多学者的研究表明了膨胀石墨与环氧树脂制备而成的复合材料在导热、密封等方面体现出"1+1>2"的优势。但是关于膨胀石墨在湿法缠绕中的应用很少提及。本文采用了机械分散法对不同含量的膨胀石墨在环氧树脂中进行了原位分散,同时用自然沉降试验和金相显微镜表征了分散体系的稳定性,然后测试了黏度-时间曲线用以确保缠绕工艺性,最终测试了不同含量膨胀石墨下环氧树脂体系的拉伸强度和拉伸模量,得出在环氧树脂中适合缠绕工艺和性能考核的膨胀石墨的添加量。

关键词:膨胀石墨;环氧树脂;机械分散

引言

填充剂改性树脂是一种常见的增强树脂基体的方式。作为填充剂的材料很多,大致可分为有机物、无机物,金属与非金属等。

膨胀石墨(Expanded graphite powder,EGP)是鳞片状石墨经过氧化处理得到的具有多孔结构的碳材料,质轻,成品密度在0.8~1.8 g/cm^3。特有的微孔结构由于比表面积大,容易形成极薄的气、液膜从而阻止介质渗透。除此之外,EGP还具有优异的导热性、高回弹性、耐腐蚀性、耐放射性以及良好的稳定性等,在−200~800 ℃条件下使用时,能保证低温不脆化、不老化,高温不软化、不变形、不分解[1]。但膨胀石墨材料也存在缺点,如机械强度低、塑性形变差、耐磨性能差等[2]。树脂基材料具有耐拉伸、耐压缩、刚性大、不易燃等优点,不但能够填充膨胀石墨的孔隙,而且能够改善膨胀石墨的弹性和韧性,通过将树脂基材料与膨胀石墨复合,可以发挥树脂基材料与膨胀石墨的协同作用,从而制备出性能优异的复合材料。Wang等[3]研究发现EGP有利于提高树脂基复合材料的热导率,填充量从0提高到4.5 wt.%时,复合材料的热导率能提高3.4倍,但未给出力学性能相关数据。Cho等[4]研究发现,石墨薄片大大提高了CF/EP复合材料的机械性能、压缩强度和层间剪切强度。

由于填充剂的形状、粒度及添加量的不同,会使得环氧树脂固化物的性能变化很大[5]。EGP粒径规格按照筛网目数来定,目数越大,颗粒越小,其中目数与微米对照表见表1。

表1 目数与微米对照表

目数/mesh	微米/μm
100	165
325	45
500	25
1 250	10
2 500	5
6 250	2.5
10 000	1.3

由表1可知,100目下粒子粒径大约165 μm,。考虑到复合材料相邻T纤维的间距最低在几个微

米，因此选用 2 500 目的膨胀石墨对其进行层间增强。EGP 与环氧树脂的相互作用分为物理和化学两方面，物理层面主要指 EGP 在环氧树脂中充分浸润，在 3D 交叉网络中均匀分散，有利于降低树脂体系的固化、冷却收缩，从而降低并且均匀树脂体系固化过程中的残余应力。化学层面主要指 EGP 表面由于氧化作用存在的含氧极性基团，如羟基、羧基会与环氧树脂发生反应，增强 EGP 和环氧树脂的界面结合力[6]。

一般来说，填充剂的添加量由三个因素决定：1）控制树脂到一定的黏度，用量过大会使黏度增加，不利于缠绕工艺的进行；2）保证填料的每个颗粒都能被树脂润湿，因此填料用量不宜过多；3）保证树脂固化物（制件）能符合多种性能的要求。因此，为了保证缠绕工艺的顺利进行、EGP 的良好分散以及树脂固化物性能要求，需筛选出树脂中 EGP 的合适添加量。王慧[7]等人研究 EGP 对环氧树脂的增韧和增强作用，实验表明在 0.5 wt.％含量时最佳。综合考虑，本实验设定 0.2 wt.％、0.5 wt.％、1.0 wt.％三个添加量来进行筛选实验。

1 EGP 含量对树脂胶液黏度的影响

对比分析了 40 ℃下树脂体系中加入不同含量的 EFP 对树脂体系黏度的影响，具体情况如图 1 所示。

一般来说，湿法缠绕的树脂黏度不能超过 1 000 mP·s。若圆筒碳纤维层此时内外压强是 P_e（张力传递有损耗），有 n_e 个半径为 r_e 的毛细孔，则由泊肃叶定律（公式 1）可以看出，此时由内而外树脂的流量为：

$$Q_e = \frac{n_e P_e \pi r_e^4}{8\eta L} \tag{1}$$

其中，η 是树脂黏度，L 是树脂流动路径长度。由上述公式可以看出，由于缠绕过程中大张力的施加，导致树脂在缠绕、固化过程中会有从内侧向外侧流动的趋势，同时，树脂黏度越小，其流量越大，流动性越好。

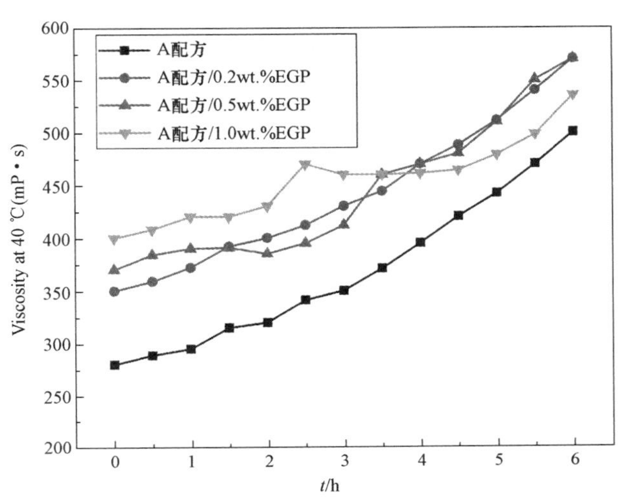

图 1　40 ℃下不同 EGP 含量树脂体系的黏度

由图 1 可以看出，初始时刻下 A 配方树脂在 40 ℃时的黏度是 280 mPa·s，0.2 wt.％、0.5 wt.％和 1.0 wt.％含量下黏度分别为 350 mPa·s、370 mPa·s、400 mPa·s，显然，随着 EGP 含量的增加，同一温度下体系初始黏度逐渐增大，其中，0.2 wt.％含量下初始黏度相对于 A 配方树脂提高 25％。同时在加入同等含量的 EGP 下，随着测试时间增加，树脂体系黏度在逐渐增加，例如，在 0.2 wt.％的含量下，黏度值初始时刻为 350 mPa·s，经过 1 h 升高到 372 mPa·s，6 h 后黏度值已达 570 mPa·s。从黏度曲线整体变化趋势来看，A 配方和 0.2 wt.％EGP 含量体系的黏度曲线整体光滑，且随时间变化是越来越大，符合树脂反应自动加速效应。而 0.5 wt.％添加量体系在 2 h、4 h 时候出现黏度变化缓慢甚至略有降低，尤其 1.0 wt.％EGP 含量体系在 2.5～4.5 h 内黏度基本保持不变，其原因可能在于随着添加量的增加，EGP 表面的含氧基团参与反应的概率增加，抑制了聚合物链增长的趋势。

2 EGP 含量对其在树脂胶液中分散性及分散稳定性的影响

由于膨胀石墨颗粒粒度小，表面原子比例大，比表面积大，表面能大，处于能量不稳定状态，因此细微的颗粒都趋向于聚集在一起，很容易团聚，形成团聚体的二次颗粒，乃至三次颗粒，使粒子粒径变大。为降低膨胀石墨团聚，增加其在环氧中的分散性，采用机械分散法对其进行分散，如图 2 所示。

采用机械分散法对 EGP 在树脂中进行分散，分散过程中由于高转速下体系摩擦生热，温度上升，进而降低树脂黏度，提高了树脂的流动性和对 EGP 的浸润性，同时分散工艺分阶段进行，一方面树脂体系摩擦生热速率得到阶段控制，另一方面高低转速组合可能对 EGP 在整体和局部树脂区域的迁移

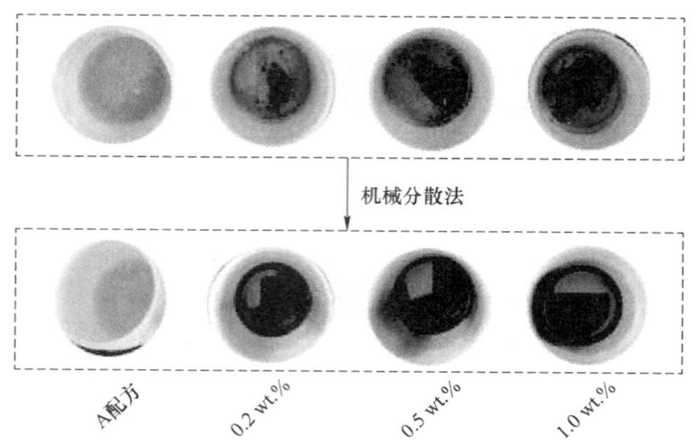

图 2　不同 EGP 含量树脂体系的分散效果

和分散有所帮助。由图 2 可以看出，EGP 加入树脂时浮在树脂表面，经过分散之后，混入树脂中，颜色由淡黄色变成黑色，胶液表面无明显气泡，而且 0.2 wt.%、0.5 wt.%和 1.0 wt.%三个 EGP 含量体系外观基本相似。

为进一步表征 EGP 树脂分散工艺的效果，将图 2 所示分散后的胶液加入对应玻璃瓶中，间隔一定时间观察其自然沉降的现象，如图 3 所示，其中玻璃瓶 0、1、2、3 分别对应纯 A 配方、0.2 wt.%、0.5 wt.%和 1.0 wt.%EGP 含量体系。

由图 3 中 0、2 h、1 d、2 d、5 d、12 d 下 A 配方胶液颜色的变化，可以看出，随着时间的增加，树脂的黏度增加，固化剂逐渐与主体环氧发生反应。而 0.2 wt.%、0.5 wt.%和 1.0 wt.%EGP 含量树脂体系外观基本未发生分层现象，说明 EGP 在树脂体系中的分散稳定性是比较好的。分析其原因在于一方面 EGP 密度与环氧接近，另一方面在分散过程中树脂有效的浸润了 EGP 表面，二者形成较为稳定的体系。

为进一步表征 EGP 在树脂中的分散性以及实际工况下的自然沉降程度，选用 0.2 wt.%、0.5 wt.%和 1.0 wt.%EGP 含量树脂浇注体样条（固化时胶液竖直浇注）中部 2 cm 来进行金相显微镜的观察实验，金相显微镜样品示意图如图 4 所示。

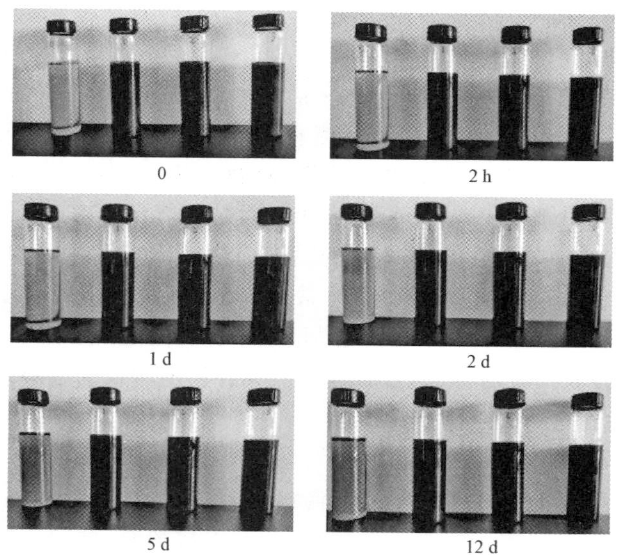

图 3　不同 EGP 含量树脂体系的沉降实验图（玻璃瓶 0、1、2、3 分别对应纯 A 配方、0.2 wt.%、0.5 wt.%和 1.0 wt.%EGP 含量体系）

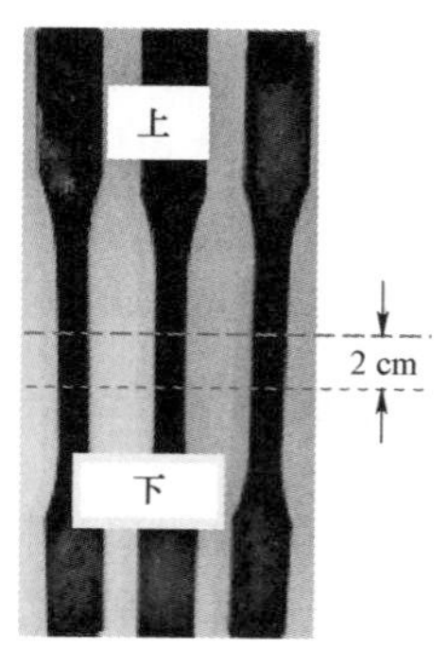

图 4　金相显微镜样品示意图

通过图 4 所示样条，经过抛光处理后观察其侧面金相显微镜图像，利用 250 倍率观察膨胀石墨在树脂基体中的总体分布，1 500 倍观察其局部特征形貌，如图 5 所示。

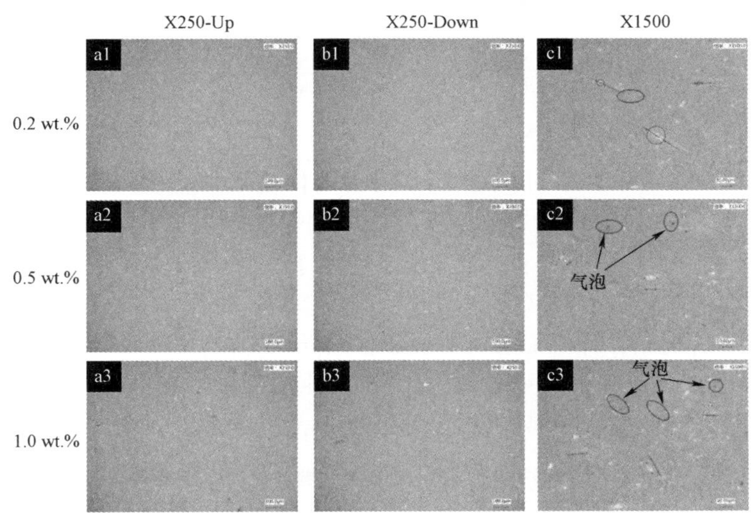

图 5　不同 EGP 含量树脂体系的金相显微镜图像

从图 5(a1-b1)、图 5(a2-b2)、图 5(a3-b3)的对比，可以看出同等添加量下，样条在 up 端和 down 端的金相显微镜图像基本类似，说明在制作样条过程中，EGP 在竖直方向 2 cm 的距离上并未产生明显的沉降。图 5(a1-3)中可以看出，随着 EGP 含量的增加，金相显微镜 250 倍视野下的 EGP(白色粉末)随之增加，同时，图 5(a1)可以看出，0.2 wt.%EGP 含量下，EGP 在树脂基体中分散均匀且无明显团聚和气泡孔隙，随着含量的增加，在图 5(a2)中出现一定程度的团聚(大的白色斑点)，图 5(a3)中甚至出现明显的气泡孔隙(大的黑色斑点)。同理，图 5(b1-3)也可以看出这种趋势。图 5(c1-3)是 1 500 倍率下不同 EGP 含量树脂体系的金相显微镜图像。其中，图 5(c1)中标注出的团聚体较大者尺寸是 20.08 μm，中等尺寸是 6.96 μm，较小尺寸是 3.39 μm，气泡孔隙较少而且较小。图 5(c2)中标注出的团聚体较大者尺寸是 13.46 μm，中等尺寸是 7.17 μm，较小尺寸是 3.36 μm，气泡孔隙有所变大。图 5(c3) 中标注出的团聚体较大者尺寸是 12.61 μm，中等尺寸是 7.96 μm，较小尺寸是 3.17 μm。将 EGP 按照～5 μm、5～10 μm、10～μm 的尺寸区间分为小、中、大团聚体。可以发现，0.5 wt.%EGP 含量树脂体系相对 0.2 wt.%EGP 含量树脂体系的团聚体尺寸略有增加，但 1.0 wt.%EGP 含量树脂体系分布在 5～10 μm、10～μm 的中、大团聚体明显增多，进一步说明随着 EGP 含量的增加，树脂体系内 EGP 团聚程度逐步加深，同时出现较多气泡的可能性增大。

3　EGP 含量对树脂浇铸体力学性能的影响

不同 EGP 含量树脂固化物的力学性能见表 2。可以看出 0.2 wt.%EGP 含量树脂体系相对 A 配方强度降低了 17.3%，模量提高了 2.5%。

表 2　不同 EGP 含量树脂固化物的力学性能

试验编号	强度/MPa	离散程度/%	模量/GPa	离散程度/%
A 配方	σ_1	3.07	E_1	1.26
0.2 wt.%EGP	$0.83\sigma_1$	13.27	$1.025\ E_1$	3.64
0.5 wt.%EGP	$0.80\sigma_1$	11.43	$1.016\ E_1$	2.07
1.0 wt.%EGP	$0.78\sigma_1$	5.73	$1.033\ E_1$	3.31

为进一步分析 A 配方和 0.2 wt.%、0.5 wt.%、1.0 wt.%EGP 含量下的树脂拉伸性能是否有显

著性区别，采用以下数据差异分析方法：

已知平均值 X_A、X_B，样本数 n_A、n_B，标准偏差 σ_A、σ_B，选取检验的显著性水平 $\alpha=0.05$，在累计正态分布表中可查 $Z_{1-\alpha/2}=1.960$

根据计算容许限

$$\mu=Z_{1-\alpha/2}\sqrt{\frac{\sigma_A^2}{n_A}+\frac{\sigma_B^2}{n_B}} \tag{2}$$

进行检验，如 $|X_A-X_B|>\mu$，可判断 A、B 有显著性差异；如 $|X_A-X_B|<\mu$，可判断 A、B 无显著性差异。

用以上分析方法对 A 配方和 0.2 wt.%、0.5 wt.%、1.0 wt.%EGP 含量下的树脂拉伸性能数据分别进行比较。其中，正态分布相应区间选取置信度为 95%，研究 A 配方和 0.2 wt.%、0.5 wt.%、1.0 wt.%EGP 含量下的树脂拉伸性能有没有显著性差异。

通过以上分析方法的结果如表 3 可知，对树脂拉伸性能存在 $|X_A-X_B|<\mu$，可判断不同 EGP 含量树脂固化物力学性能有显著性差异，反之，则没有显著性差异。

表 3　不同 EGP 含量树脂固化物力学性能的数据差异分析

	组合方式	$\lvert X_A-X_B \rvert$	μ	检验结果
拉伸强度	12	2.27	8.42	无显著差异
	13	3.52	7.07	
	23	1.24	6.09	
	01	13.84	6.69	有显著差异
拉伸模量	12	0.03	0.10	无显著差异
	13	0.02	0.13	
	23	0.06	0.11	
	01	0.07	0.09	

注：组合方式中 0、1、2、3 分别对应 A 配方和 0.2 wt.%、0.5 wt.%、1.0 wt.%EGP 含量下的树脂拉伸性能数据。

由表 3 可以得出，A 配方和 0.2 wt.%、0.5 wt.%、1.0 wt.%EGP 含量树脂体系的拉伸模量无显著差异。而拉伸强度方面，0.2 wt.%、0.5 wt.%、1.0 wt.%EGP 含量树脂体系之间没有显著差异；A 配方和 0.2 wt.%、0.5 wt.%、1.0 wt.%EGP 含量树脂体系拉伸强度有显著差异。

4　结论

综上所述，选取 0.2 wt.%EGP 含量树脂体系进行后续缠绕实验。其原因如下：1)为保证缠绕工艺的顺利进行，树脂体系的黏度不能过高，0.5 wt.%、1.0 wt.%EGP 含量树脂体系的黏度较高且曲线后期出现异常变化，因此选定 0.2 wt.%的 EGP 添加量；2)0.2 wt.%EGP 含量时 EGP 在树脂基体中分散较好，且团聚程度较低、气泡孔隙较少；3)从力学性能角度看，EGP 的三个含量树脂体系在强度和模量方面并无显著性差异。

参考文献：

[1]　GB 150—1998，钢制压力容器[S]. 北京：中国标准出版社，1998.

[2]　田菲. 膨胀石墨复合垫片的结构及密封性能研究[D]. 山西：太原理工大学，2013.

[3]　张利涛，徐海涛. 柔性石墨复合增强垫片的性能及应用[J]. 黑龙江科技信息，2012.

[4]　Cho J，Chen J Y，Daniel I M. Mechanical enhancement of carbon fiber/epoxy composites by graphite nanoplatelet reinforcement[J]. Scripta materialia，2007，56(8)：685-688.

[5]　胡玉明. 环氧固化剂及添加剂[M]. 北京：化学工业出版社，2011.

[6] 任振波．应宗荣．碳材料改性T纤维/环氧树脂复合材料体系研究进展[J]. 现代塑料加工应用，2015.
[7] 王慧．王秀玲．无机纳米粒子在环氧树脂增韧改性中的应用[J]. 热固性树脂，2018.
[8] 武玉芬．T纤维综合力学性能与复合材料拉伸强度的离散性研究[D]. 哈尔滨：哈尔滨工业大学．2010.

Study on wet winding system of mechanically dispersed expanded graphite in epoxy resin

LIU Xin
(Research Institute of Physical and Chemical Engineering of Nuclear Industry, Tianjin, China)

Abstract: Expanded graphite powder has the advantages of large specific surface area, excellent thermal conductivity, high resilience, corrosion resistance, radioactivity resistance and good stability. Epoxy resin has the advantages of resistance to tension, compression, rigidity, and non-flammability. The research of many scholars has shown that the composite material made of expanded graphite powder and epoxy resin has the advantages of "1＋1＞2" in terms of heat conduction and sealing. But there is little mention about the application of expanded graphite powder in wet winding. In this paper, the mechanical dispersion method was used to disperse different contents of expanded graphite powder in the epoxy resin. At the same time, the stability of the dispersion system was characterized by the natural sedimentation test and the metallographic microscope. Then the viscosity-time curve was tested to ensure the winding processability. Finally, the tensile strength and modulus of the epoxy resin system with different contents of expanded graphite powder were tested, and the addition amount of expanded graphite powder suitable for winding process and performance assessment in epoxy resin is obtained.

Key words: expanded graphite powder; epoxy resin; mechanical dispersion

纤维缠绕复合材料固化成型残余应力数值模拟

吴晓岚,孙炳君
(核工业理化工程研究院,天津 300180)

摘要:纤维缠绕复合材料固化成型中,缠绕制件固化后的应力分布受缠绕张力及固化过程影响较大,准确预测制件应力分布状态可以为复合材料的结构和工艺设计提供调整依据。本文利用ABAQUS的二次开发功能,基于复合材料黏弹性本构模型,对复合材料筒状结构进行了固化过程仿真,分析了固化和脱模过程对应力分布的影响,实现了缠绕固化脱模的一体化仿真分析。结果表明:固化和脱模过程极大的改变了缠绕预应力场的初始分布状态,对需脱膜缠绕结构件,其最终的应力分布由缠绕过程、固化过程及脱模过程所共同决定。

关键词:纤维缠绕复合材料;缠绕预应力;固化过程;脱模;应力分布;数值模拟

纤维缠绕成型工艺是制备筒状类复合材料构件的主要成型工艺。缠绕成型工艺中缠绕阶段和固化阶段是影响制品质量的关键环节。对于固化过程,王晓霞[1]基于AS4/3501-6材料体系进行了树脂固化过程温度场、固化度场和残余应力场的耦合,模拟了复合材料结构件在固化过程中的残余应力和固化变形。任明法等[2,9]基于Squeeze-sponger模型,发展出适用于纤维缠绕复合材料固化成型的树脂流动/纤维密实模型。闵荣等[3]基于黏弹性本构模型数值模拟了C型构件的固化变形情况,模拟结果可以很好地与实验结果相吻合。

目前针对纤维缠绕复合材料成型的研究大多存在不足之处,即在进行缠绕预应力的设计中多不考虑固化过程的影响,而固化过程对最终制品预应力的大小有着较大影响。本文利用ABAQUS软件强大的计算能力,基于复合材料黏弹性本构模型,对ABAQUS进行二次开发,实现了缠绕-固化过程的顺序耦合。在考虑芯模热膨胀作用的影响下分析固化过程对缠绕预应力场的影响,这对于优化工艺参数具有重要作用。

1　模型建立

基于环状芯模的对称性及模型计算量的考虑,本章分析所建立的模型为整体结构的四分之一,芯模和各缠绕层均建立独立部件,各部分均使用六面体C3D8R单元,为保证纤维层内部应力传递的连续性,每层纤维层厚度方向上单元数目设定为3;在边界条件的设置上,纤维层和芯模环向端面上施加对称边界条件,芯模轴向两个端面上施加位移限制(图1)。

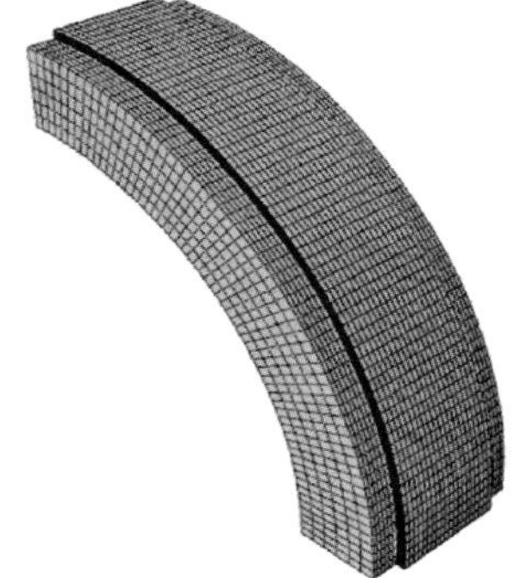

图1　有限元模型

2　固化过程数学模型

2.1　热-化学模型

复合材料结构件内部的温度分布不仅影响复合材料的固化度,决定复合材料整体固化是否均匀,而且是导致复合材料残余热应力的最直接原因。伴随反应热的温度场问题本质上是一个含有非线性热源的热传导问题,其内部的热源来自基体的固化反应放热,目前的热-化学模型都是由傅里叶热传导定律和固化动力学方程得到[12]。

$$\rho C\frac{\partial T}{\partial t}=k_x\frac{\partial^2 T}{\partial x^2}+k_y\frac{\partial^2 T}{\partial y^2}+k_z\frac{\partial^2 T}{\partial z^2}+Q \tag{1}$$

Q 是复合材料内部产生的热量，由树脂固化放热产生，由式(2)确定：

$$Q=\rho_r H_\mu \frac{\mathrm{d}\alpha}{\mathrm{d}t} \tag{2}$$

$\mathrm{d}\alpha/\mathrm{d}t$ 为固化速率，不同树脂的固化反应速率表达式是不同的，本文所用树脂为某专用树脂型号，固化反应速率表达式如下：

$$\frac{\mathrm{d}\alpha}{\mathrm{d}t}=A_1 e^{-\frac{E1}{RT}} \cdot \alpha^{m1}(1-\alpha)^{n1}+\frac{A_2 e^{-\frac{E2}{RT}} \cdot \alpha^{m2}(1-\alpha)^{n2}}{1+e^{(D(\alpha-(\alpha_{C0}+\alpha_{CT}T)))}} \tag{3}$$

其中，$A_i(i=1,2)$为频率因子，$E_i(i=1,2)$为反应活化能，R 为气体常数，T 为绝对温度，m_i 和n_i $(i=1,2)$均为常数，D 为扩散因子，α_{C0}和α_{CT}分别为与玻璃化转换温度相关的常数。方程中的参数如表 1 所示。

表 1　固化动力学参数

H_r/J	A_1/s^{-1}	E_1/(J/mol)	m_1	n_1	A_2/s^{-1}
3.056 $\times10^5$	7.131 $\times10^4$	9.145 $\times10^4$	0.23	2.5	9.2$\times10^8$
E_2/[J/mol]	m_2	n_2	D	α_{C0}	α_{CT}
7.815 $\times10^4$	2.08	2.1	50	0.05	2.1$\times10^4$

2.2　复合材料黏弹性本构模型

复合材料黏弹性本构模型习惯性采用积分型求解方式：

$$\sigma_i(t)=\int_0^t C_{ij}(\xi-\xi')\frac{\partial\varepsilon(t')}{\partial t'}\mathrm{d}t' \tag{4}$$

ABAQUS 不能直接计算上述的积分式，需将其转化为数值增量形式应力增量表达式可近似写为[6]，许多研究者[3,7-9]采用下述模型预测了复合材料固化变形和残余应力，相关参数见文献[1]：

$$\Delta\sigma_{ij}^{t+\Delta t}=C_{ij}^{*}\times\Delta\varepsilon_j^{t+\Delta t}+\Delta\sigma_i^r \tag{5}$$

其中：

$$C_{ij}^{*}=C_{ij}^{\infty}+\sum_m^N(C_{ij}^0-C_{ij}^{\infty})W_m\frac{\alpha_T\tau_m}{\Delta t}\left[1-\exp\left(-\frac{\Delta\xi^{t+\Delta t}}{\tau_m}\right)\right] \tag{6}$$

$$\Delta\sigma_i^r=\sum_m^N S_{i,m}^t\left[\exp\left(-\frac{\Delta\xi^{t+\Delta t}}{\tau_m}\right)-1\right] \tag{7}$$

$S_{i,m}$是历史状态变量，初始值等于零并可以用下列递归方程表示：

$$S_{i,m}^t=\exp\left(-\frac{\Delta\xi^t}{\tau_m}\right)S_{i,m}^{t-\Delta t}+(C_{ij}^0-C_{ij}^{\infty})W_m\frac{\alpha_T\tau_m\Delta s_j^t}{\Delta t}\left[1-\exp\left(-\frac{\Delta\xi^t}{\tau_m}\right)\right] \tag{8}$$

2.3　模型验证

基于上述模型，对 ABAQUS 进行二次开发。计算温度场时需通过 Fortran 语言编写 HETVAL、USDFLD 及 DISP 子程序，计算制件内部残余应力需编写 UMAT 及 UEXPAN 子程序。为验证模型及编写子程序的正确性，采用 Kim 等人结果进行验证，模型图及固化后 Z 方向应力云图如图 2 所示。

提取图 3 中点(0,76.2,12.7)处 Z 方向应力数据与文献值作对比，对比结果如图 4 所示，可以看出结果与文献值[11,12]基本一致，验证了本文模型的可靠性。

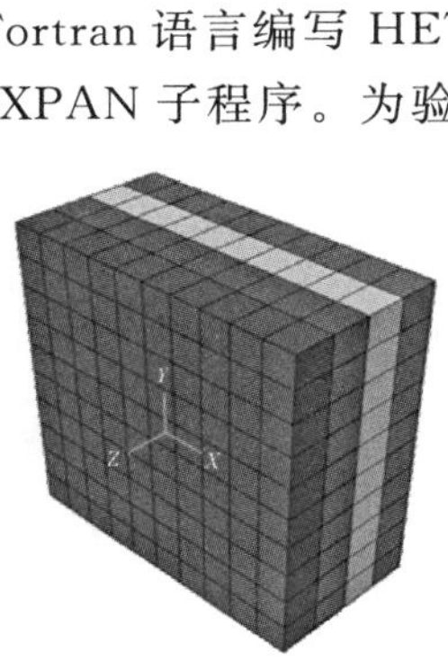

图 2　AS4/3501-6 层合板有限元模型

3　缠绕成型筒状复合材料制件残余应力计算

以设计纤维层环向应力为 64 MPa 时的有限元计算结果作为

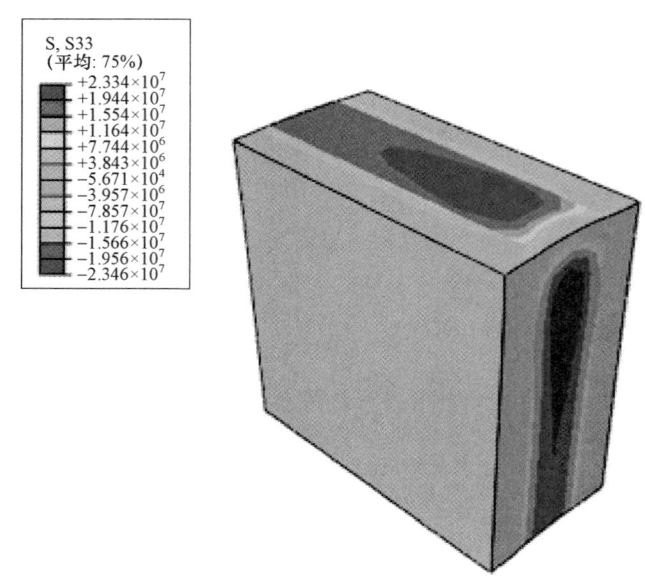

图 3　AS4/3501-6S33 方向应力云图

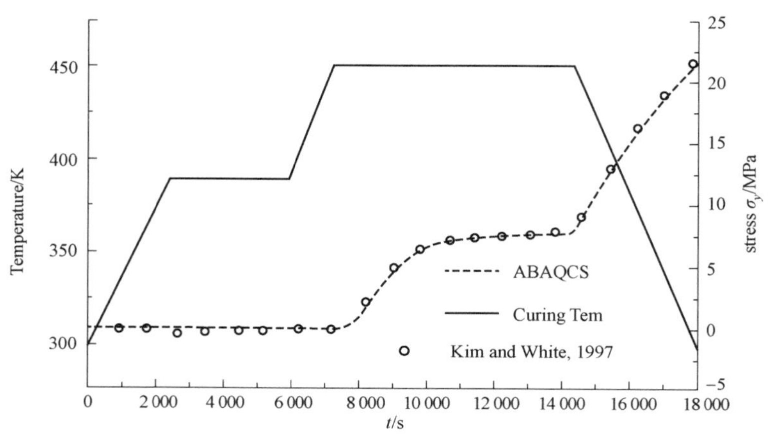

图 4　AS4/3501-6 层合板 Z 方向残余应力计算结果比较

固化开始前的预定义应力场，进行固化过程计算，计算后的应力云图如图 5 所示。

对比图 5 至图 8 所示的复合材料转筒环向应力场，可以发现脱模前转筒的应力分布为固化应力和缠绕预应力共同作用的结果，以最外层环向应力值为例，此时考虑缠绕预应力计算得到的环向应力值为-1.611×10^7 Pa，略小于不考虑缠绕预应力计算的得到的固化应力和缠绕预应力的加和值-1.506×10^7 Pa，这是由于固化过程树脂发生化学收缩，体积变小，外层纤维缠绕张力出现了一定程度的释放。对比图 6 和图 7 所示的脱模后转筒的环向应力场，可以发现脱模过程除了释放一部分固化应力，缠绕预应力也发生了释放，考虑缠绕预应力和不考虑缠绕预应力计算得到的结果是不相同的。

4　结论

（1）建立了缠绕固化仿真模型，模型能够考虑不同材料体系、不同张力制度、不同铺层制度、不同固化制度的缠绕制件，具有良好的适用性，为缠绕制件成型工艺制度的、优化提供数值依据。

（2）固化阶段对最终制品应力的分布状态有较大影响。固化过程改变了缠绕预应力场的分布状态，使内外层的环向应力均变小，且外层的变化幅度远大于内层，设计张力制度时，在等张力制度的基础上适当加大外层的缠绕张力，能获得每层应力分布更均匀缠绕制件。

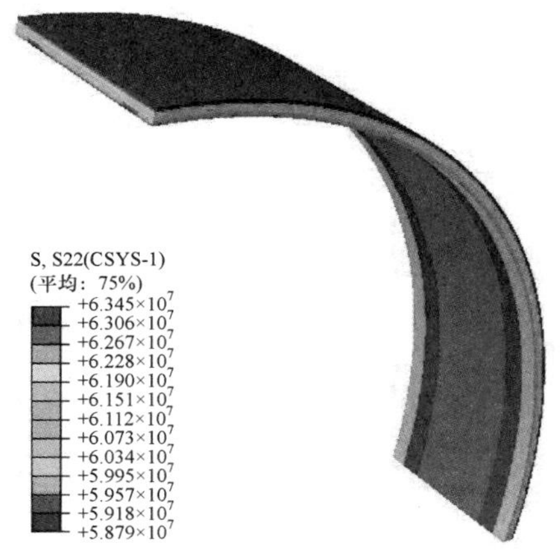

图 5 固化开始前缠绕预应力场

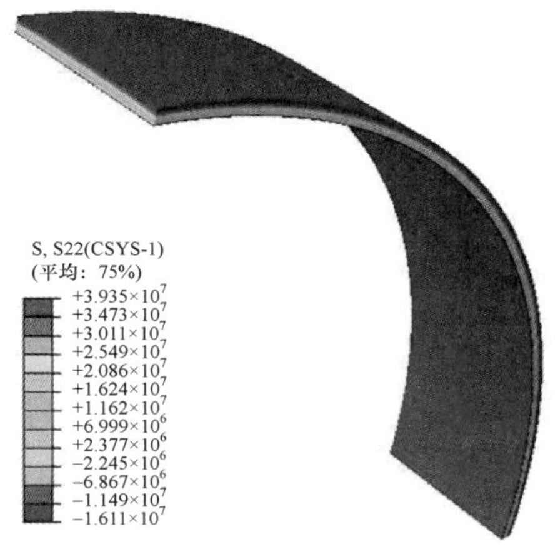

图 6 脱模前转筒的环向应力场(考虑缠绕过程)

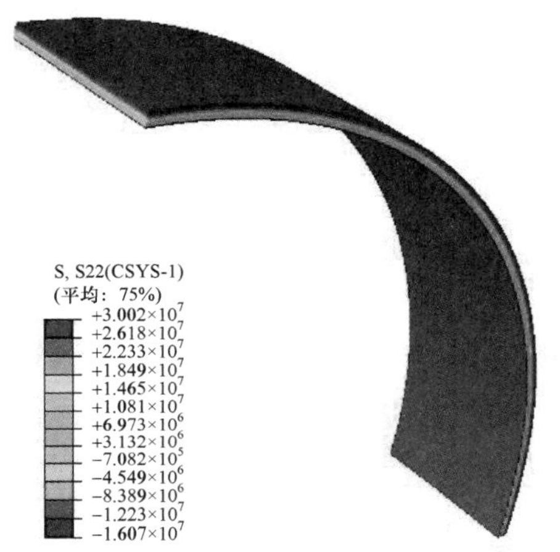

图 7 脱模后转筒的环向应力场(考虑缠绕过程)

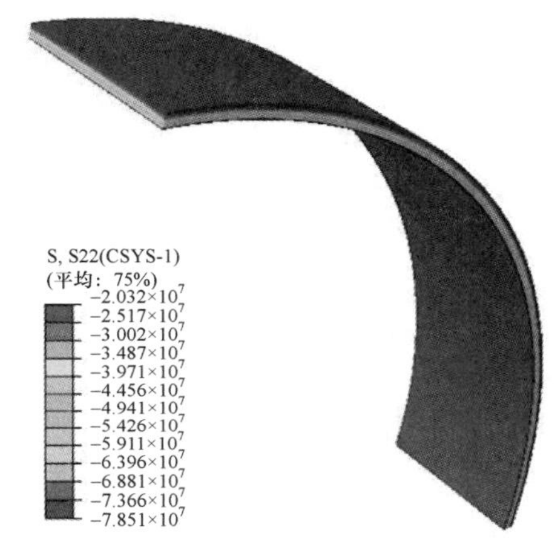

图 8 脱模前转筒的环向应力场(不考虑缠绕过程)

参考文献:

[1] 王晓霞. 热固性树脂基复合材料固化变形数值模拟[D]. 济南:山东大学博士论文,2012.

[2] 任明法,刘长志,丛杰,等. 纤维缠绕复合材料固化成型中纤维密实过程数值模拟[J]. 玻璃钢/复合材料,2016,8:5-12.

[3] 闵荣,元振毅,王永军,等. 基于黏弹性本构模型的热固性树脂基复合材料固化变形数值仿真模型[J]. 复合材料学报,2017,34(10):2254-2262.

[4] BOGETTI T A,GILLESPIE J W. Two-dimensional cure simulation of thick thermosetting composites[J]. Journal of Composite Materials,1991,25(3):239-273.

[5] DING A X,LI S X,NI A Q,et al. A review of numerical simulation of cure induced distortions and residual stresses in thermoset composites[J]. Acta Materiace Compositae Sinica. 2017,34(3):471-485.

[6] ZOCHER M A, GROVES S E, ALLEN D H. A three-dimensional finite element formulation for thermoviscoelastic orthotropic media[J]. International Journal for Numerical Methods in Engineering,1997,40(12):2267-2288.

[7] DING A A,LI S,WANG J,et al. A three-dimensional thermo-viscoelastic analysis of process-induced residual stress in composite laminates[J]. Composite Structures,2015,129:60-69.

[8] ZHANG J T,ZHANG M,LI S X,et al. Residual stress created during curing of a polymer matrix composite using a viscoelastic model[J]. Composite Science and Technology,2016,130:20-27.

[9] ABOUHAMZEH M, SINKE J, JANSEN K M B, et al. Thermo-viscoelastic analysis of Glare[J]. Composites Part B: Engineering, 2016, 99: 1-8.

[10] KIM Y K, WHITE S R. Stress relaxation behavior of 3501-6 epoxy resin during cure[J]. Polymer Engineering & Science, 1996, 36(23): 2852-2862.

[11] KIM Y K, WHITE S R. Process-induced stress relaxation analysis of AS4/3501-6 laminate[J]. Journal of Reinforced Plastics and Composites, 1997, 16(1): 2-16.

[12] WHITE S R, KIM Y K. Process-induced residual stress analysis of AS4/3501-6 composite material[J]. Mechanics of Composite Materials and Structures, 1998, 5(2): 153-186.

Numerical simulation of residual stress in solidification of fiber wound composite

WU Xiao-lan, SUN Bing-jun

(Institute of Physical and Chemical Engineering of Nuclear Industry, Tianjin, China)

Abstract: In the curing and molding of fiber-wound composite materials, the stress distribution of the wound part after curing is greatly affected by the winding tension and the curing process. Accurate prediction of the stress distribution state of the part can provide adjustment basis for the structure and process design of the composite material. In this paper, using the secondary development function of ABAQUS, based on the viscoelastic constitutive model of the composite material, the curing process simulation of the composite material cylindrical structure is carried out, and the influence of the curing and demolding process on the stress distribution is analyzed. Realize the integrated simulation analysis of the winding, curing and demoulding. The results show that the process of curing and demolding greatly changes the initial distribution of the winding prestress field. For structural parts to be wound, the final stress distribution is determined by the winding process, curing process and demolding process.

Key words: filament wound composite material; winding tension; curing process; demold; stress distribution; numerical simulation

预应力工况下高强高性能混凝土配合比研发

王 龙
(中国核工业华兴建设有限公司,江苏 南京 210019)

摘要:目前C60以上强度等级混凝土在核电预应力工况中应用并不广泛。某核电站反应堆厂房内安全壳C60/75(圆柱体试件强度/立方体试件强度)为后张法预应力高强钢筋混凝土结构,作为核电站反应堆厂房首次使用如此高强高性能混凝土,在进行混凝土配合设计时,不仅需要满足预应力工况下高强高性能技术要求,如高强、高弹性模量、相对低热、低碳化、低有害成含量(氯离子、总碱量、硫离子)等高耐久性技术指标,还需结合核电工程施工特点,满足高性能泵送大体积混凝土施工要求。通过精心策划、原材料优选、配合比试拌优化调整、多次反复验证复现性,克服了高强混凝土的敏感性,最终成功研发出了施工用混凝土配合比。通过混凝土配合比用于现场施工后反馈与后期效果检查,充分说明了该混凝土各项性能指标的优良性。

关键词:预应力工况;高强高性能混凝土;配合比;高弹性模量

引言

目前国内其他堆型核电站所有安全壳预应力混凝土强度均低于C60/75,单次浇筑方量约200 m^3左右,混凝土弹性模量为90 d不小于3.00×10^4 MPa且不属于大体积混凝土施工,并采用塔吊施工,对施工性能要求不高。但某核电采用双层壳结构,该预应力混凝土应用于反应堆厂房内安全壳,采用泵送施工单次浇筑方量约400 m^3以上且属于大体积混凝土施工范畴,因此配合比设计研发时,不仅需要考虑预应力工况下混凝土的特殊要求,还得兼顾大体积以及泵送混凝土施工性能的要求。本文以某核电预应力C60/75高强高性能混凝土配合比设计研发为例,介绍预应力工况下高强高性能混凝土配合比设计研发过程,通过提炼总结,为后续核电高强高性能混凝土配合比设计研发提供参考。

1 C60/75混凝土工程概况和技术指标要求

1.1 混凝土工程概况

C60/75混凝土主要应用于反应堆厂房内安全壳,直径46.8 m,内壳混凝土宽度1.3 m、高度根据施工方案最小2.04 m,最大2.74 m;单次混凝土浇筑方量最低400 m^3,最高540 m^3,该结构属于后张法预应力高强高性能大体积钢筋泵送混凝土。

1.2 混凝土性能要求与相关国内规程比较

设计对混凝土性能要求见表1,另外根据施工方案要求混凝土还需要满足性能良好(现场钢筋密集,尤其是锥体部分)和混凝土的泵送垂直高度应达到60 m;某核电C60/75混凝土要求[1]与CECS16:90《预应力混凝土水管结构设计规范》[2](此规程中最高强度等级为C60)和CECS104:99《高强混凝土结构技术规程》[3]比较,各项混凝土指标除总碱量和Cl^-外均高于其他两个规程要求。

作者简介:王龙(1968—),男,江苏南京人,高级工程师,从事核电混凝土、混凝土原材料性能检测及研究工作

表1 混凝土性能指标要求比较

标准要求	强度等级	S^{2-}/%	Cl^-/%	总碱量/(kg/m^3)	抗拉强度/MPa	弹性模量($\times10^4$MPa)	中心最高温度/℃	工作时间/min
某核电 BTS	C60/75	≤0.5 水泥质量	≤0.1 水泥质量	≤3.0	≥4.4	≥3.90	≤80	>90
CECS104	C75	无要求	≤0.06 水泥质量	≤3.0	≥3.05	≥3.8	无要求	无要求
CECS16	C60	无要求	无要求	≤3.0	≥2.65	≥3.65	无要求	无要求

2 配合比设计研发

2.1 对影响配合比性能的主要因素考量

在配合比设计时，根据技术要求进行分析，找出影响预应力工况下高强高性能混凝土配合比性能的因素，在配合比设计时重点考虑。影响此次配合比性能的主要因素有弹性模量、施工性能、耐久性、混凝土强度等，再对这些主要的影响因素逐个进行分析，找出影响每个主要因素的因子，对他们进行控制，从而使整个混凝土性能满足设计要求。

2.1.1 影响弹性模量的主要因素

影响弹性模量的主要因素有岩石种类、粗骨料用量(砂率)、含气量、水胶比、胶凝材料方案、水泥强度、岩石强度，弹性模量、骨料级配等。

2.1.2 影响施工性能的主要因素

影响施工性能的主要因有素浆/骨比、水胶比、粗骨料用量(砂率)、流动性、外加剂等；当浆体用量受限时，应考虑优化粗骨料的级配、组成、最大粒径，其目标是空隙率最小、细颗粒尽量少；当粗骨料空隙率下降的同时，对细骨料进行优化，可以使混凝土性能得到进一步优化。

2.1.3 耐久性主要影响因素

耐久性主要影响因素有碳化、有害成分含量、收缩、徐变、抗裂性能、弹性模量等。

2.1.4 混凝土强度、施工性敏感的主要影响因素

强度和施工敏感性主要影响因素有水胶比、混凝土强度试件成型的均匀性、原材料的稳定性、外加剂与混凝土原材料的适应性、试件硫化找平厚度以及硫化两面平行度、养护的温湿度、水泥强度、骨料质量、外加剂、水泥用量等。

2.2 混凝土配制强度确定

混凝土配合比计算采用两种方法：一是按 JGJ 55—2011《普通混凝土配合设计规程》[4]中的 fcu,o≥fcu,k+1.645 σ 计算；二是按法国标准《台山核电土建技术规范 N1.2 砼施工》[1]"混凝土配合比研究性试验强度须满足："fcE≥fc28+CE-(Cmoy-3Sc)+3""fcE≥1.2fc28"计算；考虑到安全壳混凝土的重要性和高强度的要求，经比对取 73 MPa 为 C60/75 混凝土试配强度。

2.3 计算理论胶凝材料用量

胶凝材料用量估算是根据某核电混凝土设计要求：安全壳大体积混凝土绝热温升不宜大于 60 ℃(设计要求)、水泥产品资源等综合考虑：水泥 3 d 水化热不超过 251 kJ/kg 和 7 d 水化热不超过 293 kJ/kg、每立方米胶凝材料 W 最大用量依据 GB50496 附录 B 估算以及安全壳混凝土设计不得掺加矿渣粉等要求，本次参与计算的胶凝材料为水泥、粉煤灰和硅粉。

按 30%粉煤灰掺量 K 值取 0.93，水化热总量：$Q\approx312$ kJ/kg；根据大体积混凝土绝热温升不宜大于 60 ℃，即 $T_t\leqslant60$ ℃、$Q\approx312$ kJ/kg、$C=0.97$、$\rho=2\,400$ kg/m^3，由公式 $T_{(t)}=\dfrac{WQ}{C\rho}(1-e^{-mt})$[5]估算 1 m^{3}大体积混凝土中最大胶凝材料用约为 460 kg 左右。

2.4 初步配合比方案

2.4.1 胶凝材料方案

通过热工计算确定了胶凝材料掺量的大致范围，再结合 C60/75 泵送混凝土的高弹性模量、高强度以及良好施工、耐久性要求，确定了混凝土配比胶凝材料掺加方案：① 水泥＋粉煤灰＋硅粉；② 水泥＋粉煤灰；③ 水泥＋硅粉。

2.4.2 施工坍落度的选择

适中的坍落度对混凝土施工浇筑很重要。坍落度过大，使得混凝土浇筑时的前锋线过长，影响混凝土二次浇筑和及时覆盖，增加了混凝土浇筑时的质量控制难度也使得混凝土耐振捣性差，易发生离析、泌水；坍落度太小，混凝土流动性差，不易泵送和振捣。通过对某核电现有混凝土使用情况以及施工方案要求，C60/75 混凝土坍落度选择 180 mm±30 mm 为宜；根据多次试验混凝土和易性流动性良好状态下坍落度在此范围内时，流动度控制在 450 mm±50 mm 为宜。

2.4.3 初步配合比试验

根据试拌试验以及经验选择用水量 145 kg/m^3、计算最大胶凝材料 460 kg/m^3（即水胶比 0.315）、不同掺合料方案掺合料和外加剂的最佳掺量后设计配合比，考察拌和物性能。试验结果见表 2。

表 2 不同掺合料方案试验结果

掺合料方案	配合比/(kg/m^3)							坍落度/mm		扩展度/mm	抗拉强度/MPa	抗压强度/MPa		28 d 弹性模量（×10^4 MPa）
	水	水泥	外加剂	硅粉	粉煤灰	砂	碎石	出机	1.5 h 后	出机	28 d	7 d	28 d	
单掺硅粉	145	430	4.50	30	0	738	1 062	210	145	435	5.2	53.0	68.6	3.89
粉煤灰硅粉	145	350	4.50	30	80	734	1 057	205	175	480	5.6	58.8	70.2	3.94
单掺粉煤灰	145	370	4.50	0	90	735	1 057	205	150	460	5.0	54.0	66.0	3.84

经过多次重复试验验证，结果如下：

➢ 采用同时掺加硅粉和粉煤灰方案，其强度、施工性能和耐久性指标较优于其他两种方案；

➢ 弹性模量普遍偏低，影响因素有水胶比、骨料、胶凝材料用量等，重点关注骨料质量对弹模的影响，选择更优质骨料和优化骨料颗粒级配；

➢ 根据混凝土出机和经时损失后的状态，外加剂性能需要多次验证，并进行优选；

➢ 强度普遍偏低，在保证水泥浆量的同时，证明 460 kg/m^3 胶凝材料偏少（即水胶比 0.315 偏高）存在风险，需要增加胶凝材料用量，在后期试验中进行调整。

2.5 原材料确定

2.5.1 总体理念

由于 C60/75 混凝土弹性模量要求高、施工性能要求高、强度要求高、强度富余度较小、敏感性高等特点，原材料选择除满足相应的标准规范要求外，重点工作是要确定各材料间的适应性，收集敏感因素和影响耐久性指标的因素，所以除了原材料指标检测外，主要是通过混凝土试验来论证。

2.5.2 外加剂确定

高效缓凝型外加剂一是在水胶比不变的情况下，能减少水泥用量，有助于降低混凝土的绝热温升；二是优异的保坍功能；三是减少了用水量、徐变和收缩；四是延长混凝土的可振捣时间，为大体积混凝土二次浇筑和及时覆盖提供了保证。所以应优选减水率大于 25%的高性能缓凝型减水剂。外加剂除满足相应要求外通过拟定的混凝土配合比试验进行比较确定，外加剂甲工作性能好、含气量稳定、强度较高、稳定性强且外界环境变化影响较小、综合性能最好，外加剂乙排第二；在搅拌站进行模拟正式生产，混凝土存储在罐车里并保持罐车转动，试验结果外加剂乙生产的混凝土在罐车中动态状态下，坍落度损失较大、含气量不稳定，综合考虑确定外加剂甲作为 C60/75 混凝土外加剂其结果如表 3 所示。

表 3　外加剂选择试验结果

外加剂厂家	配合比/(kg/m³)							坍落度/mm				扩展度/mm	抗压强度/MPa		出机含气量	1.5 h后含气量
	水	水泥	外加剂	硅灰	粉煤灰	砂	碎石	出机	0.5 h后	1 h后	1.5 h后	出机	7 d	28 d		
甲	145	350	4.50	30	80	734	1 057	210	220	210	170	475	61.8	71.0	1.9	2.1
乙	145	350	4.50	30	80	734	1 057	195	190	155	130	460	60.0	69.0	2.8	3.6
丙	145	350	4.50	30	80	734	1 057	195	175	130	110	435	58.9	68.0	2.1	3.0

2.5.3　硅粉确定

硅粉在混凝土中填充浆体的微孔，改善孔隙分部，改善混凝土和易性，提高强度，提高混凝土耐久性等优点，选择对甲乙丙三个厂家通过胶砂流动度、活性指数比较以及用混凝土考察其坍落度相同时的用水量、拌合物状态、含气量以及强度情况等综合评判，选择硅粉乙作为 C60/75 用硅粉。

2.5.4　碎石确定

碎石品质影响混凝土的弹性模量、和易性、强度和耐久性。C60/75 混凝土所用碎石为另一核电施工用同一产地。因为在现场碎石试验发现，压碎值不稳定，无法保证 C60/75 混凝土用碎石要求，用异地核电用碎石进行对比试验，发现异地核电碎石的压碎值、磨耗、吸水性能、密度(可反映其本身强度)、空隙率、级配等与 C60 砼有直接关联的几个指标，都优于该核电现场碎石；混凝土试验的用水量、和易性、含气量、抗压强度、弹性模量均优于核电现场生产碎石，故选择异地核电碎石作为 C60/75 混凝土用碎石。

2.5.5　水泥、水、砂的确定

为了便于管理，C60/75 混凝土原材料在满足设计技术指标的条件下，尽量和现场其他混凝土用原材料保持一致。某核电用水泥为硅酸盐 42.5 水泥，粉煤灰为Ⅰ级 F 类粉煤灰，Ⅱ区中砂，技术要求和稳定性等均能满足 C60/75 要求，故沿用现有原材料。

2.6　研究性试验

根据 2.4.3 初步配合比试验的情况(混凝土 28 d 强度结果达不到设计要求、弹性模量低)且在 JGJ 55—2011 中对高强混凝土水胶比、胶凝材料用量和砂率的建议范围，将水胶比下调至 0.298 即几种胶凝材料方案中的胶凝材料总量均上调至 480 kg/m³，试验确定各自材料的最佳用量后，设计配合比进行性能比较，其结果见表 4。

表 4　三种掺合料方案配合比试验结果

掺合料方案	配合比/(kg/m³)							坍落度/mm		扩展度/mm	抗拉强度/MPa	抗压强度/MPa		28 d 弹性模量(×10⁴ MPa)
	水	水泥	外加剂	硅粉	粉煤灰	砂	碎石	出机	1.5 h后	出机	28 d	7 d	28 d	
单掺硅粉	143	450	5.52	30	0	726	1 045	210	160	450	5.6	62.1	74.8	4.18
粉煤灰硅粉	143	325	5.52	30	125	728	1 048	210	200	485	6.3	64.2	77.2	4.38
单掺粉煤灰	143	370	5.52	0	110	725	1 043	205	165	475	5.3	58.0	73.0	3.94

通过多次试验表明：水胶比下调至 0.298 即胶凝材料总量增加后强度和弹性模量均有提升，但从

施工性能来看，单掺硅粉和单掺粉煤灰均次于双掺，且单掺粉煤灰强度达不到试配强度要求，单掺硅粉水化热较高等问题；而双掺掺合料优化了混凝土内部孔隙，增强抗裂性能，降低了收缩、徐变和碳化等因素，确定双掺掺合料配合比方案为最佳方案。

2.7 搅拌站、泵送性能试验

由于试验室的搅拌机功率、容量等与实际生产的搅拌机存在差异，将确定的配合比运用核电工程施工生产搅拌机进行试搅拌，其各自性能结果与试验室吻合，并采用正式施工设备进行泵送试验，泵管布置采用施工时典型的泵送管道布置(选择施工泵送管道最难最复杂的线路)。根据现场实际情况设置泵管，泵管水平长度设置 100 m，竖直管长度设置 59 m，泵管总长 390 m。泵送试验结果表明，混凝土出机坍落度 200 mm，60 min 后泵送坍落度无损失，90 min 后泵送坍落度 180 mm，无堵泵现象，泵送顺畅。

2.8 模拟试验、基准配合比的确定

为了验证以上关注点和混凝土中心最高温度，布置了高 2 000㎜、直径 4 400 mm 的圆柱体模型，进行了模拟试验。试验表明：该配合比混凝土和易性、可泵性均较好；浇筑过程一切顺利未出现异常情况。试验平均环境温度为：18.5 ℃；平均出机温度为 17.5 ℃；平均入泵温度为 18.8 ℃；平均入模温度为 19.8 ℃；模拟试验混凝土在运输途中平均升温为：1.3 ℃。最高温度没有超过 70 ℃，未超过 80 ℃的要求，在混凝土浇筑完 39 h 后混凝土中心温度最高温度达到峰值，说明胶凝材料 480 kg/m^{3}满足温控要求；从拆完模的表观质量来看，气泡很少，表面光泽，没有出现裂缝，效果良好，满足设计要求。将模拟试验的配合比开展全性能试验，结果满足要求后确定了基准配合比。如表 5 所示。

表 5　C60/75 基准配合比(单位：kg/m^3)

水	水泥	外加剂	硅灰	粉煤灰	砂	碎石
140	335	5.7	30	125	710	1 050

3 结论

运用确定的 C60/75 混凝土配合比在某核电站核岛共浇筑了 14 300 m^{3}大体积泵送混凝土(安全壳内壳约 9 300 m^3)，共成型了 160 组次试件，混凝土抗压强度平均为 72.2 MPa，强度最大值 76.5 MPa，强度最小值 68.9 MPa，标准差 2.42 MPa，抗拉强度平均值为 5.31 MPa，弹性模量平均 4.23×104 MPa，混凝土中心温度最高为 69.6 ℃，未超过 80 ℃的要求[1]，所以结果均满足现场施工验收要求且混凝土外观无裂缝。另外根据验证试验结果表明 C60/75 混凝土在内部温度(80～85 ℃)的条件下没有发生延迟钙矾石生成(DEF)的可能性。根据现场运用的结果，说明某核电反应堆预应力工况下高强高性能混凝土配合比满足设计要求。

参考文献：

[1] 台山核电站．TS-X-NIEP-TLYC-DC-2008《台山核电土建技术规范 N1.2 砼施工》[S].

[2] 中华人民共和国住房和城乡建设部．CECS16：90《预应力混凝土水管结构设计规范》[S].

[3] 中国工程建设标准化协会标准 CECS104：99《高强混凝土结构技术规程》[S].

[4] 中华人民共和国住房和城乡建设部．JGJ 55—2011《普通混凝土配合比设计规程》[S].

[5] 中华人民共和国住房和城乡建设部．GB 50496—2018《大体积混凝土施工规范》[S].

Research and development of mix proportion of high strength and high performance concrete under prestressed condition

WANG Long

(China Nuclear Industry Huaxing Construction Co. ,Ltd. ,Nanjing Jiangsu,China)

Abstract: The concrete with strength grade above C60 is not widely used in the prestressed condition of nuclear power plant. The containment C60/75 (cylinder specimen strength/cube specimen strength)in the reactor building of A plant nuclear power station was a post tensioned prestressed high strength reinforced concrete structure. As the first time to use such high strength and high performance concrete in the reactor building of nuclear power plant, the concrete mix proportion design not only need to meet the high strength and high performance technical requirements under prestressed conditions, such as high strength, high elastic modulus, relatively low heat, low carbonization, low harmful component content(chlorine ion, total alkali content, sulfur ion)and other high durability technical indicators, but also need to meet the construction requirements of high performance pumping mass concrete combine with the construction characteristics of nuclear power engineering. The construction concrete mix proportion was finally successfully developed through careful planning, raw material optimization, mix optimization adjustment, repeated verification of reproducibility. The concrete mix proportion overcame the sensitivity of high-strength concrete. The performance index of the concrete was fully demonstrated by the proportion used for feedback and the later effect inspection after the construction.

Key words: Prestressed condition; high strength and high performance concrete; mix proportion; high elastic modulus

压水堆二回路腐蚀产物化学成分成因的探讨

李梓民
(广东腐蚀科学与技术创新研究院,广东 广州 510530)

摘要:压水堆二回路的腐蚀产物主要来自低碳钢的腐蚀,固态腐蚀产物主要成分为铁及其各类氧化物或水合氧化物。多次针对二回路腐蚀产物的采样均表明其主要成分为四氧化三铁(同时含+2与+3价铁),同时存在少量三氧化二铁(只含+3价铁),两者通过氧化还原反应互相转化。而从热力学角度看,三氧化二铁无法在功率运行时强还原性的二回路中稳定存在,在长时间功率运行后仍能发现三氧化二铁使得二回路的真实还原性被质疑,同时三氧化二铁对镍基合金的应力腐蚀有潜在的促进作用,应探明三氧化二铁存在的原因,并探讨降低其含量的可能性。本文从动力学角度研究了四氧化三铁的氧化与三氧化二铁的还原,结果表明在接近二回路的水热条件下,氧化速率远快于还原速率,导致在还原性偏弱时生成的三氧化二铁得以在强还原性下长期存在。此发现解释了二回路中腐蚀产物化学成分的成因,消除了对二回路真实还原性的质疑,同时所获取的铁氧化物氧化还原动力学也为压水堆二回路运行优化提供了理论支撑。

关键词:压水堆;二回路;腐蚀产物;铁氧化物;氧化还原

压水堆运行过程中,构成蒸汽发生器补水系统大多数构件的碳钢或低合金钢在流动加速腐蚀作用下会释放一定量的腐蚀产物,其成分主要为铁氧化物及水合氧化物。部分腐蚀产物随二回路冷却水流动进入蒸汽发生器,其沉积导致了蒸汽发生器内传热管的沾污、水流通道的堵塞以及形成支撑板上的硬淤泥。传热管的沾污会降低传热效率、影响二回路蒸汽压力,水流通道的堵塞会干扰水的流动,可能引起传热管的流致振动,支撑板上的硬淤泥可能对传热管形成挤压应力,以上几个问题不仅涉及运行质量,严重时甚至影响运行安全,因此是蒸汽发生器及二回路运行管理的一个重要部分[1-4]。

腐蚀产物是引起以上问题的根本原因,腐蚀产物在二回路中的行为决定了沾污、堵塞以及硬淤泥形成的速度、程度以及分布。因此,探明腐蚀产物在二回路中的行为规律对于优化二回路运行管理、实现核电厂的长寿命安全高效运行有重要意义。由于二回路大量使用碳钢材料,腐蚀产物的主要成分为铁氧化物及水合氧化物,此外还存在部分水溶离子。功率运行时二回路添加有联胺,除去残余氧的同时将化学条件控制在还原性,控制材料的腐蚀。在此还原性条件下,磁铁矿(Fe_3O_4)为热力学稳定相,但是针对二回路腐蚀产物的取样分析表明,二回路腐蚀产物中的铁以多种形态存在,其中磁铁矿占大部分,同时也存在数量可观的赤铁矿(α-Fe_2O_3),磁铁矿与赤铁矿的占比随取样点位置改变而变化[5,6]。

赤铁矿的长期存在引起了一些关注,一部分原因是其长期稳定存在可能表示二回路真实还原性不足而无法将铁元素维持在磁铁矿形态,从而引发一些水化学条件偏离目标值的担忧。另一部分原因是赤铁矿与磁铁矿的性质有所不同,因此两者在二回路中的沉积会对二回路有截然不同的影响,掌握赤铁矿存在的原因可以为调控其比例提供思路,从而优化二回路运行条件。本研究从动力学角度出发,研究了磁铁矿与赤铁矿之间的相互转化,尝试揭示铁元素在二回路中形态分布的原因。

1 实验设计

1.1 实验装置

本研究利用单次通过式高温高压反应釜开展实验,反应釜主体部分、与高温流体接触的管道、阀

作者简介:李梓民(1992—),男,博士,现主要从事核电厂水化学、材料腐蚀等方向研究工作

门、搅拌叶轮、电极包壳等金属部分均由钛制成，钛具有极好的耐高温腐蚀性能，且可避免向溶液体系引入铁、镍等可能干扰实验的元素。除此之外的部分管道、阀门等采用不锈钢材料制成。反应釜容积约 0.5 L，配备有搅拌叶轮可使反应介质更均匀。有一个溶液注入管道，借助高效液相色谱泵可在反应过程中将溶液注入高压反应釜内。釜顶有一个出口，连接冷却器与背压阀，可将多余溶液安全排出反应釜。经冷却排出的溶液流经一个光学溶解氧探头，可实时测量其氧浓度。图 1 是此装置的简化图。

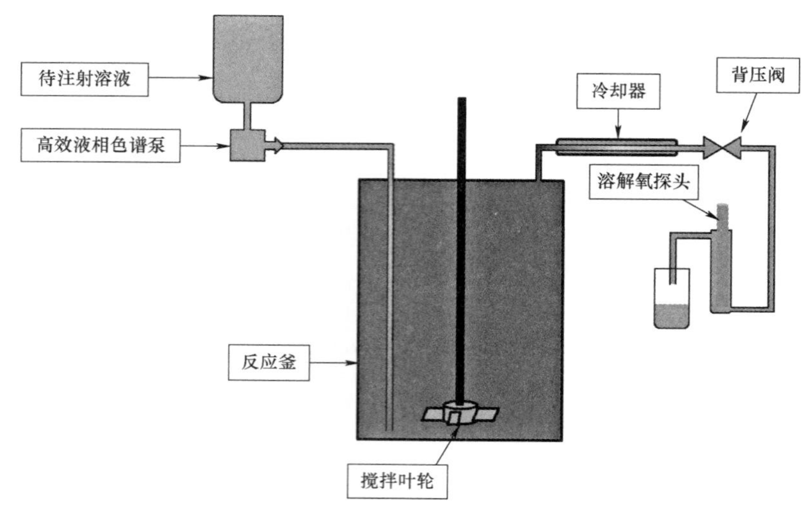

图 1　高温高压反应釜简化示意图

1.2　实验材料

实验使用的溶液均由超纯水（电阻率 18.2 MΩ·cm）配制而成，化学试剂均为分析纯。实验溶液均含乙醇胺与氨，$pH_{25℃}$ 调整至约 9.8，符合二回路冷却水标准。

使用的磁铁矿来自 Alfa Aesar，纯度 99.997%，粒径分布于 100～1 000 nm，比表面积为 1.7 m^2/g，换算等效粒径为 690 nm。赤铁矿来自 NOAH Technologies Corporation，纯度 99.9%，比表面积为 8.6 m^2/g。

1.3　实验方法

本研究进行了两部分实验：磁铁矿氧化与赤铁矿还原。对于氧化实验，磁铁矿与除氧溶液装入反应釜后再次进行除氧，升温至 180 ℃后开始恒温并注入含氧溶液，为反应体系提供可控的氧注入。通过末端的溶解氧探头实时测量流出溶液的氧浓度，可以获得磁铁矿氧化动力学曲线。对于还原实验，赤铁矿与溶液混合后装入反应釜，升温至 275 ℃后开始恒温并开始注入含联胺溶液，实验过程中连续取溶液样分析联胺与氨浓度，可以获得赤铁矿还原动力学曲线。

2　实验结果

2.1　磁铁矿氧化

本研究进行了两次氧化实验，自变量为含氧溶液注入速度（分别为 0.42 与 0.84 mL/min），以此研究氧注入速度对磁铁矿氧化动力学的影响。两次实验中均通过氧浓度测量绘出各途径氧消耗变化曲线，如图 2 所示。

从图 2 可以看出，在实验开始时氧浓度处于较低水平，经过一段时间后氧浓度上升，在氧注入速度较低时，低浓度氧阶段持续时间较长。这说明在反应初始阶段，反应速率较快，大部分溶解氧被反应消耗，而后反应速率逐渐降低。这也反映在各途径氧消耗量的变化曲线中，反应初期被还原氧曲线与氧总量曲线几乎重合，而后差距逐渐增大，这一趋势随着氧注入速度上升变得更加明显。除了被还

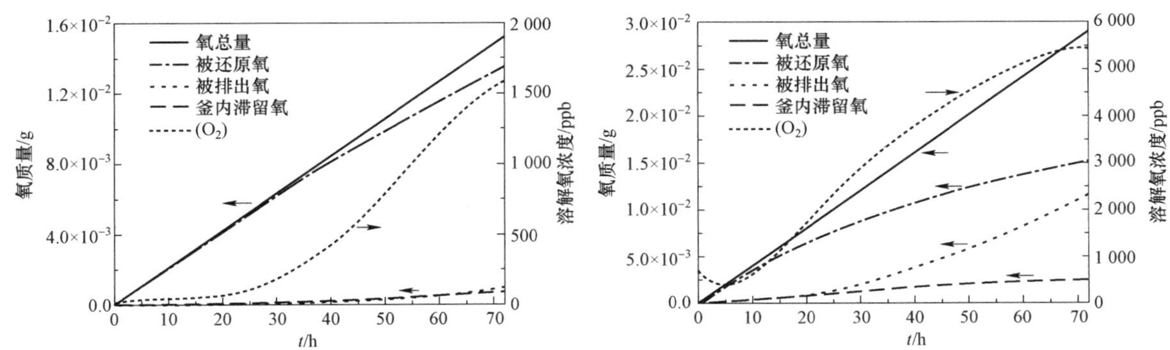

图 2　氧化实验中氧浓度、各途径氧消耗量变化曲线(溶液注入速度:左 0.42 mL/min;右 0.84 mL/min)

原的氧,釜内滞留的氧仅占极小比例,而被排出的氧则随着氧注入速度上升而增多。

根据被还原氧的变化曲线,可以依据反应式 $4Fe_3O_4+O_2=\!=\!=6Fe_2O_3$ 得到磁铁矿的氧化动力学曲线。此外,在之前的研究中我们获得了在有充足氧气情况下磁铁矿的氧化动力学曲线[7]。以上曲线绘于图 3 中(实线),同时用虚线绘出三种情况下的热力学曲线,表示在特定氧供应速度下,没有反应动力学限制时的情况,热力学与动力学曲线之间的差异即是由反应速率本身所导致。

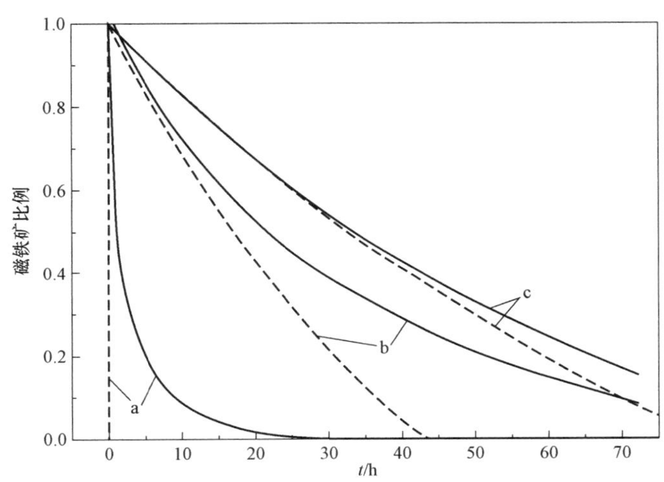

图 3　磁铁矿氧化动力学曲线(实线)与热力学曲线(虚线)

a—充足氧供应;b—0.42 mL/min;c—0.84 mL/min

从图 3 可以观察到,当氧供应充足时,若没有反应速率限制,反应是瞬时完成(如 a 虚线所示),但由于反应本身速率限制,反应实际需要约 30 h 完成(如 a 实现所示),之前的研究表明此过程中限制因素是铁离子在磁铁矿-磁赤铁矿混合体中的扩散。而在有限氧供应的情况下,可以观察到动力学曲线与热力学曲线之间同样存在差异,表明此时反应本身仍然是动力学的一个限制因素,并且很可能同样受限于铁离子的扩散。但是随着氧供应速度的降低(由 b 到 c),动力学曲线越来越接近热力学曲线,表明随着氧供应速度的降低,氧供应逐渐成为反应速率的限制因素。可以推测,若氧供应速度继续降低,在很长时间内反应动力学将受氧供应限制,可以用供氧速度估算磁铁矿的氧化速度。

2.2　赤铁矿还原

本研究进行了 4 次赤铁矿的还原实验,反应温度均为 275 ℃,反应时长均为 72 h,初始赤铁矿质量均为 0.75 g。自变量为注入溶液中联胺的浓度,使得稳态时反应体系中联胺浓度稳定在不同水平(介于 55×10^{-9} 与 $1\,860\times10^{-9}$ 之间)。通过对联胺及氨浓度的监测,获得联胺各消耗途径(氧化、热分解、排出釜外、滞留釜内)的比例,再通过被氧化的联胺的量计算出被还原的赤铁矿的量,从而获得赤铁矿还原的动力学(如图 4 所示)。

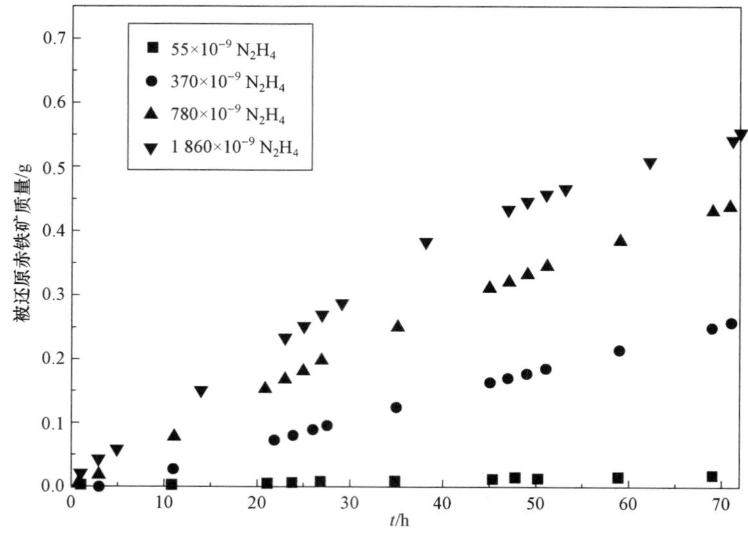

图 4　不同联胺浓度下赤铁矿还原动力学

从赤铁矿被还原质量看,除了 $1\,860\times10^{-9}$ 联胺浓度之外,反应速率似乎较为稳定,在 $1\,860\times10^{-9}$联胺时,反应后期速率有所下降。有文献报道赤铁矿被联胺还原的反应是通过联胺在赤铁矿表面的吸附进行,因此反应速率与赤铁矿的表面积有关联,而赤铁矿的表面积随着反应进行而下降,因此需要计算单位面积的反应速率。通过赤铁矿质量估算其表面积,进而获得单位面积的赤铁矿还原速率(如图 5 所示)。

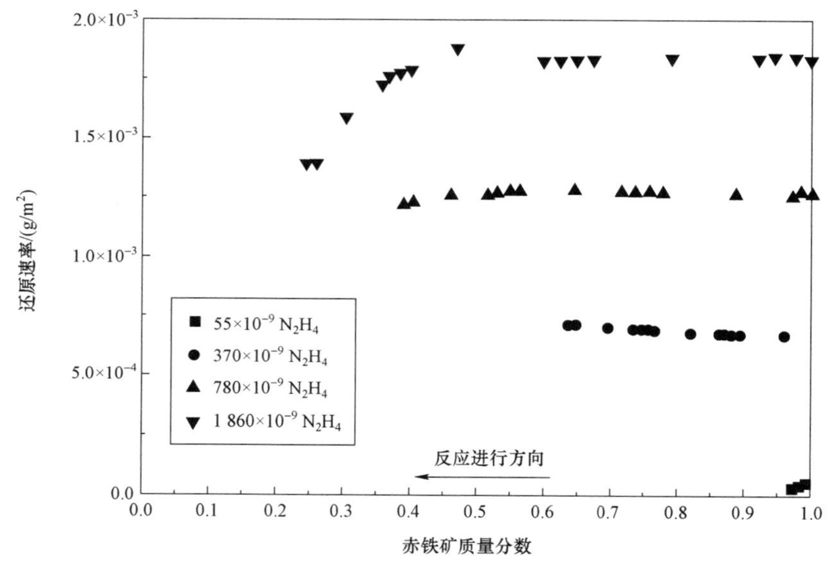

图 5　反应过程中赤铁矿单位面积还原速率的变化

从图 5 可以看出,在赤铁矿占比 50%以上时(反应前半段),单位面积的还原速率相对稳定,且还原速率随着联胺浓度上升而提高,表明此阶段反应的限制因素是联胺在赤铁矿表面的吸附。而对于 1 860 ppb 联胺浓度实验,赤铁矿含量降至 50%以下后单位面积反应速率出现下降,这可能是由于新生成的大量磁铁矿包裹了部分赤铁矿,使其表面不再暴露于溶液中。

进一步研究赤铁矿还原机理与动力学的规律发现,稳态阶段的单位面积还原速率可以被 Langmuir 等温线模型所描述(如图 6 所示),表明还原速率正比于联胺在赤铁矿表面的吸附率,因此可以通过联胺浓度计算赤铁矿还原速率。

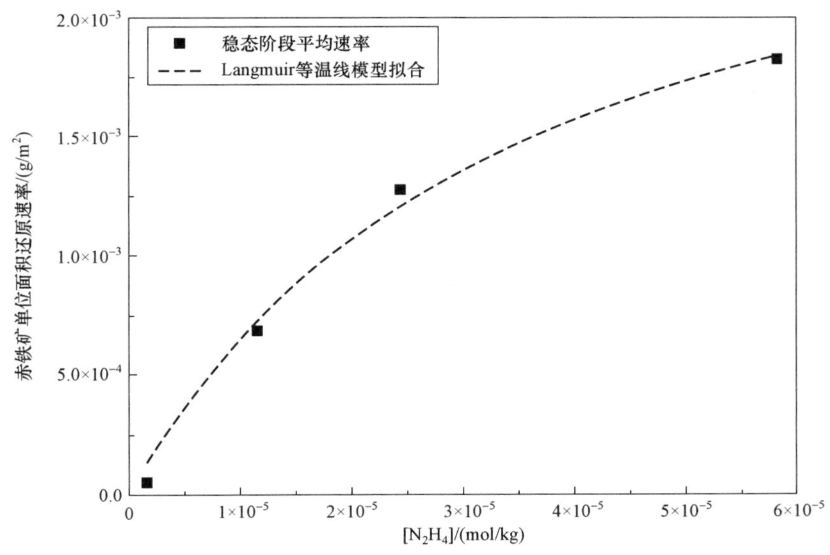

图 6　赤铁矿稳态还原速率随联胺浓度的变化

3　运行场景分析

由于在完全准确地还原电厂实际运行条件下定量研究腐蚀产物十分困难，本研究在确保定量分析的前提下，相对简化了实验条件，虽然与电厂实际运行条件有一定差异，但基于以上初步结果我们已经可以对某些运行场景进行估算。

经估算，在 180 ℃的含 16×10^{-9}溶解氧的二回路水中，24 h 内即可将约 23 kg 的磁铁矿完全氧化为赤铁矿。当启堆等瞬态除氧不充分或凝汽器泄露时，有可能出现溶解氧偏高的情况，即使持续时间短也可能形成大量赤铁矿。而在 275 ℃含 100 ppb 联胺的二回路水中，完全还原 1 μm 粒径的赤铁矿则需要至少 130 d。这说明赤铁矿在二回路中一旦形成，即使在较高的联胺浓度下也需要很长时间才能完全转化为磁铁矿，因此赤铁矿虽然热力学上不稳定，但是可以长期存在于二回路中。

4　结论

在压水堆二回路条件下，磁铁矿氧化相对于赤铁矿还原更容易，在溶解氧偏高时快速形成的赤铁矿即使在还原性条件下也可以长时间存在，这是二回路铁化学形态分布偏离热力学稳态的根本原因。

参考文献：

[1]　Hur D. H. et al. , Optimum EDTA solvent chemistry for iron oxide removal at 150 ℃[J], Journal of Nuclear Materials, 2002, 305: 220-223.

[2]　Zhang L. et al. , Effect of dissolved oxygen content on stress corrosion cracking of a cold worked 316L stainless stel in simulated pressurized water reactor primary water environment[J], Journal of Nuclear Materials, 2014, 446: 15-26.

[3]　Joshi A. C. et al. , Poly(acrylic acid-co-maleic acid), a polymer dispersant for the control of oxide deposition over nuclear steam generator surfaces[J], Journal of Nuclear Materials, 2018, 498: 421-429.

[4]　Hwang S. S. et al. , SCC analysis of Alloy 600 tubes from a retired steam generator[J], Journal of Nuclear Materials, 2013, 440: 129-135.

[5]　Sawicki J. A. et al. , Analyses of fuel crud and coolant-borne corrosion products in normal water chemistry BWRs [J], Journal of Nuclear Materials, 2011, 419: 85-96.

[6]　Troadec G. et al. , Mossbauer analysis on PWR secondary circuit of EDF's NPP fleet and Ringhals NPP[C],

Proceedings of the 20th International Conference on Water Chemistry for Nuclear Reactor Systems, Brighton, UK, 2016.

[7] Li Z. et al., Mechanism and kinetics of magnetite oxidation under hydrothermal conditions[J], RSC Advances, 2016, 9: 33633-33642.

Discussing the reason of the chemical composition of corrosion products in the secondary circuit of PWR

LI Zi-min

(Institute of corrosion science and technology, Guangzhou Guangdong, China)

Abstract: Corrosion products in the secondary circuit of PWR result mainly from the corrosion of carbon steel. Solid state corrosion products are mainly composed of numerous oxides and oxyhydroxides of iron. Different sampling trials of corrosion products in secondary circuit indicate the magnetite containing Fe(Ⅱ) and Fe(Ⅲ) as the major iron species, and the existence of hematite containing only Fe(Ⅲ). One can transform to the other through redox reaction. Based on thermodynamics, hematite is unstable under the strongly reducing condition of secondary circuit during nominal operation. The existence of hematite raises concern about the actual reducing condition of the secondary circuit. Moreover, hematite's ability to promote SCC of nickel base alloy has long been suspected. The reason why hematite exists should be investigated and the possibility to reduce its quantity should be discussed. This study investigated the kinetics of magnetite oxidation and that of hematite reduction. It was found that magnetite oxidation was much faster than hematite reduction under conditions similar to that of secondary circuit, resulting in the long-term existence of hematite under reducing condition. This conclusion regarding the origin of the chemical composition of corrosion products in the secondary circuit cleared up the concern about the actual reducing condition in this circuit. Meanwhile, kinetic data of redox reaction between iron oxides provided theoretical basis for optimization of secondary circuit operation.

Key words: PWR; secondary circuit; corrosion product; iron oxide; redox reaction

二氧化铀燃料裂变气体释放敏感性研究

胡　超,陈　平,张　坤,周　毅
(中国核动力研究设计院,四川 成都 610213)

摘要:裂变气体释放是影响燃料堆内性能的主要行为之一,芯块裂变气体的释放会导致燃料内压增大、间隙热导率下降,给反应堆运行安全造成严重威胁,研究裂变气体的释放过程有助于改善燃料的堆内性能。本文基于 Booth 理论,从 Speight 扩散方程出发,研究了 UO_2 燃料在晶粒尺度下裂变气体原子的扩散、成核、气泡的生长、气体原子的重溶、晶间气泡的联合以及裂变气体释放等过程。使用修正的 Morris 敏感性分析方法,分析了在不同平均温度 900～1 200 K(每 50 K 递增)下晶内、晶间重要参数对 UO_2 燃料裂变气体释放的敏感性。

关键词:核燃料;裂变气体释放;敏感性分析

前言

在反应堆运行过程中,燃料芯块发生的裂变气体释放是影响燃料性能的主要因素之一。燃料由于核裂变产生 Xe、Kr 等溶解度很低的惰性气体原子,这些气体原子在晶内成核,进一步捕获气体原子形成气泡,并发生重溶、聚合、长大等现象;一部分气体原子扩散至晶界,形成晶界气泡。随着燃耗的增加,气泡在晶界聚集,互相连通并形成释放通道,裂变气体通过这些通道释放至自由空间。裂变气体释放增加了燃料棒的内压,同时降低了芯块-包壳间隙的热导率,使间隙传热更加困难,导致芯块中心温度升高。建立合适的裂变气体模型能有效地预测燃料在堆内的辐照性能,为核燃料元件的安全评估和优化设计提供技术支撑。

目前,国内外压水堆中主要采用 UO_2 作为燃料,已拥有大量堆内 FGR 实验数据,并建立了足够成熟的经验模型和机理模型。国内在工程上使用的 UO_2 燃料性能分析软件大多采用经验关系式的裂变气体模型[1,2],由于大量的实验数据积累,这类模型准确性较高。然而,经验模型一般只在特定范围适用,且当开发新型燃料时,由于缺乏实验数据难以建立裂变气体释放经验模型。机理模型则从裂变气体物理过程出发,考虑了裂变气体在晶内、晶间各种行为,能用于不同工况和不同燃料的模拟。机理模型中有许多重要参数用于描述裂变气体晶内、晶间行为,如气体原子扩散系数、重溶率、捕获率等,这些参数影响着裂变气体的释放。以相对成熟的 UO_2 燃料作为研究对象,能更真实的反映裂变气体在晶内、晶间的各种行为以及各参数对 FGR 的影响,有良好的代表性。本文基于 Booth[3] 理论,从 Speight[4] 扩散方程出发,使用修正的 Morris 敏感性分析方法对 UO_2 燃料裂变气体模型晶内、晶间参数进行了敏感性分析,以确定对模型输出贡献较大的重要参数。

1　裂变气体释放模型

本文裂变气体模型由晶内和晶间模型构成。模型晶内部分考虑裂变气体在晶内的基础行为,包括裂变气体成核、晶内裂变气体气泡的重溶、气泡捕获基体裂变气体和气体原子扩散至晶界。晶界部分采用机理的但相对简单的方法,包括晶界气泡的生长、气泡联结以及裂变气体从晶界释放。

1.1　晶内模型

采用经典 Booth[3] 等效球理论处理晶内裂变气体原子扩散,根据 Speight[4] 扩散方程求解晶内气体浓度,包括基体气体原子浓度 c_1 和晶内气泡中气体浓度 m。

作者简介:胡超(1997—),男,在读研究生,现主要从事 UO_2、U_3Si_2 裂变气体释放等科研工作

$$\frac{\partial}{\partial t}(c_1+m)=\frac{\alpha}{\alpha+\beta}D\ \nabla^2(c_1+m)+yF \tag{1}$$

$$\frac{\mathrm{d}}{\mathrm{d}t}N_{\mathrm{ig}}=\nu-\alpha N_{\mathrm{ig}} \tag{2}$$

其中 D 为晶内原子扩散系数，α 为重溶速率，β 为捕获速率，y 为裂变气体产额，F 为裂变速率，$\alpha/(\alpha+\beta)D$ 为等效扩散系数。N_{ig}为晶内气泡浓度，ν 为成核速率。

模型中，Xe 原子在辐照的 UO_2燃料内的扩散系数由三项构成，表征了不同温度范围的过程[5]，形式为

$$\begin{gathered}D=D_1+D_2+D_3\\ D_1=7.6\cdot10^{-10}\exp(-4.86\cdot10^{-19}/k_BT)\\ D_2=4.0\cdot1.41\cdot10^{-25}F^{1/2}\exp(-1.91\cdot10^{-19}/k_BT)\\ D_3=2.0\cdot10^{40}F\end{gathered} \tag{3}$$

其中 D_1项为本征扩散系数，在温度范围 $T>1\ 200$ ℃占主导，表示热驱动过程；D_2项表示对于中高温 800～1 200 ℃，点缺陷浓度部分被裂变速率 F 控制，气体的扩散由于过饱和空位的存在被增强，称为辐致扩散增强项；D_3项表示在温度足够低（如≤800 ℃）时，忽略原子的热驱动跳跃，扩散通过原子级联碰撞发生，称为辐致非热扩散项。

裂变气体原子产生后，部分会形成稳定的裂变气体原子团，进而长大为气泡，前一个过程称为成核。裂变原子 Xe 和 Kr 很难溶于固体燃料，且在固体内小气团的结合能很大，所以稳定的气体原子一般由 2～4 个气体原子构成。如果这种原子团是由在固体内气体原子偶然相遇而形成，这个过程叫做均匀成核；如果捕陷气体并形成气体原子团发生在晶体内的缺陷上，则叫做非均匀成核。TEM 观察显示 UO_2燃料晶内气泡呈现直线状，基于上述事实，Turnbull 提出气泡沿着裂变碎片的径迹非均匀成核[6]，成核速率表达式为

$$\nu=2\eta F \tag{4}$$

其中 η 为每裂变碎片的成核气泡数，基于实验观察取值为 5～25；F 为裂变率密度（裂变/立方米·秒）；因子 2 为考虑每次裂变产生 2 个裂变碎片。

成核阶段完成后，气泡捕获周围不断产生的裂变气体而得以长大。可根据反应速率理论描述气泡捕获裂变气体的过程，表达式为

$$\beta=4\pi D(R_b+R_{at})c_1 \tag{5}$$

其中 D 为原子扩散系数（m^2/s）；R_b为气泡半径（m）；R_{at}为单个气体原子在晶格中的半径（m）；c_1为基体内气体原子浓度（$atoms/m^3$）。

在辐照过程中，燃料内一些处于气泡中的裂变气体原子重新返回至基体内，这种现象称为重溶。Turnbull[7]认为：每当裂变碎片穿过裂变气体气泡时，该气泡会被完全摧毁（即气泡内的所有裂变气体均返回至基体中），称为非均匀重溶。此时重溶速率为

$$b=2\pi(R_b+R_{ff})^2\mu_{ff}F \tag{6}$$

其中 R_b为气泡半径（m）；R_{ff}为裂变轨迹的影响半径（m）；μ_{ff}为裂变碎片在慢化过程所穿过的距离（m）。Nelson[8]则认为：裂变碎片与气泡内裂变原子相碰撞，能量足够时，每次从气泡中撞出一个气体原子，而不是整体的摧毁气泡，称为均匀重溶。然而，均匀重溶理论低估了 UO_2燃料重溶速率，在用于 UC 燃料时得到了良好的结果[9]。所以，一般认为非均匀重溶理论适用于氧化物燃料，均匀重溶理论适用于非氧化物燃料[10]。

1.2 晶间模型

裂变气体原子从晶内扩散至晶间，演化方程为

$$\frac{\partial}{\partial t}q=-\left[\frac{3}{a}\frac{\alpha}{\alpha+\beta}D\ \frac{\partial}{\partial t}(c_1+m)\right]_{r=a}-R \tag{7}$$

其中 q 为从燃料晶内扩散的气体原子流量，R 表示释放项。通常，晶面气泡处于非平衡状态，并通过吸收和排出空位趋近平衡。晶状体形气泡内气体的平衡压为

$$p_{eq}=\frac{2\gamma}{R_{gf}}-\sigma_h \tag{8}$$

其中 γ 为 UO_2 的表面能，σ_h 为静水压力。通过吸收（排出）晶界产生的空位，晶面气泡得以生长（收缩）。其速率受晶间空位扩散控制，表达式[11]为

$$D_v=6.9\times10^{-4}\exp(-3.88\times10^4/T) \tag{9}$$

随着辐照增加，气泡生长进而相互联结，减少了晶间气泡的浓度的同时增加了晶间气泡平均尺寸。晶面气泡相互联结后，裂变气体释放至燃料棒自由空间的过程通过晶面饱和原理模拟：在覆盖分数达到饱和值 $F_{c,sat}$ 时，气泡数密度和投影面积满足饱和覆盖条件

$$F_c=N_{gf}A_{gf}=F_{c,sat} \tag{10}$$

其中，N_{gf} 为晶面上的晶间气泡浓度（$bubble/m^2$）；A_{gf} 为晶面上气泡在晶面的投影面积（$m^2/bubble$）。这表明一部分气体从晶面释放来抵消气泡的生长，即任何进一步的气泡生长都与气体释放导致的气泡损失相平衡，维持饱和覆盖条件，$dF_c/dt=0$。所以，考虑每个气泡中含有 n_g 个裂变气体原子，则裂变气体释放为

$$\frac{dn_{fgr}}{d_t}=0 \quad \text{if} N_{gf}A_{gf}<F_{c,sat} \tag{11}$$

$$\frac{dn_{fgr}}{d_t}=n_g\frac{N_{gf}}{A_{gf}}\frac{dA_{gf}}{d_t} \quad \text{if} N_{gf}A_{gf}=F_{c,sat} \tag{12}$$

其中 n_{fgr} 为释放至燃料棒自由空间的气体原子数。

2 参数敏感性分析

由于模型参数的不确定性普遍存在，根据经验估计或实验观测优化得到的参数并不能保证模型应用的精度和预测结果的可靠性[12]，需要分析模型参数的不确定性和敏感性，确定模型参数对输出结果的影响。通过敏感性分析可以有效地筛选重要参数，减少参数优化时耗费的计算量，提高分析效率，为模型应用提供基础。

筛选分析法是常用的参数敏感性分析方法之一，通常用于参数众多的模型分析，初步识别敏感参数以减少参数维度，方法简单应用方便[12]。本文采用的是 Morris 筛选法，由 Morris[13] 在 1991 年提出，是一种定性的全局敏感性分析方法，可用来筛选和识别最敏感参数。该方法的基本思想为：选取模型中一个参数进行分析，给予参数一个微小变动，其他参数保持不变，得到此参数对输出结果的影响程度；依次选取模型中其他参数，重复上述过程。Morris 筛选法采用两个计算指标：均值 μ 和标准差 σ，用来判断参数的敏感性和参数间相互作用关系。基效应和相应指标计算式为：

$$d_i=\frac{y(X_1,X_2,\cdots,X_{i-1},X_i+\Delta,\cdots,X_k)-y(X_1,X_2,\cdots,X_i,\cdots,X_k)}{\Delta} \tag{13}$$

$$\mu_i=\frac{1}{R}\sum_{j=1}^{R}d_i(j) \tag{14}$$

$$\sigma_i=\sqrt{\frac{1}{R-1}\sum_{j=1}^{R}\left[d_i(j)-\frac{1}{R}\sum_{j=1}^{R}d_i(j)\right]^2} \tag{15}$$

其中 d_i 为给定参数 X_i 的基效应；Δ 为该参数的微小变动；k 为模型参数总数；R 为每个参数的基效应数。Campolongo[14] 注意到测量值 μ 的缺点，基于测量值的定义给出了修改。建议考虑基效应的绝对值的平均值，μ^*，评估参数的重要性，避免均值基效应中的抵消。μ^* 表达式为

$$\mu_i^*=\frac{1}{R}\sum_{j=1}^{R}|d_i(j)| \tag{16}$$

均值表征参数的灵敏度，均值越大说明模型结果对该参数敏感性越高；标准差表征参数之间相互作用

的程度，标准差越大说明该参数与其他参数的相互作用越大。

3 结果与讨论

分别对模型中晶内参数（原子扩散系数、成核率、捕获率、重溶率）和晶间参数（晶间空位扩散系数、表面能、晶面气泡覆盖分数）进行了敏感性分析。各参数的初始值及尺度因子区间如表 1 所示，尺度因子区间的选择参照文献[15]。对于无固定值的模型类参数，区间选为[0.1,10]；对于取值为固定值的参数，根据其数值大小选择合适区间。模拟辐照温度区间在 900～1 200 K（每 50 K 递增），裂变密度为 2.0×10^{19} fission/m^3，晶粒尺寸为 10 μm，模拟运行 30 000 h。本研究主要关注晶内、晶间参数对于 FGR 的敏感性，所以在同一对比计算中保持温度、裂变密度和晶粒尺寸不变。

表 1 模型参数初始模型/值和尺度因子区间

参数	初始模型/值	尺度因子区间
气体扩散系数	$D_1=7.6\cdot10^{-10}\exp(-4.86\cdot10^{-19}/k_BT)$ $D_2=4.0\cdot1.41\cdot10^{-25}F^{1/2}\exp(-1.91\cdot10^{-19}/k_BT)$ $D_3=2.0\cdot10^{40}F$ $D=D_1+D_2+D_3$	[0.1,10]
成核率	$\nu=2\eta F$	[0.1,10]
捕获率	$\beta=4\pi D(R_b+R_{at})c_1$	[0.1,10]
重溶率	$b=2\pi(R_b+R_{ff})^2\mu_{ff}F$	[0.1,10]
晶间空位扩散系数	$D_v=6.9\times10^{-4}\exp(-3.88\times10^4/T)$	[0.1,10]
表面能	0.7	[0.5,2]
晶面气泡覆盖饱和值	0.5	[0.8,1.4]

根据修正的 Morris 敏感性分析方法计算得到各参数的敏感性如图 1、图 2 所示。可以看到，在模拟温度区间内，晶面气泡覆盖饱和值的敏感性在各参数内最高，其次是原子扩散系数和重溶率。而成核率、捕获率、晶间空位扩散系数和表面能的敏感性都相对较低。温度较低时，晶面气泡覆盖饱和值的相对敏感性更高，随着温度的升高逐渐降低。晶面气泡覆盖饱和值是裂变气体释放的判断条件，直接影响着裂变气体的释放总量。如图 3 所示，从释放开始，FGR 随燃耗呈拱桥型上升，在靠近 FGR 起始点处斜率大。而温度较低时，裂变气体在更深燃耗才发生，所以此时晶面气泡覆盖饱和值对 FGR 的影响会更明显。气体原子的扩散从裂变气体原子产生后就直接发生，影响着晶内气体原子、气泡的浓度以及晶内原子向晶界的扩散，进而影响晶间气泡浓度和 FGR，所以原子扩散系数参数敏感性较大。

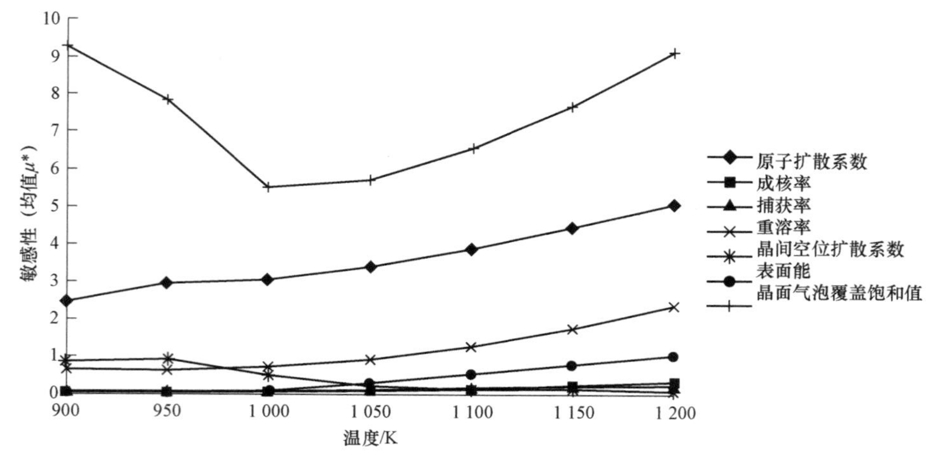

图 1 晶内、晶间参数对 FGR 的敏感性

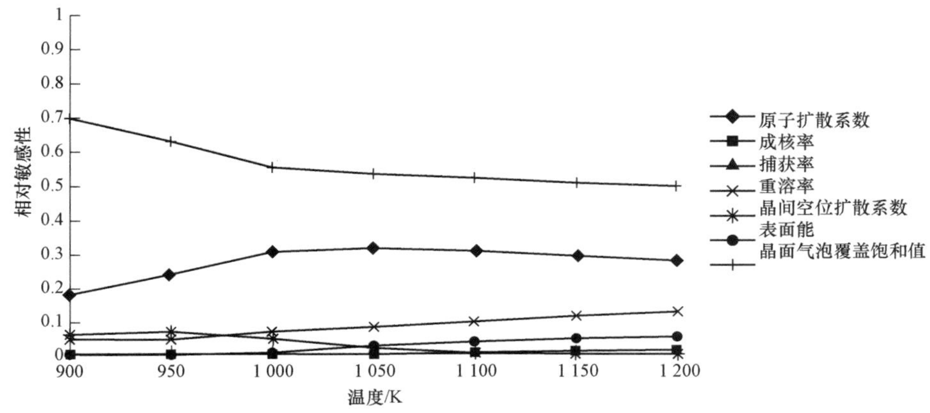

图 2　晶内、晶间参数对 FGR 的相对敏感性

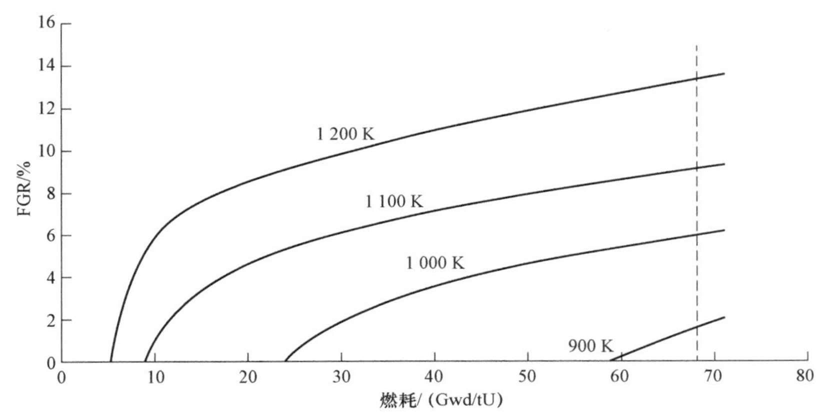

图 3　不同温度下 FGR 随燃耗变化情况

在辐照过程中，各参数除了对最终 FGR 产生影响外，在裂变原子传递过程中也互相有影响。例如，气体原子的扩散速率还影响着气泡对气体原子的捕获作用。图 4 为晶内、晶间参数对 FGR 基效应的标准差，反映参数间的相互作用程度。在 900 K 时，晶面气泡覆盖饱和值标准差最大，原因是部分尺度因子的晶面气泡覆盖饱和值在该工况下还未发生 FGR，使得基效应的标准差出现较大值；在 950 K 及以上，原子扩散系数与其他参数的相互作用最强。

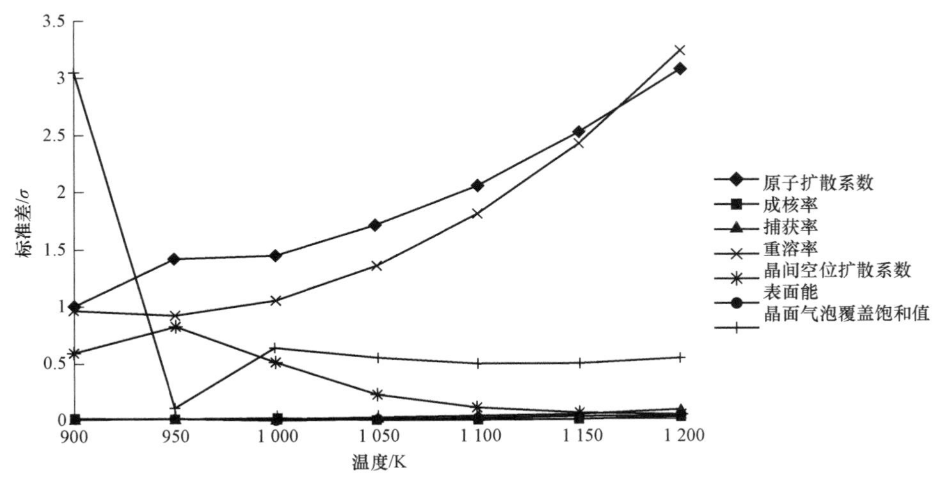

图 4　晶内、晶间参数基效应的标准差

4 总结

本文使用 Moriis 敏感性分析方法对裂变气体模型中晶内、晶间相关参数进行了敏感性分析，得出以下结论：

（1）在 900～1 200 K 温度范围内，参数晶面气泡覆盖饱和值对 FGR 敏感性最大，其次是原子扩散系数和重溶率；

（2）随着温度的升高，晶面气泡覆盖饱和值的相对敏感性逐渐下降；

（3）在 950 K 及以上温度时，原子扩散系数与其他参数的相互作用最大。

综上所述，本文研究了 900～1 200 K 范围内，裂变气体释放模型各晶内、晶间参数对于 FGR 的敏感性，还分析了晶内、晶间参数在裂变气体原子传递过程中相互作用程度。在建立机理性裂变气体释放模型或开发新燃料裂变气体模型时，需要重点关注原子扩散行为和晶面气泡覆盖饱和值的确定，以提高裂变气体释放模型的应用精度。

参考文献：

[1] 邢硕，等．燃料棒性能分析程序 COPERNIC 的初步研究[C]. 中国核动力研究设计院科学技术年报(2009 年)，4-7.

[2] Background and derivation of ANS-5.4 standard fission product release model[R]. NUREG-CR-2507. USA Nuclear Regulatory Commission, 1982.

[3] A. M. Booth, A Method of Calculating Fission Gas Diffusion from UO_2 Fuel and its Application to the X-2-F Loop Test, 1957.

[4] M. V. Speight, A calculation on the migration of fission gas in material exhibiting precipitation and Re-solution of gas atoms under irradiation, Nucl. Sci. Eng. 37(1969)180-185, https://doi.org/10.13182/nse69-a20676.

[5] J. A. Turnbull, C. A. Friskney, J. R. Findlay, F. A. Johnson, A. J. Walter, The diffusion coefficients ofgaseous and volatile species during the irradiation of uranium oxide, Journal of Nuclear Materials 107(1982)168-184.

[6] D. R. Olander, D. Wongsawaeng, Re-solution of fission gas - A review: Part I. Intragranular bubbles, Journal of Nuclear Materials 354(2006)94-109.

[7] J. A. Turnbull, The distribution of intragranular fission gas bubbles in UO_2 during irradiation, J. Nucl. Mater. 38(2)(1971)203-212.

[8] R. S. Nelson, The stability of gas bubbles in an irradiation environment, J. Nucl. Mater. 31(2)(1969)153-161.

[9] Ronchi C, Elton P T. Radiation re-solution of fission gas in uranium dioxide and carbide[J]. Journal of Nuclear Materials, 1986, 140(3): 228-244.

[10] C. Matthews, D. Schwen, A. C. Klein, Radiation re-solution of fission gas in nonoxidenuclear fuel, J. Nucl. Mater. 457 (C)(2015)273-278.

[11] G. L. Reynolds, B. Burton, Grain-boundary diffusion in uranium dioxide: thecorrelation between sintering and creep and a reinterpretation of creepmechanism, J. Nucl. Mater. 82(1979)22-25.

[12] 宋晓猛，等．水文模型参数敏感性分析方法评述[J]. 水利水电科技进展，2015，000(006)：105-112.

[13] MORRIS M D. Factorial sampling plans for preliminarycomputational experiments[J]. Technometrics, 1991, 33(2): 161-174.

[14] CAMPOLONGO F, CARIBONI J, SALTELLI A. An effective screening design for sensitivity analysis of largemodels[J]. Environmental Modelling and Software, 2007, 22(10): 1509-1518.

[15] Barani T, Pastore G, Pizzocri D, et al. Multiscale modeling of fission gas behavior in U_3Si_2 under LWR conditions [J]. Journal of Nuclear Materials, 2019, 522.

Study on sensitivity of fission gas release from UO_2 fuel

HU Chao, CHEN Ping, ZHANG Kun, ZHOU Yi

(Nuclear Power Institute of China, Chengdu Sichuan, China)

Abstract: The fission gas release is one of the main behaviors that affect the performance of fuel in the reactor. The release of fission gas from pellet will increase the internal pressure of fuel and decrease the thermal conductivity of the gap, which will pose a serious threat to the safety of reactor operation. The study of the fission gas release will help to improve the performance of fuel in the reactor. Based on Booth's theory and Speight's diffusion equation, the processes of fission gas diffusion, nucleation, bubble growth, gas atom resolution, intergranular bubble coalescence and fission gas release of UO_2 fuel are studied. By using modified sensitivity analysis method of Morris, the sensitivities of the important parameters of intragranularand intergranular to the fission gas release of UO_2 fuel at different average temperatures of 900 K-1 200 K (increasing every 50 K) were analyzed.

Key words: nuclear fuel; FGR; sensitivity analysis

锆合金燃料元件包壳结构断裂行为研究方法

王严培,张　坤,蒲曾坪,范　航,秋博文,王　鹏,余　霖
(中国核动力研究设计院核反应堆系统设计技术重点实验室,四川 成都 610213)

摘要:虽然核用锆合金的性能已被广泛研究,但是现有的研究结果还未能明确给出其作为燃料元件包壳结构的断裂行为机理。研究人员发展了许多测量锆合金材料及其结构的断裂韧性的试验方法。本文的主要目的是对锆合金包壳断裂行为的研究方法进行综述,尤其是材料断裂韧性的影响因素和试样设计方法。首先介绍了锆合金材料断裂韧性基本概念及其测量方法,然后综述尺寸、腐蚀、氢化、辐照等因素对材料断裂韧性的影响。前两部分着重介绍材料级及元件级锆合金材料的断裂韧性的测量及计算。之后综述了锆合金包壳结构断裂行为的测量。最后将文献中锆合金包壳断裂行为的试验研究结果进行了总结。

关键词:锆合金;断裂行为;断裂韧性

由于锆合金的优异热力学和化学等性能,使得该材料广泛应用于压水堆中如燃料元件包壳结构材料、燃料组件格架等。N36 锆合金是我国自主研发的新型锆合金,经历十余年的研究和发展,已作为燃料元件包壳结构材料应用于华龙一号反应堆 CF3 燃料组件。N36 锆合金综合性能优于传统 Zr-4 合金,与国际上广泛应用的新型锆合金 M5 具有相当的力学性能并在辐照生长等方面具有优势。燃料元件包壳是包容裂变产物的关键屏障,正常情况下不允许出现破损。然而由于燃料元件在整个压水堆中数量较大,即使控制破损率在 10^{-5} 以下,在服役环境中,由于燃料元件包壳破损导致堆内核泄漏的事故仍时有发生[1]。燃料元件包壳结构破损通常有以下几种情况:格架与燃料棒的磨蚀、异物磨蚀、腐蚀、制造缺陷等。其中磨蚀、制造缺陷导致的破损尤为引人关注(图 1)。

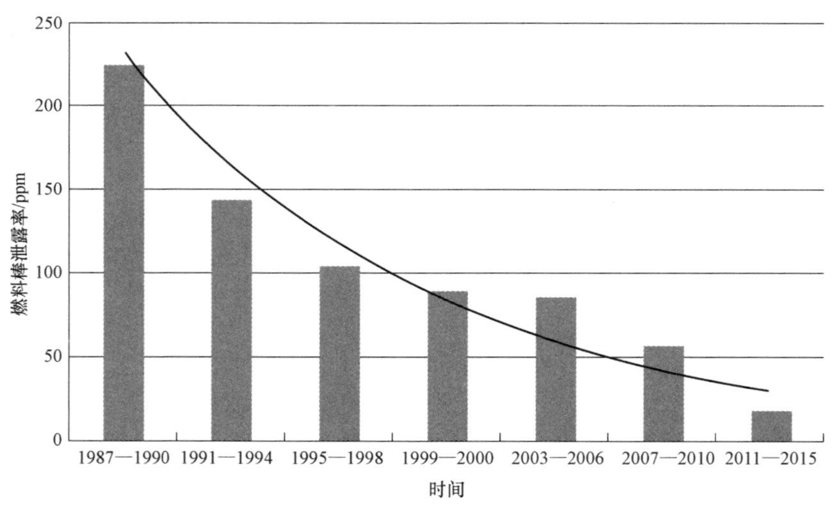

图 1　近年来压水堆燃料棒破损概率趋势

根据断裂力学的基本原理,通常情况下,结构中存在由生产环节或工艺环节带入的微裂纹,这些微裂纹在小于材料屈服应力状态下扩展组合形成的宏观裂纹将导致燃料包壳结构的破损,这也是从材料自身强度理论角度上无法解释理论强度远高于实际强度的原因[2-5]。尽管基于材料强度的设计可以保证结构材料不会因应力超过屈服应力产生塑性变形而失效,却难以防止构件在长期服役过程

作者简介:王严培(1989—),男,博士,工程师,现主要从事燃料元件设计工作

中的突然性脆断，且此类断裂常在应力远低于材料的屈服强度状态下出现，事先不会有任何征兆[6]。

N36 锆合金包壳结构的断裂行为机理的研究一直是科学界和工程界持续关注的基础科学问题。对于压水堆燃料组件常用的锆合金，其断裂韧性通常在 40 MPa · $m^{1/2}$ 左右，为典型的韧性金属材料。由于锆合金本身属于典型的韧性金属材料，其断裂韧性较大，且目前主要作为燃料元件包壳结构使用，在核电站设计过程中，通常设计裕度较大，断裂行为一般不作为主要需要考虑的设计准则。目前相关研究较少，但随着核电技术的发展，给燃料元件的热效率和可靠性提出了更高的要求。为提高燃料元件的热效率的同时保证可靠性，需要在尽量降低包壳结构的厚度的基础上保证结构服役过程中的完整性。

影响锆合金断裂韧性的因素有很多，一般认为有截面尺寸、腐蚀、氢化和辐照效应等，目前研究者较为关注的是氢化和辐照对锆合金包壳材料的影响，国内研究尚处于起步阶段，研究尚不深入。首先介绍锆合金材料断裂韧性基本概念及其测量方法，然后综述尺寸、腐蚀、氢化、辐照等因素对材料断裂韧性的影响。之后综述锆合金包壳结构断裂行为的测量。最后将文献中锆合金包壳断裂行为的试验研究结果进行总结。

1 断裂韧性测量基本试验方法

断裂韧性分为三种基本形式：Ⅰ型（张开型）、Ⅱ型（滑开型）和Ⅲ型（撕开型），如图 2 所示。三种断裂类型可单独存在，也可组合存在。断裂力学研究中常用应力强度因子 K、能量释放率 G 以及 J 积分描述裂纹尖端应力场的强弱，这三者在描述断裂时等价，可相互转换[6,7]。

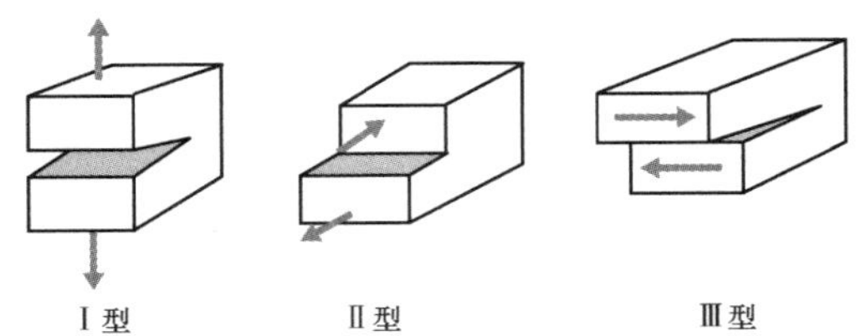

图 2 三种裂纹类型：Ⅰ型：张开型；Ⅱ型：滑开型；Ⅲ型：撕开型

裂纹起始准则用于判断裂纹是否扩展，以Ⅰ型裂纹为例：

$$K_I = K_{IC};G_I = G_{IC};J_I = J_{IC}$$

其中 K_{IC} 为Ⅰ型临界应力强度因子；G_{IC} 为Ⅰ型临界能量释放率；J_{IC} 为Ⅰ型临界 J 积分。这三个参数均为材料常数（断裂韧性），需要通过断裂力学实验测定。

测量材料断裂韧性的标准有 ASTM E1820—13、GB/T 21143—2007 等[10,11]。通常情况下，有两种标准试样可供选择，如图 3 和图 4 所示，分别为三点弯曲试样（Single Edge Bend，SE(B)）和紧凑拉伸[Compact Specimen，C(T)]试样。需要注意的是，标准规定的试样需要预制疲劳裂纹作为起裂源，给试验带来了较大难度。对于试样尺寸的选取，标准规定了 K_{IC} 的有效性判定准则，下列两式满足时，K_Q 可认为是 K_{IC}：

$$a_0 = 2.5\left(\frac{K_Q}{R_{p0.2}}\right)^2 \text{ 且 } B = 2.5\left(\frac{K_Q}{R_{p0.2}}\right) \text{ 且 } (W - a_0) = \left(\frac{K_Q}{R_{p0.2}}\right)^2$$

$$K_f = 0.6K_Q\left[\frac{(R_{p0.2})_p}{(R_{p0.2})_t}\right]$$

除此之外，测量材料断裂韧性时还可使用圆盘紧凑拉伸试样（Disk-Shaped Compact Specimen，DC(T)）等试样进行测量。在进行这些试验时，往往需要有限元方法辅助试样设计，已标定出需要的试样尺寸，以避免试验结果无效。

在测量断裂韧性时，虚拟裂纹闭合法经常用于计算复杂载荷边界下裂纹的临界能量释放率。其中二维临界能量释放率可表示为：

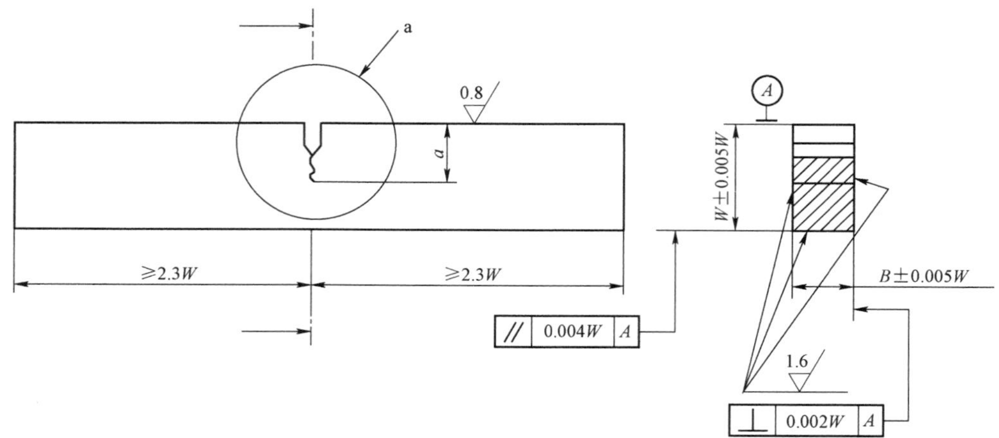

图 3　三点弯曲试样的尺寸比例和公差

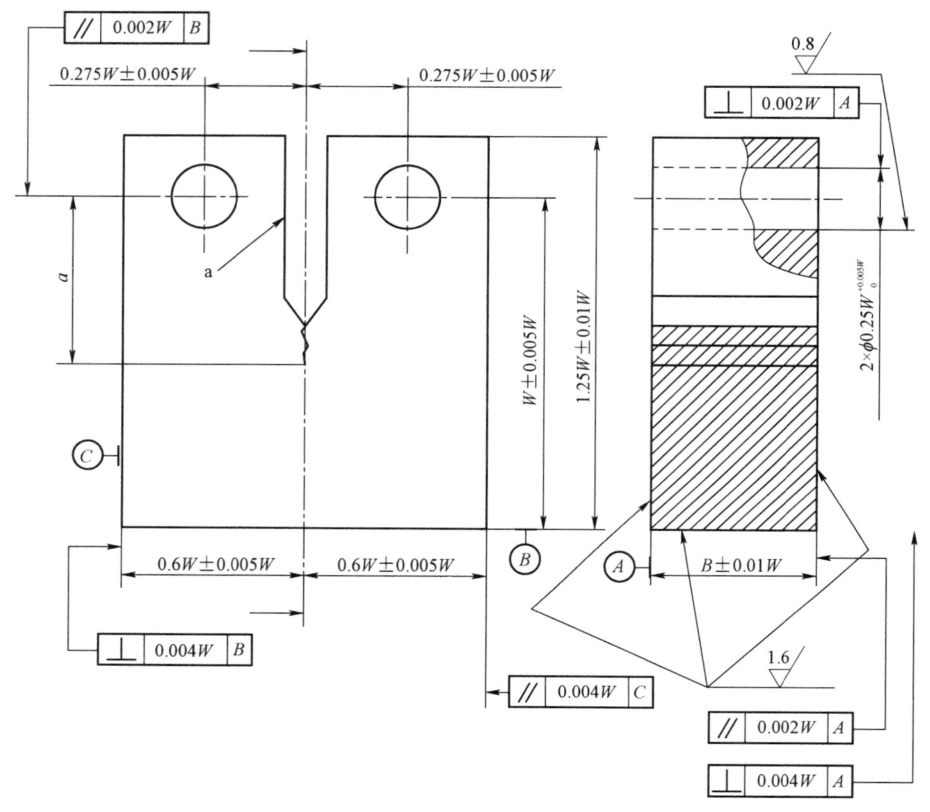

图 4　紧凑拉伸试样的尺寸比例和公差

$$G_{IC}=\lim_{\Delta a\to 0}\frac{1}{2b\Delta a}\left[P_y^0(v^1-v^2)\right]$$

$$G_{IIC}=\lim_{\Delta a\to 0}\frac{1}{2b\Delta a}\left[P_y^0(u^1-u^2)\right]$$

该方法也可扩展至三维计算[12][13]。

应力强度因子 K_C 指裂纹前缘应力场的强度因子，不涉及应力和位移在裂纹尖端附近的分布情况，而是表示应力场强弱程度的物理量。对于线弹性体，应力强度因子与载荷呈线性关系，并依赖于物体与裂纹的几何形状和尺寸。确定应力强度因子的方法一般有解析法、数值法和实验法三类。

K_{IC} 称为材料的断裂韧度，G_{IC} 是断裂韧度的能量指标，K_R 是依应力强度因子所作的裂纹扩展阻力。断裂韧度是材料的一种机械性能参数，它表征了材料阻止裂纹扩展的能力，是材料抵抗断裂的一个韧性指标，K_{IC}一般随材料厚度而下降，平面应变下的断裂韧度最低。材料的断裂韧度大都依赖温度、加载速度、环境(如腐蚀介质的存在)、金属合金纯度及裂纹尖端区域的冶金性质、非金属材料的微观结构等。

关于压水堆燃料组件的设计准则(ANSI/ANS-57.5—1996 和 EJ/T 629—2001)中要求部件受单一拉伸载荷时，计算的最大应力强度因子(K_I)，应小于同样条件下计算的临界应力强度因子(K_{IC})。一般认为Ⅰ型张开型裂纹在燃料元件包壳结构中最为危险，可以作为限值进行研究。

2 锆合金材料断裂韧性的影响因素研究

2.1 尺寸效应

材料的断裂韧性随着板材或构件截面尺寸的增加而逐渐减小，最后趋于稳定的最低值，即从平面应力状态向平面应变状态转变的过程，平面应变断裂韧性为材料的断裂韧性 K_{IC}。根据王连庆等人的研究[14]，铝镁合金材料的平面应力断裂韧性 K_C 较平面应变断裂韧性 K_{IC} 甚至高约 40%。

锆合金的断裂韧性随板材厚度的降低也有显著下降。Chow C. K. 等[15]研究了 Zr-2.5 Nb 材料断裂起始韧性 $J_{0.2}$ 的尺寸效应的趋势，结果如图所示，随着板材厚度的增加，锆合金的断裂韧性显著增大(图 5)。

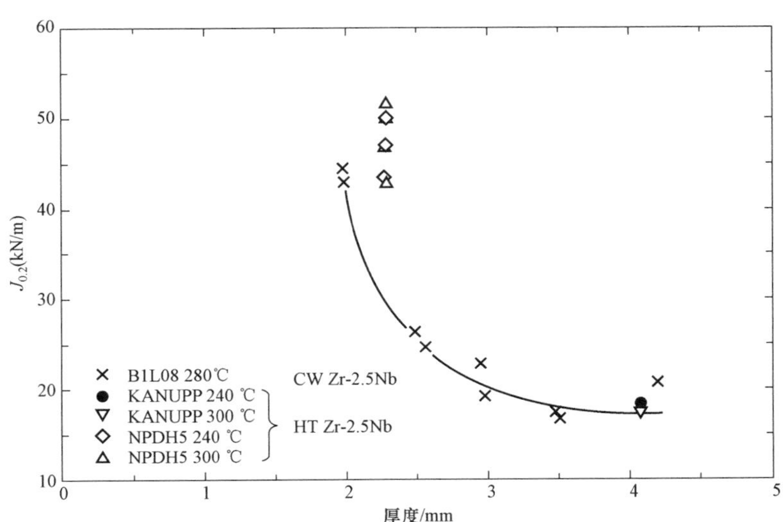

图 5 锆合金断裂韧性随结构厚度变化趋势[15]

为研究清楚合金材料断裂韧性的尺寸效应，Antolovich[16]通过系列试验设计得到了锆合金断裂韧性随板材厚度的影响趋势，如图 6 所示。随板材厚度的增加，锆合金的断裂韧性首先随厚度增加而急速上升，达到峰值后，逐步下降，在一定厚度之后保持平稳。同时，Antolovich 给出了锆合金断裂韧性两个转折点的厚度值，

$$B_1=1/\pi\ (K_I/\sigma_y)^2,B_2=2.5\ (K_I/\sigma_y)^2$$

其中，K_I 为测得的锆合金断裂韧性值，σ_y 为锆合金的屈服强度。

基于以上认识，结合断裂韧性的测试标准，若需测试锆合金的断裂韧度，需要一定厚度以上的材料才可有效获取材料本身的断裂韧度而无需考虑尺寸效应。

通常情况下，燃料元件包壳结构的厚度仅有 1 mm 以下，其断裂韧性随厚度的增加而显著增大，而长期服役环境中，包壳结构在氧化、氢化等作用下，其有效承载厚度将有所降低，按照上述分析，结构的断裂韧性将有所降低，结构发生断裂裂纹的扩展可能性将有所增加。

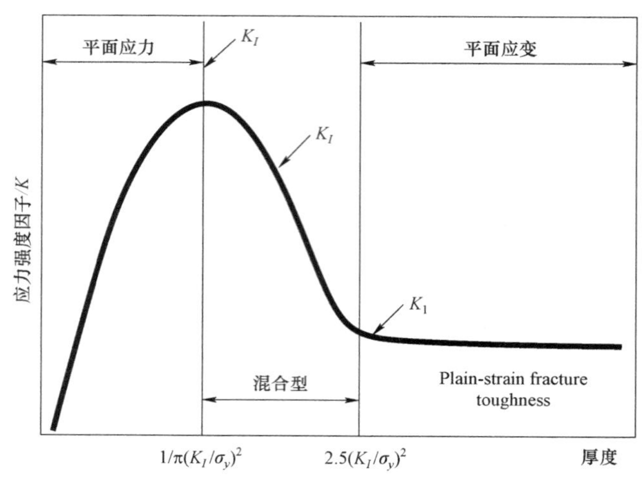

图 6　锆合金断裂韧性随结构厚度变化趋势[16]

2.2　腐蚀和氢化效应

锆合金包壳结构在长期服役过程中，材料将受到氧化和氢化的影响。其中氧化对锆合金的影响一般认为体现在结构减薄上，氧化膜一般不能承担载荷，包壳断裂韧性的研究可简化为结构的减薄而无需单独考虑。氢化作为一种改变锆合金本身特性的性能变化，研究者较为关注其对材料断裂韧性的影响。研究表明，随着氢含量的升高，锆合金断裂韧性逐步降低。Bertolino 等[17]使用原位 SEM 试验方法给出了氢含量对 Zr-4 合金断裂韧性的趋势。Bertolino 认为当锆合金氢含量低于 200×10^{-6} 时，锆合金断裂韧性随氢含量的升高而降低的速度较快；氢含量高于 400×10^{-6}时，锆合金断裂韧性基本保持稳定。氢化物取向垂直于裂纹尖端方向有利于断裂韧性的提高(图 7)。

近期也有研究者的试验结果表明当氢含量较低时，这些氢固溶在基体中，对基体具有固溶强化的效应，氢含量的增加反而将使材料的断裂韧性有所增大[18]。

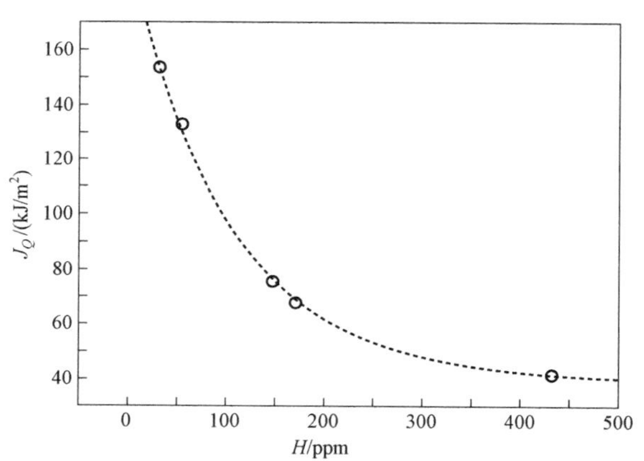

图 7　Zr-4 合金断裂韧性随 H 含量变化的趋势[17]

2.3　辐照效应

早期工作如 Walker 等[19]首先测试了辐照前后 Zr-2 合金的断裂韧性 KIC，结果表明辐照后的 Zr-2 合金断裂韧性甚至高于辐照前；Huang 等[20]得到的结果则相反，辐照后锆合金的断裂韧性显著降低。Kreyns 等[21]验证了以上结果并认为辐照后锆合金断裂韧性有所降低，为目前的主流观点。以上学者得到结论不同的原因一般认为是由于所用试样厚度不同导致，从一方面说明了试样设计对结果的影响。

3　包壳断裂行为试样设计研究

锆合金作为压水堆包壳结构时，通常具有小直径和薄壁等显著特征，并不能直接应用标准方法进行断裂韧性的测试。研究者提出了多种多样基于燃料元件包壳结构本身的测试试样并进行了验证。其中典型的有 Chow 等提出的在包壳结构上直接切取小试样的方法，如图所示。但由于 Chow 等研究的是重水堆，包壳壁厚为 1 mm，小试样的强度使用小量程的试验机仍然可测，当采用压水堆包壳结构时(典型厚度为 0.57 mm)，该方法可能测试难度较大(图 8)。

为解决所测试的力过小难以保证精度的问题，许多研究者提出很多非标试样进行压水堆锆合金

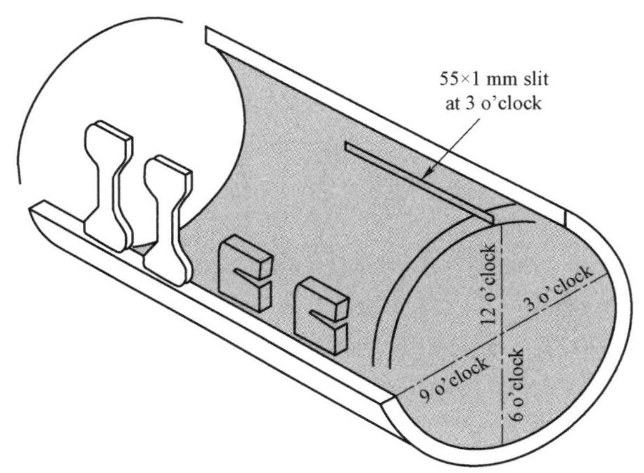

图 8　直接从包壳结构切取小试样测试[22]

包壳结构断裂韧性的试验。Bertsch 等[23]使用图所示的四种试样和夹具进行了双缺口、中心孔、中心椭圆孔、中心缺口的直接基于包壳结构的断裂韧性试验。需要注意的是，基于此种非标试样的试验通常需要使用有限元方法进行辅助计算以消除试样结构对断裂韧性测量结果的影响。其他因素如夹具与试样之间的摩擦等也需尽量消除(图 9)。

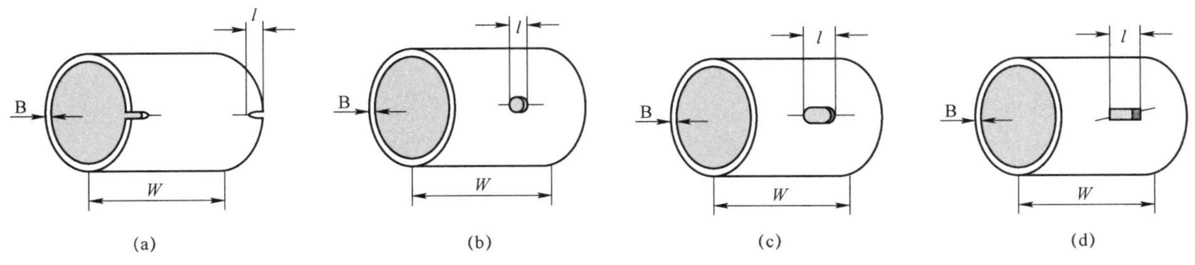

图 9　包壳结构试样[23]

为尽量避免夹具与试样之间的摩擦等因素对试样结果的影响，H. H. Hsu[24]提出图中所示的 X 型试样，试样通过图 10 中所示的顺序加工，首先将包壳结构沿轴向切开，两部分试样分别加工缺口和拉伸孔洞后背向黏贴在一起组成试样。这种试样解决拉伸变形之后夹具与试样之间的摩擦的基础上还可增加试验过程中总载荷大小和试样加载过程中的稳定性。

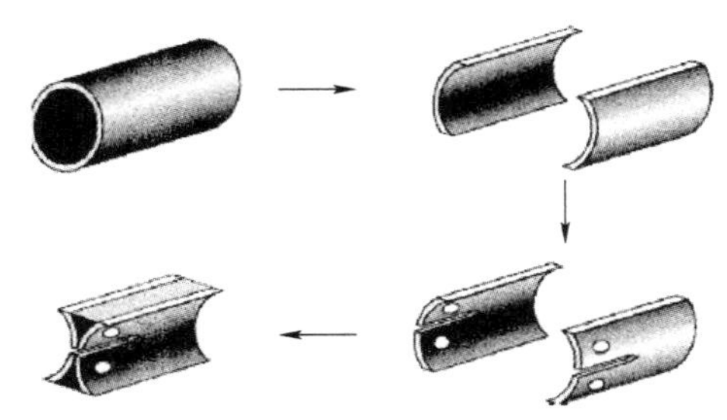

图 10　X 型试样[24]

4　结论

对锆合金材料断裂韧性基本概念及其测量方法进行了综述，并重点介绍了尺寸、腐蚀、氢化、辐照等因素对材料断裂韧性的影响。最后对结构级锆合金包壳结构的断裂行为研究方法进行了总结。通过文献综述，得到了以下基本结论：

(1) 随板材厚度的增加，锆合金的断裂韧性首先随厚度增加而急速上升，达到峰值后，逐步下降，在一定厚度之后保持平稳。

(2) 随着氢含量的升高，锆合金断裂韧性逐步降低。

(3) 辐照后锆合金断裂韧性有所降低。

(4) 可设计如直接从包壳结构上取试样、管状带缺口试样、X 型试样等方法直接对包壳结构的断裂韧性进行表征。

参考文献：

[1] INTERNATIONAL ATOMIC ENERGY AGENCY, Review of Fuel Failures in Water Cooled Reactors, IAEA Nuclear Energy Series No. NF-T-2.1, IAEA, Vienna(2010).

[2] 杨卫．宏微观断裂力学[M]．北京：国防工业出版社，1995.

[3] Griffith A A. The phenomena of rupture and flow in solids[J]. Philosophical Transactions of the Royal Society of London, 1921, 221(582-593): 163-198.

[4] Irwin G R. Fracturing of metals[J]. ASM, Cleveland, 1948, 147: 19-9.

[5] Orowan E. Fracture and strength of solids[J]. Reports on Progress in Physics, 1949, 12(1): 185.

[6] 李鹤飞．高强钢断裂韧性与裂纹扩展机制研究[D]．合肥：中国科学技术大学，2019.

[7] Hutchinson J W, Suo Z. Mixed mode cracking in layered materials[J]. Advances in Applied Mechanics, 1991, 29: 63-191.

[8] Sun C, Qian W. The use of finite extension strain energy release rates in fracture of interfacial cracks[J]. International Journal of Solids and Structures, 1997, 34(20): 2595-2609.

[9] 李玉龙，刘会芳．加载速率对层间断裂韧性的影响[J]．航空学报，2015，36(8)：2620-2650.

[10] 中华人民共和国国家质量监督检验检疫总局，中国国家标准化管理委员会．GB/T 21143—2014 金属材料准静态断裂韧度的统一试验方法[S]．北京：中国标准出版社，2007.

[11] American Society for Testing and Materials. ASTME1820-15 Standard test methods for measurement of fracture toughness[S]. Philadelphia, PA: Annual book of ASTM Standards: Vol. 3.01, 2015.

[12] Rizov V. Fracture in composites-An overview(Part I)[J]. Journal of Theoretical and Applied Mechanics, 2012, 42(2): 3-42.

[13] Rizov V. Fracture in composites-An overview(Part II)[J]. Journal of Theoretical and Applied Mechanics, 2012, 42(3): 23-32.

[14] 王连庆，王建国，王红缨．铝镁合金平面应力断裂韧性测试研究[J]．中国测试，2015，41(1)：112-114.

[15] Chow C. K. and Nho K. H. Effect of thickness on the fracture toughness of irradiated Zr2.5Nb pressure tubes[J], Journal of Nuclear Materials 246, 84-87, 1997.

[16] Antolovich S. D., An Introduction to Fracture Mechanics[M]. ASM Handbook - Fatigue and Fracture, Vol. 19, pp. 371-380, 1997.

[17] G. Bertolino et al. In situ crack growth observation and fracture toughness measurement of hydrogen charged Zircaloy-4[J]Journal of Nuclear Materials, 2003, 322: 57-65.

[18] 刘肖，王理，包陈，等．含轴向对称裂纹锆合金包壳管断裂行为[J]．机械工程学报，2019，(16).

[19] Walker T. J. and Kass J. N., Variation of Zircaloy Fracture Toughness with Irradiation, Zirconium in Nuclear Applications, ASTM STP 551, American Society for Testing and Materials, 328-354, 1974.

[20] Huang F. H. and Mills W. J., Fracture and Tensile Properties of Irradiated Zircaloy-2 Pressure Tubes, Nuclear Technology, Vol. 102, 367-375, 1993.

[21] Kreyns P. H., Bourgeois W. F., White C. J., et al, WKammenzind B. F. and Franklin D. G., Embrittlement of Reactor Core Materials, Zirconium in the Nuclear Industry: 11 th Int'l Symposium, ASTM STP 1295, E. R. Bradley and G. P. Sabol, Eds., Am. Society for Testing and Materials, pp. 758-782, 1996.

[22] Chow C. K. and Nho K. H. Effect of thickness on the fracture toughness of irradiated Zr2.5 Nb pressure tubes, Journal of Nuclear Materials 246, 84-87, 1997.

[23] J. Bertsch, W. Hoffelner. Crack resistance curves determination of tube cladding material[J]. Journal of Nuclear Materials. 2006. 352: 116-125.

[24] H. H. Hsu, An evaluation of hydrided Zircaloy-4 cladding fracture behavior by X-specimen test[J]. Journal of Alloys and Compounds. 2006. 426: 256-262.

Methodology on fracture behavior of zirconium alloy fuel cladding

WANG Yan-pei, ZHANG Kun, PU Zeng-ping,
FAN Hang, QIU Bo-wen, WANG Peng, YU Lin
(Nuclear Power Institute of China, Chengdu, Sichuan, China)

Abstract: Despite the properties of zirconium alloy used as nuclear material was widely studied, its fracture behavior mechanism still cannot be fully understand. Researchers developed many methods to calculate the fracture toughness of zirconium alloy. This paper aims to summarize the methodology on fracture behavior of zirconium alloy fuel cladding, especially the influence factors of fracture toughness and design of specimen. Firstly, basic points of fracture toughness of zirconium alloy are introduced. Then, Size effect, corrosion, hydrogenation and irradiation are introduced. The first two parts focus on material level and component level tests. Fracture toughness test of cladding is then summarized. At last, conclusions on fracture behavior of zirconium alloy fuel cladding in literature are summarized.

Key words: zirconium alloy; fracture behavior; fracture toughness

基于 MOOSE 平台的 UN/U_3Si_2-FeCrAl 燃料元件堆内性能分析评估

秋博文,陈 平,周 毅,张 坤,李垣明
(中国核动力研究设计院核反应堆系统设计技术重点实验室,四川 成都 610213)

摘要:采用 UN/U_3Si_2 复合燃料与 FeCrAl 包壳的耐事故燃料可提升燃料固有安全性与经济性,满足核燃料发展的革新性需求。本文介绍了针对 UN/U_3Si_2 复合燃料及 FeCrAl 包壳开展的制备研究工作,以及在此基础上开展的相场理论应用与实验研究,从而建立的复合燃料与先进包壳在多工况下的部分堆内关键模型,为新型燃料元件堆内性能分析技术奠定基础。开展新型燃料元件的设计准则研究,基于新型元件材料特性开展 UO_2-Zr 体系现有准则适用性评价工作,为后续研究提供准则支撑。基于以上模型研究与准则评价工作,结合补充性调研,考虑元件堆内热工-机械-辐照多场耦合特性,在开源有限元分析平台 MOOSE 上搭建适用于新型燃料元件的堆内性能分析工具,从而对元件在稳态工况下的关键行为参数进行模拟计算与分析评估,为 UN/U_3Si_2-FeCrAl 燃料元件设计提供参考。

关键词:耐事故燃料;UN/U_3Si_2-FeCrAl 燃料棒;设计准则;性能分析

引言

福岛事故表明,目前燃料体系缺乏耐事故的能力。因此,发展耐事故燃料(Accident Tolerant Fuel,ATF)有利于提升燃料固有安全性,是目前核燃料领域的研究热点,涉及新型燃料、先进包壳、先进制造及实验、设计分析多学科交叉等前沿方向,是我国未来核燃料领域与美、法等核电强国争夺技术和市场主导权的“核心技术”。

目前耐事故燃料处于探索研发阶段,各核电研究机构根据自身理解与需求提出了不同的研究与设计方向。中国核动力研究设计院基于可行性与燃料性能分析,结合前沿基础研究,拟突破高铀密度高热导率复合芯块 UN/U_3Si_2、耐辐照耐腐蚀包壳材料 FeCrAl 及高安全性燃料元件设计研究中的关键科学/技术问题,从而掌握包括燃料先进制备、实验和设计评价在内的核心能力,为我国核燃料的技术跨越奠定坚实基础。针对以上目标,提出了以下技术内容:

(1)复合燃料研制及辐照行为研究

使用粉末冶金等技术,开展 $UN-U_3Si_2$ 复合燃料芯块的研制工作,针对复合燃料的制备技术研究、相容性研究、蠕变机理研究、裂变气体释放行为以及肿胀行为等进行具体研究。

(2)FeCrAl 包壳制备及组织调控技术

基于 FeCrAl 薄壁包壳国内外先进制备技术成果和现有基础,开展 FeCrAl 包壳管材料加工关键技术研究,揭示制备工艺对管材织构和晶粒组织的影响规律,掌握微观组织特征对管材强韧性的影响规律;开展包壳增材制造技术研究,优化包壳打印过程中组织性能调控,探索并建立 FeCrAl 包壳先进增材制造方法。基于上述工艺基础,开展包壳管组织调控机制及表征研究、包壳材料相容性机制研究以及包壳材料高温强化机制研究。

(3)FeCrAl 包壳环境响应及关键模型研究

针对 FeCrAl 包壳,总结服役过程中可能出现的高温腐蚀、蠕变、辐照脆化、氚迁移四种重要行为,开展包壳腐蚀和 LOCA 条件下高温蒸汽氧化模型及机理实验研究、包壳超高温双轴蠕变测试方法及

作者简介:秋博文,男,西安交通大学核科学与技术专业博士。现任职于中国核动力研究设计院,现从事核燃料元件设计研发工作

表征研究、包壳高温蠕变机理及模型研究、包壳辐照脆化机理研究以及氚迁移机理研究。

（4）高安全性燃料元件设计及验证

基于以上制备和试验中得到的关键材料特性以及国际最新研究成果，形成燃料元件设计的指导性设计准则。结合其他技术内容，研究多种工况下关键基础模型，开发性能评价和安全分析技术。以高燃耗、高安全性为设计目标，匹配商用压水堆应用需求，确定燃料元件设计方案，开展燃料元件在正常运行、预期运行瞬态以及 LOCA、RIA 基准事故工况下性能预测，制备出具有工艺代表性且满足设计指标要求的芯块和包壳样品。

可以看出，上述技术内容具有密切的路径关系。复合燃料及 FeCrAl 包壳制备及性能试验可为元件设计及验证工作提供关键模型。而无论是进行特定工况下稳/瞬态性能分析，还是深化对堆内行为特性的理解与科学研究，抑或是针对新型燃料的结构成分设计，高精度的燃料元件性能分析工具都是必不可少的。

堆内的燃料行为具有热工-机械-辐照等多种物理场耦合特性，元件各部分在堆内会进行跨尺度的行为交互，且不同的稳-瞬态工况会引入复杂的边界条件，这些复杂因素导致涉及方程组主要为非线性方程，对机理模型、算法的建立与计算能力造成难以克服困难。因此，目前在全球范围内主要采用的核燃料元件性能分析程序均通过不同程度的简化维度、应用经验或半经验关系式简化机理模型，采用包壳-芯块间隙处设定的耦合点状态而进行迭代求解，再通过广泛的实验验证与改进，从而得到能够接受的精度与计算时长。

现有的主要分析程序可根据维度的不同划分为 1.5D、2D 以及 3D 程序，而目前 1.5D 程序应用最为广泛，其中国外较为著名的包括 PNNL（Pacific Northwest National Laboratory）开发的 FRAPCON/FRAPTRAN[1-2]、Westinghouse 开发的 PAD[3]、玹玛通开发的 COPERNIC[4] 等，国内则有中国核动力院开发的 FUPAC、广核开发的 JASMINE 等。这些典型程序将燃料元件在轴向方向划分若干轴向段，在各个轴向段处仅考虑径向导热而忽略轴向与周向的热量流动；在机械方面应用芯块刚体模型，针对芯块则仅考虑自身应变而不考虑包壳等外部应力导致的应变；在辐照效应方面主要应用与温度、燃耗相关的经验关系式构建模型[1]。这些主要问题都应在精度更高、维度更多、尺度更广、模型更为机理、结果更为直观的新型燃料元件性能分析程序中得到解决。

基于上述目前主流的 1.5D 燃料元件性能分析程序的劣势，同时考虑到全堆芯耦合精细化分析的数值模拟发展方向，针对高安全性燃料元件的设计及验证工作将基于三维有限元分析平台 MOOSE 完成。本文将通过对平台框架的介绍、基于平台搭建的初步性能分析程序的结构阐述以及基于已搭建程序的计算算例对 MOOSE 平台在核燃料领域的已有应用进行说明，并对建立相应的生态社区的构想进行阐述，建立具有自主知识产权的三维有限元燃料元件性能分析程序并具有充分的可扩展性和维护性，为进一步实现堆芯耦合模拟提供参考与基础。

1 MOOSE 平台框架介绍

建立新型燃料元件性能分析程序不应仅考虑降低本构方程的简化程度、提升程序维度、应用数值方法求解更为机理的行为模型等，还而应综合考虑程序开发难度、后续可维护性以及版权问题。将搭建的程序构建于已有成熟的分析平台之上有利于降低程序开发成本，而模块化的、基于开放协议的计算平台则有助于提升程序的维护性与自主性。经广泛调研与综合考虑已有范例，最终选择三维有限元分析平台 MOOSE 作为构建新型燃料元件性能分析程序的基础。

MOOSE(Multiphysics Object-Oriented Simulation Environment)是一套由美国爱达荷国家实验室开发的为非线性偏微分方程组耦合系统建立的并行计算框架[5]，框架编写基于 C＋＋模板，其所有代码开源均可免费获取并执行 GPL 协议。平台结构呈扁平化，如图 1 所示，平台开发借助了现有的众多开源软件，整体基于 PETSc 及 SNES 求解包，通过开源有限元包 Libmesh 进行有限元处理，在此基础上通过平台提供的多物理场接口模块，开发者可以搭建自己所需的各物理模块，并通过耦合相应模块完成目标程序的构建。

与传统计算框架不同，MOOSE 的求解器建立在 JFNK(Jacobian-free Newton-Krylov)的数学原理之上，从而对涉及的物理场表达式进行模块化，从而可以快速拓展出新的模拟工具。而 MOOSE 的求解器是隐式且完全耦合的，可强耦合求解一维、二维及三维问题。相比传统意义上涉及许多低级序列化、反序列化和显示通信程序的复杂并行计算，MOOSE 对其并行计算进行了全面的简化与抽象，开发人员只需要掌握少量的并行结构知识即可运用。此外，得利于 Libmesh，MOOSE 框架还支持高级网格“预划分”功能，预划分网格可以并行读取，大量减少计算核心的数量，降低网格读取时间。

目前，MOOSE 平台在国外已经进行了大量利用，并基于此搭建了包括 RELAP7 及 BISON[6] 在内的系统程序与燃料元件性能分析程序。此外，还通过 RattleSnake-RELAP7-BISON 的耦合，对 AP1000 的堆芯进行了物理-系统-燃料级的耦合并行计算，计算涉及 157 个组件 41 448 根燃料棒，并对燃料棒的微观结构进行了跨尺度模拟，耦合策略及计算演示如图 2、图 3 所示。MOOSE 平台已在核能领域得到了具体应用，为其可行性提供了指引。

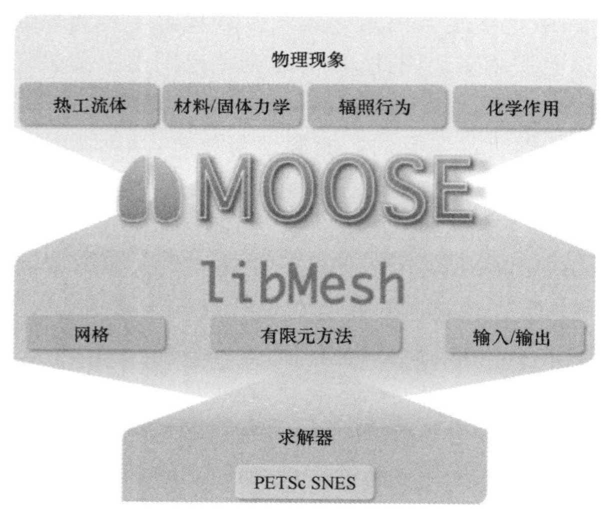

图 1　MOOSE 平台构架

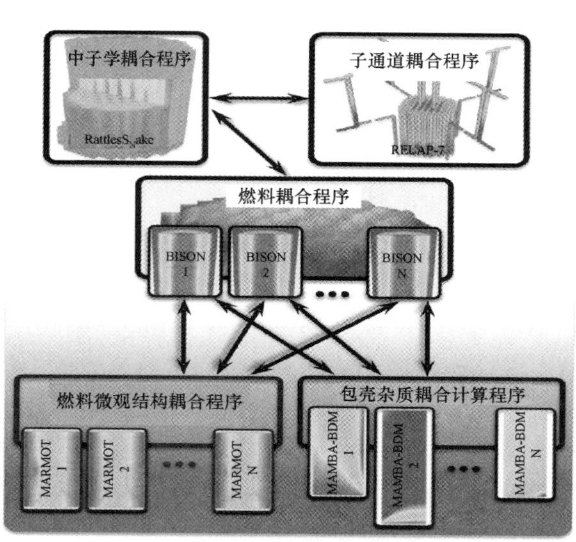

图 2　基于 MOOSE 平台的全堆芯耦合策略

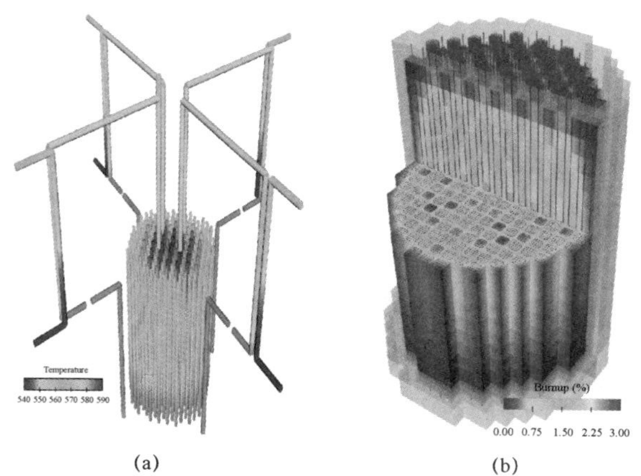

图 3　基于 MOOSE 平台的全堆芯耦合算例结果

(a) 组件及系统温度分布；(b) 燃料棒温度分布

2　基于 MOOSE 平台的燃料元件性能分析程序搭建

针对传统棒状燃料元件，程序开发应考虑的芯块行为包括：芯块密实化、裂变肿胀、热膨胀、重定位、裂变气体释放、芯块蠕变等;考虑的包壳行为应包括:弹塑性变形、辐照生长、热膨胀、包壳蠕变等;此外还应考虑包壳水侧换热、间隙换热、摩擦接触、内压等行为。

基于MOOSE平台模块化搭建燃料元件性能分析程序需要考虑堆内燃料元件的行为特征而分别建立不同的行为模块,进而通过平台框架内进行强耦合,联通各模块最终完成程序搭建。开发的程序结构如图4所示。

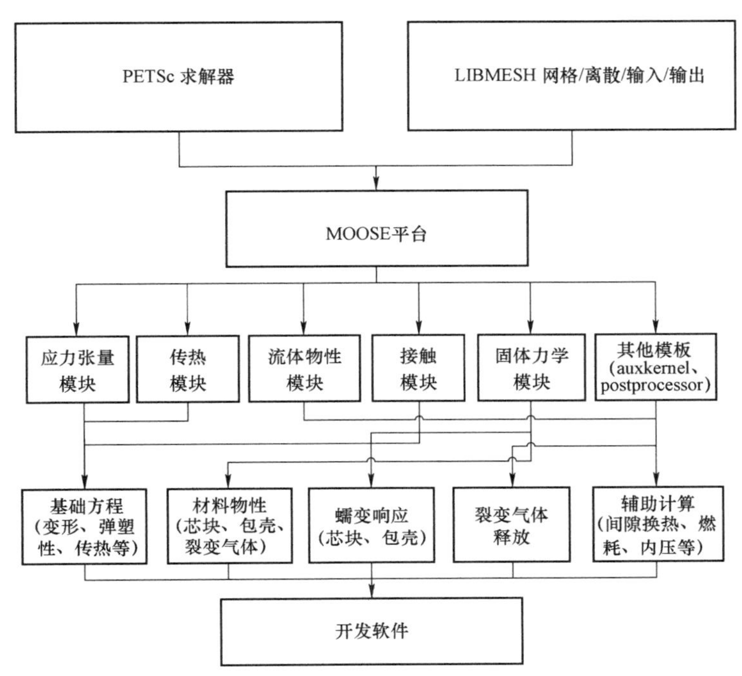

图4 开发程序结构简图

其中MOOSE平台中已编写了关于核燃料设计研发的模块或模板,包括应力张量、传热、流体物性、接触、固体力学以及其他辅助模板。基于已开发的模板,可以进一步编写得到适用于研究对象的燃料元件堆内行为分析模型,从基础的稳-瞬态导热、弹塑性变形,到蠕变、裂变气体释等,结合提供的芯块/包壳物性库,最终得到基于有限元方法的燃料元件性能分析程序。这些模型的搭建未来可通过其他研究内容中相关试验数据得到补充、修订与验证。下面简略介绍开发时涉及的模型。

2.1 基础方程

2.1.1 燃料导热

燃料导热控制方程如下:

$$\rho C_p \frac{\partial T}{\partial t} - \nabla k \ \nabla T - \dot{Q}_f = 0 \tag{1}$$

式中:ρ——材料密度;

C_p——比热容;

k——导热率;

Q_f——裂变产热率,可通过裂变率模型计算或采用芯块和包壳中热沉积模型计算。

2.1.2 燃料变形

变形计算中假定芯块、包壳均处于静态平衡状态,满足Cauchy方程[7]:

$$\nabla\sigma + \rho \boldsymbol{f} = 0 \tag{2}$$

式中:σ——柯西应力张量;

$\boldsymbol{f}$——体积力。

变形场u为初始求解变量,是基于小应变假设计算应变张量,应变张量通过本构方程计算应力张量。

2.1.3　柱坐标系下的应变张量表达形式

考虑到针对棒状燃料元件进行计算，柱坐标系下位移矢量可以表示为[7]：

$$u=u_{\rho}e_{\rho}+u_{\varphi}e_{\varphi}+u_{z}e_{z} \tag{3}$$

则柱坐标系下的应变分量为：

$$\begin{cases}\varepsilon_{\rho\rho}=\dfrac{\partial u_{\rho}}{\partial\rho}\\ \varepsilon_{\varphi\varphi}=\dfrac{1}{\rho}\left(\dfrac{\partial u_{\varphi}}{\partial\varphi}+u_{\rho}\right)\\ \varepsilon_{zz}=\dfrac{\partial u_{z}}{\partial z}\end{cases}\begin{cases}\varepsilon_{\rho\varphi}=\dfrac{1}{2}\left(\dfrac{1}{\rho}\dfrac{\partial u_{\rho}}{\partial\varphi}+\dfrac{\partial u_{\varphi}}{\partial\rho}-\dfrac{u_{\varphi}}{\rho}\right)\\ \varepsilon_{\varphi z}=\dfrac{1}{2}\left(\dfrac{1}{\rho}\dfrac{\partial u_{z}}{\partial\varphi}+\dfrac{\partial u_{\varphi}}{\partial z}\right)\\ \varepsilon_{z\rho}=\dfrac{1}{2}\left(\dfrac{\partial u_{z}}{\partial\rho}+\dfrac{\partial u_{\rho}}{\partial z}\right)\end{cases} \tag{4}$$

2.1.4　包壳塑性行为求解

这里采用径向返回算法实现对塑性变形的计算[5]，该算法由 Simo 和 Taylor 于 1985 年提出，该方法使用 VonMises 屈服面来计算在试探应力增量使计算的应力状态穿过屈服面时，可以将应力状态返回到屈服面的塑性应变增量。因为在偏应力空间中，VonMises 屈服面是圆形，所以塑性校正应力总是指向屈服面的圆心，从而称为“径向返回”。

在数值模拟过程中，试探应力会在每一个时间步的开始进行计算；试探应力的计算假设所有新的应变增量都是弹性应变：

$$\sigma_{\text{trial}}=C_{\text{ijkl}}(\Delta\varepsilon_{\text{assumed-elastic}}+\varepsilon_{\text{elastic}}^{\text{old}}) \tag{5}$$

算法会检测试探应力是否超过了屈服面，如果试探应力超过了屈服面，则算法会重新计算将应力状态返回到屈服面所需的标量有效非弹性应变。该算法采用牛顿迭代对将应力状态返回到屈服面所需的有效非弹性应力进行计算：

$$\Delta p^{(t+1)}=\Delta p^{t}+d\Delta p \tag{6}$$

在各向同性的线性塑性硬化过程中，有效塑性应变增量的形式为：

$$d\Delta p=\frac{\sigma_{\text{effective}}^{\text{trial}}-3G\Delta p-r-\sigma_{\text{yield}}}{3G+h} \tag{7}$$

式中：G——各向同性剪切模量；

$\sigma_{\text{effective}}^{\text{trial}}$——von Mises 试探应力标量；

r——硬化方程。

一旦非弹性应力标量收敛，则整个非弹性应变张量就会按照下式进行计算：

$$\Delta\varepsilon_{\text{ij}}^{\text{inelastic}}=\frac{3}{2}\Delta p^{(t+1)}\frac{\text{dev}(\sigma_{\text{ij}}^{\text{trial}})}{\sigma_{\text{effective}}^{\text{trial}}} \tag{8}$$

弹性应变通过从机械应变张量中减去返回的非弹性应变增量张量得到。机械应力是所有弹性、非弹性(塑性、蠕变等)应变的总和。

在计算得到非弹性应变增量后，便可通过有限弹性变形计算最终的应力。

$$\sigma_{\text{ij}}^{\text{new}}=C_{\text{ijkl}}(\Delta\varepsilon_{\text{kl}}^{\text{elastic}}+\varepsilon_{\text{kl}}^{\text{old-elastic}}) \tag{9}$$

通常情况下，与 1.5D 性能分析程序相似的，在包壳屈服前可用胡克定律描述包壳变形，当达到屈服极限后，通常采用幂次定律描述包壳的形变。若在其中考虑径向返回算法，则需将屈服后的应力写成塑性应变的形式(ε_{p})，因此，屈服后的应力-塑性应变关系式可以写为：

$$\varepsilon_{\text{p}}=\left[\frac{\sigma}{K}\left(\frac{10^{-3}}{\dot{\varepsilon}}\right)\right]^{\frac{1}{n}}-\frac{\sigma}{E} \tag{10}$$

式中：K——强度系数；

n——应变硬化指数；

m——应变率指数；

$\dot{\varepsilon}$——应变率。

2.2 蠕变响应

这里采用 imo 和 Hughe 所提出的回映算法，兼具高求解效率和良好的计算精度，广泛应用于非线性变形问题的数值求解中，并根据所研究材料的非线性特性发展出了许多不同的回映算法模型。

芯块的蠕变变形率 $\dot{\varepsilon}_{eq}^{c}$ 的一般表达形式如下所示[9]：

$$\dot{\varepsilon}_{eq}^{c}=\frac{A_1+A_2\dot{F}}{(A_3+D)G^2}\sigma_{eq}\exp\left(-\frac{Q_1}{RT}\right)+\frac{A_4}{A_6+D}(\sigma_{eq})^{4.5}\cdot \exp\left(-\frac{Q_2}{RT}\right)+A_7\dot{F}\sigma_{eq}\exp\left(-\frac{Q_3}{RT}\right) \tag{11}$$

式中：$A_1\sim A_7$——材料参数；

D——燃料密度；

G——晶粒尺寸；

Q、R、T——蠕变活化能、理想气体常数、热力学温度；

$\dot{F}$——体积裂变率；

σ_{eq}——等效应力。

金属包壳的蠕变变形率的一般表达形式如下[9]：

$$\dot{\varepsilon}_{eq}^{c}=A_0\left(\frac{\sigma_{eq}}{G}\right)^n\exp\left(-\frac{Q}{RT}\right) \tag{12}$$

2.2.1 弹性预测

令增量步 $\Delta t\in(t_n,t_{n+1})$ 内的材料变形服从弹性假设，得到弹性试探应变 $\varepsilon_{\mathrm{n+1}}^{\mathrm{etr}}$ 的表达式为：

$$\varepsilon_{\mathrm{n+1}}^{\mathrm{etr}}=\varepsilon_{\mathrm{n+1}}-\varepsilon_{\mathrm{n+1}}^{\mathrm{c}} \tag{13}$$

相应的偏应变和体积应变可表示为：

$$\varepsilon_{\mathrm{dn+1}}^{\mathrm{etr}}=I_{\mathrm{d}}:\varepsilon_{\mathrm{n+1}}^{\mathrm{etr}} \tag{14}$$

$$\varepsilon_{\mathrm{vn+1}}^{\mathrm{etr}}=\frac{1}{3}(i\cdot i^T):\varepsilon_{\mathrm{n+1}}^{\mathrm{etr}} \tag{15}$$

式中：$\varepsilon_{\mathrm{dn+1}}^{\mathrm{etr}}$——弹性试探偏应变；

$\varepsilon_{\mathrm{vn+1}}^{\mathrm{etr}}$——弹性试探体积应变；

I_{d}——偏投影矩阵。偏投影矩阵 I_{d} 有如下具体表达形式：

$$I_{\mathrm{d}}=\begin{bmatrix}1&&&&&\\&1&&&&\\&&1&&&\\&&&0.5&&\\&&&&0.5&\\&&&&&0.5\end{bmatrix}-\frac{1}{3}i\cdot i^T \tag{16}$$

根据弹性本构关系，可以计算出与应变、偏应变、体积应变相对应的应力、偏应力、静水应力，如下：

$$\begin{cases}\sigma_{\mathrm{n+1}}^{\mathrm{tr}}=D^e:\varepsilon_{\mathrm{n+1}}^{\mathrm{etr}}\\ s_{\mathrm{n+1}}^{\mathrm{tr}}=2G\varepsilon_{\mathrm{dn+1}}^{\mathrm{etr}}\\ p_{\mathrm{n+1}}^{\mathrm{tr}}i=3K\varepsilon_{\mathrm{vn+1}}^{\mathrm{etr}}\end{cases} \tag{17}$$

式中：σ_{n+1}^{tr}——试探应力；

s_{n+1}^{tr}——试探偏应力；

p_{n+1}^{tr}——试探静水力；

G——剪切模量；

K——压缩模量。

通过试探应力 s_{n+1}^{tr} 得到 q_{n+1}^{tr} 等效应力：

$$\sigma_{eq_{n+1}^{tr}}=\sqrt{\frac{3}{2}}s_{n+1}^{tr} \tag{18}$$

2.2.2　蠕变修正

若 $q_{n+1}^{tr}>0$，材料处于弹性-蠕变状态。需通过蠕变修正策略进行应力更新。考虑相关联流动法则，则 t_{n+1} 时刻，蠕变修正策略下的应力、弹性应变、蠕变应变为：

$$\begin{cases}\sigma_{n+1}=\sigma_{n+1}^{tr}-\gamma 2G\sqrt{\frac{3}{2}}\frac{s_{n+1}^{tr}}{||s_{n+1}^{tr}||}\\ \varepsilon_{n+1}^{e}=\varepsilon_{n+1}^{etr}-\gamma\sqrt{\frac{3}{2}}\frac{s_{n+1}^{tr}}{||s_{n+1}^{tr}||}\\ \varepsilon_{n+1}^{c}=\varepsilon_{n+1}^{ctr}+\gamma\sqrt{\frac{3}{2}}\frac{s_{n+1}^{tr}}{||s_{n+1}^{tr}||}\end{cases} \tag{19}$$

式中：γ——蠕变变形流动乘子；

$\|\ \|$——张量的欧几里得范数算子。

若 $q_{n+1}^{tr}=0$，材料处于弹性状态。

2.3　芯块-包壳接触模型

在 MOOSE 中，接触模块已经编写完成并嵌入[8]。其模型考虑芯块与包壳内表面的机械接触主要基于三个基本事实：从一个物体到另一个物体的穿透距离一定非正；反穿透的接触力 t_N 在法相方向上一定为正；在任何时刻穿透距离或接触力必须有一个为 0。

而这些接触的约束都是通过使用点/面的约束来实现的，包壳的面会阻碍燃料芯块的节点穿透包壳表面。首先，通过几何搜索的方式确定哪些点已经穿透了面，对于这些节点，可以通过计算应力的散度确定内力，这些内力会在接触点处传递给包壳表面，进而利用形函数将这些力分布到包壳表面的节点上。此外，芯块上的节点会被限制在芯块表面，以防止其穿透包壳表面。

2.4　间隙换热

芯块-包壳间隙换热主要有辐射换热、接触换热以及气体导热三个部分组成[9]。

此次程序搭建采用了由 Ross 和 Stoute 提出的气体的间隙换热模型来计算间隙的温降：

$$h_{gas}=\frac{k_g(T_g)}{d_g+C_r(r_1+r_2)+(g_1+g_2)} \tag{20}$$

式中：$k_g(T_g)$——混合气体热导率；

d_g——芯块-包壳机械距离；

r_1、r_2——芯块表面、包壳内表面粗糙度；

C_r——粗糙度系数；

g_1，g_2——芯块、包壳表面跳跃距离。

辐射换热则采用常用的计算公式：

$$h_r\approx\sigma F_e\frac{(T_1^4-T_2^4)}{T_1-T_2} \tag{21}$$

式中：F_e——发射率函数。

考虑由于表面粗糙度的存在，包壳与芯块接触后依旧存在气体导热项，而接触导热通常采用点接触的形式。程序采用 Ross-Stoute 模型描述接触点换热系数：

$$h_s = a_4 \frac{2k_f k_c}{k_f + k_c} \frac{P_c}{^{1/2}H} \tag{22}$$

式中：a_4——常数(默认为 1.0)；

k_f,k_c——接触点芯块、包壳导热率；

P_c——接触点压力；

δ——平均气层厚度；

H——较软材料(一般为包壳材料)的迈耶耳硬度。

2.5 裂变气体释放与内压

裂变气体释放采用 COPERNIC 程序的裂变气体模型[10]。该模型同时考虑了"非热型"反射-击出释放及"热型"裂变气体扩散释放两种机理。而内压计算则根据理想气体公式进行计算。

2.5.1 非热释放

非热释放包含"反射"和"击出"机制。该模型忽略了"反射"效应，非热释放具有形式 $C_1(S/V)B$，其中 C_1 为常数，(S/V)为比表面积，B 为燃耗深度。比表面积计算中考虑了孔隙和高燃耗多孔结构：

$$S/V = (S/V)_0 + C_2 p_{\text{open}} + (S/V)_{rim} \tag{23}$$

式中：$(S/V)_0$——芯块比表面积；

C_2——常数；

p_{open}——孔隙率份额；

$(S/V)_{rim}$——高燃耗区域引起的额外比表面积。

2.5.2 热释放

裂变气体热释放包含两个过程。首先，裂变气体从晶粒内部向晶界扩散；晶界处积累裂变气体原子由于裂变撞击可能重新返回基体内部，从而阻碍了裂变气体的释放。当晶界处裂变气体原子达到一定浓度时(阈值)，裂变气体开始释放。该模型假设裂变气体直接释放忽略了释放通道形成等效应。

裂变气体开始释放与局部温度和局部燃耗有关，阈值燃耗表示为：

$$B_I = \frac{B_1}{\exp\left(-\frac{-T_{02}}{T}\right) + \frac{T - T_1}{T_2}} \tag{24}$$

当局部燃耗大于阈值燃耗时，裂变气体开始释放，释放份额表示为：

$$F_{\text{thermal}} = \begin{cases} 4\sqrt{\frac{\tau}{\pi}} - \frac{3\tau}{2}, \tau \leqslant 0.1, \\ 1 - \frac{1}{15\tau}\left(1 - \frac{90}{\pi^4}\exp(-\pi^2\tau)\right), \tau > 0.1. \end{cases} \tag{25}$$

其中，无量纲时间 τ 为：

$$\tau = \frac{D(t - t_I)}{a^2} \tag{26}$$

扩散系数 D 为：

$$D_1 = D_{01}\exp\left(-\frac{T_{01}}{T}\right), D_2 = D_{02}\exp\left(-\frac{T_{02}}{T}\right)\sqrt{\frac{P' f_R}{20}},$$

$$D_3 = D_{03}\frac{P' f_R}{20}, D = \left[\frac{1}{D_1 + D_2 + D_3} + \frac{1}{L^2 b'}\right]^{-1} \tag{27}$$

2.6 物性模块

本程序的 UO_2 芯块及 Zr_4 包壳的主要物性主要来源于核燃料物性包 MATPRO[1]，该物性包广泛应用于 FRAPCON、FRAPTRAN、CORPERNIC 等主要性能分析软件中并得到了大量验证，主要以与温度、燃耗以及中子积分通量相关的经验或半经验关系式为主，并加入了通过调研公开发表文献得到的 UN/U_3Si_2 复合芯块及 FeCrAl 包壳的堆内物性[11-13]，以作为 ATF 燃料设计工具的初步应用。具体物性内容不再在本文赘述。其中，芯块涉及的物性参数包括：导热率、比热容、热膨胀系数、密度、弹性模量、泊松比、发射率、密实化、重定位、肿胀以及热压；包壳涉及物性包括：导热率、比热容、热膨胀系数、发射率、密度、弹性模量、泊松比、蠕变率、辐照生长、迈耶尔硬度以及水侧腐蚀氧化等。

2.7 辅助模型

2.7.1 中子通量

快中子通量可表示为：

$$\dot{\Phi} = cP \tag{28}$$

式中：$\dot{\Phi}$——快中子通量；

c——转换因子，一般取 $3\times10^{13}\,\text{n}\cdot(\text{m}^2\text{s})^{-1}\cdot(\text{W/m})^{-1}$；

P——线功率密度（W/m）。

因此，累计得到中子积分通量为：

$$\Phi_{n+1} = \Phi_n + \Delta t\dot{\Phi}, \tag{29}$$

式中：Φ_n——当前步长快中子积分值；

Δt——时间步长；

$\dot{\Phi}$——快中子通量。

2.7.2 燃耗计算

程序采用 TUBRNP 模型，该模型中，局部平均核子密度为

$$\begin{cases} \dfrac{\mathrm{d}\,\overline{N}_{235}}{\mathrm{d}t} = -\sigma_{\mathrm{a},235}\overline{N}_{235}\phi \\ \dfrac{\mathrm{d}\,\overline{N}_{238}}{\mathrm{d}t} = -\sigma_{\mathrm{a},238}\overline{N}_{238}f(r)\phi \\ \dfrac{\mathrm{d}\,\overline{N}_{239}}{\mathrm{d}t} = -\sigma_{\mathrm{a},239}\overline{N}_{239}\phi + \sigma_{\mathrm{c},238}\overline{N}_{238}f(r)\phi \\ \dfrac{\mathrm{d}\,\overline{N}_{j}}{\mathrm{d}t} = -\sigma_{\mathrm{a,j}}\overline{N}_{\mathrm{j}}\phi + \sigma_{\mathrm{c,j-1}}\overline{N}_{j-1}\phi \end{cases} \tag{30}$$

式中：$\overline{N}$——单位体积内核子密度；

σ_{a}——吸收截面；

σ_{c}——俘获截面；

ϕ——中子通量。

函数 $f(r)$ 值由下式给定：

$$f(r) = 1 + p_1 e^{-p_2(r_{\mathrm{out}}-r)p_3} \tag{31}$$

式中：p_1, p_2, p_3——给定的常数。

中子通量 $\phi(r)$ 采用修正的贝塞尔函数：

$$\phi(r) = C_1 I_0(kr) \tag{32}$$

2.7.3 水侧换热系数

反应堆燃料棒形状为棒状燃料元件，冷却剂流过燃料棒之间的间隙将热量带走，冷却剂回路为闭式回路，因此采用通常采用的闭合单通道焓升模型[14]。根据包壳外表面冷却剂流型的不同可采用不同的换热关系式如表 1 所示。

表 1　水侧换热关系式

换热类型	关系式名称	公式
单相流动	Dittus-Boelter	$h_{co}=(0.023\lambda_{co}/D_e)R_e^{0.8}P_r^{0.4}$
泡核沸腾	Jens-Lottes	$\Delta t_{sat}=25\left(\frac{q}{10^6}\right)^{0.25}e^{-p/62}$
流动沸腾	Lazarek-Black	$h_{co}=30\mathrm{Bo}^{0.714}\mathrm{Re}^{0.857}\left(\frac{\lambda_{co}}{D_e}\right)$
饱和对流沸腾	Chen	$h_{co}=0.023F\left[\frac{G(1.0-x)D_e}{\mu_f}\right]^{0.8}\left(\frac{\lambda_{co}}{D_e}\right)\left[\frac{\mu C_p}{k}\right]_f^{0.4}+0.001\ 22S\left[\frac{k_f^{0.79}C_{pf}^{0.45}\rho_f^{0.49}}{\sigma^{0.5}\mu_f^{0.29}h_{fg}^{0.24}\rho_g^{0.24}}\right](p_w-p_s)^{0.75}(T_w-T_s)^{0.24}$

3　验证与计算

目前基于 MOOSE 平台的燃料元件性能分析程序的搭建目前依旧采用二维模型(如图 5 所示),且仍处于较为初步的阶段,所建立的分析程序功能还不完整,计算收敛性和准确性还需要进一步的优化和验证。本章对 UO_2-Zr_4 燃料元件及 UN/U_3Si_2-FeCrAl 燃料元件的算例计算仅能作为说明展示。

图 5　基于 Trelis 的燃料棒二维几何建模

3.1　算例描述

算例几何结构以秦山二期 AFA 3G 组件燃料棒为参考,表 2 列举对比了燃料棒的主要几何参数。为贴近实际,保证堆芯结构兼容性、一回路热工水力特性的接口不发生明显变化的原则,尽可能保持与现役压水堆燃料组件相近的结构形式。考虑到 FeCrAl 的行为特性与实际设计,保持包壳外径为 9.5 mm 不变,包壳厚度减薄至 0.3 mm[15]。考虑到包壳材料 FeCrAl 热膨胀率较大,因此保持间隙尺寸不变,芯块直径变更为 8.9 mm。假定平均功率在全寿期内保持 16.09 kW/m,功率因子为 1.2。轴向功率分布呈余弦分布。为了提升程序的收敛性,设定初始时刻功率为 0,后在 3 h 内逐步线性提升至指定功率。水侧边界压力为 15.5 MPa,质量流量为 3 030.11 kg/m^2·s。

表 2　燃料棒几何参数

项目	数值		单位
	UN/U_3Si_2-FeCrAl	UO_2-Zr_4	
包壳外径	9.5		mm
包壳内径	8.9	8.36	mm
包壳厚度	0.3	0.57	mm
芯块直径	8.192	7.652	mm
总长度	3 657.6		mm
气腔长度	176		mm
气体压力	2.7		MPa
气体温度	20		℃

续表

项目	数值		单位
	UN/U_3Si_2-FeCrAl	UO_2-Zr_4	
富集度	4.45		%
芯块密度	92.5		%TD

3.2 计算结果

3.2.1 温度分布

如图 6 所示，为全寿期内芯块中心温度分布。对比基于 Copernic 二次开发程序的计算结果，基于 MOOSE 开发的燃料元件分析程序具有相同的趋势，尽管由于计算维度与模型不同，但从变化趋势中可以看出是合理的。两者温度差距最大处约为 50 K，具有一定合理性。

如图 6 所示，芯块中心温度设定与冷却水温度相同，均为 580 K。由于导热率不停，UO_2-Zr_4 芯块中心温度上升至 1 180 K 左右而 UN/U_3Si_2-FeCrAl 上升至 880 K 左右。随后，芯块发生密实化、芯块热膨胀和重定位过程。由于 UO_2 芯块温度比复合燃料温度高 300 K 左右，UO_2 芯块热膨胀导致间隙尺寸迅速下降，间隙导热率上升，芯块温度下降更为明显。

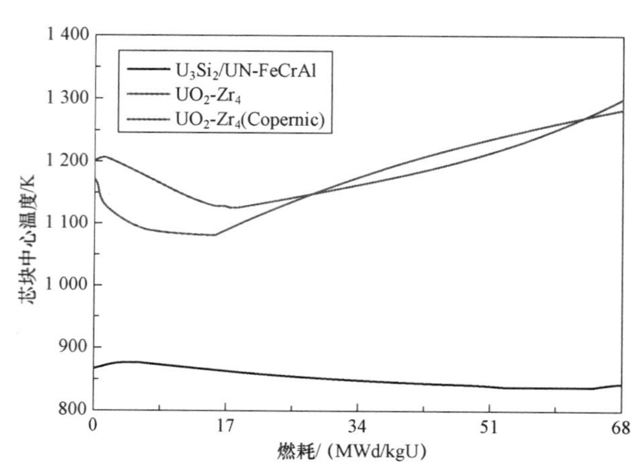

图 6　燃料棒温度分布随燃耗的变化

由于包壳向内蠕变、芯块向外热膨胀及肿胀以及芯块重定位，间隙尺寸下降，间隙换热改善，芯块温度缓慢下降。当燃耗分别到达约 16 MWd/kgU 和 56 MWd/kgU 时，UO_2-Zr_4 和 UN/U_3Si_2-FeCrAl 间隙分别发生闭合，接触压力产生。芯块中心温度由于芯块导热率恶化、裂变气体释放增加以及氧化层厚度增加而上升，直至达到目标燃耗计算结束。结束时 UO_2-Zr_4 芯块中心温度约为 1 300 K，而 UN/U_3Si_2-FeCrAl 芯块中心温度约为 890 K。寿期初及寿期末温度分布云图见图 7。

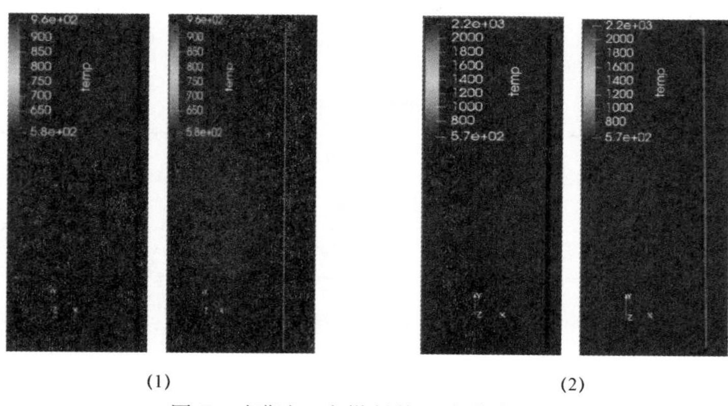

图 7　寿期初、末燃料棒温度分布云图

(1) UN/U_3Si_2-FeCrAl 寿期初、末温度分布；(2) UO_2-Zr_4 寿期末温度分布

因此，全寿期内新型燃料元件 UN/U_3Si_2-FeCrAl 由于具有更高的芯块导热率、更好的抗氧化能力以及更大的芯块尺寸，在高燃耗条件下新型燃料元件大幅度地降低了芯块的中心温度，改善了热工性能。

3.2.2 间隙尺寸

两种燃料元件的包壳-芯块间隙尺寸随燃耗的变化如图 8 所示。

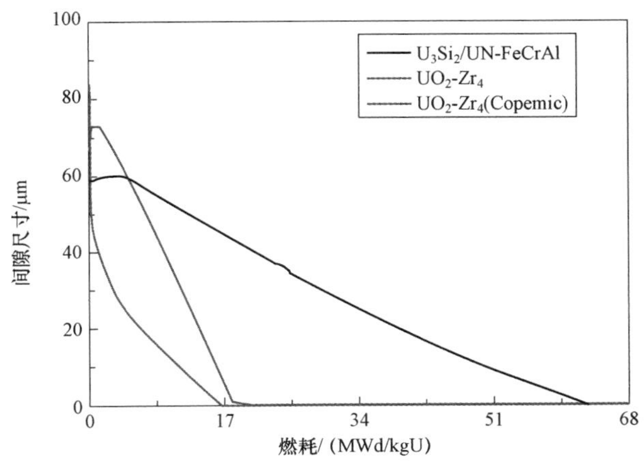

图 8　间隙尺寸随燃耗增加的变化

由于芯块向外热膨胀的影响，间隙尺寸迅速降低；随后芯块发生密实化，在芯块密实化、芯块热膨胀、芯块肿胀以及包壳蠕变的综合作用过程中，芯块与包壳的间隙尺寸逐渐增加。由于 FeCrAl 包壳的热膨胀率大于 Zr 包壳，向外的包壳热膨胀将导致 UN/U_3Si_2-FeCrAl 间隙尺寸大于 UO_2-Zr_4 间隙尺寸。随后由于包壳向内蠕变、芯块向外膨胀及肿胀，两个燃料元件的间隙尺寸逐渐下降，分别约在 16 MWd/kgU 和 57 MWd/kgU 处发生闭合。

对比基于 Copernic 二次开发程序的计算结果，基于 MOOSE 开发的燃料元件分析程序具有相似的趋势，并且间隙闭合燃耗相差约为 4 MWd/kgU，差距较小。由于采用模型及计算维度的差别，间隙闭合曲线有所区别，但总体趋势是相似的，新开发程序具有一定合理性。

3.2.3 包壳周向应变

如图 9 所示，包壳在全寿期的周向总应变受到水侧压力导致的蠕变、热膨胀、包壳周向应力以及包壳自身机械性能的影响。

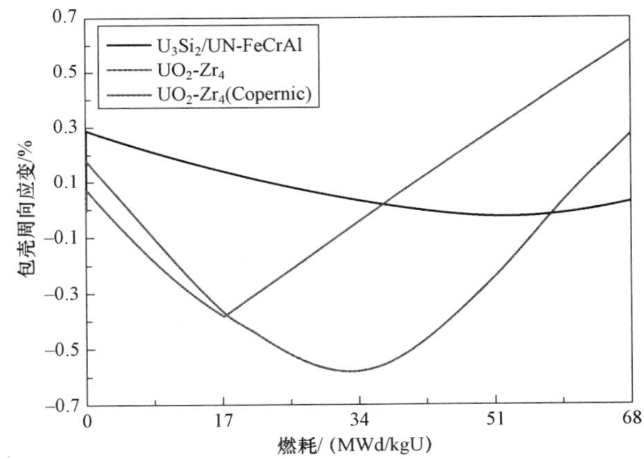

图 9　包壳周向应变随燃耗增加的变化

由于热膨胀的因素，寿期初，UO_2-Zr_4 燃料元件包壳周向应变约为 0.09%，小于 UN/U_3Si_2-FeCrAl 的周向应变（约为 0.3%）。随后由于蠕变的影响，包壳周向应变逐渐降低，直到间隙闭合，包壳与芯块发生接触应力。在此过程中，Zr_4 包壳最小周向应变率为 −0.4%，而 FeCrAl 最小周向应变为 0%左右。

当两种燃料元件在不同燃耗处发生接触后，接触应力导致包壳周向应变不断上升，直至计算结束。期间，FeCrAl 包壳周向应变为基本为负值，而 Zr_4 包壳周向应变约为 0.63%。总体应变率总体处于较低的状态。这主要是由于 FeCrAl 具有较高的弹性模量以及较好的抗蠕变性能导致的。

对比基于 Copernic 二次开发程序的计算结果，基于 MOOSE 开发的燃料元件分析程序在包壳应变方面具有较为显著的区别，这种区别主要集中在间隙闭合后包壳行为上。在基于 MOOSE 平台开发的燃料元件性能分析程序中，包壳在间隙闭合后即受到了较大的接触应力，从而导致包壳周向应变开始增大。而这种行为在 Copernic 二次开发程序中具有一定的延迟性，从而导致两个程序在计算最大包壳应变中得到的计算值差约为 0.2%。因此，在未来的工作中需要重优化与验证包壳应变相关的力学模型。

3.2.4 燃料棒内压

如图 10 所示，燃料棒内压主要受裂变气体释放率以及燃料棒内孔隙体积的影响。寿期初，裂变气体释放率处于较低的水平，内压的增大主要是由于间隙尺寸的降低导致的。在密实化过程中，间隙的增加导致内压有所下降；随后由于间隙宽度降低、裂变气体释放率逐渐增高，燃料棒内压不断上升，直到计算结束，UN/U_3Si_2-FeCrAl 燃料元件内压约为 18 MPa，而相同工况下 UO_2-Zr_4 燃料元件可达 20 MPa。由于本例题功率为假设功率，因此与实际堆内内压差距较大。

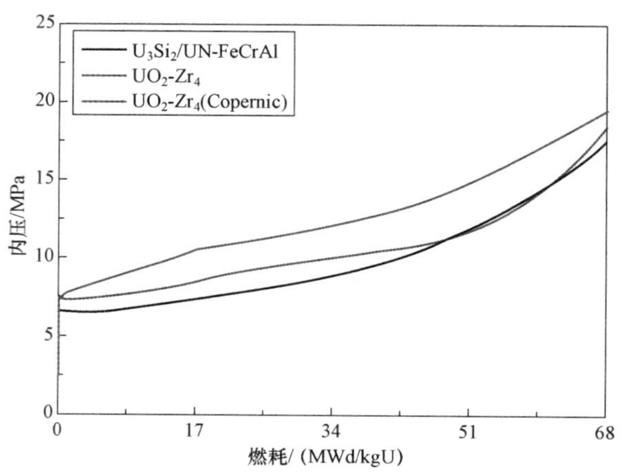

图 10 燃料棒内压随燃耗增加的变化

对比基于 Copernic 二次开发程序的计算结果，基于 MOOSE 开发的燃料元件分析程序在燃料棒内压计算中在寿期中后期具有最大约 3 MPa 的区别，但总体趋势近似。考虑到上述包壳应变计算具有较大区别而热性能区别较小，可以判定这主要是由于燃料棒内空腔体积的区别而导致。在寿期末两者区别较小，新燃料元件性能分析程序在内压计算中具有一定合理性。

4 结论

本文针对 ATF 中的 UN/U_3Si_2复合芯块及 FeCrAl 包壳的目前研究内容进行了简要的阐述，并针对其中基于 MOOSE 平台搭建燃料元件性能分析方法的工作进行了重点描述。本工作基于三维有限元分析多场耦合分析平台 MOOSE，初步搭建了燃料元件性能分析程序模型，并对初步完成的程序框架进行了程序功能性验证以及初步计算。尽管由于开发时间与技术的不完善程序还处于初级阶段，但开发的过程、结果与国外开发实例都表明该平台可应用于核工专业的软件开发，特别是跨专业的多场精细化耦合方法搭建。后续可基于相关实验内容的进展以及对程序的进一步深化开发，将为我国 ATF 研发与应用提供支撑。

参考文献：

[1] Geelhood KJ, Luscher WG. FRAPCON-3.5: A computer code for the calculation of steady-state, thermal-mechanical behavior of oxide fuel rods for high burnup[R]. NUREG/CR-7022, Washington, Pacific Northwest National Laboratory, U. S. Nuclear Regulatory Commission, 2014.

[2] Geelhood KJ, Luscher WG, Beyer CE, et al. FRAPTRAN 2.0: a computer code for the transient analysis of oxide fuel rods[R]. Pacific Northwest National Laboratory(PNNL), Richland, WA, USA, NUREG/CR-7023, 2016, 1.

[3] Slyeptsov O M, Slyeptsov S M, Sung Y X. Evaluation of WWER-1000 Fuel Rod Performances at Steady State Operation by Means of PAD Code[C]. Proc. of the 9th International Conference on WWER Fuel Performance, Modelling and Experimental Support, Burgas, Bulgaria. 2011: 17-24.

[4] COPERNIC Fuel Rod Design Computer Code handbook AREVA).

[5] D. Gaston, C. Newman, G. Hansen, et al. MOSOE: A parallel computational framework for coupled systems of nonlinear equations[J]. Nuclear Engineering and Design, 2009, 239: 1768-1778.

[6] Jason Hales, S. N. G. P. , B. S. R. W. Danielle Perez and P. Medvedev, BISON: Engineering-scale Fuel Performance Application. 2013: 12-14.

[7] Hales J D, Novascone S R, Pastore G, et al. BISON Theory Manual The Equations Behind Nuclear Fuel Analysis [J]. 2013: 24.

[8] Liu R, Prudil A, Zhou W, et al. Multiphysics coupled modeling of light water reactor fuel performance[J].

Progress in Nuclear Energy, 2016, 91: 38-48.
[9] Terrani KA, Karlsen TM, Yamamoto Y. Input correlations for irradiation creep of FeCrAl and SiC based on in-pile Halden test results[J]. Oak Ridge National Laboratory(ORNL), Oak Ridge, TN(United States), 2016.
[10] Bernard L C, Jacoud J L, Vesco P. An efficient model for the analysis of fission gas release[J]. Journal of Nuclear Materials, 2002, 302(2-3): 125-134.
[11] Yamamoto Y, Snead M A, Field K G, et al. Handbook of the Materials Properties of FeCrAl Alloys For Nuclear Power Production Applications[R]. Oak Ridge National Lab. (ORNL), Oak Ridge, TN(United States), 2017.
[12] Thompson ZT, Terrani KA, Yamamoto Y. Elastic Modulus Measurement of ORNL ATF FeCrAl Alloys[J]. ORNL/TM-2015/632, 2015: 1-17.
[13] Busby JT, Hash MC, Was GS. The relationship between hardness and yield stress in irradiated austenitic and ferritic steels[J]. Journal of Nuclear Materials, 2005, 336(2-3): 267-278.
[14] 杨震，苏光辉，田文喜，等．水堆燃料元件性能分析及程序 FROBA 开发[J]. 原子能科学技术，2012，46(5)：590-595.
[15] Ott L J, Robb K R, Wang D. Preliminary assessment of accident-tolerant fuels on LWR performance during normal operation and under DB and BDB accident conditions[J]. Journal of Nuclear Materials, 2014, 448(1): 520-533.

Evaluation on in-pile performance of UN/U_3Si_2-FeCrAl fuel rod base on MOOSE framework

QIU Bo-wen, CHEN Ping, ZHOU Yi, ZHANG Kun, LI Yuan-ming
(Nuclear Power Institute of China, Chengdu, Sichuan, China)

Abstract: Accident tolerant fuel(ATF) with UN/U_3Si_2 pellets and FeCrAl cladding is developed to improve its inherent safety and economy for meeting the innovative needs of nuclear fuel development. In this paper, the preparation technologies of the pellet and cladding have been introduced. On this basis, based on the phase field theory and experiments, in-pile models of the fuel and the advanced cladding under multiple conditions have been established, which laid a foundation for its in-pile performance analysis. Otherwise, design criterions of the new fuel rod were studied by comparing with that of UO_2-Zr system to provide suggestions for subsequent studies. Based on above studies, an in-pile performance analysis code for the new fuel rod was established based on MOOSE, which is an open-sourced FEM platform. Therefore, the key parameters of UN/U_3Si_2-FeCrAl fuel rod was calculated under normal condition to provide references for ATF design.
Key words: ATF; UN/U_3Si_2-FeCrAl fuel rod; design criterion; Performance analysis

核工程耐热混凝土试验与应用

刘西川
(江苏中核华兴工程检测有限公司,江苏 仪征 211999)

摘要:随着工程要求的不同,越来越多的特殊型混凝土得以开发和利用,耐热混凝土就是其中之一。某核工程钠罐(160 ℃)和溢流罐(300 ℃)基础采用耐热混凝土。通过试验检测和工程应用,所配制的耐热混凝土烘干强度、残余强度、线变化率等技术指标满足设计和工程施工要求。

关键词:耐热混凝土;烘干强度;残余强度;线变化率

引言

耐热混凝土,是指能够长期承受高温(200~900 ℃)作用,并在高温下保持所需的物理、力学性能和体积稳定性的特种混凝土。耐热混凝土主要用于热工设备,受高温作用的结构工程。具有生产工艺简单、施工效率高、满足异型部位和热工要求、使用寿命长、成本低廉等优点。

某核工程钠罐(160 ℃)和溢流管(300 ℃)基础采用耐高温混凝土,设计强度为C30;要求施工坍落度100~140 mm;烘干强度≥设计强度等级;残余强度≥50%设计强度等级;不应出现裂纹,线变化率±1.5%。

1 原材料组成

1.1 水泥品种及性能

根据耐热混凝土应用技术规程要求,水硬性耐热混凝土可以采用普通硅酸盐水泥配制。现场使用的安徽海螺白马山水泥厂普通硅酸盐水泥P·O42.5符合《耐热混凝土应用技术规程》YB/T 4252—2011要求。其性能指标见表1。

表1 水泥物理性能

项目	强度/MPa				比表面积/(m^2/kg)	凝结时间/min		安定性
	抗压强度		抗折强度					
	3 d	28 d	3 d	28 d		初凝	终凝	
实测值	29.3	48.9	5.8	8.2	334	176	220	合格

1.2 骨料

骨料占混凝土总质量约80%,是影响耐热混凝土耐热性的关键,根据工程现场实际情况,采用已有的人工砂石,其材质为花岗岩。花岗石是一种由火山爆发的熔岩在受到相当的压力的熔融状态下隆起至地壳表层,岩浆不喷出地面,而在地底下慢慢冷却凝固后形成的构造岩,属于岩浆岩(火成岩),岩质坚硬密实,耐热性好。因此,配制耐热混凝土的细骨料采用该岩石加工的人工中砂;粗骨料采用5~16 mm碎石以及16~31.5 mm碎石组成5~31.5 mm的连续级配,完全能够满足配制要求,并可以大大降低混凝土的孔隙率,增加密实度。

作者简介:刘西川,男,陕西渭南人,工程师,现从事核电建材检测相关工作

1.3 掺合料

在混凝土中使用矿物掺合料，不仅能够降低成本，变废为宝，而且能够有效地提高混凝土的和易性，改善耐久性，降低水化热。根据《粉煤灰混凝土应用技术规范》(GB/T 50146—2014)相关规定，粉煤灰混凝土中的粉煤灰掺量一般在20%左右。通常情况下，粉煤灰对混凝土性能的改变可分为三个阶段：

(1) 新拌混凝土阶段：影响混凝土的凝结时间，改善和易性，改变流变性质，提高可泵性等；

(2) 硬化中的混凝土阶段：调节硬化过程，降低水化热；

(3) 硬化后的混凝土阶段：提高后期强度，提高各项耐久性，如抗渗性、抗硫酸盐侵蚀性，抑制碱—集料反应等。

施工现场使用的合益(福建)I级粉煤灰技术指标满足耐热混凝土的性能要求，选择掺量≤20%。其性能指标见表2。

表2 合益I级粉煤灰技术指标

项目	细度	需水量比	烧失量	含水量	三氧化硫	游离氧化钙
实测值/%	8.4	91.0	1.2	0	0.64	0.75

1.4 外加剂

在混凝土中使用减水剂，不仅能够降低混凝土水胶比，节约水泥，而且能够有效地提高混凝土的强度，改善和易性及耐久性。施工现场使用的江苏苏博特高性能减水剂满足配制耐热混凝土的需求。其性能指标见表3。

表3 外加剂性能

项目	7 d抗压强度比	28 d抗压强度比	含气量/%	减水率/%
实测值	186	152	3.1	27.0

1.5 拌和用水

拌和用水采用现场提供的水源。

2 配合比设计与试验

2.1 配合比设计

依据《普通混凝土配合比设计规程》JGJ 55—2011及《耐热混凝土应用技术规程》YB/T 4252—2011进行设计及检测。

(1) 确定水灰比

$$W/C=\alpha_a \cdot f_b/(f_{cu,0}+\alpha_a \cdot \alpha_b \cdot f_b)$$
$$f_{cu,0}=f_{cu,k}+1.645 \cdot \sigma \qquad (1)$$

式中：W/C——水胶比；

$f_{cu,0}$——混凝土配制强度，MPa；

$f_{cu,k}$——混凝土强度标准值，MPa；

α_a、α_b——回归系数，分别取0.53和0.20；

σ——混凝土强度标准差，取6.0 MPa；

f_b——水泥28 d强度实测值，MPa。

经计算W/C=0.5，由于设计对最大水胶比没有要求，故取W/C=0.50。

(2) 确定用水量

首先根据坍落度和碎石最大粒径选取不掺外加剂时的基准用水量，然后根据外加剂的减水率确定掺外加剂时的用水量。

(3) 确定胶材用量

可根据水胶比和用水量进行计算，同时要考虑设计要求最小胶凝材料的要求，如达不到设计最小要求，按设计最小要求取值。

(4) 确定粉煤灰用量

根据掺量计算。本文中按照设定选择 20%的掺量。

(5) 确定砂石用量

按照水胶比和石子最大粒径选取砂率，然后按照假定容重法计算砂石用量。

2.2 试拌与调整、耐热性验证

根据计算出来的初步配合比进行试拌，进行坍落度、表观密度试验，同时观察混凝土的和易性。当坍落度不满足要求时，可以通过增减砂率或调整外加剂掺量或在保持水胶比不变的情况下调整用水量。当和易性不好时，可以调整砂率或增加浆体量的方法进行调整。如果表观密度与假定容重之间相差超过 2%时，则将原来配合比乘以修正系数后再进行试拌。最后可以用绝对体积法对配合比进行验证，确定基准配合比。

通过对已确定的配合比进行掺粉煤灰或不掺粉煤灰做对比，并完成初步试验。初步配合比及验证试验结果见表 4、表 5。

表 4 初步配合比

序号	水胶比	水/kg	水泥/kg	粉煤灰/kg	中砂/kg	砂率/kg	小石/kg	大石/kg	外加剂/kg
1	0.50	160	320	—	869	46	510	510	1.60
2	0.50	162	261	65	736	40	548	548	3.59

表 5 初步配合比验证结果

序号	塌落度/mm	含气量/%	容重/(kg/m³)	强度/MPa	烘干强度/MPa	残余强度/MPa	线变化率(300 ℃)/%	烧后外观
1	140	8.0	2 220	41.0	44.0	45.8	−0.2	未裂
2	140	2.0	2 330	46.0	50.3	55.8	−0.1	未裂

对比表 4、表 5，序号 1 水泥用量明显高于序号 2。《耐热混凝土应用技术规程》YB/T 4252—2011 要求，应在满足设计强度等级和可施工性等条件下，尽量减少水泥用量。而且，序号 1 含气量过高，容重偏低，说明混凝土内部空隙较多，在强度相近的情况下线变化率较序号 2 要大。因此，确定序号 2 为基准配合比。

2.3 配合比耐热性验证

为进一步确认所配制的耐热混凝土配合比的各项耐热性能指标，委托第三方对按该配合比制作的混凝土试件进行检测，其结果满足某核工程钠罐(160 ℃)和溢流管(300 ℃)基础使用要求。检测结果见表 6。

表 6 耐热混凝土耐热性能外委试验

耐热度	抗压强度/MPa	烘干强度/MPa	残余强度/MPa	线变化率/%	烧后外观
160 ℃	44.4	42.4	41.7	0	未裂
300 ℃	41.7	38.0	42.2	0	未裂

2.4 配合比生产验证

目的是验证配制的混凝土是否能够满足施工需要。采用与施工相同的条件，用基准配合比换算成施工配合比进行生产，浇筑过程中耐热混凝土未出现明显的离析、泌水等常见混凝土质量问题，浇筑完的混凝土构件外观良好，无明显外观缺陷。经检测，混凝土的各项性能均满足施工要求。检测结果见表7、表8。

表7 耐热混凝土生产验证试验

出机坍落度/mm	出机温度/℃	含气量/%	表观密度/(kg/m³)	抗压强度/MPa			凝结时间/min	
				3 d	7 d	28 d	初凝	终凝
130	24.5	1.7	2 350	28.4	32.7	44.6	245	435

表8 耐热混凝土泵送验证试验

出机坍落度/mm	1 h经时坍落度损失					
130	入泵坍落度/mm	110	损失/mm	20	损失率/%	15

2.5 配合比确认

经过配合比计算、试拌和调整，并对配合比的耐热性能及施工性能进一步验证，确定该配合比为最终配合比。该配合比的比例为：水泥：粉煤灰：中砂：5～16 mm碎石：16～31.5 mm碎石：外加剂：水=1：0.249：2.82：2.10：2.10：0.013 8：0.621。

3 施工质量控制

在耐热混凝土生产过程中，严格控制原材料质量和混凝土坍落度及温度，确保在要求的技术范围内。在装料和运输过程中，必须保证混凝土的均匀性，做到不分层，不离析，并在规定的时间内完成浇筑。实体浇筑过程中耐热混凝土未出现明显的离析、泌水等常见混凝土质量问题，浇筑完的混凝土构件外观良好，无明显外观缺陷，达到了预期的效果。

4 结论

通过试验，耐热混凝土能满足《耐热混凝土应用技术规程》YB/T 4252—2011要求。根据该标准和本工程耐热混凝土技术要求，本文对其原材料的选择、配合比设计和施工质量控制要求，进行多次反复试验和检测，最终确定了符合工程设计要求，满足施工需要的耐热混凝土配合比。并在工程实践中达到了预期的效果，可以对类似工程起到指导和借鉴作用。

参考文献：

[1] 耐热混凝土应用技术规程：YB/T 4252—2011[S].

[2] 耐火材料 常温耐压强度试验方法：GB/T 5072—2008[S].

[3] 耐火材料 加热永久线变化试验方法：GB/T 5988—2007[S].

[4] 普通混凝土配合比设计规程：JGJ 55—2016[S].

[5] A. M. 内维尔．混凝土的性能[J]. 混凝土，2011(6)：369-384，409-414.

[6] 游宝坤，董同刚．使用海港抗蚀增强剂(CPA)，提高沿海建筑结构耐久性[J]. 地下工程与隧道，2007.

Test and application of heat resistant concrete in nuclear engineering

LIU Xi-chuan

(Jiangsu Zhonghe Huaxing Engineering Testing Co. ,Ltd,Yizheng,Jiangsu,China)

Abstract: with the different engineering requirements, more and more special concrete can be developed and used, heat-resistant concrete is one of them. Heat-resistant concrete is used for the foundations of a nuclear engineering sodium tank(160 ℃)and an overflow tank(300 ℃). Through the test and engineering application, the heat-resistant concrete drying strength, residual strength, linear change rate and other technical indicators meet the design and construction requirements.

Key words: heat resistant; concrete drying strength; residual strength linear chang

存储环境对水泥及混凝土强度的影响分析

徐富东
(中国核工业集团华兴建设有限公司,江苏 南京 210000)

摘要:水泥是混凝土中最关键的原材料,水泥抗压强度决定混凝土的抗压强度。在潮湿的环境下长期存储会使得水泥抗压强度降低。试验证明,只要措施得当,一个良好的存储环境可以最大限度地延长水泥的存储时间,且水泥的抗压强度基本不变,从而保证混凝土质量,满足特殊工程需要。

关键词:水泥存储;水泥抗压强度;混凝土抗压强度

引言

核电工程的建设前期和工程后期都会遇到水泥在现场存储较长时间的情况。某核电站一期工程从2008年5月份开始准备,到2009年7月30日浇筑第一罐混凝土(FCD),准备期14个月,一次浇筑大体积混凝土消耗水泥约1 500 t;某核电站二期工程从2013年5月开始准备,到2014年12月20日FCD,准备期19个月,首次浇筑混凝土消耗水泥约900 t。为了满足FCD大体积混凝土一次性浇筑需要,必须提前储备足够数量的水泥。而FCD的不确定性导致水泥会在施工现场存储较长时间,长期存储后水泥的强度是否还能满足标准要求,需要通过一系列的试验来论证。

1　水泥强度增长机理

水泥遇到水会“水化”,水化过程是水泥与水发生化学反应,主要生成水化铝酸钙(C-A-H)和水化硅酸钙凝胶(C-S-H)。水化铝酸钙在水泥的凝结过程中起主要作用;水化硅酸钙则在水泥硬化过程中起主要作用。这两种作用同时进行,一同促进水泥强度的持续增长。

铝酸盐水化反应式[1]:

$$\left.\begin{matrix} C_4AF \\ C_3A \end{matrix}\right. + H_2O \longrightarrow C\text{-}A\text{-}H$$

硅酸盐水化反应式[1]:

$$C_3S + H_2O \longrightarrow C\text{-}S\text{-}H + Ca(OH)_2$$
$$C_2S + H_2O \longrightarrow C\text{-}S\text{-}H + Ca(OH)_2$$

在有水或潮湿环境下,水化过程不断进行,水泥浆体逐渐失去塑性,开始凝结并硬化,随着时间的推移,最终形成如岩石一般坚硬的水泥石。

2　水泥的技术指标

根据核电站技术规格书,P·O42.5水泥的部分技术指标见表1。

表1　核电技术规格书中水泥部分技术指标

检测项目	28 d抗压强度/MPa	比表面积/(m^2/kg)	安定性	凝结时间/min	
				初凝	终凝
技术要求	≥42.5	≥280,≤400	沸煮法合格	≥45	≤600

作者简介:徐富东(1964—),男,江苏仪征,中级工程师,现主要从事工程质量检测与管理工作

3　影响水泥强度的主要因素

水泥原料的品质、熟料的化学组成、粉磨细度、水泥成品中矿物成分的多少和所占比例等是影响水泥强度的内在因素，而水泥的存储环境、存储时间等则是影响水泥强度的外在因素。因此，国家标准对水泥的运输和贮存明确规定应采取防潮防雨措施。

4　存储时间和存储环境对水泥强度的影响分析

4.1　散装水泥

国家相关标准规定，水泥出厂超过3个月应进行复检，合格者方可使用[2]。表2是对同一个生产厂家同品种、同强度等级的散装水泥，储存环境均为核电现场混凝土搅拌站水泥储罐，在不同时间水泥强度的试验数据统计。

表2　不同时间水泥强度初检与复检试验结果

序号	试验日期	批号	代表数量/t	比表面积/(m^2/kg)	28 d抗压强度/MPa	标准稠度用水量/%	复检
1	2012.11.03	R316	350	322	51.0	24.4	初检
2	2013.01.30	R316		322	50.6	24.4	3个月复检
3	2012.11.23	R318	200	327	50.6	24.2	初检
4	2013.02.18	R318		320	50.3	24.2	3个月复检
5	2013.03.11	R319	450	321	50.6	24.6	初检
6	2013.06.10	R319		322	48.4	24.4	3个月复检
7	2013.05.02	R320	450	316	49.4	24.4	初检
8	2013.07.28	R320		317	51.3	24.4	3个月复检
9	2013.08.18	R323	450	318	50.2	24.6	初检
10	2013.11.14	R323		319	50.6	24.6	3个月复检
11	2013.12.16	R323		315	50.7	24.5	4个月复检
12	2014.02.12	R323		307	50.9	24.6	6个月复检
13	2013.12.24	R325	350	316	47.9	24.6	初检
14	2014.03.12	R325		314	48.7	24.6	3个月复检
15	2014.04.24	R328	450	316	51.5	24.6	初检
16	2014.08.20	R328		306	49.3	24.9	4个月复检
17	2014.06.08	R329	450	318	51.1	24.4	初检
18	2014.08.30	R329		285	51.1	24.9	3个月复检
19	2014.07.02	R331	400	289	49.0	24.6	初检
20	2014.09.26	R331		289	49.1	24.4	3个月复检
21	2014.12.20	R331		286	51.1	25.2	6个月复检
22	2014.08.21	V009	450	294	51.8	24.6	初检
23	2014.11.13	V009		297	53.7	24.6	3个月复检
24	2014.08.27	V010	450	298	47.5	24.9	初检
25	2014.11.13	V010		298	49.6	24.6	3个月复检
26	2014.10.26	V012	450	300	52.2	24.9	初检

续表

序号	试验日期	批号	代表数量/t	比表面积/(m²/kg)	28 d抗压强度/MPa	标准稠度用水量/%	复检
27	2015.01.17	V012		328	48.6	24.8	3个月复检
28	2014.11.15	V013	450	300	48.4	24.6	初检
29	2015.02.10	V013		331	53.2	24.7	3个月复检
30	2014.11.29	V014	450	310	49.6	24.7	初检
31	2015.02.24	V014		328	50.6	24.7	3个月复检
32	2014.12.05	V015	200	312	50.1	25.7	初检
33	2015.03.02	V015		334	52.5	25.4	3个月复检
34	2015.03.25	V019	450	300	51.2	24.6	初检
35	2015.06.22	V019		304	51.0	24.7	3个月复检
36	2015.03.29	V020	350	309	52.6	24.5	初检
37	2015.06.27	V020		306	49.9	24.5	3个月复检
38	2015.04.01	V021	150	324	49.7	24.7	初检
39	2015.06.30	V021		317	50.8	24.2	3个月复检
40	2015.04.02	V022	200	312	52.0	24.7	初检
41	2015.06.30	V022		308	51.4	24.7	3个月复检
42	2015.08.03	V026	450	322	50.5	24.1	初检
43	2015.10.29	V026		319	50.1	24.4	3个月复检
44	2015.12.30	V044	450	366	57.5	24.4	初检
45	2016.03.27	V044		369	57.2	24.5	3个月复检

对表2数据做进一步统计，结果见表3。

表3　不同存储时间水泥性能汇总

检测时间	检验批次	28 d抗压强度平均值/MPa	28 d抗压强度最大值/MPa	28 d抗压强度最小值/MPa	比表面积/(m²/kg)	标准稠度用水量/%
初检	21	50.7	57.5	47.5	314	24.6
3个月	20	50.9	57.2	48.4	316	24.6
4个月	2	50.0	50.7	49.3	310	24.7
6个月	2	51.0	51.1	50.9	296	24.9

从表3可以看到，初检水泥21批次，最长复检时间6个月。6个月复检28 d平均抗压强度为51.0 MPa，强度几乎没有变化。随着存储时间的延长，水泥比表面积变小，标准稠度用水量略有增加。

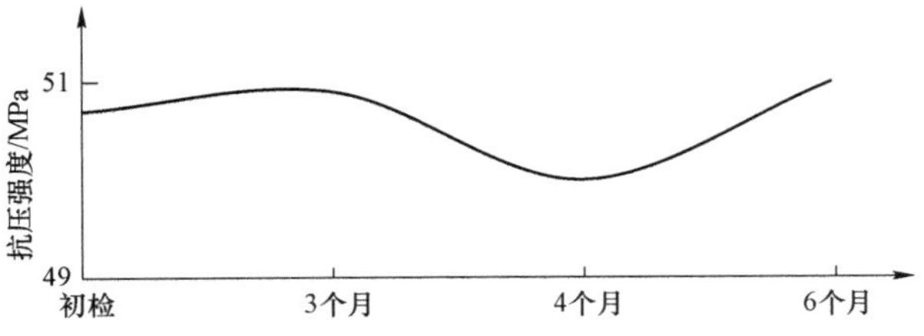

图1　水泥存储时间与28 d抗压强度的关系曲线

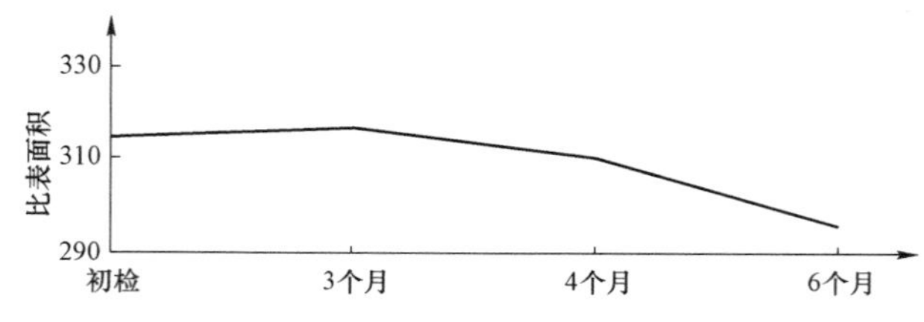

图 2 水泥存储时间与比表面积的变化曲线

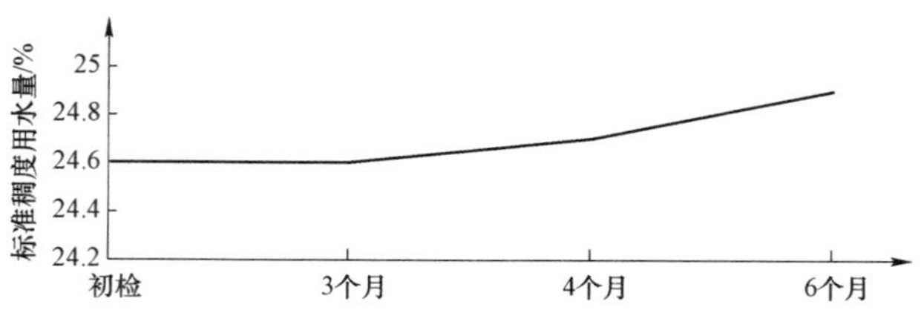

图 3 水泥存储时间与标准稠度用水量的关系曲线

影响水泥需水量的因素很多，其中最主要的是水泥的粉磨细度、矿物组成、混合材的品种和掺量等[3]。由于核电现场使用的是同一厂家、同品种、同强度等级的硅酸盐水泥，其矿物组成、混合材的品种和掺量等参数相对固定。理论上讲，水泥粉磨细度越细，水泥的比表面积越大，需水量是增加的。由于水泥在核电现场存储一段时间后，水泥中的部分超细粉颗粒吸附了空气中的水汽而“水化”凝结，改变了水泥的颗粒分布结构，水泥颗粒变粗，使得比表面积减小。同时水泥颗粒粒径变粗，水泥内部空隙增大，需要更多的水去填充，需水量也就增大了。假设混凝土的用水量为 160 kg/m^3，水泥的标准稠度用水量从 24.6%增加到 24.9%，混凝土的用水量将增加约 2 kg/m^3，对混凝土的抗压强度的影响还不到 1 MPa[1]。

4.2 袋装水泥

表 4 是同一厂家、同一品种、相同强度等级的袋装水泥 P·O42.5，在核电现场存储超过 3 个月后的复检结果。

表 4 袋装水泥存储超过 3 个月的试验结果

检测时间	检验批次	28 d 抗压强度平均值/MPa	28 d 抗压强度最大值/MPa	28 d 抗压强度最小值/MPa	比表面积/(m^2/kg)	标准稠度用水量/%
初检	5	53.5	56.3	50.7	323	24.7
3 个月	3	48.3	48.9	47.8	311	25.5

从表 4 看出，袋装水泥在核电现场存储超过 3 个月后的 28 d 抗压强度比初检强度下降了 9.7%，有明显的下降趋势，比表面积和标准稠度用水量与散装水泥一样，随着存储时间延长，比表面积减小，需水量也是增加的。由于袋装水泥是直接存放在现场仓库中，受潮湿环境的影响，水泥还出现了少量结块现象，这是水泥“遇水”水化形成的。受潮的水泥强度下降，存储时间越长，水泥强度下降越多。

5 存储 6 个月水泥对混凝土强度的影响

2014 年 12 月 20 日，某核电站二期 3# 核岛中心区筏基(3BRX)FCD 一共用到 4 批水泥，其中 3# 储罐水泥批号为 R331，该批水泥已经在水泥罐中存储了 6 个月。表 5 是分别用四批水泥浇筑筏基混凝土 28 d 抗压强度试验结果。

表 5　不同批号水泥的混凝土抗压强度试验结果

工程部位	砼强度等级	水泥罐号	出机坍落度/mm	28 d 抗压强度/MPa	水泥批号
二期 3BRX 中心区筏基	C50P8	1	210	69.0	V014
二期 3BRX 中心区筏基	C50P8	1	195	75.0	V014
二期 3BRX 中心区筏基	C50P8	2	205	73.9	V013
二期 3BRX 中心区筏基	C50P8	2	205	71.1	V013
二期 3BRX 中心区筏基	C50P8	4	190	75.0	V015
二期 3BRX 中心区筏基	C50P8	4	200	74.1	V015
二期 3BRX 中心区筏基	C50P8	3	185	70.0	R331
二期 3BRX 中心区筏基	C50P8	3	175	76.7	R331

由表 5 数据显示，筏基共取样 8 次，28 d 平均抗压强度 73.1 MPa，最大值 76.7 MPa，最小值 69.0 MPa。其中 R331 批水泥取样 2 次，28 d 抗压强度分别为 70.0 MPa、76.7 MPa。在 8 组样品中，28 d 抗压强度最大值出现在 R331 批水泥中，另一个强度值也大于 8 组样品中的最小值。通过分析，存储时间超过 6 个月的水泥对混凝土的强度没有影响。

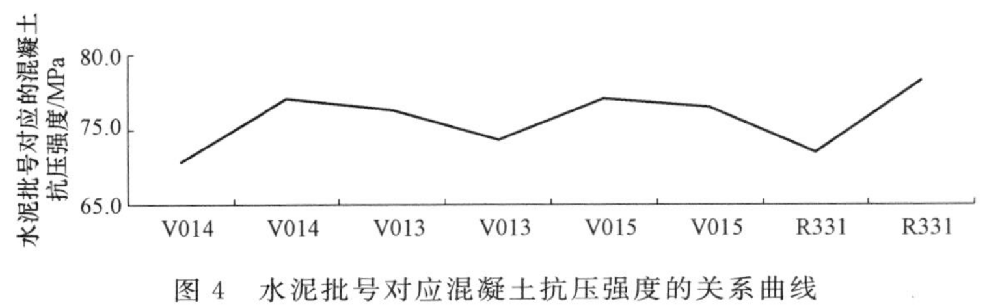

图 4　水泥批号对应混凝土抗压强度的关系曲线

从出机坍落度来看，相同配合比 C50P8，水胶比固定，用水量不变，用 R331 批水泥生产的混凝土出机坍落度较其他批水泥偏小，这验证了存储 6 个月的水泥需水量增大了。在相同用水量的情况下，虽然混凝土出机坍落度偏小，但结果均满足混凝土配合比坍落度设计要求，不影响混凝土的施工性能。

6　小结

通过试验对比，潮湿环境下，水泥很容易受潮结块，使得水泥强度下降。由于核电水泥储罐具有较好的密封性能，水泥存储在相对干燥的环境中，这样的存储环境对水泥强度、比表面积、需水量的影响是轻微的。尽管如此，施工中还是需要总体控制好水泥的进场时间，尽可能缩短水泥在现场的存储时间，减少因存储时间和存储环境对水泥性能的不利影响，从而保证混凝土的质量。

参考文献：

[1]　刘数华，冷发光，李丽华．混凝土新技术[M]．北京：中国建材工业出版社，2008，9：27-59.

[2]　GB 50164—2011，混凝土质量控制标准[S].

[3]　王瑞海．水泥化验室实用手册[M]．北京：中国建材工业出版社，2001，12：470.

Analysis of the effect of storage environment on the strength of cement and concrete

XU Fu-dong

(China Nuclear Industry Huaxing Construction. Co. Ltd. Nan Jing, Jiang Su, China)

Abstract: Cement is the most critical raw material in concrete, and the compressive strength of cement determines the compressive strength of concrete. Long term storage in humid environment will reduce the compressive strength of cement. The test shows that as long as the measures are appropriate, a good storage environment can maximize the storage time of cement, and the compressive strength of cement is basically unchanged, so as to ensure the quality of concrete and meet the needs of special projects.

Key words: Cement storage; cement compressive strength; concrete compressive strength

国产外加剂在预应力浆体中的成功应用

丘岳威
(中国核工业集团华兴工程检测有限公司,江苏 南京 21000)

摘要:"华龙一号"作为我国具有自主知识产权的第三代核电技术,核岛安全壳预应力系统采用了全新设计理念,与俄罗斯 VVER、法国 EPR 等核电站预应力系统相比,它具有管道直径大、管道长度长、预应力束型三维空间布置复杂的特点。以上特点对预应力浆体的性能提出了更高的要求,如缓凝浆的流变性能、物理性能指标、施工工艺。由于浆体的性能要求提高,浆体用原材料的市场不确定因素增多,使预应力浆体配合比的研制面临新的挑战。唯有突破和创新,才能配制满足更高要求的浆体。

关键词:国产外加剂;预应力缓凝浆;生产控制

引言

国内所有核电站预应力灌浆工程用浆体外加剂一直使用国外的外加剂(如富斯乐 SP337、RP264),由于目前该产品在我国已经停产,如果继续使用,需要从国外进口,其高昂的价格和保供的不确定性,将直接影响核电站预应力灌浆工程的顺利进行,因此急需选用一种国产的减水剂和缓凝剂来替代国外产品。华龙一号选用了某国产品牌的产品,用其配制的浆体各项性能均优于国外同类产品。国产品牌产品质量稳定、适应性好、货源有保障、服务及时周到,具有较高的经济价值和推广使用价值。

1　用国产外加剂配制缓凝浆施工配合比

1.1　预应力缓凝浆配合比研发

目前我国核电站预应力灌浆工程用缓凝浆仍采用二次成浆工艺,一次搅拌时添加减水剂,二次搅拌时添加缓凝剂,二次搅拌的间隔时间工艺也是本次研究的对象。在以前的工艺上,二次搅拌的间隔时间为 45 min。配合比试验前首先是原材料的准备,需选取检测合格的水泥、减水剂、缓凝剂、拌合水。我们通过材料调研,用国产外加剂设计出浆体试拌配合比,试验结果见表 1 和图 1。

表 1　浆体的流变性能试验结果

序号	配合比(水泥:水:减水剂:缓凝剂)	流动度/s				凝结时间	
		减水剂	缓凝剂	6 h	10 h	初凝(20±2 ℃)	终凝(+5 ℃)
		/	$9<X<13$	≤14	<25	<50 h	<80 h
1	1:0.30:0.02:0.001 6	14.5	13.0	13.5	14.0	51 h 30 min	72 h 29 min
2	1:0.31:0.02:0.001 6	12.5	11.0	11.0	11.5	52 h 05 min	72 h 35 min
3	1:0.32:0.02:0.001 6	11.5	10.5	11.0	12.0	53 h 10 min	73 h 01 min
4	1:0.31:0.008:0.001 6	12.5	11.5	12.5	12.5	20 h 18 min	43 h 48 min
5	1:0.31:0.01:0.001 6	13.5	12.0	13.0	13.5	32 h 45 min	43 h 15 min
6	1:0.31:0.01:0.001 5	13.5	12.5	13.5	15.5	31 h 10 min	42 h 20 min
7	1:0.31:0.01:0.001 2	13.5	13.0	14.5	20.5	20 h 48 min	30 h 25 min

作者简介:丘岳威,男,广西玉林人,现从事核电土建试验检测

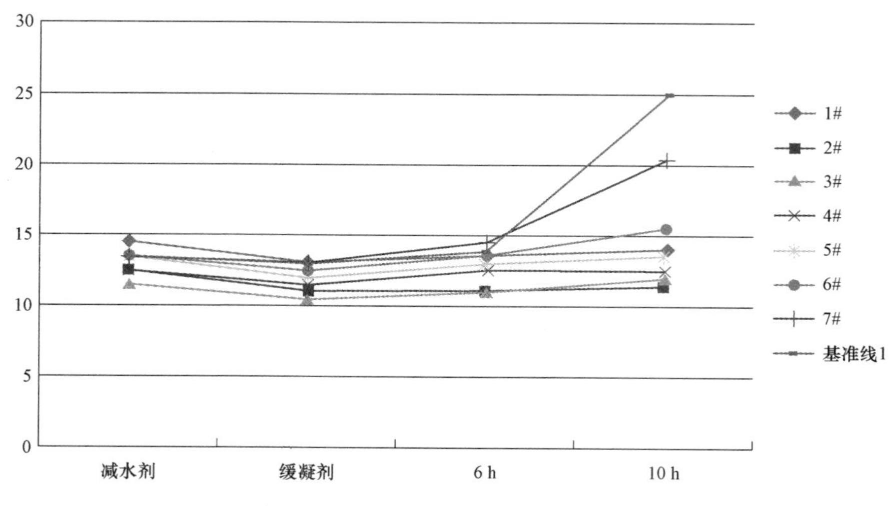

图 1　不同配合比流动度随时间的变化

通常把浆体水灰比、减水剂、缓凝剂掺量、搅拌时间等参数设为研究浆体性能的几个变量，改变其中任何一个变量，浆体的性能也随之发生改变。我们通过大量的试验，研究不同变量之间的变化对浆体性能的影响，试验均基于二次间隔时间 30 min 试验，对比二次搅拌间隔时间 45 min，浆体流动度符合要求，且黏稠度适中，不分层，不泌水，无色差，各项指标性能达到最佳。试验结果见表 1。经过对浆体流动度、浆体流变性能等数据的影响分析，得出 6＃数据指标为最佳。图 1 反映了浆体流动度随时间变化的趋势情况，从图中也能直观地看到 6＃曲线处于最佳位置。因此将 6＃确定为浆体基准配合比，继续开展初步试验、可行性试验、全比例试验以及现场检查试验，以便验证国产外加剂的使用效果。

1.2　预应力缓凝浆初步试验

经过浆体的试配，最终选择预应力缓凝浆配合比，水泥∶水∶减水剂∶缓凝剂＝1∶0.31∶0.01∶0.001 5，该配合比的流变性能，物理性能见表 2、表 3。

表 2　浆体的流变性能试验结果

试验编号	环境温度/℃	浆体温度/℃	流动度/s			凝结时间		泌水率/%	
			即时	6 h	10 h	初凝(20±2 ℃)	终凝(+5 ℃)	3 h	24 h
		20±2	9～13	≤14	<25	<50 h	<80 h	不宜大于 2%，且不应大于 3%	≤0
基准 1	21.5 (20±2)	21.0	12.5	14.0	14.0	30 h 30 min	42 h 29 min	0.0	0.0
基准 2	7.5 (7±2)	21.0	12.5	14.0	17.0	35 h 49 min	—	0.0	0.0
基准 3	33.5 (33±2)	21.0	12.5	12.5	13.0	21 h 10 min	—	0.0	0.0

表 3　浆体的物理性能试验结果

试验编号	强度/MPa		干密度/(g/cm³)	孔隙率/%	毛细吸水/(g/cm²)	28 d 收缩(μm/m)
	28 d 抗折	28 d 抗压				
	≥4.0	>30.0	—	<40	<1.5	<3 500
基准 1	11.6	63.8	1.89	32	0.3	2 590

表 2 中，除了进行浆体在标准条件下的各项试验，还进行了浆体在高、低温条件下的验证试验。初步试验的技术指标符合要求，无泌水，浆体具有良好的流动性和黏稠度，相比于之前富斯乐 SP337、RP264，浆体更加稳定，流动性更好，流动度损失更小。表 3 是按照技术规格书要求进行的浆体在标准条件下的物理及强度等指标试验，试验结果均符合浆体规定的性能要求。

1.3 预应力缓凝浆可行性试验

表 4、表 5 中数据来源于预应力搅拌站浆体验收，也称为浆体配合比可行性试验。试验用现场原材料、设备及生产工艺、试验结果均符合浆体规定的性能要求。进一步验证了试验室初步试验配合比的可行性，确定首次搅拌时间、二次搅拌的间隔时间、人员的分工等，为现场生产试验提供了试验基础，也为下一步全比例试验提供可靠的条件。

表 4 浆体的流变性能试验结果

试验编号	环境温度/℃	浆体温度/℃	流动度/s			凝结时间		泌水率/%	
			即时	6 h	10 h	初凝（20±2 ℃）	终凝（+5 ℃）	3 h	24 h
	20±2	≤32	9～13	≤14	<25	<50 h	<80 h	不宜大于 2%，且不应大于 3%	≤0
盘 1	21.5	24.9	12.0	13.5	13.5	41 h 38 min	52 h 29 min	0.0	0.0
盘 2	21.5	25.2	11.0	11.0	12.0	41 h 31 min	52 h 19 min	0.0	0.0
盘 3	21.5	24.9	11.0	12.0	12.0	39 h 40 min	52 h 06 min	0.0	0.0

表 5 硬化浆体的物理性能试验结果

试验编号	强度/MPa		干密度/（g/cm^3）	孔隙率/%	毛细吸水/（g/cm^2）	28 d 收缩/（μm/m）
	28 d 抗折	28 d 抗压				
	≥4.0	>30.0	—	<40	<1.5	<3 500
盘 1	10.2	65.9	1.90	32	0.4	2 550

1.4 预应力缓凝浆全比例试验

表 6、表 7 中数据来源于预应力灌浆全比例试验，试验用现场原材料，设备及生产工艺，试验结果均符合浆体规定的性能要求。该试验进一步证明了浆体配合比满足现场生产要求，为今后的浆体生产提供了可靠的理论数据，同时也确定了现场生产管理工作程序。施工步骤的模拟进一步验证了国产外加剂在预应力工程的成功运用，同时也为下一步的浆体生产做好了充分的准备。

表 6 浆体的流变性能试验结果

试验编号	环境温度（20±2 ℃）	浆体温度/℃	流动度/s			凝结时间		泌水率/%	
			即时	6 h	10 h	初凝（20±2 ℃）	终凝（+5 ℃）	3 h	24 h
		≤32	9～13	≤14	<25	<50 h	<80 h	不宜大于 2%，且不应大于 3%	≤0
YQB0043	19.5	19.5	11.0	12.0	12.0	32 h 12 min	42 h 02 min	0.0	0.0
YQB0050	18.9	23.9	10.0	11.0	11.5	39 h 54 min	53 h 30 min	0.0	0.0
YQB0059	18.8	24.4	11.0	11.0	11.5	35 h 28 min	44 h 37 min	0.0	0.0
YQB0063	19.3	23.7	11.0	11.0	11.0	32 h 41 min	40 h 52 min	0.0	0.0
YQB0067	20.7	25.1	10.5	10.5	11.0	34 h 43 min	43 h 12 min	0.0	0.0

续表

试验编号	环境温度（20±2 ℃）	浆体温度/℃	流动度/s			凝结时间		泌水率/%	
			即时	6 h	10 h	初凝（20±2 ℃）	终凝（+5 ℃）	3 h	24 h
		≤32	9～13	≤14	<25	<50 h	<80 h	不宜大于2%，且不应大于3%	≤0
YQB0070	19.7	22.5	11.5	11.5	12.0	28 h 23 min	37 h 08 min	0.0	0.0
YQB0077	20.5	23.3	11.0	11.0	11.5	32 h 03 min	41 h 20 min	0.0	0.0

表 7 硬化浆体的物理性能试验结果

试验编号	强度/MPa		干密度/(g/cm³)	孔隙率/%	毛细吸水/(g/cm²)	28 d收缩/(μm/m)
	28 d抗折	28 d抗压				
	≥4.0	>30.0	—	<40	<1.5	<3 500
YQB0043	9.3	57.4	1.88	32	0.3	2 480
YQB0050	10.2	53.7	1.88	33	0.2	2 440
YQB0059	10.3	56.2	1.91	32	0.4	2 270
YQB0063	13.0	60.5	1.93	32	0.3	2 610
YQB0067	9.3	58.2	1.95	33	0.4	2 850
YQB0070	15.5	57.9	1.90	33	0.4	2 470
YQB0077	10.7	56.5	1.90	33	0.4	2 570

2 国产外加剂缓凝浆的生产控制

表8、表9中数据是从预应力现场正式施工中采集的，是现场实体施工检查试验数据，制浆使用现场原材料、设备及生产工艺，试验结果均符合浆体规定的性能要求。该试验是浆体生产的过程控制，也是浆体质量的日常监督，是初步试验、可行性试验、全比例试验的成功运用到正式工程试验。

表 8 浆体的流变性能试验结果

试验编号	环境温度/℃	浆体温度/℃	流动度/s	凝结时间		泌水率/%	
			即时	初凝（20±2 ℃）	终凝（+5 ℃）	3 h	24 h
		≤32	9～13	<50 h	<80 h	不宜大于2%，且不应大于3%	≤0
4HNJ0002	20.0	20.8	11.18	28 h 18 min	41 h 33 min	0.0	0.0
4HNJ0005	22.0	25.6	10.18	31 h 08 min	42 h 53 min	0.0	0.0

表 9 浆体的物理性能试验结果

试验编号	强度/MPa		干密度/(g/cm³)	孔隙率/%	毛细吸水/(g/cm²)	28 d收缩/(μm/m)
	28 d抗折	28 d抗压				
	≥4.0	>30.0	—	<40	<1.5	<3 500
4HNJ0002	13.0	66.4	1.90	33	0.3	2 440
4HNJ0005	12.6	64.1	1.93	31	0.3	2 560

3 结语

面对我国核电事业的不断发展，我国的预应力外加剂技术更加完善，逐渐摆脱外国技术垄断，国产外加剂在核电站预应力灌浆工程中的应用将成为必然。通过初步试验、可行性试验、模拟试验、日常生产检查试验，系统验证了国产外加剂使用的可行性，并取得理想的施工效果。试验结果表明，国产外加剂完全可以替代国外同类产品，可以在我国核电站预应力灌浆工程中应用。我们的研究成果填补了我国国产外加剂在核电站预应力灌浆工程中的应用空白。

Successful application of domestic admixtures in prestressed grout

QIU Cheng-wei

(China Nuclear Industry Huaxing Construction. Co. Ltd. Nan Jing, Jiang Su,China)

Abstract: HPR1000 as the third generation nuclear power technology with independent intellectual property rights in China,adopts a completely new design concept for the pre-stressed system of the nuclear island containment vessel, which is compared with the pre-stressed systems of CPR1000, VVER in Russia,EPR in France,etc. ,it is characterized by large pipe diameter,long pipe length and complex arrangement of prestressed 3D. The above characteristics put forward higher requirements for the performance of prestressed Grout, such as the rheological properties, physical performance indexes and construction technology of retarded grout. Due to the requirement of the performance of the slurry,the market uncertainty of the raw materials for the slurry is increasing,which makes the development of the mix proportion of the prestressed slurry face new challenges. Only through breakthrough and innovation,can the paste be prepared to meet higher requirements.

Key words: domestic admixture; prestressed retarding grout; production control

铸态金属镧力学性能与断裂行为研究

丁　丁,赵　刚,于　震
(核工业理化工程研究院,天津 300180)

摘要:电子束熔铸法获得的金属镧铸锭与取锭装置在连接位置出现断裂现象,本文利用光学显微镜(OM)、扫描电镜(SEM)、X射线衍射仪(XRD)、X射线光电子能谱(XPS)等对断口分析,通过拉伸试验研究了铸态金属镧的力学性能。显微观测发现,断口处多见孔洞和明显裂纹痕迹。拉伸试验表明,铸态金属镧的抗拉强度75 MPa,屈服强度45 MPa。600 ℃时,当载荷达到40 MPa,试样很快断裂。确定了断裂原因为金属镧铸锭是在高温条件下,强度降低,同时杂质、孔洞等缺陷的存在加速了裂纹生长,导致镧锭与拉锭装置连接处发生断裂行为。

关键词:铸态;镧;力学性能;断裂行为

引言

稀土材料作为"工业味精",具重要工业价值,其中金属镧作为储氢材料、磁致冷材料、屏蔽涂料等,广泛应用于材料领域[1~3]。金属镧低熔点、活泼性,较难提纯,电子束熔炼是有效提纯金属镧的方式[4]。本文所述铸态金属镧通过电子束熔炼获得,铸锭脱模过程中,取锭装置与金属锭连接处出现断裂情况,影响金属铸锭的正常脱模。作者针对铸锭断口进行了分析,并对铸态金属镧的力学性能进行了测试,确定了断裂行为发生的原因。

1　断裂概况

电子束加热铸锭过程中,熔化后的金属镧与钽材质的取锭装置黏合在一起,通过取锭装置将金属锭从坩埚内取出。在温度600 ℃,真空度达到 5×10^{-3} Pa时,金属锭与取锭装置连接处部分出现断裂,断裂位置为镧铸锭部分,断裂后金属铸锭及断口情况见图1。

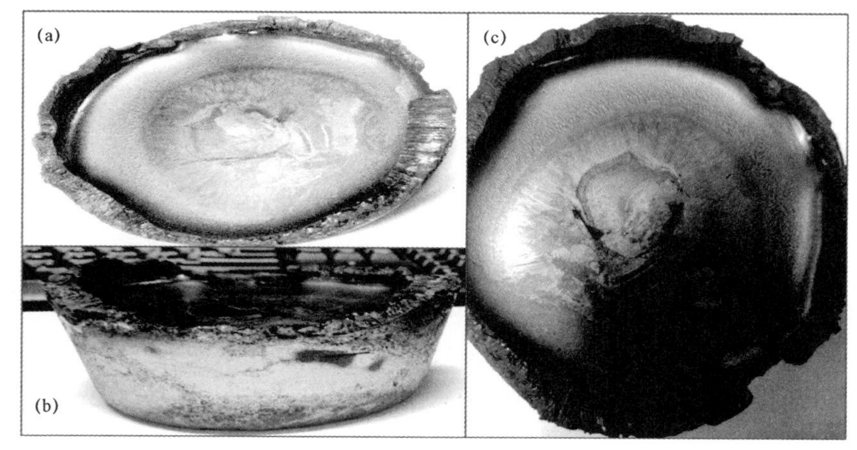

图1　断裂的铸锭及断口图

作者简介:丁丁,男,安徽宿州人,助理工程师,现从事核化工及核材料相关研究工作

2 试验分析

2.1 断口形貌

光学显微镜视野内，断口表面能看到多种平面断裂痕迹，表面孔洞较多，见图 2(a)、(b)。裂缝区域零散分布，裂纹分布不规则，转折处多有孔洞，孔洞出现在铸锭断口外侧附近，沿直径向铸锭中心分布很少，见图 2(c)、(d)。

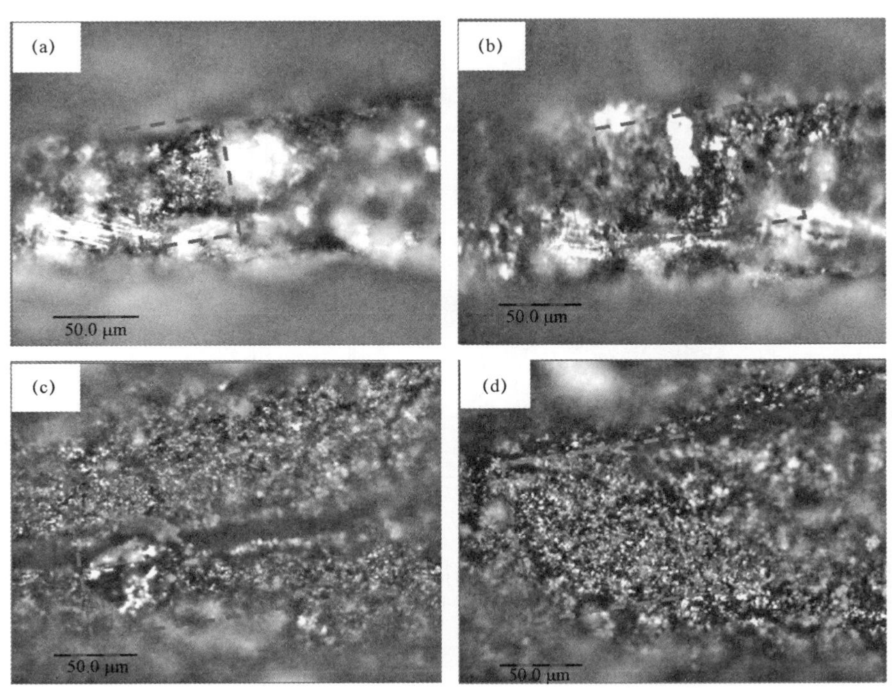

图 2 镧锭熔断断口区域光学显微镜形貌图

利用场发射电子显微镜对断口微观形貌进行了表征，如图 3 所示。由图 3(a)、(b)可以看出，断口表面有大量显微孔洞，熔锭断口条纹间隙裂纹很长且深，原因可能是受高温应力作用，由材料内部夹杂物破碎而导致的。断口表面没有大量明显的韧窝出现，存在脆性断裂痕迹，多见高温热应力集中作用导致的锯齿状裂纹。

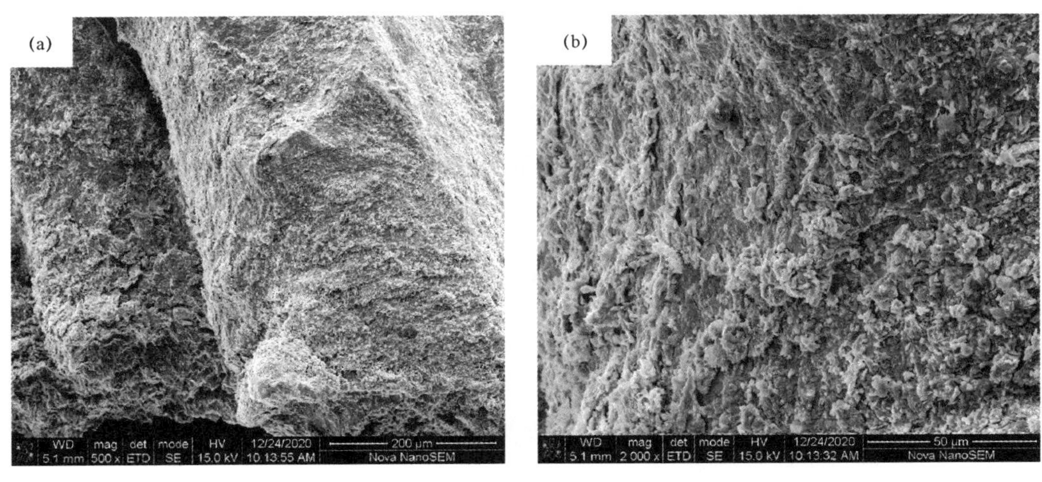

图 3 断口扫描电镜图片

断口区域的 EDS 分析结果表明，断口处含有 C、O、Si、La 元素，且 La 元素的表面含量约 90%，可以确定表面区域主要为 La 及 La 的氧化物，EDS 分析结果见图 4。

2.2 断口物相结构

在断口处取样进行 X 射线衍射分析，获得的 XRD 衍射图谱如图 5 所示，对比相关文献[5]，对谱图进行分析，断口位置除了 La_2O_3 外，还存在 Si 杂质，这与 EDS 分析结果相一致。Si 元素是工业金属镧的常见杂质[6]，由于 Si 的蒸发系数低，即使经过电子束熔炼提纯，也很难去除[4]。

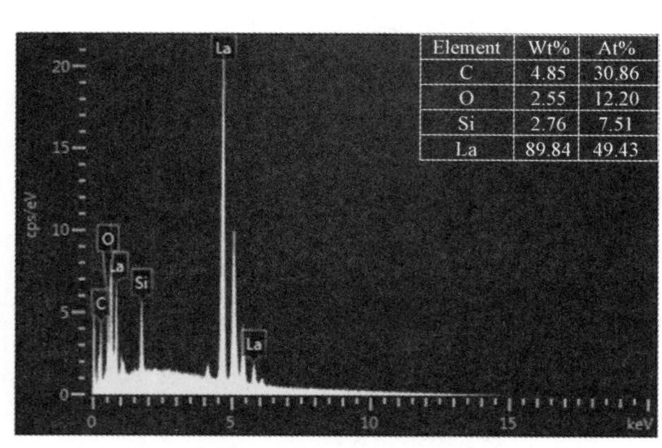

Element | Wt% | At%
C | 4.85 | 30.86
O | 2.55 | 12.20
Si | 2.76 | 7.51
La | 89.84 | 49.43
cps/eV
keV
La
O
C
Si

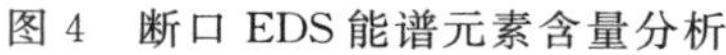

图 4 断口 EDS 能谱元素含量分析

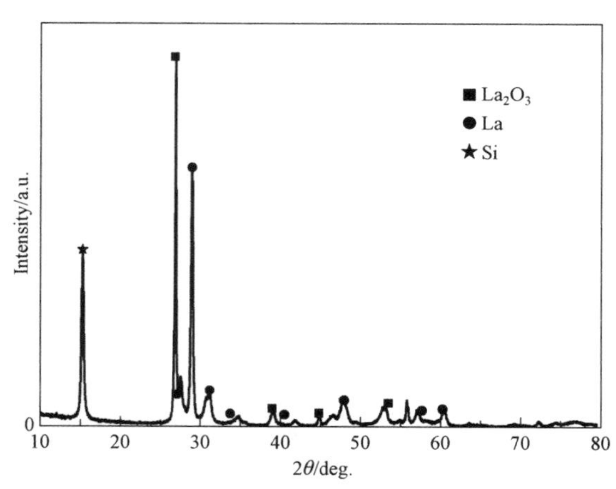

图 5 XRD 分析谱图

利用 XRD 的残余应力附件进行了微观残余应力分析，衍射谱图见图 6。通过变角度扫描分析衍射峰位，未发现峰位偏移情况，说明晶格由于应力作用产生了永久性的拉伸或滑移等畸变，断口附近几乎没有形成微观残余应力。

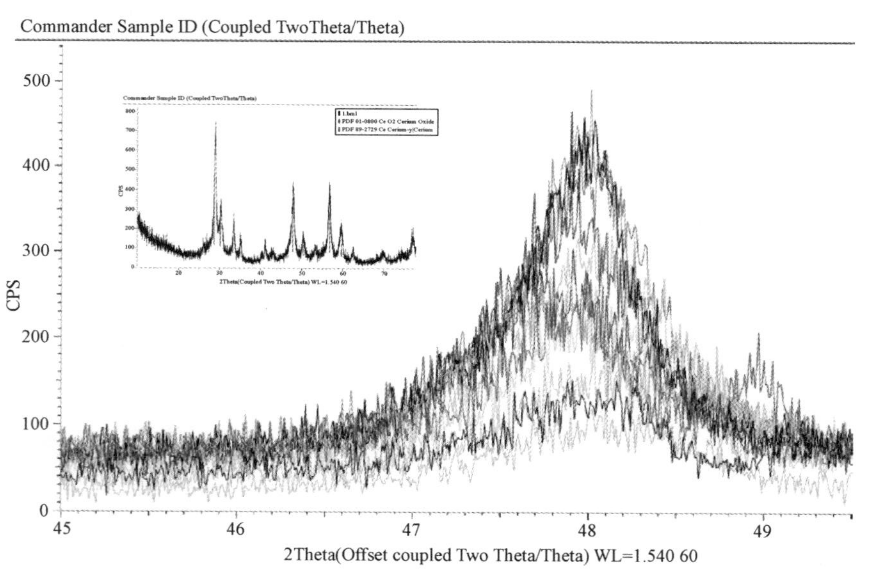

图 6 残余应力衍射谱图

利用 X 射线光电子谱仪进行断口样品元素形态分析，谱图见图 7(a)，结合 XRD 分析结果，说明分析时的样品表面已经被氧化，主要是 La_2O_3；高分辨谱图见图 7(b)。XPS 分析断口基本没有发现其他杂质、化学键形态，断口表面主要铈 La 和 La_2O_3。

2.3 材料强度测试

利用电火花线切割机沿径向将镧铸锭切割成 60 mm×10 mm×2 mm，60 mm×10 mm×3 mm

规格的矩形薄片状的拉伸试样，但由于金属镧极易氧化，表面未做抛光处理。

2.3.1 常温拉伸试验

对铸态金属镧进行静态拉伸试验，图 8 为不同加载速度和不同截面厚度样品的静态拉伸试验结果的实时数据图，横坐标为应力载荷，纵坐标为断裂时间。其中粉色曲线 4 采用的是 2 mm 厚的式样外，其他曲线均采用 3 mm 厚的式样。2 mm 样品的伸长率获得了很大的提升，数值接近 28%，说明样品变薄后，塑性形变得到了很大程度的释放，断裂时间延长。铸锭测量的力学参数与非铸态镧文献值[7]对比见表 1，说明铸态金属镧内部存在缺陷，导致抗拉强度较文献值偏小，屈服强度较文献值变大。

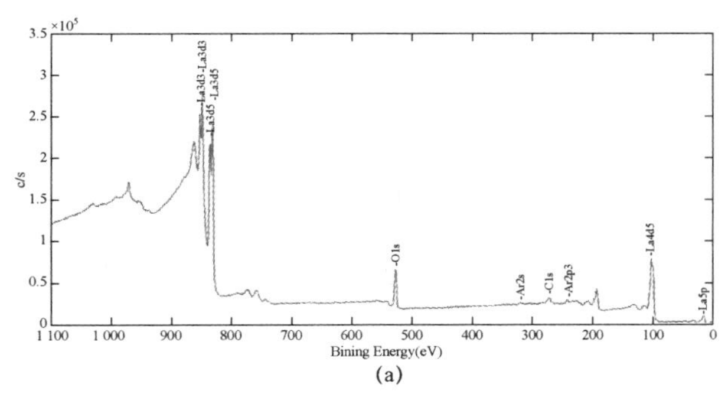

(a)

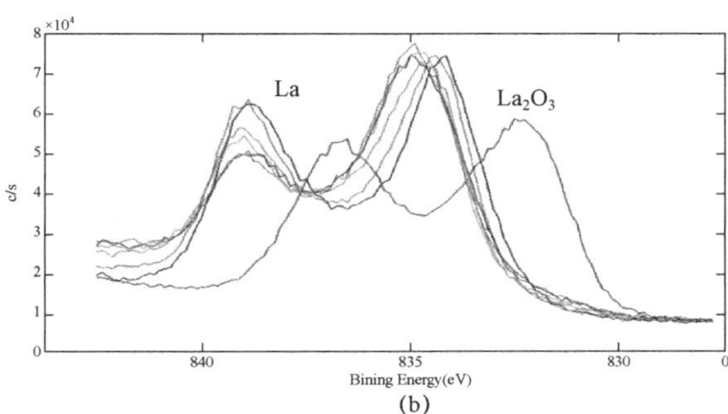

(b)

图 7 XPS 分析谱图

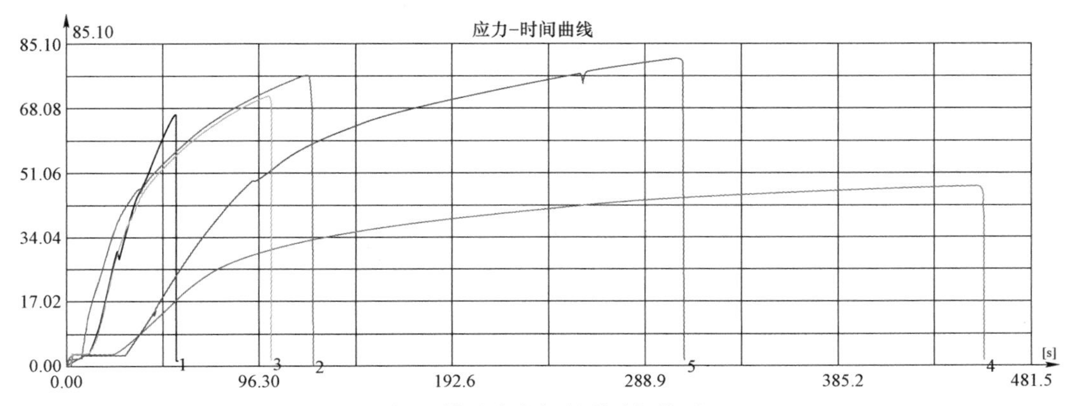

图 8 样品应力与断裂时间关系

表 1 拉伸实验数据与文献值

	抗拉强度	屈服强度	弹性模量	伸长率(3 mm 样品)
镧文献值	130 MPa	126 MPa	36.6 GPa	7.9%
铸态测试值	75 MPa	45 MPa	39 GPa	18%

2.3.2 高温真空断裂行为

在真空度 0.005 Pa、600 ℃条件下，对铸态镧样品进行定强度拉伸试验，持久强度大致与断裂时间呈线性分布。随着载荷增大，断裂时间逐渐变短，强度极限达到 40 MPa 时，试样很快出现断裂，强度低于常温测试值，说明此温度下样品强度下降，另一方面，高温蠕变也是影响断裂不可忽略的因素。

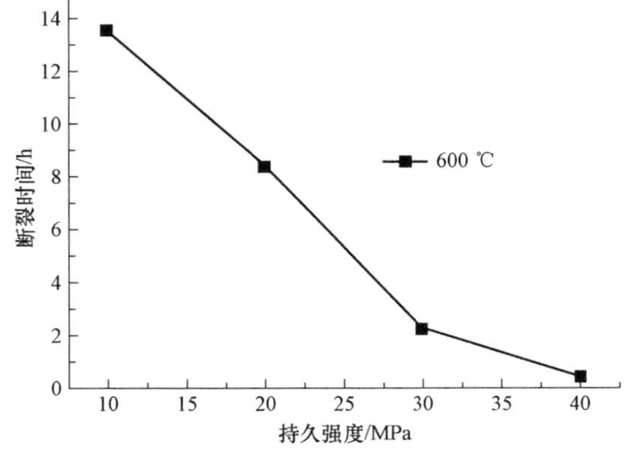

图 9 持久强度极限与断裂时间关系

3 结论

通过对铸锭断口形貌成分的分析，以及铸锭样品的力学性质测试，可以得到以下结论：

（1）铸锭与取锭装置连接处高温时，强度下降，杂质及孔洞导致宏观缺陷的影响而产生裂纹，随着裂纹扩张，镧锭与拉锭装置连接处出现断裂。

（2）铸态的金属镧的抗拉强度 75 MPa，屈服强度 45 MPa，弹性模量 39 GPa，由于内部存在缺陷，与文献值存在差异。

（3）在 600 ℃、0.005 Pa 时，金属的断裂时间随着载荷的增加而减少，当载荷 40 MPa 时，铸态金属镧样品很快出现断裂。

致谢

在本项工作开展及论文撰写过程中，得到了领导、老师、同事的大力帮助，在此表示衷心的感谢。

参考文献：

[1] 成维，黄美松，王志坚，等．金属镧的制备方法及应用研究现状[J]. 稀有金属与硬质合金，2014，42(01)：62-65.

[2] 汪玮，李宗安，王志强，等．熔盐电解精炼金属镧的研究[J]. 稀有金属，2013，37(05)：770-777.

[3] 张车荣．金属镧高温高压结构的理论研究[D]. 吉林大学，2017.

[4] 杨振飞．电子束熔炼提纯金属镧的研究[D]. 北京有色金属研究总院，2019.

[5] 许小荣，李建芬，肖波，等．La_2O_3 纳米晶的制备及表征[J]. 人工晶体学报，2009(03)：652-656.

[6] 陶利明，刘建刚，袁萍，等．电池级高纯金属镧电解工艺研究[J]. 江西冶金，2008，28(2)：1.

[7] Haynes W M Boulder. CRC Handbook of Chemistry and Physics，95th Edition，Online edition[J].

Study on mechanical properties and fracture mechanism of as-cast lanthanum

DING Ding，ZHAO Gang，YU Zhen

(Research of Physical and Chemical Engineering of Nuclear Industry，Tianjin，China)

Abstract：The fracture of the as cast lanthanum ingot and the ingot taking device obtained by electron beam casting method appears fracture at the connection position. The mechanical properties of as cast lanthanum are studied by means of the fracture analysis of OM，SEM，XRD，XPS. It is found that there are many holes and obvious cracks in the fracture，The tensile test shows that the tensile strength and yield strength of as cast lanthanum are 75 MPa and 45 MPa. At 600 ℃，when the load reaches 40 MPa，the specimen breaks quickly. The fracture reason is that the strength of the ingot is reduced at high temperature，and the existence of impurities and holes accelerates the crack growth，which leads to the fracture behavior at the connection between the lanthanum ingot and the pulling device.

Key words：as-cast；lanthanum；mechanical properties；fracture mechanism

快堆蒸汽发生器换热管高温拉伸试验研究

王祥元,张 娟
(东方电气(广州)重型机器有限公司,广东 广州 511455)

摘要:对小直径管材全截面高温拉伸试样,拉伸过程中根据塞头长度及加热炉高度获得拉伸试样平行减缩短长度,通过拉伸试验机十字头移动速率控制,可以准确反应快堆蒸汽发生器换热管高温拉伸性能。

关键词:快堆;换热管;高温拉伸;全截面;抗拉强度

引言

压水堆蒸汽发生器(SG)对换热管高温拉伸屈服强度提出验收值要求,高温拉伸抗拉强度仅提供数据,不做验收要求;而快堆蒸汽发生器对换热管高温拉伸抗拉强度提出要求。快堆SG换热管为研发材料,相对ASME中牌号进行了优化及控制,在工程中准确获得新材料的高温抗拉强度对新材料应用及工程推进有着至关重要的意义。基于美标ASME体系,快堆SG换热管高温拉伸试验按标准ASTM E21进行,标准ASTM E21的规定速率要求如下:

- 测量屈服强度时,应变率控制要求:

在屈服强度的测定过程中,将试样均匀截面上的应变率保持在0.005 ±0.002/min。

- 测量抗拉强度时,应变率或位移速度的控制要求:

……在屈服强度测定后,将十字头的运动速率提高到每分钟为试样小截面段长度的0.05±0.01倍。

假如十字头的速率在上述公差范围内保持恒定,在屈服强度测定后,引伸计和应变率指示计可以被用来设定应变率为0.05±0.01/min。为防止其损坏,引伸计的传感元件在达到最大载荷前就可以卸去。

标准ASTM E21规定试样按ASTM E8中规定执行,ASTM E8中规定对于直径小于1英寸的管材,拉伸试样采用整管拉伸试样。

根据ASTM E21标准规定,高温拉伸试验在屈服强度测定后,可采用两种控制方式:

(1) 控制应变率;

(2) 控制十字头位移速度。

在换热管拉伸试验中,如采用应变速率控制,需全程加载引伸计,因换热管材料无法保证所有截面尺寸均匀,变形只发生在引伸计测量范围,同时受限于设备引伸计及换热管尺寸,工程上很难采用引伸计反馈的应变速率控制方式测量抗拉强度,一般在屈服后根据试样平行减缩段结合应变率获得十字头位移速度进行控制。

王文熙[1]等对2524铝合金进行研究,发现随着拉伸过程中应变速率的降低,合金的高温拉伸抗拉强度减小。汪红晓[2]的研究表明,GH2909合金随着拉伸应变速率的增加,高温抗拉强度不断增加。徐永国[3]在小直径金属管高温拉伸研究中通过管材两端焊螺纹棒进行夹持,进而完成高温拉伸试验。以上研究表明拉伸速率影响高温拉伸抗拉强度的结果,通过两端焊接可以实现整管拉伸,但对于小直径管材高温拉伸试验中应变速率和试样尺寸如何结合可以快速、简单、准确获得管材的抗拉强度仍需进行研究。

作者简介:王祥元,男,河南人,现从事压力容器材料性能研究相关工作

1 试验

1.1 应变控制及位移控制

考虑标准允许应变控制及十字头位移控制，分别采用两种方式进行试验：

（1）采用引伸计测量应变率：控制屈服前的应变率为 0.005±0.002/min，屈服强度测定后的应变率为 0.05±0.01/min；

（2）采用十字头（或横梁）控制位移速度：控制屈服前的应变率为 0.005±0.002/min，屈服强度测定后的位移速度控制在每分钟 0.05±0.01 倍的试样小截面段长度。

考虑加热炉炉膛长度约 400 mm，经鉴定的有效温度区长度约 150 mm，设计采用整管全长 270 mm，两边焊接 M20 的螺纹头，如图 1 所示。

图 1　带螺纹头试样示意图

试样屈服后采用两种不同的控制方式进行拉伸试验：

方式一：试样屈服后快速将十字头的位移速度过渡至每分钟 0.05 倍试样的缩减长度，即 0.05×270 mm/min=13.5 mm/min。

方式二：应变控制，屈服测定后应变速率为 0.05/min。

采用两种方式测量同一根换热管上并排切取高温拉伸试样结果如表 1 所示。

表 1　不同控制方式试验结果

序号	温度/℃	抗拉强度/MPa	控制方式
1	515	370	方式一
	515	360	方式二
2	515	370	方式一
	515	362	方式二
3	530	344	方式一
	530	333	方式二

从表 1 数据可见，采用十字头（或横梁）位移速度控制方案测试获得的高温抗拉强度稍高于引伸计应速率控制，两者数据基本一致，最大相差 11 MPa，最小相差 8 MPa。

1.2 全截面试样与弧段试样

在换热管拉伸试验中，如采用应变速率控制，需全程加载引伸计，同时管材无法保证所有截面尺寸均匀，而引伸计可测量长度较短，较难保证变形只发生在引伸计测量范围，因此工程上很难采用引伸计反馈的应变速率控制方式；采用换热管两端焊接接头进行高温拉伸试验，需要选取合适材料对两端进行焊接，焊接工作量大，在大批量的验收中较难实现，同时焊接接头的质量影响试验，可能出现焊接缺陷引起试样断裂在焊接接头位置，从而导致试验失败。

结合上述试验，考虑加热炉高度采用长 600 mm 整管拉伸试样，炉外夹持；同时对比采用弧段试样：

（1）整管拉伸试样：试样长 600 mm，塞头长 50 mm；

（2）弧段拉伸试样：考虑换热管直径较小，采用两侧开窗的对称开窗试样，保证试验过程中，试验不会发生偏心，试样尺寸如图 2 所示。

试验测量发现 600 mm 长换热管拉伸试样断裂后，一端 80 mm 范围换热管直径未发生变化，一端 120 mm 范围热管直径未发生变化，将 400 mm 长范围作为平行减缩段考虑，拉伸过程中对整管拉伸及开窗弧段试样拉伸采用如下十字头位移分离速率：

（1）整管试样：0.05×400 mm/min＝20 mm/min。

（2）弧段试样：0.05×50 mm/min＝2.5 mm/min。

根据以上速率获得整管试样及弧段试样拉伸试验结果见表 2。

弧段试样在拉伸试验过程参与变形部分为平行减缩段部分，试验后炉内整管直径未发生变化；整管试样一端 80 mm 范围换热管直径未发生变化，一端 120 mm 范围热管直径未发生变化。

同一根换热管上，弧段试样试验结果与整管试样结果基本一致，最大相差 10 MPa，最小相差 3 MPa，平均相差 6 MPa，弧段试样测量抗拉强度稍高于整管试样。

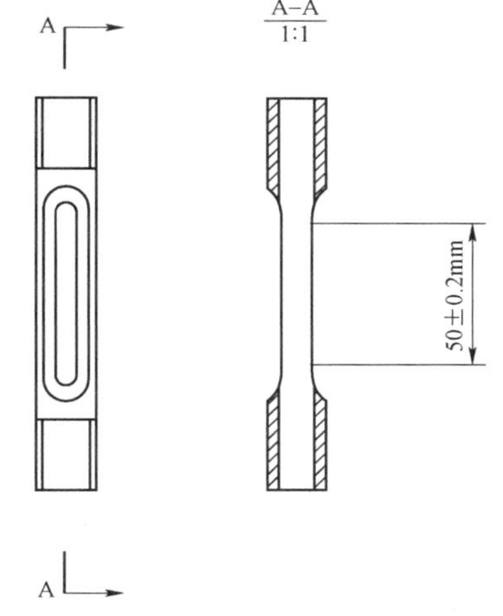

图 2　弧段试样示意图

表 2　不同试样试验结果

序号	温度/℃	抗拉强度/MPa	试样类型
1	515	360	整管试样
	515	365	弧段试样
2	515	361	整管试样
	515	364	弧段试样
3	515	364	整管试样
	515	374	弧段试样

2　分析与讨论

标准 ASTM E8 中建议室温整管拉伸试样塞头长度保证两塞头间距离为标距，如采用较长塞头，保证试样标距为 50 mm，600 mm 长整管试样，塞头长度需 275 mm，因管子整个长度范围内壁厚及直径存在一定波动，为保证塞头可以插入管子两端，塞头直径应小于换热管内径，与管子内壁仍存在一定间隙。在短塞头全截面整管拉伸试验发现加热炉整个高度范围内，管子外径均已变小，在拉伸过程中参与变形，如采用长塞头情况，在塞头与管壁之间存在空隙的情况下，塞头长度范围内管子仍会发生变形，受塞头影响，阻止了管子变形，因此对换热管变形产生影响，试验中发现 600 mm 长整管试样，试验后长 275 mm 塞头已无法拔出。

对于高温拉伸试验，不同加热炉高度及均温带不同，多数加热炉均温带高度不超过 150 mm。对于钢板、锻件等机加标准圆截面拉伸试样而言，拉伸试样平行减缩段通常为 60 mm，拉伸过程中平行减缩段处于均温段，因此对于该类试样，拉伸机十字头位移控制平行减缩短可以按试样加工平行段计算；对于小直径管材全截面拉伸试样，通过炉外加装塞头由楔形夹具夹持，或者端部焊接接头炉内螺纹连接。对于炉外夹持整管拉伸试样，如采用十字头分离速率控制，需要确定平行减缩段长度。

试验发现 600 mm 整管拉伸试样，试样两端分别 80 mm 及 120 mm 长范围内直径大小未发生变化，其余部分管材直径变小，即初始状态下处于炉内 400 mm 长范围均发生变形，因此，在采用长 600 mm 试样的 50 mm 长塞头时，将 400 mm 作为平行减缩段长度计算横梁移动速率。

从表 1 及表 2 中结果可见，同一根换热管上，三种不同试样采用拉伸机十字头分离速率控制，三者 515 ℃下拉伸抗拉强度结果基本一致。试样长度及十字头分离速率见表 3。

表 3　试样及速率对比

类型	长度	减缩段	十字头分离速率
试样 1	270 mm	270 mm	13.5 mm/min
试样 2	600 mm	400 mm	20 mm/min
试样 3	600 mm	50 mm	2.5 mm/min

采用较短整管试样可保证试验中试样变形部分尽可能多的处于加热炉均温区，但管子两端需通过焊接方式连接，同时焊接接头质量影响拉伸试验结果。

采用弧段试样，需对管子剖开进行机加工，同时端部钻孔，通过销轴连接，销轴强度及钻孔处质量影响试验，试样加工耗时较长。

采用整管拉伸，端部配塞头，炉外夹持，试样加工及试验方便。通常高温拉伸加热炉为保证炉内温度会两端密封，加热炉均温段以外温度通常较均温区温度稍低，从表 1 中可见，530 ℃整管拉伸抗拉强度低于 515 ℃抗拉强度，因此即使采用较短塞头，试样断裂部位也会尽可能处在温度较高的均温段部分。

3　结论

小直径换热管，根据标准规定高温拉伸需采用整管拉伸，作为非常规试验：

（1）以拉伸机十字头分离恒定速率控制测量抗拉强度稍高于通过引伸计控制应变速率测量换热管高温拉伸抗拉强度。

（2）可以采用弧段试样、两端焊接炉内夹持整管试样、装配塞头炉外夹持整管试样进行小直径换热管的高温拉伸。

（3）对装配塞头炉外夹持整管试样，需通过试验获得炉内变形长度计算平行减缩段进一步确定拉伸机十字头移动速率，并通过弧段试样结果对比验证后可应用于工程大规模检验中。

致谢

在相关实验的进行当中，受到了东方锅炉股份有限公司敬仕煜老师的大力支持，在此向敬老师的大力帮助表示衷心的感谢。

参考文献：

[1]　王文熙，等．高温拉伸对 2524 铝合金合金显微组织与力学性能的影响[J]. 特种铸造及有色合金，2018，38(2)：227-229.

[2]　汪红晓，拉伸速率对 GH2909 高温拉伸测试结果的影响[J]. 特钢技术，2018，24(1)：36-38，48.

[3]　徐永国，金属管高温拉伸试验方法的研究[J]. 上海钢研，1998，4：24-27.

Fast reactor steam generator heat exchanger tube elevated temperature tensile test research

WANG Xiang-yuan，ZHANG Juan

(Dongfang Electric (Guangzhou) Heavy Machinery Co. Ltd，Guangdong Guangzhou，China)

Abstract：Fast reactor is the abbreviation of “Fast Neutron reactor”. Fast reactor steam generator

(SG) heat exchanger tube requires that elevated temperature tensile strength and yield strength shall satisfy the specified value. PWR steam generator heat transfer tubes elevated temperature tensile strength is required to provide data for information. Fast reactor SG heat exchanger tube is the research and development material which is optimized and improved according to ASME grade, accurately obtaining the elevated temperature tensile strength of new materials in engineering is of great significance to the application and engineering promotion of new materials. The diameter of nuclear heat exchanger tube such as steam generator is small, and the ASME system standard stipulates that the tensile sample of tubes with outer diameter less than 1 inch should use full section. The heat exchanger tubes of fast reactor steam generator are Φ16mm × 2.5mm and Φ16 × 3mm, therefore the full section tube should be stretched at elevated temperature tensile test. For the full—section elevated—temperature tensile sample of small diameter tubes, the parallel reducing length is calculated by combining the plug length and the height of the heating furnace, the fast reactor SG heat exchanger tubes elevated temperature tensile performance can be accurately reflected by controlling the movement rate of the crosshead.
Key words: fast reactor; heat exchanger tube; elevated temperature tensile; full section; tensile strength

三种高温合金在高温堆含杂氦气中腐蚀行为研究

李昊翔,郑　伟,银华强,王秋豪,何学东,马　涛
(清华大学 核能与新能源技术研究院,北京 100084)

摘要:高温堆在运行过程中,其主冷却回路氦气中存在痕量的 H_2、H_2O、CH_4、CO、O_2等杂质。这些杂质会在高温下和高温堆合金设备发生反应造成合金材料腐蚀。对高温堆蒸汽发生器的三种备选材料 Inconel 617 合金、Incoloy 800H 合金和 Hastelloy X 合金进行了腐蚀试验。三种合金暴露在 950 ℃的高纯氦气气氛和特定氧化气氛当中进行 48 h 的腐蚀试验。试验结束后,通过称重、扫描电镜(SEM)、电子探针显微分析仪(EPMA)以及碳硫分析仪对两种气氛下的腐蚀结果进行分析。两种气氛下三种合金均发生氧化,纯氦气氛下三种合金腐蚀程度较氧化气氛下更低,合金质量增重较低,内部碳分布较少。三种合金中 Hastelloy X 合金的耐腐蚀性能最好;Inconel 617 合金发生明显内氧化,在氧化气氛下合金表层有明显的碳分布;Incoloy 800H 合金耐腐蚀性有待进一步试验验证。

关键词:高温合金;高温气冷堆;内氧化;渗碳;铬耗竭

前言

高温气冷堆作为第四代核反应堆的一种,其具有固有安全性高、经济性好、发电效率高、工艺热应用广泛等特点[1]。然而,高温堆主冷却剂回路中存在 0.1～10 Pa 的痕量杂质[1]。由于杂质的存在,对于高温气冷堆内部合金材料的性能有着较大的影响。国内对于这部分内容的研究投入和成果较少,需要进行大量的实验、归纳和分析。为了能够完全理解合金材料在氦气环境中的腐蚀情况、痕量杂质对于合金材料的影响以及杂质含量限值的设定,故对于腐蚀机理的研究显得意义重大。本文主要针对 Inconel 617、Hastelloy X 和 Incoloy 800H 三种高温合金材料在高温高纯氦和氧化气氛下的腐蚀行为进行探究。Inconel 617 合金和 Hastelloy X 合金主要用于德国 PNP 项目和日本 HTTR[3,4]。清华大学设计开发的高温气冷堆示范电站的蒸汽发生器传热管高温段采用 Incoloy 800H 合金[5]。

1　实验流程

本项研究中选取三种高温合金材料:Inconel 617 合金、Hastelloy X 合金和 Incoloy 800H 合金,其化学成分如表 1 所示。

腐蚀试验开始前,利用切割机将样品加工成 20 mm×8 mm×1 mm 的短栅型试件。材料的最终热处理温度为 1 180 ℃,此后采用水冷 10 min,结晶度为 ASTM NO. 3～4。样品用 600 目、1 000 目、1 200 目、2 000 目的砂纸进行机械抛光并对所有表面进行研磨。在试验开始前,将试样在丙酮中进行超声清洗,此后在空气中干燥,并用精度为 1 mg 的电子天平进行称重。

在腐蚀试验中,六个样品(每种合金两个样品)都位于高温炉内。考虑到经济因素和试验中需保持气氛稳定,腐蚀试验在流动的非纯氦气(0.1 $mL/s \cdot cm^2$)下进行。由于试验气氛配置过程中水的配置和测量十分困难,而且使用高纯氦气配置时只会引入极少量的水份,因此水的含量以实测值为参考。因为氧分压对腐蚀试验的腐蚀结果影响较大,根据 HTR-10 的实际运行工况,高温堆一回路中实际氧浓度在 0.1 ppm 上下[6],将试验气氛中的氧浓度设定为 1 ppm 上下,主要探究 CO 浓度对 T-22 合金的氧化腐蚀影响。两次试验的测试气氛的组成如表 2 和表 3 所示,测试气氛采用气体钢瓶配气得到,配置的依据是 HTR-PM 的氦气杂质设计限值,如表 4 所示。输入气体的流量大小由质量流量

作者简介:李昊翔,男,博士研究生,现从事高温堆非纯氦气杂质腐蚀研究

计控制，样品在测试气氛中从室温 20 ℃以 5 ℃/min 的速度升温，直至 950 ℃开始保温 48 h，保温结束后进行充分自然冷却。

试验结束后，利用精度为 1 mg 的电子天平对样品称重。采用 XQ-1 型金相试样镶嵌机对样品进行热固性塑料压制。此后利用 600 目、1 000 目、1 200 目、2 000 目的砂纸进行机械抛光，直至表面无划痕和污迹。通过扫描电镜(SEM)、电子探针(EPMA)以及碳硫分析仪进行表征，得到腐蚀后样品的形貌、元素分布以及元素含量随深度变化情况。

表 1 三种合金的主要化学成分 单位：wt%

	C	Ni	Cr	Mo	Fe	Si	Mn	Ti	Al	Co
Incoloy800H	0.1	29.3	21.8	—	Base	0.4	0.4	0.4	0.4	—
Inconel617	0.08	Base	24.3	10.2	—	0.2	—	0.7	1.2	12
Hastelloy X	0.08	Base	22.7	9	—	0.01	0.7	—	—	0.4

表 2 氧化气氛中的杂质含量(^{1}He)(P_{tot}=0.1 MPa)

杂质种类	O_2	H_2	CH_4	CO	H_2O
含量/ppm	0.60	490	2.0	490	0.80

表 3 高纯氦气氛中的杂质含量(^{2}He)(P_{tot}=0.1 MPa)

杂质种类	O_2	H_2	CH_4	CO	H_2O
含量/ppm	1	—	—	—	6

表 4 HTR-PM 一回路冷却剂杂质设计运行值(P_{tot}=7 MPa) 单位：ppm

杂质种类	H_2	H_2O	CO	CO_2	CH_4	O_2	N_2
HTR-PM	7	1	7	1	3	1	2

2 结果分析

2.1 质量增重

质量增重按照如下公式计算：

$$\rho_A = \frac{m_2 - m_1}{A} \tag{1}$$

式中：ρ_A——单位表面积质量增加，mg/cm^2；

m_2——腐蚀后质量；

m_1——腐蚀前质量；

A——样品表面积。

两种气氛下三种合金经 48 h 腐蚀后质量均变大，如图 1 所示。Inconel 617 合金和 Hastelloy X 合金在高纯氦气氛下增重小于氧化气氛下的增重，Incoloy800H 不同于其他两者的可能原因是在氧化试验中其表面腐蚀层出现了较大程度的脱落，影响了其整体的质量增重。三种合金中，Inconel 617 合金增重最多，Hastelloy X 合金增重最少，Incoloy800H 合金表面腐蚀层发生脱落，这对其质量增益有

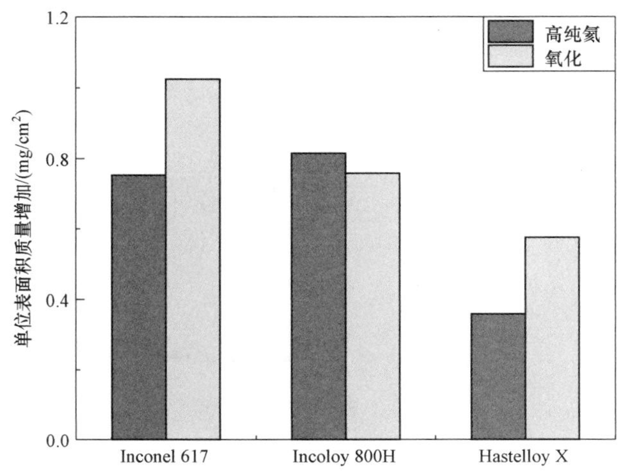

图 1 三种合金在腐蚀试验后的质量增重

一定影响。总体而言，质量增重的变化可能说明 Inconel 617 耐腐蚀性较差，其吸收了较多氦气气氛中的杂质；Hastelloy X 与杂质反应较少，耐腐蚀性较好。这与清华大学的测试结果[7]和 C. J. Tsai[8]的结果一致。

2.2 Inconel 617 合金

如图 2 所示，纯氦气氛与氧化气氛下合金形貌特征差异较小。可以明显看出，腐蚀后合金表面产生大量孔洞和缝隙，合金表面有一层明显的连续氧化层，内部也发生明显内氧化。这说明了合金表面产生的氧化层是不致密的，氦气中杂质可通过孔洞进一步进入合金内部继续腐蚀，合金耐腐蚀性不强。

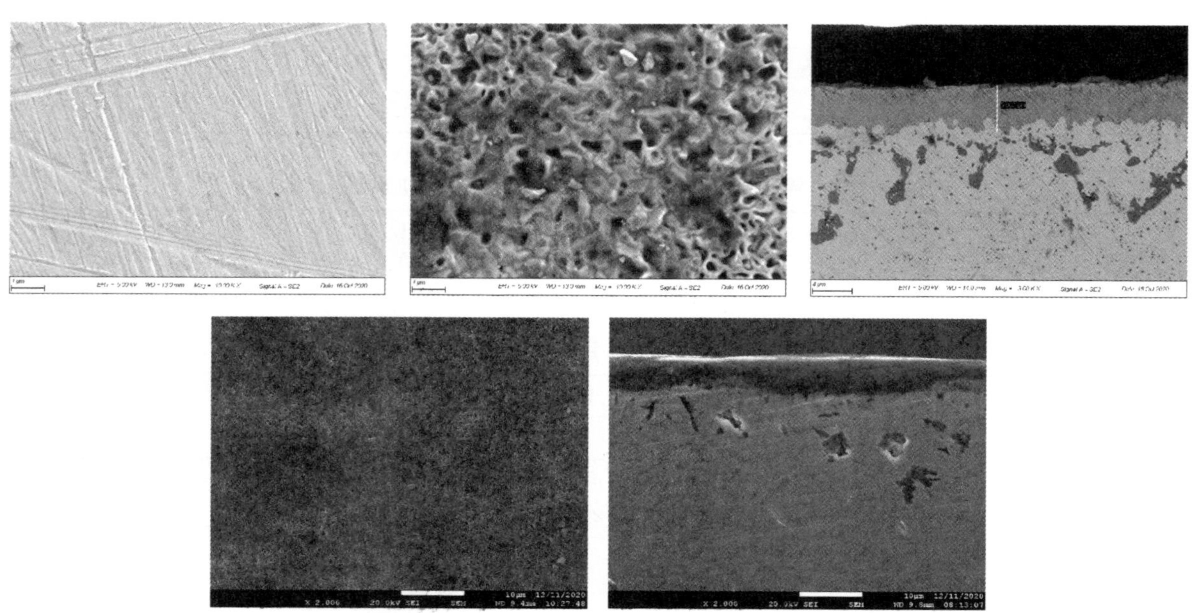

图 2 ^{1}He(上)与^{2}He(下)气氛下 Inconel 617 合金腐蚀前后表面和断面形貌

图 3 中可以清楚的看出在合金表面形成铬的氧化层，内部 7～10 μm 形成氧化铝，表面氧化层中还有少量的氧化钛氧化硅等，且厚度约为 5 μm。氧化气氛下，合金表层有较多碳的分布，高纯氦气氛下碳含量很低。此外，两种气氛氧化层以下的铬含量非常低。这是由于铬向表面迁移，导致贫铬区的出现。这与 Quadakkers 等人研究的铬的耗竭现象一致[9]。

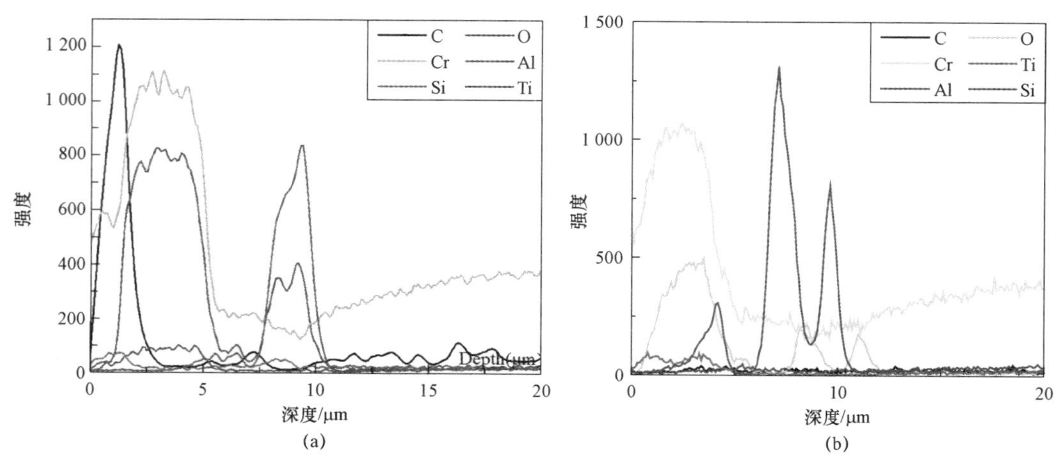

图 3 Inconel 617 合金后断面的 EPMA 图像

(a) ^{1}He 气氛；(b) ^{2}He 气氛

2.3 Hastelloy X 合金

图 4 所示高纯氦气氛与氧化气氛下合金形貌特征差异较小。可以看出，两种气氛下腐蚀后合金表面有较多的颗粒状晶体，无明显孔洞。合金表面有连续氧化层，氧化层较为致密。合金内部孔洞和空穴较少。氧化气氛下内部有少量黑斑，应发生轻微渗碳现象。通过氧化气氛下的断面形貌可以看出表层氧化层可能部分发生脱落，这和 Incoloy 800H 合金的发生原因相同。

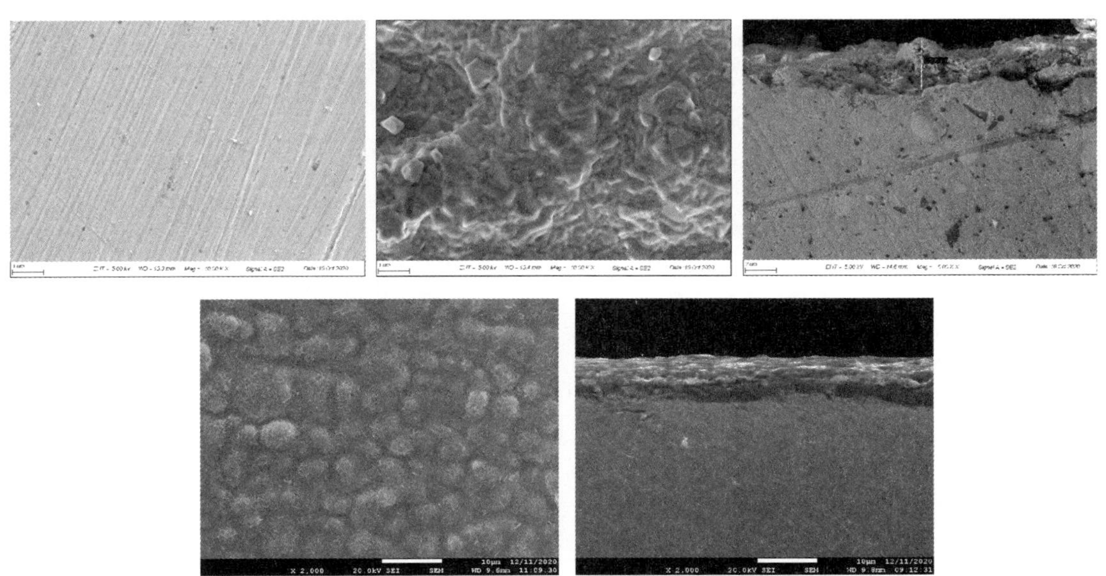

图 4 ^{1}He(上)与^{2}He(下)气氛下 Hastelloy X 合金腐蚀前后表面和断面形貌

与其他合金相比，该合金的表面层锰含量较高。在 900 ℃时，锰在氧化铬中扩散系数比铬本身在 Cr_2O_3 中的扩散系数大 100 倍，故锰在 Cr_2O_3 层的上部富集并可能形成了致密的 $MnCr_2O_4$ 层[10]。该因素是哈氏合金具有强的抗腐蚀能力的主要原因，这与 Haynes 230 合金的抗腐蚀能力非常相似[11]。如图 5(a)所示，氧化气氛下在紧邻氧化层下部有部分氧化铝生成，没有明显的内氧化现象被观测到。在氧化层附近碳分布较多，氧化层下部应发生了轻微渗碳，根据 Quadakkers 研究结果[9]，这种致密氧化层下轻微渗碳的腐蚀现象对合金的高温蠕变性能是有利的。图 5(b)中高纯氦气气氛下合金表面生成一层较薄的氧化层，氧化层下方有轻微的渗碳，同时合金内部有轻微的内氧化现象。

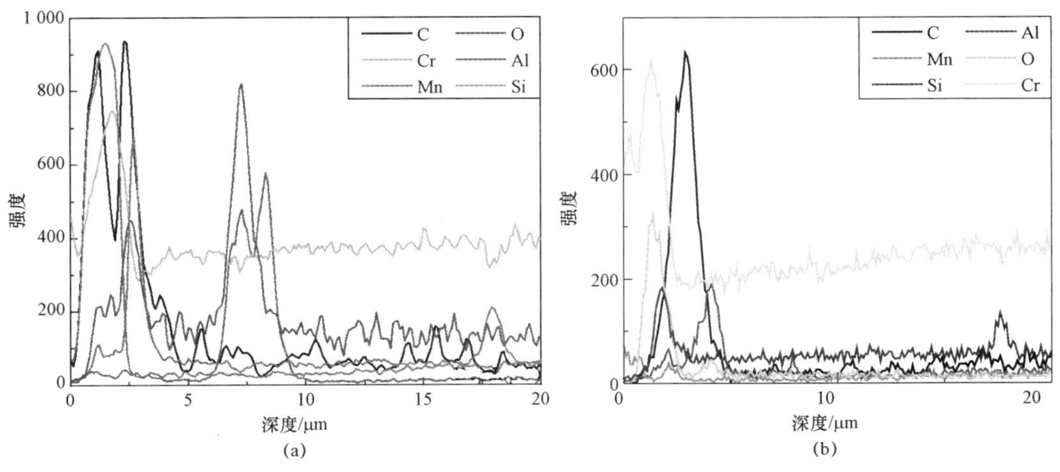

图 5 Hastelloy X 合金氛腐蚀后断面的 EPMA 图像

(a) ^{1}He 气氛；(b) ^{2}He 气氛

2.4 Incoloy 800H 合金

Incoloy 800H 合金在氧化气氛腐蚀试验结束后发生了明显的表面腐蚀层部分脱落的现象，如图 6 所示。将剥落部分收集并进行电镜观测和能谱分析的结果如图 7 所示，此处剥落的腐蚀层为氧化层，主要成分为氧化铬。氧化层的剥落可能归因于合金基体与氧化层的线膨胀系数不同，这使得降温时产生热应力，从而导致氧化层发生破裂和剥落[12]。

图 6 Incoloy 800H 合金氧化气氛腐蚀后的表面形貌

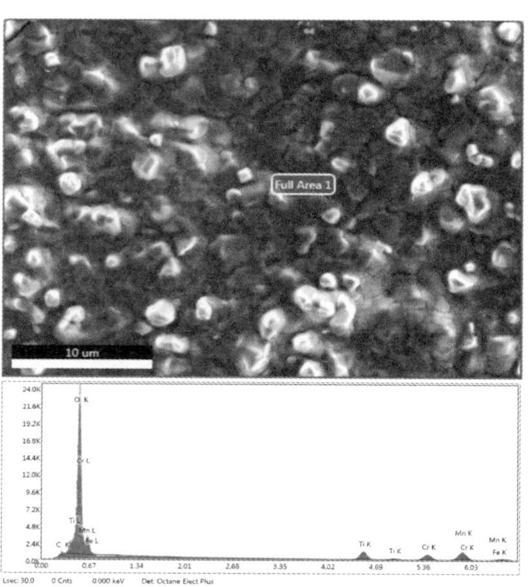

图 7 Incoloy 800H 合金腐蚀层剥落部分的的 SEM(EDS)显微图

如图 8 所示，Incoloy 800H 合金腐蚀后腐蚀层表面产生大量颗粒状晶体，有少许孔洞，这说明合金表面氧化层并不致密。合金内部有明显的空穴和孔洞。氧化气氛下根据合金断面形貌看出氧化层出现大量脱落，合金内部出现黑斑，应出现明显的渗碳现象。

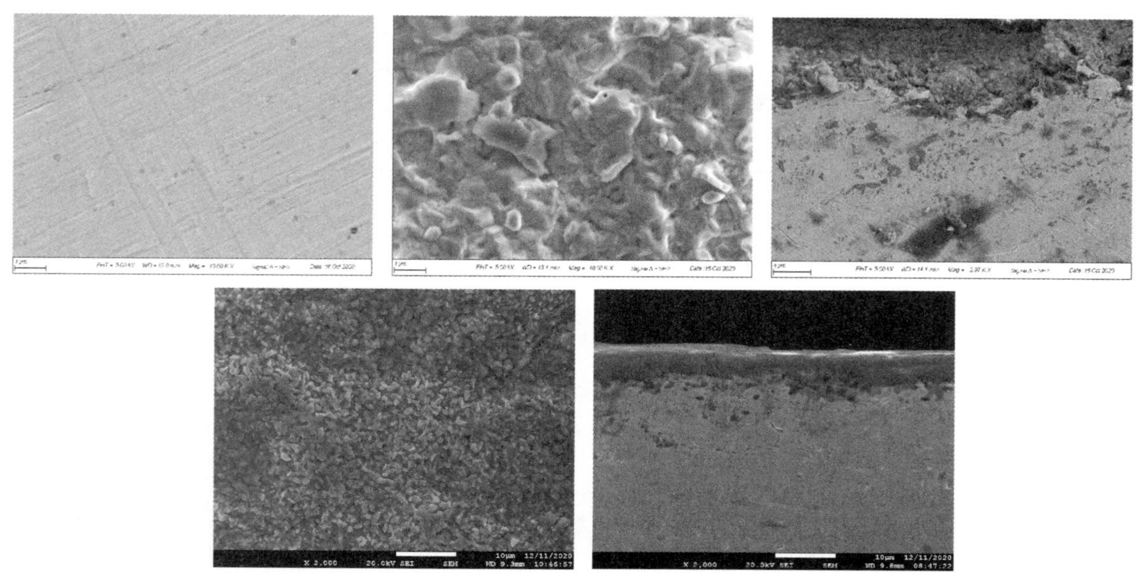

图 8 ^{1}He(上)与^{2}He(下)气氛下 Incoloy 800H 合金腐蚀后表面和断面形貌

图 9 中可以很明显的看出，在氧化气氛下，较 Inconel617 合金和 Hastelloy X 合金，Incoloy 800H 合金的碳分布、渗碳深度和程度加剧，明显渗碳区域的厚度达到了 10 μm 以上；内氧化产生大量的氧

化铝，且氧化铝深度达到了 20 μm 以上，说明内氧化现象非常的严重，这可能和表面腐蚀层在实验过程中脱落也有一定的关系；氧化层以下的铬含量有一个突然下降的区域，应是发生了铬耗竭现象。图 9(b) 中可以看出，合金表面氧化层良好，内无明显碳分布，内部有轻微内氧化。

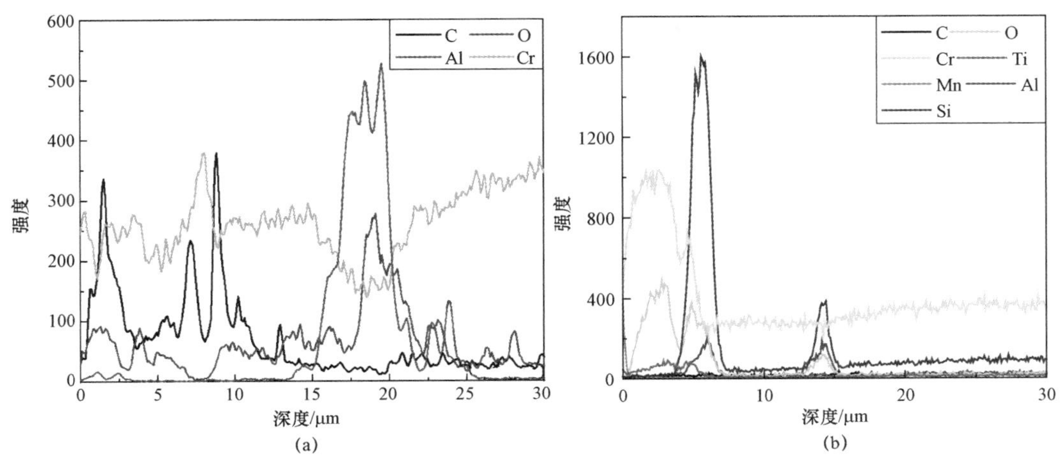

图 9　Incoloy 800H 合金腐蚀后断面的 EPMA 图像

(a) ^{1}He 气氛；(b) ^{2}He 气氛

2.5　合金碳含量分析

由于试验中得出高纯氦气氛下三种合金均未发生明显渗碳，故利用碳硫分析仪对氧化气氛腐蚀前后的三种合金碳含量进行测定，结果如图 10 所示。可以看出三种合金均发生渗碳，其中 Inconel 617 合金的渗碳情况最为显著，Incoloy 800H 合金的碳含量增加没有通过 EPMA 观测得到的结果那么明显，这可能和其表面腐蚀层大量脱落有重要关系，整体而言，Hastelloy X 合金碳含量增加最少，这与 EPMA 结果一致。

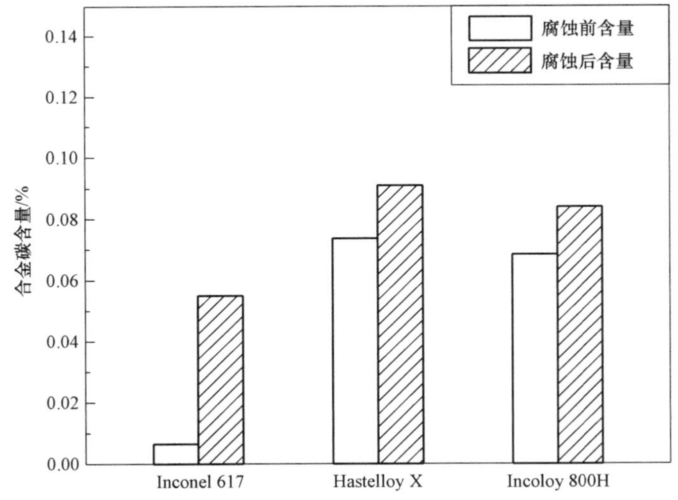

图 10　三种合金氧化气氛腐蚀前后碳含量对比图

3　结论

本文在 950 ℃常压条件下的非纯氦气环境下对三种用于高温堆蒸汽发生器的高温合金分别进行了 48 h 的氧化气氛和高纯氦气氛腐蚀试验。基于称重、SEM、EPMA 以及碳含量分析结果对腐蚀结果进行了分析和讨论，三种合金表现出不同的抗腐蚀能力。其中主要结论如下。

（1）两种气氛下三种合金均发生氧化，产生氧化层。高纯氦气氛下氧化行为较弱，合金内渗碳不明显，质量增重较低。

（2）两种气氛中 Hastelloy X 合金氧化层致密，合金内部基本无内氧化，有轻微渗碳，其抗腐蚀性较好。合金内含有一定量的锰元素可能有助于形成致密的氧化膜，从而提升合金抗腐蚀能力，致密氧化层下的轻微渗碳对合金的耐腐蚀性能有利。铬耗竭行为发生在 Inconel 617 合金的氧化层附近，这是由于铬的迁移导致的，Incoloy 800H 合金也发生了相似的现象。

（3）Inconel 617 合金的氧化层表面分布着大量孔洞，氧化层不致密，这导致其出现大量内氧化，氧化气氛下表层有明显的碳分布，合金整体耐腐蚀性不够理想。

（4）Incoloy 800H 合金表面氧化层发生脱落可能加剧了其腐蚀程度，对质量增益以及碳含量检测结果产生了一定的影响。Incoloy800H 的耐腐蚀性有待通过进一步的试验进行验证。

致谢

本文得到了国家自然科学基金（NO. 11875176）和国家重大科技专项（NO. zx069）的资助。

参考文献：

[1] 高立本，沈健．高温气冷堆多用途应用前景[J]. 中国核工业，2017(2)：40-41.

[2] Shindo M, Quadakkers W J, Schuster H. Corrosion behaviour of high temperature alloys in impure helium environments[J]. Journal of Nuclear Materials, 1986, 140(2): 94-105.

[3] Quadakkers W J. Corrosion of High Temperature Alloys in the Primary Circuit Helium of High Temperature Gas Cooled Reactors. Part II: Experimental Results[J]. Materials & Corrosion, 1985, 36(8): 335-347.

[4] Shimpei HAMAMOTO, Nariaki SAKABA, Yoichi TAKEDA. Control Method of Purication System of Helium Coolant for Suppressing Decarburization of Heat-Resistant Alloy Used in Very High Temperature Gas Cooling Reactors[J]. Japanese Journal of Atomic Energy Society of Japan, 2010, 9(2): 174-182.

[5] Li Jufeng, Wu Xiaobo, Duan Hongwei, et al. Study on Localization of SA213 T-22 Transfer Heat Tube for Nuclear Safety Class One[J]. Hot Working Technology, 2016, 45(08): 82-84, (in Chinese).

[6] 朱江，王宇澄，黄志勇，等．10 MW 高温气冷堆气体采样分析系统研究[J]. 核动力工程．2005(01)：51-53.

[7] Qiuhao Wang, Wei Zheng, Huaqiang Yin, et al. Corrosion of High Temperature Alloys in the Primary Coolant of HTGR under Very-High Temperature Operation, Proceedings of the 2020 International Conference on Nuclear Engineering ICONE2020-16074. August 4-5, 2020.

[8] Tsai C J. High Temperature Oxidation Behavior of Nickel and Iron Based Superalloys in Helium Containing Trace Impurities[J]. Corrosion Science and Technology. 2019, 1(18): 8-15.

[9] Quadakkers W J. Corrosion of High Temperature Alloys in the Primary Circuit Helium of High Temperature Gas Cooled Reactors. Part II: Experimental Results[J]. Materials & Corrosion, 1985, 36(8): 335-347.

[10] Rouillard F, et al. Oxide-Layer Formation and Stability on a Nickel-Base Alloy in Impure Helium at High Temperature[J]. Oxidation of Metals, 2007, 68(3): 133-148.

[11] Jang C, Kim D, Kim D, et al. Oxidation behaviors of wrought nickel-based superalloys in various high temperature environments[J]. Transactions of Nonferrous Metals Society of China, 2011, 21(7): 0-1531.

[12] 韦丁萍．高温超临界 CO_2 环境金属材料抗腐蚀性能试验研究[D]. 华北电力大学，2018.

Corrosion behavior of three superalloys of HTGR in helium impurity

LI Hao-xiang, ZHENG Wei, YIN Hua-qiang,
WANG Qiu-hao, HE Xue-dong, MA Tao
(Institute of nuclear energy and new energy technology, Tsinghua University, Beijing 100084)

Abstract: During the operation of HTGR, there are trace impurities such as H_2, H_2O, CH_4, CO, O_2 in helium of main cooling loop. These impurities will react with the high temperature reactor equipment at high temperature, causing corrosion of alloy materials. The corrosion tests of Inconel 617 alloy, Incoloy 800H alloy and Hastelloy X alloy were carried out. The three alloys were exposed to pure helium atmosphere and specific oxidation atmosphere at 950 ℃ for 48 hours. After the test, the corrosion results were analyzed by weighing, scanning electron microscopy (SEM), energy dispersive, electron probe microanalysis (EPMA) and carbon sulfur analyzer. In pure helium atmosphere, the corrosion degree of the three alloys is lower than that in oxidation atmosphere, the weight gain of the alloys is lower, and the internal carbon distribution is less. Among the three alloys, Hastelloy X alloy has the best corrosion resistance. The results show that Inconel 617 alloy has obvious internal oxidation, and there is obvious carbon distribution on the surface of the alloy in the oxidation atmosphere. The corrosion resistance of Incoloy 800H alloy needs to be further tested.

Key words: superalloy; high temperature gas cooled reactor; internal oxidation; carburization; chromium depletion

国产新锆合金热发射率性能研究

林基伟[1],叶 林[2],曾奇锋[1],王永阳[2],范博龙[2],肖 汀[2],卢俊强[1]

(1. 上海核工程研究设计院有限公司,上海 200233;
2. 华中科技大学 图像信息处理与智能控制教育部重点实验室,湖北 武汉 430074)

摘要:采用自主研发的锆合金包壳管专用热发射率测试系统对 SZA-4 和 SZA-6 两种国产新锆合金以及 Z 合金进行 350~1 200 ℃温度下不同氧化程度下的热发射率测试。结果表明,温度对热发射率的影响较小,试样热发射率主要受氧化膜厚度的影响。锆合金在氧化膜厚度小于 10 μm 时,热发射率随氧化膜厚度增大而增大;当氧化膜厚度大于 10 μm 时,热发射率随氧化膜厚度的变化不大。在本试验条件下,国产新锆合金 SZA-4 与 SZA-6 的热发射率与 Z 合金相当。

关键词:新锆合金;热发射率;氧化膜厚度;温度

引言

安全性和经济性一直是核电领域关注的重点问题,世界各核电企业均致力于开发高性能燃料组件,从而实现"长循环、低泄漏、高燃耗、零破损"。国家电力投资集团上海核工程研究设计院有限公司联合国内多家核电科研院所与企业,正在积极开展用于 CAP1400 的 SAF-14 燃料组件研发,新锆合金作为燃料组件中的关键材料,对提高燃料组件性能起着决定性作用[1]。新锆合金研究的目标是通过设计新的合金成分,提高耐腐蚀和吸氢性能,同时保持较为优异的力学、抗辐照生长和抗蠕变性能,从而提高 SAF-14 燃料组件的安全性和经济性。通过性能验证试验,筛选出 2 种综合性能优异的新锆合金 SZA-4 和 SZA-6。作为燃料包壳候选材料,两种新锆合金的热物理性能值得关注。

热发射率是一项表征物体辐射能力的物理量。其定义为物体的辐射力与相同温度相同波长下绝对黑体的辐射力的比值。事故工况下燃料包壳传热的一个重要方式是辐射热传递,热发射率可以用于事故工况如冷却剂丧失(LOCA)时的传热计算。目前针对核用金属材料的热发射率研究主要集中在镍基合金例如因科镍系列[2]及哈氏合金系列[3]和不锈钢系列[4],公开的锆合金热发射率的研究相对较少,并且这些研究主要关注空气或真空条件下的热发射率[5,6]。然而,在 LOCA 事故工况下会存在大量高温蒸汽,锆合金包壳管在此条件下进行辐射热传导。为更真实模拟反应堆事故工况,提供更加精准的物理参数,有必要开展新锆合金在蒸汽氧化条件下的热发射率试验研究。此外,研究[6]显示,锆合金包壳管在表面粗糙或含有氧化层的状态下具有较高的热发射率,这为事故条件下衰变热的导出提供有利条件。因此,探究氧化膜和温度等因素对材料热发射率的影响规律及机制,可为抗事故燃料的发展提供设计思路。

本研究通过开展国产新锆合金 SZA-4 和 SZA-6 在 350~1 200 ℃温度下及不同蒸汽氧化程度下的热发射率测试,采用商用 Z 合金进行对比,从而评价国产新锆合金的热发射率性能,同时探究氧化膜和温度等因素对新锆合金热发射率的影响机制。

1 试验材料及方法

1.1 材料

SZA-4、SZA-6 及 Z 合金的成品包壳管材,试样尺寸为 Φ9.5 mm×400 mm。

作者简介:林基伟(1994—),男,辽宁沈阳人,助理工程师,硕士,研究方向为燃料及相关组件材料

1.2 热发射率测试方法

对三种 SZA-4、SZA-6 及 Z 合金锆合金开展蒸汽氧化环境下的热发射率测试。由于 600 ℃以下氧化速率较慢，350～600 ℃的热发射率试样采用 600 ℃蒸汽进行预氧化。

1.2.1 半球热发射率与法向热发射率

目前国际上材料热发射率测试的通用标准有 ASTM C835-06(2013)[7]，标准中适用的测试对象为块状试样的半球热发射率，本试验测量的是锆合金包壳管的法向热发射率。法向热发射率与半球热发射率的转换关系式如下[9]：

$$\varepsilon = M\varepsilon_n \tag{1}$$

式中：ε——半球热发射率，无量纲；

M——偏差系数，无量纲；

ε_n——法向热发射率，无量纲。

大量试验结果[9]表明，金属表面 $M=1.0\sim1.3$(高度磨光表面取上限)，非导体 $M=0.95\sim1.0$(粗糙表面取上限)。除高度磨光表面外，工程计算中一般取 $M\approx1.0$，即 $\varepsilon=\varepsilon_n$。对于本试验，锆合金氧化膜为粗糙的非导体，$M$ 取 1。因此，本试验测得的法向热发射率可等效为标准中的半球热发射率。

1.2.2 热发射率测试及氧化膜厚度设备

试验分为两个阶段进行测试，第一阶段为 350～800 ℃温度的测试；第二阶段为 850～1 200 ℃的测试，通过施加蒸汽条件的累积时间来表征锆合金包壳管的氧化程度。试验设备为上海核工程研究设计院有限公司与华中科技大学联合自主研发的锆合金包壳管专用热发射率测试系统，主要包括电子系统、抽蒸汽泵、测试腔、蒸汽发生器、可控温供电柜等部分。

本试验采用专用氧化层涡流测厚仪(ED-400)对锆合金包壳管的氧化膜厚度进行测试。

2 试验结果

2.1 相同温度不同氧化膜厚度下测试结果

2.1.1 350～800 ℃热发射率测试结果

三种锆合金在 350～800 ℃下的热发射率相对比例随氧化膜厚度的变化结果如图 1 所示。结果显示，开始阶段，热发射率随氧化膜厚度增加近似于线性增长；在氧化膜达到约 10 μm 之后，三种合金的热发射率也达到相应的阈值，随氧化膜厚度变化不明显。结合系统误差分析(0.1%～5.4%)，350～850 ℃下，SZA-4 与 SZA-6 热发射率与商用 Z 合金相当。600 ℃及以下试验后试样的氧化膜呈现灰色或黄色。800 ℃试验后试样的氧化膜为疏松白色，根据试验条件(800 ℃过热蒸汽)与试验后氧化膜的形貌(疏松白色氧化膜)分析，800 ℃试验后的样品可能发生疖状腐蚀，具体腐蚀类型还需结合金相及扫描电镜分析确定。

2.2.2 850～1 200 ℃热发射率测试结果

三种锆合金在 850～1 200 ℃下的热发射率相对比例随通入蒸汽累计时间变化结果如图 2 所示。结果显示，结合系统误差分析，三种锆合金在 850～1 200 ℃下的热发射率相当，且略微低于 Zr-4 合金。随着温度的升高，三种锆合金的热发射率与 Zr-4 合金的差异减小。850～1 200 ℃试验后，三种锆合金表面氧化膜均呈现黑灰色。

2.2 氧化膜大于 40 μm 的不同温度下测试结果

为保持氧化膜状态尽量一致，取 800 ℃后试验试样进行 350～800 ℃的热发射率结果测试，此时样品氧化膜厚度均大于 40 μm，根据试验条件与试验后氧化膜的形貌分析，样品发生类似于疖状腐蚀。测试结果如图 3 所示。结果显示，在较厚氧化膜条件下，三种锆合金的热发射率受温度影响较小。

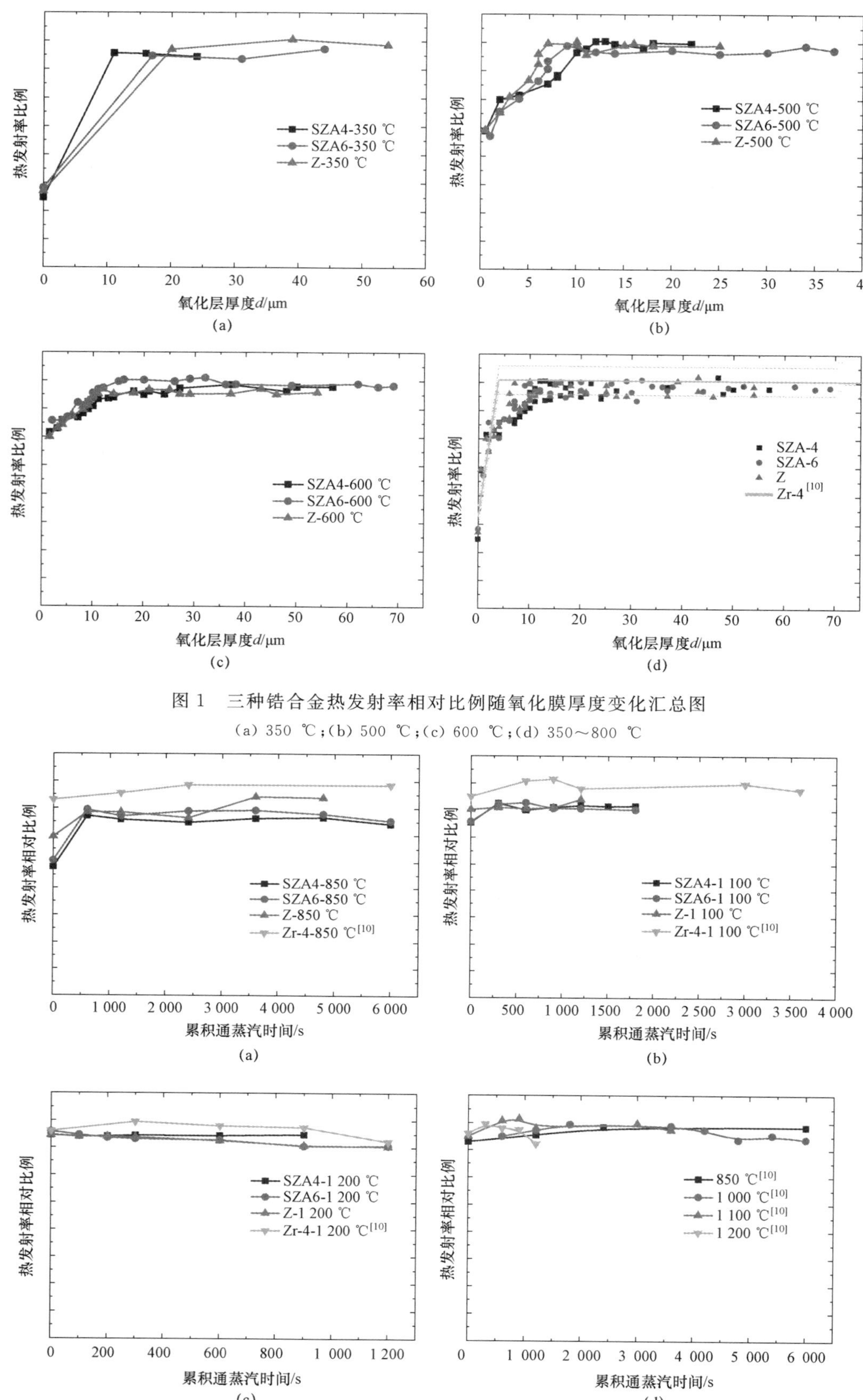

图 1　三种锆合金热发射率相对比例随氧化膜厚度变化汇总图

(a) 350 ℃;(b) 500 ℃;(c) 600 ℃;(d) 350～800 ℃

图 2　三种锆合金及 Zr-4[10] 的热发射率相对比例随通入蒸汽累计时间变化汇总图

(a) 850 ℃;(b) 1 100 ℃;(c) 1 200 ℃;(d) 850～1 200 ℃[10]

3 分析与讨论

物体表面热发射率只与发射辐射的物体本身有关，不涉及外界条件，影响因素包括物质种类、表面温度及表面状况等。因此，蒸汽氧化后的锆合金包壳管的热发射率与锆合金的种类、表面状态、氧化膜的组成及氧化膜的种类因素均有关联。本节将分析影响蒸汽氧化条件下锆合金热发射率的因素。

3.1 氧化膜的影响

由图 1(a)可知，在氧化膜为 0 时，三种锆合金的热发射率相对比例很小，约为饱和状态的 25%，此时的热发射率为锆合金本身的热发射率，属于金属的热发射率。当氧化膜较薄时(约几个微米)，厚度约为几个红外辐射波长，氧化膜对于红外辐射属于“半透明”的材料[10]，此时测得的热发射率为锆合金与氧化物加权平均的热发射率。当氧化膜达到一定厚度时(本试验氧化膜厚度大于 10 μm)，对于红外辐射属于“不透明”材料，此时测得的热发射率为氧化膜(成分为氧化锆)的热发射率，此时热发射率较高。

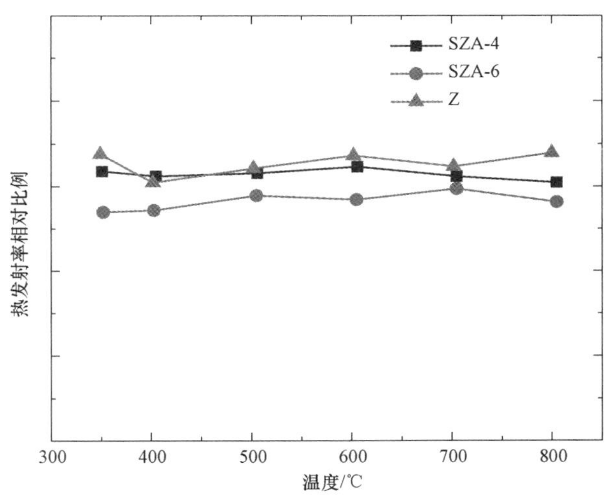

图 3 三种锆合金在氧化膜厚度大于 40 μm 下，热发射率随温度变化

除了氧化膜厚度，氧化膜的成分、相结构、稀疏程度对热发射率也会有相应的影响。如图 4 所示，本试验在 350～800 ℃测得的热发射率均高于 850～1 200 ℃下的热发射率。研究表明[11]，锆合金的氧化物 ZrO_2通常有三种晶体结构：低温稳定的单斜相(monoclinic，m-ZrO_2)、1 205 ℃以上稳定的四方相(tetragonal，t-ZrO_2)和 2 377 ℃以上稳定的立方相(cubic，c-ZrO_2)。考虑应力对氧化膜的相变温度会产生影响，氧化膜的具体相变点不能确定。可以确定的是，锆合金较低温度下形成的氧化膜主要成分为 m-ZrO_2，高温下主要生成的是 t-ZrO_2，两者的热发射率可能存在差异。此外，本试验 800 ℃测试后的样品发生类似于疖状腐蚀，利用该批样品做不同温度的热发射率试验，试验结果如图 3 所示，可以看出 600 ℃下 SZA-6 的热发射率低于其他两种合金，然而根据图 1 和图 4 结果显示，600 ℃热发射率试验下，结合系统误差分析，SZA-6 的热发射率与 Z 和 SZA-4 合金相当，此时锆合金并未发生疖状腐蚀。两组实验结果的差异若归因于疖状腐蚀的影响，可以从氧化膜的致密程度对锆合金热发射率产生影响来解释。氧化膜疏松，物体表面凹凸不平，一方面入射辐射会发生多次漫发射，增加了对红外辐射吸收的机会，从而增加了材料的吸收率；另一方面使辐射体相对辐射面积增大，增加其辐射

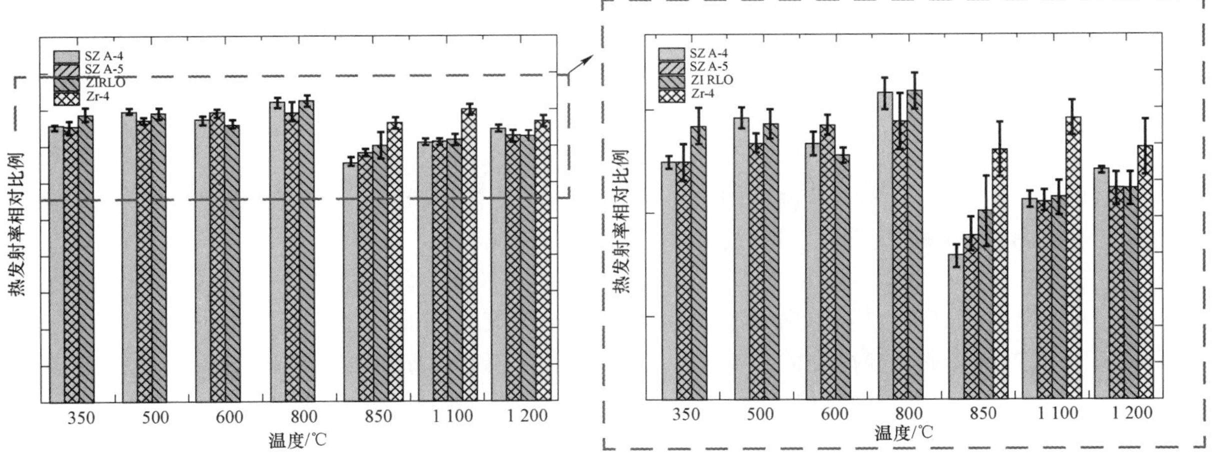

图 4 三种锆合金与 Zr-4[10]在不同温度下，氧化膜大于 15 μm 的热发射率平均值对比

能，两个方面都会使热发射率发生变化[9]，因此发生疖状腐蚀带来与一般腐蚀不同的疏松程度，也会对锆合金的热发射率产生影响。

3.2 温度的影响

任何物体在高于绝对零度时，其表面就会有红外线出射，温度越高，发射的红外能量越强，其辐射出射度越大。热发射率定义为物体的辐射力与相同温度相同波长下绝对黑体的辐射力的比值，公式如下[9]：

$$\varepsilon = E/E_b \tag{2}$$

式中：ε——热发射率，无量纲；

E——实际物体的辐射力，W/cm^2；

E_b——黑体的辐射力，正比于温度的四次方，W/cm^2。

温度升高时，物体和黑体的辐射力同时升高，根据 Stefan-Boltzmann 定律，热平衡条件下黑体的辐射能力与温度的四次方成正比，然而实际物体由于表面状态及波长等因素的影响，其热辐射率与温度的关系不是呈四次方关系，温度对热发射率的影响较为复杂，物体的热发射率与温度的依赖关系迄今为止尚无统一的规律概括。Kruse[12]根据其试验结果，认为绝大多数金属的热发射率与温度正相关，绝大多数非金属的热发射率与温度呈负相关。邹南智等人[13]根据 Stefan-Boltzmann 定律与能量守恒定律，推算任何物体的全热发射率都将随温度的升高而降低，试验结果受表面粗糙度与氧化程度的影响。在本试验中，由于氧化膜因素的影响，材料本身热发射率与温度的依赖关系不好判断，为保持氧化膜状态尽量一致，取 800 ℃后试验试样进行 350～800 ℃的热发射率结果测试，结果如图 3 所示，在较厚氧化膜条件下，三种锆合金的热发射率随温度的变化不大且规律性不强。然而此时，三种锆合金的热发射率比例已经相对较高，接近于黑体的热发射率，结合系统误差分析可以得出，温度对于三种氧化膜较厚的锆合金的热发射率影响不大。

3.3 材料成分与结构的影响

金属材料本身的相结构会对热发射率产生影响。Fong 等人[6]研究结果表明，β-Zr 的热发射率低于 α-Zr。除金属本身的结构会对热发射率直接产生影响外，金属的成分也会影响氧化膜的生成从而间接影响热发射率。

在锆合金中，Sn 元素为 α 相稳定剂，Nb 为 β 相稳定剂。当 β 相稳定剂含量较高时，氧化产生薄片状的 α-Zr(O)，其晶界较多，当 α 相稳定剂含量较高时，形成块状的大晶粒 α-Zr(O)[11]。两种晶粒结构的晶界数量具有差异，材料表面的“界面”体积分数不同导致漫发射状态不同，因此对热发射率也会产生影响。另外，Sn 和 Nb 含量的不同会对 ZrO_2 的相变温度产生影响，导致不同温度下，成分不同的锆合金氧化膜中 m-ZrO_2 与 t-ZrO_2 分数不同，从而导致热发射率略有差异。Zr-4 为 Zr-Sn 系合金，而 SZA-4、SZA-6 和 Z 合金为 Zr-Sn-Nb 系锆合金，β 相稳定剂含量较高，因此，在 850～1 200 ℃下随着温度升高，三种锆合金的热发射率与 Zr-4 合金的热发射率差异逐渐减小（见图 4）的原因，可能是 Sn、Nb 等元素含量差异的影响。

4 结论

本文开展了 SZA-4 和 SZA-6 两种国产新锆合金以及 Z 合金 350～1 200 ℃温度下不同氧化程度下的热发射率测试，对测试结果进行分析和评价，得到以下结论：

（1）三种锆合金在 350～1 200 ℃温度下的热发射率与商用 Z 合金相当。

（2）氧化膜小于 10 μm 时，三种锆合金的热发射率随氧化膜厚度增加而增加，氧化膜大于等于 10 μm 时，热发射率受氧化膜厚度的影响较小，主要为氧化膜的成分和结构的影响。

（3）温度对于热发射率的直接影响较小，主要通过影响氧化膜的状态和结构间接影响锆合金的热发射率。

（4）相较于金属基体（导体），具有一定厚度氧化膜（非导体）的热发射率要高得多。未来抗事故燃料的发展方向，例如涂层形式可以采用具有一定厚度的非金属类涂层，从而增加材料的热发射率，为事故条件下衰变热的导出提供有利条件。

致谢

感谢国核宝钛锆业股份公司和中国原子能科学研究院对本项目的大力支持。感谢国家科技重大专项(2019ZX06002001)及上海市科技人才计划项目(19pj1431600)的资助。

参考文献:

[1] 曾奇锋,朱丽兵,袁改焕,等.CAP1400燃料组件用新锆合金研究[J]. 核技术,2017,040(003):57-63.

[2] Keller B P, Nelson S E, Walton K L, et al. Total hemispherical emissivity of Inconel 718[J]. Nuclear Engineering and Design, 2015, 287:11-18.

[3] Al Zubaidi F N, Walton K L, Tompson R V, et al. Measurements of Total Hemispherical Emissivity of A508/A533B Alloy Steel[J].

[4] Hunnewell T S, Walton K L, Sharma S, et al. Total hemispherical emissivity of SS 316L with simulated very high temperature reactor surface conditions[J]. Nuclear Technology, 2017, 198(3):293-305.

[5] Murphy E V, Havelock F. Emissivity of zirconium alloys in air in the temperature range 100~400 ℃[J]. Journal of Nuclear Materials, 1976, 60(2):167-176.

[6] Fong R W L, Paine M, Nitheanandan T. Total hemispherical emissivity of pre-oxidized and un-oxidized Zr-2.5 Nb pressure-tube materials at 600 ℃ to 1 000 ℃ under vacuum[J]. CNL Nuclear Review, 2016, 5(1):85-93.

[7] ASTM C835-06(2013), Standard Test Method for Total Hemispherical Emittance of Surfaces up to 1 400 ℃.

[8] Mathew P M, I M George. Total emissivity of Zircaloy-4 at high temperatures. 1996.

[9] 杨世铭,陶文铨.传热学[M]. 4版.北京:高等教育出版社,2006.

[10] E. F. Juenke, L. H. Sjodahl. Physical and Mechanical Properties: Emittance Measurements[J]. AEC Fuels and Materials Development Program, GEMP-1008, 1968, 239-242.

[11] 许倩,刁均辉,季松涛.反应堆失水事故工况下锆合金包壳管失稳氧化的研究进展[J]. 腐蚀与防护,2020,41(12):31-34.

[12] P. W 克罗塞,洪怀瑞.红外技术基础[M]. 上海:上海科学技术出版社,1965.

[13] 邹南智,朱又迈.关于红外半球全热发射率与温度关系的讨论[J]. 红外技术(3期):1-4.

Research on thermal emissivity of chinese new zirconium alloy

LIN Ji-wei[1], YE Lin[2], ZENG Qi-feng[1], WANG Yong-yang[2], FAN Bo-long[2], XIAO Ting[2], LU Jun-qiang[1]

(1. Shanghai Nuclear Engineering Research and Design Institute Co., Ltd., Shanghai, China;

2. Huazhong University of Science and Technology Key Laboratory of Image Processing and intelligent control, Ministry of Education, Wuhan Hubei, China)

Abstract: The Thermal Emissivity of SZA-4, SZA-6 and Z alloy at different oxidation degrees were measured by the self-developed special thermal emissivity test system for zirconium alloy cladding tube at 350~1 200 ℃. The results showed that the thermal emissivity was mainly affected by the thickness of the oxide film rather than temperature. When the oxide film $<10\ \mu m$, the thermal emissivity increased as the oxide film thickness increased. When the oxide film $\geqslant 10\ \mu m$, the thermal emissivity did not change much with the oxide film thickness. The thermal emissivity of SZA-4 and SZA-6 was equivalent to Z in this experiment.

Key words: New Zirconium alloy; Thermal Emissivity; Oxide Film Thickness; Temperature

铀金属薄膜的设计、制备和表征技术研究进展

李明阳,梁方知,冯海宁,刘 伟,康泰峰
(中核北方核燃料元件有限公司,内蒙古 包头 014035)

摘要:铀金属薄膜是铀的一种不常见的形态。铀金属薄膜在科学研究和高新技术中可以发挥多样的作用,对于开展新型铀合金设计也是一类理想的研究对象。本文简述了铀金属薄膜的用途和科学意义,介绍了铀金属薄膜的设计、制备和表征技术,综述了国内外铀金属薄膜的研究进展,并展望了其发展趋势,以期待为新型铀合金材料及材料基因工程的研究提供思路,为进一步发展铀金属薄膜提供参考。

关键词:铀金属薄膜;薄膜设计;薄膜制备;薄膜表征;研究进展

引言

(1) 铀金属薄膜在科学研究和高新技术中的作用

铀元素在民用核领域是具有不可替代作用的核心材料,是对我国能源安全起到重要作用的战略性材料体系。铀金属具有高密度的特点以及良好的金属特性,在核工业领域有非常广泛的应用。

铀金属薄膜包括纯铀或铀合金的薄膜,是铀金属及合金材料的一种不常见的形态。从科学研究的角度看,铀金属薄膜具备突出的科学价值。在研究表面与界面时,薄膜材料具有先天的优势,适用各种先进的表征方法,可以为铀和其他物质的界面相互作用提供研究对象,服务于铀的腐蚀机理与防腐蚀方法研究[1]。

从应用的角度看,铀金属薄膜同时具有科学研究价值和高新技术应用意义,其已知的用途包括:

① 在开展低能物理散射实验,研究超重元素的化学性质时,通常需要制备研究对象的靶或源,铀金属薄膜(也包括其他重元素,如钍的薄膜)常作为靶或源[2]。

② 铀是密度(19.1 g/cm^3)很大的高 Z 材料,对激光 X 射线转换率高,对软 X 射线(150~350 eV)反射率高、吸收率低,磁学与光学性质独特,在高技术领域中获得重要应用。例如,天体物理领域的一些光学器件和激光惯性约束聚变实验中的转换靶可以使用铀金属薄膜。

③ ^{235}U 是易裂变核素,对中子敏感,其镀层在吸收中子后释放出易裂变物质,在工作气体中出现的能量沉积与吸收的中子有关,之后的电子学应用场景中获得了相应的信号,因此浓缩铀膜、浓缩铀靶片在电离室[3]、探测器[4]中得到应用。

④ 铀金属薄膜或 UO_2 薄膜表面积大,传热快,可以作为未来先进反应堆的燃料形态;铀金属薄膜本身可能成为燃料,同时也是制备 UO_2 薄膜的原材料。

⑤ 铀膜可用于医用放射性同位素(如^{99}Mo)、工业用放射性同位素的生产。现有的^{235}U 靶多为合金靶或弥散靶,这些靶件制备工艺复杂,产生废物多。相比较而言,薄膜型铀辐照靶件制备工艺简单,产生废物少,可以用于堆裂变同位素生产[5]。

(2) 薄膜技术在铀合金设计与预测中的作用

纯铀在室温下为底心斜方结构,不耐腐蚀,且屈服强度低、塑性差,机械性能和可加工性较差。为了改善铀及其合金的性能,提高耐腐蚀性和强度,可以通过合金化的方式进行调制处理。长期以来的研究和实践已证明,合金化是改善铀的力学性能和抗腐蚀性能的有效途径。然而,合金化降低了铀密度,不符合新型耐事故燃料对高铀密度的需要。因此,铀合金研发需要平衡核性能和力学、热学、耐蚀

作者简介:李明阳(1992—),男,广西博白人,工程师,博士,从事核材料研究和燃料元件制造工艺研发

性等综合性能[6]。铀元素价格较高，晶体结构和合金体系复杂，且具有一定的放射性，采用传统的基于经验的多次顺序迭代实验研究（试错法）工作量大、周期长、投入高，因此迫切需要采用材料基因工程方法实现高效研发[7]。

国内已开始在铀合金材料研究中应用高通量并行迭代的材料基因工程方法，该方法建立了“理论预测和实验验证相结合”的研究模式，能够加快铀材料及其他轻锕系材料的“发现-开发-生产-应用”进程[8]。国内多家单位联合，采用集成相图计算方法和第一性原理计算初步建立了 U-Nb-Zr-Ti-C 五元热力学数据库及 U-Nb-Zr-Ti 四元动力学数据库[7]；采用扩散偶的方式制备了铀铌合金梯度材料，并通过同步辐射光源的微区 X 射线分析方法对样品的结构和成分进行了高通量表征，初步建立了铀铌合金的高通量筛选方法[8]。未来将通过材料基因工程方法获得铀基合金基础热力学数据，绘制实验相图，建设铀合金材料标准数据库，设计新型铀合金并预测其性能。

为了在铀合金体系中用好材料基因工程方法，需要研发适用于铀合金的高通量计算与实验方法。薄膜材料在高通量制备和表征方面具有优势。在高通量制备方面，掩膜法、多靶共溅射等方法已被证明是制备成分梯度薄膜的实用手段。在高通量表征方面，已开发出针对薄膜材料的高通量 XRD 表征、介电常数测量、荧光反应、磁性能表征方法等。因此，积极探索铀金属薄膜和铀合金薄膜的高通量制备方法，将有助于推动我国铀基材料的基础研究和新材料研发。

1　铀金属薄膜材料的成分和结构设计

1.1　成分设计

天体物理光学部件、转换靶、电离室、探测器通常制备纯铀金属。制备铀合金薄膜的报道非常罕见，只有 Adamska 等[9]报道了采用磁控溅射手段研究 $U_{1-x}Mo_x$ 合金中的 γ 相稳定性时，考虑到 Mo 含量高时 γ 相更稳定，他们将 Mo 含量选为 $x=0.10, 0.16, 0.20, 0.26$。

1.2　结构设计

在结构设计方面，主要考虑晶格失配对薄膜生长的影响。Adamska 等采用(110)晶面的蓝宝石作为基底，采用 Nb 或 Mo 金属作为抗氧化保护层。他们发现，采用 Nb 金属作为 U-Mo 合金与蓝宝石基底的过渡层时，Nb 金属沿[110]晶向在蓝宝石(110)晶面上外延生长，并且制得了 U-Mo 单晶薄膜。体心立方 Nb 的晶格常数为 $a=3.301\ (1)$ Å，而面心立方 $U_{0.78}Mo_{0.22}$ 的晶格常数为 $a=3.399\ (1)$ Å，二者晶格失配度为约 3%。当 Mo 含量高于 22 at.%时可以获得 γ 相，而当 Mo 含量低于 20 at.%时只能获得 α/γ 混合相。

易泰民等[10]针对激光惯性约束聚变实验中的转换靶这一用途，设计了 Al/U/Al、Au/U/Au 等三明治型多层膜结构并采用磁控溅射方法进行制备。他们分析了沉积态铀层的结构，发现柱状晶贯穿了整个铀镀层（厚度为 3 μm）。他们还发现，铀和铝之间发生了互扩散，扩散层厚度最多达到 100 nm，还形成了 Al_2U、Al_3U 等金属间化合物；铀和金之间也发生互扩散，但不发生化学反应。对比厚度同为 400 nm 的铝镀层和金镀层，发现铝保护层的保护效果比金好。

2　铀金属薄膜材料的制备工艺

国内外制备铀金属薄膜的技术根据其原理可划分为机械方法、物理沉积方法、化学沉积方法，能够获得不同组织结构、不同表面质量、不同厚度的铀金属薄膜。由于铀的高活性，制备纯铀金属薄膜有相当难度，参考相关资料可知，块状铀暴露在空气中 13 min 即被氧化 6 nm，1 d 的氧化深度超过了 13 nm[11]。如前文所述，合金化能够提高铀的耐蚀性，铀合金薄膜更易于制备和保存。

2.1　机械方法

2.1.1　机械研磨/抛光

机械研磨/抛光是经典的“减材制造”，属于“去除”方法。减薄与抛光主要依靠的是磨料对样品表面的磨擦，可将厚度降低至微米量级，获得非常光洁的表面，且不改变材料密度，常用于制备金相样品。其不足是由于研磨/抛光过程很难实现稳定的自动化操作，抛光质量受实验人员操作影响很大，容易磨出多个面，需要经常改变运动方向，将自动磨抛和手动磨抛结合起来；很难获得厚度一致的样品，也难以加工<10 μm 的极薄薄膜；在研磨过程中，样品表面的晶粒会发生细化，造成表面应力；磨料又可能导致表面污染。

Robbins 等[12]曾报道过贫铀膜的激光加载冲击波的层裂对比实验。他们对比了 20 世纪 60 年代制得的轧制态贫铀薄膜和铸造态的贫铀薄膜，薄膜的厚度均为 100 μm，其中铸造态贫铀薄膜用低速金刚石锯进行切割，然后磨抛至 100 μm。吕学超等[13]曾用线切割加工方法获得厚 0.3 mm 的铀箔，然后用砂纸抛光，获得了厚度为 11.9 μm，R_a、R_y、R_z分别为 3 nm、68 nm、68 nm 的镜面铀膜。

2.1.2　轧制

轧制的优点是可制备面积大、尺寸精度好、面形精度高、厚度至数微米的金属箔，缺点是在加工过程中由于受力变形，组织结构发生变化，生成纤维状结晶组织，还可能出现裂纹[14]，通常要通过退火来降低内应力。对于铀而言，轧制难度较大，因为 α-U 脆性大、易氧化，需要在真空或保护气体环境下加热至 650 ℃进行热轧。铀经过轧制后晶粒发生变形和滑移，性能呈明显的各向异性[15]。后续可以通过 800 ℃退火调制组织结构，整个加工过程流程长，效率低。

Robbins 等[12]曾报道过洛斯阿拉莫斯实验室在 20 世纪 60 年代制得了厚度为 100 μm 的轧制态贫铀薄膜。Kim 等[16]用单辊（双辊）旋淬（cooling-roll casting）方法获得了厚度为 100～150 μm、晶粒尺寸小于 5 μm、表面形貌较好、裂纹少于传统热轧方法的 α-铀箔。他们将感应熔炼的液态铀从扁薄形小口喷入冷轧机，铀液快速冷却，然后被轧薄。表面粗糙度可以通过改进轧辊的粗糙度来提高。

2.2　物理沉积方法

物理气相沉积高纯铀金属薄膜是一种具有可行性和探究价值的方法，物理沉积方法又包含外延生长、重离子轰击沉积、磁控溅射等。

2.2.1　高真空蒸发沉积

高真空蒸发沉积的加热方式可以是电阻加热或电子束加热。Damodaran 等[17]在 Al 基体上制备了平均厚度 2.77 mg/cm^{2}的铀金属薄膜，通过测量 α、β 粒子数确认沉积获得的铀膜中间厚周围薄，U 占 91.4%，Si 为主要杂质，Fe、W 分别占 0.22%与 0.1%。Erman 等[18]在聚酯薄膜上制备了铀金属薄膜。Hopkins 等[19]在单晶和多晶 W 箔上沉积铀金属薄膜。Fujimori 等[20]在单晶 Si 上获得了外延生长的铀金属薄膜。Berbil-Bautista 等[21]在单晶 W(110)箔上获得了外延生长的铀膜。

2.2.2　电弧离子镀

于震等[22]用脉冲偏压电弧离子镀膜法在打磨抛光的不锈钢基体上试制铀膜，获得了含有 UO_2、金属 U 和 $FeUO_4$的薄膜，原子比 U∶O=5∶4，XRD 测得物相主要是萤石型 UO_2，他们分析认为即便在 5×10^{-3} Pa 的真空度下，游离 O 仍会结合到样品上。薄膜表面分布圆岛状物，可能是铀靶熔滴物，也可能是岛状生长造成的形貌。

2.2.3　重离子轰击沉积

重离子轰击是采用氩等离子，经电场加速和聚焦后轰击靶材，溅射出所需原子的沉积方法。Sletten 等[23]用重离子轰击沉积方法获得了纯度很高的^{238}U 薄膜等同位素靶膜。

2.2.4　脉冲激光气相沉积

脉冲激光气相沉积方法采用激光加热方式蒸发靶材，优点是可获得高密度、高纯的薄膜，不足是趁机速度慢，不适合制备厚膜或大面积制膜。美国 Lawrence Livermore 国家实验室的 Tench 等[24]、Balooch 等[25]在热解石墨上沉积了铀膜，未经热处理的铀以团簇形式存在，1 300 K 退火后转变为几埃厚的薄膜，纯度极高，X 射线电子能谱测不到 O 杂质。

周萍等[26]在单晶 Si 基体上制备了单层 Au、单层 U 薄膜和 Au/U/Au 复合薄膜，发现 Au、U 薄膜表面有微米以下粒径的液滴产生，液滴少的位置 R_a小于 1 nm，包含大液滴的位置 R_a不超过 15 nm，较小的激光功率、较大的靶基距和适当高的基片温度有利于减少液滴的数量及粒径，优化工艺后薄膜的均方根粗糙度 R_q 为 0.3～1.5 nm。俄歇电子能谱分析显示，铀呈金属状态，复合膜中的氧含量低于 5 a.t.%，说明 Au 薄膜发挥了防氧化作用。

2.2.5　磁控溅射

磁控溅射是一种高速、相对低温的溅射方式，薄膜受损伤小，残余应力小，可制备均匀、致密、针孔少、纯度高的薄膜，特别利于研究铀与基体元素的界面相互作用、铀膜的生长方式、退火造成的表面重排行为以及铀膜的电子结构。特别地，由于靶材温度较低，避免了铀在接近熔点时饱和蒸汽压低的特点，也可避免铀与坩埚发生反应形成合金。

国外采用磁控溅射方式可以在钯、铂、铝、石墨等基体上制备从几个原子层到 140 微米不等的表面光泽的铀金属薄膜[1]。在国内，磁控溅射制备铀金属薄膜研究也非常活跃。鲜晓斌等[27-29]、任大鹏等[30]、向士凯等[31]在铝基体上制备了粗糙度小于 3 μm 的铀金属薄膜，密度为 75±5 T.D.%，认为铀膜为层状＋岛状生长方式。易泰民等[32]在单晶硅和金基体上制备了由小颗粒铀晶粒组成的连续、致密、光洁、杂质含量低、均方根粗糙度为纳米量级的铀金属薄膜，认为形貌符合岛状生长方式。如前文所述，易泰民等[10]还用磁控溅射方法制备了铝/贫铀/铝和金/贫铀/金薄膜。

磁控溅射不仅能在基底外表面镀膜，还可以实现管道内部镀膜，例如张波等[33]在不锈钢管道内壁用直流磁控溅射法制备成分和厚度均匀的 TiZrV 薄膜，靶材由直径 2 mm 的钛丝、锆丝和钒丝缠绕而成。如果能制备类似粗细的铀丝，将有望实现管道内壁的磁控溅射镀铀。

2.3　化学沉积方法(电解法)

电解法对工件形状的适应性强，可大面积制备成分均匀的薄膜，但是对基体表面要求较高，需要研究预处理工艺，且致密度较低。林俊英等[34]报道了硝酸铀酰-草酸铵体系的电解制膜方法，能够在较厚的底板或 6 μm 的铝箔上制备均匀、牢固的天然铀薄膜，厚度可＜2 mg/cm^2。何佳恒等[5]用类似的方法在不锈钢基体上制备了 6 mg/cm^{2}的电沉积铀膜，详细探讨了基体预处理、镀液 pH 值、电流密度(恒电流或循环电流)、温度、浓度对镀层的影响。温中伟等[35]用类似的方法在 Φ3×20 mm、Φ5×20 mm、Φ10×20 mm 管的外壁和 Φ20×20 mm 管的内壁沉积了均匀完整的铀膜。中核北方核燃料元件有限公司开展了不锈钢基体表面的电镀金属铀工艺研究，研究表明，采用硝酸铀酰与草酸铵溶液体系可实现在不锈钢表面铀膜的沉积；铀膜的沉积量与样品的表面状态有关，粗糙度适当增大，铀膜沉积量有所提高。白静等[2]在异丙醇-硝酸体系中用单次分子镀法在 2 μm 厚的铝靶衬上制备了 180～240 μg/cm^{2}厚的^{238}U 靶，并认为分子镀是理想的快速制备核靶的方式。陈琪萍等[36]介绍了两种电沉积制备^{235}U 的方法，一种是铀以氧化物的形式从含有铀盐的 $UO_2(NO_3)_2$-$(NH_4)_2CO_4 \cdot H_2O$ 水溶液中沉积出来，另一种是从熔盐体系中直接电沉积金属铀。

2.4　电解抛光方法

Revière 等[37]为了测量铀的功函数，曾在正磷酸：乙醇：乙二醇＝8：5：5 溶液中对块状铀进行电解抛光，获得厚度为 40 μm 的铀箔。

3　铀金属薄膜材料的表征方法

3.1　厚度与成膜速率

厚度为薄膜的关键参数，厚度测量的常规方法与其他材料薄膜相通，主要包括微量天平法、石英晶体振荡法和原位扫描隧道显微镜观察法；利用铀的特性，还可以采用核探测学的方式监测膜厚。

3.1.1　微量天平法

微量天平法通过测量质量变化来计算厚度变化，测试范围和精度主要受天平试验装置的影响，如 Gotoh 等[38]测量 MgO(100)衬底上 Au 薄膜的沉积量时能够测到 2×10^{-9} g/cm^{2}的水平。

3.1.2　石英晶体振荡法

石英晶体片的固有振动频率随质量变化而变化，因此通过监测石英晶体振荡频率的变化，可以获得基体加膜层的质量，计算出膜层的厚度，监控薄膜生长速度，如 Molodtsov 等[39]将该方法用于铀膜生长速率测定，能够测到 0.4 nm/min。

3.1.3　原位扫描隧道显微镜(STM)观察法

该方法是一种直观的成膜速率检测方法，能够精确检测极缓慢的生长速率，如 Berbil-Bautista[21]开展了电子束加热蒸镀铀膜实验，用原位 STM 观察法测定了溅射速率，测得每分钟仅沉积 2 层原子。

3.1.4　核探测学方法

Damodaran 等[17]采用 α、β 计数法评估铀膜的厚度均匀性。林菊芳等[4]研究了浓缩铀镀片转换靶的镀层厚度制备方法，对比了背对背电离室、小立体角定量装置及大面积金硅面垒半导体探测器三种方式。其中，半导体探测器测量方便快捷，但测量结果不确定度大，背对背电离室甄别阈能引起的计数损失修正所引入的不确定度比较大，小立体角定量装置测量结果的不确定度较小。

3.2　结构和性能

在铀金属薄膜结构和性能表征方面，方法与其他薄膜材料相通，例如 Gouder 等[40-42]在研究 C、Al、Mg 等基体上的贫铀的电子结构、原子扩散行为和退火重排行为时，借助 X 射线光电子能谱(XPS)、俄歇电子能谱(AES)、紫外光电子能谱(UPS)实验，将研究范围局限在基体之上的几层原子厚度以内。Berbil-Bautista 等[21]通过 UHV-STM 方法，确认在厚度小于 16 个原子层时铀膜的生长符合 Stransk-Krastonov 生长模式，随后逐渐形成连续铀膜；用 LEED 测定了铀原子之间的键长。

3.3　膜层-基体结合强度

由于铀金属易氧化的特性，要特别注意铀金属薄膜的表面状况以及与基体的结合情况。薄膜与基体结合力的测试可采用划痕法或拉伸法。其中，划痕法操作简便，但影响因素复杂，临界载荷除了与薄膜和基体本身的粗糙度、硬度、模量有关外，还受到仪器机架刚度、划痕速率、压头的曲率半径的影响，只适合于用于半定量分析。拉伸法能够定量地获得膜层-基体结合力数值，但如 ASTM C633-13(R2017)标准指出的那样，黏结剂有可能渗透涂层，因此对于厚度＜0.38 mm 的薄膜，试验结果不见得能代表真实水平；此外，还要注意工装设计，选择合适的黏合剂，采用合适的前处理工艺。

4　结论

铀金属薄膜是铀的一种不常见的形态，同时具有科学研究价值和高新技术应用意义。针对铀金属薄膜设计、制备和表征中的关键问题，建议在铀金属薄膜成分和结构设计、铀金属薄膜的制备、薄膜与基体的结合力提高方法以及铀金属薄膜的腐蚀防护等 4 个方面开展研究：

(1) 铀金属薄膜成分和结构设计。随着成分变化，铀合金的性能可以产生巨大的差别。针对不同用途的铀合金，需结合使用场景，设计铀金属薄膜的成分以及过渡层、保护层结构，以满足薄膜材料研究及应用的需求。

(2) 铀金属薄膜的制备。从调研结果可知，磁控溅射是能够制备综合性能优良的铀金属薄膜的主要技术手段，因此，为获得高质量的铀金属薄膜，应有针对性地开展磁控溅射试验，优化基体选择和镀膜工艺，为研制理想配比的铀合金薄膜提供技术支持，为铀金属薄膜和过渡层、保护层的制备提供依据。

(3) 薄膜与基体的结合力提高方法。由于铀合金晶体结构较为特殊，需要精心选择基体，优化薄膜制备方法，以提高薄膜与基体的结合力，实现铀金属薄膜与过渡层、基体、保护层之间的冶金结合。建议开展如下实验研究：① 建立适用于铀金属薄膜的结合力的测试方法；② 开展多种金属材料作为过渡层的薄膜制备工艺研究，从中优选过渡层配方；③ 针对不同成分的膜层和基体，制定热处理工艺，促进薄膜与基体的冶金结合。

(4) 铀金属薄膜的腐蚀防护。铀金属薄膜容易氧化，需要为薄膜提供防护涂层，建议开展多种非金属材料和耐腐蚀金属材料作为过渡层的薄膜制备工艺研究，从而为铀金属薄膜转运、储存、使用等过程的防护。

参考文献：

[1] 易泰民，邢丕峰，李朝阳，等．金属铀膜的制备及应用现状[J]. 核技术，2009，32(12)：905-910.

[2] 白静，吴晓蕾，林茂盛，等．单次分子镀法制备部分 La 系及^{238}U 靶的实验研究[J]. 原子核物理评论，2010，27(2)：187-191.

[3] 赵江滨，杨昉东．电镀层中铀裂变碎片的射程计算[C]. 中国原子能科学研究院年报，2017：155.

[4] 林菊芳，王玫，温中伟，等．浓缩铀镀层的准确定量[J]. 核电子学与探测技术，2008，28(4)：817-820.

[5] 何佳恒，陈琪萍，党宇峰，等．电沉积法制备^{238}U 靶件的研究[J]. 表面技术，2010，39(6)：80-83.

[6] 张雷，莫文林，张德志，等．铀铌合金梯度材料的高通量实验研究[C]. 中国材料大会，2018：E06-37.

[7] 杜勇，孔毅，周鹏，等．锕系材料的集成计算材料工程：理论与应用[C]. 中国材料大会，2017：A03-I14.

[8] 法涛，白彬，张政军，等．走向高效设计与预测——铀合金材料基因工程[C]. 中国材料大会，2017：A03-I13.

[9] Adamska A M，Springell R，Scott T B. Characterization of poly- and single-crystal uranium-molybdenum alloy thin films[J]. Thin Solid Films，2014，550：319-325.

[10] 易泰民，邢丕峰，郑凤成，等．磁控溅射沉积铝/贫铀与金/贫铀镀层的界面研究[J]. 物理学报，2013，62(10)：108101.

[11] Allred D D，Matthew B，Squires R，et al. Highly Reflective Uranium Mirrors for Astrophysics Applications[C]. Proceedings of SPIE(the International Society for Optical Engineering)，2002，26：4782.

[12] Robbins D L，Alexander D J，Hanrahan R J，et al. Dynamic Properties of Shock Loaded Thin Uranium Foils[C]. 12th Biennial International Conference of the APS Topical Group on Shock Compression of Condensed Matter，2001.

[13] 吕学超，任大鹏，汪小琳．U 薄膜制备方法[J]. 稀有金属材料与工程，2005，87(4)：385-392.

[14] 李朝阳，谢军，吴卫东，等．多辊轧机冷轧技术在靶材料制备中的应用[J]. 强激光与粒子束，2006，18(1)：81-84.

[15] Sergeev G Y，Kapteľtsev A M. Creep in hot rolled uranium[J]. Soviet Journal of Atomic Energy，1961，7(6)：1023-1025.

[16] Kim K H，Oh S J，Lee D B，et al. An Investigation of the Fabrication Technology for Uranium Foils by Cooling-roll Casting[C]. 2003 Intl. Meeting on Reduced Enrichment for Res. Test Reactors，Chicago，Illinois. 2003：5-10.

[17] Damodaran K K. Preparation of scattering foils of uranium by evaporation of the metal in high vacuum[J]. British Journal of Applied Physics，1956，7(9)：322-323.

[18] Erman P. Vacuum deposition of uranium on thin organic backings for nuclear spectroscopic use[J]. Nuclear Instruments and Methods，1959，5(2)：124-126.

[19] Hopkins B J，Sargood A J. Some properties of vapour deposited uranium films in ultrahigh vacuum and in hydrogen[J]. Nuovo Cimento，1967，5(2)：459-465.

[20] Fujimori S，Saito Y，Yamaki K，et al. The electronic structure of U/Si(100)，studied by X-ray photoelectron spectroscopy[J]. Journal of Electron Spectroscopy and Related Phenomena，1998，88-91：631-635.

[21] Berbil-Bautista L，Hänke T，Getzlaff M，et al. Observation of $5f$ states in U/W(110)films by means of scanning tunneling spectroscopy[J]. Physical Review B，2004，70(11)：113401.

[22] 于震，孙亮，张志忠，等．离子镀膜法制备铀薄膜的表征[J]. 核化学与放射化学，2014，36(5)：277-281.

[23] Sletten G，Knudsen P. Preparation of isotope targets by heavy ion sputtering[J]. Nuclear Instruments and Methods，1972(3)，102：459-463.

[24] Tench R J. The Nucleation and Growth of Uranium on the Basal Plane of Graphite Studied by Scanning Tunneling Microscopy[D]. Lawrence Livermore National Lab，1992.

[25] Balooch M，Siekhaus W J. Reaction of hydrogen with uranium catalyzed by platinum clusters[J]. Journal Nuclear Materials，1998，255(2-3)：263-268.

[26] 周萍，吕学超，张永彬，等．超高真空脉冲激光沉积 Au、U 单层膜及 Au/U/Au 复合膜研究[J]. 原子能科学技术，2012，7：861-866.

[27] 鲜晓斌，汪小琳，吕学超．磁控溅射沉积铀薄膜组织结构研究[J]. 真空，2000，3：22-24.

[28] 鲜晓斌，吕学超，伏小国．蒸发、磁控溅射沉积真空对铀薄膜组成和结构的影响[J]. 材料导报，2001，16(7)：62-63.

[29] 鲜晓斌，吕学超，张永彬，等．磁控溅射沉积 U 薄膜性能研究[J]. 原子能科学技术，2002，36：396-398.

[30] 任大鹏,向士凯,鲜晓斌,等. 铝上镀铀及铀上镀铝的膜沉积方式与界面显微组织[C]. 中国工程物理研究院科技年报,1999:3-22.
[31] 向士凯,任大鹏,鲜晓斌,等. 铝上离子镀铀及铀上离子镀铝的 TEM,SEM 研究. 中国工程物理研究院报告,CNIC-01511,CAEP-0061.
[32] 易泰民,邢丕峰,唐永建,等. 磁控溅射制备金属铀膜[J]. 原子能科学技术,2010,44(7):869-872.
[33] 张波,王勇,尉伟,等. 直流磁控溅射法在管道内壁镀 TiZrV 薄膜[J]. 强激光与粒子束,2010,22(9):2124-2128.
[34] 林俊英,胡妙君. 电解法制备天然铀薄膜[J]. 原子能科学技术,1966,1:58-63.
[35] 温中伟,王玫,林菊芳,等. 管状铀电镀膜的制备及定量研究[J]. 核电子学与探测技术,2013,23(6):9-11.
[36] 陈琪萍,钟文彬,李有根. 电沉积法制备^{235}U 靶[C]. 中国工程物理研究院报告,CNIC-01789,CAEP-0148:50-58.
[37] Riviere J C. The Work Function of Uranium[J]. Proceedings of the Physical Society,1962,80(1):116-123.
[38] Gotoh T, Hirasawa S, Kinosita K. Measurements of sticking coefficient of gold atoms on MgO(001) with a torsion microbalance[J]. Thin Solid Films,1982,87(4):385-392.
[39] Molodtsov S L, Boysen J, Richter M, et al. Angel-resolved photoemission on ordered films of U metal[J]. Physical Review B,1998,57(20):13241-13245.
[40] Gouder T,Colmenares C A. A surface spectroscopy study of thin layers of uranium on polycrystalline palladium[J]. Surface Science,1993,295(1-2):241-250.
[41] Gouder T,Colmenares C A. A surface spectroscopic study of thin layers of U on polycrystalline Pt[J]. Surface Science,1995,341(1-2):51-61.
[42] Gouder T,Colmenares C A,Naegele J R,et al. Study of the CO adsorption on U,UNi_2 and UNi_5[J]. Surface Science,1992,264(3):354-364.

Research progress of design, synthesis and characterization technologies of metallic uranium thin films

LI Ming-yang, LIANG Fang-zhi, FENG Hai-ning,
LIU Wei, KANG Tai-feng
(China North Nuclear Fuel Co., Ltd, Baotou, Inner Mongolia, China)

Abstract: Metallic uranium thin films are a rare form of uranium. Metallic uranium thin films can play multiple roles in scientific research and high and new technology. Besides, metallic uranium thin films are a type of ideal research object for the design of new uranium alloys. In this work, the application and scientific value of metallic uranium thin films are briefly introduced. The design, synthesis and characterization technologies of metallic uranium thin films are introduced, of which the worldwide research progresses are reviewed, and the developing trend is discussed. This work is expected to provide new ideas for the research of new uranium alloy materials and materials genome engineering, and provide references for the further development of this material.

Key words: Metallic uranium thin film; thin film design; thin film synthesis; thin film characterization; research progress

Candu-6 核燃料棒束自动端板焊机设计

吕　会,邓重威,习建勋
(中核北方核燃料元件有限公司,内蒙 包头,014035)

摘要:为了探索新技术在 CANDU-6 型核燃料棒束生产中的应用,提高端板焊接工序的自动化水平及产品质量,研制端板焊智能制造系统,根据系统总体方案需要重新设计自动端板焊机。首先根据自动端板焊机在整体系统中的各项功能需求,制定各项技术要求及指标;然后经过方案对比分析,确定了端板焊机总体设计方案;最后完成端板焊机的顶升机构、端板夹持装置及焊接装置等部分的设计。将新设计的自动端板焊机集成到系统中进行棒束焊接,棒束的各项尺寸均合格,满足使用要求。

关键词:Candu-6 核燃料棒束;自动端板焊接;压力电阻焊

引言

端板焊是 CANDU-6 型核燃料棒束组装生产线的最后一道加工工序,其功能是将 37 根燃料元件和两块端板利用压力电阻焊原理逐点焊接成成品棒束。如图 1 所示,端板焊接时,地极与端塞接触、中心电极与端板接触,为避免地极与端板接触而造成短路,需要随时调整地极角度。

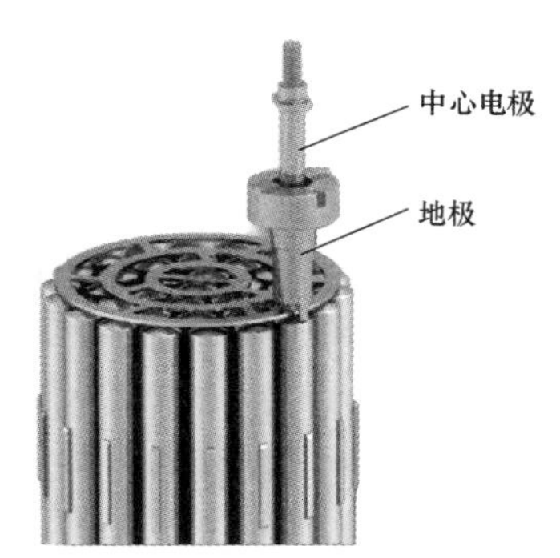

图 1　端板焊接原理

中核北方核燃料元件有限公司原有 2 台半自动端板焊机,1 台为建线初期从加拿大进口,另一台为国内仿制。现有板焊机存在人工参与最多、操作过程复杂、设备自动化程度低等问题。为了解决上述问题,实现减员增效,公司自立科研研制端板焊智能制造系统。根据设计前期对不同方案的对比、试验论证以及可行性分析,确定了系统总体方案。端板焊智能制造系统共有 2 个焊接工位,分别为标识端和非标标识端焊接工位,对应标识端端板焊接和非标识端端板焊接。如图 2 所示,棒束夹具设计为分体结构由标识棒束夹具与标识端板夹持器组合,实现标识端端板焊接时燃料元件和端板的定位,由非标棒束夹具与非标端板夹持器组合实现非标端端板焊接时燃料元件和端板的定位。

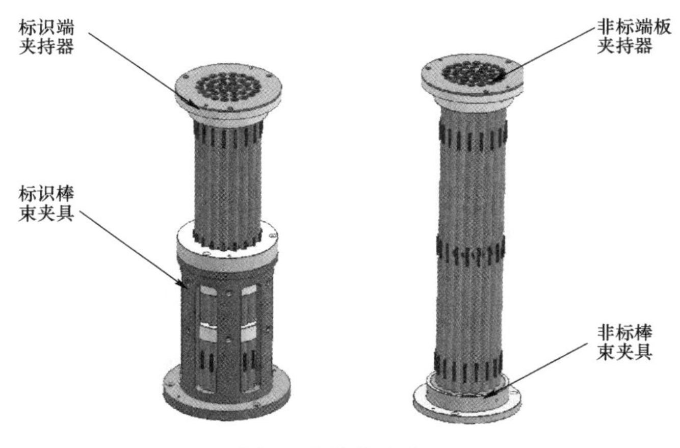

图 2　分体棒束夹具

作者简介:吕会(1984—),男,山东莱芜人,高级工程师,硕士,现主要从事核燃料元件制造

端板焊接工位是实现元件定位及端板焊接的核心装置，具有定位精度高、工艺性强的特点。原有半自动端板焊机存在以下问题：

(1) 难以适应新的棒束夹具，无法实现分体棒束夹具的自动组合及同轴精度微调；

(2) 焊点同轴精度保持性差、焊头精确定位难以改造为自动化；

(3) 焊头难以集成焊接压力检测。

因此，端板焊接工位不具备改造条件，需进行重新设计。

为降低设备研发费用、提高设备的可靠性，鉴于公司技术团队对端板焊工艺、设备原理的熟练掌握，自动端板焊机为自主设计完成。自主开发一套能够适应新的棒束夹具、保证端板焊接质量、实现焊点自动精确定位以及集成压力检测等功能的自动端板焊接工位。

1 总体要求及方案确定

1.1 总体设计要求

根据自动端板焊机的固有功能及系统自动化需求，确定总体要求如下：

(1) 能够实现标识/非标识棒束夹具与其对应上端夹持器的自动组合；

(2) 具有标识/非标识棒束夹具与其对应上端夹持器同轴微调功能，保证同轴精度±0.05 mm；

(3) 焊接工位能够实现标识端及非标识端全自动端板焊接；

(4) 焊接工位集成焊接压力、电流、焊接镦粗等关键工艺参数的检测；

(5) 焊头与焊接元件的同轴定位精度≤±0.05 mm；

(6) 焊头焊接压力：中心电极压力 295±10 lb，地极压力 70±10 lb(1 lb=453.59 g)；

(7) 连续生产过程中，棒束焊接节拍≤7.4 min/棒束；

(8) 端板焊接强度满足外环≥6.8 N·m，内环≥4.5 N·m。

1.2 方案确定

自动端板焊机设计之初，其关键点在于如何实现焊头 37 个焊点位置精确定位以及地极两个支腿相对端板角度之间的调整。设计前期有两种方案，分别为机器人定位焊接及伺服模组定位焊接。

如图 3 所示，机器人定位焊接是指焊头固定于机械手末端，由机器人带动焊头实现 37 个点的定位与焊接，焊接时机器人六轴可进行 360°旋转实现地极分度。该方式利用其定位精度高的特点可使整套系统更为简单，地极设计无需更改。但可能出现端板焊接时的稳定性无法保证的情况。

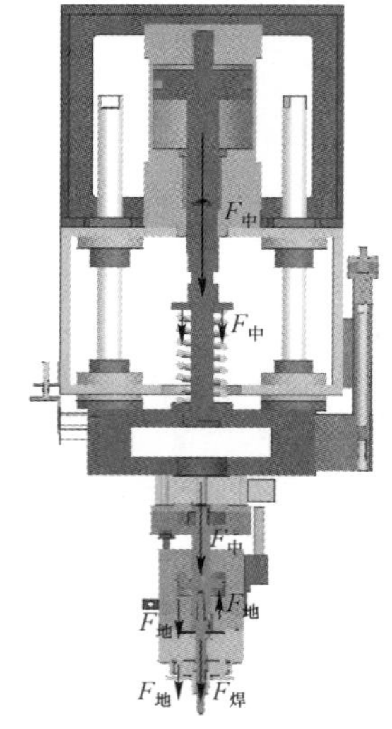

图 3 机器人定位焊接

如图 4 所示，伺服模组定位焊接是指焊头固定于十字型伺服模组上，通过伺服模组 XY 方向的精确定位，实现对 37 个焊点的焊接。其优点是承载性能及稳定性高，经调研伺服模组 Z 向额定承载可达 200 kg 满足 Z 轴向上 90 kg 作用力。但伺服模组仅具备两个方向的自由度，无法实现端板地极分度，因此该方案存在地极角度调整问题。

为了解决地极支腿自动调整问题，避免地极支腿与端板筋接触造成焊接时短路，将地极设计为分体，其中下地极分为 37 个镶嵌于端板夹持器内，上地极安装到焊头上，如图 5 所示。端板焊接时，上地极与下地极通过圆环面接触，从而取消了原有的地极角度调整机构。

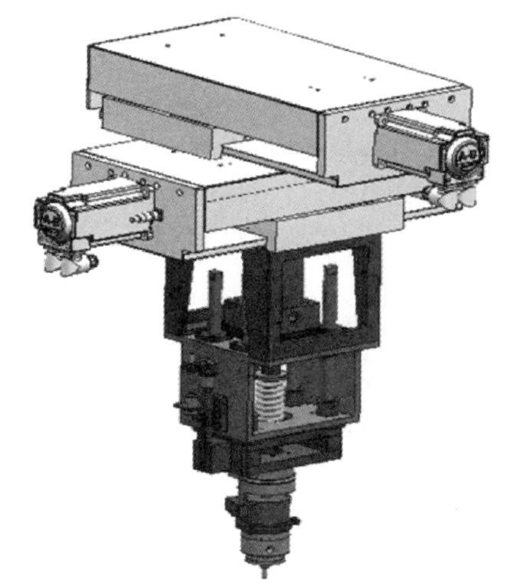

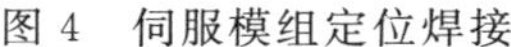

图 4　伺服模组定位焊接

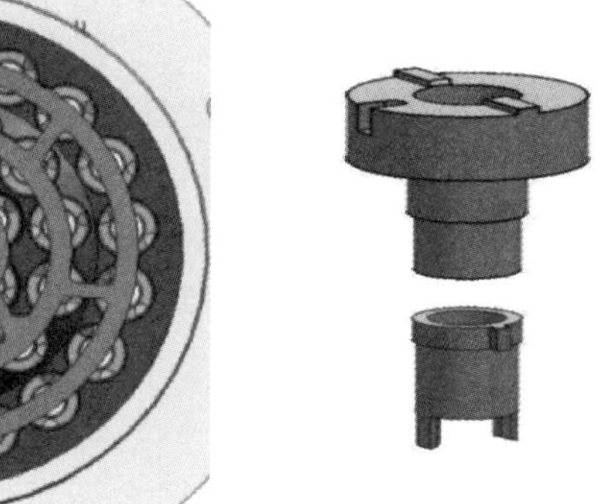

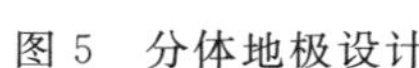

图 5　分体地极设计

通过两种方案的对比，最终方案确定为伺服模组定位＋分体地极。自动端板焊机整体方案如图 6 所示，根据功能的不同可将焊接工位分为：顶升机构、端板夹持模块、焊接模块和焊机框架等组成。其中：顶升机构实现分体棒束夹具的自动组合；端板夹持机构实现端板夹持器的安装以及与下端棒束夹具的同轴精调；端板焊接模块实现端板的焊接。

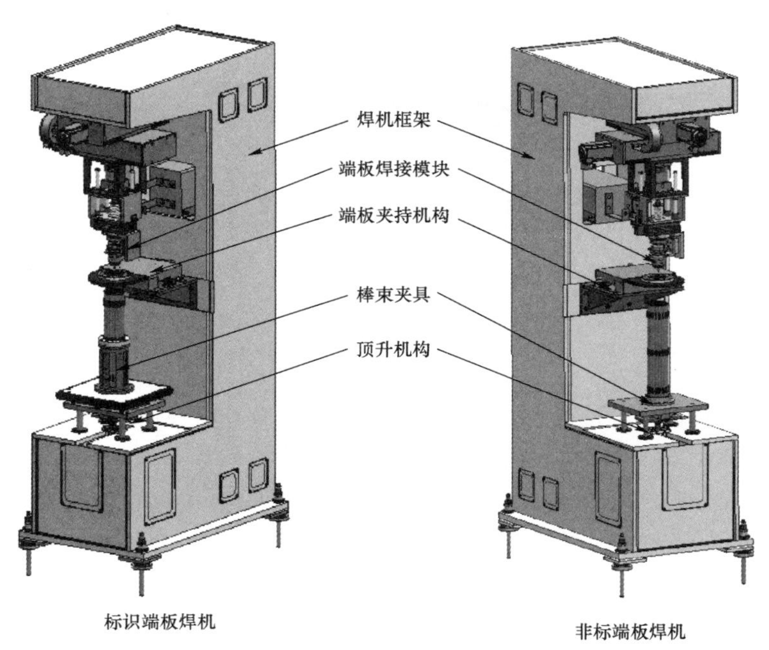

图 6　自动端板焊接机

标识端焊接工位与非标焊接工位区别在于:对于标识焊接工位,其顶升机构在传输线焊接工位的下侧,棒束夹具固定在托盘上在传输线各工位运转,当元件装夹后的托盘运动到焊接工位,顶升机构通过托盘将棒束顶起实现棒束与夹持器的装配;对于非标焊接工位,非标棒束夹具直接固定于顶升机构的上端,棒束搬运机器人将棒束上端装夹到端板夹持器内,由顶升机构顶起支撑棒束。

2 自动端板焊机设计

2.1 顶升机构

当端板装夹后且棒束运动到焊机下时,由顶升机构驱动棒束及夹具向上运动,使得棒束上端与夹持器配合,棒束端板焊接过程中,给予棒束足够的支撑力。顶升机构结构设计模型如图 7 所示。为了防止顶升过程中,阻力的过大造成设备损坏,顶升下降过程中,棒束未跟随顶升机构下落而悬挂于夹持器内,顶升机构安装有测力传感器实时检测力的变化,防止升降过程中造成的设备或产品损伤。

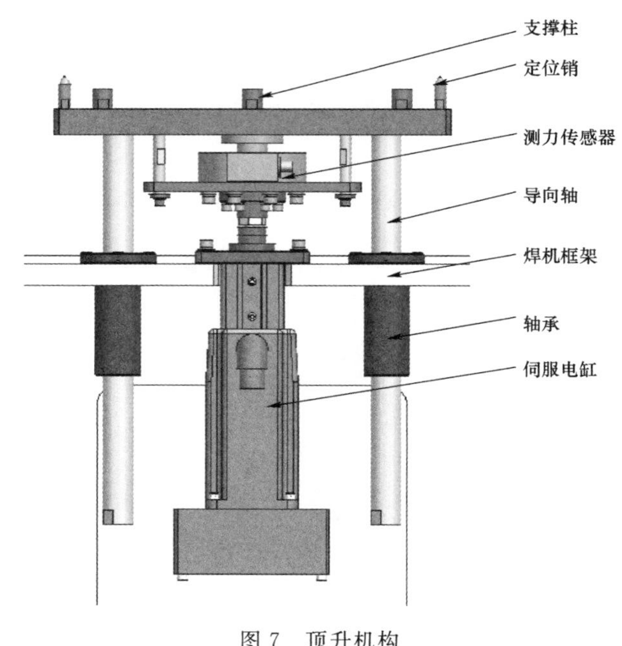

图 7 顶升机构

2.2 端板夹持装置

端板夹持装置如图 8 所示,该装置非标设计了 XY 双向微调机构,集成了螺旋测微器,以焊接工位下端的棒束夹具为基准,能够实现端板夹持器与棒束夹具同轴微调,从而实现端板夹持器的精确稳定定位。

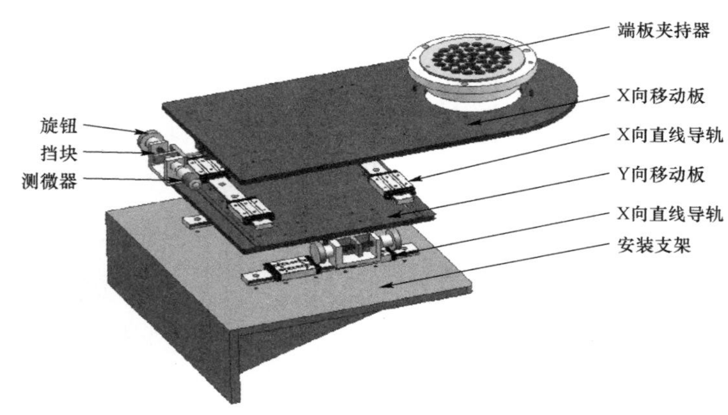

图 8 端板夹持装置

2.3 端板焊接模块

端板焊接模块为端板焊接工位的核心,其功能是利用压力电阻焊的原理实现端板的焊接。该模块机械结构设计方案如图 9 所示,中心电极气缸活塞杆与连接螺栓相连,下端与承压板连接,焊接时由中心电极气缸驱动焊头组件向下运动,从而施加中心电极压力;地极气缸与地极上连接,焊接时提供地极压力。焊头组件与变压器相连接形成焊接回路,通电实现端板焊接功能。

相对半自动端板焊机,新设计的端板焊焊接模块其创新点如下:

(1) 集成了测力传感器,实时中心电极输出的焊接压力监测,超限报警。

(2) 焊头伺服连接板上端与伺服模组连接,地极设计为分体地极,实现了自动端板焊接时的精确定位。

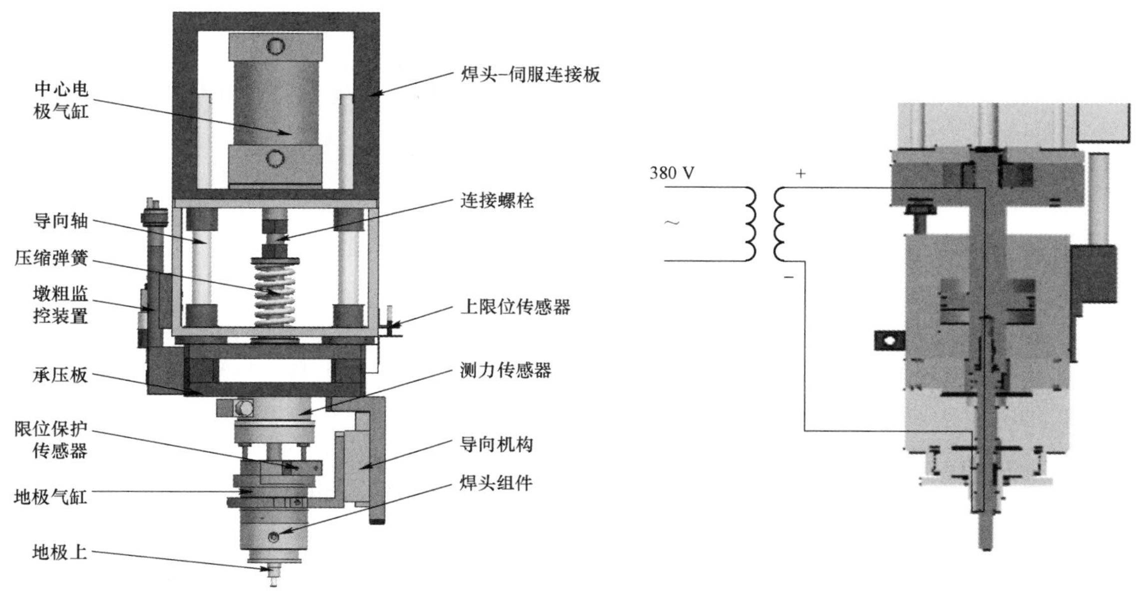

图 9　端板焊接模块

(3) 为了提高焊头定位精度，增加了焊头组件导向机构。

(4) 在变压器与焊接模块的软连接处，安装二次侧电流检测仪器，实现了焊接电流实时检测。

3　结论

将自主设计的自动端板焊机集成到端板焊智能制造系统，完成了系统的研制。该系统顺利通过了设备合格性鉴定、工装夹具鉴定及工艺合格性鉴定；并于 2020 年投入使用，已焊接 300 余个棒束，产品合格率 100%，达到了预期目标。根据应用可得出以下结论：

(1) 成功研制了具有知识产权的自动端板焊接系统，摆脱了对国外技术的依赖，增强了核心竞争力。

(2) 自主设计了一套能够满足棒束自动端板焊接、节拍需求的自动端板焊机。

(3) 焊头采用伺服精确定位、分体地极，焊接压力及电流在线检测，提高了焊头稳定性及产品质量。

致谢

本研究受到中核北方燃料元件有限公司的“端板焊智能制造系统研制”课题的资助，获得了内蒙古自治区科技重大专项 150 万元资助，在此表示感谢！此外，感谢公司领导在设备研发及论文写作过程中给予的指导与帮助！

参考文献：

[1]　钟建伟，盛国福，余国严，等．压水堆新型燃料组件骨架压力电阻点焊工艺研究[J]. 热处理技术与装备，2020，(03)：19-26.

[2]　张喆伦．电阻点焊电极空间对中状态非接触式自动检测方法研究[D]. 吉林大学，2020.

[3]　肖家豪．环形电阻点焊技术工艺研究[D]. 大连理工大学，2020.

[4]　李巍．压力电阻焊机研制及其性能评估[D]. 湖南大学，2018.

Design of automatic endplate welder for Candu-6 nuclear fuel bundle

LV Hui, DENG Zhong-wei, XI Jian-xun

(China North Nuclear Fuel Co. LTD, Baotou, 014035)

Abstract: In order to exploit the application of new technology in the CANDU-6 fuel bundle production and improve automation lever and product quality in endplate welding process, development of an intelligent manufacturing system for endplate welder. According to the overall scheme of the system, the automatic endplate welder needs to be re-designed. Firstly, according to the functional requirements of the automatic endplate welder in the overall system, the technical requirements and indicators are formulated. Then, the overall design scheme of the end plate welder is determined by comparing and analyzing the schemes, and complete the endplate welder jacking mechanism. Finally, the design of the jacking mechanism, the endplate clamping device and the welding device of the endplate welding machine are completed. The newly designed automatic endplate welder is integrated into the system to weld the bundles. The dimensions of the bundles are qualified and meet the requirements.

Key words: Candu-6 nuclear fuel bundle; endplate welding; Pressure resistance welding

基于数值模拟的S型通道屏蔽体熔模铸造工艺研究

杨志远,康泰峰,刘业光,陈　超,韩小军
(中核北方核燃料元件有限公司,内蒙古 包头 014035)

摘要:为研究某S型通道特种材料屏蔽体熔模铸造成型制备工艺可行性,利用Procast软件建立模型,对不同条件下特种材料S通道熔模铸造制备过程可能出现的缩孔缺陷的位置进行模拟计算。S通道熔模铸造模拟计算中,在浇注温度恒定设为1 400 ℃的前提下,分别进行了内部冷源与外部冷源工艺模拟计算。结果表明,在型壳底部放置大型钢质外部冷源,可以获得良好的凝固顺序,内置小块特种合金作为冷源的方法无法彻底消除铸件内部热节,但可以避免铸件缩孔缺陷的形成,通过内置冷源工艺验证,制得了质量良好的S通道铸件。
关键词:熔模铸造;Procast;缩孔

引言

S通道屏蔽体是一种应用于医疗产业、工业探伤技术领域的重要部件,主要用于上述设备放射源射线的定向屏蔽。S通道由某特种合金材料制成,与铅、钨等材料相比,该特种合金材料具有更好的射线屏蔽能力,且熔点适中(1 100～1 200 ℃),在火灾等某些特殊情况下不会像铅制材料发生融化,且避免了钨材料熔点过高成型困难的问题,在射线屏蔽领域具有良好的应用前景[1]。在S通道屏蔽体制备成型工艺方面,考虑到零件结构复杂特点(如图1所示)与极为活泼的化学性质(特种材料与硅基材料、铁基材料反应),采用以金属氧化物做面层、莫来石加固制模壳的熔模铸造工艺直接成型是一种较为可行的工艺方法。铸造成型过程中,金属液凝固伴随着体积收缩和流动补缩的过程,受传热情况、液体流动情况和铸件形状结构影响,可能在一些区域产生补缩不充分的孤立区域,进一步形成缩孔缺陷,如图2所示。为优化S通道屏蔽体熔模铸造工艺,消除缩孔缺陷,本文应用Procast铸造模拟软件,对多种工艺条件下的S通道熔模铸造过程进行数值模拟,并根据运算结果选择最优工艺方案进行实际验证。

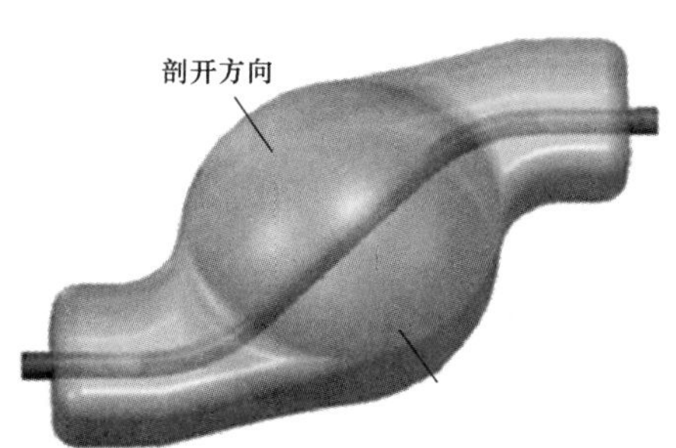

图1　S通道结构图

图2　S通道铸件缩孔缺陷

1—铸件内部缩孔;2—加工后可能露在铸件表面的缩孔;3—不影响质量的冒口缩孔

1　数学模型

1.1　传热过程

Procast软件采用有限元法对网格各点的温度场变化过程进行计算,其依据为热传导方程:

$$\rho C_P \frac{\partial T}{\partial t}=\frac{\partial}{\partial x}\left(\lambda \frac{\partial T}{\partial X}\right)+\frac{\partial}{\partial y}\left(\lambda \frac{\partial T}{\partial Y}\right)+\frac{\partial}{\partial z}\left(\lambda \frac{\partial T}{\partial Z}\right)+\rho L \frac{\partial f}{\partial t} \tag{1}$$

式中：ρ——密度，cm^2；

C_P——比定压热容，J/(kg·K)；

T——温度，℃；

t——时间，s；

λ——导热系数，W/(m·K)；

L——熔化潜热，J/kg；

f——固相率，%。

1.2 流动过程

流动场计算中，其原理为流体连续性方程[2]及动量守恒方程组[3]、[4]、[5]：

$$\frac{\partial \rho}{\partial t}+\frac{\partial(\rho u)}{\partial x}+\frac{\partial(\rho v)}{\partial y}+\frac{\partial(\rho w)}{\partial z}=0 \tag{2}$$

$$\frac{\partial(\rho\rho u)}{\partial t}+\frac{\partial(\rho u u)}{\partial x}+\frac{\partial(\rho v u)}{\partial y}+\frac{\partial(\rho w u)}{\partial z}=\eta\left(\frac{\partial^2 u}{\partial x^2}+\frac{\partial^2 u}{\partial y^2}+\frac{\partial^2 u}{\partial z^2}\right)-\frac{\partial P}{\partial x}+\rho g_x \tag{3}$$

$$\frac{\partial(\rho\rho v)}{\partial t}+\frac{\partial(\rho u v)}{\partial x}+\frac{\partial(\rho v v)}{\partial y}+\frac{\partial(\rho w v)}{\partial z}=\eta\left(\frac{\partial^2 v}{\partial x^2}+\frac{\partial^2 v}{\partial y^2}+\frac{\partial^2 v}{\partial z^2}\right)-\frac{\partial P}{\partial y}+\rho g_y \tag{4}$$

$$\frac{\partial(\rho\rho w)}{\partial t}+\frac{\partial(\rho u w)}{\partial x}+\frac{\partial(\rho v w)}{\partial y}+\frac{\partial(\rho w w)}{\partial z}=\eta\left(\frac{\partial^2 w}{\partial x^2}+\frac{\partial^2 w}{\partial y^2}+\frac{\partial^2 w}{\partial z^2}\right)-\frac{\partial P}{\partial z}+\rho g_z \tag{5}$$

式中：$\rho(x,y,z,t)$——在 t 时刻位置(x,y,z)处流体密度；

u、v、w——在 t 时刻位置(x,y,z)处流体速度矢量；

η——流体黏度。

1.3 缺陷计算

Procast 软件可通过 Niyama 判据快速计算铸件缩孔缩松位置。Niyama 判据是日本 Niyama 通过研究圆柱形铸钢件缩松缩孔分布情况后，总结出以下判据[2]：

(1) 当铸件凝固终了时某处温度梯度 G 与冷却速度 R 的二次方根比值 $G/\sqrt{R}\leqslant M$ 时，该处产生缩孔缩松，M 为缩孔缩松临界判据值，不同合金成分具有不同临界值，与铸件尺寸形状无关。

(2) 凝固区域的 $G/\sqrt{R}$ 判据值越小，则产生缩松缩孔的倾向性越大；反之，产生缩松缩孔的倾向性越小。

在缺陷分析过程中，Procast 软件可根据被分析区域的温度场分布计算区域内 G 值与 R 值，并进一步计算 Niyama 判据值 $G/\sqrt{R}$，并最终算出凝固过程中最可能产生缩松缩孔缺陷的位置。

2 实验方案

2.1 数据收集

2.1.1 合金热物理参数

在进行铸造模拟前对特种合金材料热物理性能进行定义，在 Procast 材料库中新建特种合金材料，将表 1 中热物理性能数据赋予特种合金材料[3]，生成该材料相关热物理性能曲线，使该材料满足铸造模拟计算要求。

表 1 模拟计算中录入的参数

温度/℃	热导率/W·m^{-1}K^{-1}	密度/g·cm^{-3}	热容/J·k^{-1}mol^{-1}	黏度/cP
500	38.072 7	18.560 65	24.633 18	—
600	40.431 71	18.425 45	24.472 08	—
相变温度 1	42.107 54	18.326 01	24.390 23	—

续表

温度/℃	热导率/W·m^{-1}K^{-1}	密度/g·cm^{-3}	热容/J·k^{-1}mol^{-1}	黏度/cP
700	42.967 88	17.491 25	45.12	—
相变温度 2	45.023 6	17.426 73	45.12	—
800	45.743 26	17.154 07	58.762 27	—
900	48.819 92	17.067 73	59.232 29	—
1 000	52.259 92	16.982 26	59.595 97	—
1 100	56.125 3	16.897 64	59.883 12	—
固相温度	57.377 15	16.872 41	59.957 53	—
液相温度	60	17.310 75	46.45	6.38
1 200	60	17.166 79	46.45	5.67
1 300	60	16.951 93	46.45	4.84

2.1.2　边界条件

将边界条件包括界面换热系数、金属浇注位置流速等不可控环境因素与溶液初始温度、模壳初始温度、浇注速度等可控工艺参数。

界面换热系数包括特种合金金属液与型壳界面的换热系数、型壳与外部环境的换热系数。界面换热系数 h(W/m^2·K)并非物性值,只是一个宏观的平均参数,其值受诸多因素影响,铸件与铸型的界面换热系数会随着凝固过程中固相的增加发生大幅度变化,通常界面换热系数需要开展实验测定后进行反算求得,难以通过函数表征。由于未开展相关反算试验,采用预估值对换热系数进行设定:

(1) 通常情况下金属与氧化物陶瓷的平均界面换热系数为 100～400 W/m^2·K,本实验设定特种合金凝固过程中界面换热系数设定为常数值 200 W/m^2·K。

(2) 空冷过程中,空气对流与铸模表面的换热系数经验值为 10 W/m^2·K,考虑到特种合金铸造过程为真空环境,基本只存在热辐射,设定型壳外部与环境换热系数为 2 W/m^2·K。

浇注位置设定在浇注口中心处,根据铸造现场筛盘规格进行等面积换算,将浇注液流截面半径设定为 R=16 mm,根据现场测定计算,金属流动速度设定为 4 kg/s。

根据现有的特种合金熔炼工艺条件,将特种合金液初始温度设定为 1 400 ℃,型壳初始预热温度为 300℃。

2.2　模拟试验

2.2.1　三维模型建立

如图 1 所示,S 通道内部为 S 型金属管,外部包覆特种合金铸体。结合 S 通道结构特点,将浇口设计在铸件中腹部位置,运用三维建模软件 Pro/ENGINEER 进行三维实体造型,如图 3(a)所示。将三维模型以 igs 格式导入 Procast 软件进行三维网格划分,网格划分过程中,为保证精度,将 S 管管壁等小尺寸细节位置网格大小设置为 2.5,其余位置设置为 5,如图 3(b)所示。

2.2.2　变量设定

已知 S 通道铸件总长约 230 mm,宽度约 160 mm,中部椭球最大直径约 130 mm。首先设置对照组试验探索在不加入冷源条件下 S 通道铸造过程中铸件内部缺陷分布情况,使用 Pro/ENGINEER 软件进行三维实体建模,将 S 通道铸造用模壳模型导入 Procast 后,在前处理阶段,对网格进行划分,设定流动、温度边界条件。材料性能方面,设定外部包覆厚度 10 mm 莫来石材质型壳,定义内部 S 型弯管材料特性、定义主体铸件材料特性为自建材料特种合金,浇铸温度设定为 1 400 ℃,型壳预热温度 300 ℃,浇注速度 4 kg/s,设定完成后开始计算。

为探究添加冷源对 S 通道铸件内部质量的影响,分别进行第 1(内置冷源)、2(外置冷源)次模拟:

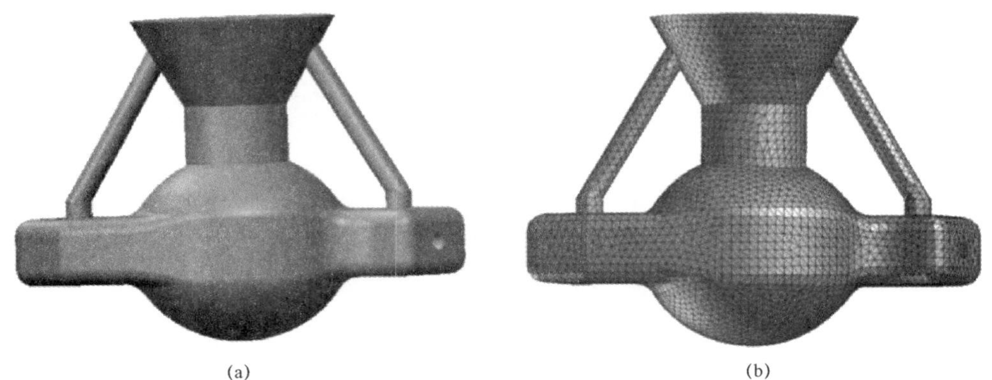

(a)　　　　(b)

图 3　浇注系统三维模型

(a)三维实体造型;(b)三维网格模型

试验 1 在三维建模过程中,在型壳内 S 管中心位置上部放置了一个块状模型作为冷源。浇铸温度设定为 1 400 ℃,作为内置冷源,材质设定为与铸件相同的特种合金,其温度与砂箱、型壳预热温度相同,设为 300 ℃,浇速 4 kg/s。

试验 2 在三维建模过程中,在型壳底部外增加了一个密切贴合的外置冷源。浇铸温度设定为 1 400 ℃,作为外置冷源,材质设定为 45＃不锈钢,其温度与砂箱、型壳预热温度相同,设为 300 ℃,浇速 4 kg/s。

上述三组试验参数设定对比如表 2 所示。

表 2　试验参数对比

实验组别	外部环境	预热温度/℃	内部结构	初始浇注温度/℃	浇速/(kg・s^{-1})
对照组	10 mm 莫来石模壳＋真空	300	金属管	1 400	4
试验 1	10 mm 莫来石模壳＋真空	300	金属管,中心穿特种合金方块	1 400	4
试验 2	10 mm 莫来石模壳＋45＃钢底座＋真空	300	金属管	1 400	4

3　结果分析

对照组模拟结果如图 4 所示,在型壳与砂箱初始预热温度为 300 ℃的前提下,图 4(a)为铸件内部最后的固相分数低于 30％的孤立液相区的位置,图 4(b)为 Procast 软件通过 $G/\sqrt{R}$ 运算得出的对照组中 Niyama 判据值最低区域分布。观察模拟结果可知,模拟结果与实际缺陷情况相似,受模壳结构影响,S 通道直接浇铸模壳易产生中心缩孔。

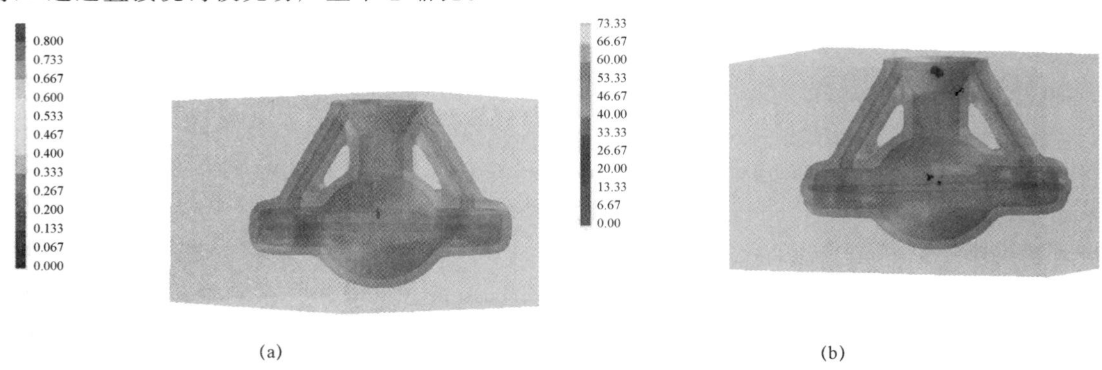

(a)　　　　(b)

图 4　对照组结果

(a) 固相分数低于 30％最终区域;(b) 完全凝固后 Niyama 判据值最低区域

试验 1 模拟结果如图 5 所示，在 S 管上方放置与铸件相同材质的特种合金冷源，冷源、型壳与砂箱初始预热温度为 300 ℃的前提下，图 5(a)为中心纵剖面视角某一时刻温度场分布情况，图 5(b)为铸件内部最后的固相分数低于 30％的孤立液相区的位置，图 5(c)为通过 $G/\sqrt{R}$ 运算得出的试验 1 中 Niyama 判据值最低区域分布。

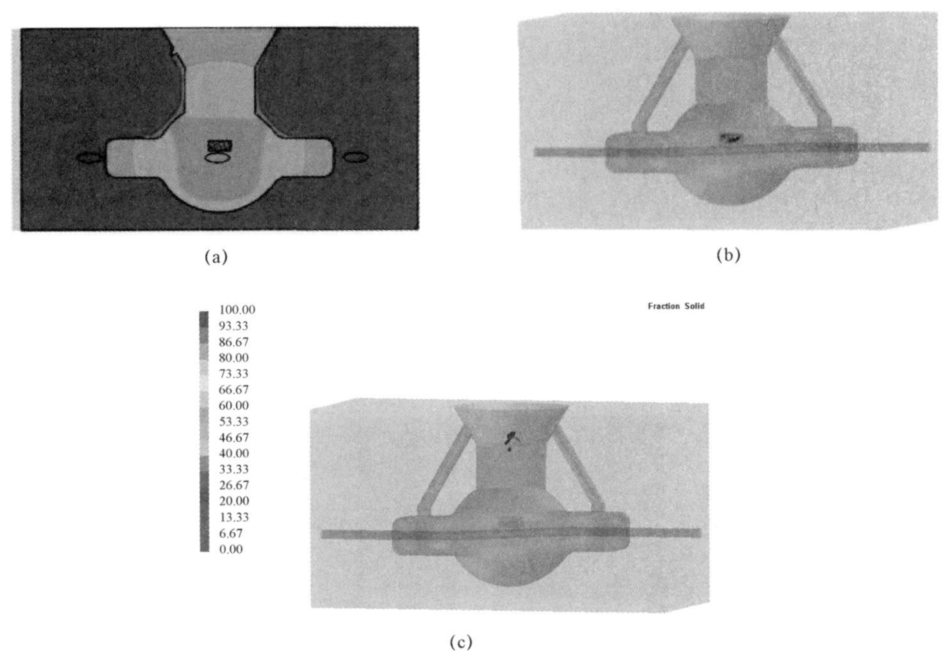

(a) (b) (c)

图 5　试验 1 结果

(a) 纵剖面温度梯度分布；(b) 固相分数低于 30％最终区域；(c) 完全凝固后 Niyama 判据值最低区域

试验 1 中，由图 5(a)发现，温度最高区域分布在冷源附近的铸件中心部位，温度梯度分布总体趋势并未在低温冷源的影响产生质变；由图 5(b)发现，在内置冷源的影响下，模拟结果中的最终孤立液相区与冷源位置发生重合；图 5(c)中 Niyama 判据值最低区域分布情况证明孤立液相区很可能未形成缩孔缺陷。

试验 2 模拟结果如图 6 所示，在底部放置 45＃钢材质冷源，冷源、型壳与砂箱初始预热温度为 300 ℃的前提下，图 6(a)为中心纵剖面视角某一时刻温度场分布情况，图 6(b)为铸件内部最后的固相分数低于 30％的孤立液相区的位置。

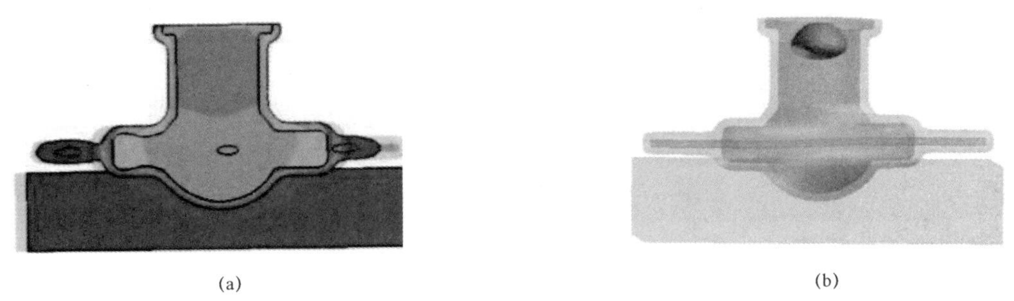

(a) (b)

图 6　试验 2 结果

(a) 纵剖面温度梯度分布；(b) 固相分数低于 30％最终区域

试验 2 中，由图 6(a)发现，在底部外置冷源的影响下，铸件内部形成了自下而上逐步冷却的顺序凝固；由图 6(b)发现，在外置冷源的影响下，模拟结果中最后凝固位置位于浇口顶部，铸件内部无孤立液相区存在，实现了充分的补缩。由于外置冷源体积较大，且钢材本身具有良好的导热性及贮热能力，在浇注过程中，底部钢质冷源可以将型壳内部的热量快速抽走，实现完全的顺序凝固。此方式虽效果显著，但受限于冷源与型壳表面难以充分接触、冷源自重过大等原因，应用在实际工艺中的难度较大。

4　工艺验证

结合模拟结果与实际工艺可操作性，最终认为试验1中的工艺方法与参数为最优。参考试验1进行了实际工艺验证。

现场制备S通道型壳用于最优模拟结果的工艺验证。将金属管加工处理至符合要求的S型后，放置在制蜡模具中制得中间包覆金属管的等比蜡模；使用氧化钇涂料制备面层，莫来石涂料加固型壳。脱蜡烧结后制得S通道型壳如图7所示。

将S通道型壳装入保温砂桶，在型壳内部S型金属管上穿一块特种合金作为冷源，合金熔炼过程中，使用电炉丝同时对底部的砂桶进行预热，使用埋入砂箱的热偶进行测温，浇注温度(1 400±50)℃，预热温度(300±20)℃。浇注并冷却后清理型壳，制得2件S通道铸件如图8所示，铸件外观良好，在中间剖开铸件后，未发现内部存在缩孔缺陷，证明内置冷源工艺可行。

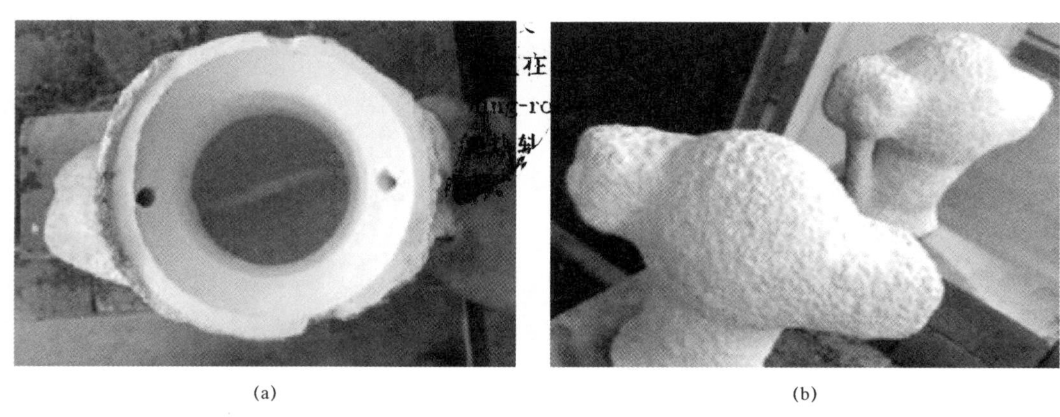

(a)　　　　(b)

图7　S通道型壳

(a) 型壳内部；(b) 型壳外部

(a)

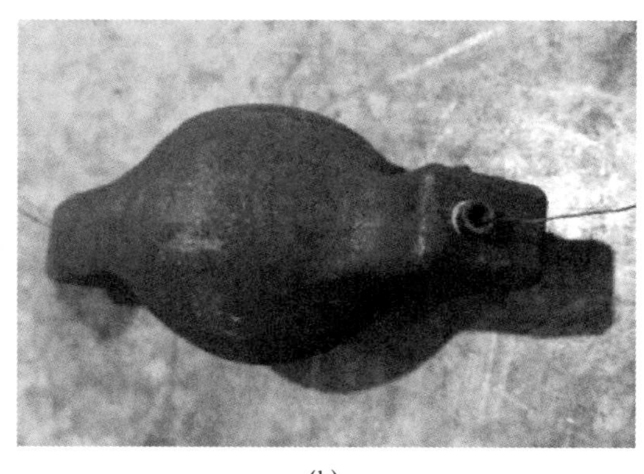

(b)

图8　S通道铸件

(a) 铸件剖面；(b) 铸件外观

5　结论

结合Procast铸造模拟软件对多种情况下S通道铸件凝固情况进行分析，获得结论如下：

(1) 模拟计算表明，由于铸件中部区域体积过大，远大于补缩浇道体积，在常规重力浇铸环境下，底部厚大区域最后凝固，导致了中心缩孔的产生，该结果符合实际工艺缺陷分布情况。

（2）模拟计算表明，外置冷源的方式，可有效消除S通道铸件中心缩孔缺陷，但实际可行性较小，同时内置冷源的方式也有希望消除缩孔相比之下，通过了实际工艺验证，最终证明内置冷源确实消除了铸造缺陷。

参考文献：

[1] 王玉岭，田春雨等．S通道XX屏蔽体铸造方法：中国，CN 106925759 A[P]. 2015-12-30.

[2] 潘利文，郑立静，张虎，等．Niyama判据对铸件缩孔缩松预测的适用性[J]. 北京航空航天大学学报，2011，37(12)：1534-1540.

[3] R. J. M. Konings，O. benes，J. -C. Griveau. The Actinides Elements：Properties and Characteristics[Z].

Investment casting process of a S channel shield based on Procast

YANG Zhi-yuan，KANG Tai-feng，LIU Ye-guang，
CHENG Chao，HAN Xiao-jun

(China North Nuclear Fuel Co. ，LTD，Baotou，China.)

Abstract：In order to study the feasibility of a certain S-channel special material shielding body investment casting process，Procast was used to build a model，and the positions of shrinkage cavity defects that might appear in the preparation process of special material S-channel investment casting under different conditions were simulated and calculated. In the simulation of S-channel investment casting，under the premise that the casting temperature is set to 1 400 ℃ at a constant temperature，conducted internal iron and external iron process simulation sequence，the built-in small special alloy as cold iron method cannot completely eliminate the casting section internal heat，but can avoid shrinkage defects formation，on-site validation scheme with reference to the built-in cold iron，and with good quality of casting S-channels.

Key words：Investment casting；Procast；The shrinkage cavity

国产硼化锆靶材制备 IFBA 涂层性能研究

米文俊,梁新斌,张海峰
(中核北方核燃料元件有限公司,内蒙古 包头 014035)

摘要:本文主要研究国产硼化锆靶材制备 IFBA 涂层的性能,并与进口靶材的性能进行对比研究来表征国产硼化锆靶材的溅射性能。采用当前生产工艺参数开展涂覆试验,对涂覆芯块的 ^{10}B 装载量、附着力、杂质含量和总氢含量进行分析,并对不同溅射状态的靶材制备的 IFBA 芯块的成分、物相和涂层微观形貌进行分析。研究结果表明国产硼化锆靶材在连续溅射过程中气相沉积稳定,^{10}B 装载量、附着力、杂质含量和总氢含量均满足 IFBA 芯块技术条件要求;ZrB_2 涂层与 UO_2 基体结合良好、涂层均匀,涂层物相组成、化学成分和微观形貌等均与进口靶材制备的涂层一致,国产靶材能够满足 IFBA 芯块制备技术的需求。

关键词:ZrB_2;靶材;IFBA;国产化;UO_2 芯块

引言

^{10}B 富集的 ZrB_2 靶材可用来制备 AP1000 反应堆燃料元件的 IFBA 芯块。在 UO_2 的表面涂覆 ZrB_2 涂层,以调节反应堆的反应性,达到提高核燃料的利用率、降低核电成本、延长核燃料元件更换周期的目的。目前制备 IFBA 芯块所需的 ZrB_2 靶材全部依靠进口。对 ZrB_2 靶材自主研制和生产,研制满足 AP1000 核电燃料元件 IFBA 芯块使用要求的 ZrB_2 靶材,为 AP1000 反应堆燃料元件生产提供基础材料配套,避免可燃毒物靶材对进口的依赖,降低核燃料元件制造成本[1-3]。

本文采用国产硼化锆靶材制备 IFBA 芯块,对 IFBA 芯块的硼装量、附着力、杂质含量、氢含量及涂层的显微组织进行分析。并与相同工况下进口靶材制备的 ZrB_2 涂层性能进行对比分析,以评估国产 ZrB_2 靶材应用于 AP1000 燃料组件的可行性。

1　试验材料及方法

1.1　试验材料

1.1.1　ZrB_2 靶材

研制靶材按照设计要求制备,进口靶材为生产所用的靶材。靶材外观如图 1 所示,呈现金属灰色,表面无可见油污和灰尘等,两种靶材的尺寸检测结果均满足技术要求。

1.1.2　UO_2 芯块

试验用 UO_2 芯块进行 100%外观检查,芯块表面无油垢、润滑油、污垢、棉绒、粉尘和金属颗粒附着,芯块的变色、掉块、裂纹等均满足外观要求。

1.2　涂层制备工艺

1.2.1　试验设备

试验采用高真空多靶磁控溅射镀膜机(涂覆炉),该设备用于 AP1000 核燃料元件 IFBA 芯块的制造。设备由溅射主机和真空系统、阴极电源系统、控制系统以及冷热水循环系统等构成(见图 2)。

1.2.2　试验方法

在涂覆炉六个阴极上布置国产化硼化锆靶材,以 UO_2 芯块为基体开展 20 炉涂覆试验,涂覆工艺参数如表 1 所示。

作者简介:米文俊(1989—),男,甘肃张掖人,工程师,硕士,现主要从事核燃料制造工作

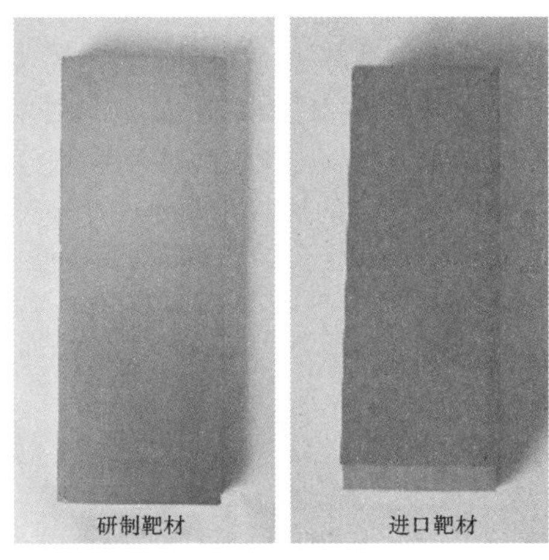

图 1　国产靶材和进口靶材

图 2　高真空多靶磁控溅射镀膜机

表 1　涂覆工艺关键参数

参数名称＼炉次	第 1 炉	第 2～19 炉	第 20 炉
转鼓速度/(r·min^{-1})	0.3	0.27	0.25
氩气气压/mTorr	2.4	2.7	3.0

注：1 mTorr＝1×10^{-3} Torr＝1×10^{-3} mmHg＝0.133 Pa。

每个涂覆炉次结束后选取芯块样品，分析涂覆芯块的^{10}B装载量、附着力、杂质含量。第 1、10、20 炉次除完成上述检测分析之外，附加分析涂覆芯块的金相、涂层物相分析、涂层微观形貌分析和能谱分析，并与进口靶材涂覆芯块的分析结果进行对比。第 1、10、20 炉次涂覆芯块料箱后进行涂覆芯块干燥处理，并取样进行氢含量分析。

1.2.3　检测设备及方法

采用电感耦合等离子体发射光谱仪分析 B 总量，计算^{10}B装载量；采用原子发射光谱仪、碳硫分析仪、氧氮分析仪、热水解炉及电位滴定仪等方法分析检测杂质含量;采用热冲击炉和胶带剥落法进行涂层结合力的分析;采用氢含量分析仪进行氢含量分析;采用 D8-达芬奇型,德国,波长为 0.154 056 nm 的 CuKα(40 kV,40 mA)的 X 射线衍射仪对样品进行物相分析;采用丹麦 Struers Tegramin-25 自动磨抛机制样和 Axio Observer1 m 万能研究级全自动金相显微镜(OM)分析涂层厚度;采用 FEI-QUANTA-400 扫描电镜对样品截面不同区域的形貌和组分进行分析。

2 试验结果与分析

2.1 涂层技术标准

2.1.1 ^{10}B 装载量

^{10}B 装载量在名义值±8%范围内,精度为 0.000 1 mg/mm。

2.1.2 涂层结合力

随机抽取样品进行热冲击处理,经过剥落实验芯块涂层重量减轻的平均值(Z 值)应不超过技术指标。

2.1.3 芯块杂质含量

IFBA 芯块的杂质含量要求见表 2。

表 2 杂质含量要求

元素	Sm	Eu	Gd	Dy	Er	Th	Zn	Cd	Al
限值	2.0	0.5	1.0	0.5	16.0	10.0	20.0	0.5	250.0
元素	Ca	Mg	Mo	Cr	Fe	Ni	Ag	Bi	Co
限值	100.0	100.0	100.0	250.0	250.0	100.0	1.0	2.0	6.0
元素	Cu	In	Mn	Pb	Sn	Ti	W	V	
限值	25.0	3.0	10.0	20.0	25.0	40.0	50.0	2.0	

2.2 结果与分析

2.2.1 硼装量和附着力分析

表 3 为 IFBA 芯块^{10}B 装载量和附着力检测结果。

表 3 IFBA 芯块^{10}B 装载量和附着力检测结果

涂覆批次	^{10}B 装载量/(mg/mm)	剥落试验涂层减重量/g
	与名义值偏差	结果
1	−0.39%	0.000 4
2	−4.15%	0.000 3
3	0.52%	0.000 3
4	−1.81%	0.000 3
5	2.59%	0.000 3
6	−1.81%	0.000 3
7	3.11%	0.000 5
8	3.76%	0.000 3
9	3.37%	0.000 3
10	−0.52%	0.000 2
11	−3.24%	0.000 3
12	−1.94%	0.000 3

续表

涂覆批次	^{10}B 装载量/(mg/mm)	剥落试验涂层减重量/g
	与名义值偏差	结果
13	−1.68%	0.000 3
14	−2.20%	0.000 3
15	−0.13%	0.000 3
16	0.39%	0.000 3
17	3.76%	0.000 4
18	1.81%	0.000 4
19	−4.02%	0.000 4
20	1.42%	0.000 2

注：剥落试验涂层减重量为涂覆芯块附着力检测结果。

表 3 结果表明，20 炉次涂覆试验^{10}B 装载量结果均在名义值±5%的范围内，符合^{10}B 装载量的合格标准。20 炉次涂覆芯块经热冲击剥落试验后，剥落涂层减重量均小于技术指标，满足附着力的合格标准。

2.2.2 杂质含量分析

金属杂质含量和 C、N、F、Cl、Si 分析结果如表 4 和表 5 所示。

表 4 金属杂质含量分析结果

检测项目		Sm	Eu	Gd	Dy	Er	Th	Zn	Cd	Al
技术指标		≤2	≤0.5	≤1	≤0.5	≤16	≤10	≤20	≤0.5	≤250
检测结果	1	<0.01	<0.01	<0.01	<0.01	<5	<1	<5	<0.1	5.1
	2	<0.01	<0.01	<0.01	<0.01	<5	<1	<5	<0.1	<5
	3	<0.01	<0.01	<0.01	<0.01	<5	<1	10	<0.1	<5
	4	<0.01	<0.01	<0.01	<0.01	<5	<1	<5	<0.1	<5
	5	<0.01	<0.01	<0.01	<0.01	<5	<1	<5	<0.1	<5
	6	<0.01	<0.01	<0.01	<0.01	<5	<1	<5	<0.1	<5
	7	<0.01	<0.01	<0.01	<0.01	<5	<1	<5	<0.1	<5
	8	<0.01	<0.01	<0.01	<0.01	<5	<1	<5	<0.1	<5
	9	<0.01	<0.01	<0.01	<0.01	<5	<1	15	<0.1	<5
	10	<0.01	<0.01	<0.01	<0.01	<5	<1	14	<0.1	<5
	11	<0.01	<0.01	<0.01	<0.01	<5	<1	<5	<0.1	<5
	12	<0.01	<0.01	<0.01	<0.01	<5	<1	9.6	<0.1	<5
	13	<0.01	<0.01	<0.01	<0.01	<5	<1	14	<0.1	<5
	14	<0.01	<0.01	<0.01	<0.01	<5	<1	9.3	<0.1	<5
	15	<0.01	<0.01	<0.01	<0.01	<5	<1	<5	<0.1	<5
	16	<0.01	<0.01	<0.01	<0.01	<5	<1	<5	<0.1	<5
	17	<0.01	<0.01	<0.01	<0.01	<5	<1	<5	<0.1	<5
	18	<0.01	<0.01	<0.01	<0.01	<5	<1	<5	<0.1	<5
	19	<0.01	<0.01	<0.01	<0.01	<5	<1	<5	<0.1	<5
	20	<0.01	<0.01	<0.01	<0.01	<5	<1	<5	<0.1	<5

续表

检测项目		Ca	Mg	Mo	Cr	Fe	Ni	Ag	Bi	Co
技术指标		≤100	≤100	≤100	≤250	≤250	≤100	≤1	≤2	≤6
检测结果	1	<1	<10	2.0	<5	15	<5	<0.2	<1	<5
	2	<1	<10	1.9	<5	19	<5	<0.2	<1	<5
	3	<1	<10	1.5	8.0	<10	<5	<0.2	<1	<5
	4	2.2	<10	1.2	<5	<10	<5	<0.2	<1	<5
	5	<1	<10	3.4	6.4	16	11	<0.2	<1	<5
	6	<1	<10	<0.5	<5	<10	<5	<0.2	<1	<5
	7	<1	<10	<0.5	<5	<10	<5	<0.2	<1	<5
	8	<1	<10	<0.5	<5	<10	<5	<0.2	<1	<5
	9	<1	<10	1.9	<5	<10	<5	<0.2	<1	<5
	10	<1	<10	1.9	10	12	<5	<0.2	<1	<5
	11	<1	<10	1.4	10	<10	<5	<0.2	<1	<5
	12	<1	<10	0.78	<5	<10	<5	<0.2	<1	<5
	13	<1	<10	1.1	<5	<10	<5	<0.2	<1	<5
	14	<1	<10	1.4	<5	<10	<5	<0.2	<1	<5
	15	<1	<10	0.58	<5	<10	<5	<0.2	<1	<5
	16	<1	<10	0.80	<5	<10	<5	<0.2	<1	<5
	17	<1	<10	1.4	<5	<10	<5	<0.2	<1	<5
	18	<1	<10	1.2	<5	<10	<5	<0.2	<1	<5
	19	<1	<10	1.7	<5	<10	<5	<0.2	<1	<5
	20	<1	<10	<0.5	<5	<10	<5	<0.2	<1	<5

检测项目		Cu	In	Mn	Pb	Sn	Ti	W	V
技术指标		≤25	≤3	≤10	≤20	≤25	≤40	≤50	≤2
检测结果	1	<1	<1	<5	<1	<1	<1	<5	<1
	2	<1	<1	<5	<1	<1	<1	<5	<1
	3	<1	<1	<5	<1	<1	<1	<5	<1
	4	<1	<1	<5	5.3	<1	<1	<5	<1
	5	<1	<1	<5	<1	<1	<1	<5	<1
	6	<1	<1	<5	<1	<1	<1	<5	<1
	7	<1	<1	<5	<1	<1	<1	<5	<1
	8	<1	<1	<5	<1	<1	<1	<5	<1
	9	<1	<1	<5	<1	<1	<1	<5	<1
	10	<1	<1	<5	<1	<1	<1	<5	<1
	11	<1	<1	<5	<1	<1	<1	<5	<1
	12	<1	<1	<5	<1	<1	<1	<5	<1
	13	<1	<1	<5	<1	<1	<1	<5	<1
	14	<1	<1	<5	<1	<1	<1	<5	<1
	15	<1	<1	<5	<1	<1	<1	<5	<1

续表

检测项目		Cu	In	Mn	Pb	Sn	Ti	W	V
技术指标		≤25	≤3	≤10	≤20	≤25	≤40	≤50	≤2
检测结果	16	<1	<1	<5	<1	<1	<1	<5	<1
	17	<1	<1	<5	<1	<1	<1	<5	<1
	18	<1	<1	<5	<1	<1	<1	<5	<1
	19	<1	<5	<5	<1	<1	<1	<5	<1
	20	<1	<5	<5	<1	<1	<1	<5	<1

表 5　C、N、F、Cl、Si 杂质含量分析结果　　(μg/g)

检测项目		F	C	N	Cl	Si
技术指标		≤15	≤100	≤75	≤25	≤250
检测结果	1	<3	25	<10	5.0	<10
	2	<3	18	<10	5.0	<10
	3	<3	17	<10	6.1	<10
	4	<3	27	<10	<5	<10
	5	<3	15	<10	<5	<10
	6	<3	<10	<10	<5	<10
	7	<3	16	<10	5.4	<10
	8	<3	<10	<10	5.0	<10
	9	<3	34	<10	5.4	<10
	10	<3	17	<10	5.7	<10
	11	<3	14	<10	5.0	<10
	12	<3	12	<10	6.3	<10
	13	<3	12	<10	5.5	<10
	14	<3	14	<10	5.1	<10
	15	<3	<10	<10	<5	<10
	16	<3	<10	<10	<5	<10
	17	<3	<10	<10	5.1	<10
	18	<3	10	<10	5.1	<10
	19	<3	27	<10	<5	<10
	20	<3	<10	<10	<5	<10

由表 4 和表 5 可知，金属杂质含量和 C、N、Cl、F、Si 杂质含量均合格，分析表明国产硼化锆靶材对涂覆产品杂质含量无影响。

2.2.3　氢含量分析

三个料箱的涂覆芯块干燥处理结束后，每个料箱随机取 2 组样品进行氢含量分析，分析结果如表 6 所示。

表 6　氢含量分析结果

涂覆炉次	分析结果/(μg/g)	
	氢含量平均值的 95%置信区间上限 X_{95}	95/95 上容忍限 $X_{95\times95}$
第 1 炉	0.274	0.318
	0.261	0.320
第 10 炉	0.319	0.365
	0.379	0.470
第 20 炉	0.303	0.357
	0.286	0.335

由氢含量分析结果可知，在 95%置信度下，干燥后平均氢含量均低于 0.65 μg/g，95%×95%范围内，最大氢含量小于 1.0 μg/g，由上述分析可知氢含量结果满足技术指标要求。

2.2.4　涂层分析

2.2.4.1　物相分析

对第 1、10 和 20 炉涂覆后 UO_2 芯块表面涂层进行 XRD 分析，XRD 图谱如图 3 至图 5 所示，由图谱可以看出，除了 UO_2 基体的衍射峰外，其余是明显的 ZrB_2 的衍射峰，且没有发现其他物相，说明涂层物相较为纯净。这表明使用当前生产用工艺参数、采用国产硼化锆靶材在 IFBA 芯块涂覆装置上能够成功获得 ZrB_2 涂层。对比进口靶材涂覆芯块表面涂层 XRD 图谱(见图 6)，国产硼化锆靶材涂覆芯块涂层的 XRD 图谱基本相同。

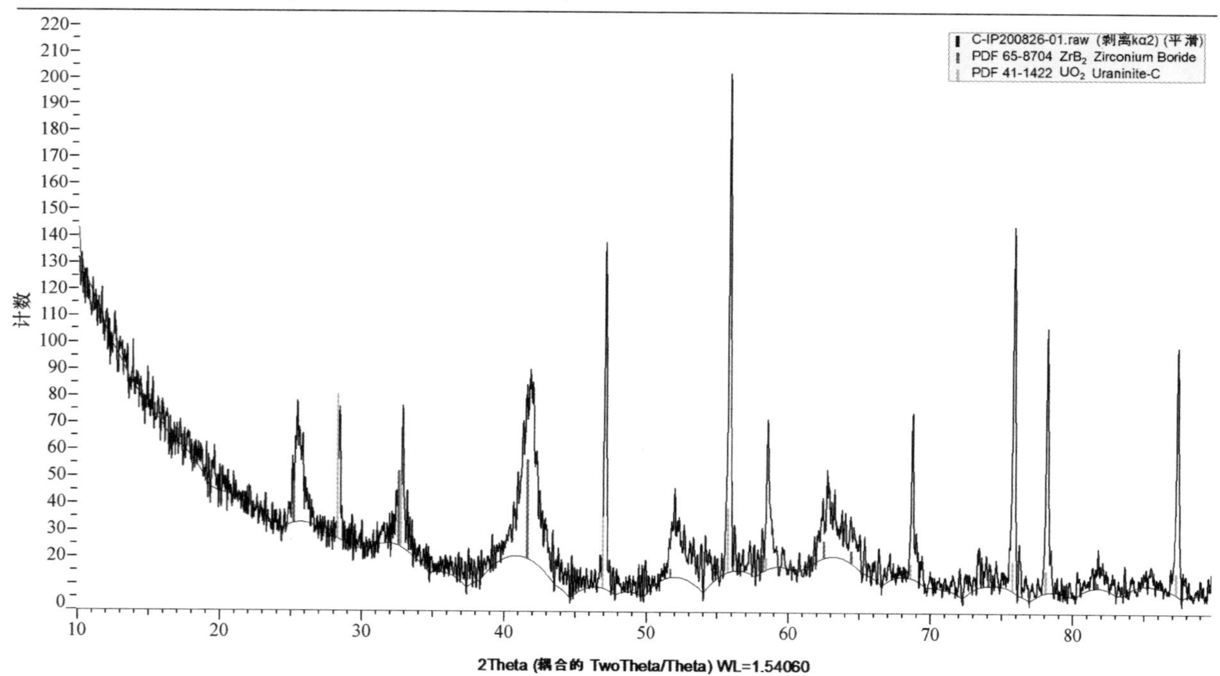

图 3　第 1 炉涂覆芯块表面涂层 XRD 分析

Commander Sample ID (耦合的 TwoTheta/Theta)

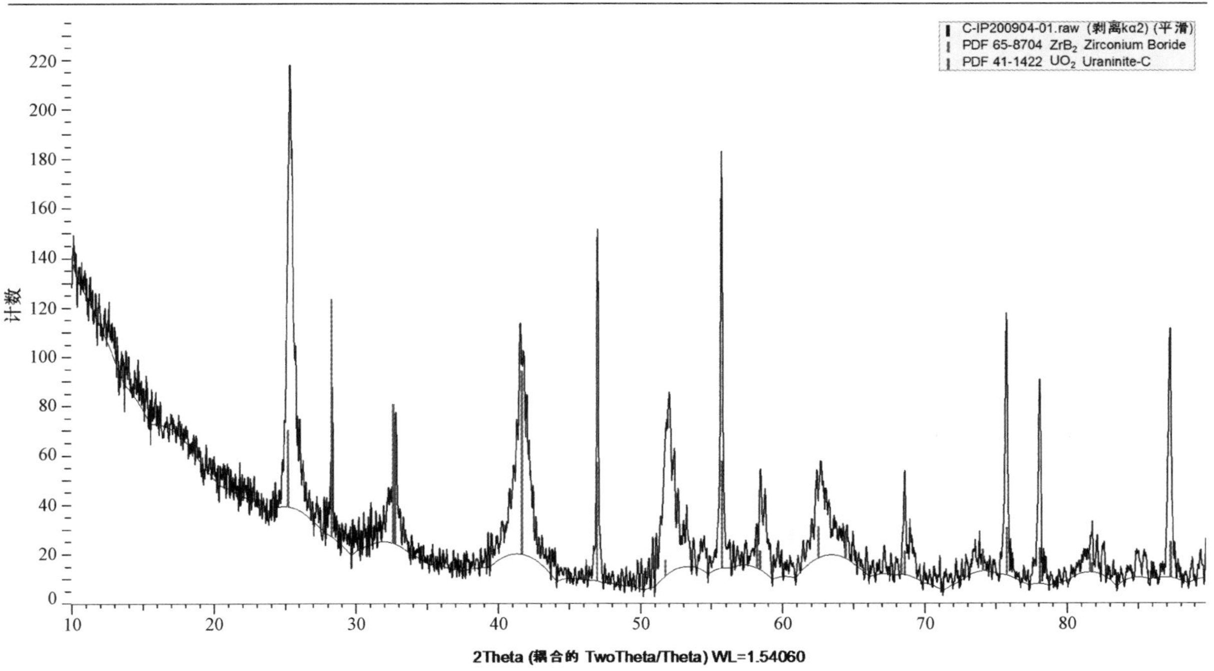

图 4　第 10 炉涂覆芯块表面涂层 XRD 分析

Commander Sample ID (耦合的 TwoTheta/Theta)

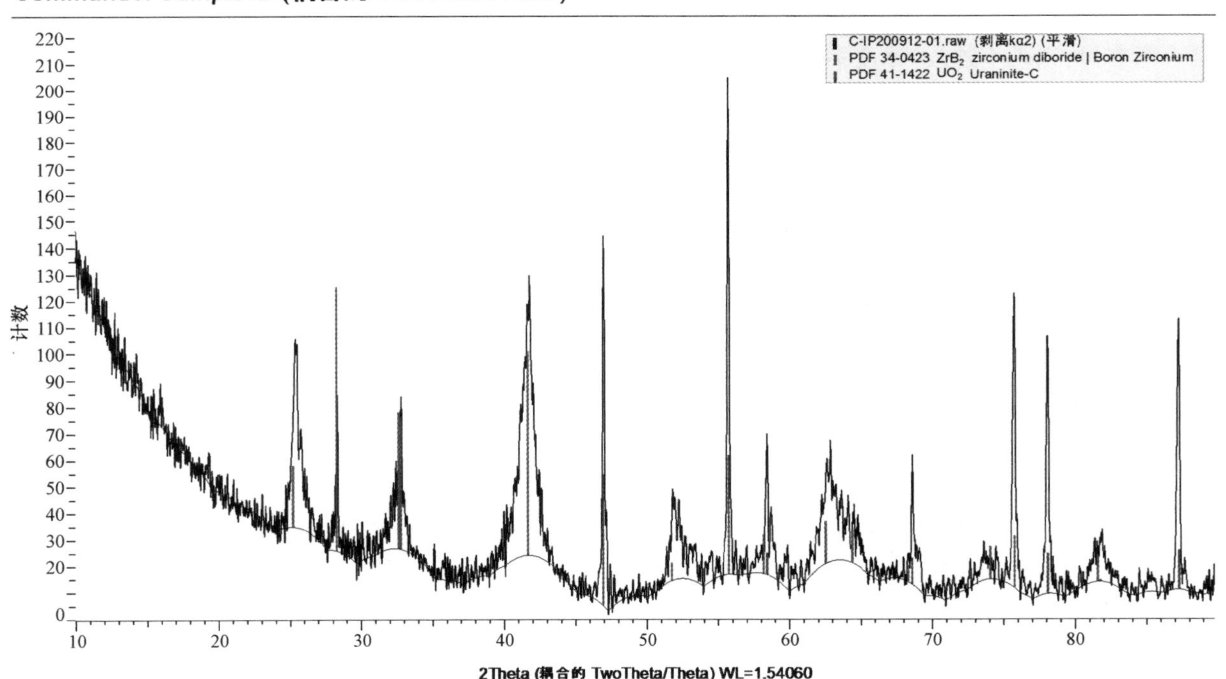

图 5　第 20 炉涂覆芯块表面涂层 XRD 分析

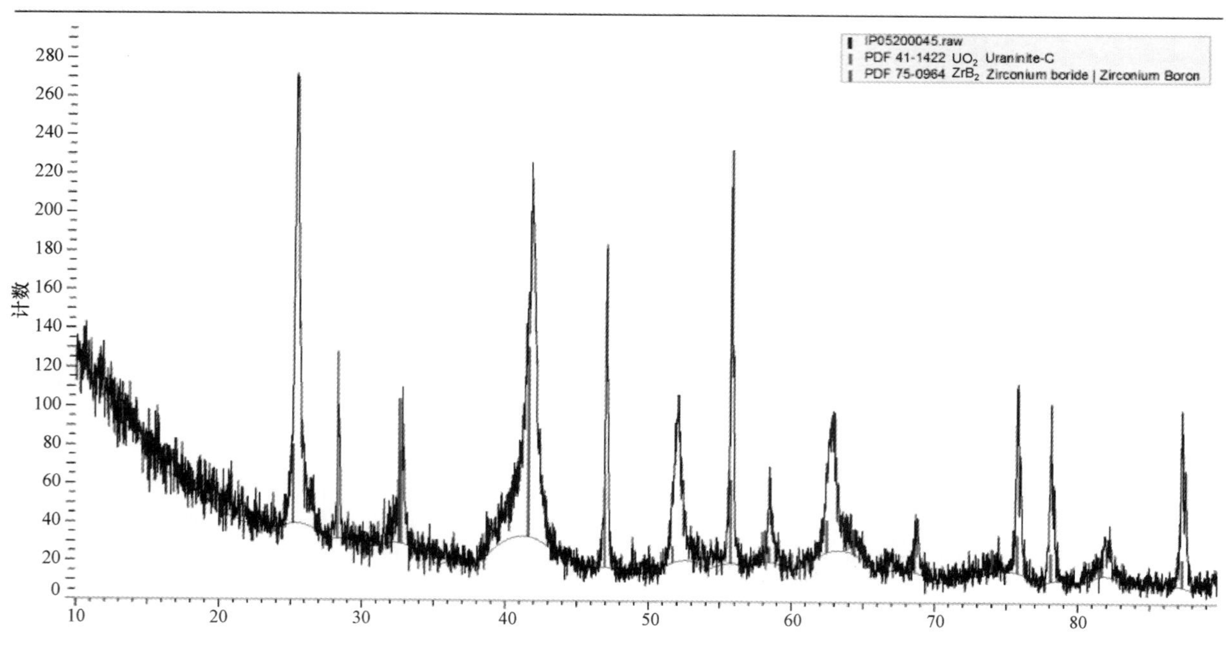

图 6　进口靶材涂覆芯块表面涂层 XRD 分析

2.2.4.2　金相分析

对第 1、10 和 20 炉涂覆后芯块采用树脂镶样的方式制备金相样品，在显微镜下对 ZrB_2 涂层进行分析，同时对进口靶材涂覆芯块涂层进行对比分析，金相分析结果如图 7 至图 10 所示。由分析可以看出，国产硼化锆靶材制备的 ZrB_2 涂层与进口靶材制备的 ZrB_2 涂层结构一致、厚度接近、涂层与基体结合紧密，均出现不连续，厚度不均匀的现象，结合涂覆工艺，其受芯块表面状态、芯块夹持方式等因素的交互影响。

2.2.4.3　微观形貌和能谱分析

对第 1、10 和 20 炉涂覆后芯块取样进行微观形貌和能谱分析，其中第 1 炉次对其圆周表面和涂层截面进行微观形貌和能谱分析，第 10 和 20 炉次对涂层截面进行微观形貌和能谱分析。

图 11 为国产硼化锆靶材涂覆芯块涂层表面 SEM 图，由图可知涂层表面为疏松多孔结构，且表面形貌为球状。涂层表面 EDS 分析结果表明，涂层中主要含有 Zr 和 B 两种元素，结合物相分析，同样说明表面涂层成分为 ZrB_2。对比进口靶材涂覆芯块表面形貌（见图 12），二者形貌相似，成分一致。

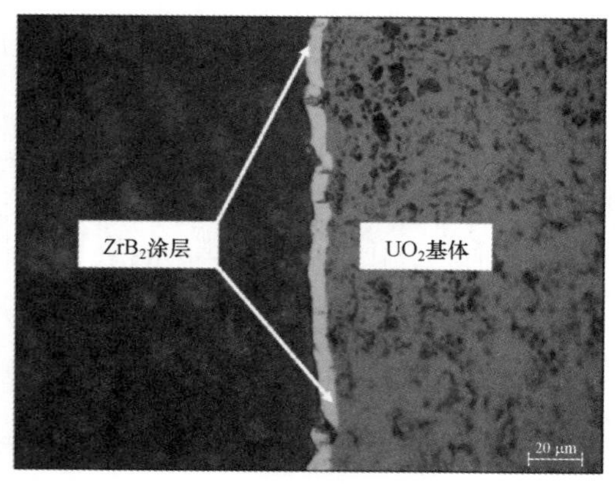

图 7　第 1 炉涂覆芯块金相

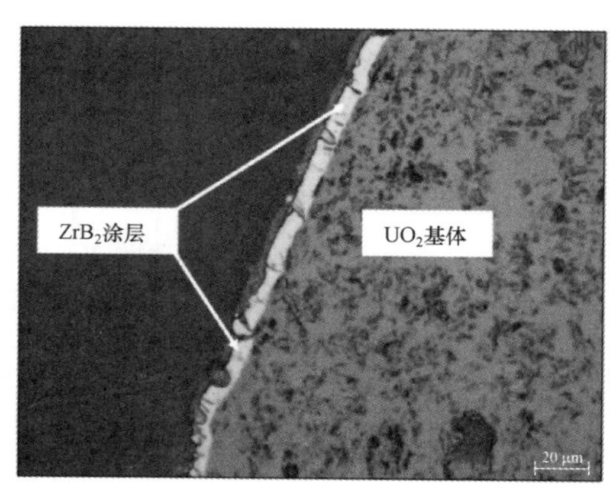

图 8　第 10 炉涂覆芯块金相

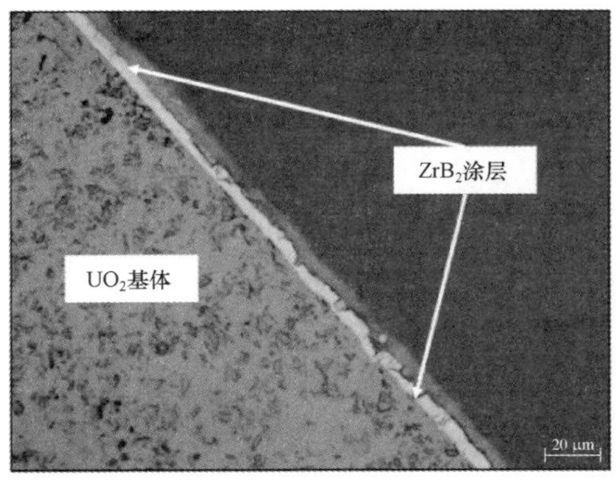

图 9　第 20 炉涂覆芯块金相

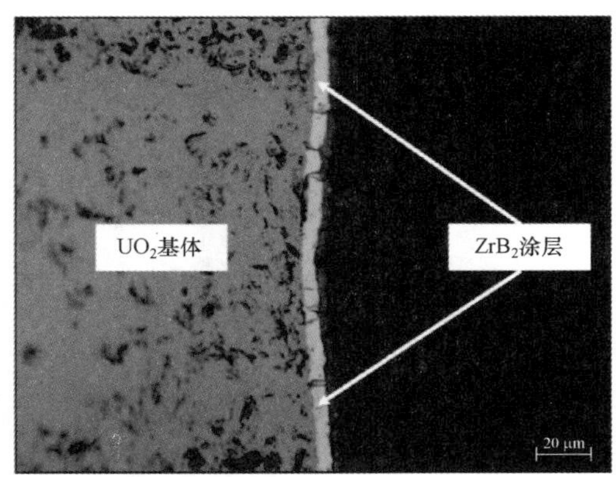

图 10　进口靶材涂覆芯块金相

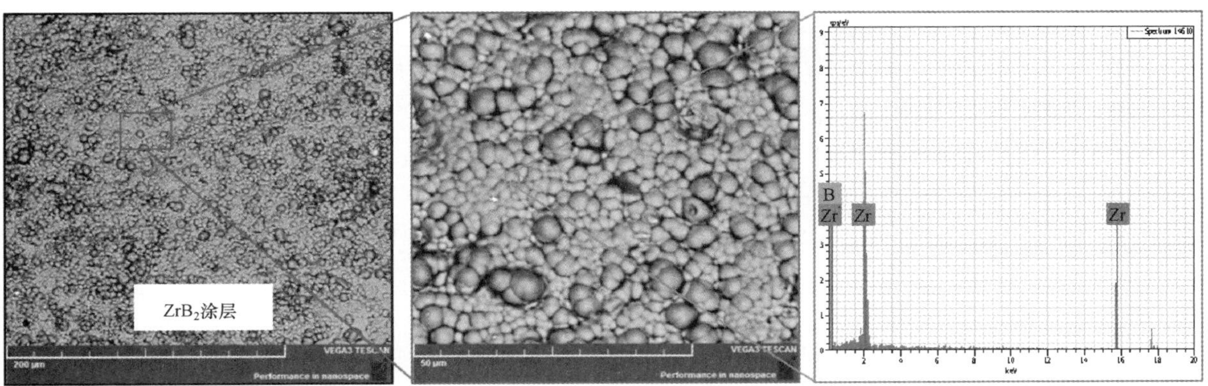

图 11　第 1 炉涂覆芯块表面 SEM(500 倍、2 000 倍)和 EDS

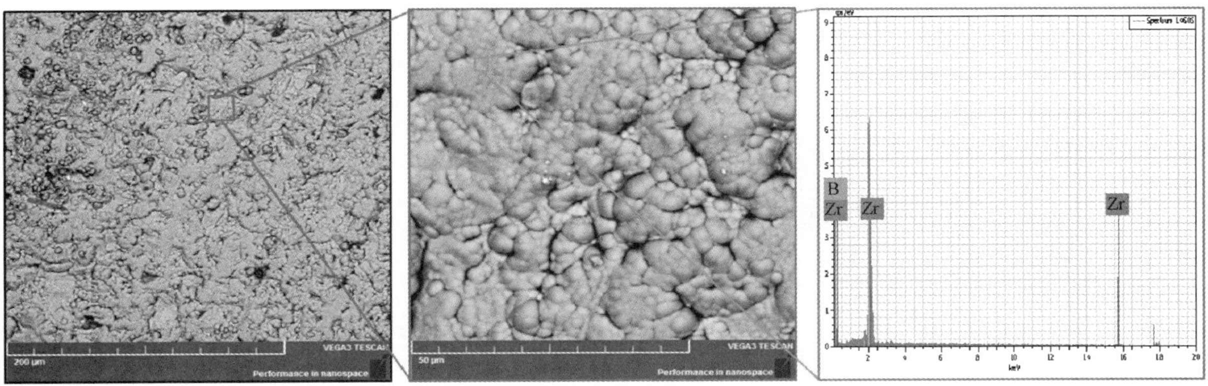

图 12　进口靶材涂覆芯块表面 SEM(500 倍、2 000 倍)和 EDS

图 13、图 14 和图 15 为国产硼化锆靶材涂覆芯块截面 SEM 图和 EDS 分析结果，由 SEM 图可知，涂层与芯块基体结合较好，涂层厚度较均匀，约为 4.5～6.5 μm；由 EDS 分析结果可知，涂层的主要含有 B 和 Zr 两种元素，与之前的物相分析结果相符，进一步表明涂层为 ZrB_2。结合进口靶材涂覆芯块截面 SEM 和 EDS 分析，国产硼化锆靶材涂覆芯块截面微观形貌与进口靶材涂覆芯块截面微观形貌相似(见图 16)、厚度接近、成分一致。

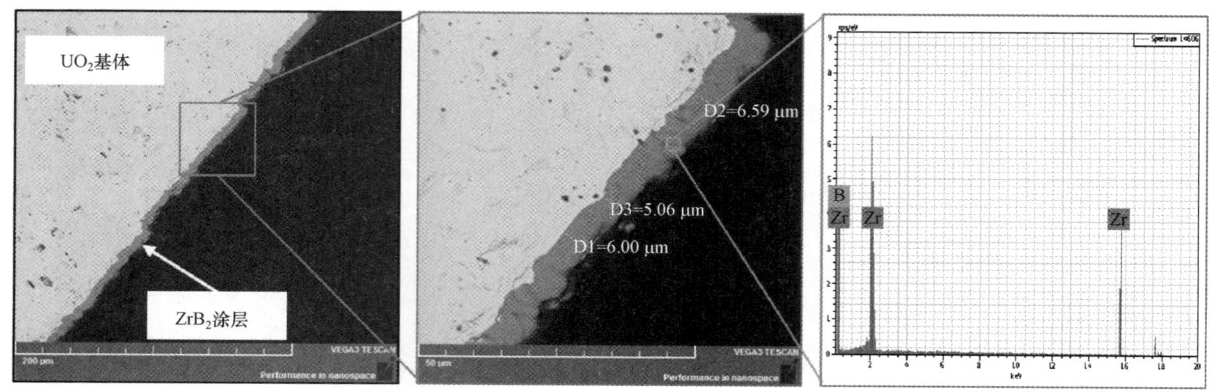

图 13　第 1 炉涂覆芯块截面 SEM(500 倍、2 000 倍)和 EDS

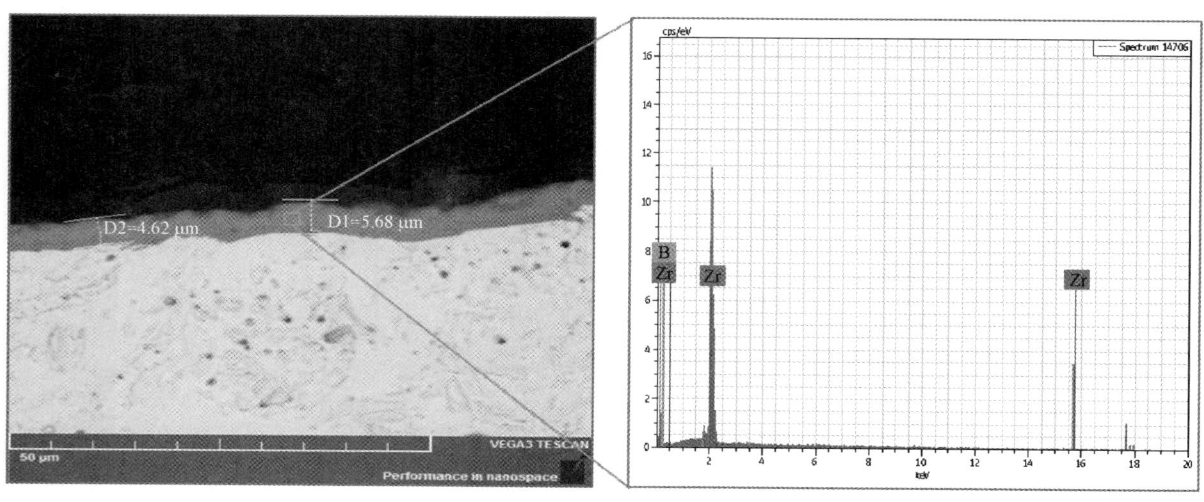

图 14　第 10 炉涂覆芯块表面 SEM(2 000 倍)和 EDS

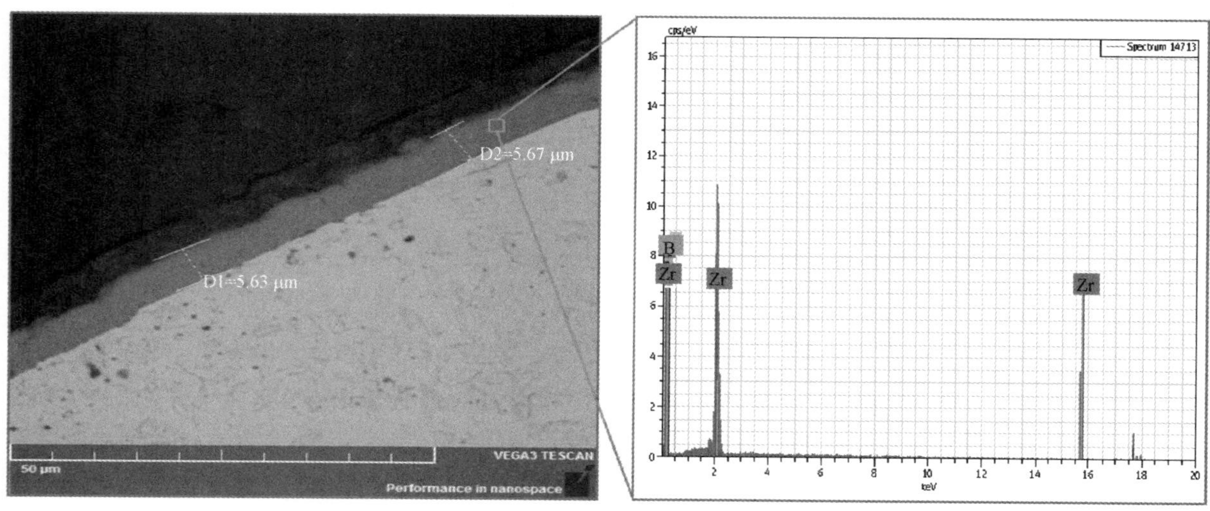

图 15　第 20 炉涂覆芯块表面 SEM(2 000 倍)和 EDS

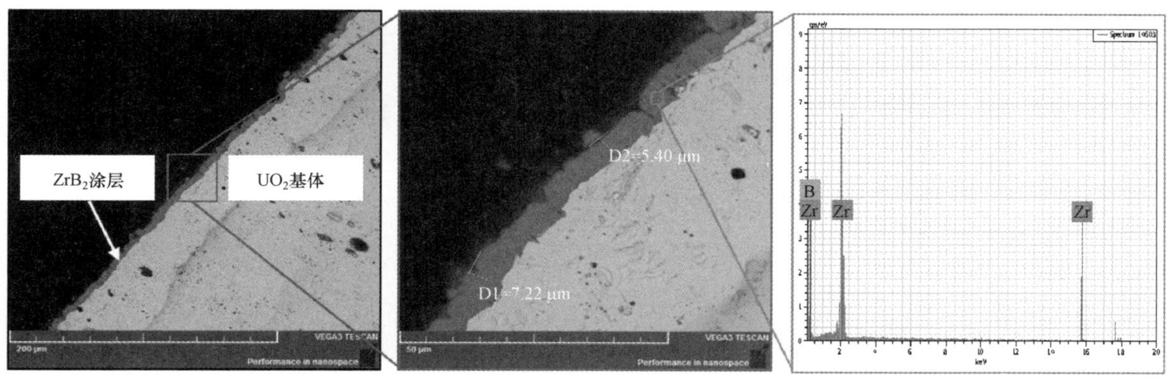

图 16 进口靶材涂覆芯块截面 SEM(500 倍、2 000 倍)和 EDS

3 试验结论

(1) 采用国产硼化锆靶材制备的 IFBA 芯块,其^{10}B转载量、附着力、杂质含量和干燥处理后的氢含量均满足技术指标要求。

(2) 国产靶材制备的 ZrB_2 涂层物相组成较纯净,涂层与芯块基体结合较好,涂层厚度较均匀,约为 4.5～6.5 μm,对比进口靶材制备的 ZrB_2 涂层,二者成分一致、微观形貌相似、厚度接近。

(3) 采用国产 ZrB_2 靶材能够制备出符合 IFBA 芯块产品技术要求的 IFBA 芯块。

参考文献:

[1] 王天奇,周立娟,张泳昌. 二硼化锆涂层材料的研究进展[J]. 中国陶瓷,2013,49(6):5-8.

[2] 黄锦华. 几种新型可燃毒物的特性以及在我国的应用前景[J]. 原子能科学技术,1998,32(1).

[3] 欧阳予. 世界核电技术发展趋势及第三代核电技术的定位[J]. 国防科技工业,2007(5):28-31.

Study on properties of IFBA coating prepared by localized ZrB_2 targets

MI Wen-jun, LIANG Xin-bin, ZHANG Hai-feng

(China North Nuclear Fuel Co. Ltd., Inner Mongolia, Baotou, China)

Abstract: In this paper, the properties of IFBA coating prepared by localized ZrB_2 Targets were studied and compared with those of imported target to characterize the localization level of domestic zirconium borate target. The coating test was carried out by using the current production process parameters. The loading capacity of ^{10}B, adhesion, impurity content and total hydrogen content of the coated pellets were analyzed. The composition, phase and coating morphology of IFBA pellets prepared by different sputtering states were analyzed. The results show that the domestic zirconium borate target is stable in vapor deposition during continuous sputtering, and the ^{10}B loading capacity, adhesion, impurity content and total hydrogen content all meet the technical requirements of IFBA pellet; the ZrB_2 coating has good bonding with UO_2 substrate, uniform coating, and the phase composition, chemical composition and micro morphology of the coating are consistent with those of the imported target, and localized ZrB_2 Target can meet the requirements of IFBA pellets.

Key words: ZrB_2 Target; Integral fuel burnable absorber(IFBA); Localization; Uranium dioxide pellet

模拟工况下大型非能动核电厂熔融物结构研究

单宏祎[1],薛宝权[2],刘建成[1],顾培文[3],康泰峰[1]
(1. 中核北方核燃料元件有限公司,内蒙古 包头 014035;2. 中国科学院金属研究所,辽宁 沈阳 110000;
3. 上海核工程设计研究院有限公司,上海 200233)

摘要:大型先进压水堆型是我国核电行业主要发展的堆型,在出现堆芯熔化的严重事故时,常用的策略为压力容器外部冷却使堆内熔融物滞留(IVR-ERVC),而堆芯熔化形成的熔融物结构将影响压力容器壁面的热流密度分布,因而影响实施 IVR-ERVC 策略,因此需要开展堆内熔融物组织结构研究。根据实验堆芯模型设计相关试验台架,并通过改变锆氧化份额模拟堆内不同异常工况。实验结果表明,氧化相和金属相在高温下相互反应,在不同的锆氧化份额下,二氧化铀中的铀被还原的变化致使金属层密度变化,总体呈现以按照密度分布的金属-氧化物两层分层结构。
关键词:熔融物滞留;熔池分层;试验验证

引言

压水堆堆芯发生熔化的严重事故时,通常采用的措施为向堆内注水,目的是冷却反应堆压力容器(RPV)下封头并导出堆内的热量,使堆芯熔融物滞留(IVR)在 RPV 内,从而防止堆芯熔融物导致 RPV 失效及向安全壳的迁移,以维持 RPV 以及安全壳的完整性[1]。

IVR 技术当前被广泛应用于第 3 代核电站的设计,包括美国西屋公司的非能动核电站 AP600[2] 和 AP1000、中国的第 3 代核电站 ACP1000 及韩国开发的 APR1400 核电站[3]。根据国内外已有的研究,IVR 策略的成功与多个因素有关,其中堆芯熔融物下落到下封头后所形成的熔融池结构将影响压力容器壁面的热流密度分布。早期的 IVR 分析一般采用两层熔融池结构:上方为金属层、下方为氧化层。这种分层结构是基于氧化相和金属相不相融、存在明显的密度差而给出的。

在 2000 年后,国际上开展了一些高温条件下的原型材料试验[4]。这些试验采用原型的 UO_2、ZrO_2、Fe、Zr 以及其他物质作为工质,探索了高温条件(2 600 ℃)下的熔融物相互作用以及熔融池结构。结果表明:氧化相和金属相在高温下将相互反应,熔化后形成溶解度间隙。虽然从宏观上分析,试验结果仍然给出了金属相和氧化相两种物相,但这是两种物质共熔并相互作用后的结果。金属相、氧化相的质量和成份均与初始时刻的质量、成份是有所差异的。如果考虑更为复杂的堆芯熔化迁移过程,如堆芯区域的熔融物下落到下封头后,与下封头内的少量金属发生反应,形成金属在底部、氧化相在顶部的倒分层结构(有别于典型的两层熔融池结构),后续又有大量金属迁移到氧化物的顶部,则在瞬态过程中,可能形成上下金属层、中间氧化层的三层熔融池结构,如图 1 所示。

目前对于熔融物的具体分层情况仍然存在争议,而研究准确的熔融物滞留分层情况对深化研究 IVR 策略的适用性和可行性是极其重要的,因此开展相关试验,研究熔融物稳态情况下物质的结构、性质,以此来判断分层情况。

1 工作方法

1.1 实验过程

开展实验采用的台架为电磁冷坩埚感应熔炼设备,其坩埚量级为 2 kg,用于氧化物与金属混合物的熔炼。利用 UO_2、ZrO_2、Zr 和 Fe 原料,开展真实材料稳态熔融物热力学平衡试验,对熔化后工

作者简介:单宏祎(1995—),男,内蒙古包头人,助理工程师,学士,现主要从事材料特种材料相关工作

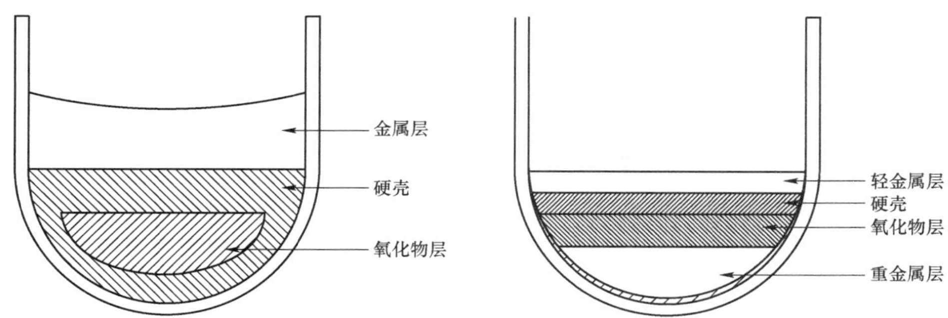

图 1　二/三层熔融物结构模型

质进行组织和成分分析，评价熔融物分层的特性。其具体流程为首先参考核电厂核电原料比例，结合台架实际参数，选定试验研究的熔融物工质；在试验前对试验工质进行预处理；通过调整功率大小和熔炼时间，摸索适合的熔炼氧化物和金属层的分层条件；研究熔炼后熔融物的不同位置的显微组织、成分。

通过前期试验的研究，确定了适合的工艺路线以及三种不同工质配比，如表 1 所示。

表 1　试验工况

序号	UO_2/wt. %	Zr/wt. %	ZrO_2/wt. %	Fe/wt. %	锆氧化份额/%
1	67.4	15.1	1.1	16.4	5
2	72.9	8.2	1.2	17.7	10
3	60.9	10.6	9.4	19.1(304 不锈钢)	40

1.2　样品制备

相对于二氧化锆，二氧化铀容易破裂，因此在进行取样检测之前，先将铸锭镶样后切割采样，避免了直接加工导致的破碎情况出现，如图 2 所示。

铸锭剖面宏观分析样品制方法为取出熔融物凝固锭后，采用环氧树脂整体包裹，防止在制样过程中破坏铸锭。采用锯床沿铸锭中心线进行剖面，样品制备解剖后一半样品研究剖面的宏观组织形貌，通过金相砂纸多道次打磨后采用数码照相机对打磨后的样品宏观组织进行照相。

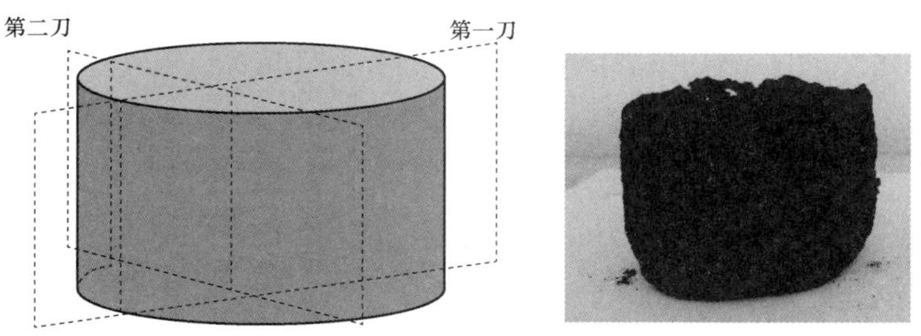

图 2　样品切割示意图及实物图

对于铸锭显微组织、成分分析样品制备采用的方法为将凝固锭另一半进行解剖，采用金刚线切割设备沿剖面切割 8～10 mm 厚的薄片。在薄片不同位置，取 10 mm×10 mm 的小样品，获取具有代表性样位置，即金属层，氧化物层等不同位置、区域。利用 X 射线衍射仪、扫描电镜、金相显微镜等检测设备对其结构、微区分析、形貌进行检测。

2 结果和分析

2.1 宏观结构

熔融物宏观结构的核心问题是金属相和氧化相的密度，而金属相和氧化相相互反应之后，将使得各相的密度发生明显的变化。熔融物是以铀、锆、铁、氧四种元素为核心的氧化物和金属，其中锆和铁的单质密度较为接近，其在金属相和氧化相之间迁移不会对物相的平均密度造成明显的变化。铀的原子质量较大，单质密度也明显高于铁和锆。如果铀元素从氧化相中析出，进入金属相，将使得金属相的密度出现明显的上升。

通过对三种不同成分的试验样品不同分层位置进行密度检测，在5%锆氧化份额的组分时，金属层的密度较氧化层密度大，从而呈现金属层位于氧化层下方的分层结构；而当锆氧化份额提高至10%时，金属层密度与氧化层密度相接近，金属层未完全浮于氧化层上方；而当锆氧化份额提高至40%时，金属层密度低于氧化层密度，此时将会出现金属层位于氧化层上方的分层情况。而硬壳的形成原因主要是由边缘和顶部的热量不足以熔化，主要存在于熔体边缘和两层结构的上方。各个组分下宏观结构和分层密度如图3、表2所示。

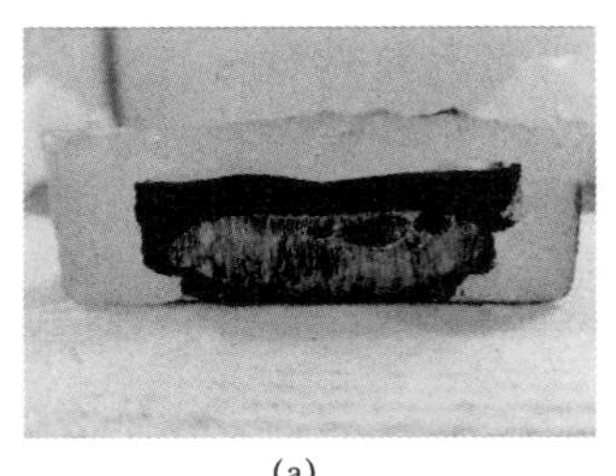
(a)

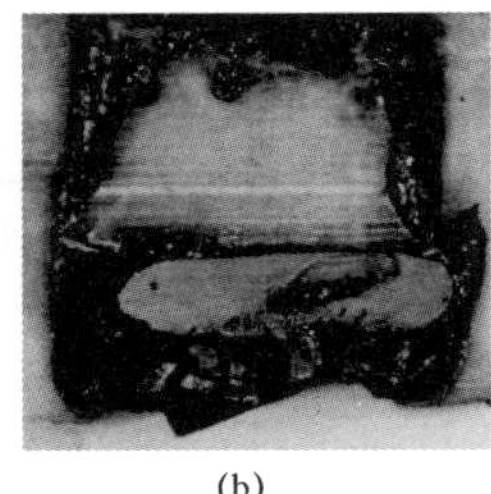
(b)

(c)

图3 不同锆氧化份额下的分层情况

(a) 5%；(b) 10%；(c) 40%

表2 锆氧化份额和分层密度

序号	锆氧化份额/%	金属层密度/($g \cdot cm^{-3}$)	氧化物层密度/($g \cdot cm^{-3}$)
1	5	10.25/10.28	9.10/9.12
2	10	9.28/9.31	9.28/9.51
3	40	9.17/9.24	9.50/9.55

通过对上述实验结果进行对比发现，在锆氧化份额较低时，金属和氧化物相互作用会氧化物中的铀被还原进入金属层致使金属层密度较大，整体大于氧化层的密度，位于氧化物下层；而提高锆氧化份额会使得降低铀被还原量从而金属层的密度变小，金属层会逐渐上浮直至达到氧化物上层。

2.2 微观形貌

2.2.1 氧化层

采用扫描电镜对其微观形貌进行检测，按照投料工质中锆氧化程度对其进行区分。如图4、图5、图6所示。

对图4(a)200倍下整体区域进行EDS检测，其中结果如图4(c)所示。其中原子百分比U∶Zr∶O=22.91∶22.51∶54.58。选取局部放大至3 000倍，对深色和浅色分别进行选点分析，其中深色区域为富锆相，锆的原子百分比达到69%～70%，铀仅占比1%～2%。而浅色区域主要为铀氧化合物基体。

对图5(a)200倍下整体区域进行EDS检测，其中结果如图5(c)所示。其中原子百分比U∶Zr∶O=28.25∶13.44∶58.31。选取局部放大至1 010倍，对深色和浅色分别进行选点分析，其中深色区域为富锆相，锆的原子百分比达到55%～60%，铀占比3%～5%。而浅色区域主要为铀氧化合物基体。

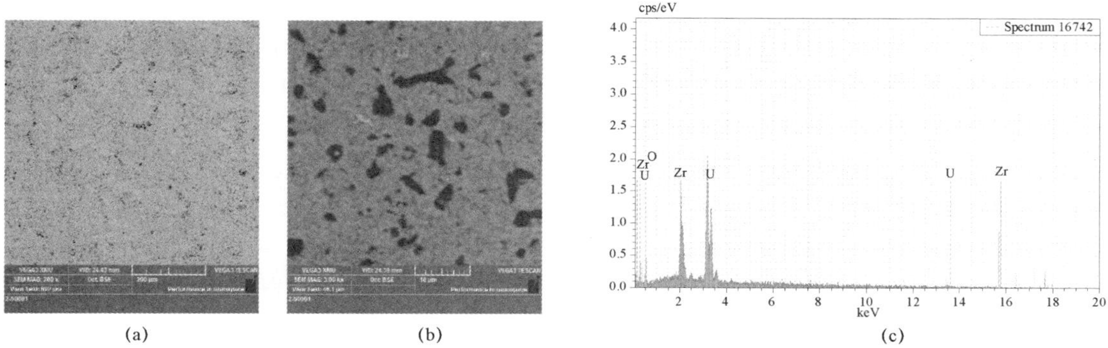

图 4　5%锆氧化份额下的氧化层微观形貌和微区能谱

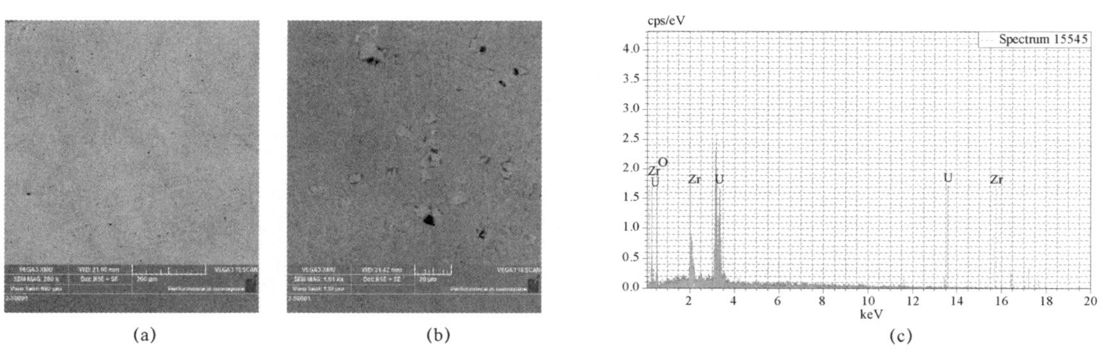

图 5　10%锆氧化份额下的氧化层微观形貌和微区能谱

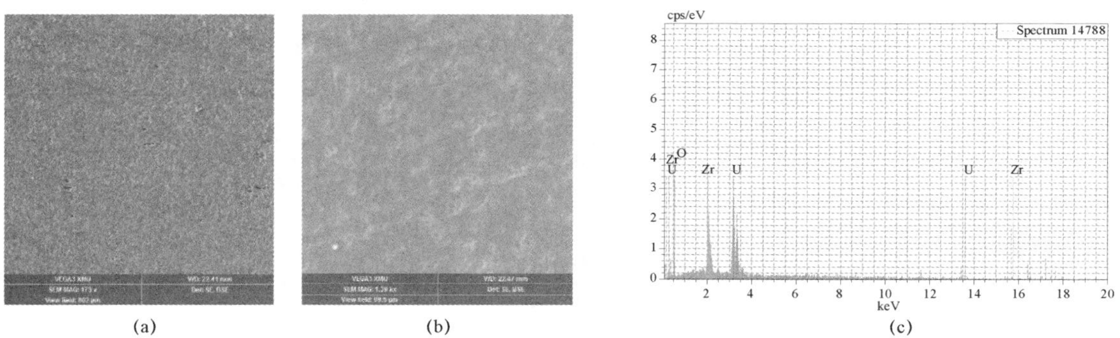

图 6　40%锆氧化份额下的氧化层微观形貌和微区能谱

对图 6(a)173 倍下整体区域进行 EDS 检测,其中结果如图 6(c)所示。其中原子百分比 U∶Zr∶O=20.71∶23.61∶55.68。选取局部放大至 1 390 倍,对深色和浅色分别进行选点分析,其中深色区域为富锆相,锆的原子百分比达到 40%~60%,铀仅占比 3%~5%。而浅色区域主要为铀氧化合物基体。

对比三种不同工况下其微观形貌,氧化物基本上为铀氧化物的基体,锆氧化物分布其中。通过 X 射线衍射进行检测,其结构主要为锆铀的多种氧化物组成。

2.2.2　金属层

金属层的微观形貌如图 7、图 8、图 9 所示,分别对应锆氧化份额 5%、10%、40%。

对图 7(a)50 倍下整体区域进行 EDS 检测,其中结果如图 7(c)所示。其中原子百分比 U∶Zr∶Fe=17.48∶17.07∶65.45。选取局部放大至 1 000 倍,对深色和浅色分别进行选点分析,其中深色区域为富锆相,铁的原子百分比达到 65%~70%,与铁基体基本一致,锆的原子百分比提高到 24%~26%。而浅色区域主要为铀铁相,颜色最浅区域(图 7(b)白色带状)铀的原子百分比超过 75%。

对图 8(a)100 倍下整体区域进行 EDS 检测,其中结果如图 8(c)所示。其中原子百分比 U：Zr：Fe=14.54：9.13：76.33。选取局部放大至 2 000 倍,对深色和浅色分别进行选点分析,其中深色区域为富铁锆相,铀总占比低于 3%。而浅色区域主要为铀铁相,此区域铀的原子百分比超过 20%。

对图 9(a)200 倍下整体区域进行 EDS 检测,其中结果如图 9(c)所示。其中原子百分比 U：Zr：(Fe,Cr,Ni)=9.61：19.96：70.43。选取局部放大至 1 000 倍,对深色和浅色分别进行选点分析,其中深色区域为富铁锆相,铁、铬、镍的原子百分比达到 65%~70%,锆的原子百分比达到 24%~26%。而浅色区域主要为铀铁相,铀原子占比超过 22%。

对比三种不同工况下其微观形貌,金属层主要以铁为基体的深色富锆相和浅色富铀相。而且随着锆氧化份额的增大,铀从氧化物中析出量减少,微观表征为金属层中铀原子占比降低,对应宏观中金属整体密度变小。通过 X 射线衍射进行检测,金属层的结构主要为 Fe_2Zr 以及 Fe_2U。

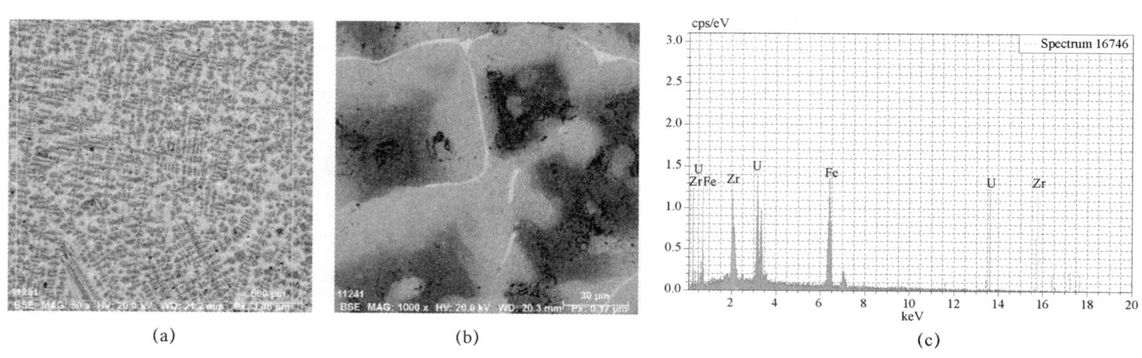

(a) (b) (c)

图 7　5%锆氧化份额下的金属层微观形貌和微区能谱

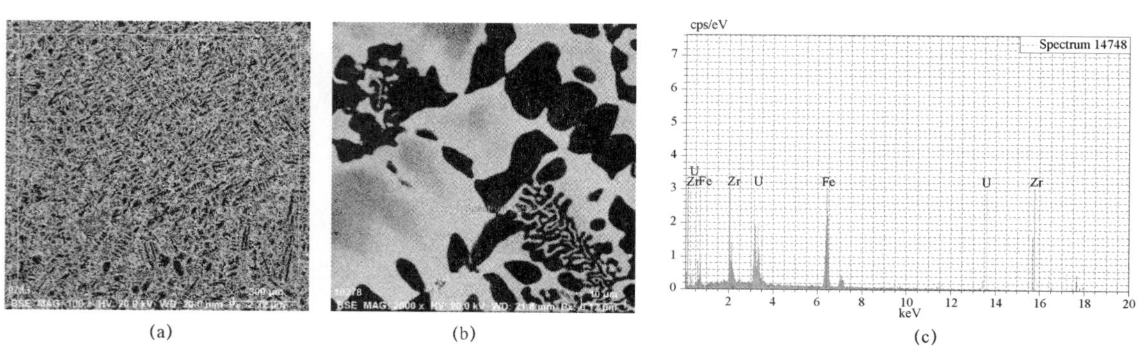

(a) (b) (c)

图 8　10%锆氧化份额下的金属层微观形貌和微区能谱

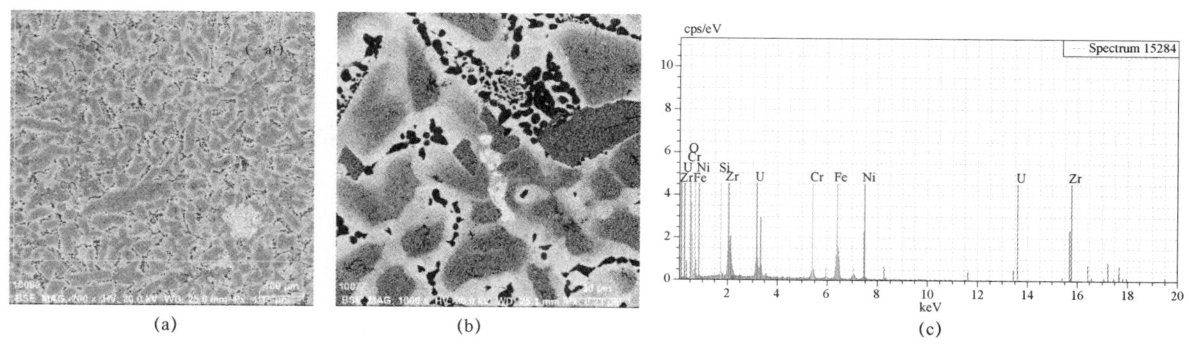

(a) (b) (c)

图 9　40%锆氧化份额下的金属层微观形貌和微区能谱

3 结论

通过实验结果以及对其进行分析，在堆芯发生异常工况导致堆芯熔化形成熔融物时，堆内的金属铁、锆、二氧化铀相互作用，形成金属层和氧化层的两层结构。

（1）金属层主要由铁、锆以及被还原出的铀金属组成。在金属层中，铁为基体，锆和铀存在富集区，主要形成结构为 Fe_2Zr 以及 Fe_2U。随着随着不同工况下锆氧化份额的提高，金属层中富铀相的逐渐减少，铀在金属层中的占比逐渐降低。

（2）氧化物主要由二氧化铀、二氧化锆以及被氧化的锆组成。氧化物以二氧化铀为基体，锆氧化物分布其中。随着随着不同工况下锆氧化份额的提高，氧化物层中锆铀氧的占比未发生较大变化。

（3）在高温下，锆金属与二氧化铀发生置换反应，铀金属被还原并进入金属层，当锆氧化份额较低时，进入金属层中铀金属较多，导致金属层密度大于氧化物层，位于下方；当锆氧化份额较大时，被置换进入金属层的铀金属变少，导致金属层密度小氧化物层，位于上方。

参考文献：

[1] 徐红，周志伟．大型先进压水堆熔融物堆内滞留初步研究[J]. 原子能科学技术，2013，47：970-974.

[2] REMPE J L，KNUDSON D L，ALLISON C M，et al. Potential for AP600 in-vessel retention through ex-vessel flooding，INEEL/EXT-97-00779[R]. Idaho：Idaho international Engineering and Environmental Laboratory，1997.

[3] REMPE J L，KNUDSON D L. Margin for in-vessel retention in the APR-1400-VESTA and SCDAP/RELAP5-3D analyses，INEEL/EXT-04-02549[R]. Idaho：Idaho international Engineering and Environmental Laboratory，2004.

[4] Asmolov V，Strizhov V. Overview of the progress in the OECD MASCA project[C]. Proceedings of CSARP Meeting，Washington D C，2004.

Simulation study on melt structure in large-scale passive nuclear power plant

SHAN Hong-yi[1]，XUE Bao-quan[2]，LIU Jian-cheng[1]，
GU Pei-wen[3]，KANG Tai-feng[1]

（1. China North Nuclear Fuel co. ，LTD，Inner Mongolia Autonomous Region Baotou，China；
2. Institute of metal research，Chinese Academy of Sciences，Liaoning Shenyang，China
3. Shanghai Nuclear Enginerring Research&Design Institute co. ，LTD，Shanghai，China）

Abstract：Pressurized water reactor is the focus of nuclear power industry development，when there is a serious of core melting，the commonly used strategy is external cooling of pressure vessel（IVR-ERVC），however，the melt structure formed by the melting of the core affects the heat flux density，thereby affecting the implementation strategy IVR-ERVC. So began the study of melt structure. First，design experimental equipment according to core，and then choose a different material ratio. Experimental results show that metal participates in oxide reaction，as uranium is reduced by zirconium，the metal layer density is changed. Generally speaking，the structure is distributed according to density，forming two layers.

Key words：Melt In-vessel Retention；Melt Stratification；Experimental Verification

基于分子动力学的辐照和温度对材料微观性能影响的竞争机制研究

林盼栋,聂君锋,刘美丹
(清华大学核能与新能源技术研究院,北京市 10084)

摘要:铁及其合金在核电站中有着广泛的应用。其在核电站中承受着大量粒子辐照从而产生辐照效应。铁辐照效应的主要机理是辐照产生的缺陷(主要是位错环)阻碍位错的运动进而影响材料的宏观力学性能。而温度也会对位错环和位错的相互作用产生影响。为进一步了解微观的辐照缺陷与位错的相互作用机理,明确辐照和温度影响的竞争机制,本文利用分子动力学(molecular dynamics,MD)方法研究了体心立方晶体(body center cubic,BCC)Fe 内不同温度和位错环直径下 1/2<111>刃型位错与<100>间隙位错环的相互作用,并分析了辐照和温度竞争和相互作用机理。研究结果表明:温度能够促进位错环的完全吸收,而位错环直径的增大会导致位错环吸收从完全吸收到部分吸收的转变;位错环直径增大,被扫掠的<100>位错段增长,反应时间增大;位错吸收作为一个热激活过程,温度的升高能够降低反应时间;温度能够降低临界剪切应力(critical resolved shearing stress,CRSS)的数值;与之相反,位错环直径的增大,则会增加位错环与位错相互作用的阻力。

关键词:分子动力学;辐照;温度;位错环;刃型位错;CRSS

引言

铁及其合金在核电站中有着广泛的应用。在核电站中,铁及其合金长期工作在高温、高压和中子辐照的环境中,会发生辐照效应,产生辐照缺陷。位错环作为一种基本的辐照缺陷,在铁中分为 1/2<111>和<100>两种[1-2]。位错环阻碍位错运行,与位错发生反应,更进一步地,宏观上的辐照硬化、辐照脆化以及非均匀变形都证实与位错和位错环的相互作用有关[3,4]。因此,学者们对此从试验和理论两个方面展开了深入的研究,尤其是近几年开展了大量的数值研究。如 JB Baudouin 等利用分子动力学方法研究 $Fe_{10}Ni_{10}Cr_{20}$ 合金中刃型位错与 Frank 环相互作用时发现环的强度以及相互作用过程取决于溶质原子的种类、构型和温度[5]。G Bony 研究发现温度会影响刃型位错与<100>位错环相互作用的应力应变曲线[6]。可以看出分子动力学方法是研究位错与位错环相互作用的有效手段。与此同时,铁及其合金长期工作在高温下,温度也会对位错和位错环的相互作用产生影响。为进一步理解微观的辐照缺陷与位错的相互作用机理,本文采用分子动力学方法研究了 BCC-Fe 内 1/2<111>刃型位错与<100>间隙位错环的相互作用,与此同时,用位错环直径来衡量辐照水平,从而对比分析了辐照和温度对材料微观性能影响的竞争机制。

1 计算模型和方法

本工作利用分子动力学开源软件 LAMMPS(Large Scale Atomic/Molecular Massively Parallel Simulator)进行计算[7],采用 Osetsky[8]于 2003 年开发的模型:x、y、z 轴的方向分别是[111]、[-1-12]和[1-10]。x 和 y 方向为周期性边界条件,z 方向为自由边界条件。模拟盒子沿 z 方向划分为三部分。其中上部分施加剪切应变,下部分的原子固定不变。中间部分原子可以自由移动。模拟盒子长宽高分别为 24.8 nm、14.0 nm 和 14.0 nm,包含 4 100 000 原子。刃型位错沿 y 轴方向,位错环中心与刃型位错同 z 高度。刃型位错与位错环中心初始距离为 10 nm。整个模拟采用 NVE 系综和 Ackland

---

作者简介:林盼栋(1995—),男,山东烟台人,博士,现从事材料辐照作用下多尺度力学行为研究

开发的 EAM 势[9]。

在模拟中，模拟温度为 100 K、200 K、300 K、400 K、500 K 和 600 K，位错环直径为 1.5 nm、2.5 nm、3.5 nm 和 4.0 nm。采用 Nose-Hoover 恒温器控制系统温度。应变率为 $7\times10^{7}\ s^{-1}$。图 1 为位错环与位错线位置关系示意图。后处理过程中，采用 OVITO(Open Visualization Tool)[10] 软件对刃型位错和位错环进行可视化分析。

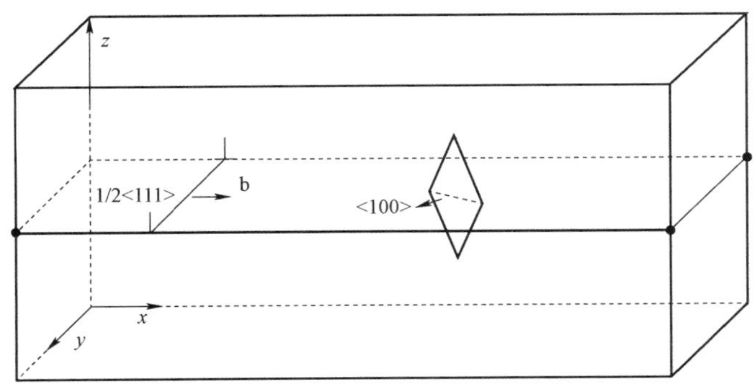

图 1　刃型位错与位错环位置关系示意图

2　模拟结果与讨论

2.1　刃型位错与位错环相互作用过程

300 K 情况下刃型位错与直径 4 nm 的位错环相互作用时的应力应变曲线如图 2 所示。刚开始时刃型位错沿着 Burgers 矢量的方向向位错环滑移，此时剪切应力较小。当刃型位错达到位错环的应力场范围内，位错环阻碍位错运动，刃型位错与位错环接触，发生反应，导致滑移所需要的剪切应力不断增加。其中刃型位错克服或者挣脱位错环继续运动时所需的最大剪切应力，称为临界剪切应力刃型位错挣脱位错环后，刃型位错运动遇到的阻力降低，剪切应力随之下降。

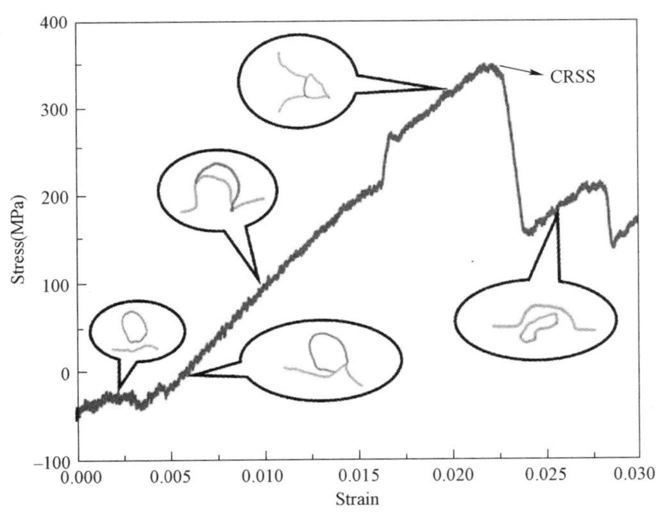

图 2　300 K 下刃型位错与直径 4 nm 的位错环相互作用时的应力应变曲线

刃型位错与位错环相互作用的结构如图 3 所示，其中温度为 300 K，位错环直径为 4 nm。从图 3(a)可以看出，位错由于受位错环应力场的影响，发生微弯曲。刃型位错与位错段接触于一点，发生位错反应，生成 1/2[-1-11]反应位错段，如图 3(b)所示。紧接着，在应力作用下，生成 1/2[-11-1]位错段，如图 3(c)。但 1/2[-11-1]位错段非常不稳定，会转化成 1/2[-1-11]，如图 3(c)所示。之后，位错段会继续扫掠[001]位错段，发生位错反应；与此同时，1/2＜111＞位错段在应力的作用下被拉长，生成螺旋偶极子，如图 3(e)所示。当 1/2＜111＞位错段完全扫掠过[001]位错段，刃型位错会与位错环分离，最终在刃型位错上形成一个超割阶以及一个 1/2＜111＞的位错环，如图 3(f)所示。

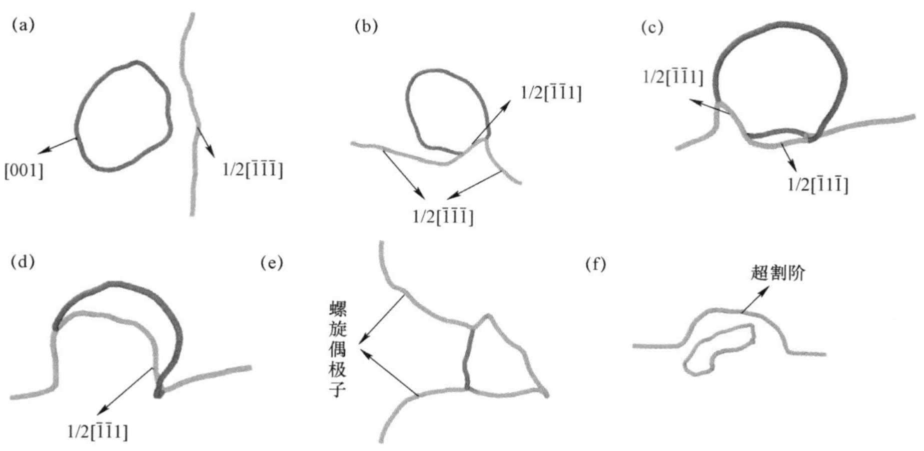

图 3 300 K 情况下刃型位错与直径 4 nm 的位错环相互作用的结构演化

总结位错环与位错的相互作用过程如下：混合位错段的形成、位错段的扫掠、螺旋偶极子的形成以及刃型位错挣脱位错环(或位错环被位错吸收)。更进一步地总结了不同温度和位错环直径下的反应产物和反应过程如表 1 所示。通过表 1 可以看到 100～600 K 的直径 1.5 nm 的位错环以及 400～600 K 的直径 2.5 nm 位错环都能够被刃型位错完全吸收，在位错环上形成 1/2＜111＞超割阶。其他情况下，位错环被位错部分吸收，生成 1/2＜111＞的位错环以及在刃型位错上生成超割阶。可以看到位错环的吸收机理由温度和位错环直径共同决定：位错环的吸收是一个热激活的过程，温度的升高能够促进位错环的吸收；位错环的直径增大了反应时间，从而使得位错环不易被完全吸收。更进一步地研究发现，位错环直径增加的是起到钉扎作用的＜100＞位错段的长度。因此，位错环直径越大，＜100＞位错段被扫掠所需要的时间也就越长。而温度的升高，则能促进＜100＞位错段的被扫掠，从而降低反应时间。从表中可以看出，对于给定温度下，存在一个位错环直径的临界尺寸，当位错环直径大于这一尺寸时，位错环被部分吸收，小于这一尺寸时，位错环被完全吸收。

表 1 不同温度和位错环直径下相互作用过程

序号	温度/K	位错环直径/nm	作用形式	作用产物	作用时间/ps(1)
1	100	1.5	完全吸收	超割阶	186
2	100	2.5	部分吸收	超割阶；1/2＜111＞位错环	249
3	100	3.5	部分吸收	超割阶；1/2＜111＞位错环	327
4	100	4.0	部分吸收	超割阶；1/2＜111＞位错环	336
5	200	1.5	完全吸收	超割阶	174
6	200	2.5	部分吸收	超割阶；1/2＜111＞位错环	249
7	200	3.5	部分吸收	超割阶；1/2＜111＞位错环	327
8	200	4.0	部分吸收	超割阶；1/2＜111＞位错环	336
9	300	1.5	完全吸收	超割阶	42
10	300	2.5	部分吸收	超割阶；1/2＜111＞位错环	258
11	300	3.5	部分吸收	超割阶；1/2＜111＞位错环	288

续表

序号	温度/K	位错环直径/nm	作用形式	作用产物	作用时间/ps[1]
12	300	4.0	部分吸收	超割阶;1/2＜111＞位错环	303
13	400	1.5	完全吸收	超割阶	39
14	400	2.5	完全吸收	超割阶	213
15	400	3.5	部分吸收	超割阶;1/2＜111＞位错环	318
16	400	4.0	部分吸收	超割阶;1/2＜111＞位错环	300
17	500	1.5	完全吸收	超割阶	18
18	500	2.5	完全吸收	超割阶	162
19	500	3.5	部分吸收	超割阶;1/2＜111＞位错环	318
20	500	4.0	部分吸收	超割阶;1/2＜111＞位错环	294
21	600	1.5	完全吸收	超割阶	21
22	600	2.5	完全吸收	超割阶	150
23	600	3.5	部分吸收	超割阶;1/2＜111＞位错环	189
24	600	4.0	部分吸收	超割阶;1/2＜111＞位错环	273

注:(1) 相互作用时间指二者相互接触到脱离或者完全吸收所用时间。

2.2 位错环直径和温度对 CRSS 的影响

不同位错环直径和温度下的 CRSS 数值如图 4 和图 5 所示。从图中可以看到:

位错环直径不相同,应力应变曲线是不一样的。并且临界剪切应力随着位错环直径的增大而增大。位错环直径越大,1/2＜111＞刃型位错扫掠的＜100＞位错环长度越长,则临界剪切应力越大。

温度越高,CRSS 越低。在分子动力学的时间尺度下,＜100＞位错环在低温情况下移动速率较低,阻力较大,CRSS 较高。随着温度增加,分子运动加快,位错环的吸收会较快进行,刃型位错运动过程遇到的阻力降低,CRSS 降低。

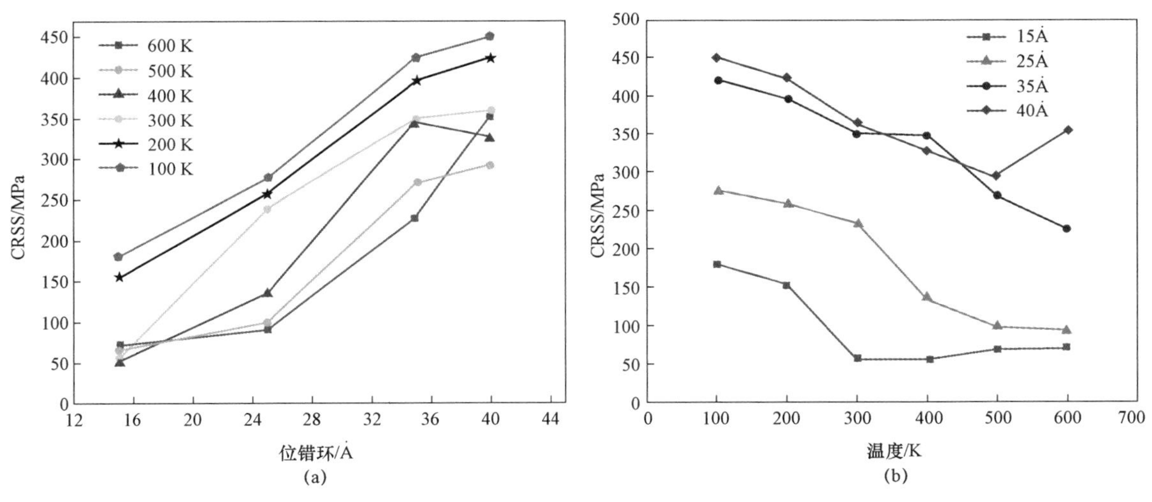

图 4 位错环直径和温度对 CRSS 的影响

(a)位错环直径;(b)温度

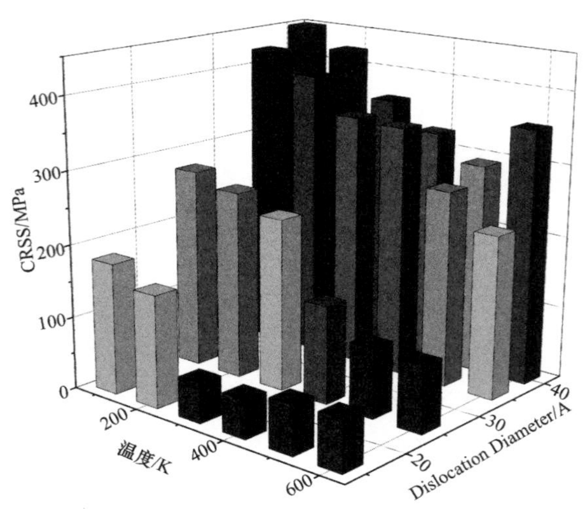

图 5　不同错位环直径和温度下的 CRSS

3　结论

本文采用分子动力学方法模拟研究 BCC-Fe 基体中，1/2＜111＞刃型位错与＜100＞间隙位错环的相互作用，从原子尺度上揭示相互作用机理。对比分析了位错环直径和温度对反应类型、反应时间和 CRSS 的影响。研究结果表明：

（1）反应类型上，温度能够促进位错环的完全吸收，而位错环直径的增大会导致位错环吸收从完全吸收到部分吸收的转变。

（2）反应时间上，位错环直径增大，被扫掠的＜100＞位错段增长，反应时间增大；位错吸收作为一个热激活过程，温度的升高能够降低反应时间。

（3）CRSS 上，温度能够降低 CRSS 的数值；与之相反，位错环直径的增大，则会增加位错环与位错相互作用的阻力。

参考文献：

[1] Porollo SI，Dvoriashin AM，Vorobyev AN，et al. The microstructure and tensile properties of Fe-Cr alloys after neutron irradiation at 400℃ to 5.5-7.1 dpa[J]. Journal of Nuclear Materials，1998，256(2)：247-253.

[2] Jenkins ML，Yao Z，Hernández-Mayoral，et al. Dynamic observations of heavy-ion damage in Fe and Fe-Cr alloys [J]. Journal of Nuclear Materials，2009，389：197-202.

[3] Schaeublin R，Gelles D，Victoria M. Microstructure of irradiated ferritic/martensitic steels in relation to mechanical properties[J]. Journal of Nuclear Materials，2002，307(1)：197-202.

[4] Victoriaa M，Baluca N，Bailat C. The microstructure and associated tensile properties of irradiated fcc and bcc metals[J]. Journal of Nuclear Materials，2000，276：114-122.

[5] Baudouin J B，Nomoto A，Perez M，et al. Molecular dynamics investigation of the interaction of an edge dislocation with Frank loops in Fe — Ni10 — Cr20 alloy[J]. Journal of Nuclear Materials，2015，465：301-310.

[6] Bonny G，Bakaev A，Terentyev D，et al. Atomistic study of the hardening of ferritic iron by Ni-Cr decorated dislocation loops[J]. Journal of Nuclear Materials，2017，498：430-437.

[7] Steve Plimpton. Fast parallel algorithms for short-range molecular dynamics [J]. Journal of Computational Physics. 1995. 117：1-19.

[8] Osetsky YN，Bacon DJ. An atomic-level model for studying the dynamics of edge dislocations in metals [J]. Modelling and Simulation in Materials Science and Engineering，2003，11(4)：427-446.

[9] Ackland GJ，Mendelev MI，Srolovitz DJ，et al. Development of an interatomic potential for phosphorus impurities in-iron[J]. Journal of Physics Condensed Matter，2004，16(27)：S2629-S2642.

[10] Alexander S. Visualization and analysis of atomistic simulation data with OVITO-the Open Visualization Tool [J]. Modelling and Simulation in Materials Science and Engineering,2010,18:015012-015018.

Study on the competitive mechanism of the influence of irradiation and temperature on the micro properties of materials based on molecular dynamics

LIN Pan-dong, NIE Jun-feng* , LIU Mei-dan

(Institute of Nuclear and New Energy Technology, Tsinghua University, Beijing, China)

Abstract: Iron and its alloys are widely used in nuclear power plants. It is exposed to a large number of particles in the nuclear power plant, resulting in irradiation effect. The main mechanism of the irradiation effect of iron is that the defects that mainly are dislocation loops produced by irradiation hinder the movement of dislocations and then affect the macroscopic mechanical properties of materials. Furthermore, temperature have significant impact on the interaction between dislocation and dislocation loop. In order to further clarify the interaction mechanism between irradiation defects and dislocations and understand the competitive mechanism of the influence of irradiation and temperature, the interaction between 1/2<111>edge dislocation and<100>interstitial dislocation loop in BCC Fe at different temperature and dislocation loop diameter is studied by molecular dynamics method. In addition, the competition and interaction between irradiation and temperature is analyzed. The results show that temperature can promote the complete absorption of the dislocation loop, and the increase of the diameter of the dislocation loop will lead to the transformation of absorption mechanism from complete absorption to partial absorption. As the diameter of dislocation loop increases, the length of<100>dislocations swept increases, and the reaction time increases as a result. For that dislocation absorption is seen as a thermal activation process, Temperature can decrease the reaction time. Temperature can reduce the value of CRSS; On the contrary, the increase of the dislocation loop diameter will increase the interaction resistance between the dislocation loop and the dislocation.

Key words: molecular dynamics; temperature; irradiation; dislocation loop; edge dislocation; CRSS